시대에듀

위험물기능사
기초화학 특강
무료 제공!

" 초보자도 쏙쏙 쉽게 이해하는 **기초화학** "

화학 초보자도 **합격한다!**

JN413108

01

기초화학특강 1교시

02

기초화학특강 2교시

03

기초화학특강 3교시

04

기초화학특강 4교시

05

기초화학특강 5교시

시대에듀

Win-Q

위험물
기능사 실기

시대에듀

編·著·者·略·歷

이덕수

[경력사항]
現 (주)유신방재
前 (주)거산방재
　　(주)대성방재
　　(주)국민소방
　　(주)보국이엔씨
　　소방설비기사 20년 강의
　　위험물기능장, 산업기사 10년 강의
　　산업안전협회(화공분야) 8년 강의
　　소방시설관리사 5년 강의
　　화학공장(현장, 품질관리) 16년 근무
　　위험물안전관리 대행기관 5년 근무

[자격사항]
위험물기능장 취득
소방시설관리사 취득
소방설비기사(기계, 전기) 취득
화공기사 취득
산업안전기사 외 다수 취득

 유튜브에서 **시대에듀**를 검색하시면
무료 기초화학특강을 들으실 수 있습니다.

 시대에듀

끝까지 책임진다! 시대에듀!
QR코드를 통해 도서 출간 이후 발견된 오류나 개정법령, 변경된 시험 정보, 최신기출문제, 도서 업데이트 자료 등이 있는지 확인해
보세요! **시대에듀 합격 스마트 앱**을 통해서도 알려 드리고 있으니 구글 플레이나 앱 스토어에서 다운받아 사용하세요.
또한, 파본 도서인 경우에는 구입하신 곳에서 교환해 드립니다.

편집진행 윤진영·김지은 ｜ **표지디자인** 권은경·길전홍선 ｜ **본문디자인** 정경일·박동진

위험물 분야의 전문가를 향한 첫 발걸음!

위험물기능사는 석유화학단지, 위험물을 원료로 하는 화장품, 정밀화학 등 화학공장에서 위험물안전관리자로 선임이 되어 위험물을 저장·취급·제조하고, 일반 작업자를 지시·감독하며 각종 설비에 대한 안전점검과 응급조치를 수행하는 업무로서 화학공장에서는 없어서는 안 될 중요한 자격증으로 자리잡았다.

'시간을 덜 들이면서도 시험을 좀 더 효율적으로 대비하는 방법은 없을까?'

'짧은 시간 안에 시험을 준비할 수 있는 방법은 없을까?'

자격증 시험을 앞둔 수험생들이라면 누구나 한 번쯤 들었을 법한 생각이다. 실제로 많은 자격증 관련 카페에서도 빈번하게 올라오는 질문이기도 하다. 이런 질문에 대해 대체적으로 기출문제 분석 → 출제경향 파악 → 핵심이론 요약 → 관련 문제 반복 숙지의 과정을 거쳐 시험을 대비하라는 답변이 꾸준히 올라오고 있다.

윙크(Win-Q) 시리즈는 위와 같은 질문과 답변을 바탕으로 기획한 도서이다.

본 도서는 PART 01 핵심이론 + 10년간 자주 출제된 문제와 PART 02/03 과년도 + 최근 기출복원문제로 구성되었다. PART 01은 과거에 치러 왔던 기출문제와 Keyword를 철저히 분석하고, 빈번하게 출제되는 이론에는 ★의 수(최대 3개)로 표시하였다. PART 02/03에서는 2017~2024년 과년도 기출복원문제와 2025년 최근 기출복원문제를 수록하여 PART 01에서 놓칠 수 있는 출제 유형의 문제에 대비할 수 있도록 하였다.

본 도서는 이론에 대해 좀 더 심층적으로 알고자 하는 수험생들에게는 조금 불편한 책이 될 수도 있을 것이다. 하지만 전공자라면 대부분 관련 도서를 구비하고 있을 것이고, 관련 도서를 참고하면서 공부를 한다면 좀 더 효율적으로 시험에 대비할 수 있을 것이다.

자격증 시험의 목적은 높은 점수를 받아 합격하는 것이라기보다는 합격, 그 자체에 있다. 다시 말해 60점만 넘으면 어떤 시험이든 합격이 가능하다. 기존의 부담스러웠던 수험서에서 과감하게 군살을 제거하여 꼭 필요한 공부만 할 수 있도록 한 윙크(Win-Q) 시리즈가 수험생들에게 합격을 선사하는 수험서로서 자리매김하길 바란다.

수험생 여러분의 건승을 진심으로 기원하는 바이다.

편저자 씀

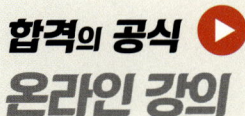

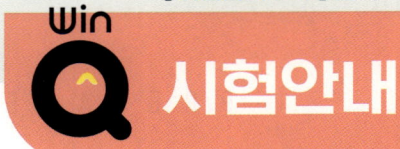

시험안내

개 요

위험물 취급은 위험물안전관리법 규정에 의거, 위험물을 제조 및 저장하는 취급소에서 각 유별 위험물 규모에 따라 위험물과 시설물을 점검하고, 일반 작업자를 지시ㆍ감독하며 재해발생 시 응급조치와 안전관리 업무를 수행한다.

진로 및 전망

- 위험물 제조, 저장, 취급 전문업체, 도료 제조, 고무 제조, 금속제련, 유기합성물 제조, 염료 제조, 화장품 제조, 인쇄잉크 제조 등 지정수량 이상의 위험물 취급 업체 및 위험물안전관리 대행기관에 종사할 수 있다.
- 상위직으로 승진하기 위해서는 관련 분야의 상위자격을 취득하거나 기능을 인정받을 수 있는 경험이 있어야 한다.
- 유사직종의 자격을 취득하여 독극물 취급, 소방설비, 열관리, 보일러 환경 분야로 전직할 수 있다.

시험일정

구 분	필기원서접수 (인터넷)	필기시험	필기합격 (예정자)발표	실기원서접수	실기시험	최종 합격자 발표일
제1회	1월 초순	1월 하순	2월 초순	2월 초순	3월 중순	4월 중순
제2회	3월 중순	4월 초순	4월 중순	4월 하순	5월 하순	7월 초순
제3회	6월 초순	6월 하순	7월 중순	7월 하순	8월 하순	9월 하순
제4회	8월 하순	9월 하순	10월 중순	10월 하순	11월 하순	12월 하순

※ 상기 시험일정은 시행처의 사정에 따라 변경될 수 있으니, www.q-net.or.kr에서 확인하시기 바랍니다.

시험요강

❶ 시행처 : 한국산업인력공단

❷ 시험과목
   ㉠ 필기 : 위험물의 성질 및 안전 관리
   ㉡ 실기 : 위험물 취급 실무

❸ 검정방법
   ㉠ 필기 : 객관식 4지 택일형 60문항(60분)
   ㉡ 실기 : 필답형(1시간 30분)

❹ 합격기준
   ㉠ 필기 : 100점을 만점으로 하여 60점 이상
   ㉡ 실기 : 100점을 만점으로 하여 60점 이상

검정현황

필기시험

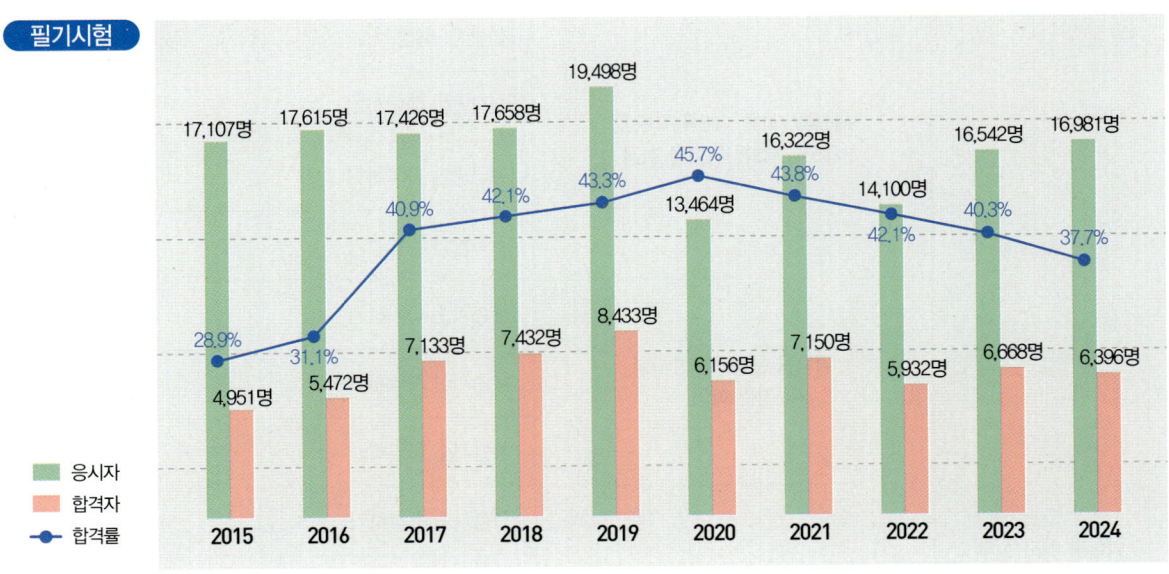

연도	응시자	합격자	합격률
2015	17,107명	4,951명	28.9%
2016	17,615명	5,472명	31.1%
2017	17,426명	7,133명	40.9%
2018	17,658명	7,432명	42.1%
2019	19,498명	8,433명	43.3%
2020	13,464명	6,156명	45.7%
2021	16,322명	7,150명	43.8%
2022	14,100명	5,932명	42.1%
2023	16,542명	6,668명	40.3%
2024	16,981명	6,396명	37.7%

- 응시자
- 합격자
- 합격률

실기시험

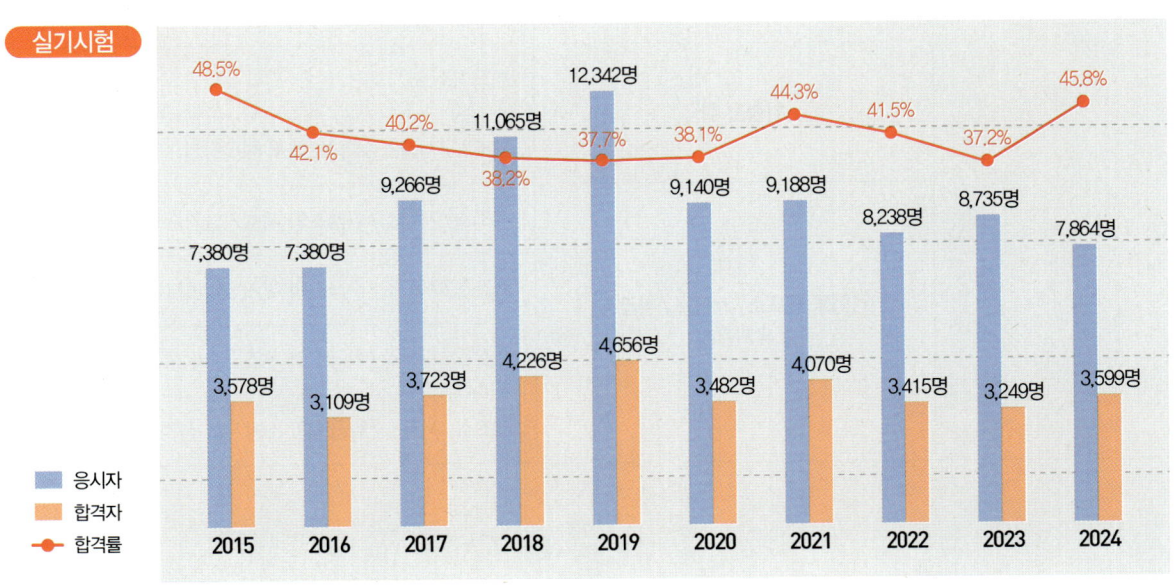

연도	응시자	합격자	합격률
2015	7,380명	3,578명	48.5%
2016	7,380명	3,109명	42.1%
2017	9,266명	3,723명	40.2%
2018	11,065명	4,226명	38.2%
2019	12,342명	4,656명	37.7%
2020	9,140명	3,482명	38.1%
2021	9,188명	4,070명	44.3%
2022	8,238명	3,415명	41.5%
2023	8,735명	3,249명	37.2%
2024	7,864명	3,599명	45.8%

- 응시자
- 합격자
- 합격률

출제기준

실기과목명	주요항목	세부항목
위험물 취급 실무	제4류 / 제1류, 제6류 / 제2류, 제5류 / 제3류 위험물 취급	성상 및 특성
		저장방법 확인하기
		취급방법 파악하기
		소화방법 수립하기
	위험물 운송 · 운반시설 기준 파악	운송기준 파악하기
		운송시설 파악하기
		운반기준 파악하기
	위험물 저장	저장기준 조사하기
		탱크저장소에 저장하기
		옥내저장소 / 옥외저장소에 저장하기
	위험물 취급	취급기준 조사하기
		제조소 / 저장소 / 취급소에서 취급하기
	위험물 제조소 / 저장소 / 취급소 유지관리	제조소 / 저장소 / 취급소의 시설기술기준 조사하기
		제조소 / 저장소 / 취급소의 위치 점검하기
		제조소 / 저장소 / 취급소의 구조 / 설비 점검하기
		제조소 / 저장소 / 취급소의 소방시설 점검하기

표준주기율표
Periodic Table of the Elements

표기법:

원자 번호
기호
원소명(국문)
원소명(영문)
일반 원자량
표준 원자량

1	2	3	4	5	6	7	8	9	10	11	12	13	14	15	16	17	18
1 **H** 수소 hydrogen 1.008 [1.0078, 1.0082]																	2 **He** 헬륨 helium 4.0026
3 **Li** 리튬 lithium 6.94 [6.938, 6.997]	4 **Be** 베릴륨 beryllium 9.0122											5 **B** 붕소 boron 10.81 [10.806, 10.821]	6 **C** 탄소 carbon 12.011 [12.009, 12.012]	7 **N** 질소 nitrogen 14.007 [14.006, 14.008]	8 **O** 산소 oxygen 15.999 [15.999, 16.000]	9 **F** 플루오린 fluorine 18.998	10 **Ne** 네온 neon 20.180
11 **Na** 소듐 sodium 22.990	12 **Mg** 마그네슘 magnesium 24.305 [24.304, 24.307]											13 **Al** 알루미늄 aluminium 26.982	14 **Si** 규소 silicon 28.085 [28.084, 28.086]	15 **P** 인 phosphorus 30.974	16 **S** 황 sulfur 32.06 [32.059, 32.076]	17 **Cl** 염소 chlorine 35.45 [35.446, 35.457]	18 **Ar** 아르곤 argon 39.95 [39.792, 39.963]
19 **K** 포타슘 potassium 39.098	20 **Ca** 칼슘 calcium 40.078(4)	21 **Sc** 스칸듐 scandium 44.956	22 **Ti** 타이타늄 titanium 47.867	23 **V** 바나듐 vanadium 50.942	24 **Cr** 크로뮴 chromium 51.996	25 **Mn** 망가니즈 manganese 54.938	26 **Fe** 철 iron 55.845(2)	27 **Co** 코발트 cobalt 58.933	28 **Ni** 니켈 nickel 58.693	29 **Cu** 구리 copper 63.546(3)	30 **Zn** 아연 zinc 65.38(2)	31 **Ga** 갈륨 gallium 69.723	32 **Ge** 저마늄 germanium 72.630(8)	33 **As** 비소 arsenic 74.922	34 **Se** 셀레늄 selenium 78.971(8)	35 **Br** 브로민 bromine 79.904 [79.901, 79.907]	36 **Kr** 크립톤 krypton 83.798(2)
37 **Rb** 루비듐 rubidium 85.468	38 **Sr** 스트론튬 strontium 87.62	39 **Y** 이트륨 yttrium 88.906	40 **Zr** 지르코늄 zirconium 91.224(2)	41 **Nb** 나이오븀 niobium 92.906	42 **Mo** 몰리브데넘 molybdenum 95.95	43 **Tc** 테크네튬 technetium	44 **Ru** 루테늄 ruthenium 101.07(2)	45 **Rh** 로듐 rhodium 102.91	46 **Pd** 팔라듐 palladium 106.42	47 **Ag** 은 silver 107.87	48 **Cd** 카드뮴 cadmium 112.41	49 **In** 인듐 indium 114.82	50 **Sn** 주석 tin 118.71	51 **Sb** 안티모니 antimony 121.76	52 **Te** 텔루륨 tellurium 127.60(3)	53 **I** 아이오딘 iodine 126.90	54 **Xe** 제논 xenon 131.29
55 **Cs** 세슘 caesium 132.91	56 **Ba** 바륨 barium 137.33	57-71 란타넘족 lanthanoids	72 **Hf** 하프늄 hafnium 178.49(2)	73 **Ta** 탄탈럼 tantalum 180.95	74 **W** 텅스텐 tungsten 183.84	75 **Re** 레늄 rhenium 186.21	76 **Os** 오스뮴 osmium 190.23(3)	77 **Ir** 이리듐 iridium 192.22	78 **Pt** 백금 platinum 195.08	79 **Au** 금 gold 196.97	80 **Hg** 수은 mercury 200.59	81 **Tl** 탈륨 thallium 204.38 [204.38, 204.39]	82 **Pb** 납 lead 207.2	83 **Bi** 비스무트 bismuth 208.98	84 **Po** 폴로늄 polonium	85 **At** 아스타틴 astatine	86 **Rn** 라돈 radon
87 **Fr** 프랑슘 francium	88 **Ra** 라듐 radium	89-103 악티늄족 actinoids	104 **Rf** 러더포듐 rutherfordium	105 **Db** 두브늄 dubnium	106 **Sg** 시보귬 seaborgium	107 **Bh** 보륨 bohrium	108 **Hs** 하슘 hassium	109 **Mt** 마이트너륨 meitnerium	110 **Ds** 다름슈타튬 darmstadtium	111 **Rg** 뢴트게늄 roentgenium	112 **Cn** 코페르니슘 copernicium	113 **Nh** 니호늄 nihonium	114 **Fl** 플레로븀 flerovium	115 **Mc** 모스코븀 moscovium	116 **Lv** 리버모륨 livermorium	117 **Ts** 테네신 tennessine	118 **Og** 오가네손 oganesson

57 **La** 란타넘 lanthanum 138.91	58 **Ce** 세륨 cerium 140.12	59 **Pr** 프라세오디뮴 praseodymium 140.91	60 **Nd** 네오디뮴 neodymium 144.24	61 **Pm** 프로메튬 promethium	62 **Sm** 사마륨 samarium 150.36(2)	63 **Eu** 유로퓸 europium 151.96	64 **Gd** 가돌리늄 gadolinium 157.25(3)	65 **Tb** 터븀 terbium 158.93	66 **Dy** 디스프로슘 dysprosium 162.50	67 **Ho** 홀뮴 holmium 164.93	68 **Er** 어븀 erbium 167.26	69 **Tm** 툴륨 thulium 168.93	70 **Yb** 이터븀 ytterbium 173.05	71 **Lu** 루테튬 lutetium 174.97
89 **Ac** 악티늄 actinium	90 **Th** 토륨 thorium 232.04	91 **Pa** 프로트악티늄 protactinium 231.04	92 **U** 우라늄 uranium 238.03	93 **Np** 넵투늄 neptunium	94 **Pu** 플루토늄 plutonium	95 **Am** 아메리슘 americium	96 **Cm** 퀴륨 curium	97 **Bk** 버클륨 berkelium	98 **Cf** 캘리포늄 californium	99 **Es** 아인슈타이늄 einsteinium	100 **Fm** 페르뮴 fermium	101 **Md** 멘델레븀 mendelevium	102 **No** 노벨륨 nobelium	103 **Lr** 로렌슘 lawrencium

참조) 표준 원자량은 2011년 IUPAC에서 결정한 새로운 형식을 따른 것으로 [] 안에 표시된 숫자는 2 종류 이상의 안정한 동위원소가 존재하는 경우에 지각 시료에서 발견되는 자연 존재비의 분포를 고려한 표준 원자량의 범위를 나타낸 것임. 자세한 내용은 *https://iupac.org/what-we-do/periodic-table-of-elements/*을 참조하기 바람.

01 화재예방과 소화방법

제1절 위험물의 기초

핵심이론 01 | 보일-샤를의 법칙

(1) 보일의 법칙

기체의 부피는 온도가 일정할 때 절대압력에 반비례한다.

T = 일정, $PV = k$

여기서, P : 압력, V : 부피

(2) 샤를의 법칙

압력이 일정할 때 기체가 차지하는 부피는 절대온도에 비례한다.

$$\frac{V_1}{T_1} = \frac{V_2}{T_2}$$

(3) 보일-샤를의 법칙

기체가 차지하는 부피는 압력에 반비례하고 절대온도에 비례한다.

$$\frac{P_1 V_1}{T_1} = \frac{P_2 V_2}{T_2}, \qquad V_2 = V_1 \times \frac{P_1}{P_2} \times \frac{T_2}{T_1}$$

10년간 자주 출제된 문제

온도 27℃, 압력 735mmHg의 상태에서 어떤 기체 2L는 온도 30℃, 압력 760mmHg에서는 몇 L가 되는가?

|해설|

보일-샤를의 법칙

$$V_2 = V_1 \times \frac{P_1}{P_2} \times \frac{T_2}{T_1}$$

$$= 2L \times \frac{735mmHg}{760mmHg} \times \frac{(30+273)K}{(27+273)K} = 1.95L$$

|정답| 1.95L

2 ■ PART 01 핵심이론

핵심이론 02 | 평균분자량 및 밀도

(1) 공기의 평균분자량

① 공기의 조성
산소(O_2) : 21%, 질소(N_2) : 78%, 아르곤(Ar) 등 : 1%

② 공기의 평균분자량 = $(32 \times 0.21) + (28 \times 0.78) +$
(40×0.01)
$= 28.96 ≒ 29$

③ 증기비중 = $\dfrac{분자량}{29}$

(2) 밀도

① 표준상태(
M(분자량

② 이상기체

$$PV = nR$$

$$PM = \frac{W}{V}$$

여기서, P

V
n
M
W
ρ
R

T

핵심이론 03 | 위험물의 연소형태

(1) 고체의 연소★★★

① 표면연소 : 목탄, 코크스, 숯, 금속분 등이 열분해에 의하여 가연성 가스를 발생하지 않고 그 물질 자체가 연소하는 현상

② 분해연소 : 석탄, 종이, 목재, 플라스틱 등의 연소 시 열분해에 의해 발생된 가스와 공기가 혼합하여 연소하는 현상

③ 증발연소 : 황, 나프탈렌, 왁스, 파라핀 등과 같이 고체를 가열하면 열분해는 일어나지 않고 고체가 액체로 되어 일정온도가 되면 액체가 기체로 변화하여 기체가 연소하는 현상

④ 자기연소(내부연소) : 제5류 위험물인 나이트로셀룰로스, 질화면 등과 같이 외부로부터 연소에 필요한 산소를 공급받지 않고, 분자에 포함된 산소를 공급받아 연소하는 현상

(2) 액체의 연소

① 증발연소 : 아세톤, 휘발유, 등유, 경유와 같이 액체를 가열하면 증기가 되어 증기가 연소하는 현상

② 액적연소 : 벙커C유와 같이 가열하여 점도를 낮추어 버너 등을 사용하여 액체의 입자를 안개상으로 분출하여 연소하는 현상

(3) 기체의 연소

① 확산연소 : 수소, 아세틸렌, 프로페인, 뷰테인 등 화염의 안정 범위가 넓고 조작이 용이하여 역화의 위험이 없는 연소로서 불꽃은 있으나 불티가 없는 연소

② 폭발연소 : 밀폐된 용기에 공기와 혼합가스가 있을 때 점화되면 연소속도가 증가하여 폭발적으로 연소하는 현상

③ 예혼합연소 : 가연성 기체와 공기 중의 산소를 미리 혼합하여 연소하는 현상

10년간 자주 출제된 문제

3-1. 고체의 대표적인 연소형태 4가지를 쓰시오.

3-2. 다음 각 물질의 주된 연소형태 1가지를 [보기]에서 선택하여 쓰시오.

|보기|

표면연소, 분해연소, 증발연소,
자기연소, 예혼합연소, 확산연소

① 나프탈렌
② 석탄
③ 금속분

3-3. 황이나 나프탈렌 등과 같은 고체의 주된 연소형태를 쓰시오.

3-4. 위험물의 유별 중 외부 산소의 공급 없이 연소를 할 수 있는 위험물은 제 몇 류인지 쓰시오.

|해설|

3-1
고체의 연소 : 본문 참고

3-2
고체의 연소

종류	나프탈렌	석탄	금속분
연소방법	증발연소	분해연소	표면연소

3-3
증발연소 : 황, 나프탈렌, 왁스, 파라핀

3-4
자기연소(내부연소) : 제5류 위험물인 나이트로셀룰로스, 질화면 등과 같이 외부로부터 연소에 필요한 산소를 공급받지 않고, 분자에 포함된 산소를 공급받아 연소하는 현상

|정답| 3-1 표면연소, 분해연소, 증발연소, 자기연소
3-2 ① 증발연소
② 분해연소
③ 표면연소
3-3 증발연소
3-4 제5류 위험물

핵심이론

필수적으로 학습해야 하는 중요한 이론들을 각 과목별로 분류하여 수록하였습니다. 시험과 관계없는 두꺼운 기본서의 복잡한 이론은 이제 그만! 시험에 꼭 나오는 이론을 중심으로 효과적으로 공부하십시오.

10년간 자주 출제된 문제

출제기준을 중심으로 출제 빈도가 높은 기출문제와 필수적으로 풀어보아야 할 문제를 핵심이론당 1~2문제씩 선정했습니다. 각 문제마다 핵심을 찌르는 명쾌한 해설이 수록되어 있습니다.

2017년 제1회 **과년도 기출복원문제**

※ 실기 과년도 문제는 수험자의 기억에 의해 문제를 복원한 것입니다. 실제 시행문제와 일부 상이할 수 있음을 알려드립니다.

01 제2류 위험물인 아연분에 대해 다음 각 물음에 답하시오.

(1) 공기 중 수분에 의한 화학반응식을 쓰시오.

(2) 염산과 반응할 경우 발생 기체는 무엇인가?

정답

(1) $Zn + 2H_2O \rightarrow Zn(OH)_2 + H_2$

(2) 수소(H_2)

해설
아연의 반응식

반응물질	반응식	발생 기체
수분(물)	$Zn + 2H_2O \rightarrow Zn(OH)_2 + H_2$	수소(H_2)
염산	$Zn + 2HCl \rightarrow ZnCl_2 + H_2$	수소(H_2)
황산	$Zn + H_2SO_4 \rightarrow ZnSO_4 + H_2$	수소(H_2)

02 다음 제4류 위험물의 화학식을 쓰시오.

(1) 에틸렌글라이콜

(2) 초산메틸(Methyl Acetate)

(3) 피리딘

해설
제4류 위험물의 화학식 등

종류	화학식	품명	지정수량
에틸렌글라이콜	CH_2OHCH_2OH	제3석유류(수용성)	4,000L
초산메틸	CH_3COOCH_3	제1석유류(비수용성)	200L
피리딘	C_5H_5N	제1석유류(수용성)	400L

170 ■ PART 02 과년도 + 최근 기출복원문제

과년도 기출복원문제

지금까지 출제된 과년도 기출문제를 수록 하였습니다. 각 문제에는 자세한 해설이 추가되어 핵심이론만으로는 아쉬운 내용을 보충 학습하고 출제경향의 변화를 확인 할 수 있습니다.

2025년 제1회 **최근 기출복원문제**

01 탄소 100kg을 완전 연소시키려면 표준상태에서 몇 m^3의 공기가 필요한지 구하시오(단, 공기는 질소 79vol%, 산소 21vol%로 되어 있다).

정답
888.90m^3

해설
이론공기량
• 이론산소량

$$C \ + \ O_2 \ \rightarrow \ CO_2$$
$$12kg \qquad 22.4m^3$$
$$100kg \qquad x$$

$$\therefore x = \frac{100kg \times 22.4m^3}{12kg} = 186.67m^3 \text{ (이론산소량)}$$

• 이론공기량

$$\frac{186.67m^3}{0.21} = 888.90m^3$$

02 이산화탄소 1kg을 1기압, 30℃에서 기체로 방출 시 부피는 몇 L인지 계산하시오.

정답
565.03L

해설
이상기체 상태방정식을 적용하면

$$PV = \frac{W}{M}RT, \quad V = \frac{WRT}{PM}$$

여기서, P : 압력(1atm)

V : 부피(L)

M : 분자량(CO_2 : 44g/g-mol)

W : 무게(1kg = 1,000g)

R : 기체상수(0.08205L · atm/g − mol · K)

T : 절대온도(273 + 30℃ = 303K)

$$\therefore V = \frac{WRT}{PM} = \frac{1,000g \times 0.08205L \cdot atm/g-mol \cdot K \times 303K}{1atm \times 44g/g-mol} = 565.03L$$

476 ■ PART 03 최근 기출복원문제

최근 기출복원문제

최근에 출제된 기출문제를 복원하여 가장 최신의 출제경향을 파악하고 새롭게 출제 된 문제의 유형을 익혀 처음 보는 문제들 도 모두 맞힐 수 있도록 하였습니다.

최신 기출문제 출제경향

- 고체의 연소형태
- 자체소방대의 설치기준
- 질산의 부피 계산
- 제1류~제6류 위험물의 물성 및 특징
- 분말소화약제 주성분의 화학식
- 포소화설비가 적응성이 없는 위험물의 종류
- 다이에틸에터의 완전 연소반응식
- 제조소의 배출설비 기준
- 삼산화크롬의 분해반응식
- 탄화알루미늄과 물의 반응식
- 아세톤이 연소할 때 필요한 산소의 부피

- 제조소의 안전거리
- 판매취급소의 설치기준
- 혼합가스의 폭발범위
- 이황화탄소 연소 시 발생하는 기체의 부피
- 나이트로글리세린의 상태와 제조방법 등
- 에틸알코올의 함유량 계산
- 제조소의 소화난이도등급Ⅰ 기준
- 적린, 황린, 삼황화인의 연소반응식
- 질산에스터류에 해당하는 물질
- 운반용기 외부의 표시사항(주의사항)
- 하이드록실아민 취급 제조소의 특례기준
- 제1류~제6류 위험물의 물성 및 특징

2018년	2019년	2020년	2021년
3회	2회	3회	2회

- 판매취급소의 배합실
- 건성유의 종류
- 옥내저장소의 소요단위, 적재높이
- 위험물취급소의 종류
- 할로겐화합물 소화약제의 명칭
- 황린과 적린의 연소반응식
- 칼슘과 물의 반응식
- 운반용기 외부의 표시사항(주의사항)
- TNT, 피크린산의 구조식
- 이동탱크저장소의 상치장소
- 옥외탱크저장소의 보유공지
- 제조소 급기구의 면적
- 제1류~제6류 위험물의 물성 및 특징

- 고체의 연소형태
- 옥외탱크저장소의 방유제
- 철 연소 시 산소의 부피
- 제1종 분말소화약제의 반응식과 계산문제
- 스타이렌의 화학식 및 위험등급
- 운반 시 혼재 불가능한 위험물
- 원통형 탱크의 내용적 계산
- 황린과 적린의 연소반응식
- 할로겐화합물 소화약제의 화학식
- 벤젠 연소 시 공기의 부피
- 옥내탱크저장소의 이격거리
- 동식물유류의 구분, 아이오딘값의 정의
- 제1류~제6류 위험물의 물성 및 특징

- 제1류~제6류 위험물의 물성 및 특징
- 제1종, 제3종 분말소화약제의 분해반응식
- 크실렌(3종류)의 구조식
- 탱크의 용적 산정기준
- 할로겐화합물 소화약제의 화학식에 따른 명칭
- 건성유, 반건성유, 불건성유의 구분
- 알코올류에 해당하지 않는 조건
- 제조소의 주의사항과 게시판의 바탕색, 문자색
- 마그네슘의 연소반응식
- 아세톤의 연소반응식과 연소 시 필요한 공기량
- 위험물안전관리법령에 따른 문제(정기점검, 지위 승계, 용도폐지)

- 과산화수소의 화학식, 농도, 분해반응식
- 운반용기 외부에 표시해야 하는 주의사항
- 에틸알코올과 나트륨이 반응하여 생성되는 수소의 양 계산
- 제5류 위험물의 시성식
- 제2류 위험물 연소 시 생성되는 가스의 화학식
- 제3류 위험물이 물과 반응할 때 생성 가스의 명칭
- 칼륨의 연소반응식, 물과 반응식, 보호액
- 위험물제조소 등(제조소, 저장소, 취급소)의 구분
- 주유취급소에 설치하는 게시판의 규격, 주의사항의 색상
- 제1류 위험물의 소요단위 합계 계산
- 분말소화약제의 주성분(화학식)
- 위험물탱크의 내용적을 구하는 식
- 삼황화인이 연소 시 이론공기량 계산
- 위험물 운반 시 혼재 가능 구분
- 제1류 위험물의 화학식, 지정수량

2022년 3회	2023년 2회	2024년 2회	2025년 3회

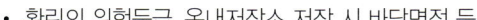

- 황린의 위험등급, 옥내저장소 저장 시 바닥면적 등
- 탄산수소칼륨의 분해반응식, 분해 시 이산화탄소의 부피 계산
- 톨루엔 연소 시 이론공기량
- 제4류 위험물의 인화점 낮은 순서
- 이황화탄소의 물성, 시성식, 품명, 지정수량, 위험등급
- 동식물유류 중 불건성유의 종류
- 운반 시 차광성 덮개, 방수성 덮개를 해야 하는 위험물
- 운반 시 혼재 가능한 위험물
- 이동탱크저장소 부속장치의 규격
- 제5류 위험물의 시성식
- 제4류 위험물의 연소반응식
- 제1류 위험물의 지정수량
- 원통형 탱크의 내용적 계산

- 염소산칼륨의 분해반응식
- 적린의 연소반응식, 산소의 부피 계산
- 아세트알데하이드의 산화·환원 반응식
- 황의 연소반응식, 발생가스
- 아세톤의 시성식, 지정수량
- TNT와 피크르산의 구조식
- 위험물제조소의 게시판 기준
- 타원형 위험물탱크의 용량
- 화재의 종류 구분 및 표시색상
- 위험물과 지정수량의 정의
- 간이탱크저장소의 기준
- 제6류 위험물이 될 수 있는 조건
- 제3석유류의 정의
- 운반용기의 내용적
- 제1류 위험물 지정수량의 배수

빨리보는 간단한 키워드

CHAPTER 01 화재예방과 소화방법

▌ 화재의 종류

급수 구분	A급	B급	C급	D급
화재의 종류	일반화재	유류화재	전기화재	금속화재
원형 표시색	백색	황색	청색	무색

▌ **연소** : 가연물이 공기 중에서 산소와 반응하여 열과 빛을 동반하는 급격한 산화현상

▌ **연소의 3요소** : 가연물, 산소공급원, 점화원

▌ **가연물의 조건**

- 열전도율이 적을 것
- 발열량이 클 것
- 표면적이 넓을 것
- 산소와 친화력이 좋을 것
- 활성화에너지가 작을 것

▌ **가연물이 될 수 없는 물질**

- 산소와 더 이상 반응하지 않는 물질 : CO_2, H_2O, Al_2O_3 등
- 질소 또는 질소산화물 : 산소와 반응은 하나 흡열반응을 하기 때문
- 0(18)족 원소(불활성 기체) : 헬륨(He), 네온(Ne), 아르곤(Ar), 크립톤(Kr), 제논(Xe), 라돈(Rn)

▌ **산소공급원** : 산소, 공기, 제1류 위험물(산화성 고체), 제5류 위험물, 제6류 위험물(산화성 액체)

■ **고체의 연소**
- 표면연소 : 목탄, 코크스, 숯, 금속분
- 분해연소 : 석탄, 종이, 목재, 플라스틱
- 증발연소 : 황, 나프탈렌
- 자기연소 : 나이트로셀룰로스, 질화면

■ **액체의 연소(증발연소)** : 아세톤, 휘발유, 등유, 경유와 같이 액체를 가열하면 증기가 되어 증기가 연소하는 현상

■ **인화점(Flash Point)** : 가연성 증기를 발생할 수 있는 최저의 온도

■ **자연발화의 형태**
- 산화열에 의한 발화 : 석탄, 건성유, 고무분말
- 분해열에 의한 발화 : 나이트로셀룰로스, 셀룰로이드
- 미생물에 의한 발화 : 퇴비, 먼지
- 흡착열에 의한 발화 : 목탄, 활성탄

■ **자연발화의 조건**
- 열전도율이 적을 것
- 주위의 온도가 높을 것
- 발열량이 클 것
- 표면적이 넓을 것

■ **물을 소화약제로 사용하는 이유** : 비열과 증발잠열이 크기 때문

■ **물의 잠열**
- 증발잠열 : 액체가 기체로 될 때 출입하는 열(물의 증발잠열 : 539cal/g)
- 융해잠열 : 고체가 액체로 될 때 출입하는 열(물의 융해잠열 : 80cal/g)

■ **증기비중** $= \dfrac{분자량}{29}$

■ 분진폭발 : 밀가루, 금속분, 플라스틱분, 마그네슘분

■ 화재의 위험성

- 하한값이 낮을수록 위험
- 상한값이 높을수록 위험
- 연소범위가 넓을수록 위험

■ 공기 중의 폭발범위(연소범위)

가스	하한값(%)	상한값(%)
아세틸렌	2.5	81.0
이황화탄소	1.0	50.0
다이에틸에터	1.7	48.0
수소	4.0	75.0
산화프로필렌	2.8	37.0

■ 위험도(H)

$$H = \frac{U - L}{L}$$

■ 혼합가스의 폭발한계값

$$L_m = \frac{100}{\dfrac{V_1}{L_1} + \dfrac{V_2}{L_2} + \dfrac{V_3}{L_3} + \cdots + \dfrac{V_n}{L_n}}$$

■ 슈테판-볼츠만(Stefan-Boltzmann)법칙 : 복사열은 절대온도차의 4제곱에 비례하고 열전달면적에 비례한다.

■ 이상기체 상태방정식

$$PV = nRT = \frac{W}{M}RT, \quad V = \frac{WRT}{PM}$$

■ 표준상태에서 증기밀도

$$증기밀도 = \frac{분자량(g)}{22.4(L)}$$

■ **질식소화** : 공기 중의 산소의 농도를 21%에서 15% 이하로 낮추어 공기를 차단하여 소화하는 방법

■ **희석소화** : 알코올, 에스터, 케톤류 등 수용성 물질에 다량의 물을 방사하여 가연물의 농도를 낮추어 소화하는 방법

■ **소화효과**
- 이산화탄소 : 질식, 냉각, 피복효과
- 할로젠화합물(할론) : 질식, 냉각, 억제(부촉매)효과
- 할로젠화합물 및 불활성기체
  - 할로젠화합물 : 부촉매, 질식, 냉각효과
  - 불활성기체 : 질식, 냉각효과

■ **강화액소화기** : $H_2SO_4 + K_2CO_3 + H_2O \rightarrow K_2SO_4 + 2H_2O + CO_2$

■ **화학포소화약제**

$6NaHCO_3 + Al_2(SO_4)_3 \cdot 18H_2O \rightarrow 3Na_2SO_4 + 2Al(OH)_3 + 6CO_2 + 18H_2O$

■ 팽창비 $= \dfrac{\text{방출 후 포의 체적(L)}}{\text{방출 전 포수용액의 체적(포원액 + 물)(L)}}$

$= \dfrac{\text{방출 후 포의 체적(L)}}{\dfrac{\text{원액의 양(L)}}{\text{농도(\%)}}}$

■ **할로젠화합물소화약제의 구비조건**
- 비점이 낮고 기화되기 쉬울 것
- 공기보다 무겁고 불연성일 것
- 증발 잔유물이 없어야 할 것

■ **불활성기체소화약제의 구성성분**

종류	성 분
IG-55	질소 50%, 아르곤 50%
IG-541	질소 52%, 아르곤 40%, 이산화탄소 8%

▌ 분말소화약제의 성상

종류	주성분	착색	적응화재
제1종 분말	탄산수소나트륨($NaHCO_3$)	백색	B, C급
제2종 분말	탄산수소칼륨($KHCO_3$)	담회색	B, C급
제3종 분말	제일인산암모늄($NH_4H_2PO_4$)	담홍색	A, B, C급
제4종 분말	탄산수소칼륨 + 요소[$KHCO_3 + (NH_2)_2CO$]	회색	B, C급

▌ 열분해반응식

- 제1종 분말

  - 1차 분해반응식(270℃) : $2NaHCO_3 \rightarrow Na_2CO_3 + CO_2 + H_2O$

  - 2차 분해반응식(850℃) : $2NaHCO_3 \rightarrow Na_2O + 2CO_2 + H_2O$

- 제3종 분말

  - 1차 분해반응식(190℃) : $NH_4H_2PO_4 \rightarrow NH_3 + H_3PO_4$
    (인산, 오쏘인산)

  - 2차 분해반응식(215℃) : $2H_3PO_4 \rightarrow H_2O + H_4P_2O_7$
    (피로인산)

  - 3차 분해반응식(300℃) : $H_4P_2O_7 \rightarrow H_2O + 2HPO_3$
    (메타인산)

▌ 소화기 설치기준

- 소형수동식소화기 : 방호대상물의 각 부분으로부터 보행거리가 20m 이하가 되도록 설치할 것
- 대형수동식소화기 : 방호대상물의 각 부분으로부터 보행거리가 30m 이하가 되도록 설치할 것

▌ 수계소화설비의 방수량, 방수압력, 수원

종류 \ 항목	방수량	방수압력	토출량	수원	비상전원
옥내소화전설비	260L/min	350kPa (0.35MPa)	N(최대 5개) $\times$ 260L/min	N(최대 5개) $\times$ 7.8m^3 (260L/min $\times$ 30min)	45분
옥외소화전설비	450L/min	350kPa (0.35MPa)	N(최대 4개) $\times$ 450L/min	N(최대 4개) $\times$ 13.5m^3 (450L/min $\times$ 30min)	45분
스프링클러설비	80L/min	100kPa (0.1MPa)	헤드수 $\times$ 80L/min	헤드수 $\times$ 2.4m^3 (80L/min $\times$ 30min)	45분

▌ 소화난이도등급 I 에 해당하는 제조소 및 일반취급소의 기준

• 연면적 1,000m² 이상인 것

• 지정수량의 100배 이상인 것(고인화점 위험물만을 100℃ 미만의 온도에서 취급하는 것은 제외)

• 지반면으로부터 6m 이상의 높이에 위험물 취급설비가 있는 것(고인화점 위험물만을 100℃ 미만의 온도에서 취급하는 것은 제외)

• 일반취급소로 사용되는 부분 외의 부분을 갖는 건축물에 설치된 것(내화구조로 개구부 없이 구획된 것, 고인화점 위험물만을 100℃ 미만의 온도에서 취급하는 것 및 별표 16 X의 2의 화학실험의 일반취급소는 제외)

▌ 불활성가스소화설비의 적응성이 있는 위험물 : 제2류 위험물의 인화성 고체, 제4류 위험물

▌ 제조소 또는 취급소의 소요단위

• 외벽이 내화구조 : 연면적 100m²를 1소요단위

• 외벽이 내화구조가 아닌 것 : 연면적 50m²를 1소요단위

▌ 저장소의 소요단위

• 외벽이 내화구조 : 연면적 150m²를 1소요단위

• 외벽이 내화구조가 아닌 것 : 연면적 75m²를 1소요단위

▌ 위험물은 지정수량의 10배 : 1소요단위

▌ 지정수량의 10배 이상일 경우 경보설비 : 자동화재탐지설비, 비상경보설비, 확성장치 또는 비상방송설비 중 1종 이상

■ **제1류 위험물의 지정수량**

- 50kg : 차아염소산염류, 아염소산염류, 염소산염류, 과염소산염류, 무기과산화물
- 300kg : 질산염류, 아이오딘산염류, 브로민산염류, 크로뮴의 산화물
- 1,000kg : 과망가니즈산염류, 다이크로뮴산염류

■ **제1류 위험물** : 산화성 고체, 불연성, 냉각소화(무기과산화물은 제외)

■ **제1류 위험물의 반응식**

- 염소산칼륨의 분해반응 : $2KClO_3 \rightarrow 2KCl + 3O_2$
- 과염소산칼륨의 분해반응 : $KClO_4 \rightarrow KCl + 2O_2$
- 과염소산나트륨의 분해반응 : $NaClO_4 \rightarrow NaCl + 2O_2$
- 과산화칼륨과 물의 반응 : $2K_2O_2 + 2H_2O \rightarrow 4KOH + O_2$
- 과산화나트륨의 분해반응 : $2Na_2O_2 \rightarrow 2Na_2O + O_2$
- 과망가니즈산칼륨의 분해반응 : $2KMnO_4 \rightarrow K_2MnO_4 + MnO_2 + O_2$

■ **염소산칼륨의 지정수량** : 50kg

■ **흑색화약의 원료** : 질산칼륨, 황, 숯가루

■ **질산암모늄** : 물에 용해 시 흡열반응

■ **제2류 위험물의 지정수량**

- 100kg : 황화인, 적린, 황
- 500kg : 철분, 금속분, 마그네슘
- 1,000kg : 인화성 고체

■ **제2류 위험물** : 가연성 고체, 냉각소화(일부 제외)

▮ **황** : 순도가 60wt% 이상인 것을 말하며 순도측정을 하는 경우 불순물은 활석 등 불연성 물질과 수분으로 한정한다.

▮ **철분** : 철의 분말로서 53μm의 표준체를 통과하는 것이 50wt% 미만은 제외

▮ **인화성 고체** : 고형알코올 그 밖에 1기압에서 인화점이 40℃ 미만인 고체

▮ 제2류 위험물의 반응식

- 삼황화인의 연소반응 : $P_4S_3 + 8O_2 \rightarrow 2P_2O_5 + 3SO_2$
- 오황화인과 물의 반응 : $P_2S_5 + 8H_2O \rightarrow 5H_2S + 2H_3PO_4$
- 오황화인의 연소반응 : $2P_2S_5 + 15O_2 \rightarrow 2P_2O_5 + 10SO_2$
- 적린의 연소반응 : $4P + 5O_2 \rightarrow 2P_2O_5$
- 황의 연소반응 : $S + O_2 \rightarrow SO_2$
- 마그네슘과 물의 반응 : $Mg + 2H_2O \rightarrow Mg(OH)_2 + H_2$
- 마그네슘과 염산의 반응 : $Mg + 2HCl \rightarrow MgCl_2 + H_2$
- 마그네슘과 이산화탄소의 반응 : $Mg + CO_2 \rightarrow MgO + CO$

▮ 제3류 위험물의 지정수량

- 10kg : 칼륨, 나트륨, 알킬알루미늄, 알킬리튬
- 20kg : 황린

▮ 제3류 위험물의 반응식

- 칼륨과 물의 반응 : $2K + 2H_2O \rightarrow 2KOH + H_2$
- 칼륨과 이산화탄소의 반응 : $4K + 3CO_2 \rightarrow 2K_2CO_3 + C$
- 칼륨과 에틸알코올의 반응 : $2K + 2C_2H_5OH \rightarrow 2C_2H_5OK + H_2$
- 나트륨의 연소반응 : $4Na + O_2 \rightarrow 2Na_2O$
- 나트륨과 물의 반응 : $2Na + 2H_2O \rightarrow 2NaOH + H_2$
- 트라이에틸알루미늄과 산소의 반응 : $2(C_2H_5)_3Al + 21O_2 \rightarrow Al_2O_3 + 12CO_2 + 15H_2O$
- 트라이에틸알루미늄과 물의 반응 : $(C_2H_5)_3Al + 3H_2O \rightarrow Al(OH)_3 + 3C_2H_6$
- 황린의 연소반응 : $P_4 + 5O_2 \rightarrow 2P_2O_5$
- 인화석회와 물의 반응 : $Ca_3P_2 + 6H_2O \rightarrow 3Ca(OH)_2 + 2PH_3$
- 탄화칼슘과 물의 반응 : $CaC_2 + 2H_2O \rightarrow Ca(OH)_2 + C_2H_2$
- 아세틸렌의 연소반응 : $2C_2H_2 + 5O_2 \rightarrow 4CO_2 + 2H_2O$

▌ 위험물의 저장방법

종류	나트륨, 칼륨	알킬리튬	황린	이황화탄소	나이트로셀룰로스
화학식	Na	CH_3Li, C_2H_5Li	P_4	CS_2	$[C_6H_7O_2(ONO_2)_3]_n$
유별	제3류 위험물	제3류 위험물	제3류 위험물	제4류 위험물	제5류 위험물
지정수량	10kg	10kg	20kg	50L	10kg
저장방법	등유, 경유, 유동 파라핀 속에 저장	벤젠, 헥산의 희석제를 넣고 불활성기체 봉입	물속에 저장	물속에 저장	물 또는 알코올로 습면시켜 저장
저장하는 이유	공기산화 방지	자연발화 방지	포스핀가스 발생 방지	가연성가스 발생 방지	폭발 방지

▌ 칼륨, 나트륨의 보호액 : 등유, 경유, 유동파라핀

▌ 제4류 위험물의 지정수량

- 50L : 특수인화물
- 200L : 제1석유류(비수용성)
- 400L : 제1석유류(수용성), 알코올류
- 2,000L : 제2석유류(수용성), 제3석유류(비수용성)
- 4,000L : 제3석유류(수용성)

▌ 제4류 위험물 : 인화성 액체, 질식소화

▌ 특수인화물

- 1기압에서 발화점이 100℃ 이하인 것
- 인화점이 영하 20℃ 이하이고 비점이 40℃ 이하인 것

▌ 제1석유류 : 1기압에서 인화점이 21℃ 미만인 것

▌ 제2석유류 : 1기압에서 인화점이 21℃ 이상 70℃ 미만인 것

▌ 특수인화물의 인화점

종류	다이에틸에터	이황화탄소	아세트알데하이드	산화프로필렌
인화점	−40℃	−30℃	−40℃	−37℃

▌ **제4류 위험물의 반응식**

- 이황화탄소의 연소반응 : $CS_2 + 3O_2 \rightarrow CO_2 + 2SO_2$

- 이황화탄소와 물의 반응 : $CS_2 + 2H_2O \rightarrow CO_2 + 2H_2S$

- 벤젠의 연소반응 : $2C_6H_6 + 15O_2 \rightarrow 12CO_2 + 6H_2O$

- 톨루엔의 연소반응 : $C_6H_5CH_3 + 9O_2 \rightarrow 7CO_2 + 4H_2O$

- 메틸알코올의 연소반응 : $2CH_3OH + 3O_2 \rightarrow 2CO_2 + 4H_2O$

- 에틸알코올의 연소반응 : $C_2H_5OH + 3O_2 \rightarrow 2CO_2 + 3H_2O$

- 하이드라진과 과산화수소의 반응 : $N_2H_4 + 2H_2O_2 \rightarrow N_2 + 4H_2O$

▌ 다이에틸에터는 직사광선에 노출 시 과산화물이 생성되므로 갈색병에 저장한다.

▌ **과산화물 제거시약** : 황산제일철 또는 환원철

▌ **아세트알데하이드의 화학식** : CH_3CHO

▌ **아세트알데하이드의 증기비중** : $44/29 = 1.52$

▌ **아세톤의 물성**

화학식	지정수량	비중	비점	인화점
CH_3COCH_3	400L	0.79	56℃	−18.5℃

▌ **벤젠, 톨루엔, 메틸에틸케톤의 지정수량** : 200L

▌ **메틸알코올의 물성**

화학식	지정수량	증기비중	인화점
CH_3OH	400L	1.1	11℃

▌ **클로로벤젠의 물성**

화학식	지정수량	비중	인화점
C_6H_5Cl	1,000L	1.1	27℃

▌ 글리세린의 물성

화학식	지정수량	비중	증기비중
$C_3H_5(OH)_3$	4,000L	1.26	3.17

▌ **아이오딘값** : 유지 100g에 부가되는 아이오딘의 g수

▌ **제5류 위험물의 지정수량**

- 10kg : 유기과산화물(제1종), 질산에스터류(제1종), 나이트로화합물(제1종)
- 100kg : 나이트로화합물(제2종), 나이트로소화합물(제2종), 아조화합물(제2종), 다이아조화합물(제2종), 하이드라진유도체류(제2종)

▌ **제5류 위험물** : 자기반응성 물질, 가연성, 냉각소화

▌ 나이트로글리세린의 물성

화학식	지정수량
$C_3H_5(ONO_2)_3$	10kg

▌ TNT, 피크르산

종류 \ 구분	화학식	구조식	분자량
트라이나이트로톨루엔(TNT)	$C_6H_2CH_3(NO_2)_3$	(구조식: O_2N, CH_3, NO_2, NO_2 치환된 벤젠고리)	227
트라이나이트로페놀(피크르산)	$C_6H_2OH(NO_2)_3$	(구조식: O_2N, OH, NO_2, NO_2 치환된 벤젠고리)	229

▌ **제6류 위험물의 지정수량**

- 300kg : 과염소산, 과산화수소, 질산, 할로젠간화합물

▌ **과산화수소** : 농도가 36wt% 이상이면 제6류 위험물이다.

▌ **질산** : 비중이 1.49 이상이면 제6류 위험물이다.

▌ 제6류 위험물의 반응식

- 과산화수소의 분해반응 : $2H_2O_2 \rightarrow 2H_2O + O_2$
- 질산의 분해반응 : $4HNO_3 \rightarrow 2H_2O + 4NO_2 + O_2$

▌ 과염소산의 증기비중 : $100.5/29 = 3.47$

▌ **제조소 등** : 제조소, 취급소, 저장소

▌ **제조소** : 위험물을 제조할 목적으로 지정수량 이상의 위험물을 취급하기 위하여 규정에 따른 허가를 받은 장소

▌ **저장소의 종류** : 옥내저장소, 옥외저장소, 옥내탱크저장소, 옥외탱크저장소, 지하탱크저장소, 이동탱크저장소, 간이탱크저장소, 암반탱크저장소

▌ **취급소의 종류** : 일반취급소, 주유취급소, 판매취급소, 이송취급소

▌ **제조소 등을 설치하고자 하는 자** : 시·도지사의 허가

▌ **제조소 등의 용도폐지** : 폐지한 날로부터 14일 이내에 시·도지사에게 신고

▌ **위험물안전관리자**
- 해임 또는 퇴직 시 : 30일 이내에 재선임
- 안전관리자 선임신고 : 선임한 날부터 14일 이내에 소방본부장 또는 소방서장에게 신고
- 위험물안전관리자 미선임 : 1,500만원 이하의 벌금

▌ **예방규정을 정해야 하는 제조소 등**
- 지정수량의 10배 이상의 위험물을 취급하는 제조소
- 지정수량의 100배 이상의 위험물을 저장하는 옥외저장소
- 지정수량의 150배 이상의 위험물을 저장하는 옥내저장소
- 지정수량의 200배 이상의 위험물을 저장하는 옥외탱크저장소
- 암반탱크저장소
- 이송취급소
- 지정수량의 10배 이상의 위험물을 취급하는 일반취급소(예외 규정은 생략)

▌ 정기점검대상인 제조소 등

- 예방규정을 정해야 하는 제조소 등
- 지하탱크저장소
- 이동탱크저장소
- 위험물을 취급하는 탱크로서 지하에 매설된 탱크가 있는 제조소, 주유취급소, 일반취급소

▌ 탱크시험자의 기술능력 중 필수인력

- 위험물기능장·위험물산업기사 또는 위험물기능사 중 1명 이상
- 비파괴검사기술사 1명 이상 또는 초음파비파괴검사·자기비파괴검사 및 침투비파괴검사별로 기사 또는 산업
  기사 각 1명 이상

▌ 자체소방대 설치대상

- 지정수량의 3,000배 이상의 제4류 위험물을 취급하는 제조소 또는 일반취급소
- 지정수량의 50만배 이상을 저장하는 옥외탱크저장소

▌ 자체소방대에 두는 화학소방자동차 및 인원

사업소의 구분	화학소방자동차	자체소방대원의 수
제조소 또는 일반취급소에서 취급하는 제4류 위험물의 최대 수량의 합이 지정수량의 3,000배 이상 12만배 미만인 사업소	1대	5인
제조소 또는 일반취급소에서 취급하는 제4류 위험물의 최대 수량의 합이 지정수량의 12만배 이상 24만배 미만인 사업소	2대	10인
제조소 또는 일반취급소에서 취급하는 제4류 위험물의 최대 수량의 합이 지정수량의 24만배 이상 48만배 미만인 사업소	3대	15인
제조소 또는 일반취급소에서 취급하는 제4류 위험물의 최대 수량의 합이 지정수량의 48만배 이상인 사업소	4대	20인
옥외탱크저장소에 저장하는 제4류 위험물의 최대수량이 지정수량의 50만배 이상인 사업소	2대	10인

▌ 탱크의 용량 = 탱크의 내용적 – 공간용적(탱크 내용적의 5/100 이상 10/100 이하)

원통형 탱크의 내용적(V)

탱크의 종류	탱크의 내용적
	$V = \pi r^2 \left(l + \dfrac{l_1 + l_2}{3} \right)$
	$V = \pi r^2 l$

제1류 위험물 : 가연물과의 접촉, 혼합이나 분해를 촉진하는 물품과의 접근 또는 과열, 충격, 마찰 등을 피하는 한편, 알칼리금속의 과산화물 및 이를 함유한 것에 있어서는 물과의 접촉을 피해야 한다.

제2류 위험물 : 산화제와의 접촉, 혼합이나 불티, 불꽃, 고온체와의 접근 또는 과열을 피하는 한편, 철분, 금속분, 마그네슘 및 이를 함유한 것에 있어서는 물이나 산과의 접촉을 피하고 인화성 고체에 있어서는 함부로 증기를 발생시키지 않아야 한다.

제3류 위험물 : 자연발화성 물품에 있어서는 불티, 불꽃 또는 고온체와의 접근·과열 또는 공기와의 접촉을 피하고, 금수성 물품에 있어서는 물과의 접촉을 피해야 한다.

제4류 위험물 : 불티, 불꽃, 고온체와의 접근 또는 과열을 피하고, 함부로 증기를 발생시키지 않아야 한다.

옥내저장소와 옥외저장소에 저장 시 높이(아래 높이를 초과하여 겹쳐 쌓지 말 것)
- 기계에 의하여 하역하는 구조로 된 용기만을 겹쳐 쌓는 경우 : 6m
- 제4류 위험물 중 제3석유류, 제4석유류, 동식물유류를 수납하는 용기만을 겹쳐 쌓는 경우 : 4m
- 그 밖의 경우(특수인화물, 제1석유류, 제2석유류, 알코올류, 타류) : 3m

옥외저장소에서 위험물을 수납한 용기를 선반에 저장하는 경우 : 6m를 초과하지 말 것

이동저장탱크에 알킬알루미늄 등
- 저장하는 경우 : 20kPa 이하의 압력으로 불활성의 기체를 봉입하여 둘 것
- 저장탱크에서 꺼낼 때 : 200kPa 이하의 압력으로 불활성의 기체를 봉입하여 둘 것

▌ 옥외저장탱크 · 옥내저장탱크 또는 지하저장탱크 중 압력탱크 외의 탱크에 저장

- 산화프로필렌, 다이에틸에터를 저장 : 30℃ 이하
- 아세트알데하이드 : 15℃ 이하

▌ 아세트알데하이드 등 또는 다이에틸에터 등을 이동저장탱크에 저장하는 경우

- 보냉장치가 있는 경우 : 비점 이하
- 보냉장치가 없는 경우 : 40℃ 이하

▌ 운반용기 수납률

- 고체위험물 : 운반용기 내용적의 95% 이하
- 액체위험물 : 운반용기 내용적의 98% 이하

▌ 자연발화성 물질 중 알킬알루미늄 등

운반용기의 내용적의 90% 이하의 수납률로 수납하되, 50℃의 온도에서 5% 이상의 공간용적을 유지하도록 할 것

▌ 운반 시 차광성이 있는 것으로 피복

- 제1류 위험물
- 제3류 위험물 중 자연발화성 물질
- 제4류 위험물 중 특수인화물
- 제5류 위험물
- 제6류 위험물

▌ 운반용기의 외부 표시사항 중 주의사항

종류	표시 사항
제1류 위험물	• 알칼리금속의 과산화물 : 화기 · 충격주의, 물기엄금, 가연물접촉주의 • 그 밖의 것 : 화기 · 충격주의, 가연물접촉주의
제2류 위험물	• 철분 · 금속분 · 마그네슘 : 화기주의 및 물기엄금 • 인화성 고체 : 화기엄금 • 그 밖의 것 : 화기주의
제3류 위험물	• 자연발화성 물질 : 화기엄금 및 공기접촉엄금 • 금수성 물질 : 물기엄금
제4류 위험물	화기엄금
제5류 위험물	화기엄금, 충격주의
제6류 위험물	가연물접촉주의

위험등급 I 의 위험물

- 제1류 위험물 중 염소산염류, 아염소산염류, 과염소산염류, 무기과산화물 등
- 제3류 위험물 중 칼륨, 나트륨, 알킬알루미늄, 알킬리튬, 황린
- 제4류 위험물 중 특수인화물
- 제5류 위험물 중 유기과산화물(제1종), 질산에스터류(제1종), 나이트로화합물(제1종)
- 제6류 위험물

위험등급 II 의 위험물

- 제1류 위험물 중 브로민산염류, 질산염류, 아이오딘산염류 등
- 제2류 위험물 중 황화인, 적린, 황 등
- 제3류 위험물 중 알칼리금속 및 알칼리토금속, 유기금속화합물 등
- 제4류 위험물 중 제1석유류 및 알코올류
- 제5류 위험물 중 위험등급 I 이외의 나머지

위험등급 III 의 위험물 : 위험등급 I, II에 있는 이외의 나머지

운반 시 위험물의 혼재 가능 기준

위험물의 구분	제1류	제2류	제3류	제4류	제5류	제6류
제1류		×	×	×	×	○
제2류	×		×	○	○	×
제3류	×	×		○	×	×
제4류	×	○	○		○	×
제5류	×	○	×	○		×
제6류	○	×	×	×	×	

제조소의 안전거리

건축물	안전거리
사용전압 7,000V 초과 35,000V 이하의 특고압가공전선	3m 이상
사용전압 35,000V 초과의 특고압가공전선	5m 이상
건축물 그 밖의 공작물로서 주거용으로 사용되는 것(제조소가 설치된 부지 내에 있는 것을 제외)	10m 이상
고압가스, 액화석유가스, 도시가스를 저장 또는 취급하는 시설	20m 이상
학교, 병원, 극장, 아동복지시설, 노인복지시설, 장애인복지시설, 한부모가족복지시설, 어린이집, 성매매피해자 등을 위한 지원시설, 정신건강증진시설, 보호시설	30m 이상
지정문화유산 및 천연기념물 등	50m 이상

▌ 제조소의 보유공지

취급하는 위험물의 최대수량	공지의 너비
지정수량의 10배 이하	3m 이상
지정수량의 10배 초과	5m 이상

▌ 위험물제조소의 주의사항

위험물의 종류	주의사항	게시판의 색상
• 제1류 위험물 중 알칼리금속의 과산화물 • 제3류 위험물 중 금수성 물질	물기엄금	청색바탕에 백색문자
제2류 위험물(인화성 고체는 제외)	화기주의	
• 제2류 위험물 중 인화성 고체 • 제3류 위험물 중 자연발화성 물질 • 제4류 위험물 • 제5류 위험물	화기엄금	적색바탕에 백색문자

▌ 제조소의 급기구

해당 급기구가 설치된 실의 바닥면적 150m²마다 1개 이상으로 하되 급기구의 크기는 800cm² 이상으로 할 것(옥내저장소도 같다)

▌ 환기설비의 환기구는 지붕 위 또는 지상 2m 이상의 높이에 회전식 고정벤틸레이터 또는 루프팬방식(Roof Fan : 지붕에 설치하는 배기장치)으로 설치할 것

▌ 피뢰설비 : 지정수량의 10배 이상의 위험물을 제조소(제6류 위험물은 제외)에는 피뢰침을 설치할 것

▌ 위험물제조소의 옥외에 있는 위험물 취급탱크

- 하나의 취급탱크 주위에 설치하는 방유제의 용량 : 해당 탱크용량의 50% 이상
- 2 이상의 취급탱크 주위에 하나의 방유제를 설치하는 경우 방유제의 용량 :
  (최대 탱크용량 × 0.5) + (나머지 탱크의 합계 × 0.1)

▌ 하이드록실아민의 안전거리

$D = 51.1 \sqrt[3]{N}$ m

여기서, N : 지정수량의 배수(하이드록실아민의 지정수량 : 100kg)

▎ 옥내저장소의 보유공지

저장 또는 취급하는 위험물의 최대수량	공지의 너비	
	벽·기둥 및 바닥이 내화구조로 된 건축물	그 밖의 건축물
지정수량의 5배 이하	–	0.5m 이상
지정수량의 5배 초과 10배 이하	1m 이상	1.5m 이상
지정수량의 10배 초과 20배 이하	2m 이상	3m 이상
지정수량의 20배 초과 50배 이하	3m 이상	5m 이상
지정수량의 50배 초과 200배 이하	5m 이상	10m 이상
지정수량의 200배 초과	10m 이상	15m 이상

▎ 옥내저장소의 저장창고의 바닥면적

위험물을 저장하는 창고의 종류	바닥면적
① 제1류 위험물 중 아염소산염류, 염소산염류, 과염소산염류, 무기과산화물, 그 밖에 지정수량이 50kg인 위험물 ② 제3류 위험물 중 칼륨, 나트륨, 알킬알루미늄, 알킬리튬, 그 밖에 지정수량이 10kg인 위험물 및 황린 ③ 제4류 위험물 중 특수인화물, 제1석유류 및 알코올류 ④ 제5류 위험물 중 지정수량이 10kg인 위험물 ⑤ 제6류 위험물	1,000m² 이하
①~⑤의 위험물 외의 위험물을 저장하는 창고	2,000m² 이하
위의 전부에 해당하는 위험물을 내화구조의 격벽으로 완전히 구획된 실에 각각 저장하는 창고(①~⑤의 위험물을 저장하는 실의 면적은 500m²를 초과할 수 없다)	1,500m² 이하

▎ 옥내저장창고에 물이 스며 나오거나 스며들지 않는 구조로 해야 하는 위험물

- 제1류 위험물 중 알칼리금속의 과산화물
- 제2류 위험물 중 철분, 금속분, 마그네슘
- 제3류 위험물 중 금수성 물질
- 제4류 위험물

▎ 배출설비에서 인화점이 70℃ 미만인 위험물의 저장창고에 있어서는 내부에 체류한 가연성의 증기를 지붕 위로 배출하는 설비를 갖추어야 한다.

▎ 옥외탱크저장소의 방유제의 높이 : 0.5m 이상 3m 이하

▎ 옥외탱크저장소의 방유제 내의 면적 : 80,000m² 이하

■ 옥외탱크저장소의 방유제는 탱크의 옆판으로부터 일정 거리를 유지할 것(단, 인화점이 200℃ 이상인 위험물은 제외)
- 지름이 15m 미만인 경우 : 탱크 높이의 1/3 이상
- 지름이 15m 이상인 경우 : 탱크 높이의 1/2 이상

■ 아세트알데하이드 등의 옥외탱크저장소
- 옥외저장탱크의 설비는 동(Cu), 마그네슘(Mg), 은(Ag), 수은(Hg)의 합금으로 만들지 않을 것
- 옥외저장탱크에는 냉각장치, 보냉장치, 불활성기체의 봉입장치를 설치할 것

■ 옥내저장탱크의 용량(동일한 탱크전용실에 2 이상 설치하는 경우에는 각 탱크의 용량의 합계)은 지정수량의 40배 (제4석유류 및 동식물유류 외의 제4류 위험물 : 20,000L를 초과할 때에는 20,000L) 이하일 것

■ 지하탱크전용실은 지하의 가장 가까운 벽·피트·가스관 등의 시설물 및 대지경계선으로 부터 0.1m 이상 떨어진 곳에 설치하고, 지하저장탱크와 탱크전용실의 안쪽과의 사이는 0.1m 이상의 간격을 유지하도록 하며, 해당 탱크의 주위에 마른 모래 또는 습기 등에 의하여 응고되지 않는 입자지름 5mm 이하의 마른 자갈분을 채워야 한다.

■ 지하저장탱크의 윗부분은 지면으로부터 0.6m 이상 아래에 있어야 한다.

■ 지하저장탱크를 2 이상 인접해 설치하는 경우에는 그 상호 간에 1m(해당 2 이상의 지하저장탱크의 용량의 합계가 지정수량의 100배 이하인 때에는 0.5m) 이상의 간격을 유지해야 한다.

■ **간이저장탱크의 용량** : 600L 이하

■ 간이저장탱크는 두께 3.2mm 이상의 강판으로 흠이 없도록 제작해야 하며, 70kPa의 압력으로 10분간의 수압시험을 실시하여 새거나 변형되지 않아야 한다.

■ **간이저장탱크 통기관의 지름** : 25mm 이상

■ **이동저장탱크의 구조**
- 탱크의 두께 : 3.2mm 이상의 강철판
- 압력탱크(최대상용압력이 46.7kPa 이상인 탱크) 외의 탱크 : 70kPa의 압력으로 10분간 실시하여 새지 않을 것
- 압력탱크 : 최대상용압력의 1.5배의 압력으로 10분간 실시하여 새지 않을 것
- 안전칸막이 : 4,000L 이하마다 3.2mm 이상의 강철판

■ **이동탱크저장소의 접지도선 설치대상** : 제4류 위험물 중 특수인화물, 제1석유류, 제2석유류

■ **옥외저장소에 저장할 수 있는 위험물**
- 제2류 위험물 중 황, 인화성 고체(인화점이 0℃ 이상인 것에 한함)
- 제4류 위험물 중 제1석유류(인화점이 0℃ 이상인 것에 한함), 제2석유류, 제3석유류, 제4석유류, 알코올류, 동식물유류
- 제6류 위험물
- 제2류 위험물 및 제4류 위험물 중 특별시·광역시·특별자치시·도 또는 특별자치도의 조례로 정하는 위험물(관세법 제154조의 규정에 의한 보세구역 안에 저장하는 경우로 한정한다)
- 국제해사기구에 관한 협약에 의하여 설치된 국제해사기구가 채택한 국제해상위험물규칙(IMDG Code)에 적합한 용기에 수납된 위험물

■ **주유취급소의 "주유 중 엔진정지"** : 황색바탕에 흑색문자

■ **주유취급소의 탱크용량** : 자동차 등에 주유하기 위한 고정주유설비에 직접 접속하는 전용탱크로서 50,000L 이하의 것

■ **고정주유설비 등의 주유관 끝부분에서의 최대배출량**
- 제1석유류 : 분당 50L 이하
- 경유 : 분당 180L 이하
- 등유 : 분당 80L 이하
- 고정급유설비 펌프기기 : 분당 300L 이하

■ **고정주유설비 또는 고정급유설비의 주유관의 길이** : 5m(현수식의 경우에는 지면 위 0.5m의 수평면에 수직으로 내려 만나는 점을 중심으로 반경 3m) 이내

■ 셀프용 고정주유설비

종류	연속주유량	주유시간
휘발유	100L 이하	4분 이하
경유	600L 이하	12분 이하

■ 셀프용 고정급유설비

종류	급유량	급유시간
등유	100L 이하	6분 이하

■ 고속국도의 도로변에 설치된 주유취급소의 탱크의 용량 : 60,000L 이하

■ 판매취급소의 위험물 배합실의 기준
- 바닥면적은 $6m^2$ 이상 $15m^2$ 이하일 것
- 내화구조 또는 불연재료로 된 벽으로 구획할 것
- 바닥은 위험물이 침투하지 않는 구조로 하여 적당한 경사를 두고 집유설비를 할 것
- 출입구에는 수시로 열 수 있는 자동폐쇄식의 60분+방화문 또는 60분 방화문을 설치할 것
- 출입구 문턱의 높이는 바닥면으로부터 0.1m 이상으로 할 것
- 내부에 체류한 가연성의 증기 또는 가연성의 미분을 지붕 위로 방출하는 설비를 할 것

알림

본 도서의 법령과 관련된 문제 및 해설은 현행법에 맞게 수정·보완되었으며, 관계법령의 잦은 개정으로 인해 도서의 내용이 달라질 수 있음을 알려드립니다. 자세한 사항은 법제처 국가법령 정보센터(https://www.law.go.kr)를 참고 바랍니다.

핵심이론

#출제 포인트 분석   #자주 출제된 문제   #합격 보장 필수이론

제1절 위험물의 기초

| 핵심이론 01 | 보일-샤를의 법칙

(1) 보일의 법칙

기체의 부피는 온도가 일정할 때 절대압력에 반비례한다.

$T = $ 일정, $PV = k$

여기서, P : 압력, V : 부피

(2) 샤를의 법칙

압력이 일정할 때 기체가 차지하는 부피는 절대온도에 비례한다.

$$\frac{V_1}{T_1} = \frac{V_2}{T_2}$$

(3) 보일-샤를의 법칙

기체가 차지하는 부피는 압력에 반비례하고 절대온도에 비례한다.

$$\frac{P_1 V_1}{T_1} = \frac{P_2 V_2}{T_2}, \qquad V_2 = V_1 \times \frac{P_1}{P_2} \times \frac{T_2}{T_1}$$

10년간 자주 출제된 문제

온도 27℃, 압력 735mmHg의 상태에서 어떤 기체 2L는 온도 30℃, 압력 760mmHg에서는 몇 L가 되는가?

|해설|

보일-샤를의 법칙

$$V_2 = V_1 \times \frac{P_1}{P_2} \times \frac{T_2}{T_1}$$

$$= 2L \times \frac{735\text{mmHg}}{760\text{mmHg}} \times \frac{(30+273)\text{K}}{(27+273)\text{K}} = 1.95L$$

정답 1.95L

| 핵심이론 02 | 평균분자량 및 밀도

(1) 공기의 평균분자량

① 공기의 조성

산소(O_2) : 21%, 질소(N_2) : 78%, 아르곤(Ar) 등 : 1%

② 공기의 평균분자량 = $(32 \times 0.21) + (28 \times 0.78) +$

$$(40 \times 0.01)$$

$$= 28.96 ≒ 29$$

③ 증기비중 $= \dfrac{분자량}{29}$

(2) 밀도

① 표준상태(0℃, 1atm)일 때

M(분자량) $= d(\text{g/L}) \times 22.4L$

② 이상기체 상태방정식

$$PV = nRT = \frac{W}{M}RT, \qquad V = \frac{WRT}{PM} \bigstar\bigstar$$

$$PM = \frac{W}{V}RT = \rho RT, \qquad \rho = \frac{PM}{RT} \bigstar$$

여기서, P : 압력(atm)

$\quad V$: 부피(L, m^3)

$\quad n$: mol수

$\quad M$: 분자량

$\quad W$: 무게

$\quad \rho$: 밀도(g/cm^3, kg/m^3)

$\quad R$: 기체상수(0.08205L · atm/g-mol · K

$\qquad = 0.08205\text{m}^3$ · atm/kg-mol · K)

$\quad T$: 절대온도(273 + ℃ = K)

(3) 밀도로 질량계산

$$\rho(밀도) = \frac{W(질량)}{V(부피)}, \quad W = \rho \times V$$

예 가솔린의 비중 0.7일 때 밀도

$$\rho = 0.7\text{g/cm}^3 = 0.7\text{kg/L}$$

10년간 자주 출제된 문제

2-1. 물 36g을 모두 증발시키면 수증기가 차지하는 부피는 표준상태를 기준으로 몇 L인가?

2-2. 표준상태에서 탄소 100kg을 완전 연소시키려면 몇 m³의 산소가 필요한지 구하시오.

2-3. 탄소 100kg을 완전 연소시키려면 표준상태에서 몇 m³의 공기가 필요한지 구하시오(단, 공기는 질소 79vol%, 산소 21 vol%로 되어 있다).

|해설|

2-1
부피
• 방법 I
표준상태에서 1g-mol이 차지하는 부피는 22.4L이고 물(H_2O)의 분자량 18이다.

$$\text{mol} = \frac{무게}{분자량} = \frac{36\text{g}}{18\text{g/g}-\text{mol}} = 2\text{g}-\text{mol}$$

$$\therefore \; 2 \times 22.4\text{L} = 44.8\text{L}$$

• 방법 II

$$V = \frac{WRT}{PM} = \frac{36\text{g} \times 0.08205\text{L} \cdot \text{atm/g}-\text{mol} \cdot \text{K} \times 273\text{K}}{1\text{atm} \times 18\text{g/g}-\text{mol}}$$

$$= 44.8\text{L}$$

2-2
산소의 체적
• 방법 I
표준상태(0℃, 1atm)일 때 기체 1kg-mol이 차지하는 부피는 22.4m³이므로

$$\therefore \; x = \frac{100\text{kg}}{12\text{kg}} \times 22.4\text{m}^3 = 186.67\text{m}^3$$

• 방법 II

$$\begin{array}{ccccc}
\text{C} & + & \text{O}_2 & \to & \text{CO}_2 \\
12\text{kg} & & 22.4\text{m}^3 & & \\
100\text{kg} & & x & &
\end{array}$$

$$\therefore \; x = \frac{100\text{kg} \times 22.4\text{m}^3}{12\text{kg}} = 186.67\text{m}^3 \, (이론산소량)$$

2-3
• 이론산소량

$$\begin{array}{ccccc}
\text{C} & + & \text{O}_2 & \to & \text{CO}_2 \\
12\text{kg} & & 22.4\text{m}^3 & & \\
100\text{kg} & & x & &
\end{array}$$

$$\therefore \; x = \frac{100\text{kg} \times 22.4\text{m}^3}{12\text{kg}} = 186.67\text{m}^3 \, (이론산소량)$$

• 이론공기량

$$\frac{186.67\text{m}^3}{0.21} = 888.90\text{m}^3$$

정답 **2-1** 44.8L
2-2 186.67m³
2-3 888.90m³

(1) 분자식

단체 또는 화합물 실제 조성을 표시하는 식으로 한 물질의 가장 작은 단위에 있는 각 원소의 원자들의 개수를 정확히 나타내는 식이다.

예 에틸알코올 : C_2H_6O, 포도당 : $C_6H_{12}O_6$

(2) 실험식

물질을 이루는 원소의 종류와 수를 가장 간단한 비율로 표시한 식

예 아세트산 : 시성식(CH_3COOH), 분자식($C_2H_4O_2$), 실험식(CH_2O)

(3) 시성식

분자를 이루고 있는 원자단(관능기)을 나타내며 그 분자의 특성을 밝힌 화학식으로 일반적으로 사용하는 식이다.

예 에틸알코올 : C_2H_5OH, 다이에틸에터 : $C_2H_5OC_2H_5$

(4) 구조식

화합물 분자 내에서 원자의 결합상태를 나타내는 식

예 에틸알코올

$$\begin{array}{c} \quad\;\; H \;\;\; H \\ \quad\;\; | \;\;\;\; | \\ H-C-C-OH \\ \quad\;\; | \;\;\;\; | \\ \quad\;\; H \;\;\; H \end{array}$$

(5) 화학반응식

① 정의 : 화학식을 써서 화학반응의 관계를 간단히 표시한 것

예 $\underbrace{Mg + 2H_2O}_{반응물} \rightarrow \underbrace{Mg(OH)_2 + H_2}_{생성물}$

② 계수 맞추기

유기물은 주로 C, H, O로 구성되어 있으므로 반응물의 원소수의 합과 생성물의 원소수의 총합은 같아야 한다.

예 $\underbrace{C_3H_8 + 5O_2}_{반응물} \rightarrow \underbrace{3CO_2 + 4H_2O}_{생성물}$

㉠ 반응물의 계수

$C = C_3 = 3$, $H = H_8 = 8$, $O = 5O_2 = 10$

㉡ 생성물의 계수

$C = 3C = 3$, $H = 4H_2 = 8$, $O = 3O_2 + 4O = 10$

㉢ 계수 = 몰수

$$C_m H_n + \left(m + \frac{n}{4}\right)O_2 \rightarrow m\,CO_2 + \frac{n}{2}H_2O$$

제2절 화재예방

핵심이론 01 | 화재★

구분 \ 급수	A급	B급	C급	D급
화재의 종류	일반화재	유류화재	전기화재	금속화재
표시 색상	백색	황색	청색	무색

(1) 일반화재

목재, 종이, 섬유, 합성수지류 등의 일반가연물의 화재

예 한옥의 화재 : A급 화재

(2) 유류화재

제4류 위험물(특수인화물, 제1석유류 ~ 제4석유류, 알코올류, 동식물유류)의 화재

예 유류화재 시 주수소화 금지 이유 : 연소면(화재면) 확대

(3) 전기화재

전기화재는 양상이 다양한 원인 규명의 곤란이 많은 전기가 설치된 곳의 화재

예 전기화재의 발생 원인 : 누전, 합선(단락), 스파크, 과부하, 배선불량, 전열기구의 과열

(4) 금속화재

칼륨(K), 나트륨(Na), 마그네슘(Mg), 아연(Zn), 알루미늄(Al) 등 물과 반응하여 가연성 가스를 발생하는 물질의 화재

① 반응식

㉠ $2K + 2H_2O \rightarrow 2KOH + H_2$

㉡ $2Na + 2H_2O \rightarrow 2NaOH + H_2$

㉢ $Mg + 2H_2O \rightarrow Mg(OH)_2 + H_2$

㉣ $2Al + 6H_2O \rightarrow 2Al(OH)_3 + 3H_2$

※ 금속화재 시 주수소화를 금지하는 이유 : 수소(H_2) 가스 발생

10년간 자주 출제된 문제

1-1. 화재의 종류를 표와 같이 구분할 때 빈칸을 채우시오.

급수	화재의 종류	표시 색상
B급		
	일반화재	
		청색

1-2. 다음 각 화재에 해당하는 표시 색상을 쓰시오.

① A급 화재
② C급 화재

|해설|

1-1
화재의 종류

구분 \ 급수	A급	B급	C급	D급
화재의 종류	일반화재	유류화재	전기화재	금속화재
표시 색상	백색	황색	청색	무색

1-2
표시 색상 : 본문 참고

정답 1-1

급수	화재의 종류	표시 색상
B급	유류화재	황색
A급	일반화재	백색
C급	전기화재	청색

1-2 ① 백색
② 청색

(1) 연소의 정의

가연물이 공기 중에서 산소와 반응하여 열과 빛을 동반하는 급격한 산화현상

(2) 연소의 색과 온도

색상	담암적색	암적색	적색	휘적색	황적색	백적색	휘백색
온도 (℃)	520	700	850	950	1,100	1,300	1,500 이상

(3) 연소의 3요소

① 가연물 : 목재, 종이, 석탄, 플라스틱 등과 같이 산소와 반응하여 발열반응을 하는 물질

  ㉠ 가연물의 조건★

   • 열전도율이 적을 것
   • 발열량이 클 것
   • 표면적이 넓을 것
   • 산소와 친화력이 좋을 것
   • 활성화에너지가 작을 것

  ㉡ 가연물이 될 수 없는 물질★

   • 산소와 더 이상 반응하지 않는 물질 : CO_2, H_2O, Al_2O_3 등
   • 질소 또는 질소산화물 : 산소와 반응은 하나 흡열반응을 하기 때문
   • 0(18)족 원소(불활성기체) : 헬륨(He), 네온(Ne), 아르곤(Ar), 크립톤(Kr), 제논(Xe), 라돈(Rn)

② 산소공급원 : 산소, 공기, 제1류 위험물, 제5류 위험물, 제6류 위험물

③ 점화원 : 전기불꽃, 정전기불꽃, 충격마찰의 불꽃, 단열압축, 나화 및 고온표면 등

④ 연소의 3요소 : 가연물, 산소공급원, 점화원

⑤ 연소의 4요소 : 가연물, 산소공급원, 점화원, 순조로운 연쇄반응

※ 정전기 방지대책 : 접지, 상대습도 70% 이상 유지, 공기이온화

※ 전기불꽃에 의한 에너지

$$E = \frac{1}{2}CV^2 = \frac{1}{2}QV$$

여기서, E : 에너지(Joule)
  C : 정전용량(Farad)
  V : 방전전압(Volt)
  Q : 전기량(Coulomb)

10년간 자주 출제된 문제

2-1. 다음 [보기]의 물질 중 연소의 3요소가 될 수 없는 물질을 모두 선택하여 쓰시오.

|보기|
벤젠, 공기, 질소, 이산화탄소, 황, 산소, 헬륨, 성냥불

2-2. 다음의 소화방법은 연소 3요소 중에서 어떠한 것을 제거하여 소화하는 것인지 연소의 3요소 중 해당하는 것을 각각 1가지씩 쓰시오.

① 제거소화
② 질식소화

|해설|

2-1

연소의 3요소 : 가연물, 산소공급원, 점화원

구분	물질
가연물	벤젠, 황
비가연물	질소, 이산화탄소, 헬륨
산소공급원	공기, 산소
점화원	성냥불

2-2

소화방법

제거되는 물질	소화방법
가연물	제거소화
산소공급원	질식소화

정답 2-1 질소, 이산화탄소, 헬륨
  2-2 ① 가연물
   ② 산소공급원

(1) 고체의 연소★★★

① 표면연소 : 목탄, 코크스, 숯, 금속분 등이 열분해에 의하여 가연성 가스를 발생하지 않고 그 물질 자체가 연소하는 현상

② 분해연소 : 석탄, 종이, 목재, 플라스틱 등의 연소 시 열분해에 의해 발생된 가스와 공기가 혼합하여 연소하는 현상

③ 증발연소 : 황, 나프탈렌, 왁스, 파라핀 등과 같이 고체를 가열하면 열분해는 일어나지 않고 고체가 액체로 되어 일정온도가 되면 액체가 기체로 변화하여 기체가 연소하는 현상

④ 자기연소(내부연소) : 제5류 위험물인 나이트로셀룰로스, 질화면 등과 같이 외부로부터 연소에 필요한 산소를 공급받지 않고, 분자에 포함된 산소를 공급받아 연소하는 현상

(2) 액체의 연소

① 증발연소 : 아세톤, 휘발유, 등유, 경유와 같이 액체를 가열하면 증기가 되어 증기가 연소하는 현상

② 액적연소 : 벙커C유와 같이 가열하여 점도를 낮추어 버너 등을 사용하여 액체의 입자를 안개상으로 분출하여 연소하는 현상

(3) 기체의 연소

① 확산연소 : 수소, 아세틸렌, 프로페인, 뷰테인 등 화염의 안정 범위가 넓고 조작이 용이하여 역화의 위험이 없는 연소로서 불꽃은 있으나 불티가 없는 연소

② 폭발연소 : 밀폐된 용기에 공기와 혼합가스가 있을 때 점화되면 연소속도가 증가하여 폭발적으로 연소하는 현상

③ 예혼합연소 : 가연성 기체와 공기 중의 산소를 미리 혼합하여 연소하는 현상

3-1. 고체의 대표적인 연소형태 4가지를 쓰시오.

3-2. 다음 각 물질의 주된 연소형태 1가지를 [보기]에서 선택하여 쓰시오.

> |보기|
> 표면연소, 분해연소, 증발연소,
> 자기연소, 예혼합연소, 확산연소

① 나프탈렌
② 석탄
③ 금속분

3-3. 황이나 나프탈렌 등과 같은 고체의 주된 연소형태를 쓰시오.

3-4. 위험물의 유별 중 외부 산소의 공급 없이 연소를 할 수 있는 위험물은 제 몇 류인지 쓰시오.

|해설|

3-1
고체의 연소 : 본문 참고

3-2
고체의 연소

종류	나프탈렌	석탄	금속분
연소방법	증발연소	분해연소	표면연소

3-3
증발연소 : 황, 나프탈렌, 왁스, 파라핀

3-4
자기연소(내부연소) : 제5류 위험물인 나이트로셀룰로스, 질화면 등과 같이 외부로부터 연소에 필요한 산소를 공급받지 않고, 분자에 포함된 산소를 공급받아 연소하는 현상

정답 3-1 표면연소, 분해연소, 증발연소, 자기연소
　　　3-2 ① 증발연소
　　　　　② 분해연소
　　　　　③ 표면연소
　　　3-3 증발연소
　　　3-4 제5류 위험물

(1) 인화점

① 휘발성 물질에 불꽃을 접하여 발화될 수 있는 최저의 온도

② 가연성 증기를 발생할 수 있는 최저의 온도

(2) 발화점

가연성 물질에 점화원을 접하지 않고도 불이 일어나는 최저의 온도

① **자연발화의 형태★★**

㉠ 산화열에 의한 발화 : 석탄, 건성유, 고무분말

㉡ 분해열에 의한 발화 : 나이트로셀룰로스, 셀룰로이드

㉢ 미생물에 의한 발화 : 퇴비, 먼지

㉣ 흡착열에 의한 발화 : 목탄, 활성탄

② **자연발화의 조건★**

㉠ 열전도율이 적을 것

㉡ 주위의 온도가 높을 것

㉢ 발열량이 클 것

㉣ 표면적이 넓을 것

㉤ 열의 축적이 클 때

③ **자연발화의 방지법★**

㉠ 습도를 낮게 할 것

㉡ 주위의 온도를 낮출 것

㉢ 통풍을 잘 시킬 것

㉣ 불활성 가스를 주입하여 공기와 접촉을 피할 것

(3) 연소점

어떤 물질이 연소 시 연소를 지속할 수 있는 최저 온도로서 인화점보다 10℃ 정도 높다.

(4) 비열

① 1g의 물체를 1℃ 올리는 데 필요한 열량(cal)

② 1lb의 물체를 1°F 올리는 데 필요한 열량(BTU)

※ 물을 소화약제로 사용하는 이유 : 비열과 증발잠열이 크기 때문

(5) 잠열

어떤 물질이 온도는 변하지 않고 상태만 변화할 때 발생하는 열($Q = \gamma \cdot m$)

① **증발잠열** : 액체가 기체로 될 때 출입하는 열(물의 증발잠열 : 539cal/g = 539kcal/kg)

② **융해잠열** : 고체가 액체로 될 때 출입하는 열(물의 융해잠열 : 80cal/g = 80kcal/kg)

(6) 증기비중

$$증기비중 = \frac{분자량}{29}$$

① **공기의 조성** : 산소(O_2) 21%, 질소(N_2) 78%, 아르곤(Ar) 등 1%

② 공기의 평균분자량 = $(32 \times 0.21) + (28 \times 0.78) + (40 \times 0.01) = 28.96 ≒ 29$

4-1. 자연발화의 형태 2가지를 쓰시오.

① 산화열에 의한 발화

② 분해열에 의한 발화

4-2. 아세톤의 증기비중을 계산하시오.

|해설|

4-1

① 산화열에 의한 발화 : 석탄, 건성유, 고무분말

② 분해열에 의한 발화 : 나이트로셀룰로스, 셀룰로이드

4-2

증기비중

$$증기비중 = \frac{분자량}{29} = \frac{58}{29} = 2.0$$

※ 아세톤(CH_3COCH_3)의 분자량 : 58

정답 **4-1** ① 석탄, 건성유

② 나이트로셀룰로스, 셀룰로이드

4-2 2.0

핵심이론 05 | 위험물의 폭발

(1) 폭발범위(연소범위)

① 폭발범위 : 가연성 물질이 기체 상태에서 공기와 혼합하여 일정농도 범위 내에서 연소가 일어나는 범위

② 폭발범위와 화재 위험성

  ㉠ 하한값이 낮을수록 위험하다.

  ㉡ 상한값이 높을수록 위험하다.

  ㉢ 연소범위가 넓을수록 위험하다.

  ㉣ 온도(압력)가 상승할수록 위험하다.

(2) 공기 중의 폭발범위(연소범위)

가스	하한값(%)	상한값(%)
아세틸렌(C_2H_2)★	2.5	81.0
이황화탄소(CS_2)	1.0	50.0
다이에틸에터($C_2H_5OC_2H_5$)★	1.7	48.0
벤젠(C_6H_6)★	1.4	8.0
톨루엔($C_6H_5CH_3$)	1.27	7.0
수소(H_2)	4.0	75.0
휘발유★	1.2	7.6

(3) 위험도(Degree of Hazards)★

$$위험도 \ H = \frac{U - L}{L}$$

여기서, U : 폭발상한값

L : 폭발하한값

(4) 혼합가스의 폭발한계값★

$$L_m = \frac{100}{\dfrac{V_1}{L_1} + \dfrac{V_2}{L_2} + \dfrac{V_3}{L_3} + \cdots + \dfrac{V_n}{L_n}}$$

여기서, L_m : 혼합가스의 폭발한계(하한값, 상한값의 vol%)

$V_1, V_2, V_3, \cdots, V_n$: 가연성 가스의 용량(vol%)

$L_1, L_2, L_3, \cdots, L_n$: 가연성 가스의 하한값 또는 상한값(vol%)

5-1. 제4류 위험물 중 특수인화물인 $C_2H_5OC_2H_5$의 위험도(H)를 구하시오.

5-2. 연소범위가 1.4~8.0%인 벤젠의 위험도를 구하시오.

5-3. 다이에틸에터 50vol%, 이황화탄소 30vol%, 아세트알데하이드 20vol%인 혼합증기의 폭발하한값은?(단, 폭발범위는 다이에틸에터 1.7~48.0vol%, 이황화탄소 1.0~50.0vol%, 아세트알데하이드 4.0~60.0vol%이다)

|해설|

5-1
위험도
- 다이에틸에터의 연소범위 : 1.7~48%
- 위험도 $H = \dfrac{U - L}{L}$

  여기서, U : 폭발상한값

  L : 폭발하한값

∴ 위험도 $= \dfrac{48 - 1.7}{1.7} = 27.24$

5-2
위험도

$H = \dfrac{8.0 - 1.4}{1.4} = 4.71$

5-3
혼합가스의 폭발하한값

$$L_m = \dfrac{100}{\dfrac{V_1}{L_1} + \dfrac{V_2}{L_2} + \dfrac{V_3}{L_3} + \cdots + \dfrac{V_n}{L_n}}$$

여기서, L_m : 혼합가스의 폭발한계

$V_1, V_2, V_3, \cdots, V_n$: 가연성 가스의 용량

$L_1, L_2, L_3, \cdots, L_n$: 가연성 가스의 하한값 또는 상한값

∴ $L_m = \dfrac{100}{\dfrac{V_1}{L_1} + \dfrac{V_2}{L_2} + \dfrac{V_3}{L_3}} = \dfrac{100}{\dfrac{50}{1.7} + \dfrac{30}{1.0} + \dfrac{20}{4.0}} = 1.55\text{vol}\%$

정답 **5-1** 27.24
5-2 4.71
5-3 1.55vol%

핵심이론 06 │ 유류탱크(가스탱크)에서 발생하는 현상

(1) 보일오버(Boil Over)

① 중질유탱크에서 장시간 조용히 연소하다가 탱크의 잔존기름이 갑자기 분출(Over Flow)하는 현상

② 연소유면으로부터 100℃ 이상의 열파가 탱크저부에 고여 있는 물을 비등하게 하면서 연소유를 탱크 밖으로 비산하며 연소하는 현상

(2) 슬롭오버(Slop Over)

물이 연소유의 뜨거운 표면에 들어갈 때 기름표면에서 화재가 발생하는 현상

(3) 프로스오버(Froth Over)

물이 뜨거운 기름 표면 아래서 끓을 때 화재를 수반하지 않는 용기에서 넘쳐흐르는 현상

핵심이론 01 | 소화방법

(1) 소화의 원리
연소의 3요소 중 어느 하나를 없애주어 소화하는 방법

(2) 소화방법★
① 제거소화 : 화재 현장에서 가연물을 없애주어 소화하는 방법
② 냉각소화 : 화재 현장에 물을 주수하여 발화점 이하로 온도를 낮추어 소화하는 방법
※ 물을 소화제로 이용하는 이유 : 비열과 증발잠열이 크기 때문
③ 질식소화 : 공기 중의 산소의 농도를 21%에서 15% 이하로 낮추어 공기를 차단하여 소화하는 방법
※ 질식소화 시 산소의 유효 한계농도 : 10~15%
④ 부촉매소화(억제소화, 화학소화) : 연쇄반응을 차단하여 소화하는 방법
⑤ 희석소화 : 알코올, 에스터, 케톤류 등 수용성 물질에 다량의 물을 방사하여 가연물의 농도를 낮추어 소화하는 방법
⑥ 유화효과 : 물분무소화설비를 중유에 방사하는 경우 유류표면에 얇은 막으로 유화층을 형성하여 화재를 소화하는 방법
⑦ 피복효과 : 이산화탄소 소화약제 방사 시 가연물의 구석까지 침투하여 피복함으로써 연소를 차단하여 소화하는 방법

(3) 소화효과★
① 봉상주수(옥내소화전설비, 옥외소화전설비) : 냉각효과
② 적상주수(스프링클러설비) : 냉각효과
③ 무상주수(물분무소화설비) : 질식, 냉각, 희석, 유화효과

④ 포 : 질식, 냉각효과
⑤ 이산화탄소 : 질식, 냉각, 피복효과
⑥ 할로젠화합물 : 질식, 냉각, 억제(부촉매)효과
⑦ 할로젠화합물 및 불활성기체소화설비(소방 관련 법령)
  ㉠ 할로젠화합물소화약제 : 억제(부촉매), 질식, 냉각효과
  ㉡ 불활성기체소화약제 : 질식, 냉각효과
⑧ 분말 : 질식, 냉각, 억제(부촉매)효과

10년간 자주 출제된 문제

1-1. 물을 소화약제로 사용하는 이유를 쓰시오.

1-2. 알코올, 에스터, 케톤류 등 수용성 물질에 다량의 물을 방사하여 가연물의 농도를 낮추어 소화하는 방법을 쓰시오.

1-3. 할로젠화합물소화약제의 소화효과를 쓰시오.

|해설|

1-1
물을 소화약제로 사용하는 이유
• 비열($1cal/g \cdot ℃$)이 크기 때문
• 증발잠열($539cal/g$)이 크기 때문

1-2
희석소화 : 알코올, 에스터, 케톤류 등 수용성 물질에 다량의 물을 방사하여 가연물의 농도를 낮추어 소화하는 방법

1-3
소화효과
• 할로젠화합물 : 질식, 냉각, 억제(부촉매)효과
• 이산화탄소 : 질식, 냉각, 피복효과
• 분말 : 질식, 냉각, 억제(부촉매)효과

정답 **1-1** 비열 및 증발잠열이 크기 때문
    1-2 희석효과
    1-3 질식, 냉각, 억제효과

핵심이론 02 | 소화기의 분류

(1) 가압방식에 의한 분류

① 축압식 : 항상 소화기의 용기 내부에 소화약제와 압축
공기 또는 불연성 가스(질소, CO_2)를 축압시켜 그 압
력에 의해 약제가 방출되며, CO_2 소화기 외에는 모두
지시압력계가 부착되어 있으며 녹색(적색)의 지시가
정상 상태이다.

② 가압식 : 소화약제의 방출을 위한 가압가스 용기를 소
화기의 내부나 외부에 따로 부설하여 가압가스의 압력
에서 소화약제가 방출된다.

(2) 소화능력 단위에 의한 분류

① 소형소화기 : 능력단위 1단위 이상이면서 대형소화기
의 능력단위 이하인 소화기

② 대형소화기 : 능력단위가 A급 화재는 10단위 이상, B
급 화재는 20단위 이상인 것으로서 소화약제 충전량
이 아래 표에 기재한 이상인 소화기

종별	소화약제의 충전량
포	20L
강화액	60L
물	80L
분말	20kg
할로젠화합물(할론)	30kg
이산화탄소	50kg

핵심이론 03 | 물소화약제

(1) 물소화약제의 장단점

① 장점

　㉠ 인체에 무해하여 다른 소화약제와 혼합하여 수용
액으로 사용할 수 있다.

　㉡ 가격이 저렴하고 장기 보존이 가능하다.

　㉢ 냉각효과가 우수하며 무상주수일 때는 질식, 유화
효과가 있다.

② 단점

　㉠ 0℃ 이하의 온도에서는 동파 및 응고 현상으로 소
화효과가 적다.

　㉡ 방사 후 물에 의한 2차 피해의 우려가 있다.

　㉢ 전기화재(C급)나 금속화재(D급)에는 적응성이
없다.

　㉣ 유류 화재 시 물을 소화약제로 방사하면 연소면
확대로 소화효과를 기대하기 어렵다.

(2) 물소화약제의 방사방법 및 소화효과

① 방사방법

　㉠ 봉상주수 : 옥내소화전, 옥외소화전에서 방사하는
물이 가늘고 긴 물줄기 모양을 형성하여 방사되
는 것

　㉡ 적상주수 : 스프링클러 헤드와 같이 물방울을 형성
하면서 방사되는 것으로 봉상주수보다 물방울의
입자가 작다.

　㉢ 무상주수 : 물분무 헤드와 같이 안개 또는 구름
모양을 형성하면서 방사되는 것

② 소화 원리 : 냉각작용에 의한 소화효과가 가장 크며
증발하여 수증기로 되므로 원래 물의 용적의 약 1,700
배의 불연성 기체로 되기 때문에 가연성 혼합기체의
희석작용도 하게 된다.

핵심이론 04 | 강화액소화약제

(1) 종류
① 축압식
② 가스가압식
③ 반응식

(2) 소화원리
강화액은 −25℃에서도 동결하지 않으므로 한랭지에서도 보온의 필요가 없을 뿐만 아니라 탈수, 탄화작용으로 목재, 종이 등을 불연화하고 재연방지의 효과도 있다.

$$H_2SO_4 + K_2CO_3 + H_2O \rightarrow K_2SO_4 + 2H_2O + CO_2$$

10년간 자주 출제된 문제

강화액소화약제의 반응식을 쓰시오.

|해설|

강화액소화약제 : 본문 참고

정답 $H_2SO_4 + K_2CO_3 + H_2O \rightarrow K_2SO_4 + 2H_2O + CO_2$

핵심이론 05 | 포소화약제

(1) 포소화약제의 구비조건
① 포의 안정성과 유동성이 좋을 것
② 독성이 적을 것
③ 유류와의 접착성이 좋을 것

(2) 포소화약제의 종류 및 성상
① 화학포소화약제 : 화학포소화약제는 외약제(A제)인 탄산수소나트륨(중탄산나트륨, $NaHCO_3$)의 수용액과 내약제(B제)인 황산알루미늄[$Al_2(SO_4)_3$]의 수용액과 화학반응에 의해 이산화탄소를 이용하여 포(Foam)를 발생시킨 약제이다.

※ $6NaHCO_3 + Al_2(SO_4)_3 \cdot 18H_2O$
   $\rightarrow 3Na_2SO_4 + 2Al(OH)_3 + 6CO_2 + 18H_2O$

② 기계포소화약제(공기포소화약제)
   ㉠ 혼합비율에 따른 분류

구분	약제 종류	약제 농도	팽창비
저발포용	단백포	3%, 6%	6배 이상 20배 이하
	합성 계면활성제포	3%, 6%	6배 이상 20배 이하
	수성막포	3%, 6%	5배 이상 20배 이하
	알코올용포	3%, 6%	6배 이상 20배 이하
	플루오린화단백포	3%, 6%	6배 이상 20배 이하
고발포용	합성 계면활성제포	1%, 1.5%, 2%	80배 이상 1,000배 미만

   ㉡ 발포배율에 따른 분류

구분		팽창비
저발포용		6배 이상 20배 이하
고발포용	제1종 기계포	80배 이상 250배 미만
	제2종 기계포	250배 이상 500배 미만
	제3종 기계포	500배 이상 1,000배 미만

※ 팽창비 $= \dfrac{\text{방출 후 포의 체적(L)}}{\text{방출 전 포수용액의 체적(포원액 + 물)(L)}}$

$= \dfrac{\text{방출 후 포의 체적(L)}}{\dfrac{\text{원액의 양(L)}}{\text{농도(\%)}}}$

10년간 자주 출제된 문제

5-1. 화학포소화약제의 내약제와 외약제를 쓰시오.

5-2. 화학포소화약제의 포핵은 무엇인지 쓰시오.

|해설|

5-1
화학포소화약제 : 본문 참고

5-2
포소화약제의 포핵
- 화학포 : 이산화탄소(CO_2)
- 기계포 : 공기

정답 **5-1** • 내약제 : 황산알루미늄
      • 외약제 : 탄산수소나트륨
   5-2 이산화탄소

핵심이론 06 | 이산화탄소소화약제

(1) 이산화탄소의 특성

① 상온에서 기체이며 기체비중은 1.52로 공기보다 무겁다.

② 무색무취로 화학적으로 안정하고 가연성·부식성도 없다.

③ 공기보다 1.52배 무겁기 때문에 심부화재에 적합하다.

④ 액화가스로 저장하기 위하여 임계온도 이하로 냉각시켜 놓고 가압한다.

⑤ 저온으로 고체화한 것을 드라이아이스라고 하며 냉각제로 사용한다.

[이산화탄소소화기]

(2) 이산화탄소의 물성

구분	물성치
화학식	CO_2
분자량	44
기체비중(공기 = 1)	1.52(44/29 = 1.517)
삼중점	−56.3℃(0.42MPa)
임계압력	72.75atm
임계온도	31.35℃

(3) 이산화탄소소화약제의 소화효과★

① 산소의 농도를 21%에서 15%로 낮추어 이산화탄소에 의한 질식효과

② 증기비중이 공기보다 1.52배로 무겁기 때문에 이산화탄소에 의한 피복효과

③ 이산화탄소 가스 방출 시 기화열에 의한 냉각효과

6-1. 이산화탄소소화기의 대표적인 소화효과 2가지를 쓰시오.

6-2. 이산화탄소소화기로 이산화탄소 20℃ 1기압의 대기 중에 1kg을 방출할 때 부피로 몇 L가 되는지 구하시오.

|해설|

6-1
이산화탄소소화기의 소화효과
• 질식효과 : 공기 중의 산소의 농도를 21%에서 15% 이하로 낮추어 소화하는 방법
• 냉각효과 : 화재 현장에 물을 주수하여 발화점 이하로 온도를 낮추어 소화하는 방법

6-2
이상기체 상태방정식

$$PV = \frac{W}{M}RT, \quad V = \frac{WRT}{PM}$$

여기서, P : 압력(1atm)
V : 부피(L)
M : 분자량(CO_2 : 44g/g-mol)
W : 무게(1kg = 1,000g)
R : 기체상수(0.08205L · atm/g-mol · K)
T : 절대온도(273 + 20℃ = 293K)

$$\therefore V = \frac{WRT}{PM} = \frac{1,000g \times 0.08205L \cdot atm/g\text{-}mol \cdot K \times 293K}{1atm \times 44g/g\text{-}mol}$$

$$= 546.38L$$

정답 6-1 질식소화, 냉각소화
　　 6-2 546.38L

핵심이론 07 | 할로젠화합물소화약제

(1) 할로젠화합물의 특성
① 변질 분해가 없다.
② 전기부도체이다.
③ 금속에 대한 부식성이 적다.
④ 연소 억제작용으로 부촉매 소화효과가 훌륭하다.
⑤ 값이 비싸다는 단점도 있다.

[할로젠화합물소화기]

(2) 할로젠화합물소화약제의 물성

종류 ＼ 물성	할론 1301	할론 1211	할론 2402
분자식★★★	CF_3Br	CF_2ClBr	$C_2F_4Br_2$
구조식	F ∣ F − C − Br ∣ F	Cl ∣ F − C − F ∣ Br	F　F ∣　∣ Br − C − C − Br ∣　∣ F　F
분자량	148.9	165.4	259.8
상태(상온)	기체	기체	액체
증기비중	5.13	5.70	8.96

(3) 할로젠화합물소화약제의 구비조건
① 비점이 낮고 기화되기 쉬울 것
② 공기보다 무겁고 불연성일 것
③ 증발 잔유물이 없어야 할 것
※ 위험물에서는 할로젠화합물소화약제이고, 소방에서는 할론소화약제이다.

(4) 명명법

할론 1211은 CF_2ClBr로서 1개의 탄소 원자, 2개의 플루오린 원자, 1개의 염소 원자 및 1개의 브로민 원자로 이루어진 화합물이다.

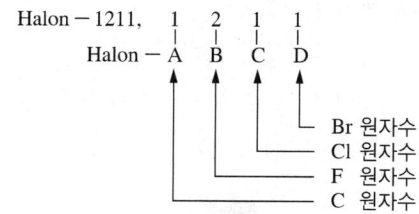

Halon − 1211,

Halon − A   B   C   D
- C 원자수
- F 원자수
- Cl 원자수
- Br 원자수

(5) 할로젠화합물소화약제의 소화효과

① 소화효과 : 질식, 냉각, 부촉매 효과
② 소화효과의 크기 : 할론 1011 < 할론 2402 < 할론 1211 < 할론 1301

10년간 자주 출제된 문제

7-1. 다음의 Halon 번호에 해당하는 화학식을 쓰시오.

① Halon 1301
② Halon 1211

7-2. 다음의 Halon 번호에 해당하는 화학식을 쓰시오.

① Halon 2402
② Halon 1011

|해설|

7-1
할로젠화합물소화약제

종류	할론 1301	할론 1211	할론 2402	할론 1011
화학식	CF_3Br	CF_2ClBr	$C_2F_4Br_2$	CH_2ClBr

7-2
할로젠화합물소화약제 : 본문 참고

정답 7-1 ① CF_3Br
　　　　② CF_2ClBr
　　7-2 ① $C_2F_4Br_2$
　　　　② CH_2ClBr

핵심이론 08 | 할로젠화합물 및 불활성기체소화약제
(소방 관련 법령)

(1) 소화약제의 정의

① 할로젠화합물소화약제 : 플루오린(F), 염소(Cl), 브로민(Br), 아이오딘(I) 중 하나 이상의 원소를 포함하고 있는 유기화합물을 기본 성분으로 하는 소화약제
② 불활성기체소화약제 : 헬륨(He), 네온(Ne), 아르곤(Ar), 질소(N_2) 가스 중 어느 하나 이상의 원소를 기본 성분으로 하는 소화약제

(2) 소화약제의 특성

① 할로젠화합물(할론 1301, 할론 2402, 할론 1211은 제외) 및 불활성기체는 비전도성이다.
② 휘발성이 있거나 증발 후 잔여물은 남기지 않는 액체이다.
③ 할로젠화합물(할론)소화약제 대처용이다.

(3) 소화약제의 종류

소화약제	화학식
퍼플루오로뷰테인(FC-3-1-10)	C_4F_{10}
하이드로클로로플루오로카본 혼화제(HCFC BLEND A)	HCFC−123($CHCl_2CF_3$) : 4.75% HCFC−22($CHClF_2$) : 82% HCFC−124($CHClFCF_3$) : 9.5% $C_{10}H_{16}$: 3.75%
클로로테트라플루오로에테인 (HCFC-124)	$CHClFCF_3$
펜타플루오로에테인(HFC-125)	CHF_2CF_3
헵타플루오로프로페인 (HFC-227ea)	CF_3CHFCF_3
트라이플루오로메테인(HFC-23)	CHF_3
헥사플루오로프로페인 (HFC-236fa)	$CF_3CH_2CF_3$
트라이플루오로이오다이드 (FIC-13I1)	CF_3I
불연성·불활성기체 혼합가스 (IG-01)	Ar
불연성·불활성기체 혼합가스 (IG-100)	N_2
불연성·불활성기체 혼합가스 (IG-541)★★	N_2 : 52%, Ar : 40%, CO_2 : 8%

소화약제	화학식
불연성·불활성기체 혼합가스 (IG-55)	N_2 : 50%, Ar : 50%
도데카플루오로-2-메틸펜테인-3-원 (FK-5-1-12)	$CF_3CF_2C(O)CF(CF_3)_2$

(4) 소화약제의 소화효과

① 할로젠화합물소화약제 : 질식, 냉각, 부촉매효과

② 불활성기체소화약제 : 질식, 냉각효과

10년간 자주 출제된 문제

8-1. 할로젠화합물소화약제인 HFC-23의 화학식을 쓰시오.

8-2. 불활성기체소화약제인 IG-541의 구성성분 3가지를 쓰시오.

|해설|

8-1
HFC-23의 화학식 : CHF_3

8-2
불연성·불활성기체소화약제
• 종류

소화약제	화학식
불연성·불활성기체 혼합가스(IG-01)	Ar
불연성·불활성기체 혼합가스(IG-100)	N_2
불연성·불활성기체 혼합가스(IG-541)	N_2 : 52%, Ar : 40%, CO_2 : 8%
불연성·불활성기체 혼합가스(IG-55)	N_2 : 50%, Ar : 50%

• 명명법

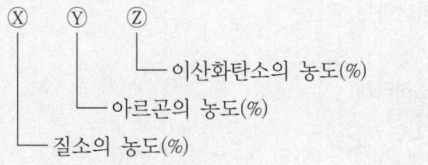

Ⓧ Ⓨ Ⓩ
└ 이산화탄소의 농도(%)
└ 아르곤의 농도(%)
└ 질소의 농도(%)

정답 8-1 CHF_3
8-2 질소(N_2), 아르곤(Ar), 이산화탄소(CO_2)

---

(1) 분말소화약제의 성상★★★

종류	주성분	착색	적응화재
제1종 분말	탄산수소나트륨($NaHCO_3$)	백색	B, C급
제2종 분말	탄산수소칼륨($KHCO_3$)	담회색	B, C급
제3종 분말	제일인산암모늄 ($NH_4H_2PO_4$)	담홍색	A, B, C급
제4종 분말	탄산수소칼륨 + 요소 [$KHCO_3 + (NH_2)_2CO$]	회색	B, C급

(2) 열분해반응식

① 제1종 분말

ㄱ 1차 분해반응식(270℃)★

$$2NaHCO_3 \rightarrow Na_2CO_3 + CO_2 + H_2O$$

ㄴ 2차 분해반응식(850℃)

$$2NaHCO_3 \rightarrow Na_2O + 2CO_2 + H_2O$$

② 제2종 분말

ㄱ 1차 분해반응식(190℃)★

$$2KHCO_3 \rightarrow K_2CO_3 + CO_2 + H_2O$$

ㄴ 2차 분해반응식(590℃)

$$2KHCO_3 \rightarrow K_2O + 2CO_2 + H_2O$$

③ 제3종 분말

ㄱ 1차 분해반응식(190℃)

$$NH_4H_2PO_4 \rightarrow NH_3 + H_3PO_4$$
(인산, 오쏘인산)

ㄴ 2차 분해반응식(215℃)

$$2H_3PO_4 \rightarrow H_2O + H_4P_2O_7$$
(피로인산)

ㄷ 3차 분해반응식(300℃)

$$H_4P_2O_7 \rightarrow H_2O + 2HPO_3$$
(메타인산)

※ $NH_4H_2PO_4 \rightarrow HPO_3 + NH_3 + H_2O$★★

④ 제4종 분말

$$2KHCO_3 + (NH_2)_2CO \rightarrow K_2CO_3 + 2NH_3 + 2CO_2$$

(3) 분말소화약제의 소화효과

① 질식효과

② 냉각효과

③ 부촉매 효과

9-1. 다음 종별 분말소화약제의 주성분으로 사용되는 물질을 화학식으로 쓰시오.

① 제1종 분말소화약제

② 제2종 분말소화약제

③ 제3종 분말소화약제

9-2. 탄산수소나트륨 소화약제가 1차적으로 열분해 되는 화학반응식을 쓰시오.

9-3. 제2종 분말소화약제의 주성분을 화학식으로 쓰시오.

9-4. 제2종 분말소화약제의 주성분을 쓰고 1차 열분해반응식을 쓰시오.

① 주성분

② 열분해반응식

9-5. 제3종 분말소화약제의 열분해반응식을 쓰시오.

9-6. 제3종 분말소화약제가 열분해할 때 생성되는 물질 중 가연물 표면에 부착성 막을 만들어 산소의 유입을 차단하는 역할을 하는 것은 무엇인지 쓰시오.

9-7. 제2종 분말소화약제인 탄산수소칼륨을 190℃에서 열분해되었을 때 분해반응식을 쓰고, 200kg의 탄산수소칼륨을 분해하였을 때 발생하는 탄산가스는 몇 m^3인지 1기압, 200℃의 기준에서 구하시오(단, 칼륨의 원자량은 39이다).

① 열분해반응식

② 탄산가스의 양

9-8. 제3종 분말소화약제 $NH_4H_2PO_4$ 115g이 열분해할 경우 몇 g의 HPO_3가 생기는지 화학반응식을 쓰고 구하시오(단, P의 원자량은 31이다).

① 화학반응식

② 답

|해설|

9-1

분말소화약제

종류	주성분	착색 (분말의 색)	적응화재
제1종 분말	$NaHCO_3$ (탄산수소나트륨, 중탄산나트륨)	백색	B, C급
제2종 분말	$KHCO_3$ (탄산수소칼륨, 중탄산칼륨)	담회색	B, C급
제3종 분말	$NH_4H_2PO_4$ (인산암모늄, 제일인산암모늄)	담홍색	A, B, C급
제4종 분말	$KHCO_3 + (NH_2)_2CO$ (탄산수소칼륨 + 요소)	회색	B, C급

9-2

제1종 분말소화약제 열분해반응식

• 1차 분해반응식(270℃) : $2NaHCO_3 \rightarrow Na_2CO_3 + CO_2 + H_2O$

• 2차 분해반응식(850℃) : $2NaHCO_3 \rightarrow Na_2O + 2CO_2 + H_2O$

9-3

제2종 분말소화약제 : 본문 참고

9-4

제2종 분말소화약제의 열분해반응식 : 본문 참고

9-5

제3종 분말소화약제의 열분해반응식 : 본문 참고

9-6

제3종 분말소화약제

$NH_4H_2PO_4 \rightarrow HPO_3 + NH_3 + H_2O$

※ 메타인산(HPO_3) : 가연물 표면에 부착성 막을 만들어 산소의 유입을 차단하는 역할

9-7

제2종 분말소화약제

• 분해반응식

– 1차 분해(190℃) : $2KHCO_3 \rightarrow K_2CO_3 + CO_2 + H_2O$

– 2차 분해(590℃) : $2KHCO_3 \rightarrow K_2O + 2CO_2 + H_2O$

• 이산화탄소(탄산가스)의 체적

$$2KHCO_3 \rightarrow K_2CO_3 + CO_2 + H_2O$$

$$2 \times 100kg \qquad\qquad 44kg$$
$$200kg \qquad\qquad\qquad x$$

$$\therefore x = \frac{200kg \times 44kg}{2 \times 100kg} = 44kg$$

이상기체 상태방정식을 적용하면

$$PV = \frac{W}{M}RT, \quad V = \frac{WRT}{PM}$$

여기서, P : 압력(1atm)

V : 부피(m^3)

W : 무게(44kg)

M : 분자량(CO_2 = 44kg/kg-mol)

R : 기체상수($0.08205m^3 \cdot atm/kg-mol \cdot K$)

T : 절대온도($273 + 200℃ = 473K$)

$$\therefore V = \frac{WRT}{PM}$$

$$= \frac{44kg \times 0.08205m^3 \cdot atm/kg-mol \cdot K \times 473K}{1atm \times 44kg/kg-mol}$$

$$= 38.81m^3$$

9-8

제3종 분말소화약제

• 열분해반응식

$$NH_4H_2PO_4 \rightarrow HPO_3 + NH_3 + H_2O$$

• 생성된 HPO_3의 양

$$NH_4H_2PO_4 \rightarrow HPO_3 + NH_3 + H_2O$$
$$115g \qquad\qquad 80g$$
$$115g \qquad\qquad\qquad x$$

$$\therefore x = \frac{115g \times 80g}{115g} = 80g$$

※ $NH_4H_2PO_4$의 분자량 : 115, HPO_3의 분자량 : 80

정답 9-1 ① $NaHCO_3$
　　　② $KHCO_3$
　　　③ $NH_4H_2PO_4$
　9-2 $2NaHCO_3 \rightarrow Na_2CO_3 + CO_2 + H_2O$
　9-3 $KHCO_3$
　9-4 ① 탄산수소칼륨($KHCO_3$)
　　　② $2KHCO_3 \rightarrow K_2CO_3 + CO_2 + H_2O$
　9-5 $NH_4H_2PO_4 \rightarrow HPO_3 + NH_3 + H_2O$
　9-6 메타인산(HPO_3)
　9-7 ① $2KHCO_3 \rightarrow K_2CO_3 + CO_2 + H_2O$
　　　② $38.81m^3$
　9-8 ① $NH_4H_2PO_4 \rightarrow HPO_3 + NH_3 + H_2O$
　　　② 80g

제4절　소방시설의 설치 및 운영

4-1. 소방시설

핵심이론 01 | 소화설비의 설치기준

(1) 소화기의 설치기준(소화기구 및 자동소화장치의 화재안전기술기준)

① 각 층마다 설치할 것

② 소방대상물의 각 부분으로부터 소화기까지의 보행거리

　㉠ 소형소화기 : 20m 이내가 되도록 배치할 것

　㉡ 대형소화기 : 30m 이내가 되도록 배치할 것

③ 소화기구(자동확산소화기는 제외)는 바닥으로부터 높이 1.5m 이하의 곳에 비치할 것

④ 소화기는 "소화기", 투척용소화용구에 있어서는 "투척용소화용구, 마른 모래는 "소화용 모래", 팽창진주암 및 팽창질석은 "소화질석"이라고 표시한 표지를 보기 쉬운 곳에 게시할 것

(2) 수계 소화설비의 설치기준(시행규칙 별표 17, 위험물안전관리에 관한 세부기준 제129조~제131조)

① 옥내소화전의 개폐밸브, 호스접속구의 설치 위치 : 바닥면으로부터 1.5m 이하★

② 옥내소화전설비의 가압송수장치의 시동을 알리는 표시등(시동표시등)은 적색으로 설치할 것

③ 옥내소화전은 제조소 등의 건축물의 층마다 하나의 호스접속구까지의 수평거리가 25m 이하가 되도록 설치할 것. 이 경우 옥내소화전은 각 층의 출입구 부근에 1개 이상 설치해야 한다.★

④ 옥외소화전은 방호대상물의 각 부분에서 하나의 호스접속구까지의 수평거리가 40m 이하가 되도록 설치할 것. 이 경우 그 설치개수가 1개일 때는 2개로 해야 한다.

⑤ 방수량, 방수압력 등

항목 종류	방수량	방수 압력	토출량	수원	비상 전원
옥내 소화전설비	260 L/min	0.35 MPa	N(최대 5개) ×260L/min	N(최대 5개) ×7.8m³ (260L/min ×30min)	45분
옥외 소화전설비	450 L/min	0.35 MPa	N(최대 4개) ×450L/min	N(최대 4개) ×13.5m³ (450L/min ×30min)	45분
스프링클러 설비	80 L/min	0.1 MPa	헤드수 ×80L/min	헤드수× 2.4m³ (80L/min ×30min)	45분

⑤ 할로젠화합물소화설비의 충전비

약제의 종류		충전비
할론 2402	가압식	0.51 이상 0.67 이하
	축압식	0.67 이상 2.75 이하
할론 1211		0.7 이상 1.40이하
할론 1301, HFC-227ea		0.9 이상 1.6 이하
HFC-23, HFC-125		1.2 이상 1.5 이하
FK-5-1-12		0.7 이상 1.6 이하

⑥ 분말소화설비의 저장용기 등으로부터 배관의 굴곡부까지의 거리는 관경의 20배 이상 되도록 할 것

(3) 가스계 소화설비의 설치기준(위험물안전관리에 관한 세부기준 제134조~제135조)

① 이동식 불활성가스소화설비

　㉠ 저장량 : 90kg 이상

　㉡ 방사량 : 90kg/min 이상

② 불활성가스소화설비의 저장용기 충전비

구분	이산화탄소의 충전비		IG-55, IG-100, IG-541의 충전압력
	고압식	저압식	
기준	1.5 이상 1.9 이하	1.1 이상 1.4 이하	32MPa 이하

③ 불활성가스소화설비의 저장용기 설치기준

　㉠ 방호구역 외의 장소에 설치할 것

　㉡ 온도가 40℃ 이하이고 온도 변화가 작은 장소에 설치할 것

　㉢ 직사일광 및 빗물이 침투할 우려가 작은 장소에 설치할 것

④ 할로젠화합물소화설비의 방사압력

약제	방사압력	약제	방사압력
할론 2402	0.1MPa 이상	HFC-227ea	0.3MPa 이상
할론 1211	0.2MPa 이상	HFC-23	0.9MPa 이상
할론 1301	0.9MPa 이상	HCFC-125	0.9MPa 이상

1-1. 옥내소화전설비의 설치기준에 대해 다음 (   ) 안에 알맞은 수치를 쓰시오.

> 옥내소화전은 제조소 등의 건축물의 층마다 해당 층의 각 부분에서 하나의 호스접속구까지의 수평거리가 (㉠)m 이하가 되도록 설치할 것. 이 경우 옥내소화전은 각 층의 출입구 부근에 (㉡)개 이상 설치해야 한다.

1-2. 이동식 불활성가스소화설비의 설치기준에 대해 다음 물음에 답하시오.

① 저장량
② 방사량

|해설|

1-1
옥내소화전설비의 설치기준
- 옥내소화전은 제조소 등의 건축물의 층마다 해당 층의 각 부분에서 하나의 호스접속구까지의 수평거리가 25m 이하가 되도록 설치할 것. 이 경우 옥내소화전은 각 층의 출입구 부근에 1개 이상 설치해야 한다.
- 수원의 수량은 옥내소화전이 가장 많이 설치된 층의 옥내소화전 설치개수(설치개수가 5개 이상인 경우는 5개)에 7.8m³를 곱한 양 이상이 되도록 설치할 것
- 옥내소화전설비는 각 층을 기준으로 하여 해당 층의 모든 소화전(설치개수가 5개 이상인 경우는 5개의 옥내소화전)을 동시에 사용할 경우에 각 노즐 끝부분의 방수압력이 350kPa 이상이고 방수량은 260L/min 이상의 성능이 되도록 할 것

1-2
이동식 불활성가스소화설비
- 저장량 : 90kg 이상
- 방사량 : 90kg/min 이상

정답 1-1 ㉠ 25
      ㉡ 1
   1-2 ① 90kg 이상
      ② 90kg/min 이상

핵심이론 02 | 경보설비의 설치기준(시행규칙 별표 17)

(1) 제조소 등별로 설치해야 하는 경보설비의 종류

제조소 등의 구분	제조소 등의 규모, 저장 또는 취급하는 위험물의 종류 및 최대수량 등	경보설비
가. 제조소 및 일반취급소	• 연면적이 500m² 이상인 것★ • 옥내에서 지정수량의 100배 이상을 취급하는 것(고인화점 위험물만을 100℃ 미만의 온도에서 취급하는 것은 제외) • 일반취급소로 사용되는 부분 외의 부분이 있는 건축물에 설치된 일반취급소(일반취급소와 일반취급소 외의 부분이 내화구조의 바닥 또는 벽으로 개구부 없이 구획된 것은 제외)	자동화재탐지설비★
나. 옥내저장소	• 지정수량의 100배 이상을 저장 또는 취급하는 것(고인화점 위험물만을 저장 또는 취급하는 것은 제외) • 저장창고의 연면적이 150m²를 초과하는 것[연면적 150m² 이내마다 불연재료의 격벽으로 개구부 없이 완전히 구획된 저장창고와 제2류 위험물(인화성 고체는 제외) 또는 제4류 위험물(인화점이 70℃ 미만인 것은 제외)만을 저장 또는 취급하는 저장창고는 그 연면적이 500m² 이상인 것을 말한다] • 처마 높이가 6m 이상인 단층 건물의 것 • 옥내저장소로 사용되는 부분 외의 부분이 있는 건축물에 설치된 옥내저장소[옥내저장소와 옥내저장소 외의 부분이 내화구조의 바닥 또는 벽으로 개구부 없이 구획된 것과 제2류(인화성 고체는 제외) 또는 제4류의 위험물(인화점이 70℃ 미만인 것은 제외)만을 저장 또는 취급하는 것은 제외]	
다. 옥내탱크저장소	단층 건물 외의 건축물에 설치된 옥내탱크저장소로서 소화난이도 등급 Ⅰ에 해당하는 것	
라. 주유취급소	옥내주유취급소	
마. 옥외탱크저장소	특수인화물, 제1석유류 및 알코올류를 저장 또는 취급하는 탱크의 용량이 1,000만L 이상인 것	• 자동화재탐지설비 • 자동화재속보설비

제조소 등의 구분	제조소 등의 규모, 저장 또는 취급하는 위험물의 종류 및 최대수량 등	경보설비
바. 가목부터 마목까지의 규정에 따른 자동화재탐지설비 설치대상 제조소 등에 해당하지 않는 제조소 등(이송취급소는 제외)	지정수량의 10배 이상을 저장 또는 취급하는 것	자동화재탐지설비, 비상경보설비, 확성장치 또는 비상방송설비 중 1종 이상

(2) 자동화재탐지설비의 설치기준

① 자동화재탐지설비의 경계구역(화재가 발생한 구역을 다른 구역과 구분하여 식별할 수 있는 최소단위의 구역)은 건축물 그 밖의 공작물의 2 이상의 층에 걸치지 않도록 할 것. 다만, 하나의 경계구역의 면적이 500m² 이하이면서 해당 경계구역이 두 개의 층에 걸치는 경우이거나 계단·경사로·승강기의 승강로 그 밖에 이와 유사한 장소에 연기감지기를 설치하는 경우에는 그렇지 않다.

② 하나의 경계구역의 면적은 600m² 이하로 하고 그 한 변의 길이는 50m(광전식분리형 감지기를 설치할 경우에는 100m) 이하로 할 것. 다만, 해당 건축물 그 밖의 공작물의 주요한 출입구에서 그 내부의 전체를 볼 수 있는 경우에 있어서는 그 면적을 1,000m² 이하로 할 수 있다.

③ 자동화재탐지설비의 감지기(옥외탱크저장소에 설치하는 자동화재탐지설비의 감지기는 제외한다)는 지붕(상층이 있는 경우에는 상층의 바닥) 또는 벽의 옥내에 면한 부분(천장이 있는 경우에는 천장 또는 벽의 옥내에 면한 부분 및 천장의 뒷부분)에 유효하게 화재의 발생을 감지할 수 있도록 설치할 것

④ 자동화재탐지설비에는 비상전원을 설치할 것

핵심이론 03 | 피난설비의 설치기준(시행규칙 별표 17)

(1) 피난설비의 개요

피난기구는 화재가 발생하였을 때 소방대상물에 상주하는 사람들을 안전한 장소로 피난시킬 수 있는 기계·기구를 말하며 피난설비는 화재발생 시 건축물로부터 피난하기 위해 사용하는 기계 기구 또는 설비를 말한다.

(2) 피난설비의 종류(소방)

① 피난기구 : 미끄럼대, 피난사다리, 구조대, 완강기, 간이완강기, 피난교, 공기안전매트, 다수인 피난장비, 승강식피난기

② 인명구조기구 : 방열복, 방화복, 공기호흡기 및 인공소생기

③ 피난유도선, 유도등 및 유도표지

④ 비상조명등 및 휴대용비상조명등

(3) 피난설비의 설치기준

① 주유취급소 중 건축물의 2층 이상의 부분을 점포·휴게음식점 또는 전시장의 용도로 사용하는 것에 있어서는 해당 건축물의 2층 이상으로부터 직접 주유취급소의 부지 밖으로 통하는 출입구와 해당 출입구로 통하는 통로·계단 및 출입구에 유도등을 설치해야 한다.

② 옥내주유취급소에 있어서는 해당 사무소 등의 출입구 및 피난구와 해당 피난구로 통하는 통로·계단 및 출입구에 유도등을 설치해야 한다.

③ 유도등에는 비상전원을 설치해야 한다.

10년간 자주 출제된 문제

3-1. 위험물안전관리법령에 근거하여 위험물제조소 등에 설치해야 하는 경보설비의 종류 2가지를 쓰시오.

3-2. 연면적 500m² 이상인 제조소 및 일반취급소에 설치해야 하는 경보설비의 종류를 쓰시오.

|해설|

3-1
위험물제조소 등의 경보설비
• 자동화재탐지설비
• 비상경보설비
• 비상방송설비
• 확성장치

3-2
자동화재탐지설비를 설치해야 하는 제조소 및 일반취급소

제조소 등의 구분	제조소 등의 규모, 저장 또는 취급하는 위험물의 종류 및 최대수량 등
제조소 및 일반취급소	• 연면적 500m² 이상인 것 • 옥내에서 지정수량의 100배 이상을 취급하는 것(고인화점 위험물만을 100℃ 미만의 온도에서 취급하는 것을 제외한다) • 일반취급소로 사용되는 부분 외의 부분이 있는 건축물에 설치된 일반취급소(일반취급소와 일반취급소 외의 부분이 내화구조의 바닥 또는 벽으로 개구부 없이 구획된 것을 제외한다)

정답 **3-1** 자동화재탐지설비, 비상경보설비
3-2 자동화재탐지설비

4-2. 제조소 등의 소화난이도등급 및 소요단위(시행규칙 별표 17)

핵심이론 01 | 소화설비

(1) 소화난이도등급 I

① 소화난이도등급 I 에 해당하는 제조소 등

제조소 등의 구분	제조소 등의 규모, 저장 또는 취급하는 위험물의 품명 및 최대수량 등
제조소 일반취급소 ★	연면적 1,000m² 이상인 것
	지정수량의 100배 이상인 것(고인화점 위험물만을 100℃ 미만의 온도에서 취급하는 것 및 제48조의 위험물을 취급하는 것은 제외)
	지반면으로부터 6m 이상의 높이에 위험물 취급설비가 있는 것(고인화점 위험물만을 100℃ 미만의 온도에서 취급하는 것은 제외)
	일반취급소로 사용되는 부분 외의 부분을 갖는 건축물에 설치된 것(내화구조로 개구부 없이 구획된 것 및 고인화점 위험물만을 100℃ 미만의 온도에서 취급하는 것은 제외)
주유취급소	별표 13 V 제2호에 따른 면적의 합이 500m²를 초과하는 것
옥내저장소	지정수량의 150배 이상인 것(고인화점 위험물만을 저장하는 것 및 제48조의 위험물을 저장하는 것은 제외)
	연면적 150m²을 초과하는 것(150m² 이내마다 불연재료로 개구부 없이 구획 된 것 및 인화성 고체 외의 제2류 위험물 또는 인화점 70℃ 이상의 제4류 위험물만을 저장하는 것은 제외)
	처마높이가 6m 이상인 단층건물의 것
	옥내저장소로 사용되는 부분 외의 부분이 있는 건축물에 설치된 것(내화구조로 개구부 없이 구획된 것 및 인화성 고체 외의 제2류 위험물 또는 인화점 70℃ 이상의 제4류 위험물만을 저장하는 것은 제외)
옥외 탱크저장소	액표면적이 40m² 이상인 것(제6류 위험물을 저장하는 것 및 고인화점 위험물만을 100℃ 미만의 온도에서 저장하는 것은 제외)
	지반면으로부터 탱크 옆판의 상단까지 높이가 6m 이상인 것(제6류 위험물을 저장하는 것 및 고인화점 위험물만을 100℃ 미만의 온도에서 저장하는 것은 제외)
	지중탱크 또는 해상탱크로서 지정수량의 100배 이상인 것(제6류 위험물을 저장하는 것 및 고인화점 위험물만을 100℃ 미만의 온도에서 저장하는 것은 제외)
	고체위험물을 저장하는 것으로서 지정수량의 100배 이상인 것

제조소 등의 구분	제조소 등의 규모, 저장 또는 취급하는 위험물의 품명 및 최대수량 등
옥내 탱크저장소	액표면적이 40m² 이상인 것(제6류 위험물을 저장하는 것 및 고인화점 위험물만을 100℃ 미만의 온도에서 저장하는 것은 제외)
	바닥면으로부터 탱크 옆판의 상단까지 높이가 6m 이상인 것(제6류 위험물을 저장하는 것 및 고인화점 위험물만을 100℃ 미만의 온도에서 저장하는 것은 제외)
	탱크전용실이 단층건물 외의 건축물에 있는 것으로서 인화점 38℃ 이상 70℃ 미만의 위험물을 지정수량의 5배 이상 저장하는 것(내화구조로 개구부 없이 구획된 것은 제외)
옥외저장소	덩어리 상태의 황을 저장하는 것으로서 경계표시 내부의 면적(2 이상의 경계표시가 있는 경우에는 각 경계표시의 내부의 면적을 합한 면적)이 100m² 이상인 것
	별표 11 Ⅲ의 위험물을 저장하는 것으로서 지정수량의 100배 이상인 것
암반 탱크저장소	액표면적이 40m² 이상인 것(제6류 위험물을 저장하는 것 및 고인화점 위험물만을 100℃ 미만의 온도에서 저장하는 것은 제외)
	고체위험물을 저장하는 것으로서 지정수량의 100배 이상인 것
이송취급소	모든 대상

② 소화난이도등급 Ⅰ 의 제조소 등에 설치해야 하는 소화설비

제조소 등의 구분	소화설비
제조소 및 일반취급소	옥내소화전설비, 옥외소화전설비, 스프링클러설비 또는 물분무 등 소화설비(화재발생 시 연기가 충만할 우려가 있는 장소에는 스프링클러설비 또는 이동식 외의 물분무 등 소화설비에 한한다)
주유취급소	스프링클러설비(건축물에 한정한다), 소형수동식소화기 등(능력단위의 수치가 건축물 그 밖의 공작물 및 위험물의 소요단위의 수치에 이르도록 설치할 것)
옥내 저장소	처마높이가 6m 이상인 단층건물 또는 다른 용도의 부분이 있는 건축물에 설치한 옥내저장소
	스프링클러설비 또는 이동식 외의 물분무 등 소화설비
	그 밖의 것
	옥외소화전설비, 스프링클러설비, 이동식 외의 물분무 등 소화설비 또는 이동식 포소화설비(포소화전을 옥외에 설치하는 것에 한한다)

제조소 등의 구분			소화설비
옥외탱크 저장소	지중탱크 또는 해상탱크 외의 것	황만을 저장·취급하는 것	물분무소화설비
		인화점 70℃ 이상의 제4류 위험물만을 저장·취급하는 것	물분무소화설비 또는 고정식 포소화설비
		그 밖의 것	고정식 포소화설비(포소화설비가 적응성이 없는 경우에는 분말소화설비)
	지중탱크		고정식 포소화설비, 이동식 이외의 불활성가스소화설비 또는 이동식 이외의 할로젠화합물소화설비
	해상탱크		고정식 포소화설비, 물분무소화설비, 이동식 이외의 불활성가스소화설비 또는 이동식 이외의 할로젠화합물소화설비
옥내탱크 저장소	황만을 저장·취급하는 것		물분무소화설비
	인화점 70℃ 이상의 제4류 위험물만을 저장·취급하는 것		물분무소화설비, 고정식 포소화설비, 이동식 이외의 불활성가스소화설비, 이동식 이외의 할로젠화합물소화설비 또는 이동식 이외의 분말소화설비
	그 밖의 것		고정식 포소화설비, 이동식 이외의 불활성가스소화설비, 이동식 이외의 할로젠화합물소화설비 또는 이동식 이외의 분말소화설비
옥외저장소 및 이송취급소			옥내소화전설비, 옥외소화전설비, 스프링클러설비 또는 물분무 등 소화설비(화재발생 시 연기가 충만할 우려가 있는 장소에는 스프링클러설비 또는 이동식 이외의 물분무 등 소화설비에 한한다)
암반탱크 저장소	황만을 저장·취급하는 것		물분무소화설비
	인화점 70℃ 이상의 제4류 위험물만을 저장·취급하는 것		물분무소화설비 또는 고정식 포소화설비
	그 밖의 것		고정식 포소화설비(포소화설비가 적응성이 없는 경우에는 분말소화설비)

(2) 소화난이도등급 Ⅱ

① 소화난이도등급 Ⅱ에 해당하는 제조소 등

제조소 등의 구분	제조소 등의 규모, 저장 또는 취급하는 위험물의 품명 및 최대수량 등
제조소 일반취급소	연면적 600m² 이상인 것
	지정수량의 10배 이상인 것(고인화점 위험물만을 100℃ 미만의 온도에서 취급하는 것 및 제48조의 위험물을 취급하는 것은 제외)
	별표 16 Ⅱ·Ⅲ·Ⅳ·Ⅴ·Ⅷ·Ⅸ·Ⅹ 또는 Ⅹ의 2의 일반취급소로서 소화난이도등급 Ⅰ의 제조소 등에 해당하지 않는 것(고인화점 위험물만을 100℃ 미만의 온도에서 취급하는 것은 제외)
옥내저장소	단층건물 이외의 것
	별표 5 Ⅱ 또는 Ⅳ 제1호의 옥내저장소
	지정수량의 10배 이상인 것(고인화점 위험물만을 저장하는 것 및 제48조의 위험물을 저장하는 것은 제외)
	연면적 150m² 초과인 것
	별표 5 Ⅲ의 옥내저장소로서 소화난이도등급 Ⅰ의 제조소 등에 해당하지 않는 것
옥외탱크저장소 옥내탱크저장소	소화난이도등급 Ⅰ의 제조소 등 외의 것(고인화점 위험물만을 100℃ 미만의 온도로 저장하는 것 및 제6류 위험물만을 저장하는 것은 제외)
옥외저장소	덩어리 상태의 황을 저장하는 것으로서 경계표시 내부의 면적(2 이상의 경계표시가 있는 경우에는 각 경계표시의 내부의 면적을 합한 면적)이 5m² 이상 100m² 미만인 것
	별표 11 Ⅲ의 위험물을 저장하는 것으로서 지정수량의 10배 이상 100배 미만인 것
	지정수량의 100배 이상인 것(덩어리 상태의 황 또는 고인화점 위험물을 저장하는 것은 제외)
주유취급소	옥내주유취급소로서 소화난이도등급 Ⅰ의 제조소 등에 해당하지 않는 것
판매취급소	제2종 판매취급소

② 소화난이도등급 Ⅱ의 제조소 등에 설치해야 하는 소화설비

제조소 등의 구분	소화설비
제조소 옥내저장소 옥외저장소 주유취급소 판매취급소 일반취급소	방사능력범위 내에 해당 건축물, 그 밖의 공작물 및 위험물이 포함되도록 대형수동식소화기를 설치하고, 해당 위험물의 소요단위의 1/5 이상에 해당하는 능력단위의 소형수동식소화기 등을 설치할 것
옥외탱크저장소 옥내탱크저장소	대형수동식소화기 및 소형수동식소화기 등을 각각 1개 이상 설치할 것

(3) 소화난이도등급 Ⅲ

① 소화난이도등급 Ⅲ에 해당하는 제조소 등

제조소 등의 구분	제조소 등의 규모, 저장 또는 취급하는 위험물의 품명 및 최대수량 등
제조소 일반취급소	제48조의 위험물을 취급하는 것
	제48조의 위험물 외의 것을 취급하는 것으로서 소화난이도등급 Ⅰ 또는 소화난이도등급 Ⅱ의 제조소 등에 해당하지 않는 것
옥내저장소	제48조의 위험물을 취급하는 것
	제48조의 위험물 외의 것을 취급하는 것으로서 소화난이도등급 Ⅰ 또는 소화난이도등급 Ⅱ의 제조소 등에 해당하지 않는 것
지하탱크저장소 간이탱크저장소 이동탱크저장소	모든 대상
옥외저장소	덩어리 상태의 황을 저장하는 것으로서 경계표시 내부의 면적(2 이상의 경계표시가 있는 경우에는 각 경계표시의 내부의 면적을 합한 면적)이 5m² 미만인 것
	덩어리 상태의 황 외의 것을 저장하는 것으로서 소화난이도등급 Ⅰ 또는 소화난이도등급 Ⅱ의 제조소 등에 해당하지 않는 것
주유취급소	옥내주유취급소 외의 것으로서 소화난이도등급 Ⅰ의 제조소 등에 해당하지 않는 것
제1종판매취급소	모든 대상

② 소화난이도등급 Ⅲ의 제조소 등에 설치해야 하는 소화설비

제조소 등의 구분	소화설비	설치기준	
지하탱크 저장소	소형수동식 소화기 등	능력단위의 수치가 3 이상	2개 이상
이동탱크 저장소	자동차용 소화기	무상의 강화액 8L 이상	2개 이상
		이산화탄소 3.2kg 이상	
		브로모클로로다이플루오로메테인 (CF₂ClBr) 2L 이상	
		브로모트라이플루오로메테인 (CF₃Br) 2L 이상	
		다이브로모테트라플루오로에테인 (C₂F₄Br₂) 1L 이상	
		소화분말 3.3kg 이상	
	마른 모래 및 팽창질석 또는 팽창진주암	마른 모래 150L 이상	
		팽창질석 또는 팽창진주암 640L 이상	

제조소 등의 구분	소화설비	설치기준
그 밖의 제조소 등	소형수동식 소화기 등	능력단위의 수치가 건축물 그 밖의 공작물 및 위험물의 소요단위의 수치에 이르도록 설치할 것. 다만, 옥내소화전설비, 옥외소화전설비, 스프링클러설비, 물분무 등 소화설비 또는 대형수동식소화기를 설치한 경우에는 해당 소화설비의 방사능력범위 내의 부분에 대하여는 수동식소화기 등을 그 능력단위의 수치가 해당 소요단위의 수치의 1/5 이상이 되도록 하는 것으로 족하다.

(4) 소화설비의 적응성

소화설비의 구분		건축물·그 밖의 공작물	전기설비	제1류 위험물		제2류 위험물			제3류 위험물		제4류 위험물	제5류 위험물 ★	제6류 위험물 ★★
				알칼리금속과산화물 등	그 밖의 것	철분·금속분·마그네슘 등	인화성고체	그 밖의 것	금수성 물품	그 밖의 것			
옥내소화전설비 또는 옥외소화전설비		○			○		○	○		○		○	○
스프링클러설비		○			○		○	○		○	△	○	○
물분무 등 소화설비	물분무소화설비	○	○		○		○	○		○	○	○	○
	포소화설비	○			○		○	○		○	○	○	○
	불활성가스소화설비		○				○				○		
	할로젠화합물소화설비		○				○				○		
	분말소화설비 — 인산염류 등	○	○		○		○	○			○		○
	분말소화설비 — 탄산수소염류 등		○	○		○	○		○		○		
	분말소화설비 — 그 밖의 것			○		○			○				
대형·소형수동식소화기	봉상수(棒狀水)소화기	○			○		○	○		○		○	○
	무상수(霧狀水)소화기	○	○		○		○	○		○		○	○
	봉상강화액소화기	○			○		○	○		○		○	○
	무상강화액소화기	○	○		○		○	○		○	○	○	○
	포소화기	○			○		○	○		○	○	○	○
	이산화탄소소화기		○				○				○		△
	할로젠화합물소화기		○				○				○		
	분말소화기 — 인산염류소화기	○	○		○		○	○			○		○
	분말소화기 — 탄산수소염류소화기		○	○		○	○		○		○		
	분말소화기 — 그 밖의 것			○		○			○				
기타	물통 또는 수조	○			○		○	○		○		○	○
	건조사			○	○	○	○	○	○	○	○	○	○
	팽창질석 또는 팽창진주암			○	○	○	○	○	○	○	○	○	○

1-1. 위험물안전관리법령상 물분무 등 소화설비 중 제5류 위험물의 화재에 적응할 수 있는 소화설비 2가지를 쓰시오.

1-2. [보기]의 소화설비중 위험물안전관리법령상 제6류 위험물에 적응성이 있는 소화설비를 모두 선택하여 쓰시오(단, 적응성이 있는 소화설비가 없는 경우에는 "해당없음"이라고 답할 것).

| 보기
① 옥내소화전설비
② 불활성가스소화설비
③ 할로젠화합물소화설비
④ 탄산수소나트륨의 분말소화설비
⑤ 포소화설비

1-3. 다음 [보기]에서 제6류 위험물의 화재에 적응성이 없는 소화기를 모두 적으시오.

| 보기
기계포소화기, 강화액소화기, 할로젠화합물소화기

| 해설 |

1-1
소화설비의 적응성 : 본문 참고

1-2
제6류 위험물의 적응성

구분	소화설비
적응성이 있는 소화설비	옥내소화전설비, 옥외소화전설비, 스프링클러설비, 물분무소화설비, 포소화설비, 인산염류분말소화설비
적응성이 없는 소화설비	불활성가스소화설비, 할로젠화합물소화설비, 탄산수소염류 등 분말소화설비

1-3
제6류 위험물은 기계포소화기, 강화액소화기 등 수계소화기가 적합하고 할로젠화합물소화기는 적합하지 않다.

정답 1-1 물분무소화설비, 포소화설비
1-2 ①, ⑤
1-3 할로젠화합물소화기

(1) 전기설비의 소화설비

제조소 등에 전기설비(전기배선, 조명기구 등은 제외)가 설치된 경우 : 면적 $100m^2$마다 소형수동식소화기를 1개 이상 설치할 것

(2) 소요단위 및 능력단위

① 소요단위 : 소화설비의 설치대상이 되는 건축물 그 밖의 공작물의 규모 또는 위험물의 양의 기준단위

② 능력단위 : ①의 소요단위에 대응하는 소화설비의 소화능력의 기준단위

(3) 소요단위의 계산방법

① 제조소 또는 취급소의 건축물★★★

    ㉠ 외벽이 내화구조 : 연면적 $100m^2$를 1소요단위

    ㉡ 외벽이 내화구조가 아닌 것 : 연면적 $50m^2$를 1소요단위

② 저장소의 건축물★★★

    ㉠ 외벽이 내화구조 : 연면적 $150m^2$를 1소요단위

    ㉡ 외벽이 내화구조가 아닌 것 : 연면적 $75m^2$를 1소요단위

③ 위험물은 지정수량의 10배 : 1소요단위★★★

※ 소요단위 = 저장(취급)수량 ÷ (지정수량 × 10)

(4) 소화설비의 능력단위

소화설비	용량	능력단위
소화전용(專用) 물통	8L	0.3
수조(소화전용 물통 3개 포함)	80L	1.5
수조(소화전용 물통 6개 포함)	190L	2.5
마른 모래(삽 1개 포함)	50L	0.5
팽창질석 또는 팽창진주암(삽 1개 포함)	160L	1.0

10년간 자주 출제된 문제

2-1. 위험물제조소 또는 취급소의 건축물에서 외벽이 내화구조로 된 것과 외벽이 내화구조가 아닌 것은 각각 연면적 몇 m^2를 소요단위 1단위로 하는지 쓰시오.

① 외벽이 내화구조로 된 것

② 외벽이 내화구조가 아닌 것

2-2. 제4류 위험물을 저장하는 옥내저장소의 연면적이 $450m^2$이고 외벽은 내화구조가 아닌 경우 옥내저장소에 대한 소화설비의 소요단위를 구하시오.

2-3. 위험물안전관리법령에서 정하는 위험물은 지정수량의 몇 배를 1소요단위로 하는지 쓰시오.

|해설|

2-1

소요단위 계산방법

구분 / 종류	내화구조	내화구조가 아닌 것
제조소 또는 취급소	연면적 $100m^2$를 1소요단위	연면적 $50m^2$를 1소요단위
저장소	연면적 $150m^2$를 1소요단위	연면적 $75m^2$를 1소요단위
위험물	지정수량의 10배 : 1소요단위	

2-2

$$소요단위 = \frac{연면적}{기준면적} = \frac{450m^2}{75m^2} = 6단위$$

2-3

위험물의 지정수량의 10배 : 1소요단위

정답 2-1 ① $100m^2$
    ② $50m^2$
  2-2 6단위
  2-3 10

CHAPTER 02 위험물의 화학적 성질 및 취급

제1절 제1류 위험물

핵심이론 01 | 제1류 위험물의 특성

(1) 종류

성질	품명		해당하는 위험물	위험등급	지정수량
산화성고체	아염소산염류★★		$KClO_2$, $NaClO_2$	I	50 kg ★★
	염소산염류★★		$KClO_3$, $NaClO_3$, NH_4ClO_3		
	과염소산염류		$KClO_4$, $NaClO_4$, NH_4ClO_4		
	무기과산화물★★		K_2O_2, Na_2O_2, CaO_2, BaO_2, MgO_2		
	브로민산염류★★		$KBrO_3$, $NaBrO_3$	II ★★	300 kg ★★
	질산염류★★		KNO_3, $NaNO_3$, NH_4NO_3		
	아이오딘산염류★★		KIO_3, $NaIO_3$, NH_4IO_3, $AgIO_3$		
	과망가니즈산염류		$KMnO_4$, $NaMnO_4$, NH_4MnO_4	III	1,000 kg ★★
	다이크로뮴산염류★★★		$K_2Cr_2O_7$, $Na_2Cr_2O_7$, $(NH_4)_2Cr_2O_7$		
	그 밖에 행정안전부령이 정하는 것	과아이오딘산염류	KIO_4, $NaIO_4$	II	300 kg
		과아이오딘산	HIO_4		
		크로뮴, 납 또는 아이오딘의 산화물	CrO_3, PbO_2, Pb_3O_4		
		아질산염류	KNO_2, $NaNO_2$, NH_4NO_2, $AgNO_2$		
		염소화아이소사이아누르산	$OCNClONClCONCl$		
		퍼옥소이황산염류	$K_2S_2O_8$, $Na_2S_2O_8$		
		퍼옥소붕산염류	$NaBO_3 \cdot 4H_2O$		
		차아염소산염류	$KClO$, $NaClO$	I	50 kg

(2) 일반적인 성질

① 무색 결정 또는 백색 분말의 산화성 고체이다.
② 강산화성 물질이며 불연성 고체이다.
③ 가열, 마찰, 충격으로 분해하여 산소를 방출한다.
④ 비중은 1보다 크며 물에 녹는 것도 있고 질산염류와 같이 조해성이 있는 것도 있다.

(3) 저장 및 취급방법

① 제2류 위험물(환원성물질)과의 접촉을 피한다.
② 조해성 물질은 습기나 수분과의 접촉을 피한다.
③ 무기과산화물은 공기나 물과의 접촉을 피한다.

(4) 소화방법

① 제1류 위험물 : 물에 의한 냉각소화
② 알칼리금속의 과산화물 : 마른 모래, 탄산수소염류 분말약제, 팽창질석, 팽창진주암

〈제1류 위험물 빈출 반응식〉

1. 염소산칼륨의 열분해반응식
   $2KClO_3 \rightarrow 2KCl + 3O_2$
2. 과염소산나트륨의 분해반응식
   $NaClO_4 \rightarrow NaCl + 2O_2$
3. 과산화칼륨의 반응식
   ① 물과 반응
   $2K_2O_2 + 2H_2O \rightarrow 4KOH + O_2$
   ② 가열분해반응
   $2K_2O_2 \rightarrow 2K_2O + O_2$
   ③ 탄산가스와 반응
   $2K_2O_2 + 2CO_2 \rightarrow 2K_2CO_3 + O_2$
4. 과산화나트륨의 반응식
   ① 물과 반응
   $2Na_2O_2 + 2H_2O \rightarrow 4NaOH + O_2$
   ② 탄산가스와 반응
   $2Na_2O_2 + 2CO_2 \rightarrow 2Na_2CO_3 + O_2$
   ③ 염산과 반응
   $Na_2O_2 + 2HCl \rightarrow 2NaCl + H_2O_2$

---

5. 과산화칼슘의 반응식
① 물과 반응
$$2CaO_2 + 2H_2O \rightarrow 2Ca(OH)_2 + O_2$$
② 산과 반응
$$CaO_2 + 2HCl \rightarrow CaCl_2 + H_2O_2$$
6. 과산화마그네슘과의 반응식
① 산과 반응
$$MgO_2 + 2HCl \rightarrow MgCl_2 + H_2O_2$$
② 물과 반응
$$MgO_2 + 2H_2O \rightarrow Mg(OH)_2 + O_2$$
7. 질산칼륨의 열분해반응식
$$2KNO_3 \rightarrow 2KNO_2 + O_2$$
8. 질산암모늄의 폭발, 분해 반응
$$2NH_4NO_3 \rightarrow 2N_2 + 4H_2O + O_2$$
9. 과망가니즈산칼륨의 분해반응식
$$2KMnO_4 \rightarrow K_2MnO_4 + MnO_2 + O_2$$
10. 다이크로뮴산칼륨의 분해반응식
$$4K_2Cr_2O_7 \rightarrow 2Cr_2O_3 + 4K_2CrO_4 + 3O_2$$
11. 삼산화크로뮴의 분해반응식
$$4CrO_3 \rightarrow 2Cr_2O_3 + 3O_2$$

※ 빈출 반응식은 지난 10년간 1회 이상 출제된 것이니 꼭 암기해야 합니다.

10년간 자주 출제된 문제

1-1. 위험물안전관리법령상 유별 위험물의 성질을 정의하고 있다. 다음 [보기]에서 산화성 고체인 위험물을 모두 선택하여 쓰시오(단, 없으면 "해당없음"이라고 답할 것).

|보기|

산화칼슘, 리튬, 질산암모늄, 과산화나트륨, 과산화벤조일

1-2. 위험물안전관리법령상 다음 품명의 지정수량을 쓰시오.

① 염소산염류
② 아이오딘산염류
③ 다이크로뮴산염류

1-3. 위험물안전관리법령상 다음 각 위험물의 지정수량을 쓰시오.

① K_2O_2
② $KClO_3$
③ CrO_3

|해설|

1-1
위험물의 분류

종류 \ 항목	산화 칼슘	리튬	질산 암모늄	과산화 나트륨	과산화 벤조일
유별	유독물	제3류 위험물	제1류 위험물	제1류 위험물	제5류 위험물
품명	–	알칼리 금속	질산염류	무기 과산화물	유기 과산화물

※ 제1류 위험물 : 산화성 고체

1-2
제1류 위험물의 지정수량

성질	품명	위험등급	지정수량
산화성고체	아염소산염류, 염소산염류, 과염소산염류, 무기과산화물	I	50kg
	브로민산염류, 질산염류, 아이오딘산염류	II	300kg
	과망가니즈산염류, 다이크로뮴산염류	III	1,000kg

1-3
제1류 위험물의 지정수량

화학식	명칭	품명	지정수량
K_2O_2	과산화칼륨	무기과산화물	50kg
$KClO_3$	염소산칼륨	염소산염류	50kg
CrO_3	삼산화크로뮴	크로뮴의 산화물	300kg

정답 1-1 질산암모늄, 과산화나트륨
　　　 1-2 ① 50kg
　　　　　 ② 300kg
　　　　　 ③ 1,000kg
　　　 1-3 ① 50kg
　　　　　 ② 50kg
　　　　　 ③ 300kg

(1) 아염소산칼륨

① 물성

화학식	분자량	지정수량	분해 온도
$KClO_2$	106.5	50kg	160℃

② 백색의 결정성 분말이다.

③ 조해성과 부식성이 있다.

(2) 아염소산나트륨

① 물성

화학식★	분자량	지정수량	분해 온도
$NaClO_2$	90.5	50kg	수분이 포함될 경우 120~130℃ (무수물 : 350℃)

② 무색 결정성 분말로서 물에 녹는다.

③ 염산(염화수소)과 반응하면 이산화염소의 유독가스가 발생한다.

$$3NaClO_2 + 2HCl \rightarrow 3NaCl + 2ClO_2 + H_2O_2$$
(아염소산나트륨) (염산) (염화나트륨) (이산화염소) (과산화수소)

④ 수용액은 강한 산성이다.

10년간 자주 출제된 문제

2-1. 제1류 위험물인 아염소산칼륨의 지정수량을 쓰시오.

2-2. 제1류 위험물인 아염소산나트륨의 화학식을 쓰시오.

|해설|

2-1
아염소산나트륨의 지정수량 : 50kg

2-2
아염소산나트륨 : $NaClO_2$

정답 2-1 50kg
2-2 $NaClO_2$

---

(1) 염소산칼륨

① 물성

화학식	분자량	지정수량★	비중	융점	분해 온도
$KClO_3$	122.5	50kg	2.32	368℃	400℃

② 무색의 단사정계 판상 결정 또는 백색 분말로서 상온에서 안정한 물질이다.

③ 냉수, 알코올에 녹지 않고, 온수나 글리세린에는 녹는다.

④ 염산과 반응하면 이산화염소의 유독가스를 발생한다.

$$2KClO_3 + 2HCl \rightarrow 2KCl + 2ClO_2 + H_2O_2$$
(염소산칼륨) (염산) (염화칼륨) (이산화염소) (과산화수소)

⑤ 이산화망가니즈(MnO_2) 촉매하에 분해가 촉진되어 산소를 방출한다.★★

$$2KClO_3 \xrightarrow[\text{정촉매}]{MnO_2} 2KCl + 3O_2$$
(염소산칼륨) (염화칼륨) (산소)

(2) 염소산나트륨

① 물성

화학식	분자량	지정수량	비중	융점	분해 온도
$NaClO_3$	106.5	50kg	2.49	248℃	300℃

② 무색무취의 입방정계 주상 결정이다.

③ 물, 알코올, 에터에 녹는다.

④ 염소산나트륨의 반응식

㉠ 염산과 반응

$$2NaClO_3 + 2HCl \rightarrow 2NaCl + 2ClO_2 + H_2O_2$$
(염소산나트륨) (염산) (염화나트륨) (이산화염소) (과산화수소)

㉡ 염소산나트륨의 분해반응식★

$$2NaClO_3 \rightarrow 2NaCl + 3O_2$$
(염소산나트륨) (염화나트륨) (산소)

10년간 자주 출제된 문제

3-1. 염소산칼륨의 분해반응식을 쓰시오.

3-2. 2mol의 염소산칼륨이 완전 열분해 될 때 생성되는 산소는 몇 g인지 구하시오.

3-3. 2mol 염소산나트륨이 고온에서 완전히 열분해하였다. 이 때 생성되는 산소의 부피는 표준상태 기준으로 몇 L인지 구하시오.

|해설|

3-1
염소산칼륨의 분해반응식 : 본문 참고

3-2
염소산칼륨의 분해반응식

$2KClO_3 \rightarrow 2KCl + 3O_2$

2mol ⟍ ⟋ 3×32g
2mol ⟋ ⟍ x

$x = \dfrac{2mol \times 3 \times 32g}{2mol} = 96g$

3-3
산소의 부피를 구하면

$2NaClO_3 \rightarrow 2NaCl + 3O_2$

2mol ⟍ ⟋ 3×22.4L
2mol ⟋ ⟍ x

$\therefore \ x = \dfrac{2mol \times 3 \times 22.4L}{2mol} = 67.2L$

※ 표준상태(0℃, 1atm)일 때 1g-mol이 차지하는 부피 : 22.4L

정답 3-1 $2KClO_3 \rightarrow 2KCl + 3O_2$
　　　 3-2 96g
　　　 3-3 67.2L

핵심이론 04 | 제1류 위험물 - 과염소산염류

(1) 과염소산칼륨

① 물성

화학식	분자량	지정수량	비중	융점	분해 온도
$KClO_4$	138.5	50kg	2.52	400℃	400℃

② 무색무취의 사방정계 결정이다.

③ 물, 알코올, 에터에 녹지 않는다.

④ 과염소산칼륨의 분해반응식★★

$KClO_4 \rightarrow KCl + 2O_2$
(과염소산칼륨)　(염화칼륨)　(산소)

(2) 과염소산나트륨

① 물성

화학식★	분자량	지정수량★	비중	융점	분해 온도
$NaClO_4$	122.5	50kg	2.02	482℃	400℃

② 무색무취의 결정으로서 조해성이 있다.

③ 물, 아세톤, 알코올에 녹고 에터에는 녹지 않는다.★

④ 과염소산나트륨의 분해반응식★

$NaClO_4 \rightarrow NaCl + 2O_2$
(과염소산나트륨)　(염화나트륨)　(산소)

(3) 과염소산암모늄

① 물성

화학식★	분자량	지정수량★	비중	분해 온도
NH_4ClO_4	117.5	50kg	2.0	130℃

② 무색의 수용성 결정이다.

③ 물, 에탄올, 아세톤에 녹고 에터에는 녹지 않는다.

④ 폭약이나 성냥 원료로 쓰인다.

4-1. 과염소산칼륨 1분자가 완전 열분해 시 몇 분자의 산소를 발생하는가?

4-2. 과염소산나트륨이 400℃로 가열하여 분해할 때 열분해반응식과 발생하는 기체의 명칭을 쓰시오.
① 열분해반응식
② 발생하는 기체

4-3. 과염소산암모늄의 화학식과 지정수량을 쓰시오.

|해설|

4-1
과염소산칼륨의 분해반응식
$$KClO_4 \rightarrow KCl + 2O_2 \ \text{(산소)}$$

4-2
과염소산나트륨의 분해반응식
$$NaClO_4 \rightarrow NaCl + 2O_2 \ \text{(산소)}$$

4-3
과염소산암모늄의 물성

화학식	분자량	지정수량	비중	분해 온도
NH_4ClO_4	117.5	50kg	2.0	130℃

정답 **4-1** 2분자
　　4-2 ① $NaClO_4 \rightarrow NaCl + 2O_2$
　　　　② 산소
　　4-3 • 화학식 : NH_4ClO_4
　　　　• 지정수량 : 50kg

| 핵심이론 05 | 제1류 위험물 – 무기과산화물

(1) 과산화칼륨

① 물성

화학식	분자량	지정수량★	비중	분해 온도
K_2O_2	110	50kg	2.9	490℃

② 무색 또는 오렌지색의 결정이다.

③ 에틸알코올에 녹는다.

④ 과산화칼륨의 반응식

　㉠ 분해반응식★★
$$2K_2O_2 \rightarrow 2K_2O + O_2$$
　（과산화칼륨）　（산화칼륨）　（산소）

　㉡ 물과 반응
$$2K_2O_2 + 2H_2O \rightarrow 4KOH + O_2$$
　（과산화칼륨）　（물）　（수산화칼륨）　（산소）

　㉢ 이산화탄소와 반응★
$$2K_2O_2 + 2CO_2 \rightarrow 2K_2CO_3 + O_2$$
　（과산화칼륨）（이산화탄소）　（탄산칼륨）　（산소）

　㉣ 초산과 반응
$$K_2O_2 + 2CH_3COOH \rightarrow 2CH_3COOK + H_2O_2$$
　（과산화칼륨）　（초산）　（초산칼륨）　（과산화수소）

　㉤ 염산과 반응
$$K_2O_2 + 2HCl \rightarrow 2KCl + H_2O_2$$
　（과산화칼륨）（염화수소, 염산）（염화칼륨）（과산화수소）

⑤ 무기과산화물(과산화칼륨, 과산화나트륨) : 주수소화 금지(산소 발생)

(2) 과산화나트륨

① 물성

화학식	분자량	지정수량	비중	융점
Na_2O_2	78	50kg	2.8	460℃

② 순수한 것은 백색이지만 보통은 황백색의 분말이다.

③ 에틸알코올에 녹지 않는다.

④ 과산화나트륨의 반응식

　　㉠ 분해반응식

$$2Na_2O_2 \rightarrow 2Na_2O + O_2$$
　　　(과산화나트륨)　　(산화나트륨)　(산소)

　　㉡ 물과 반응★★★

$$2Na_2O_2 + 2H_2O \rightarrow 4NaOH + O_2$$
　　　(과산화나트륨)　(물)　　(수산화나트륨)　(산소)

　　㉢ 탄산가스와 반응★

$$2Na_2O_2 + 2CO_2 \rightarrow 2Na_2CO_3 + O_2$$
　　　(과산화나트륨)　(이산화탄소)　(탄산나트륨)　(산소)

　　㉣ 초산과 반응

$$Na_2O_2 + 2CH_3COOH \rightarrow 2CH_3COONa + H_2O_2$$
　　　(과산화나트륨)　　(초산)　　　(초산나트륨)　　(과산화수소)

　　㉤ 염산과 반응★

$$Na_2O_2 + 2HCl \rightarrow 2NaCl + H_2O_2$$
　　　(과산화나트륨)　(염산)　　(염화나트륨)　(과산화수소)

(3) 과산화칼슘

① 물성

화학식	분자량	지정수량	비중	분해온도
CaO_2	72	50kg	1.7	275℃

② 백색 분말이다.

③ 물, 알코올, 에터에 녹지 않는다.

④ 과산화칼슘의 반응식

　　㉠ 분해반응식

$$2CaO_2 \rightarrow 2CaO + O_2$$
　　　(과산화칼슘)　(산화칼슘)　(산소)

　　㉡ 물과 반응★

$$2CaO_2 + 2H_2O \rightarrow 2Ca(OH)_2 + O_2$$
　　　(과산화칼슘)　(물)　　(수산화칼슘)　(산소)

　　㉢ 염산과 반응★

$$CaO_2 + 2HCl \rightarrow CaCl_2 + H_2O_2$$
　　　(과산화칼슘)　(염산)　　(염화칼슘)　(과산화수소)

(4) 과산화마그네슘

① 물성

화학식	분자량	지정수량
MgO_2	56.3	50kg

② 백색 분말로서 물에 녹지 않는다.

③ 과산화마그네슘의 반응식

　　㉠ 분해반응식★★

$$2MgO_2 \rightarrow 2MgO + O_2$$
　　　(과산화마그네슘)　(산화마그네슘)　(산소)

　　㉡ 물과 반응★

$$2MgO_2 + 2H_2O \rightarrow 2Mg(OH)_2 + O_2$$
　　　(과산화마그네슘)　(물)　　(수산화마그네슘)　(산소)

　　㉢ 염산과 반응

$$MgO_2 + 2HCl \rightarrow MgCl_2 + H_2O_2$$
　　　(과산화마그네슘)　(염산)　　(염화마그네슘)　(과산화수소)

5-1. 과산화칼륨이 분해하는 반응식을 쓰시오.

5-2. 과산화나트륨이 물과 반응하여 산소를 생성하는 화학반응식을 쓰시오.

5-3. 과산화칼슘과 염산이 반응할 때 생성되는 과산화물의 화학식을 쓰시오.

| 해설 |

5-1

과산화칼륨의 반응식

반응물질	반응식	발생 기체
분해반응식	$2K_2O_2 \rightarrow 2K_2O + O_2$	산소(O_2)
물	$2K_2O_2 + 2H_2O \rightarrow 4KOH + O_2$	산소(O_2)
이산화탄소	$2K_2O_2 + 2CO_2 \rightarrow 2K_2CO_3 + O_2$	산소(O_2)

5-2

과산화나트륨의 반응식

반응물질	반응식	발생 기체
분해반응식	$2Na_2O_2 \rightarrow 2Na_2O + O_2$	산소(O_2)
물	$2Na_2O_2 + 2H_2O \rightarrow 4NaOH + O_2$	산소(O_2)
이산화탄소	$2Na_2O_2 + 2CO_2 \rightarrow 2Na_2CO_3 + O_2$	산소(O_2)

5-3

과산화칼슘의 반응식

- 분해반응식 : $2CaO_2 \rightarrow 2CaO + O_2$
- 물과 반응 : $2CaO_2 + 2H_2O \rightarrow 2Ca(OH)_2 + O_2$
- 염산과 반응 : $CaO_2 + 2HCl \rightarrow CaCl_2 + H_2O_2$
  　　　　　　 (과산화칼슘) (염산)　(염화칼슘) (과산화수소)

정답 5-1 $2K_2O_2 \rightarrow 2K_2O + O_2$
5-2 $2Na_2O_2 + 2H_2O \rightarrow 4NaOH + O_2$
5-3 H_2O_2

핵심이론 06 │ 제1류 위험물 – 질산염류

(1) 질산칼륨

① 물성★★

화학식	분자량	지정수량	비중	융점	분해 온도
KNO_3	101	300kg	2.1	339℃	400℃

② 무색(백색) 결정으로 자극적인 짠맛이 나며 초석이라고도 한다.

③ 물, 글리세린에 잘 녹으나, 알코올에는 녹지 않는다.

④ 황과 숯가루와 혼합하여 흑색화약을 제조한다.★

⑤ 질산칼륨의 분해반응식★★

$$2KNO_3 \rightarrow 2KNO_2 + O_2$$
(질산칼륨)　　(아질산칼륨) (산소)

(2) 질산나트륨

① 물성

화학식	분자량	지정수량	비중	융점	분해 온도
$NaNO_3$	85	300kg	2.27	308℃	380℃

② 무색무취의 결정으로 칠레초석이라고도 한다.

③ 조해성이 있는 강산화제이다.

④ 물, 글리세린에 잘 녹고, 무수알코올에는 녹지 않는다.★

⑤ 질산나트륨의 분해반응식

$$2NaNO_3 \rightarrow 2NaNO_2 + O_2$$
(질산나트륨)　　(아질산나트륨) (산소)

(3) 질산암모늄

① 물성

화학식★	분자량	지정수량★	비중	융점	분해 온도
NH_4NO_3	80	300kg	1.73	165℃	220℃

② 무색무취의 결정으로 조해성 및 흡수성이 강하다.

③ 물, 알코올에 녹고 물에 용해 시 흡열반응을 한다.★★

④ 질산암모늄의 분해반응식

$$2NH_4NO_3 \rightarrow 4H_2O + 2N_2 + O_2$$
(질산암모늄)　　 (물)　(질소)　(산소)

6-1. 제1류 위험물 중 무색(백색)의 결정 분말로서 자극적인 짠맛이 나고 비중은 약 2.1, 열분해 온도는 약 400℃이고, 분자량은 101이며 흑색화약의 제조나 금속열 처리제 등의 용도로 쓰이는 물질명을 쓰시오.

6-2. 제1류 위험물 중 흑색화약의 원료로 사용되며 고온에서 열분해하여 산소를 방출하는 물질의 열분해반응식을 쓰시오.

6-3. 제1류 위험물인 질산칼륨 1mol 중 질소함량은 약 몇 wt%인가?(단, K의 원자량은 39이다)

6-4. 0℃, 1기압을 기준으로 질산칼륨 202g이 열분해할 때 생성되는 산소는 몇 L인지 구하시오.

6-5. 분자량이 80인 제1류 위험물로서 물, 알코올에 녹고 물에 용해 시 흡열반응하는 물질을 화학식으로 쓰시오.

6-6. 질산암모늄을 가열하면 질소, 수증기, 산소로 분해가 되는 열분해반응식을 쓰시오.

|해설|

6-1
질산칼륨
• 물성

화학식	분자량	지정수량	비중	분해 온도
KNO_3	101	300kg	2.1	400℃

• 무색무취의 결정 또는 백색 결정으로 초석이라고도 한다.
• 황과 숯가루와 혼합하여 흑색화약을 제조한다.

6-2
질산칼륨
• 흑색화약의 원료 : 황, 숯가루, 질산칼륨과 혼합하여 사용
• 질산칼륨의 분해반응식
$2KNO_3 \rightarrow 2KNO_2 + O_2$

6-3
질소함량
• 질산칼륨의 화학식 : KNO_3
• 질산칼륨의 분자량 : 101
∴ 질산칼륨 1mol 내 질소함량(질소의 원자량 : 14)

$$질소함량 = \frac{질소의\ 분자량}{질산칼륨의\ 분자량} \times 100\%$$

$$= \frac{14g}{101g} \times 100\% = 13.86wt\%$$

6-4
질산칼륨의 분해반응식

$2KNO_3 \quad \rightarrow \quad 2KNO_2 + O_2$
$2 \times 101g \qquad\qquad\qquad 22.4L$
$202g \qquad\qquad\qquad x$

∴ $x = \dfrac{202g \times 22.4L}{2 \times 101g} = 22.4L$

6-5
질산암모늄(NH_4NO_3, 분자량 : 80)은 물이나 알코올에 잘 녹고 물에 녹을 때에는 흡열반응을 한다.

6-6
질산암모늄의 분해반응식
$2NH_4NO_3 \quad \rightarrow \quad 4H_2O + 2N_2 + O_2$
　　　　　　　　　　(수증기)　(질소)　(산소)

※ H_2O : 물, 수증기

정답 6-1 질산칼륨
　　　6-2 $2KNO_3 \rightarrow 2KNO_2 + O_2$
　　　6-3 13.86wt%
　　　6-4 22.4L
　　　6-5 NH_4NO_3
　　　6-6 $2NH_4NO_3 \rightarrow 4H_2O + 2N_2 + O_2$

(1) 과망가니즈산칼륨

① 물성

화학식★	분자량	지정수량	비중	분해 온도
$KMnO_4$	158	1,000kg	2.7	200~250℃

② 흑자색의 주상 결정으로 산화력과 살균력이 강하다.

③ 물, 알코올, 아세톤에 녹고 녹으면 진한 보라색을 나타낸다.

④ 살균소독제, 산화제로 이용된다.

⑤ 분해반응식

$$2KMnO_4 \rightarrow K_2MnO_4 + MnO_2 + O_2$$
(과망가니즈산칼륨) (망가니즈산칼륨) (이산화망가니즈) (산소)

(2) 과망가니즈산나트륨

① 물성

화학식★	분자량	지정수량	분해 온도
$NaMnO_4$	142	1,000kg	170℃

② 적자색의 결정으로 물에 잘 녹는다.

③ 조해성이 강하므로 수분에 주의해야 한다.

10년간 자주 출제된 문제

다음 위험물의 화학식을 쓰시오.

① 과망가니즈산칼륨
② 과망가니즈산나트륨

|해설|

제1류 위험물의 화학식

종류	과망가니즈산칼륨	과망가니즈산나트륨
품명	과망가니즈산염류	과망가니즈산염류
화학식	$KMnO_4$	$NaMnO_4$

정답 ① $KMnO_4$
② $NaMnO_4$

---

(1) 다이크로뮴산칼륨

① 물성

화학식★★	분자량	지정수량★★	비중	융점	분해 온도
$K_2Cr_2O_7$	294	1,000kg	2.69	398℃	500℃

② 등적색의 판상 결정이다.

③ 물에 녹고, 알코올에는 녹지 않는다.

④ 다이크로뮴산칼륨의 열분해반응식★

$$4K_2Cr_2O_7 \rightarrow 2Cr_2O_3 + 4K_2CrO_4 + 3O_2$$
(다이크로뮴산칼륨) (삼산화이크로뮴) (크로뮴산칼륨) (산소)

(2) 다이크로뮴산나트륨

① 물성

화학식	분자량	지정수량	비중	융점	분해 온도
$Na_2Cr_2O_7$	262	1,000kg	2.52	356℃	400℃

② 등적색의 결정이다.

(3) 다이크로뮴산암모늄

① 물성

화학식	분자량	지정수량★	비중	분해 온도
$(NH_4)_2Cr_2O_7$	252	1,000kg	2.15	185℃

② 적색 또는 등적색(오렌지색)의 단사정계 침상 결정이다.

8-1. 다이크로뮴산칼륨에 대하여 물음에 답하시오.

① 화학식
② 지정수량

8-2. 다이크로뮴산암모늄의 지정수량을 쓰시오.

|해설|

8-1
다이크로뮴산칼륨의 화학식과 지정수량

종류	화학식	지정수량
다이크로뮴산칼륨	$K_2Cr_2O_7$	1,000kg

8-2
다이크로뮴산칼륨의 지정수량 : 1,000kg

정답 8-1 ① $K_2Cr_2O_7$
     ② 1,000kg
   8-2 1,000kg

핵심이론 09 | 제1류 위험물 – 크로뮴의 산화물

(1) 무수크로뮴산(삼산화크로뮴)

① 물성

화학식	분자량	지정수량★	융점	분해 온도
CrO_3	100	300kg	196℃	250℃

② 조해성이 있는 암적색의 침상 결정이다.

③ 삼산화크로뮴의 분해반응식★★

$$4CrO_3 \rightarrow 2Cr_2O_3 + 3O_2$$
  (삼산화크로뮴) (삼산화이크로뮴) (산소)

무수크로뮴산의 열분해반응식을 쓰시오.

|해설|

무수크로뮴산(삼산화크로뮴)

$$4CrO_3 \rightarrow 2Cr_2O_3 + 3O_2$$
        (삼산화이크로뮴)

정답 $4CrO_3 \rightarrow 2Cr_2O_3 + 3O_2$

핵심이론 01 │ 제2류 위험물의 특성

(1) 종류

성질	품명	위험등급	지정수량 ★★
가연성 고체	황화인(삼황화인, 오황화인, 칠황화인), 적린, 황(단사황, 사방황, 고무상황)	Ⅱ	100kg
	철분, 금속분(Al분말, Zn분말, Ti분말, Co분말), 마그네슘	Ⅲ	500kg
	인화성 고체(고형알코올, 메타알데하이드, 제삼부틸알코올)	Ⅲ	1,000kg
	그 밖에 행정안전부령이 정하는 것	Ⅱ, Ⅲ	100kg 또는 500kg

(2) 정의

① 황 : 순도가 60wt% 이상인 것을 말하며 순도측정을 하는 경우 불순물은 활석 등 불연성 물질과 수분으로 한정한다. ★★

② 철분 : 철의 분말로서 53μm의 표준체를 통과하는 것이 50wt% 미만은 제외한다.

③ 금속분 : 알칼리금속·알칼리토금속·철 및 마그네슘 외의 금속의 분말(구리분·니켈분 및 150μm의 체를 통과하는 것이 50wt% 미만인 것은 제외)★

④ 마그네슘에 해당하지 않는 것
　㉠ 2mm의 체를 통과하지 않는 덩어리 상태의 것
　㉡ 지름 2mm 이상의 막대 모양의 것

⑤ 인화성 고체 : 고형알코올 그 밖에 1기압에서 인화점이 40℃ 미만인 고체★★

(3) 일반적인 성질

① 비교적 낮은 온도에서 착화하기 쉬운 가연성 고체이다.

② 비중은 1보다 크고 물에 녹지 않고 강력한 환원성 물질이다.

③ 연소 시 연소열이 크고 연소온도가 높다.

④ 가열·충격·마찰에 의해 발화 폭발위험이 있다.

(4) 저장 및 취급방법

① 화기를 피하고 불티, 불꽃, 고온체와의 접촉을 피한다.

② 산화제(제1류와 제6류 위험물)와의 혼합 또는 접촉을 피한다.

③ 철분, 마그네슘, 금속분은 물, 습기, 산과의 접촉을 피하여 저장한다.

(5) 소화방법

① 금속분, 철분, 마그네슘 : 마른 모래, 팽창질석, 팽창진주암, 탄산수소염류분말약제

② 황 등 제2류 위험물 : 냉각소화

〈제2류 위험물 빈출 반응식〉

1. 삼황화인의 연소반응식
   $$P_4S_3 + 8O_2 \rightarrow 2P_2O_5 + 3SO_2$$
2. 오황화인의 반응식
   ① 물과 반응
   $$P_2S_5 + 8H_2O \rightarrow 5H_2S + 2H_3PO_4$$
   ② 연소반응
   $$2P_2S_5 + 15O_2 \rightarrow 2P_2O_5 + 10SO_2$$
3. 적린의 연소반응식
   $$4P + 5O_2 \rightarrow 2P_2O_5$$
4. 황의 연소반응식
   $$S + O_2 \rightarrow SO_2$$
5. 철분의 연소반응식
   $$4Fe + 3O_2 \rightarrow 2Fe_2O_3$$
6. 알루미늄의 반응식
   ① 연소반응
   $$4Al + 3O_2 \rightarrow 2Al_2O_3$$
   ② 염산과 반응
   $$2Al + 6HCl \rightarrow 2AlCl_3 + 3H_2$$
7. 아연의 반응식
   ① 물과 반응
   $$Zn + 2H_2O \rightarrow Zn(OH)_2 + H_2$$
   ② 염산과 반응
   $$Zn + 2HCl \rightarrow ZnCl_2 + H_2$$
8. 마그네슘의 반응식
   ① 연소반응
   $$2Mg + O_2 \rightarrow 2MgO$$
   ② 물과 반응
   $$Mg + 2H_2O \rightarrow Mg(OH)_2 + H_2$$
   ③ 염산과 반응
   $$Mg + 2HCl \rightarrow MgCl_2 + H_2$$
   ④ 질소와 반응
   $$3Mg + N_2 \rightarrow Mg_3N_2$$
   ⑤ 이산화탄소와 반응
   $$Mg + CO_2 \rightarrow MgO + CO$$

1-1. 제2류 위험물인 황의 함량 기준을 쓰시오.

1-2. 제2류 위험물인 인화성 고체의 기준을 쓰시오.

1-3. 다음 제2류 위험물의 지정수량을 쓰시오.
① 황화인
② 철분

1-4. Al 분말이 $150\mu m$의 체를 통과하는 것이 몇 wt%일 때 위험물로 보는가?

| 해설 |

1-1
황 : 순도가 60wt(중량)% 이상인 것을 말하며 순도측정을 하는 경우 불순물은 활석 등 불연성 물질과 수분으로 한정한다.

1-2
인화성 고체 : 고형알코올 그 밖에 1기압에서 인화점이 40℃ 미만인 고체

1-3
제2류 위험물의 지정수량 : 본문 참고

1-4
금속분 : 알칼리금속, 알칼리토금속, 철, 마그네슘 외의 금속의 분말(구리분, 니켈분 및 $150\mu m$의 체를 통과하는 것이 50wt% 미만인 것은 제외)

정답 1-1 순도가 60wt(중량)% 이상인 것을 말하며 순도측정을 하는 경우 불순물은 활석 등 불연성 물질과 수분으로 한정한다.
1-2 고형알코올 그 밖에 1기압에서 인화점이 40℃ 미만인 고체
1-3 ① 100kg
② 500kg
1-4 50wt% 이상

(1) 황화인의 물성

종류 항목	삼황화인	오황화인	칠황화인
화학식	P_4S_3	P_2S_5	P_4S_7
지정수량	100kg	100kg	100kg
외관	황록색 결정	담황색 결정	담황색 결정
착화점	약 100℃	142℃	-

(2) 삼황화인

① 황록색의 결정 또는 분말이다.

② 이황화탄소(CS_2), 알칼리, 질산에 녹고, 물, 염소, 염산, 황산에는 녹지 않는다.

③ 삼황화인은 공기 중 약 100℃에서 발화하고 마찰에 의해서도 쉽게 연소하며 자연발화 가능성도 있다.

④ 삼황화인의 연소반응식★★★

$$P_4S_3 + 8O_2 \rightarrow 2P_2O_5 + 3SO_2$$
(삼황화인)　(산소)　　(오산화인)　(이산화황)

(3) 오황화인

① 담황색의 결정으로 조해성과 흡습성이 있다.★

② 알코올, 이황화탄소에 녹는다.

③ 오황화인의 반응식

　㉠ 연소반응식★★

$$2P_2S_5 + 15O_2 \rightarrow 2P_2O_5 + 10SO_2$$
　(오황화인)　(산소)　　(오산화인)　(이산화황)

　㉡ 물과 반응★★

$$P_2S_5 + 8H_2O \rightarrow 5H_2S + 2H_3PO_4$$
　(오황화인)　(물)　　(황화수소)　(인산)

$$2H_2S + 3O_2 \rightarrow 2SO_2 + 2H_2O$$
　(황화수소)　(산소)　(이산화황)　(물)

(4) 칠황화인

① 담황색 결정으로 조해성이 있다.★

② CS_2에 약간 녹으며 수분을 흡수하거나 냉수에서는 서서히 분해된다.

③ 칠황화인은 연소하면 오산화인과 아황산가스(이산화황)를 발생한다.

$$P_4S_7 + 12O_2 \rightarrow 2P_2O_5 + 7SO_2$$
(칠황화인)　(산소)　　(오산화인)　(아황산가스)

10년간 자주 출제된 문제

2-1. 삼황화인의 연소반응식을 쓰시오.

2-2. 오황화인의 연소반응식을 쓰시오.

2-3. 오황화인과 물이 반응하여 발생할 수 있는 유독가스를 쓰시오.

2-4. 칠황화인의 연소반응식을 쓰시오.

|해설|

2-1
황화인의 연소반응식
• 삼황화인 : $P_4S_3 + 8O_2 \rightarrow 2P_2O_5 + 3SO_2$
• 오황화인 : $2P_2S_5 + 15O_2 \rightarrow 2P_2O_5 + 10SO_2$

2-2
오황화인의 반응식 : 본문 참고

2-3
오황화인은 물과 반응하여 인산(H_3PO_4)과 유독가스인 황화수소(H_2S)를 발생한다.
$P_2S_5 + 8H_2O \rightarrow 5H_2S + 2H_3PO_4$

2-4
칠황화인의 연소반응식
$P_4S_7 + 12O_2 \rightarrow 2P_2O_5 + 7SO_2$

정답 **2-1** $P_4S_3 + 8O_2 \rightarrow 2P_2O_5 + 3SO_2$
　　2-2 $2P_2S_5 + 15O_2 \rightarrow 2P_2O_5 + 10SO_2$
　　2-3 황화수소(H_2S)
　　2-4 $P_4S_7 + 12O_2 \rightarrow 2P_2O_5 + 7SO_2$

(1) 물성

화학식	원자량	지정수량★	비중	착화점★	융점
P	31	100kg	2.2	260℃	600℃

(2) 황린의 동소체로 암적색의 분말이다.

(3) 물, 알코올, 에터, 이황화탄소(CS_2), 암모니아에 녹지 않는다.★

(4) 황린(P_4, 제3류 위험물)과는 동소체이다.

(5) 이황화탄소(CS_2), 황(S), 암모니아(NH_3)와 접촉하면 발화한다.

(6) 적린의 연소반응식★★★

$$4P + 5O_2 \rightarrow 2P_2O_5$$
(적린)　(산소)　　(오산화인)

※ 적린과 황린의 비교★★

항목 ＼ 종류	적린	황린
화학식	P	P_4
색상	암적색의 분말	담황색의 고체
냄새	마늘과 비슷한 냄새	냄새 없음
독성	무독성	맹독성
용해성	물, 알코올, 에터, 이황화탄소, 암모니아에 녹지 않는다.	벤젠, 알코올에는 일부 녹고 이황화탄소, 삼염화인에 잘 녹는다.
연소반응식	$4P + 5O_2 \rightarrow P_2O_5$ (흰 연기 발생)	$P_4 + 5O_2 \rightarrow P_2O_5$ (흰 연기 발생)
연소생성물	오산화인(P_2O_5)	오산화인(P_2O_5)
소화방법	주수소화	주수소화

3-1. 적린의 지정수량과 착화점을 쓰시오.

3-2. 적린의 연소 시 흰 연기를 생성하는 화학반응식을 쓰시오.

3-3. 다음 [보기]에서 제2류 위험물을 착화온도가 낮은 것부터 높은 순서로 차례대로 쓰시오.

|보기|
　　삼황화인, 적린, 마그네슘, 황(사방황)

|해설|
3-1
적린의 물성

화학식	원자량	지정수량	착화점
P	31	100kg	260℃

3-2
적린의 연소반응식

$4P + 5O_2 \rightarrow 2P_2O_5$
　　　　(오산화인, 흰 연기 발생)

3-3
제2류 위험물의 착화온도

종류	삼황화인	적린	마그네슘	황(사방황)
착화온도	약 100℃	260℃	520℃	232℃

정답 3-1 • 지정수량 : 100kg
　　　　• 착화점 : 260℃
　　3-2 $4P + 5O_2 \rightarrow 2P_2O_5$
　　3-3 삼황화인, 황(사방황), 적린, 마그네슘

(1) 황의 동소체

항목＼종류	단사황	사방황	고무상황
지정수량	100kg	100kg	100kg
결정형	바늘모양의 결정	팔면체	무정형
착화점	–	232℃	360℃
용해도(물)	녹지 않는다.	녹지 않는다.	녹지 않는다.

(2) 황의 특성

① 황색의 결정 또는 미황색의 분말이다.

② 물이나 산에 녹지 않고 알코올에는 조금 녹으나 고무 상황을 제외하고는 CS_2에 잘 녹는다.★

③ 황의 반응식

　㉠ 연소반응식★★★

$$S + O_2 \rightarrow SO_2$$
　　(황)　(산소)　　(이산화황)

　㉡ 수소와 반응★

$$S + H_2 \rightarrow H_2S$$
　　(황)　(수소)　　(황화수소)

④ 분말 상태로 밀폐 공간에서 공기 중 부유 시에는 분진 폭발을 일으킨다.

4-1. 황의 연소반응식을 쓰시오.

4-2. 황 32g을 완전연소 시킬 때 27℃에서 몇 L의 SO_2가 생성되는지 구하시오(단, 압력은 1atm이고, 황의 원자량은 32이다).

|해설|

4-1
황의 반응식 : 본문 참고

4-2
SO_2의 부피
• 이산화황(SO_2)의 무게

　　S　＋　O_2　→　SO_2
　　32g　　　　　　　　64g
　　32g　　　　　　　　x

$$\therefore x = \frac{32g \times 64g}{32g} = 64g$$

• 이산화황의 부피

$$PV = \frac{W}{M}RT, \quad V = \frac{WRT}{PM}$$

여기서, P : 압력(1atm)
　　　　　M : 분자량(SO_2, 64g/g-mol)
　　　　　W : 무게(64g)
　　　　　T : 절대온도(273 + 27℃ = 300K)
　　　　　R : 기체상수(0.08205L · atm/g-mol · K)
　　　　　V : 부피(L)

$$\therefore V = \frac{WRT}{PM} = \frac{64g \times 0.08205L \cdot atm/g-mol \cdot K \times 300K}{1atm \times 64g/g-mol}$$
$$= 24.62L$$

정답 4-1 $S + O_2 \rightarrow SO_2$
　　4-2 24.62L

| 핵심이론 05 | 제2류 위험물 - 철분 |

(1) 물성

화학식★	지정수량	비중	융점(녹는점)	비점(끓는점)
Fe	500kg	7.0	1,530℃	2,750℃

(2) 은백색의 광택이 있는 금속분말이다.

(3) 철분의 반응식

① 연소반응식★

$$4Fe + 3O_2 \rightarrow 2Fe_2O_3$$
(철)　　(산소)　　　(삼산화제이철)

② 염산과 반응

$$Fe + 2HCl \rightarrow FeCl_2 + H_2$$
(철)　　(염산)　　(이염화제일철) (수소)

10년간 자주 출제된 문제

철분과 염산이 반응할 때 반응식을 쓰시오.

|해설|

철분의 반응식

반응물질	반응식	발생 기체
물	$2Fe + 6H_2O \rightarrow 2Fe(OH)_3 + 3H_2$	수소(H_2)
염산	$Fe + 2HCl \rightarrow FeCl_2 + H_2$	수소(H_2)

정답 $Fe + 2HCl \rightarrow FeCl_2 + H_2$

| 핵심이론 06 | 제2류 위험물 - 금속분 |

(1) 금속분의 특성

① 물과 반응하여 수소를 발생하며 발열한다.
② 정전기, 충격 등의 점화원에 의해 분진폭발을 일으킨다.
③ 냉각소화는 부적합하고 마른 모래, 탄산수소염류 등으로 질식소화가 유효하다.

(2) 알루미늄분

① 물성

화학식★	원자량	지정수량	비중	비점
Al	27	500kg	2.7	2,327℃

② 은백색의 경금속이다.
③ 알루미늄의 반응식

　㉠ 연소반응식★★★

　　$$4Al + 3O_2 \rightarrow 2Al_2O_3$$
　　(알루미늄)　(산소)　　(산화알루미늄)

　㉡ 물과 반응★★

　　$$2Al + 6H_2O \rightarrow 2Al(OH)_3 + 3H_2$$
　　(알루미늄)　(물)　　(수산화알루미늄) (수소)

　㉢ 염산과 반응★★

　　$$2Al + 6HCl \rightarrow 2AlCl_3 + 3H_2$$
　　(알루미늄)　(염산)　　(염화알루미늄)　(수소)

(3) 아연분

① 물성

화학식	원자량	지정수량	비중	비점
Zn	65.4	500kg	7.0	907℃

② 은백색의 분말이다.
③ 물이나 산과 반응식

　㉠ 물과 반응★★

　　$$Zn + 2H_2O \rightarrow Zn(OH)_2 + H_2$$
　　(아연)　(물)　　(수산화아연)　(수소)

　㉡ 염산과 반응★★

　　$$Zn + 2HCl \rightarrow ZnCl_2 + H_2$$
　　(아연)　(염산)　(염화아연)　(수소)

6-1. 알루미늄 분말이 고온의 물과 반응하여 수소를 발생하는 화학반응식을 쓰시오.

6-2. 알루미늄분에 대해 다음 각 물음에 답하시오.

① 흰 연기를 내면서 연소하는 연소반응식을 쓰시오.
② 염산과 반응하여 수소를 발생하는 화학반응식을 쓰시오.
③ 위험물안전관리법령상 품명을 쓰시오.

6-3. 제2류 위험물인 아연분에 대해 다음 각 물음에 답하시오.

① 공기 중 수분에 의한 화학반응식을 쓰시오.
② 염산과 반응할 경우 발생하는 기체를 쓰시오.

정답 **6-1** $2Al + 6H_2O \rightarrow 2Al(OH)_3 + 3H_2$
6-2 ① $4Al + 3O_2 \rightarrow 2Al_2O_3$
② $2Al + 6HCl \rightarrow 2AlCl_3 + 3H_2$
③ 금속분
6-3 ① $Zn + 2H_2O \rightarrow Zn(OH)_2 + H_2$
② 수소(H_2)

|해설|

6-1
알루미늄의 반응식

반응물질	반응식	발생 기체
물	$2Al + 6H_2O \rightarrow 2Al(OH)_3 + 3H_2$	수소(H_2)
염산	$2Al + 6HCl \rightarrow 2AlCl_3 + 3H_2$	수소(H_2)

6-2
알루미늄분
• 반응식

반응물질	반응식	발생 기체
연소반응	$4Al + 3O_2 \rightarrow 2Al_2O_3$	–
물	$2Al + 6H_2O \rightarrow 2Al(OH)_3 + 3H_2$	수소(H_2)
염산	$2Al + 6HCl \rightarrow 2AlCl_3 + 3H_2$	수소(H_2)

• 품명 : 알루미늄분, 아연분, 타이타늄분, 코발트분 : 제2류 위험물의 금속분

6-3
아연의 반응식

반응물질	반응식	발생 기체
수분(물)	$Zn + 2H_2O \rightarrow Zn(OH)_2 + H_2$	수소(H_2)
염산	$Zn + 2HCl \rightarrow ZnCl_2 + H_2$	수소(H_2)
황산	$Zn + H_2SO_4 \rightarrow ZnSO_4 + H_2$	수소(H_2)

(1) 물성

화학식	원자량	지정수량	비중	융점	비점
Mg	24.3	500kg	1.74	651℃	1,100℃

(2) 은백색의 광택이 있는 금속이다.

(3) Mg분이 공기 중에 부유하면 화기에 의해 분진폭발의 위험이 있다.

(4) 마그네슘의 반응식

① 연소반응식★

$$2Mg + O_2 \rightarrow 2MgO$$
（마그네슘）　（산소）　　（산화마그네슘）

② 물과 반응★★★

$$Mg + 2H_2O \rightarrow Mg(OH)_2 + H_2$$
（마그네슘）　（물）　　（수산화마그네슘）　（수소）

③ 염산과 반응★

$$Mg + 2HCl \rightarrow MgCl_2 + H_2$$
（마그네슘）　（염산）　　（염화마그네슘）　（수소）

④ 이산화탄소와 반응★

$$Mg + CO_2 \rightarrow MgO + CO$$
（마그네슘）　（이산화탄소）　（산화마그네슘）　（일산화탄소）

※ Mg화재 시 이산화탄소(CO_2)소화기를 사용해서는 안 되는 이유 : 가연성 가스인 일산화탄소(CO, 분자량 : 28)가 생성하기 때문에

7-1. 마그네슘과 물이 반응할 때 반응식을 쓰시오.

7-2. 원자량이 약 24이고, 은백색의 광택이 나는 가벼운 금속이며 산과 작용하여 수소를 발생하는 제2류 위험물의 물질명을 쓰고, 그 물질과 염산의 화학반응식을 쓰시오.

① 물질명
② 화학반응식

7-3. 마그네슘이 연소할 때 이산화탄소 소화기가 효과가 없는 이유를 쓰시오.

|해설|

7-1
마그네슘과 물의 반응 : $Mg + 2H_2O \rightarrow Mg(OH)_2 + H_2$

7-2
마그네슘
• 물성

화학식	원자량	지정수량	비중	융점	비점
Mg	24.3	500kg	1.74	651℃	1,100℃

• 은백색의 광택이 있는 금속이다.
• 염산과 반응하면 염화마그네슘($MgCl_2$)과 수소(H_2)가스를 발생한다.
　$Mg + 2HCl \rightarrow MgCl_2 + H_2$

7-3
마그네슘은 이산화탄소와 반응하면 가연성 가스인 일산화탄소가 발생하므로 소화효과가 없다.
$Mg + CO_2 \rightarrow MgO + CO$

정답 **7-1** $Mg + 2H_2O \rightarrow Mg(OH)_2 + H_2$
　　7-2 ① 마그네슘(Mg)
　　　　　② $Mg + 2HCl \rightarrow MgCl_2 + H_2$
　　7-3 가연성 가스인 일산화탄소(CO)가 발생하므로 소화효과가 없다.

| 제2류 위험물 – 인화성 고체

(1) 정의

인화성 고체란 고형알코올 그 밖에 1기압에서 인화점이 40℃ 미만인 고체

(2) 종류

① 고형알코올

② 제삼부틸알코올

제3절 **제3류 위험물**

핵심이론 01 | 제3류 위험물의 특성

(1) 종류

성질	품명	해당하는 위험물	위험등급	지정수량
자연발화성 및 금수성 물질	칼륨, 나트륨	–	I ★	10kg
	알킬알루미늄	트라이메틸알루미늄, 트라이에틸알루미늄, 트라이아이소부틸알루미늄		
	알킬리튬	메틸리튬, 에틸리튬, 부틸리튬		
	황린	–	I ★	20kg
	알칼리금속(칼륨 및 나트륨을 제외)	Li, Rb, Cs, Fr	II	50kg
	알칼리토금속	Be, Ca, Sr, Ba, Ra		
	유기금속화합물(알킬알루미늄 및 알킬리튬을 제외)	다이메틸아연, 다이에틸아연		
	금속의 수소화물	KH, NaH, LiH, CaH$_2$	III ★	300kg ★
	금속의 인화물	Ca$_3$P$_2$, AlP, Zn$_3$P$_2$		
	칼슘의 탄화물	CaC$_2$		
	알루미늄의 탄화물	Al$_4$C$_3$		
	그 밖에 행정안전부령이 정하는 것	염소화규소화합물	III	10kg, 20kg, 50kg, 300kg

(2) 일반적인 성질

① 대부분 무기화합물이며 고체 또는 액체이다.

② 칼륨(K), 나트륨(Na), 알킬알루미늄, 알킬리튬은 물보다 가볍고 나머지는 물보다 무겁다.

③ 칼륨, 나트륨, 황린, 알킬알루미늄은 연소하고 나머지는 연소하지 않는다.

④ 황린을 제외한 금수성 물질은 물과 반응하여 가연성
   가스를 발생한다.

(3) 저장 및 취급방법

① K, Na은 산소가 함유되지 않은 석유류(등유, 경유)에
   저장한다.
② 저장용기는 공기와의 접촉을 방지하고 수분과의 접촉
   을 피해야 한다.

(4) 소화방법

① 황린 : 주수소화
② 알킬알루미늄, 알킬리튬 : 팽창질석, 팽창진주암
③ 나머지 제3류 위험물 : 마른 모래, 탄산수소염류분말,
   팽창질석, 팽창진주암

〈제3류 위험물 빈출 반응식〉

1. 칼륨의 반응식
   ① 연소반응식
      $4K + O_2 \rightarrow 2K_2O$
   ② 물과 반응
      $2K + 2H_2O \rightarrow 2KOH + H_2$
   ③ 이산화탄소와 반응
      $4K + 3CO_2 \rightarrow 2K_2CO_3 + C$
   ④ 사염화탄소와 반응
      $4K + CCl_4 \rightarrow 4KCl + C$
   ⑤ 에틸알코올과 반응
      $2K + 2C_2H_5OH \rightarrow 2C_2H_5OK + H_2$
2. 나트륨의 반응식
   ① 연소반응식
      $4Na + O_2 \rightarrow 2Na_2O$
   ② 물과 반응
      $2Na + 2H_2O \rightarrow 2NaOH + H_2$
   ③ 에틸알코올과 반응
      $2Na + 2C_2H_5OH \rightarrow 2C_2H_5ONa + H_2$
3. 트라이에틸알루미늄의 반응식
   ① 연소반응식
      $2(C_2H_5)_3Al + 21O_2 \rightarrow Al_2O_3 + 12CO_2 + 15H_2O$
   ② 물과 반응
      $(C_2H_5)_3Al + 3H_2O \rightarrow Al(OH)_3 + 3C_2H_6$
4. 황린의 연소반응식
   $P_4 + 5O_2 \rightarrow 2P_2O_5$
5. 물과 반응식
   ① 리튬
      $2Li + 2H_2O \rightarrow 2LiOH + H_2$
   ② 칼슘
      $Ca + 2H_2O \rightarrow Ca(OH)_2 + H_2$
   ③ 수소화칼륨
      $KH + H_2O \rightarrow KOH + H_2$
   ④ 수소화나트륨
      $NaH + H_2O \rightarrow NaOH + H_2$
   ⑤ 수소화칼슘
      $CaH_2 + 2H_2O \rightarrow Ca(OH)_2 + 2H_2$
   ⑥ 인화석회
      $Ca_3P_2 + 6H_2O \rightarrow 3Ca(OH)_2 + 2PH_3$
   ⑦ 인화알루미늄
      $AlP + 3H_2O \rightarrow Al(OH)_3 + PH_3$
   ⑧ 탄화칼슘
      $CaC_2 + 2H_2O \rightarrow Ca(OH)_2 + C_2H_2$
   ⑨ 탄화알루미늄
      $Al_4C_3 + 12H_2O \rightarrow 4Al(OH)_3 + 3CH_4$
   ⑩ 탄화리튬
      $Li_2C_2 + 2H_2O \rightarrow 2LiOH + C_2H_2$

1-1. 위험물안전관리법령상 제3류 위험물인 칼륨의 지정수량을 쓰시오.

1-2. 위험물안전관리법령상 제3류 위험물인 나트륨(Sodium)의 지정수량을 쓰시오.

1-3. 위험물안전관리법령상 다음 제3류 위험물의 지정수량과 위험등급을 쓰시오.
① 황린
② 트라이메틸알루미늄
③ 탄화칼슘

|해설|

1-1
칼륨의 지정수량 : 10kg

1-2
나트륨의 지정수량 : 10kg

1-3
제3류 위험물의 지정수량

종류	황린	트라이메틸알루미늄	탄화칼슘
품명	–	알킬알루미늄	칼슘의 탄화물
지정수량	20kg	10kg	300kg
위험등급	I	I	III

정답 **1-1** 10kg
1-2 10kg
1-3 ① 지정수량 : 20kg, 위험등급 : I
② 지정수량 : 10kg, 위험등급 : I
③ 지정수량 : 300kg, 위험등급 : III

핵심이론 02 | 제3류 위험물 – 칼륨(Potassium)

(1) 물성

화학식	원자량★	지정수량	비중	비점	융점	불꽃색상
K	39	10kg	0.86	774℃	63.7℃	보라색

(2) 은백색의 광택이 있는 무른 경금속으로 보라색 불꽃을 내면서 연소한다.

(3) 물, 알코올, 산(염산, 초산)과 반응하면 가연성 가스인 수소(H_2)를 발생한다.

(4) 등유, 경유, 유동파라핀 등의 보호액을 넣은 내통에 밀봉 저장한다.

(5) 칼륨의 반응식
① 연소반응식★★

$4K + O_2 \rightarrow 2K_2O$(회백색)
(칼륨)　(산소)　　(산화칼륨)

② 물과 반응★★★

$2K + 2H_2O \rightarrow 2KOH + H_2$
(칼륨)　(물)　　(수산화칼륨)　(수소)

③ 이산화탄소와 반응★★

$4K + 3CO_2 \rightarrow 2K_2CO_3 + C$
(칼륨)　(이산화탄소)　(탄산칼륨)　(탄소)

④ 에틸알코올과 반응★★★

$2K + 2C_2H_5OH \rightarrow 2C_2H_5OK + H_2$
(칼륨)　(에틸알코올)　(칼륨에틸레이트)　(수소)

⑤ 초산과 반응

$2K + 2CH_3COOH \rightarrow 2CH_3COOK + H_2$
(칼륨)　(초산)　　(초산칼륨)　(수소)

⑥ 액체암모니아와 반응

$2K + 2NH_3 \rightarrow 2KNH_2 + H_2$
(칼륨)　(암모니아)　(칼륨아마이드)　(수소)

[위험물의 저장방법]★

종류	저장방법
황린, 이황화탄소	물속에 저장
칼륨, 나트륨	등유, 경유, 유동파라핀 속에 저장
나이트로셀룰로스	물 또는 알코올에 습면시켜 저장

2-1. 다음에서 설명하는 위험물의 완전 연소반응식을 쓰시오.

- 은백색의 광택이 있는 경금속이다.
- 칼로 잘리는 무른 금속이다.
- 원자량은 39, 비중은 약 0.86이다.

2-2. 금속칼륨이 다음 물질과 반응할 때 화학반응식을 쓰시오.

① 물
② 에탄올
③ 이산화탄소

|해설|

2-1

칼륨

- 물성

화학식	원자량	비중	융점	불꽃색상
K	39	0.86	63.7℃	보라색

- 은백색의 광택이 있는 무른 경금속으로 보라색 불꽃을 내면서 연소한다.

$4K + O_2 \rightarrow 2K_2O$

2-2

칼륨의 반응식

반응 물질	반응식
물	$2K + 2H_2O \rightarrow 2KOH + H_2$
에탄올(에틸알코올)	$2K + 2C_2H_5OH \rightarrow 2C_2H_5OK + H_2$
이산화탄소	$4K + 3CO_2 \rightarrow 2K_2CO_3 + C$

정답 **2-1** $4K + O_2 \rightarrow 2K_2O$

　2-2 ① $2K + 2H_2O \rightarrow 2KOH + H_2$

　　　② $2K + 2C_2H_5OH \rightarrow 2C_2H_5OK + H_2$

　　　③ $4K + 3CO_2 \rightarrow 2K_2CO_3 + C$

핵심이론 03 | 제3류 위험물 – 나트륨(Sodium)

(1) 물성

화학식	원자량	지정수량★	비중	융점	비점	불꽃색상
Na	23	10kg	0.97	97.7℃	880℃	노란색

(2) 은백색의 광택이 있는 무른 경금속으로 노란색 불꽃을 내면서 연소한다.

(3) 등유, 경유, 유동파라핀 등의 보호액을 넣은 내통에 밀봉 저장한다.

(4) 나트륨의 반응식

① 연소반응식★

$4Na + O_2 \rightarrow 2Na_2O$
(나트륨) (산소) (산화나트륨)

② 물과 반응★★★

$2Na + 2H_2O \rightarrow 2NaOH + H_2$
(나트륨) (물) (수산화나트륨) (수소)

③ 이산화탄소와 반응

$4Na + 3CO_2 \rightarrow 2Na_2CO_3 + C$
(나트륨) (이산화탄소) (탄산나트륨) (탄소)

④ 에틸알코올과 반응★★★

$2Na + 2C_2H_5OH \rightarrow 2C_2H_5ONa + H_2$
(나트륨) (에틸알코올) (나트륨에틸레이트) (수소)

⑤ 초산과 반응

$2Na + 2CH_3COOH \rightarrow 2CH_3COONa + H_2$
(나트륨) (초산) (초산나트륨) (수소)

⑥ 액체암모니아와 반응

$2Na + 2NH_3 \rightarrow 2NaNH_2 + H_2$
(나트륨) (암모니아) (나트륨아마이드) (수소)

※ 칼륨과 나트륨의 비교

항목 \ 종류	칼륨(K)	나트륨(Na)
외관	은백색의 광택이 있는 무른 경금속	은백색의 광택이 있는 무른 경금속
알코올과 반응	$2K + 2C_2H_5OH$ $\rightarrow 2C_2H_5OK + H_2$ (수소 발생)	$2Na + 2C_2H_5OH$ $\rightarrow 2C_2H_5ONa + H_2$ (수소 발생)
물과 반응	$2K + 2H_2O$ $\rightarrow 2KOH + H_2$ (수소 발생)	$2Na + 2H_2O$ $\rightarrow 2NaOH + H_2$ (수소 발생)
보관	등유, 경유, 유동파라핀 속에 보관	등유, 경유, 유동파라핀 속에 보관

3-1. Na에 대하여 다음 각 물음에 답하시오.

① 물과 반응하였을 때 발생하는 기체를 화학식으로 쓰시오.
② 완전 연소반응식을 쓰시오.

3-2. 에틸알코올과 나트륨이 반응할 때 화학반응식과 발생하는 기체를 쓰시오.

① 화학반응식
② 발생하는 기체

3-3. 다음 [보기]에서 금속칼륨과 금속나트륨의 공통적인 성질에 해당하는 것을 모두 선택하여 번호를 쓰시오.

|보기|
① 무른 경금속이다.
② 알코올과 반응하면 수소를 발생한다.
③ 물과 반응하면 불연성 기체를 발생한다.
④ 흑색의 고체이다.
⑤ 보호액 속에 보관한다.

|해설|

3-1
나트륨의 반응식
• 나트륨은 물과 반응하면 가연성 가스인 수소(H_2)를 발생한다.
$2Na + 2H_2O \rightarrow 2NaOH + H_2$
(수산화나트륨) (수소)
• 완전 연소반응식 : $4Na + O_2 \rightarrow 2Na_2O$

3-2
나트륨과 에틸알코올의 반응식
$2Na + 2C_2H_5OH \rightarrow 2C_2H_5ONa + H_2$
(나트륨) (에틸알코올) (나트륨에틸레이트) (수소)

3-3
칼륨과 나트륨의 비교 : 본문 참고

정답 **3-1** ① H_2
② $4Na + O_2 \rightarrow 2Na_2O$
3-2 ① $2Na + 2C_2H_5OH \rightarrow 2C_2H_5ONa + H_2$
② 수소
3-3 ①, ②, ⑤

핵심이론 04 │ 제3류 위험물 – 알칼알루미늄

(1) 트라이메틸알루미늄

① 물성

화학식	분자량	지정수량	비중	증기비중	융점	비점
$(CH_3)_3Al$	72	10kg	0.752	2.5	15℃	125℃

② 무색의 가연성 액체이다.

③ 공기 중에 노출하면 자연발화하므로 위험하다.

④ 트라이메틸알루미늄의 반응식

　㉠ 산소(공기)와 반응

　　$2(CH_3)_3Al + 12O_2 \rightarrow Al_2O_3 + 9H_2O + 6CO_2$
　　(트라이메틸알루미늄) (산소) 　(산화알루미늄) 　(물) 　(이산화탄소)

　㉡ 물과 반응

　　$(CH_3)_3Al + 3H_2O \rightarrow Al(OH)_3 + 3CH_4$
　　(트라이메틸알루미늄) 　(물) 　　(수산화알루미늄) 　(메테인)

　㉢ 염산과 반응

　　$(CH_3)_3Al + 3HCl \rightarrow AlCl_3 + 3CH_4$
　　(트라이메틸알루미늄) 　(염산) 　　(염화알루미늄) 　(메테인)

(2) 트라이에틸알루미늄

① 물성

화학식	분자량	지정수량	비중	융점	비점
$(C_2H_5)_3Al$	114	10kg	0.835	−50℃	128℃

② 무색투명한 액체이다.

③ 공기 중에 노출하면 자연발화하므로 위험하다.

④ 트라이에틸알루미늄의 반응식

　㉠ 산소(공기)와 반응

　　$2(C_2H_5)_3Al + 21O_2 \rightarrow Al_2O_3 + 15H_2O + 12CO_2$
　　(트라이에틸알루미늄) 　(산소) 　(산화알루미늄) 　(물) 　(이산화탄소)

　㉡ 물과 반응★★★

　　$(C_2H_5)_3Al + 3H_2O \rightarrow Al(OH)_3 + 3C_2H_6$
　　(트라이에틸알루미늄) 　(물) 　　(수산화알루미늄) 　(에테인)

　㉢ 에테인의 연소반응식

　　$2C_2H_6 + 7O_2 \rightarrow 4CO_2 + 6H_2O$
　　(에테인) 　(산소) 　　(이산화탄소) 　(물)

　㉣ 염산과 반응

　　$(C_2H_5)_3Al + 3HCl \rightarrow AlCl_3 + 3C_2H_6$
　　(트라이에틸알루미늄) 　(염산) 　(염화알루미늄) 　(에테인)

10년간 자주 출제된 문제

4-1. 트라이메틸알루미늄과 물이 반응할 때 반응식을 쓰시오.

4-2. 트라이에틸알루미늄이 물과 접촉하면 발생하는 가연성 가스의 화학식을 쓰시오.

4-3. 트라이에틸알루미늄의 연소반응식을 쓰시오.

4-4. 트라이에틸알루미늄 화재 시 주수소화하면 연소 및 폭발의 위험성이 증대된다. 다음 물음에 답하시오.
① 물과 반응식을 쓰시오.
② 물을 ①에서 발생하는 기체의 완전 연소반응식을 쓰시오.

│해설│

4-1
트라이메틸알루미늄
• 물과 반응
　$(CH_3)_3Al + 3H_2O \rightarrow Al(OH)_3 + 3CH_4$
　　　　　　　　　　(수산화알루미늄) (메테인)
• 산소(공기)와 반응
　$2(CH_3)_3Al + 12O_2 \rightarrow Al_2O_3 + 9H_2O + 6CO_2$

4-2, 4-3
트라이에틸알루미늄의 반응식 : 본문 참고

4-4
트라이에틸알루미늄
• 트라이에틸알루미늄
　– 공기와 반응 : $2(C_2H_5)_3Al + 21O_2 \rightarrow Al_2O_3 + 15H_2O + 12CO_2 \uparrow$
　– 물과 반응 : $(C_2H_5)_3Al + 3H_2O \rightarrow Al(OH)_3 + 3C_2H_6 \uparrow$
• 에테인의 연소반응식
　$2C_2H_6 + 7O_2 \rightarrow 4CO_2 + 6H_2O$

정답 4-1 $(CH_3)_3Al + 3H_2O \rightarrow Al(OH)_3 + 3CH_4$
　　4-2 C_2H_6
　　4-3 $2(C_2H_5)_3Al + 21O_2 \rightarrow Al_2O_3 + 15H_2O + 12CO_2$
　　4-4 ① $(C_2H_5)_3Al + 3H_2O \rightarrow Al(OH)_3 + 3C_2H_6$
　　　　② $2C_2H_6 + 7O_2 \rightarrow 4CO_2 + 6H_2O$

| 핵심이론 05 | 제3류 위험물 – 알킬리튬 |

(1) 종류

종류	화학식	분자량	외관	지정수량
메틸리튬	CH_3Li	22	무색 액체	10kg
에틸리튬	C_2H_5Li	36	–	10kg
부틸리튬	C_4H_9Li	64	무색 무취의 액체	10kg

(2) 자연발화성 물질 및 금수성 물질이다.

(3) 메틸리튬이 물과 반응식★

$$CH_3Li + H_2O \rightarrow LiOH + CH_4$$
(메틸리튬)　　(물)　　　(수산화리튬)　(메테인)

| 핵심이론 06 | 제3류 위험물 – 황린 |

(1) 물성

화학식	지정수량	비중	증기비중	융점	비점	발화점
P_4	20kg	1.82	4.3	44℃	280℃	34℃

(2) 백색 또는 담황색의 자연발화성 고체이다.

(3) 물과 반응하지 않기 때문에 pH 9(약알칼리) 정도의 물속에 저장하며 보호액이 증발되지 않도록 한다.

※ 황린은 포스핀(PH_3)의 생성을 방지하기 위하여 pH 9인 물속에 저장한다.★★

(4) 벤젠, 알코올에는 일부 녹고, 이황화탄소(CS_2), 삼염화인, 염화황에는 잘 녹는다.

(5) 공기를 차단하고 황린을 260℃로 가열하면 적린이 생성된다.★★

(6) 황린의 반응식★★★

① 연소반응식

$$P_4 + 5O_2 \rightarrow 2P_2O_5$$
(황린)　　(산소)　　　(오산화인)

② 알칼리(수산화칼륨)용액과 반응

$$P_4 + 3KOH + 3H_2O \rightarrow PH_3 + 3KH_2PO_2$$
(황린)　(수산화칼륨)　　(물)　　　(포스핀)　(차아인산칼륨)

※ PH_3 : 인화수소(포스핀)

6-1. 황린이 연소할 때 완전 연소반응식을 쓰시오.

6-2. 제3류 위험물인 황린에 대하여 다음 물음에 답하시오.

① 저장방법을 쓰시오.
② 공기를 차단하고 약 260℃로 가열하면 생성되는 동소체인 제2류 위험물은 무엇인가?
③ 황린이 연소 시 생성되는 물질의 화학식을 쓰시오.
④ 수산화칼륨 수용액과 반응하였을 때 발생되는 맹독성가스의 화학식을 쓰시오.

|해설|

6-1

연소반응식
• 황린 : $P_4 + 5O_2 \rightarrow 2P_2O_5$
• 적린 : $4P + 5O_2 \rightarrow 2P_2O_5$(오산화인)

6-2

황린
• 저장방법 : pH 9인 알칼리성 물속에 저장
• 적린 : 공기를 차단하고 황린을 약 260℃로 가열하면 적린(P)이 생성된다.
• 황린의 연소반응식 : $P_4 + 5O_2 \rightarrow 2P_2O_5$(오산화인)
• 강알칼리(수산화칼륨) 용액과 반응하면 맹독성의 포스핀(PH_3) 가스를 발생한다.
  $P_4 + 3KOH + 3H_2O \rightarrow PH_3 + 3KH_2PO_2$

정답 **6-1** $P_4 + 5O_2 \rightarrow 2P_2O_5$
  6-2 ① pH 9인 알칼리성 물속에 저장
    ② 적린
    ③ P_2O_5
    ④ PH_3

핵심이론 07 | 제3류 위험물 – 알칼리금속(K, Na 제외)류 및 알칼리토금속

(1) 리튬

① 물성

화학식	지정수량	비중	융점	비점	불꽃색상
Li	50kg	0.543	180℃	1,336℃	적색

② 은백색의 무른 경금속으로 고체원소 중 가장 가볍다.
③ 리튬은 다른 알칼리금속과 달리 질소와 직접 화합하여 적색의 질화리튬(Li_3N)을 생성한다.
④ 2차 전지의 원료로 사용한다.
⑤ 리튬의 반응식
  ㉠ 물과 반응★★★

    $2Li + 2H_2O \rightarrow 2LiOH + H_2$
    (리튬) (물) (수산화리튬) (수소)
  ㉡ 염산과 반응

    $2Li + 2HCl \rightarrow 2LiCl + H_2$
    (리튬) (염산) (염화리튬) (수소)

(2) 칼슘

① 물성

화학식	지정수량	비중	융점	비점	불꽃색상
Ca	50kg	1.55	845℃	1,420℃	황적색

② 은백색의 무른 경금속이다.
③ 칼슘의 반응식
  ㉠ 물과 반응★★

    $Ca + 2H_2O \rightarrow Ca(OH)_2 + H_2$
    (칼슘) (물) (수산화칼슘) (수소)
  ㉡ 염산과 반응

    $Ca + 2HCl \rightarrow CaCl_2 + H_2$
    (칼슘) (염산) (염화칼슘) (수소)

7-1. 리튬과 물이 반응할 때 반응식과 발생하는 기체의 화학식을 쓰시오.

7-2. 칼슘과 물이 반응할 때 반응식과 발생하는 기체의 화학식을 쓰시오.

|해설|

7-1

리튬은 물과 반응하면 수소(H_2)기체를 발생한다.

$2Li + 2H_2O \rightarrow 2LiOH + H_2$

7-2

칼슘은 물과 반응하면 수소(H_2)기체를 발생한다.

$Ca + 2H_2O \rightarrow Ca(OH)_2 + H_2$

정답 7-1 • 반응식 : $2Li + 2H_2O \rightarrow 2LiOH + H_2$
　　　　　 • 발생 기체 : H_2
　　 7-2 • 반응식 : $Ca + 2H_2O \rightarrow Ca(OH)_2 + H_2$
　　　　　 • 발생 기체 : H_2

핵심이론 08 │ 제3류 위험물 – 금속의 수소화물

(1) 종류

종류	화학식	분자량	형 상	지정수량
수소화칼륨	KH	40	회백색의 결정	300kg
수소화나트륨	NaH	24	은백색의 결정	300kg
수소화리튬	LiH	7.9	투명한 고체	300kg

(2) 반응식

① 수소화칼륨의 물과 반응★★

$KH + H_2O \rightarrow KOH + H_2$
(수소화칼륨)　(물)　　　(수산화칼륨)　(수소)

② 수소화나트륨의 물과 반응★★

$NaH + H_2O \rightarrow NaOH + H_2$
(수소화나트륨)　(물)　　　(수산화나트륨)　(수소)

③ 수소화칼슘의 물과 반응★★

$CaH_2 + 2H_2O \rightarrow Ca(OH)_2 + 2H_2$
(수소화칼슘)　　(물)　　　(수산화칼슘)　　(수소)

④ 수소화리튬의 분해반응식★

$2LiH \rightarrow 2Li + H_2$
(수소화리튬)　　(리튬)　(수소)

8-1. 수소화나트륨과 물이 반응하여 수소기체를 발생하는 반응식을 쓰시오.

8-2. 수소화리튬을 가열하여 분해하면 생성되는 물질 2가지를 화학식으로 쓰시오.

|해설|

8-1

수소화나트륨(NaH)과 물이 반응하면 가연성 가스인 수소(H_2)를 발생한다.

$NaH + H_2O \rightarrow NaOH + H_2$

8-2

수소화리튬의 분해반응식

$2LiH \rightarrow 2Li + H_2$
　　　(리튬) (수소)

정답 **8-1** $NaH + H_2O \rightarrow NaOH + H_2$
　　 8-2 Li, H_2

핵심이론 09 | 제3류 위험물 – 금속의 인화물

(1) 인화칼슘(인화석회)

① 물성

화학식	분자량	지정수량	비중	융점
Ca_3P_2	182	300kg	2.51	1,600℃

② 적갈색의 괴상 고체이다.

③ 알코올, 에터에는 녹지 않는다.

④ 인화칼슘의 반응식

　㉠ 물과 반응★★

　　$Ca_3P_2 + 6H_2O \rightarrow 3Ca(OH)_2 + 2PH_3$
　　(인화칼슘)　(물)　　　(수산화칼슘) (포스핀, 인화수소)

　㉡ 염산과 반응

　　$Ca_3P_2 + 6HCl \rightarrow 3CaCl_2 + 2PH_3$
　　(인화칼슘)　(염산)　　(염화칼슘)　(포스핀)

(2) 인화알루미늄

① 물과 반응★

　$AlP + 3H_2O \rightarrow Al(OH)_3 + PH_3$
　(인화알루미늄)　(물)　　(수산화알루미늄) (포스핀)

10년간 자주 출제된 문제

다음 [보기]에서 설명하는 제3류 위험물의 명칭을 쓰고 물과 반응할 때 화학반응식을 쓰시오.

|보기|
- 적갈색의 고체이다.
- 산 및 물과 반응한다.
- 지정수량은 300kg이다.
- 물과 반응하면 인화수소를 발생한다.
- 비중은 2.5이다.

① 위험물의 명칭
② 물과 반응식

|해설|

인화칼슘
- 물성

화학식	분자량	지정수량	비중	융점
Ca_3P_2	182	300kg	2.51	1,600℃

- 적갈색의 괴상 고체로서 인화석회라고도 한다.
- 물과 반응하여 유독가스인 포스핀(PH_3, 인화수소)을 발생한다.
$$Ca_3P_2 + 6H_2O \rightarrow 3Ca(OH)_2 + 2PH_3$$

정답 ① 인화칼슘(인화석회)
② $Ca_3P_2 + 6H_2O \rightarrow 3Ca(OH)_2 + 2PH_3$

핵심이론 10 | 제3류 위험물 – 칼슘 또는 알루미늄의 탄화물

(1) 탄화칼슘(카바이드)

① 물성

화학식	분자량	지정수량	비중	융점
CaC_2	64	300kg	2.21	2,370℃

② 순수한 것은 무색투명하나 보통은 회백색의 덩어리 상태이다.

③ 탄화칼슘의 반응식

㉠ 물과 반응★★★

$$CaC_2 + 2H_2O \rightarrow Ca(OH)_2 + C_2H_2$$
(탄화칼슘)　(물)　　(수산화칼슘)　(아세틸렌)

㉡ 약 700℃ 이상에서 반응

$$CaC_2 + N_2 \rightarrow CaCN_2 + C$$
(탄화칼슘)　(질소)　(사이안화칼슘)　(탄소)

㉢ 아세틸렌은 은과 반응하면 폭발성의 금속아세틸레이트를 생성한다.

$$C_2H_2 + 2Ag \rightarrow 2AgC_2 + H_2$$
(아세틸렌)　(은)　(은아세틸레이트)　(수소)

(2) 탄화알루미늄

① 물성

화학식	분자량	지정수량	비중	융점
Al_4C_3	144	300kg	2.36	2,100℃

② 황색(순수한 것은 백색)의 단단한 결정 또는 분말이다.

③ 탄화알루미늄과 물의 반응★★★

$$Al_4C_3 + 12H_2O \rightarrow 4Al(OH)_3 + 3CH_4$$
(탄화알루미늄)　(물)　　(수산화알루미늄)　(메테인)

(3) 기타 금속탄화물

① 탄화리튬과 물의 반응★★

$$Li_2C_2 + 2H_2O \rightarrow 2LiOH + C_2H_2$$
(탄화리튬)　(물)　(수산화리튬)　(아세틸렌)

10-1. 탄화칼슘과 물이 반응하였을 때 생성되는 물질을 모두 쓰시오.

10-2. 탄화칼슘이 고온에서 질소와 반응하여 석회질소를 생성하는 화학반응식을 쓰시오.

10-3. 탄화칼슘 1mol과 물 2mol이 반응할 때 생성되는 기체를 쓰고 그 기체는 표준상태를 기준으로 몇 L가 생성되는 구하시오.

① 생성 기체

② 생성량(L)

10-4. 제3류 위험물인 탄화칼슘(CaC_2)에 대해 다음 각 물음에 답하시오.

① 물과 반응할 때 반응식을 쓰시오.

② 물과 반응 시 발생하는 가스의 연소범위를 쓰시오.

10-5. 1mol의 탄화알루미늄과 물이 반응할 때의 반응식을 쓰시오.

10-6. 탄화알루미늄과 물이 반응할 때 발생하는 기체의 화학식을 쓰시오.

|해설|

10-1

탄화칼슘은 물과 반응하면 수산화칼슘(소석회)과 아세틸렌을 생성한다.

$$CaC_2 + 2H_2O \rightarrow \underset{\text{(수산화칼슘)}}{Ca(OH)_2} + \underset{\text{(아세틸렌)}}{C_2H_2}$$

10-2

탄화칼슘의 반응식

• 질소와 반응

$$\underset{\text{(탄화칼슘)}}{CaC_2} + \underset{\text{(질소)}}{N_2} \rightarrow \underset{\text{(석회질소)}}{CaCN_2} + \underset{\text{(탄소)}}{C}$$

• 물과 반응

$$CaC_2 + 2H_2O \rightarrow Ca(OH)_2 + C_2H_2$$

10-3

탄화칼슘과 물의 반응

$$CaC_2 + 2H_2O \rightarrow \underset{\text{(아세틸렌)}}{Ca(OH)_2 + C_2H_2}$$

$$\begin{matrix} 1mol & & 22.4L \\ 1mol & & x \end{matrix}$$

$$\therefore x = \frac{1g\text{-}mol \times 22.4L}{1g\text{-}mol} = 22.4L$$

10-4

탄화칼슘(CaC_2)

• 물과 반응

$$CaC_2 + 2H_2O \rightarrow Ca(OH)_2 + C_2H_2$$

• 발생하는 가스

– 명칭 : 아세틸렌(C_2H_2)

– 연소범위 : 2.5~81%

10-5

탄화알루미늄과 물이 반응하면 메테인 가스를 발생한다.

$$Al_4C_3 + 12H_2O \rightarrow \underset{\text{(수산화알루미늄)}}{4Al(OH)_3} + \underset{\text{(메테인)}}{3CH_4}$$

10-6

물과 반응식

위험물	물과 반응식	발생 기체
탄화알루미늄	$Al_4C_3 + 12H_2O \rightarrow 4Al(OH)_3 + 3CH_4$	메테인

[정답] 10-1 수산화칼슘, 아세틸렌

10-2 $CaC_2 + N_2 \rightarrow CaCN_2 + C$

10-3 ① 아세틸렌

② 22.4L

10-4 ① $CaC_2 + 2H_2O \rightarrow Ca(OH)_2 + C_2H_2$

② 2.5~81%

10-5 $Al_4C_3 + 12H_2O \rightarrow 4Al(OH)_3 + 3CH_4$

10-6 CH_4

핵심이론 01 ┃ 제4류 위험물의 특성

(1) 종류

성질	품명		해당하는 위험물	위험 등급 ★★★	지정 수량 ★★★
인화성 액체	특수인화물★★		이황화탄소, 다이에틸에터, 아세트알데하이드, 산화프로필렌	I	50L
	제1석유류 ★★★	비수용성 액체	휘발유, 벤젠, 톨루엔, 메틸에틸케톤(MEK), 초산메틸, 초산에틸, 의산에틸	II	200L
		수용성 액체	아세톤, 피리딘, 사이안화수소, 의산메틸	II	400L
	알코올류		메틸알코올, 에틸알코올, 프로필알코올	II	400L
	제2석유류★	비수용성 액체	등유, 경유, 클로로벤젠, 스타이렌, o, m, p-자일렌	III	1,000L
		수용성 액체	초산, 의산, 아크릴산, 메틸셀로솔브, 에틸셀로솔브, 하이드라진	III	2,000L
	제3석유류 ★★★	비수용성 액체	중유, 크레오소트유, 나이트로벤젠, 아닐린, 메타크레졸	III	2,000L
		수용성 액체	글리세린, 에틸렌글라이콜	III	4,000L
	제4석유류		기어유, 실린더유, 가소제	III	6,000L
	동식물유류		건성유, 반건성유, 불건성유	III	10,000L

(2) 분류

① 특수인화물★★★

　　㉠ 1기압에서 발화점이 100℃ 이하인 것

　　㉡ 인화점이 영하 20℃ 이하이고 비점이 40℃ 이하
　　인 것

② 제1석유류★ : 1기압에서 인화점이 21℃ 미만인 것★

※ 수용성 액체를 판단하기 위한 시험(위험물안전관리에
관한 세부기준 제13조)

　　• 온도 20℃, 1기압의 실내에서 50mL 메스실린더에
　　증류수 25mL를 넣은 후 시험물품 25mL를 넣을 것

　　• 메스실린더의 혼합물을 1분에 90회 비율로 5분간
　　혼합할 것

　　• 혼합한 상태로 5분간 유지할 것

　　• 층분리가 되는 경우 비수용성, 그렇지 않은 경우
　　수용성으로 판단할 것. 다만, 증류수와 시험물품이
　　균일하게 혼합되어 혼탁하게 분포하는 경우에도 수
　　용성으로 판단한다.

③ 알코올류★★

　　㉠ 1분자를 구성하는 탄소원자의 수가 1개부터 3개까
　　지인 포화1가 알코올(변성알코올 포함)로서 농도
　　가 60wt% 이상★★

　　㉡ 알코올류 제외★★

　　　• $C_1 \sim C_3$까지의 포화1가 알코올의 함유량이 60wt%
　　　미만인 수용액

　　　• 가연성 액체량이 60wt% 미만이고 인화점 및 연
　　　소점이 에틸알코올 60wt% 수용액의 인화점 및
　　　연소점을 초과하는 것

④ 제2석유류★ : 1기압에서 인화점이 21℃ 이상 70℃ 미
만인 것

⑤ 제3석유류★ : 1기압에서 인화점이 70℃ 이상 200℃
미만인 것

⑥ 제4석유류 : 1기압에서 인화점이 200℃ 이상 250℃
미만의 것

⑦ **동식물유류** : 동물의 지육(枝肉 : 머리, 내장, 다리를 잘라 내고 아직 부위별로 나누지 않은 고기를 말한다) 등 또는 식물의 종자나 과육으로부터 추출한 것으로서 1기압에서 인화점이 250℃ 미만인 것

※ 제4류 위험물을 분류하는 기준 : 인화점★

(3) 일반적인 성질

① 대단히 인화하기 쉽다.

② 물에 녹지 않고 물보다 가벼운 것이 많다.

③ 증기비중은 공기보다 무겁기 때문에 낮은 곳에 체류한다.

※ 사이안화수소(HCN)는 공기보다 가볍다(27/29 = 0.93).

※ 증기비중 = $\dfrac{분자량}{29}$

④ 전기 부도체이므로 정전기발생에 주의해야 한다.

(4) 소화방법

① 소화방법 : 포, 이산화탄소, 할로젠화합물, 분말소화약제로 질식소화 한다.

② 수용성 위험물은 알코올용포소화약제를 사용한다.

※ 수용성 위험물 : 피리딘, 사이안화수소, 의산메틸, 알코올류, 의산, 초산, 아크릴산, 글리세린 등

〈제4류 위험물 빈출 반응식〉

1. 에터의 연소반응식
   $C_2H_5OC_2H_5 + 6O_2 \rightarrow 4CO_2 + 5H_2O$
2. 이황화탄소의 반응
   ① 연소반응식
   $CS_2 + 3O_2 \rightarrow CO_2 + 2SO_2$
   ② 물과 반응
   $CS_2 + 2H_2O \rightarrow CO_2 + 2H_2S$
3. 아세트알데하이드의 연소반응식
   $2CH_3CHO + 5O_2 \rightarrow 4CO_2 + 4H_2O$
4. 아세톤의 연소반응식
   $CH_3COCH_3 + 4O_2 \rightarrow 3CO_2 + 3H_2O$
5. 벤젠의 연소반응식
   $2C_6H_6 + 15O_2 \rightarrow 12CO_2 + 6H_2O$
6. 톨루엔의 연소반응식
   $C_6H_5CH_3 + 9O_2 \rightarrow 7CO_2 + 4H_2O$

---

7. 메틸에틸케톤의 연소반응식
   $2CH_3COC_2H_5 + 11O_2 \rightarrow 8CO_2 + 8H_2O$
8. 메틸알코올의 연소반응식
   $2CH_3OH + 3O_2 \rightarrow 2CO_2 + 4H_2O$
9. 에틸알코올의 연소반응식
   $C_2H_5OH + 3O_2 \rightarrow 2CO_2 + 3H_2O$
10. 초산의 연소반응식
    $CH_3COOH + 2O_2 \rightarrow 2CO_2 + 2H_2O$
11. 하이드라진과 과산화수소의 반응
    $N_2H_4 + 2H_2O_2 \rightarrow 4H_2O + N_2$

10년간 자주 출제된 문제

1-1. 다음 ( ) 안에 위험물안전관리법령에 따른 알맞은 품명을 쓰시오.

( )(이)라 함은 이황화탄소, 다이에틸에터 그 밖에 1기압에서 발화점이 100℃ 이하인 것 또는 인화점이 −20℃ 이하이고 비점이 40℃ 이하인 것을 말한다.

1-2. 위험물안전관리법령상 이황화탄소의 품명과 지정수량을 적으시오.

1-3. 위험물안전관리법령상 제4류 위험물의 품명 중 일부인 제1석유류, 제2석유류, 제3석유류, 제4석유류를 분류하는 기준은 무엇인지 쓰시오.

1-4. 다음 위험물안전관리법령상 품명을 쓰시오.
① 아세트알데하이드
② 아닐린
③ 톨루엔

1-5. [보기]의 물질 중 위험물안전관리법령상 제1석유류에 속하는 물질을 모두 쓰시오.

|보기 |
아세트산, 폼산, 아세톤, 클로로벤젠, 에틸벤젠, 경유

1-6. 다음 각 물질의 지정수량을 쓰시오.

① 다이에틸에터
② 아세톤
③ 에틸알코올

|해설|

1-1

특수인화물

• 정의
 – 1기압에서 발화점이 100℃ 이하인 것
 – 인화점이 –20℃ 이하이고 비점이 40℃ 이하인 것
• 종류 : 이황화탄소, 다이에틸에터, 아세트알데하이드, 산화프로필렌 등

1-2

이황화탄소

화학식	품명	지정수량
CS_2	특수인화물	50L

1-3

제4류 위험물의 분류 기준 : 인화점

1-4

제4류 위험물

종류	화학식	품명	지정수량
아세트알데하이드	CH_3CHO	특수인화물	50L
아닐린	$C_6H_5NH_2$	제3석유류 (비수용성)	2,000L
톨루엔	$C_6H_5CH_3$	제1석유류 (비수용성)	200L

1-5

제4류 위험물의 분류

종류	품명	지정수량
아세트산(초산)	제2석유류(수용성)	2,000L
폼산(의산)	제2석유류(수용성)	2,000L
아세톤	제1석유류(수용성)	400L
클로로벤젠	제2석유류(비수용성)	1,000L
에틸벤젠	제1석유류(비수용성)	200L
경유	제2석유류(비수용성)	1,000L

1-6

제4류 위험물의 지정수량

종류	품명	화학식	지정수량
다이에틸에터	특수인화물	$C_2H_5OC_2H_5$	50L
아세톤	제1석유류(수용성)	CH_3COCH_3	400L
에틸알코올	알코올류	C_2H_5OH	400L

정답 1-1 특수인화물
 1-2 • 품명 : 특수인화물
  • 지정수량 : 50L
 1-3 인화점
 1-4 ① 특수인화물
  ② 제3석유류(비수용성)
  ③ 제1석유류(비수용성)
 1-5 아세톤, 에틸벤젠
 1-6 ① 50L
  ② 400L
  ③ 400L

(1) 다이에틸에터(Diethyl Ether, 에터)

① 물성

화학식 ★	지정수량 ★★★	액체비중	증기비중	비점	인화점 ★★★	착화점	연소범위 ★
$C_2H_5OC_2H_5$	50L	0.7	2.55 (74/29)	34℃	-40℃	180℃	1.7~48.0%

② 휘발성이 강한 무색투명한 특유의 향이 있는 액체이다.

③ 물에 약간 녹고, 알코올에 잘 녹으며 발생된 증기는 마취성이 있다.

④ 공기와 장기간 접촉하면 과산화물이 생성되므로 갈색병에 저장해야 한다.

※ 과산화물의 검출시약 : 10% 아이오딘화칼륨(KI)용액

⑤ 에터는 전기불량 도체이므로 정전기 발생에 주의한다.

⑥ 구조식

```
      H   H       H   H
      |   |       |   |
  H - C - C - O - C - C - H
      |   |       |   |
      H   H       H   H
```

⑦ 에터의 연소반응식★★

$$C_2H_5OC_2H_5 + 6O_2 \rightarrow 4CO_2 + 5H_2O$$
(에터)　　　　(산소)　　(이산화탄소)　(물)

(2) 이황화탄소(Carbon Disulfide)

① 물성

화학식	지정수량	액체비중	증기비중 ★	비점	인화점	착화점	연소범위
CS_2	50L	1.26	2.62 (76/29)	46℃	-30℃	90℃	1.0~50.0%

② 순수한 것은 무색투명한 액체이다.

③ 제4류 위험물 중 착화점이 낮고 증기는 유독하다.

④ 물에 녹지 않고, 에터, 벤젠, 알코올 등의 유기용매에는 잘 녹는다.

⑤ 가연성 증기 발생을 억제하기 위하여 물속에 저장한다.

⑥ 연소 시 아황산가스를 발생하며 파란 불꽃을 낸다.

⑦ 이황화탄소의 반응식★★★

　㉠ 연소반응식

$$CS_2 + 3O_2 \rightarrow CO_2 + 2SO_2$$
　(이황화탄소)　(산소)　　(이산화탄소)　(이산화황)

　㉡ 물과 반응(150℃)

$$CS_2 + 2H_2O \rightarrow CO_2 + 2H_2S$$
　(이황화탄소)　　(물)　　(이산화탄소)　(황화수소)

(3) 아세트알데하이드(Acet Aldehyde)

① 물성

화학식 ★★	지정수량	액체비중	증기비중	비점	인화점 ★★★	연소범위
CH_3CHO	50L	0.78	1.52 (44/29)	21℃	-40℃	4.0~60.0%

② 무색투명한 액체이며 자극적인 냄새가 난다.

③ 에틸알코올을 산화하면 아세트알데하이드가 된다.

④ 펠링반응, 은거울반응을 한다.

⑤ 구리(Cu), 마그네슘(Mg), 은(Ag), 수은(Hg)과 반응하면 아세틸레이트를 생성한다.

⑥ 저장용기 내부에는 불연성 가스 또는 수증기 봉입장치를 해야 한다.

⑦ 구조식

```
    H     H
    |    /
H - C - C
    |    \\
    H     O
```

⑧ 아세트알데하이드의 연소반응식★

$$2CH_3CHO + 5O_2 \rightarrow 4CO_2 + 4H_2O$$
(아세트알데하이드)　(산소)　　(이산화탄소)　　(물)

(4) 산화프로필렌(Propylene Oxide)

① 물성

화학식 ★	지정수량 ★	액체비중	증기비중	비점	인화점 ★	착화점	연소범위
CH₃CHCH₂O	50L	0.82	2.0 (58/29)	35℃	-37℃	449℃	2.8~37.0%

② 무색투명한 자극성 액체이다.

③ 구리(Cu), 마그네슘(Mg), 은(Ag), 수은(Hg)과 반응하면 아세틸레이트를 생성한다.

④ 저장용기 내부에는 불연성 가스 또는 수증기 봉입장치를 해야 한다.

⑤ 구조식

$$\begin{array}{ccccc} & H & & H & & H \\ | & & | & & | \\ H-C&-&C&-&C&-H \\ | & & / & \backslash & \\ H & & O & \end{array}$$

2-1. 다이에틸에터에 대하여 다음 각 물음에 답하시오.

① 인화점
② 연소범위
③ 위험물안전관리법령상의 품명

2-2. 다이에틸에터의 화학식과 지정수량을 쓰시오.

2-3. 다이에틸에터의 완전 연소반응식을 쓰시오.

2-4. 이황화탄소가 완전 연소할 때의 연소반응식을 쓰시오.

2-5. 이황화탄소 1mol이 연소 시 발생하는 이론공기량(L)을 구하시오(공기 중의 산소는 21%이다).

2-6. 이황화탄소 76g이 완전 연소하면 몇 L의 기체가 발생하는지 구하시오(단, 표준상태를 기준으로 하고, 순수한 산소만 공급하며 공급된 산소는 모두 연소에 사용된다고 한다).

|해설|

2-1
다이에틸에터(Di Ethyl Ether, 에터)의 물성

품명	화학식	분자량	비중	증기비중	인화점	연소범위
특수인화물	C₂H₅OC₂H₅	74.12	0.7	2.55	-40℃	1.7~48%

2-2
다이에틸에터의 물성 : 본문 참고

2-3
다이에틸에터는 연소하면 이산화탄소(CO_2)와 물(H_2O)이 생성된다.
$C_2H_5OC_2H_5 + 6O_2 \rightarrow 4CO_2 + 5H_2O$

2-4

이황화탄소의 반응식

- 연소반응식 : $CS_2 + 3O_2 \rightarrow CO_2 + 2SO_2$
- 물과 반응 : $CS_2 + 2H_2O \rightarrow CO_2 + 2H_2S$

2-5

이론공기량

$$CS_2 \quad + \quad 3O_2 \quad \rightarrow \quad CO_2 \quad + \quad 2SO_2$$

1g-mol $\times$ 3 $\times$ 22.4L
1g-mol $\quad\quad\quad x$

$x = \dfrac{1\text{g}-\text{mol} \times 3 \times 22.4\text{L}}{1\text{g}-\text{mol}} = 67.2\text{L}$(이론산소량)

∴ 이론공기량 = 67.2L ÷ 0.21 = 320L

※ 표준상태에서 기체 1g-mol이 차지하는 부피 : 22.4L

2-6

이황화탄소의 연소반응식

- 이산화탄소의 부피

$$CS_2 + 3O_2 \rightarrow CO_2 + 2SO_2$$

76g $\times$ 22.4L
76g $\quad\quad x$

$x = \dfrac{76\text{g} \times 22.4\text{L}}{76\text{g}} = 22.4\text{L}$

- 이산화황의 부피

$$CS_2 + 3O_2 \rightarrow CO_2 + 2SO_2$$

76g $\times$ 2 $\times$ 22.4L
76g $\quad\quad x$

$x = \dfrac{76\text{g} \times 2 \times 22.4\text{L}}{76\text{g}} = 44.8\text{L}$

∴ 발생하는 전체 가스의 부피 = 22.4L + 44.8L = 67.2L

정답 2-1 ① -40℃
　　　② 1.7~48%
　　　③ 특수인화물
　　2-2 • 화학식 : $C_2H_5OC_2H_5$
　　　　• 지정수량 : 50L
　　2-3 $C_2H_5OC_2H_5 + 6O_2 \rightarrow 4CO_2 + 5H_2O$
　　2-4 $CS_2 + 3O_2 \rightarrow CO_2 + 2SO_2$
　　2-5 320L
　　2-6 67.2L

핵심이론 03 | 제4류 위험물 - 제1석유류

(1) 아세톤(Acetone, Dimethyl Ketone)

① 물성

화학식 ★★★	지정 수량 ★★★	액체 비중 ★★	증기 비중 ★★	비점	인화점 ★★	착화점	연소 범위
CH_3COCH_3	400L	0.79	2.0 (58/29)	56℃	-18.5℃	465℃	2.5~ 12.8%

② 무색투명한 자극성·휘발성 액체이다.

③ 물에 잘 녹으므로 수용성이다.

④ 일광에 의해 분해하여 과산화물을 생성하고 피부에 닿으면 탈지작용을 한다.

⑤ 구조식

$$\text{H}-\underset{\underset{\text{H}}{|}}{\overset{\overset{\text{H}}{|}}{\text{C}}}-\underset{}{\overset{\overset{\text{O}}{||}}{\text{C}}}-\underset{\underset{\text{H}}{|}}{\overset{\overset{\text{H}}{|}}{\text{C}}}-\text{H}$$

⑥ 아세톤의 연소반응식★

$$\underset{\text{(아세톤)}}{CH_3COCH_3} + \underset{\text{(산소)}}{4O_2} \rightarrow \underset{\text{(이산화탄소)}}{3CO_2} + \underset{\text{(물)}}{3H_2O}$$

(2) 피리딘(Pyridine)

① 물성

화학식 ★	지정 수량	액체 비중	증기 비중	융점	인화점	연소 범위
C_5H_5N	400L	0.99	2.72 (79/29)	-41.7℃	16℃	1.8~ 12.4%

② 순수한 것은 무색의 액체로 강한 악취와 독성이 있다.

③ 약 알칼리성을 나타내며 수용액 상태에서도 인화의 위험이 있다.

④ 산, 알칼리에 안정하고, 물, 알코올, 에터에 잘 녹는다.

⑤ 구조식★

(3) 사이안화수소

① 물성

화학식 ★★	구조식	지정 수량	액체 비중	증기 비중 ★	인화점 ★	착화점	연소 범위
HCN	H–C≡N	400L	0.69	0.93 (27/29)	−17℃	538℃	5.6~40%

② 복숭아 냄새가 나는 무색 또는 푸른색을 띠는 액체이다.

③ 물이나 알코올에 잘 녹고 유일하게 증기비중이 공기보다 가볍다(27/29 = 0.93).

(4) 휘발유(Gasoline)

① 물성

화학식	지정 수량 ★	액체 비중	증기 비중	인화점	착화점	연소 범위
C_5H_{12}~C_9H_{20}	200L	0.7~0.8	3~4	−43℃	280~456℃	1.2~7.6%

② 무색투명한 휘발성이 강한 인화성 액체이다.

③ 탄소와 수소의 지방족 탄화수소이다.

④ 정전기에 의한 인화의 폭발우려가 있다.

(5) 벤젠(Benzene, 벤졸)

① 물성

화학식 ★	지정 수량 ★★	액체 비중 ★	증기 비중 ★	융점	비점	인화점	착화점	연소 범위
C_6H_6	200L	0.95	2.69 (78/29)	7℃	79℃	−11℃	498℃	1.4~8.0%

② 무색투명한 방향성을 갖는 액체이며, 증기는 독성이 있다.

③ 물에 녹지 않고 알코올, 아세톤, 에터에는 녹는다.

④ 벤젠(C_6H_6)은 융점이 7℃이므로 겨울철에 응고된다.

⑤ 구조식

 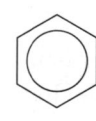 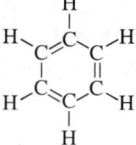

※ 독성 : 벤젠 > 톨루엔 > 자일렌

⑥ 연소반응식

$$2C_6H_6 + 15O_2 \rightarrow 12CO_2 + 6H_2O ★$$
(벤젠)　　　(산소)　　　(이산화탄소)　　(물)

(6) 톨루엔(Toluene, 메틸벤젠)

① 물성

화학식 ★	지정 수량 ★	액체 비중	증기 비중 ★	비점	인화점	착화점	연소 범위
$C_6H_5CH_3$	200L	0.86	3.17 (92/29)	110℃	4℃	480℃	1.27~7.0%

② 무색투명한 독성이 있는 액체이다.

③ 증기는 마취성이 있고 인화점이 낮다.

④ 물에 녹지 않고, 아세톤, 알코올 등 유기용제에는 잘 녹는다.

⑤ TNT의 원료로 사용하고, 산화하면 안식향산(벤조산)이 된다.

⑥ 연소반응식★

$$C_6H_5CH_3 + 9O_2 \rightarrow 7CO_2 + 4H_2O$$
(톨루엔)　　　(산소)　　　(이산화탄소)　　(물)

⑦ 제법 : 벤젠의 수소원자 1개를 메틸기(−CH₃)로 치환하여 제조한다. ★

※ BTX★★

약자	B	T	X		
명칭	Benzene	Toluene	o-Xylene	m-Xylene	p-Xylene
구조식	⬡	⬡CH₃	⬡CH₃,CH₃	⬡CH₃,CH₃	⬡CH₃,CH₃

※ o : ortho, m : meta, p : para

(7) 메틸에틸케톤(MEK ; Methyl Ethyl Keton)

① 물성

화학식 ★★	지정 수량 ★	액체 비중	증기 비중	비점	인화점	착화점	연소 범위
$CH_3COC_2H_5$	200L	0.8	2.48 (72/29)	80.0℃	-7℃	505℃	1.8~ 10%

② 휘발성이 강한 무색의 액체이다.

③ 물, 알코올, 에터, 벤젠 등 유기용제에 잘 녹고, 수지, 유지를 잘 녹인다.

④ 탈지작용을 하므로 피부에 닿지 않도록 주의한다.

⑤ 구조식

$$
\begin{array}{ccccc}
 & H & O & H & H \\
 & | & \| & | & | \\
H & - C & - C & - C & - H \\
 & | & & | & \\
 & H & & H & H
\end{array}
$$

⑥ 메틸에틸케톤의 연소반응식★

$$2CH_3COC_2H_5 + 11O_2 \longrightarrow 8CO_2 + 8H_2O$$
(메틸에틸케톤)　　　(산소)　　　(이산화탄소)　　(물)

(8) 초산에스터류

종류 항목	초산메틸 (아세트산메틸)	초산에틸 (아세트산에틸)	초산프로필 (아세트산프로필)
구조식	$\begin{array}{c} H\ O\ H \\ H-C-C-O-C-H \\ H\ \ \ \ H \end{array}$	$\begin{array}{c} H\ O\ \ H\ H \\ H-C-C-O-C-C-H \\ H\ \ \ \ H\ H \end{array}$	$\begin{array}{c} H\ O\ \ H\ H\ H \\ H-C-C-O-C-C-C-H \\ H\ \ \ \ H\ H\ H \end{array}$
화학식	CH_3COOCH_3★	$CH_3COOC_2H_5$★	$CH_3COOC_3H_7$
지정수량	200L	200L	200L
인화점	-10℃	-3℃	-

※ 분자량이 증가할수록 나타나는 현상

- 인화점, 증기비중, 비점, 점도가 커진다.
- 착화점, 수용성, 휘발성, 연소범위, 비중이 감소한다.
- 이성질체가 많아진다.

(9) 의산에스터류

종류 항목	의산메틸 (폼산메틸)	의산에틸 (폼산에틸)	의산프로필 (폼산프로필)
구조식	$\begin{array}{c} O\ \ H \\ H-C-O-C-H \\ \ \ \ \ H \end{array}$	$\begin{array}{c} O\ \ H\ H \\ H-C-O-C-C-H \\ \ \ \ \ H\ H \end{array}$	$\begin{array}{c} O\ \ H\ H\ H \\ H-C-O-C-C-C-H \\ \ \ \ \ H\ H\ H \end{array}$
화학식	$HCOOCH_3$★	$HCOOC_2H_5$	$HCOOC_3H_7$
지정수량	400L	200L	200L
인화점	-19℃	-19℃	-

10년간 자주 출제된 문제

3-1. 제4류 위험물로서 분자량이 58이고 일광에 의해 분해하여 과산화물을 생성하고 피부 접촉 시 탈지작용을 나타내는 물질에 대하여 다음 각 물음에 답하시오.

① 이 물질의 화학식을 쓰시오.
② 이 물질의 지정수량을 쓰시오.

3-2. 다음 [보기]에서 수용성인 물질을 모두 골라 쓰시오.

보기
아세톤, 휘발유, 벤젠, 이황화탄소, 사이클로헥세인, 아세트산

3-3. 다음 위험물의 시성식을 쓰시오.

① 아닐린
② 스타이렌
③ 아세톤
④ 아세트알데하이드

3-4. 다음 제4류 위험물의 화학식을 쓰시오.

① 에틸렌글라이콜
② 초산메틸(Methyl Acetate)
③ 피리딘

3-5. 표준상태에서 1mol의 아세톤이 완전 연소하기 위해 필요한 산소의 부피는 몇 L인지 구하시오.

3-6. 벤젠에 대한 다음 각 물음에 답하시오.

① 증기비중을 구하시오(계산과정 포함).
② 완전 연소반응식을 쓰시오.
③ 위험물안전관리법령상 지정수량은 얼마인지 쓰시오.

3-7. 벤젠의 수소원자 1개를 메틸기로 치환하면 생성되는 물질의 명칭과 지정수량을 쓰시오.

① 명칭
② 지정수량

3-8. 방향족 탄화수소인 BTX에 대하여 다음 각 물음에 답하시오.

① BTX가 무엇의 약자인지 명칭을 쓰시오.
 • B
 • T
 • X
② 위의 3가지 물질 중 "T"에 해당하는 물질의 구조식을 쓰시오.

3-9. 방향족 탄화수소인 BTX를 구성하는 물질 중 "T"로 표시되는 물질의 분자량은 얼마인지 쓰시오.

|해설|

3-1
아세톤(Acetone, Di Methyl Ketone)의 물성

화학식	분자량	지정수량	비중	인화점	착화점	연소범위
CH_3COCH_3	58	400L	0.79	-18.5℃	465℃	2.5~12.8%

3-2
제4류 위험물

종류	품명	지정수량
아세톤	제1석유류(수용성)	400L
휘발유	제1석유류(비수용성)	200L
벤젠	제1석유류(비수용성)	200L
이황화탄소	특수인화물	50L
사이클로헥세인	제1석유류(비수용성)	200L
아세트산	제2석유류(수용성)	2,000L

3-3
제4류 위험물의 시성식

종류	시성식	품명	지정수량
아닐린	$C_6H_5NH_2$	제3석유류(비수용성)	2,000L
스타이렌	$C_6H_5CHCH_2$	제2석유류(비수용성)	1,000L
아세톤	CH_3COCH_3	제1석유류(수용성)	400L
아세트알데하이드	CH_3CHO	특수인화물	50L

3-4
제4류 위험물의 화학식 등

종류	화학식	품명	지정수량
에틸렌글라이콜	CH_2OHCH_2OH	제3석유류(수용성)	4,000L
초산메틸	CH_3COOCH_3	제1석유류(비수용성)	200L
피리딘	C_5H_5N	제1석유류(수용성)	400L

3-5
아세톤이 연소 시 산소의 부피

$$CH_3COCH_3 \ + \ 4O_2 \ \rightarrow \ 3CO_2 \ + \ 3H_2O$$

1mol ⟋⟍ $4 \times 22.4L$
1mol ⟍⟋ x

$$\therefore \ x = \frac{1mol \times (4 \times 22.4L)}{1mol} = 89.6L$$

3-6
벤젠
• 증기비중

화학식	분자량	품명	지정수량	비중	융점	인화점	연소범위
C_6H_6	78	제1석유류(비수용성)	200L	0.95	7℃	-11℃	1.4~8.0%

$$\therefore \ 증기비중 = \frac{분자량}{29} = \frac{78}{29} = 2.69$$

• 완전 연소반응식
$$2C_6H_6 + 15O_2 \ \rightarrow \ 12CO_2 + 6H_2O$$

3-7

톨루엔

• 정의 : 벤젠(C_6H_6)의 수소원자(H) 1개를 메틸기($-CH_3$)로 치환한 것

종류	벤젠	톨루엔
화학식	C_6H_6	$C_6H_5CH_3$
구조식	(벤젠 구조식)	CH_3 (톨루엔 구조식)

• 지정수량 : 200L

3-8

BTX : 본문 참고

3-9

BTX 중 T는 톨루엔($C_6H_5CH_3$)으로서 분자량이
92[(12 × 6) + (1 × 5) + 12 + (1 × 3)]이다.

정답 3-1 ① CH_3COCH_3
② 400L
3-2 아세톤, 아세트산
3-3 ① $C_6H_5NH_2$
② $C_6H_5CHCH_2$
③ CH_3COCH_3
④ CH_3CHO
3-4 ① CH_2OHCH_2OH
② CH_3COOCH_3
③ C_5H_5N
3-5 89.6L
3-6 ① 증기비중 = $\dfrac{78}{29}$ = 2.69
② $2C_6H_6 + 15O_2 \rightarrow 12CO_2 + 6H_2O$
③ 200L
3-7 ① 톨루엔
② 200L
3-8 ① B : Benzene, T : Toluene, X : Xylene
② CH_3
(구조식)
3-9 92

핵심이론 04 | 제4류 위험물 – 알코올류

(1) 메틸알코올(Methyl Alcohol, Methanol)

① 물성

화학식 ★	지정수량 ★	액체비중	증기비중 ★	비점	인화점 ★	착화점	연소범위
CH_3OH	400L	0.79	1.1 (32/29)	64.7℃	11℃	464℃	6.0~36.0%

※ 밀도 = 0.79 = 0.79g/cm³ = 0.79kg/L★★

② 무색투명한 휘발성이 강한 액체이다.

③ 메틸알코올(목정)은 독성이 있으나 에틸알코올(주정)은 독성이 없다.

④ 메틸알코올을 산화하면 폼알데하이드(HCHO)가 되고, 2차 산화하면 폼산(개미산, HCOOH)이 된다.

⑤ 메틸알코올의 반응식

㉠ 연소반응식★

$$2CH_3OH + 3O_2 \rightarrow 2CO_2 + 4H_2O$$
(메탈알코올)　　(산소)　　　(이산화탄소)　　(물)

㉡ 메틸알코올의 산화, 환원식

$$CH_3OH \underset{환원}{\overset{산화}{\rightleftharpoons}} HCHO \underset{환원}{\overset{산화}{\rightleftharpoons}} HCOOH$$
　　　　　　(폼알데하이드)　　(폼산)

(2) 에틸알코올(Ethyl Alcohol, Ethanol)

① 물성

화학식 ★★★	지정수량 ★★	액체비중	증기비중	비점	인화점 ★★★	연소범위
C_2H_5OH	400L	0.79	1.59	80℃	13℃	3.1~27.7%

② 특유의 냄새가 나는 무색투명한 휘발성이 강한 액체이다.

③ 에탄올(C_2H_5OH)은 벤젠(C_6H_6)보다 탄소(C)의 함량이 적기 때문에 그을음이 적게 난다.

④ 에틸알코올의 반응식

    ㉠ 연소반응식

$$C_2H_5OH + 3O_2 \rightarrow 2CO_2 + 3H_2O\star$$

    ㉡ 에틸알코올의 산화, 환원반응식

$$C_2H_5OH \underset{환원}{\overset{산화}{\rightleftarrows}} CH_3CHO \underset{환원}{\overset{산화}{\rightleftarrows}} CH_3COOH$$

    (에틸알코올)   (아세트알데하이드)   (초산)

⑤ 에틸알코올은 아이오도폼 반응을 한다.

(3) 아이소프로필알코올(IPA ; Iso Propyl Alcohol)

① 물성

화학식	지정수량★	액체비중	증기비중	비점	인화점	연소범위
C_3H_7OH	400L	0.78	2.07 (60/29)	83	12℃	2.0~12.0%

② 산화하면 아세톤이 되고 탈수하면 프로필렌이 된다.

4-1. 위험물안전관리법령상 알코올류의 정의에 대한 설명이다. ( ) 안에 적당한 말을 쓰시오.

> "알코올류"라 함은 1분자를 구성하는 탄소원자의 수가 ( )개부터 ( )개까지인 포화( )가 알코올(변성알코올 포함)을 말한다.

4-2. 다음 각 물질은 몇 가 알코올인지 쓰시오.

① 에틸렌글라이콜
② 글리세린
③ 에틸알코올

4-3. 에틸알코올이 1mol이 완전 연소할 때 필요한 산소의 몰수와 반응식을 쓰시오.

|해설|

4-1
알코올류 : 1분자를 구성하는 탄소원자의 수가 1개부터 3개까지인 포화 1가 알코올(변성알코올 포함)로서 농도가 60% 이상(메틸알코올, 에틸알코올, 프로필알코올)

4-2
몇 가 알코올인지는 수산기(-OH)의 수로 결정한다.

종류	에틸렌글라이콜	글리세린	에틸알코올
화학식	CH_2OHCH_2OH	$C_3H_5(OH)_3$	C_2H_5OH
몇 가	2가	3가	1가

4-3
에틸알코올의 연소반응식 : 본문 참고

정답 4-1 1, 3, 1
    4-2 ① 2가
       ② 3가
       ③ 1가
    4-3 • 산소의 몰수 : 3mol
       • 반응식 : $C_2H_5OH + 3O_2 \rightarrow 2CO_2 + 3H_2O$

| 핵심이론 05 | 제4류 위험물 – 제2석유류 |

(1) 초산(Acetic Acid, 아세트산)

① 물성

화학식 ★	지정 수량	액체 비중	증기 비중	인화점 ★★★	비점 ★★	응고점	연소 범위
CH_3COOH	2,000L	1.05	2.07 (60/29)	40℃	118℃	16.2℃	6.0~17.0%

② 자극적인 냄새와 신맛이 나는 무색투명한 액체이다.

③ 물, 알코올, 에터에 잘 녹으며 물보다 무겁다.

④ 피부와 접촉하면 수포상의 화상을 입는다.

⑤ 식초 : 3~5%의 수용액

⑥ 초산의 연소반응식★

$$CH_3COOH + 2O_2 \rightarrow 2CO_2 + 2H_2O$$
(초산)　　　(산소)　　　(이산화탄소)　　(물)

⑦ 구조식

```
    H   O
    |   ||
H — C — C — O — H
    |
    H
```

(2) 의산(Formic Acid, 개미산, 폼산)

① 물성

화학식	지정 수량	액체 비중	증기 비중	인화점	착화점	연소 범위
$HCOOH$	2,000L	1.2	1.59 (46/29)	55℃	540℃	18~51%

② 물에 잘 녹고 물보다 무겁다(수용성).

③ 초산보다 산성이 강하며 신맛이 있다.

④ 피부와 접촉하면 수포상의 화상을 입는다.

⑤ 구조식

```
    O
    ||
H — C — O — H
```

(3) 아크릴산(Acrylic Acid)

① 물성

화학식	지정 수량 ★	액체 비중 ★	비점	인화점	착화점	응고점	연소 범위
$CH_2CHCOOH$	2,000L	1.1	139℃	46℃	438℃	12℃	2.4~8.0%

② 자극적인 냄새가 나는 무색의 부식성, 인화성 액체이다.

③ 무색의 초산과 비슷한 액체로 겨울에는 응고된다.

④ 물, 알코올, 벤젠, 클로로폼, 아세톤, 에터에 잘 녹는다.

(4) 하이드라진(Hydrazine)

① 물성

화학식	지정수량	액체비중	융점	비점	인화점
N_2H_4	2,000L	1.01	2℃	113℃	38℃

② 암모니아의 냄새가 나는 무색의 맹독성, 가연성 액체이다.

③ 물이나 알코올에 잘 녹고 에터에는 녹지 않는다.

④ 하이드라진의 반응식

㉠ 열분해반응식(180℃)

$$2N_2H_4 \rightarrow 2NH_3 + N_2 + H_2$$
(하이드라진)　　(암모니아)　(질소)　(수소)

㉡ 과산화수소와 반응식★★★

$$N_2H_4 + 2H_2O_2 \rightarrow 4H_2O + N_2$$
(하이드라진)(과산화수소)　　(물)　　(질소)

⑤ 로켓의 연료, 플라스틱 발포제 등으로 사용된다.★

(5) 등유(Kerosine)

① 물성

화학식	지정수량	액체비중	증기비중	비점	인화점	착화점	연소범위
$C_9 \sim C_{18}$	1,000L	0.78~0.8	4~5	156~300℃	39℃ 이상	210℃ 이상	0.7~5.0%

② 무색 또는 담황색의 약한 냄새가 나는 액체이다.

③ 물에 녹지 않고, 석유계 용제에는 잘 녹는다.

④ 원유 증류 시 휘발유와 경유 사이에서 유출되는 포화·불포화 탄화수소 혼합물이다.

(6) 경유(디젤유)

① 물성

화학식	지정수량 ★	액체비중	증기비중	비점	인화점	착화점	연소범위
$C_{15} \sim C_{20}$	1,000L	0.82~0.84	4~5	150~375℃	41℃ 이상	257℃	0.6~7.5%

② 탄소수가 15개에서 20개까지의 포화·불포화 탄화수소혼합물이다.

③ 물에 녹지 않고 석유계 용제에는 잘 녹는다.

④ 품질은 세테인값으로 정한다.

(7) 클로로벤젠(Chlorobenzene)

① 물성

화학식 ★★	지정수량 ★	액체비중 ★	비점	인화점
C_6H_5Cl	1,000L	1.1	132℃	27℃

② 마취성이 조금 있는 석유와 비슷한 냄새가 나는 무색 액체이다.

③ 물에 녹지 않고 알코올, 에터 등 유기용제에는 녹는다.

④ 클로로벤젠의 연소반응식

$$C_6H_5Cl + 7O_2 \rightarrow 6CO_2 + 2H_2O + HCl$$
(클로로벤젠)　(산소)　　(이산화탄소)　(물)　(염화수소)

(8) 자일렌(Xylene, 크실렌)

① 물성

구분	지정수량	분류	구조식	액체비중	인화점	착화점
o-자일렌 (ortho)		제2석유류		0.88	32℃	106.2℃
m-자일렌 (meta)	1,000L	제2석유류		0.86	25℃	-
p-자일렌 (para)		제2석유류		0.86	25℃	-

② 물에 녹지 않고, 알코올, 에터, 벤젠 등 유기용제에는 잘 녹는다.

③ 무색투명한 액체로서 톨루엔과 비슷하다.

(9) 스타이렌(Styrene)

① 물성

화학식 ★★	지정수량 ★★★	비중	비점 ★★	인화점 ★★	착화점
$C_6H_5CH=CH_2$	1,000L	0.9	146℃	32℃	490℃

② 독특한 냄새가 나는 무색 액체이다.

③ 물에 녹지 않고, 에터, 이황화탄소, 알코올에는 녹는다.

④ 에틸벤젠을 탈수소화 처리하여 얻는다. ★★

5-1. [보기]에서 설명하는 물질에 대한 다음 각 물음에 답하시오.

> |보기|
> • 지정수량이 2,000L인 수용성 물질이다.
> • 분자량은 약 60, 융점은 16.2℃, 증기비중은 약 2.07이다.
> • 알칼리금속, 강산화제 등과의 접촉을 피해야 한다.

① 이 물질이 완전 연소할 때 생성되는 2가지 물질의 화학식을 쓰시오.
② Zn과 이 물질이 반응하여 생성되는 가연성 가스는 무엇인지 쓰시오.

5-2. 로켓추진제로 사용되는 하이드라진과 과산화수소의 반응식을 쓰시오.

5-3. 클로로벤젠의 화학식과 위험물안전관리법령에서 정한 지정수량과 품명을 쓰시오.
① 화학식
② 지정수량
③ 품명

5-4. 다음의 [보기]에서 설명하는 위험물은 무엇인지 쓰시오.

> |보기|
> • 분자량은 약 104.2이고 지정수량이 1,000L인 제2석유류이다.
> • 비점은 146℃이고 인화점은 32℃이다.
> • 에틸벤젠을 탈수소화 처리하여 얻을 수 있다.

|해설|

5-1
초산(Acetic acid)
• 물성

화학식	분자량	품명	지정수량	증기비중	인화점	응고점	연소범위
CH_3COOH	60	제2석유류 (수용성)	2,000L	2.07	40℃	16.2℃	6.0~17.0%

• 알칼리금속, 강산화제 등과의 접촉을 피해야 한다.
• 반응식
 - 연소반응식
  $CH_3COOH + 2O_2 \rightarrow 2CO_2 + 2H_2O$
 - 아연과 반응
  $2CH_3COOH + Zn \rightarrow (CH_3COO)_2Zn + H_2$
  (초산) (아연) (초산아연) (수소)

5-2
하이드라진과 과산화수소가 반응하면 질소와 물이 생성된다.
$N_2H_4 + 2H_2O_2 \rightarrow N_2 + 4H_2O$

5-3
클로로벤젠(Chlorobenzene)의 물성

화학식	품명	지정수량	비중	비점	인화점
C_6H_5Cl	제4류 위험물 제2석유류 (비수용성)	1,000L	1.1	132℃	32℃

5-4
스타이렌(Styrene)
• 물성

화학식	분자량	품명	지정수량	비중	비점	인화점
$C_6H_5CH=CH_2$	104	제2석유류 (비수용성)	1,000L	0.9	146℃	32℃

• 독특한 냄새의 무색 액체이다.
• 물에 녹지 않고 알코올, 에터, 이황화탄소에는 녹는다.
• 에틸벤젠을 탈수소화 처리하여 얻을 수 있다.

정답 **5-1** ① CO_2, H_2O
      ② 수소
    5-2 $N_2H_4 + 2H_2O_2 \rightarrow N_2 + 4H_2O$
    5-3 ① C_6H_5Cl
      ② 1,000L
      ③ 제2석유류(비수용성)
    5-4 스타이렌

(1) 에틸렌글라이콜(Ethylene Glycol)

① 물성

화학식 ★★★	지정 수량 ★★	액체 비중 ★★	증기 비중	비점	인화점	착화점
CH_2OHCH_2OH	4,000L	1.11	2.14 (62/29)	198℃	120℃	398℃

② 무색의 끈기 있는 흡습성 액체이다.

③ 물, 알코올, 글리세린에 녹고, 에터, 벤젠, 이황화탄소, 클로로폼에는 녹지 않는다.

④ 2가 알코올로서 독성이 있으며 단맛이 난다.

⑤ 부동액, 냉매로 사용된다.

(2) 글리세린(Glycerine)

① 물성

화학식 ★★	지정수량 ★	액체비중 ★★	증기비중 ★	인화점	착화점
$C_3H_5(OH)_3$	4,000L	1.26	3.17 (92/29)	160℃	370℃

② 무색무취의 흡습성이 있는 점성 액체이다.

③ 물, 알코올에 잘 녹고, 벤젠, 에터, 클로로폼에는 녹지 않는다.

④ 3가 알코올로서 독성이 없으며 단맛이 난다.★★

⑤ 윤활제, 화장품, 폭약의 원료로 사용한다.

[에틸렌글라이콜과 글리세린의 비교]

종류\n항목	에틸렌글라이콜	글리세린
화학식	CH_2OHCH_2OH	$C_3H_5(OH)_3$
구조식★★	H H | | HO-C-C-OH | | H H	H H H | | | H-C-C-C-H | | | OH OH OH
알코올의 가수	2가	3가
용해성	수용성	수용성
맛	단맛	단맛
독성	있다.	없다.

(3) 중유

① 물성

지정수량	비중	인화점
2,000L	0.92~1.0	70℃ 이상

② 비중과 점도가 낮다.

③ 분무성이 좋고 착화가 잘된다(직류중유).

(4) 아닐린(Aniline)

① 물성

화학식 ★★★	지정 수량 ★★	용해도	액체 비중	융점	비점	인화점 ★
$C_6H_5NH_2$	2,000L	3.5	1.02	-6℃	184℃	70℃

② 황색 또는 담황색의 기름성 액체이다.

③ 물에 약간 녹고, 알코올, 아세톤, 벤젠에는 잘 녹는다.

④ 제법 : 벤젠의 수소원자 1개를 아미노기(-NH₂)로 치환하여 제조한다.★

⑤ 구조식

(5) 나이트로벤젠(Nitrobenzene)

① 물성

화학식★	지정수량	액체비중★	비점	인화점★	착화점
$C_6H_5NO_2$	2,000L	1.2	211℃	88℃	482℃

② 암갈색 또는 갈색의 특이한 냄새가 나는 액체이다.

③ 물에 녹지 않고 알코올, 벤젠, 에터에는 잘 녹는다.

④ 나이트로화제 : 황산과 질산

⑤ 구조식

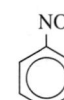

6-1. 다음 위험물의 시성식을 쓰시오.

① 에틸렌글라이콜
② 나이트로벤젠
③ 아닐린

6-2. 다음 물질 중 제3석유류에 해당하는 것을 [보기]에서 모두 선택하여 번호를 쓰시오.

| 보기 |

① 클로로벤젠   ② 아세트산
③ 폼산   ④ 나이트로톨루엔
⑤ 글리세린   ⑥ 나이트로벤젠

6-3. 다음 [보기]에서 비중이 물보다 큰 것을 모두 쓰시오.

| 보기 |

톨루엔, 에틸렌글라이콜, 글리세린, 아세톤, 나이트로벤젠

6-4. 다음 [보기] 중 물보다 무겁고 비수용성인 물질을 모두 쓰시오(단, 없으면 "해당없음"이라고 답할 것).

| 보기 |

아세트산, 나이트로벤젠, 에틸렌글라이콜, 글리세린, 이황화탄소

6-5. 위험물안전관리법령상 에틸렌글라이콜의 품명과 지정수량을 쓰시오.

① 품명
② 지정수량

6-6. 단맛이 나는 무색 액체로서 3가 알코올이며 분자량은 92, 비중이 1.26이고 위험물안전관리법령상 품명이 제3석유류에 속하는 위험물에 대하여 물음에 답하시오.

① 명칭
② 구조식

6-7. 다음과 같은 구조식을 갖는 위험물에 대해 위험물안전관리법령상 해당하는 품명과 지정수량을 쓰시오.

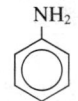

| 해설 |

6-1
제4류 위험물의 시성식

종류	시성식	품명	지정수량
에틸렌글라이콜	CH_2OHCH_2OH	제3석유류 (수용성)	4,000L
나이트로벤젠	$C_6H_5NO_2$	제3석유류 (비수용성)	2,000L
아닐린	$C_6H_5NH_2$	제3석유류 (비수용성)	2,000L

6-2
제4류 위험물의 품명

종류	화학식	품명	지정수량
클로로벤젠	C_6H_5Cl	제2석유류 (비수용성)	1,000L
아세트산	CH_3COOH	제2석유류 (수용성)	2,000L
폼산	$HCOOH$	제2석유류 (수용성)	2,000L
나이트로톨루엔	$C_6H_5CH_3NO_2$	제3석유류 (비수용성)	2,000L
글리세린	$C_3H_5(OH)_3$	제3석유류 (수용성)	4,000L
나이트로벤젠	$C_6H_5NO_2$	제3석유류 (비수용성)	2,000L

6-3
제4류 위험물

종류	품명	비중
톨루엔	제1석유류(비수용성)	0.86
에틸렌글라이콜	제3석유류(수용성)	1.11
글리세린	제3석유류(수용성)	1.26
아세톤	제1석유류(수용성)	0.79
나이트로벤젠	제3석유류(비수용성)	1.20

※ 물의 비중은 1이다.

6-4
제4류 위험물

종류	품명	비중	지정수량
아세트산	제2석유류(수용성)	1.05	2,000L
나이트로벤젠	제3석유류(비수용성)	1.20	2,000L
에틸렌글라이콜	제3석유류(수용성)	1.11	4,000L
글리세린	제3석유류(수용성)	1.26	4,000L
이황화탄소	특수인화물	1.26	50L

※ 비중이 1 이상이면 물보다 무겁다는 뜻이다.

6-5
에틸렌글라이콜(Ethylene Glycol)의 물성

화학식	품명	지정수량	비중	비점	인화점	착화점
CH_2OHCH_2OH	제3석유류(수용성)	4,000L	1.11	198℃	120℃	398℃

6-6
글리세린
• 물성

화학식	분자량	지정수량	비중	비점	인화점
$C_3H_5(OH)_3$	92	4,000L	1.26	182℃	160℃

• 무색 무취의 흡습성이 있는 점성 액체이다.
• 3가 알코올로서 독성이 없으며 단맛이 난다.

6-7
아닐린(Aniline)의 물성

화학식	구조식	품명	지정수량	비중	인화점
$C_6H_5NH_2$	$\overset{NH_2}{\bigcirc}$	제3석유류(비수용성)	2,000L	1.02	70℃

정답 **6-1** ① CH_2OHCH_2OH
   ② $C_6H_5NO_2$
   ③ $C_6H_5NH_2$
6-2 ④, ⑤, ⑥
6-3 에틸렌글라이콜, 글리세린, 나이트로벤젠
6-4 나이트로벤젠
6-5 ① 제3석유류(수용성)
   ② 4,000L
6-6 ① 글리세린
   ②
```
      H  H  H
      |  |  |
  H - C- C- C - H
      |  |  |
      OH OH OH
```
6-7 • 품명 : 제3석유류(비수용성)
   • 지정수량 : 2,000L

핵심이론 07 | 제4류 위험물 - 제4석유류

(1) 종류
① 윤활유 : 기어유, 실린더유, 스핀들유, 터빈유, 모빌유, 엔진오일 등
② 가소제유 : DOP, DNP, DINP, DBS, DOS, TCP, TOP 등

(2) 위험성
① 실온에서 인화위험은 없으나 가열하면 연소위험이 증가한다.
② 일단 연소하면 액온이 상승하여 연소가 확대된다.

(3) 저장·취급
① 화기를 엄금하고 발생된 증기의 누설을 방지하고 환기를 잘 시킨다.
② 가연성 물질, 강산화성 물질과 격리한다.

(4) 소화방법
포, 분말, 할로젠화합물, 이산화탄소소화약제가 적합하다.

(1) 종류

종류 ＼ 항목	아이오딘값 ★★★	반응성	불포화도	종류★★
건성유★★	130 이상	크다.	크다.	해바라기유, 동유, 아마인유, 정어리기름, 들기름
반건성유	100~130	중간	중간	채종유, 목화씨기름(면실유), 참기름, 콩기름
불건성유★	100 이하	작다.	작다.	야자유, 올리브유, 피마자유, 동백유

※ 아이오딘값 : 유지 100g에 부가되는 아이오딘의 g수★

(2) 위험성

① 상온에서 인화위험은 없으나 가열하면 연소위험이 증가한다.

② 발생 증기는 공기보다 무겁고 연소범위 하한이 낮아 인화위험이 높다.

③ 아마인유는 건성유이므로 자연발화 위험이 있다.

④ 화재 시 액온이 높아 소화가 곤란하다.

(3) 저장 · 취급

① 화기에 주의해야 하며 발생 증기는 인화되지 않도록 한다.

② 건성유의 경우 자연발화 위험이 있으므로 다공성 가연물과 접촉을 피한다.

(4) 소화방법

포, 분말, 할로젠화합물, 이산화탄소소화약제가 유효하고 분무주수도 가능하다.

8-1. 동식물유류에 대하여 다음 물음에 답하시오.

① 아이오딘값의 정의를 쓰시오.

② 아이오딘값에 따라 동식물유류를 3가지로 분류하시오.

8-2. 동식물유류를 아이오딘값에 따라 분류할 때 야자유와 같이 아이오딘값이 100 이하인 것을 무엇이라고 하는지 쓰시오.

|해설|

8-1, 8-2

동식물유류

• 아이오딘값의 정의 : 유지 100g에 부가되는 아이오딘의 g수

• 동식물유류의 구분

구분 ＼ 항목	아이오딘값	반응성	불포화도	종류
건성유	130 이상	크다.	크다.	해바라기유, 동유, 아마인유, 정어리기름, 들기름
반건성유	100~130	중간	중간	채종유, 목화씨기름(면실유), 참기름, 콩기름
불건성유	100 이하	작다.	작다.	야자유, 올리브유, 피마자유, 동백유

정답 8-1 ① 유지 100g에 부가되는 아이오딘의 g수

② 건성유 : 아이오딘값 130 이상

반건성유 : 아이오딘값 100~130

불건성유 : 아이오딘값 100 이하

8-2 불건성유

핵심이론 01 │ 제5류 위험물의 특성

(1) 종류

구분	품명		해당하는 위험물		위험 등급	지정 수량
자기 반응성 물질	유기 과산화물	제2종	과산화벤조일, 과산화 메틸에틸케톤, 과산화 초산		II	100kg
	질산 에스터류	제1종	나이트로셀룰로스, 나이트로글리세린, 나이트로글라이콜		I	10kg
		제2종	셀룰로이드		II	100kg
	하이드록실 아민	제2종	–		II	100kg
	하이드록실 아민염류	제2종	황산하이드록실아 민, 염산하이드록실 아민		II	100kg
	나이트로 화합물	제1종	트라이나이트로톨루 엔, 트라이나이트로페 놀, 테트릴		I	10kg
	나이트로 소화합물	제1종	–		I	10kg
		제2종			II	100kg
	아조화합물	제2종	아조비스아이소부티 로나이트릴		II	100kg
	다이아조 화합물	제2종	–		–	종 판단 필요
	하이드라진 유도체	제2종	염산하이드라진, 황산 디하이드라진, 메틸하 이드라진		II	100kg
	그밖에 행정안전부령이 정하는 것	금속의 아자이드 화합물 (제1종)	아자이드화 나트륨		I	10kg
		질산 구아니딘			–	자료 없음

※ 지정수량은 제1종 : 10kg, 제2종 : 100kg
※ 근거자료는 국가위험물통합정보시스템의 자료를 이용하였다. 질산 에스터류의 질산메틸과 질산에틸은 지정수량이 명확하지 않아 삭제 하였다.

(2) 일반적인 성질

① 외부로부터 산소의 공급 없이도 가열, 충격 등에 의해 연소 폭발을 일으킬 수 있는 자기반응성 물질이다.
② 하이드라진 유도체를 제외하고는 유기화합물이다.
③ 유기과산화물을 제외하고는 질소를 함유한 유기질소 화합물이다.
④ 모두 가연성의 액체 또는 고체물질이고 연소할 때는 다량의 가스를 발생한다.
⑤ 시간의 경과에 따라 자연발화의 위험성이 있다.

(3) 저장 및 취급방법

① 화염, 불꽃 등 점화원의 엄금, 가열, 충격, 마찰, 타격 등을 피한다.
② 강산화제, 강산류, 기타 물질이 혼입되지 않도록 한다.
③ 소분하여 저장하고 용기의 파손 및 위험물의 누출을 방지한다.

(4) 소화방법

초기에는 다량의 주수소화가 적당하다.

〈제5류 위험물 빈출 반응식〉

1. 나이트로글리세린의 분해반응식
   $4C_3H_5(ONO_2)_3 \rightarrow O_2 + 6N_2 + 10H_2O + 12CO_2$
2. TNT의 분해반응식
   $2C_6H_2CH_3(NO_2)_3 \rightarrow 2C + 3N_2 + 5H_2 + 12CO$

1-1. [보기]에서 질산에스터류에 해당하는 물질을 모두 쓰시오.

> |보기|
> 트라이나이트로톨루엔, 나이트로셀룰로스, 나이트로글리세린, 테트릴, 피크르산

1-2. 위험물안전관리법령상 제5류 위험물의 나이트로화합물의 종류 3가지를 쓰고 지정수량을 쓰시오.

|해설|

1-1
제5류 위험물의 분류

품명	종류
질산에스터류	나이트로셀룰로스, 나이트로글리세린
나이트로화합물	트라이나이트로톨루엔(TNT), 트라이나이트로페놀(피크르산), 테트릴

1-2
제5류위험물의 나이트로화합물

종류	지정수량
트라이나이트로톨루엔(TNT)	10kg(제1종)
트라이나이트로페놀(피크르산)	10kg(제1종)
테트릴	10kg(제1종)

정답 1-1 나이트로셀룰로스, 나이트로글리세린

1-2

종류	지정수량
트라이나이트로톨루엔(TNT)	10kg(제1종)
트라이나이트로페놀(피크르산)	10kg(제1종)
테트릴	10kg(제1종)

핵심이론 02 | 제5류 위험물 – 유기과산화물

(1) 과산화벤조일(BPO ; Benzoyl Peroxide)

① 물성

화학식	분자량 ★★	지정수량 ★	비중	융점
$(C_6H_5CO)_2O_2$	242	100kg	1.33	105℃

② 무색무취의 백색 결정으로 강산화성 물질이다.

③ 물에 녹지 않고, 알코올에는 약간 녹는다.

④ DMP(프탈산다이메틸), DBP(프탈산다이부틸)의 희석제를 사용한다.

⑤ 발화되면 연소속도가 빠르고 건조상태에서는 위험하다.

⑥ 마찰, 충격으로 폭발의 위험이 있다.

⑦ 과산화벤조일의 구조식★

$$\bigcirc\!\!\!\!\!\bigcirc -\overset{\overset{\textstyle O}{\|}}{C}-O-O-\overset{\overset{\textstyle O}{\|}}{C}-\bigcirc\!\!\!\!\!\bigcirc$$

(2) 과산화메틸에틸케톤(MEKPO ; Methyl Ethyl Keton Peroxide)

① 물성

화학식	지정수량	융점	착화점
$C_8H_{16}O_4$	100kg	20℃	555.5℃

② 무색, 특이한 냄새가 나는 기름성 액체이다.

③ 물에 약간 녹고, 알코올, 에터, 케톤에 녹는다.

④ 구조식

$$\begin{array}{ccc} CH_3 & O-O & CH_3 \\ \ \ \diagdown\!\!\!\diagdown & \diagdown & \diagup\!\!\!\diagup \ \ \\ C & & C \\ \diagup\!\!\!\diagup & \diagup & \diagdown\!\!\!\diagdown \\ C_2H_5 & O-O & C_2H_5 \end{array}$$

과산화벤조일의 구조식을 나타내고, 분자량을 구하시오.

① 구조식
② 분자량

|해설|

과산화벤조일(BPO ; Benzoyl Peroxide)

• 물성

화학식	비중	융점
$(C_6H_5CO)_2O_2$	1.33	105℃

• 구조식

• 분자량

$(C_6H_5CO)_2O_2 = [(6 \times 12) + (5 \times 1) + 12 + 16] \times 2 + (16 \times 2)$
$= 242$

정답 ①

② 242

핵심이론 03 | 제5류 위험물 – 질산에스터류

(1) 나이트로셀룰로스(NC ; Nitrocellulose)

① 물성

화학식	지정수량	융점	비중
$[C_6H_7O_2(ONO_2)_3]_n$	10kg	165℃	1.23

② 백색의 고체이다.

③ 첨가제★

　㉠ 종류 : 물, 아이소프로필알코올

　㉡ 첨가하는 이유 : 건조한 상태에서 폭발을 방지하기 위하여

④ 130℃에서는 서서히 분해하여 180℃에서 불꽃을 내면서 급격히 연소한다.

⑤ 질화도가 클수록 폭발성이 크다.

(2) 나이트로글리세린(NG ; Nitroglycerine)

① 물성

화학식★★★	지정수량★	융점	비점
$C_3H_5(ONO_2)_3$	10kg	2.8℃	218℃

② 무색투명한 기름성 액체(공업용 : 담황색)이다.

③ 알코올, 에터, 벤젠, 아세톤 등 유기용제에 녹는다.

④ 상온에서 액체이고 겨울에는 동결한다.★

⑤ 혀를 찌르는 듯한 단맛이 있다.

⑥ 다공성 물질에 흡수시켜 저장한다.

　㉠ 다공성 물질 : 규조토, 톱밥, 소맥분, 전분

　㉡ 다공성 물질을 흡수시켜 저장하는 이유 : 폭발을 방지하기 위하여

⑦ 규조토에 흡수시켜 다이너마이트를 제조할 때 사용한다.★

⑧ 나이트로글리세린의 분해반응식★★

$4C_3H_5(ONO_2)_3 \longrightarrow 12CO_2 + 10H_2O + 6N_2 + O_2$
（나이트로글리세린）　　（이산화탄소）　（물）　（질소）　（산소）

⑨ 제조방법 : 글리세린에 혼산(진한 질산 + 진한 황산)으로 나이트로화시켜 제조한다.★

$$
\begin{matrix}
CH_2-OH \\
CH \; -OH \\
CH_2-OH
\end{matrix}
+ 3HNO_3
\xrightarrow[\text{나이트로화}]{c-H_2SO_4}
\begin{matrix}
CH_2-ONO_2 \\
CH \; -ONO_2 \\
CH_2-ONO_2
\end{matrix}
+ 3H_2O
$$

(3) 질산메틸

① 물성

화학식	비점	비중
CH_3ONO_2	66℃	1.2

② 메틸알코올과 질산을 반응하여 질산메틸을 제조한다.

$$CH_3OH + HNO_3 \rightarrow CH_3ONO_2 + H_2O$$
(메틸알코올) (질산) (질산메틸) (물)

③ 무색투명한 액체로서 단맛이 있으며 방향성을 갖는다.
④ 물에 녹지 않고 알코올, 에터에는 잘 녹는다.

(4) 질산에틸

① 물성

화학식★	증기비중	비점	비중
$C_2H_5ONO_2$	3.14	88℃	1.1

② 에틸알코올과 질산을 반응하여 질산에틸을 제조한다.

$$C_2H_5OH + HNO_3 \rightarrow C_2H_5ONO_2 + H_2O$$
(에틸알코올) (질산) (질산에틸) (물)

③ 무색투명한 액체로서 방향성을 갖는다.
④ 물에 녹지 않고 알코올에는 잘 녹는다.

(5) 나이트로글라이콜(Nitro Glycol)

① 물성

화학식	지정수량	비중	응고점
$C_2H_4(ONO_2)_2$	10kg	1.5	−22℃

② 순수한 것은 무색이나 공업용은 담황색 또는 분홍색의 액체이다.
③ 알코올, 아세톤, 벤젠에 잘 녹는다.
④ 산의 존재하에 분해가 촉진되며 폭발할 수 있다.

3-1. 건조한 상태에서 폭발의 위험성이 있는 나이트로셀룰로스의 안전한 저장·운반을 위해 어떤 물질을 첨가(혼합)하는지 일반적으로 사용하는 물질을 1가지를 쓰시오.

3-2. 제5류 위험물인 나이트로글리세린의 화학식을 쓰시오.

3-3. 227g의 나이트로글리세린이 완전히 폭발·분해되었을 때 몇 L의 기체가 발생하는지 구하시오(단, 기체의 부피는 표준상태를 기준으로 구한다).

| 해설 |

3-1
나이트로셀룰로스의 첨가제
• 첨가하는 이유 : 건조한 상태에서 폭발을 방지하기 위하여
• 첨가제 : 물, 아이소프로필알코올

3-2
나이트로글리세린 물성

화학식	융점	비점	비중
$C_3H_5(ONO_2)_3$	2.8℃	218℃	1.6

3-3
나이트로글리세린의 분해반응식

$$4C_3H_5(ONO_2)_3 \rightarrow O_2 + 6N_2 + 10H_2O + 12CO_2$$

$$
\begin{matrix}
4 \times 227g \\
227g
\end{matrix}
\qquad
\begin{matrix}
29mol(1+6+10+12) \times 22.4L \\
x
\end{matrix}
$$

$$\therefore \; x = \frac{227g \times 29mol \times 22.4L}{4 \times 227g} = 162.4L$$

정답 3-1 물
3-2 $C_3H_5(ONO_2)_3$
3-3 162.4L

(1) 트라이나이트로톨루엔(TNT)

① 물성

화학식★	분자량★★	지정수량★	비중	융점	비점
$C_6H_2CH_3(NO_2)_3$	227	10kg	1.0	80.1℃	240℃

② 담황색의 결정으로 강력한 폭약이다.

③ 충격에는 민감하지 않으나 급격한 타격에 의하여 폭발한다.

④ 물에 녹지 않고, 알코올에는 가열하면 녹고, 아세톤, 벤젠, 에터에는 잘 녹는다.★

⑤ 트라이나이트로톨루엔의 구조식★

⑥ 트라이나이트로톨루엔의 분해반응식★

$$2C_6H_2CH_3(NO_2)_3 \longrightarrow 2C + 3N_2 + 5H_2 + 12CO$$
(트라이나이트로톨루엔)　　(탄소)　(질소)　(수소)　(일산화탄소)

⑦ 제법 : 질산과 황산의 혼산으로 톨루엔을 나이트로화하여 제조한다.★★

(2) 트라이나이트로페놀(피크르산)

① 물성

화학식★	분자량	지정수량	비중	융점	착화점
$C_6H_2OH(NO_2)_3$	229	10kg	1.8	121℃	300℃

② 광택 있는 황색의 침상 결정이고 찬물에는 미량 녹고 알코올, 에터, 온수에는 잘 녹는다.

③ 나이트로화합물류 중 분자구조 내에 하이드록시기(-OH)를 갖는 위험물이다.

④ 쓴맛과 독성이 있다.

⑤ 단독으로 가열, 마찰 충격에 안정하고 연소 시 검은 연기를 내지만 폭발은 하지 않는다.

⑥ 트라이나이트로페놀의 구조식★★★

⑦ 트라이나이트로페놀의 분해반응식

$$2C_6H_2OH(NO_2)_3 \longrightarrow 2C + 3N_2 + 3H_2 + 4CO_2 + 6CO$$
(트라이나이트로페놀)　　(탄소)　(질소)　(수소)　(이산화탄소)(일산화탄소)

(3) 테트릴(Tetryl)

① 물성

화학식	지정수량	비점	융점	비중
$C_6H_2(NO_2)_4NCH_3$	10kg	187℃	130~132℃	1.0

② 황백색 침상 결정이다.

③ 물에 녹지 않고 아세톤, 벤젠에는 녹고 차가운 알코올에는 조금 녹는다.

④ 피크르산이나 TNT보다 더 민감하고 폭발력이 높다.

4-1. TNT(Trinitrotoluene)의 분자량을 구하시오.

① 계산과정

② 답

4-2. 제5류 위험물인 TNT의 화학식을 쓰시오.

4-3. 나이트로화합물 중 폭약의 폭발력의 표준이 되는 물질로 질산과 황산의 혼산으로 톨루엔을 나이트로화시켜 만드는 화합물의 구조식을 쓰시오.

4-4. 다음과 같은 화학식에 해당하는 제5류 위험물의 명칭을 쓰시오.

$$C_6H_2OH(NO_2)_3$$

4-5. 200kg의 트라이나이트로톨루엔이 완전 분해할 때 몇 m³의 질소가스가 발생하는지 구하시오(단, 0℃, 1기압을 기준으로 구하며, 원자량은 C : 12, H : 1, O : 16, N : 14이다).

|해설|

4-1

TNT(Trinitrotoluene)의 분자량

• 분자식 : $C_6H_2CH_3(NO_2)_3$

• 분자량

$C_6H_2CH_3(NO_2)_3 = (12 \times 6) + (1 \times 2) + 12 + (1 \times 3) + \{[14 + (16 \times 2)] \times 3\}$
$= 227$

4-2

TNT(Trinitrotoluene)

화학식	구조식
$C_6H_2CH_3(NO_2)_3$	

4-3

TNT의 구조식 및 제법 : 톨루엔에 질산과 황산을 첨가하여 탈수시켜 나이트로화하여 만들어지는 물질은 TNT(트라이나이트로톨루엔)이다.

4-4

트라이나이트로페놀(Trinitrophenol, 피크르산)의 물성

화학식	구조식	지정수량	비중	착화점
$C_6H_2OH(NO_2)_3$		10kg	1.8	300℃

4-5

TNT의 분해반응식

$$C_6H_2CH_3(NO_2)_3 \rightarrow C + 1.5N_2 + 2.5H_2 + 6CO$$

227kg $1.5 \times 22.4m^3$
200kg x

$$\therefore x = \frac{200kg \times 1.5 \times 22.4m^3}{227kg} = 29.60m^3$$

※ 트라이나이트로톨루엔[$C_6H_2CH_3(NO_2)_3$]의 분자량 : 227

정답 **4-1** ① $C_6H_2CH_3(NO_2)_3 = (12 \times 6) + (1 \times 2) + 12 + (1 \times 3) + \{[14 + (16 \times 2)] \times 3\} = 227$

② 227

4-2 $C_6H_2CH_3(NO_2)_3$

4-3

4-4 피크르산

4-5 29.60m³

핵심이론 05 | 제5류 위험물 – 기타

(1) 다이나이트로소화합물

① 파라다이나이트로소벤젠[Para Dinitroso Benzene, $C_6H_4(NO)_2$]

② 다이나이트로소레조르신[Di Nitroso Resorcinol, $C_6H_2(OH)_2(NO)_2$]

③ 다이나이트로소펜타메틸렌테드라민[DPT, $C_5H_{10}N_4(NO)_2$]

(2) 하이드록실아민

① 물성

화학식	분자량	지정수량	비점
NH_2OH	33	100kg	116℃

② 무색의 사방정계 결정으로 조해성이 있다.

③ 물, 메탄올에 녹고 온수에서는 서서히 분해한다.

④ 130℃로 가열하면 폭발한다.

핵심이론 01 | 제6류 위험물의 특성

(1) 종류

성질	품명	위험등급	지정수량 ★★
산화성 액체	과염소산($HClO_4$), 과산화수소 (H_2O_2), 질산(HNO_3), 할로젠간 화합물(BrF_3, BrF_5, IF_5)★★	I	300kg

(2) 정의

① 과산화수소 : 농도가 36wt% 이상인 것★

② 질산 : 비중이 1.49 이상인 것★★★

(3) 일반적인 성질★

① 산화성 액체이며 무기화합물로 이루어져 형성된다.

② 무색투명하며 모두가 액체이다.

③ 비중은 1보다 크므로 물보다 무겁다.

④ 과산화수소를 제외하고 강산성 물질이며 물에 녹기 쉽다.

⑤ 불연성 물질이며 가연물, 유기물 등과의 혼합으로 발화한다.

(4) 저장 및 취급방법

① 염, 물과의 접촉을 피한다.

② 직사광선 차단, 강환원제, 유기물질, 가연성 위험물과 접촉을 피한다.

③ 저장용기는 내산성 용기를 사용해야 한다.

(5) 소화방법

소화방법은 주수소화가 적합하다.

<図>

〈제6류 위험물 빈출 반응식〉

1. 과염소산의 분해반응식
   $HClO_4 \rightarrow HCl + 2O_2$
2. 과산화수소의 분해반응식
   $2H_2O_2 \xrightarrow[\text{(정촉매)}]{MnO_2} 2H_2O + O_2$
3. 질산의 분해반응식
   $4HNO_3 \rightarrow 2H_2O + 4NO_2 + O_2$

10년간 자주 출제된 문제

1-1. 위험물안전관리법령에서 정하는 할로젠간화합물 위험물의 지정수량은 얼마인가?

1-2. 과산화수소 1,200kg, 질산 600kg, 과염소산 900kg을 같은 장소에 저장하려 한다. 각 위험물의 지정수량 배수의 총합을 구하시오.

| 해설 |

1-1
제6류 위험물의 지정수량

종류	지정수량
과염소산, 과산화수소, 질산, 할로젠간화합물 (BrF_3, BrF_5, IF_5)	300kg

1-2
지정수량의 배수

$$지정수량의\ 배수 = \frac{저장수량}{지정수량} + \frac{저장수량}{지정수량} + \cdots$$

$$= \frac{1,200kg}{300kg} + \frac{600kg}{300kg} + \frac{900kg}{300kg} = 9배$$

정답 **1-1** 300kg
1-2 9배

핵심이론 02 | 제6류 위험물 – 과염소산(Perchloric Acid)

(1) 물성

화학식 ★★	분자량 ★★★	지정수량	액체비중	증기비중 ★	비점
$HClO_4$	100.5	300kg	1.76	3.47 (100.5/29)	39℃

(2) 무색무취의 유동하기 쉬운 액체로 흡습성이 강하며 휘발성이 있다.★

(3) 가열하면 폭발하고 산성이 강한 편이다.

(4) 물과 반응하면 심하게 발열하며 반응으로 생성된 혼합물도 강한 산화력을 가진다.

(5) 불연성 물질이지만 자극성, 산화성이 매우 크다.

(6) 과염소산의 분해반응식★

$$\underset{\text{(과염소산)}}{HClO_4} \rightarrow \underset{\text{(염화수소)}}{HCl} + \underset{\text{(산소)}}{2O_2}$$

(7) 산의 강도

$HClO_4$(과염소산) > $HClO_3$(염소산) > $HClO_2$(아염소산) > $HClO$(차아염소산)★

2-1. 제6류 위험물 중 다음의 성질을 가지는 물질의 화학식을 쓰시오.

- 분자량 : 100.5
- 비중 : 1.76
- 증기비중 : 3.47

2-2. [보기]의 설명 중 과염소산에 대한 내용으로 옳은 것을 모두 선택하여 그 번호를 쓰시오.

① 분자량은 약 780이다.
② 분자량은 약 630이다.
③ 무색의 액체이다.
④ 짙은 푸른색을 나타내는 액체이다.
⑤ 농도가 36wt% 미만인 것은 위험물에 해당하지 않는다.
⑥ 가열 분해 시 유독한 HCl을 발생한다.

|해설|

2-1

과염소산(Perchloric Acid)의 물성

화학식	분자량	지정수량	비중	증기비중	비점
$HClO_4$	100.5	300kg	1.76	3.47(100.5/29)	39℃

2-2

과염소산

- 분자량 : $HClO_4$(100.5)
- 무색 무취의 유동하기 쉬운 액체이다.
- 가열 분해반응식
  $HClO_4 \rightarrow HCl + 2O_2$
  　　　　(염산, 염화수소)

※ 분자량 H_2O_2 : 34, HNO_3 : 63

정답 2-1 $HClO_4$
　　 2-2 ③, ⑥

핵심이론 03 | 제6류 위험물 − 과산화수소(Hydrogen Peroxide)

(1) 물성

화학식 ★	지정수량 ★	비중	융점	비점	농도
H_2O_2	300kg	1.46	−17℃	152℃	36wt% 이상

(2) 점성이 있는 무색의 유동성 액체로 가열하면 폭발하는 강한 산성을 나타낸다.

(3) 물, 알코올, 에터에 녹고, 벤젠에는 녹지 않는다.

(4) 농도 60% 이상은 충격, 마찰에 의해서도 단독으로 분해폭발 위험이 있다.

(5) 과산화수소의 분해반응식

$$2H_2O_2 \xrightarrow[\text{정촉매}]{MnO_2} 2H_2O + O_2$$

(6) 과산화수소의 안정제

① 넣는 이유 : 분해를 막기 위하여
② 종류 : 인산(H_3PO_4), 요산($C_5H_4N_4O_3$)

(7) 하이드라진과 혼촉하면 분해하여 발화, 폭발한다.
★★★

$$N_2H_4 + 2H_2O_2 \rightarrow 4H_2O + N_2$$
(하이드라진) (과산화수소)　　(물)　(질소)

(8) 저장용기는 밀봉하지 말고 구멍이 있는 마개를 사용해야 한다.

※ 구멍 뚫린 마개를 사용하는 이유 : 상온에서 서서히 분해하여 산소를 발생하여 폭발의 위험이 있어 통기를 위하여

3-1. 제6류 위험물인 과산화수소에 MnO_2를 넣는 이유를 쓰시오.

3-2. 과산화수소의 분해반응식을 쓰고 발생하는 기체의 명칭을 쓰시오.

|해설|

3-1, 3-2

과산화수소

• 분해반응식

$$2H_2O_2 \xrightarrow[\text{정촉매}]{MnO_2} 2H_2O + O_2 \quad \text{(산소)}$$

• 정촉매 : 이산화망가니즈(MnO_2), 아이오딘화칼륨(KI)

정답 **3-1** 반응을 촉진시키기 위해(정촉매)

3-2 • 분해반응식 : $2H_2O_2 \rightarrow 2H_2O + O_2$

• 발생 기체 : 산소

핵심이론 04 | 제6류 위험물 - 질산(Nitric Acid)

(1) 물성

화학식 ★	분자량 ★★	지정수량	비중	융점	비점
HNO_3	63	300kg	1.49	-42℃	122℃

(2) 흡습성이 강하여 습한 공기 중에서 발열하는 무색의 무거운 액체이다.

(3) 자극성, 부식성이 강하며 휘발성이고 햇빛에 의해 일부 분해한다.

(4) 진한 질산을 가열하면 적갈색의 이산화질소(NO_2) 가스가 발생한다.

(5) 진한 질산은 Co, Fe, Ni, Cr, Al을 부동태화 한다.

※ 부동태화 : 금속 표면에 산화 피막을 입혀 내식성을 높이는 현상

(6) 질산은 단백질과 잔토프로테인 반응을 하여 노란색으로 변한다.

※ 잔토프로테인 반응 : 단백질 검출 반응의 하나로서 아미노산 또는 단백질에 진한 질산을 가하여 가열하면 황색이 되고, 냉각하여 염기성으로 되게 하면 등황색을 띤다.

(7) 물과 반응하면 발열한다.

(8) 질산의 분해반응식★★★

$$4HNO_3 \rightarrow 2H_2O + 4NO_2 + O_2$$
$$\text{(질산)} \quad \text{(물)} \quad \text{(이산화질소)} \quad \text{(산소)}$$

※ 왕수 : 진한 질산 1(부피)과 진한 염산 3(부피)의 비율로 혼합한 것★★

4-1. 왕수를 만드는 원료 물질과 그 배합 비율을 쓰시오.

4-2. 다음 제6류 위험물의 화학식과 지정수량을 쓰시오.
① 구리 등과 반응할 수 있고 물과 혼합하면 많은 열을 발생하고 분자량이 약 63이다.
② 분자량은 약 34이고 이산화망가니즈 촉매하에 분해가 촉진되어 산소를 발생한다.

4-3. 질산이 햇빛에 의해 분해되었을 때 발생하는 갈색의 유독성 증기를 화학식으로 쓰시오.

4-4. 질산이 피부에 닿으면 노란색으로 변하는데 이것을 화학적으로 무슨 반응이라 하는지 쓰시오.

4-5. 위험물안전관리법령상 질산이 위험물로 취급되기 위해 비중이 일정값 이상이어야 한다. 그 비중이 최솟값을 기준으로 질산의 지정수량을 L 단위로 환산하면 얼마인지 구하시오.

|해설|

4-1
왕수
• 왕수의 원료 : 진한 질산, 진한 염산
• 왕수의 배합비율 : 진한 질산 1(부피)과 진한 염산 3(부피)의 비율로 혼합한다.

4-2
제6류 위험물의 화학식과 지정수량

종류				성질
화학식	분자량	명칭	지정수량	
HNO_3	63	질산	300kg	구리와 반응하고 물과 혼합하면 많은 열을 발생한다.
H_2O_2	34	과산화수소	300kg	이산화망가니즈 촉매하에 분해가 촉진되어 산소를 발생한다.

4-3
진한 질산을 가열하면 적갈색의 이산화질소(NO_2) 증기가 발생한다.
$$4HNO_3 \rightarrow 2H_2O + 4NO_2 + O_2$$

4-4
질산은 단백질과 잔토프로테인 반응을 하여 노란색으로 변한다.
※ 잔토프로테인 반응 : 단백질 검출 반응의 하나로서 아미노산 또는 단백질에 진한 질산을 가하여 가열하면 황색이 되고, 냉각하여 염기성으로 되게 하면 등황색을 띤다.

4-5
질산의 비중이 1.49 이상이면 제6류 위험물로 본다.
비중 1.49일 때 밀도 $\rho = 1.49g/cm^3 = 1.49kg/L$
질산의 지정수량은 300kg이므로 부피로 환산하면
$$\rho = \frac{W(무게)}{V(부피)}, \quad V = \frac{W}{\rho}$$
$$\therefore V = \frac{W}{\rho} = \frac{300kg}{1.49kg/L} = 201.34L$$

정답 4-1 • 원료 : 진한 질산, 진한 염산
 • 배합비율 : 진한 질산 1(부피)과 진한 염산 3(부피)
 4-2 ① 화학식 : HNO_3, 지정수량 : 300kg
  ② 화학식 : H_2O_2, 지정수량 : 300kg
 4-3 이산화질소(NO_2)
 4-4 잔토프로테인 반응
 4-5 201.34L

03 안전관리법령

제1절 위험물안전관리법

핵심이론 01 | 위험물안전관리법 I (법 제2조)

(1) 위험물

인화성 또는 발화성 등의 성질을 가지는 것으로 대통령령이 정하는 물품

※ 위험물의 종류 : 제1류 위험물~제6류 위험물(6종류)

(2) 제조소 등

① 제조소 : 위험물을 제조할 목적으로 지정수량 이상의 위험물을 취급하기 위하여 규정에 따른 허가를 받은 장소

② 저장소 : 지정수량 이상의 위험물을 저장하기 위한 대통령령이 정하는 장소로서 규정에 따른 허가를 받은 장소

  ㉠ 옥내저장소

  ㉡ 옥내탱크저장소

  ㉢ 옥외저장소

  ㉣ 옥외탱크저장소

  ㉤ 지하탱크저장소

  ㉥ 간이탱크저장소

  ㉦ 이동탱크저장소

  ㉧ 암반탱크저장소

③ 취급소 : 지정수량 이상의 위험물을 제조 외의 목적으로 취급하기 위한 대통령령이 정하는 장소로서 규정에 따른 허가를 받은 장소★

  ㉠ 주유취급소

  ㉡ 판매취급소

  ㉢ 이송취급소

  ㉣ 일반취급소

  ※ 위험물제조소 등 : 제조소, 취급소, 저장소

(3) 지정수량

위험물의 종류별로 위험성을 고려하여 대통령령이 정하는 수량으로서 제조소 등의 설치허가 등에 있어서 최저의 기준이 되는 수량을 말한다.★

10년간 자주 출제된 문제

위험물안전관리법령에서 구분하는 위험물취급소 4가지를 쓰시오.

| 해설 |

위험물제조소 등(13개소) : 본문 참고

정답 일반취급소, 주유취급소, 이송취급소, 판매취급소

---

(1) 위험물안전관리법 적용 제외(법 제3조)

① 항공기

② 선박

③ 철도 및 궤도

(2) 위험물제조소 등의 설치허가(법 제6조)

① 제조소 등의 설치허가권자 : 시·도지사(특별시장·광역시장·특별자치시장·도지사 또는 특별자치도지사)

② 제조소 등의 위치, 구조 또는 설비의 변경 없이 위험물의 품명, 수량 또는 지정수량의 배수를 변경 시 : 변경하고자 하는 날의 1일 전까지 시·도지사에게 신고

(3) 위험물의 취급

① 지정수량 이상의 위험물 : 제조소 등에서 취급해야 하며 위험물안전관리법에 적용받는다.

② 지정수량 미만의 위험물 : 시·도의 조례

③ 지정수량의 배수 : 1 이상이면 위험물안전관리법에 적용받는다.

※ 지정배수 $= \dfrac{저장(취급)수량}{지정수량} + \dfrac{저장(취급)수량}{지정수량} + \cdots$

★★★

④ 제조소 등의 용도폐지 : 폐지한 날로부터 14일 이내에 시·도지사에게 신고

⑤ 제조소 등의 지위승계 : 승계한 날로부터 30일 이내에 시·도지사에게 신고

⑥ 위험물 임시 저장기간 : 90일 이내

10년간 자주 출제된 문제

다음 위험물저장소에 [보기]와 같이 위험물이 저장되어 있다. 전체적으로 위험물 대한 지정수량의 배수를 계산하시오.

> |보기|
>
> 다이에틸에터 100L, 이황화탄소 150L,
> 아세톤 200L, 휘발유 400L

- 계산과정
- 답

|해설|

- 각 위험물의 지정수량

종류	품명	지정수량
다이에틸에터	특수인화물	50L
이황화탄소	특수인화물	50L
아세톤	제1석유류(수용성)	400L
휘발유	제1석유류(비수용성)	200L

- 지정수량의 배수 $= \dfrac{저장수량}{지정수량} + \dfrac{저장수량}{지정수량} + \cdots$

$$= \dfrac{100L}{50L} + \dfrac{150L}{50L} + \dfrac{200L}{400L} + \dfrac{400L}{200L} = 7.5배$$

정답 • 계산과정 :

$$지정수량의\ 배수 = \dfrac{100L}{50L} + \dfrac{150L}{50L} + \dfrac{200L}{400L} + \dfrac{400L}{200L}$$
$$= 7.5배$$

- 답 : 7.5배

(1) 위험물안전관리자(법 제15조)

① 위험물안전관리자 선임권자 : 제조소 등의 관계인
② 위험물안전관리자 선임신고 : 소방본부장 또는 소방서장에게 신고
③ 해임 또는 퇴직 시 : 30일 이내에 재선임
④ 안전관리자 선임신고 : 선임한 날부터 14일 이내
⑤ 안전관리자 여행, 질병 기타 사유로 직무 수행이 불가능 시 : 대리자 지정(대리자 직무기간은 30일을 초과할 수 없다)
⑥ 위험물안전관리자 미선임 : 1,500만원 이하의 벌금
⑦ 위험물안전관리자 선임신고 태만 : 500만원 이하의 과태료

(2) 위험물안전취급자격자의 자격(시행령 별표 5)

위험물취급자격자의 구분	취급할 수 있는 위험물
위험물기능장, 위험물산업기사, 위험물기능사의 자격을 취득한 사람	시행령 별표 1의 모든 위험물
안전관리자 교육이수자(소방청장이 실시하는 안전관리자교육을 이수한 자)	시행령 별표 1의 위험물 중 제4류 위험물
소방공무원 경력자(소방공무원으로 근무한 경력이 3년 이상인 자)	시행령 별표 1의 위험물 중 제4류 위험물

(1) 정기점검 대상인 제조소 등(시행령 제16조)

① 예방규정을 정해야 하는 제조소 등
  ㉠ 지정수량의 10배 이상의 위험물을 취급하는 제조소, 일반취급소
  ㉡ 지정수량의 100배 이상의 위험물을 저장하는 옥외저장소
  ㉢ 지정수량의 150배 이상의 위험물을 저장하는 옥내저장소
  ㉣ 지정수량의 200배 이상의 위험물을 저장하는 옥외탱크저장소
  ㉤ 암반탱크저장소, 이송취급소
② 지하탱크저장소
③ 이동탱크저장소
④ 위험물을 취급하는 탱크로서 지하에 매설된 탱크가 있는 제조소, 주유취급소, 일반취급소

(2) 정기검사 대상인 제조소 등(시행령 제17조)

액체위험물을 저장 또는 취급하는 50만L 이상의 옥외탱크저장소

(3) 예방규정을 정해야 하는 제조소 등(시행령 제15조)

① 지정수량의 10배 이상의 위험물을 취급하는 제조소
② 지정수량의 100배 이상의 위험물을 저장하는 옥외저장소
③ 지정수량의 150배 이상의 위험물을 저장하는 옥내저장소
④ 지정수량의 200배 이상의 위험물을 저장하는 옥외탱크저장소
⑤ 암반탱크저장소
⑥ 이송취급소

⑦ 지정수량의 10배 이상의 위험물을 취급하는 일반취급소. 다만, 제4류 위험물(특수인화물을 제외한다)만을 지정수량의 50배 이하로 취급하는 일반취급소(제1석유류·알코올류의 취급량이 지정수량의 10배 이하인 경우에 한한다)로서 다음의 어느 하나에 해당하는 것을 제외한다.

    ㉠ 보일러·버너 또는 이와 비슷한 것으로서 위험물을 소비하는 장치로 이루어진 일반취급소

    ㉡ 위험물을 용기에 옮겨 담거나 차량에 고정된 탱크에 주입하는 일반취급소

(4) 위험물 탱크시험자가 갖추어야 하는 장비(시행령 별표 7)

① 필수장비 : 자기탐상시험기, 초음파두께측정기 및 다음 중 어느 하나★

    ㉠ 영상초음파시험기

    ㉡ 방사선투과시험기 및 초음파시험기

② 필요한 경우에 두는 장비★

    ㉠ 충·수압시험, 진공시험, 기밀시험 또는 내압시험의 경우

      • 진공능력 53kPa 이상의 진공누설시험기

      • 기밀시험장치(안전장치가 부착된 것으로서 가압능력 200kPa 이상, 감압의 경우에는 감압능력 10kPa 이상·감도 10Pa 이하의 것으로서 각각의 압력변화를 스스로 기록할 수 있는 것)

    ㉡ 수직·수평도 시험의 경우 : 수직·수평도 측정기

(1) 자체소방대(시행령 제18조)

① 설치대상

ㄱ 제4류 위험물의 최대수량의 합이 지정수량의 3,000 배 이상을 취급하는 제조소 또는 일반취급소(다만, 보일러로 위험물을 소비하는 일반취급소는 제외)★

ㄴ 제4류 위험물의 최대수량이 지정수량의 50만배 이상을 저장하는 옥외탱크저장소

② 자체소방대에 두는 화학소방자동차 및 인원(시행령 별표 8)★★★

사업소의 구분	화학소방자동차	자체소방대원의 수
제조소 또는 일반취급소에서 취급하는 제4류 위험물의 최대수량의 합이 지정수량의 3,000배 이상 12만배 미만인 사업소	1대	5인
제조소 또는 일반취급소에서 취급하는 제4류 위험물의 최대수량의 합이 지정수량의 12만배 이상 24만배 미만인 사업소	2대	10인
제조소 또는 일반취급소에서 취급하는 제4류 위험물의 최대수량의 합이 지정수량의 24만배 이상 48만배 미만인 사업소	3대	15인
제조소 또는 일반취급소에서 취급하는 제4류 위험물의 최대수량의 합이 지정수량의 48만배 이상인 사업소	4대	20인
옥외탱크저장소에 저장하는 제4류 위험물의 최대수량이 지정수량의 50만배 이상인 사업소	2대	10인

(2) 운송책임자의 감독, 지원을 받아 운송해야 하는 위험물(시행령 제19조)★

① 알킬알루미늄

② 알킬리튬

③ 알킬알루미늄 또는 알킬리튬의 물질을 함유하는 위험물

5-1. 위험물안전관리법령상 지정수량의 몇 배 이상의 제4류 위험물을 취급하는 제조소에는 자체소방대를 설치해야 하는지 쓰시오.

5-2. 제조소 또는 일반취급소에서 취급하는 제4류 위험물의 최대수량의 합이 지정수량의 24만배 이상 48만배 미만인 사업소의 자체소방대에 두는 화학소방자동차 및 자체소방대원의 기준 수를 각각 쓰시오.

|해설|

5-1

자체소방대를 두어야 하는 제조소 등

• 제4류 위험물을 지정수량의 3,000배 이상을 취급하는 제조소 또는 일반취급소

• 제4류 위험물의 최대수량이 지정수량의 50만배 이상을 저장하는 옥외탱크저장소

5-2

자체소방대에 두는 화학소방자동차 및 인원 : 본문 참고

정답 **5-1** 3,000배

5-2 • 화학소방자동차 : 3대

• 자체소방대원의 수 : 15인

(1) 탱크의 용량(위험물안전관리에 관한 세부기준 제25조) ★★

① 탱크의 용량(허가량) : 탱크의 내용적 - 공간용적

② 공간용적 : 탱크 내용적의 $\frac{5}{100}$ 이상 $\frac{10}{100}$ 이하

다만, 소화설비(소화약제 방출구를 탱크 안의 윗부분에 설치하는 것에 한한다)를 설치하는 탱크의 공간용적은 해당 소화설비의 소화약제방출구 아래의 0.3m 이상 1m 미만 사이의 면으로부터 윗부분의 용적으로 한다.

③ 암반탱크에 있어서는 해당 탱크 내에 용출하는 7일간의 지하수의 양에 상당하는 용적과 해당 탱크의 내용적의 1/100의 용적 중에서 보다 큰 용적을 공간용적으로 한다.

(2) 탱크의 용량 계산(위험물안전관리에 관한 세부기준 별표 1)

① 타원형 탱크의 내용적

ㄱ 양쪽이 볼록한 것

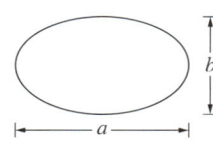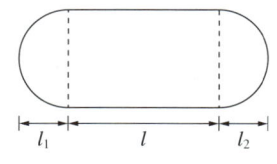

내용적 $= \frac{\pi ab}{4}\left(l + \frac{l_1 + l_2}{3}\right)$

ㄴ 한쪽은 볼록하고 다른 한쪽은 오목한 것

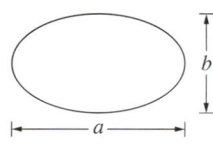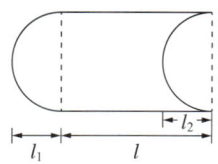

내용적 $= \frac{\pi ab}{4}\left(l + \frac{l_1 - l_2}{3}\right)$

② 원통형 탱크의 내용적

ㄱ 가로로 설치한 것 ★★★

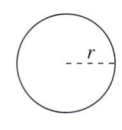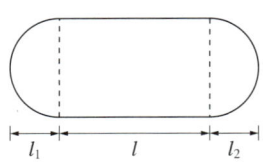

내용적 $= \pi r^2\left(l + \frac{l_1 + l_2}{3}\right)$

ㄴ 세로로 설치한 것 ★★★

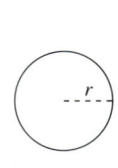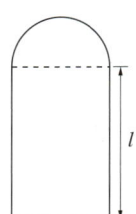

내용적 $= \pi r^2 l$

6-1. 다음은 위험물안전관리법령에서 정한 탱크 용적 산정기준에 관한 내용이다. (　　)에 알맞은 수치를 쓰시오.

> 위험물을 저장 또는 취급하는 탱크의 용량을 해당 탱크 내용적에서 공간용적을 뺀 용적으로 한다. 탱크의 공간용적은 탱크의 내용적의 100분의 (㉠) 이상 100분의 (㉡) 이하의 용적으로 한다. 다만, 소화설비(소화약제 방출구를 탱크 안의 윗부분에 설치하는 것에 한한다)를 설치하는 탱크의 공간용적은 해당 소화설비의 소화약제방출구 아래의 (㉢)m 이상 (㉣)m 미만 사이의 면으로부터 윗부분의 용적으로 한다.

6-2. 위험물 저장탱크의 용량이 540L이고, 내용적이 600L일 때 탱크의 공간용적(L)은 얼마인가?

6-3. 그림과 같은 위험물 저장탱크의 내용적은 몇 m³인지 구하시오(단, r은 1m, l_1은 0.4m, l_2는 0.5m, l은 5m이다).

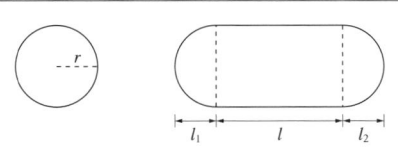

6-4. 위험물안전관리법령에서 정한 옥외탱크저장소의 내용적(L)을 구하시오(단, r은 1m이고 l은 6m이다)

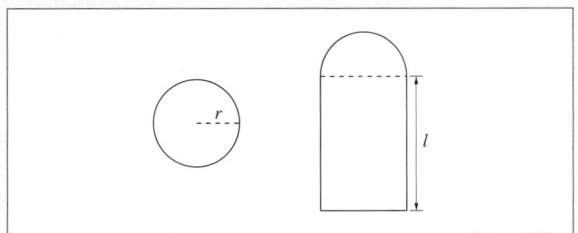

|해설|

6-1
공간용적
- 탱크의 용량 = 탱크의 내용적 − 공간용적
- 탱크의 공간용적은 탱크의 내용적의 5/100 이상 10/100 이하의 용적으로 한다. 다만, 소화설비(소화약제 방출구를 탱크 안의 윗부분에 설치하는 것에 한한다)를 설치하는 탱크의 공간용적은 해당 소화설비의 소화약제방출구 아래의 0.3m 이상 1m 미만 사이의 면으로부터 윗부분의 용적으로 한다.
- 암반탱크에 있어서는 해당 탱크 내에 용출하는 7일간의 지하수의 양에 상당하는 용적과 해당 탱크의 내용적의 1/100의 용적 중에서 보다 큰 용적을 공간용적으로 한다.

6-2
공간용적 = 탱크의 내용적 − 탱크 용량 = 600L − 540L = 60L

6-3
$$내용적 = \pi r^2\left(l + \frac{l_1 + l_2}{3}\right) = \pi \times (1)^2 \times \left(5 + \frac{0.4 + 0.5}{3}\right)$$
$$= 16.65 \text{m}^3$$

6-4

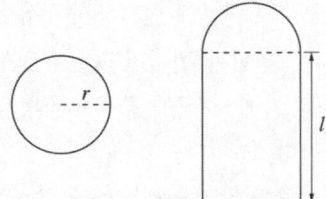

$$내용적 = \pi r^2 l = \pi \times (1\text{m})^2 \times 6\text{m} = 18.85\text{m}^3 = 18,850\text{L}$$

정답 **6-1** ㉠ 5
　　　　㉡ 10
　　　　㉢ 0.3
　　　　㉣ 1
　6-2 60L
　6-3 16.65m³
　6-4 18,850L

핵심이론 01 | 저장·취급의 공통기준(시행규칙 별표 18)

(1) 저장·취급의 공통기준

① 위험물은 온도계, 습도계, 압력계 그 밖의 계기를 감시하여 해당 위험물의 성질에 맞는 적정한 온도, 습도 또는 압력을 유지하도록 저장 또는 취급해야 한다.

② 위험물을 저장 또는 취급하는 경우에는 위험물의 변질, 이물의 혼입 등에 의하여 해당 위험물의 위험성이 증대되지 않도록 필요한 조치를 강구해야 한다.

③ 위험물을 용기에 수납하여 저장 또는 취급할 때에는 그 용기는 해당 위험물의 성질에 적응하고 파손·부식·균열 등이 없는 것으로 해야 한다.

④ 가연성의 액체·증기 또는 가스가 새거나 체류할 우려가 있는 장소 또는 가연성의 미분이 현저하게 부유할 우려가 있는 장소에서는 전선과 전기기구를 완전히 접속하고 불꽃을 발하는 기계·기구·공구·신발 등을 사용하지 않아야 한다.

⑤ 위험물을 보호액 중에 보존하는 경우에는 해당 위험물이 보호액으로부터 노출되지 않도록 해야 한다.

(2) 유별 저장·취급의 공통기준★★

① 제1류 위험물 : 가연물과의 접촉, 혼합이나 분해를 촉진하는 물품과의 접근 또는 과열, 충격, 마찰 등을 피하는 한편, 알칼리금속의 과산화물 및 이를 함유한 것에 있어서는 물과의 접촉을 피해야 한다.

② 제2류 위험물 : 산화제와의 접촉, 혼합이나 불티, 불꽃, 고온체와의 접근 또는 과열을 피하는 한편, 철분, 금속분, 마그네슘 및 이를 함유한 것에 있어서는 물이나 산과의 접촉을 피하고 인화성 고체에 있어서는 함부로 증기를 발생시키지 않아야 한다.

③ 제3류 위험물 : 자연발화성 물품에 있어서는 불티, 불꽃 또는 고온체와의 접근·과열 또는 공기와의 접촉을 피하고, 금수성 물품에 있어서는 물과의 접촉을 피해야 한다.

④ 제4류 위험물 : 불티, 불꽃, 고온체와의 접근 또는 과열을 피하고, 함부로 증기를 발생시키지 않아야 한다.

⑤ 제5류 위험물 : 불티, 불꽃, 고온체와의 접근이나 과열, 충격 또는 마찰을 피해야 한다.

⑥ 제6류 위험물 : 가연물과의 접촉·혼합이나 분해를 촉진하는 물품과의 접근 또는 과열을 피해야 한다.

다음 유별 저장·취급의 공통기준에 대한 설명이다. 해당하는 유별을 쓰시오.

① 제( )류 위험물 중 자연발화성 물품에 있어서는 불티, 불꽃 또는 고온체와의 접근·과열 또는 공기와의 접촉을 피하고, 금수성 물품에 있어서는 물과의 접촉을 피해야 한다.

② 제( )류 위험물은 불티, 불꽃, 고온체와의 접근 또는 과열을 피하고, 함부로 증기를 발생시키지 않아야 한다.

③ 제( )류 위험물은 산화제와의 접촉, 혼합이나 불티, 불꽃, 고온체와의 접근 또는 과열을 피하는 한편, 철분, 금속분, 마그네슘 및 이를 함유한 것에 있어서는 물이나 산과의 접촉을 피하고 인화성 고체에 있어서는 함부로 증기를 발생시키지 않아야 한다.

④ 제( )류 위험물은 가연물과의 접촉·혼합이나 분해를 촉진하는 물품과의 접근 또는 과열을 피해야 한다.

⑤ 제( )류 위험물은 가연물과의 접촉, 혼합이나 분해를 촉진하는 물품과의 접근 또는 과열, 충격, 마찰 등을 피하는 한편, 알칼리금속의 과산화물 및 이를 함유한 것에 있어서는 물과의 접촉을 피해야 한다.

| **해설**

유별 저장 및 취급의 공통기준 : 본문 참고

정답 ① 3
　　　② 4
　　　③ 2
　　　④ 6
　　　⑤ 1

핵심이론 02 | 저장·취급의 기준(시행규칙 별표 18)

(1) 저장기준

① 옥내저장소 또는 옥외저장소에는 있어서 유별을 달리하는 위험물을 동일한 저장소에 저장할 수 없는데 1m 이상 간격을 두고 아래 유별을 저장할 수 있다.

　㉠ 제1류 위험물(알칼리금속의 과산화물은 제외)과 제5류 위험물을 저장하는 경우

　㉡ 제1류 위험물과 제6류 위험물을 저장하는 경우

　㉢ 제1류 위험물과 제3류 위험물 중 자연발화성 물품(황린 포함)을 저장하는 경우

　㉣ 제2류 위험물 중 인화성 고체와 제4류 위험물을 저장하는 경우★

　㉤ 제3류 위험물 중 알킬알루미늄 등과 제4류 위험물(알킬알루미늄 또는 알킬리튬을 함유한 것에 한함)을 저장하는 경우

　㉥ 제4류 위험물 중 유기과산화물과 제5류 위험물 중 유기과산화물을 저장하는 경우

② 제3류 위험물 중 황린 그 밖에 물속에 저장하는 물품과 금수성 물질은 동일한 저장소에서 저장하지 않아야 한다.

③ 옥내저장소에서 동일 품명의 위험물이더라도 자연발화 할 우려가 있는 위험물 또는 재해가 현저하게 증대할 우려가 있는 위험물을 다량 저장하는 경우에는 지정수량의 10배 이하마다 구분하여 상호 간 0.3m 이상의 간격을 두어 저장해야 한다.★

④ 옥내저장소와 옥외저장소에 저장 시 높이(아래 높이를 초과하여 겹쳐 쌓지 말 것)

　㉠ 기계에 의하여 하역하는 구조로 된 용기만을 겹쳐 쌓는 경우 : 6m★

　㉡ 제4류 위험물 중 제3석유류, 제4석유류, 동식물유류를 수납하는 용기만을 겹쳐 쌓는 경우 : 4m★★★

　㉢ 그 밖의 경우(특수인화물, 제1석유류, 제2석유류, 알코올류, 타류) : 3m

⑤ 옥내저장소에서는 용기에 수납하여 저장하는 위험물의 온도 : 55℃ 이하

⑥ 이동탱크저장소에는 이동탱크저장소의 완공검사합격확인증과 정기점검기록을 비치할 것

⑦ 옥외저장소에서 위험물을 수납한 용기를 선반에 저장하는 경우 : 6m를 초과하지 말 것

⑧ 옥외저장탱크·옥내저장탱크 또는 지하저장탱크 중 압력탱크 외의 탱크에 저장
   ㉠ 산화프로필렌, 다이에틸에터를 저장 : 30℃ 이하
   ㉡ 아세트알데하이드 : 15℃ 이하

⑨ 옥외저장탱크·옥내저장탱크 또는 지하저장탱크 중 압력탱크에 저장★
   ㉠ 아세트알데하이드 등 또는 다이에틸에터 등 : 40℃ 이하

⑩ 아세트알데하이드 등 또는 다이에틸에터 등을 이동저장탱크에 저장하는 경우★★
   ㉠ 보냉장치가 있는 경우 : 비점 이하
   ㉡ 보냉장치가 없는 경우 : 40℃ 이하

(2) 취급기준

① 이동탱크저장소(컨테이너식 이동탱크저장소는 제외)의 취급기준
   ㉠ 이동저장 탱크로부터 위험물을 저장 또는 취급하는 탱크에 인화점이 40℃ 미만인 위험물을 주입할 때에는 이동탱크저장소의 원동기를 정지시킬 것★
   ㉡ 휘발유·벤젠·그 밖에 정전기에 의한 재해발생의 우려가 있는 액체의 위험물을 이동저장탱크의 상부로 주입하는 때에는 주입관을 사용하되, 해당 주입관의 끝부분을 이동저장탱크의 밑바닥에 밀착할 것
   ㉢ 이동저장탱크에 위험물(휘발유, 등유, 경유)을 교체 주입하고자 할 때 정전기 방지 조치

• 이동저장탱크의 상부로부터 위험물을 주입할 때에는 위험물의 액표면이 주입관의 끝부분을 넘는 높이가 될 때까지 그 주입관 내의 유속을 1m/s 이하로 할 것

• 이동저장탱크의 밑부분으로부터 위험물을 주입할 때에는 위험물의 액표면이 주입관의 정상부분을 넘는 높이가 될 때까지 그 주입배관 내의 유속을 1m/s 이하로 할 것

• 그 밖의 방법에 의한 위험물의 주입은 이동저장탱크에 가연성 증기가 잔류하지 않도록 조치하고 안전한 상태로 있음을 확인한 후에 할 것

② 알킬알루미늄 등 및 아세트알데하이드 등의 취급기준
   ㉠ 알킬알루미늄 등의 제조소 또는 일반취급소에 있어서 알킬알루미늄 등을 취급하는 설비에는 불활성의 기체를 봉입할 것★
   ㉡ 알킬알루미늄 등의 이동탱크저장소에 있어서 이동저장탱크로부터 알킬알루미늄 등을 꺼낼 때에는 동시에 200kPa 이하의 압력으로 불활성의 기체를 봉입할 것
   ※ 이동저장탱크에 알킬알루미늄 등을 저장하는 경우에는 20kPa 이하의 압력으로 불활성의 기체를 봉입하여 둘 것★
   ㉢ 아세트알데하이드 등의 제조소 또는 일반취급소에 있어서 아세트알데하이드 등을 취급하는 설비에는 연소성 혼합기체의 생성에 의한 폭발의 위험이 생겼을 경우에 불활성의 기체 또는 수증기[아세트알데하이드 등을 취급하는 탱크(옥외에 있는 탱크 또는 옥내에 있는 탱크로서 그 용량이 지정수량의 1/5 미만의 것을 제외한다)에 있어서는 불활성의 기체]를 봉입할 것
   ㉣ 아세트알데하이드 등의 이동탱크저장소에 있어서 이동저장탱크로부터 아세트알데하이드 등을 꺼낼 때에는 동시에 100kPa 이하의 압력으로 불활성의 기체를 봉입할 것

2-1. 위험물안전관리법령상 옥내저장소에서 동일 품명의 위험물이더라도 자연발화할 우려가 있는 위험물을 다량 저장하는 경우에는 지정수량의 10배 이하마다 구분하여 상호 간 몇 m 이상의 간격을 두어야 하는가?

2-2. 옥내저장소에 글리세린을 수납하는 용기만을 겹쳐 쌓는 경우에 높이 몇 m를 초과하지 말아야 하는지 쓰시오.

2-3. 알킬알루미늄 저장탱크에 질소 봉입장치를 설치하는 이유를 쓰시오.

2-4. 아세트알데하이드 등의 저장기준에 대하여 다음 (   ) 안에 알맞은 용어나 수치를 쓰시오.
① 보냉장치가 있는 이동저장탱크에 저장하는 경우 아세트알데하이드 등의 온도는 해당 위험물의 (   ) 이하로 유지할 것
② 보냉장치가 없는 이동저장탱크에 저장하는 경우 아세트알데하이드 등의 온도는 (   )℃ 이하로 유지할 것

2-5. 이동저장탱크로부터 위험물을 저장 또는 취급하는 탱크에 인화점이 몇 ℃ 미만인 위험물을 주입할 때에는 이동탱크저장소의 원동기를 정지시켜야 하는지 쓰시오.

2-6. 다음 중 제조소에 있어서 불활성 기체로 봉입해야 하는 위험물을 [보기]에서 고르시오.

| 보기 |
| 칼륨, 탄산칼슘, 황린, 알킬리튬 |

|해설|

2-1
옥내저장소의 저장
• 대상 : 동일 품명의 위험물이더라도 자연발화할 우려가 있는 위험물 또는 재해가 현저하게 증대할 우려가 있는 위험물을 다량 저장하는 경우
• 저장기준 : 지정수량의 10배 이하마다 구분하여 상호 간 0.3m 이상의 간격을 두어 저장

2-2
옥내저장소에 제4류 위험물 중 제3석유류인 글리세린을 수납하는 용기만을 겹쳐 쌓는 경우 : 4m를 초과하지 말 것

2-3
알킬알루미늄은 $C_1 \sim C_4$는 공기 중에서 자연발화의 위험이 있으므로 폭발을 방지하기 위해 질소 등 불활성 기체를 투입하여 봉입한다.

2-4
아세트알데하이드 등 또는 다이에틸에터 등을 이동저장탱크에 저장하는 경우
• 보냉장치가 있는 경우 : 비점 이하
• 보냉장치가 없는 경우 : 40℃ 이하

2-5
이동저장탱크로부터 위험물을 저장 또는 취급하는 탱크에 인화점이 40℃ 미만인 위험물을 주입할 때에는 이동탱크저장소의 원동기를 정지시켜야 한다.

2-6
알킬알루미늄 등(알킬알루미늄, 알킬리튬)의 제조소 또는 일반취급소에 있어서 알킬알루미늄 등을 취급하는 설비에는 불활성의 기체를 봉입할 것

정답 **2-1** 0.3m
2-2 4m
2-3 폭발(자연발화) 방지
2-4 ① 비점
② 40
2-5 40℃
2-6 알킬리튬

핵심이론 01 | 운반용기의 재질 및 적재방법
(시행규칙 별표 19)

(1) 용기의 재질

① 강판
② 알루미늄판
③ 양철판
④ 유리
⑤ 금속판
⑥ 종이
⑦ 플라스틱
⑧ 섬유판
⑨ 고무류
⑩ 합성섬유
⑪ 삼
⑫ 짚
⑬ 나무

(2) 적재방법

① **고체위험물** : 운반용기 내용적의 95% 이하의 수납률로 수납할 것★

② **액체위험물** : 운반용기 내용적의 98% 이하의 수납률로 수납하되, 55℃의 온도에서 누설되지 않도록 충분한 공간용적을 유지하도록 할 것★★

③ **제3류 위험물의 운반용기 수납기준**★

   ⊙ 자연발화성 물질에 있어서는 불활성 기체를 봉입하여 밀봉하는 등 공기와 접하지 않도록 할 것

   ⊙ 자연발화성 물질 외의 물품에 있어서는 파라핀·경유·등유 등의 보호액으로 채워 밀봉하거나 불활성 기체를 봉입하여 밀봉하는 등 수분과 접하지 않도록 할 것

   ⊙ 자연발화성 물질 중 알킬알루미늄 등은 운반용기의 내용적의 90% 이하의 수납률로 수납하되, 50℃의 온도에서 5% 이상의 공간용적을 유지하도록 할 것

(3) 적재위험물에 따른 조치

① **차광성이 있는 것으로 피복**★★

   ⊙ 제1류 위험물

   ⊙ 제3류 위험물 중 자연발화성 물질

   ⊙ 제4류 위험물 중 특수인화물

   ⊙ 제5류 위험물

   ⊙ 제6류 위험물

② **방수성이 있는 것으로 피복**★

   ⊙ 제1류 위험물 중 알칼리금속의 과산화물

   ⊙ 제2류 위험물 중 철분·금속분·마그네슘

   ⊙ 제3류 위험물 중 금수성 물질

(4) 운반용기의 외부 표시 사항★★★

① 위험물의 품명, 위험등급, 화학명 및 수용성("수용성" 표시는 제4류 위험물의 수용성인 것에 한함)

② 위험물의 수량

③ 수납하는 위험물에 따른 주의사항

종류	표시 사항
제1류 위험물	• 알칼리금속의 과산화물 : 화기·충격주의, 물기엄금, 가연물접촉주의★ • 그 밖의 것 : 화기·충격주의, 가연물접촉주의
제2류 위험물	• 철분, 금속분, 마그네슘 : 화기주의, 물기엄금★ • 인화성 고체 : 화기엄금★★ • 그 밖의 것 : 화기주의
제3류 위험물	• 자연발화성 물질 : 화기엄금, 공기접촉엄금★★ • 금수성 물질 : 물기엄금
제4류 위험물	화기엄금★★★
제5류 위험물	화기엄금, 충격주의★★★
제6류 위험물	가연물접촉주의★★★

(5) 위험물(제4류 위험물에 있어서는 특수인화물 및 제1석유류에 한한다)을 운송하게 하는 자는 위험물안전카드를 위험물운송자로 하여금 휴대하게 할 것

(시행규칙 별표 21)★

1-1. 위험물안전관리법령상 고체위험물과 액체위험물은 각각 운반용기 내용적의 몇 % 이하의 수납률로 수납해야 하는지 쓰시오.

① 고체위험물
② 액체위험물

1-2. 위험물안전관리법령상 위험물의 운반에 관한 기준에 따르면 적재하는 위험물의 성질에 따라 일광의 직사 또는 빗물의 침투를 방지하기 위하여 유효하게 피복하는 등 기준에 따른 조치를 해야 한다. 다음 위험물에는 어떠한 조치를 해야 하는지 답하시오.

① 제5류 위험물은 어떤 피복으로 가려야 하는지 쓰시오.
② 제6류 위험물은 어떤 피복으로 가려야 하는지 쓰시오.
③ 제2류 위험물 중 철분은 어떤 피복으로 덮어야 하는지 쓰시오.

1-3. 위험물안전관리법령상 제1류 위험물 중 알칼리금속의 과산화물의 운반용기의 외부에 표시해야 할 주의사항을 모두 쓰시오.

1-4. 제2류 위험물 중 운반용기의 외부에 표시해야 할 주의사항이 화기엄금인 위험물의 품명을 쓰시오.

1-5. 위험물안전관리법령상 제3류 위험물 중 자연발화성 물질의 운반용기 외부에 표시해야 하는 주의사항을 모두 쓰시오.

1-6. 위험물안전관리법령상 위험물의 운반에 관한 기준에서 사이안화수소(HCN)의 운반용기 외부에 표시해야 하는 주의사항을 쓰시오.

1-7. 위험물안전관리법령상 제5류 위험물의 운반용기의 외부에 표시해야 하는 주의사항을 모두 쓰시오.

1-8. 제6류 위험물의 운반용기의 외부에 표시하는 주의사항을 쓰시오.

1-9. 위험물안전관리법령상 제4류 위험물을 운송하는 경우 반드시 위험물안전카드를 휴대해야 하는 위험물의 품명 2가지를 쓰시오.

|해설|

1-1
운반용기의 수납률

종류	고체위험물	액체위험물
수납률	95% 이하	98% 이하

1-2
적재위험물에 따른 조치

피복 방법	해당하는 위험물
차광성이 있는 것으로 피복	• 제1류 위험물 • 제3류 위험물 중 자연발화성 물질 • 제4류 위험물 중 특수인화물 • 제5류 위험물 • 제6류 위험물
방수성이 있는 것으로 피복	• 제1류 위험물 중 알칼리금속의 과산화물 • 제2류 위험물 중 철분·금속분·마그네슘 • 제3류 위험물 중 금수성 물질

1-3, 1-4, 1-5, 1-7, 1-8
운반 시 운반용기의 주의사항

종류	표시 사항
제1류 위험물	• 알칼리금속의 과산화물 : 화기·충격주의, 물기엄금, 가연물접촉주의 • 그 밖의 것 : 화기·충격주의, 가연물접촉주의
제2류 위험물	• 철분, 금속분, 마그네슘 : 화기주의, 물기엄금 • 인화성 고체 : 화기엄금 • 그 밖의 것 : 화기주의
제3류 위험물	• 자연발화성 물질 : 화기엄금, 공기접촉엄금 • 금수성 물질 : 물기엄금
제4류 위험물	화기엄금
제5류 위험물	화기엄금, 충격주의
제6류 위험물	가연물접촉주의

1-6
사이안화수소는 제4류 위험물 중 제1석유류이므로 화기엄금을 표시해야 된다.

1-9

위험물안전카드를 운송자가 휴대해야 하는 위험물

• 제4류 위험물 : 특수인화물, 제1석유류
• 타류 : 전부

정답 1-1 ① 95% 이하

② 98% 이하

1-2 ① 차광성이 있는 것으로 피복

② 차광성이 있는 것으로 피복

③ 방수성이 있는 것으로 피복

1-3 화기 · 충격주의, 물기엄금, 가연물접촉주의

1-4 인화성 고체

1-5 화기엄금, 공기접촉엄금

1-6 화기엄금

1-7 화기엄금, 충격주의

1-8 가연물접촉주의

1-9 특수인화물, 제1석유류

핵심이론 02 | 운반 시 위험물의 혼재 가능 기준

(시행규칙 별표 19)

(1) 유별을 달리하는 위험물의 혼재기준★★★

위험물의 구분	제1류	제2류	제3류	제4류	제5류	제6류
제1류		×	×	×	×	○
제2류	×		×	○	○	×
제3류	×	×		○	×	×
제4류	×	○	○		○	×
제5류	×	○	×	○		×
제6류	○	×	×	×	×	

〈비고〉

이 표는 지정수량의 $\frac{1}{10}$ 이하의 위험물에 대하여는 적용

하지 않는다.

2-1. 위험물을 운반할 때 위험물안전관리법령상 제6류 위험물과 혼재할 수 없는 위험물은 제 몇 류 위험물인지 모두 쓰시오(단, 운반하고자 하는 위험물은 지정수량의 10배 이상이다).

2-2. 위험물안전관리법령상 제4류 위험물과 같이 적재하여 운반하여도 되는 위험물은 제 몇 류 위험물인지 모두 쓰시오(단, 지정수량의 10배인 경우이다).

| 해설 |

2-1, 2-2

운반 시 유별을 달리하는 위험물의 혼재기준 : 본문 참고

정답 2-1 제2류 위험물, 제3류 위험물, 제4류 위험물, 제5류 위험물

2-2 제2류 위험물, 제3류 위험물, 제5류 위험물

핵심이론 03 | 위험등급(시행규칙 별표 19)

(1) 유별을 달리하는 위험물의 위험등급

유별 \ 등급	위험등급 I	위험등급 II	위험등급 III
제1류 위험물	아염소산염류 염소산염류 과염소산염류 무기과산화물	브로민산염류 질산염류 아이오딘산염류	과망가니즈산염류 다이크로뮴산염류
제2류 위험물	–	황화인 적린 황	철분 금속분 마그네슘 인화성 고체
제3류 위험물	칼륨 나트륨 알킬알루미늄 알킬리튬 황린	알칼리금속(칼륨, 나트륨 제외) 및 알칼리토금속, 유기금속화합물 (알킬알루미늄 및 알킬리튬은 제외)	금속의 수소화물 금속의 인화물 칼슘의 탄화물 알루미늄의 탄화물
제4류 위험물	특수인화물	제1석유류, 알코올류	제2석유류 제3석유류 제4석유류 동식물유류
제5류 위험물	유기과산화물 질산에스터류	나이트로화합물 나이트로소화합물 하이드록실아민 하이드록실아민염류 아조화합물 다이아조화합물 하이드라진 유도체	–
제6류 위험물	전부	–	–

10년간 자주 출제된 문제

3-1. 위험물안전관리법령상 제3류 위험물 중 위험등급 I 에 해당하는 품명을 3가지만 쓰시오.

3-2. 제3류 위험물 중 위험등급III에 해당하는 위험물 품명의 지정수량이 얼마인지 쓰시오.

3-3. 제4류 위험물 중 위험등급 I 과 위험등급 II 에 해당하는 위험물안전관리법령상 품명을 구분하여 모두 쓰시오.
① 위험등급 I
② 위험등급 II

|해설|

3-1
제3류 위험물의 위험등급

유별	성질	품명	위험등급	지정수량
제3류	자연발화성 물질 및 금수성 물질	칼륨, 나트륨, 알킬알루미늄, 알킬리튬	I	10kg
		황린	I	20kg
		금속의 수소화물, 금속의 인화물, 칼슘 또는 알루미늄의 탄화물	III	300kg

3-2
제3류 위험물 위험등급III : 본문 참고

3-3
제4류 위험물의 위험등급

구분	위험등급 I	위험등급 II	위험등급 III
해당 품명	특수인화물	제1석유류 알코올류	제2석유류 제3석유류 제4석유류 동식물유류

정답 3-1 칼륨, 나트륨, 황린
　　　3-2 300kg
　　　3-3 ① 특수인화물
　　　　　② 제1석유류, 알코올류

4-1. 제조소의 위치, 구조 및 설비의 기준(시행규칙 별표 4)

핵심이론 01 | 제조소의 안전거리 및 보유공지

(1) 안전거리

건축물의 외벽 또는 공작물의 외측으로부터 해당 제조소의 외벽 또는 이에 상당하는 공작물의 외측까지의 수평거리를 안전거리라 한다.

건축물	안전거리
사용전압 7,000V 초과 35,000V 이하의 특고압가공전선	3m 이상
사용전압 35,000V 초과의 특고압가공전선	5m 이상 ★★★
건축물 그 밖의 공작물로서 주거용으로 사용되는 것 (제조소가 설치된 부지 내에 있는 것을 제외)	10m 이상 ★
고압가스, 액화석유가스, 도시가스를 저장 또는 취급하는 시설	20m 이상 ★★
학교, 병원(병원급 의료기관), 극장(공연장, 영화상영관 및 그 밖에 이와 유사한 시설로서 수용인원 300명 이상 수용할 수 있는 것), 아동복지시설, 노인복지시설, 장애인복지시설, 한부모가족복지시설, 어린이집, 성매매피해자 등을 위한 지원시설, 정신건강증진시설, 가정폭력방지 및 피해자 보호시설 및 그 밖에 이와 유사한 시설로서 수용인원 20명 이상 수용할 수 있는 것	30m 이상 ★★★
유형문화재, 지정문화재	50m 이상 ★

(2) 보유공지★★★

취급하는 위험물의 최대수량	공지의 너비
지정수량의 10배 이하	3m 이상
지정수량의 10배 초과	5m 이상

10년간 자주 출제된 문제

1-1. 위험물제조소에서 사용전압이 35,000V를 초과하는 특고압가공전선의 안전거리를 쓰시오.

1-2. 취급하는 위험물의 최대수량이 지정수량의 20배인 경우 위험물제조소의 보유공지 너비는 몇 m 이상이어야 하는지 쓰시오.

1-3. 위험물안전관리법에서 제4류 위험물을 제조하는 위험물제조소와 고등교육법에서 정하고 있는 학교와는 몇 m 이상의 안전거리를 확보해야 하는지 쓰시오.

1-4. 위험물안전관리법령상 위험물제조소와 가연성 가스시설은 안전거리를 몇 m로 해야 하는지 쓰시오.

1-5. 위험물안전관리법령에 따라 위험물제조소에 아래와 같이 위험물 저장하고자 할 때 공지의 너비는 얼마인지 쓰시오.

취급 위험물	취급최대수량
하이드록실아민	900kg
유기과산화물	300kg
나이트로글리세린	100kg

| 해설 |

1-1

제조소의 안전거리

건축물	안전거리
사용전압 7,000V 초과 35,000V 이하의 특고압가공전선	3m 이상
사용전압 35,000V 초과의 특고압가공전선	5m 이상

1-2

제조소의 보유공지

취급하는 위험물의 최대수량	공지의 너비
지정수량의 10배 이하	3m 이상
지정수량의 10배 초과	5m 이상

1-3

제조소의 안전거리 : 본문 참고

1-4

가연성 가스시설과 제조소의 안전거리 : 20m 이상

1-5

위험물

• 제5류 위험물의 지정수량

종류	하이드록실아민	유기과산화물	나이트로글리세린
지정수량	100kg	100kg	10kg

• 제5류 위험물의 지정수량의 배수

- 하이드록실아민의 지정수량의 배수 $= \dfrac{저장수량}{지정수량} = \dfrac{900kg}{100kg}$

$= 9.0배$

- 유기과산화물의 지정수량의 배수 $= \dfrac{저장수량}{지정수량} = \dfrac{300kg}{100kg}$

$= 3배$

- 나이트로글리세린의 지정수량의 배수 $= \dfrac{저장수량}{지정수량}$

$= \dfrac{100kg}{10kg}$

$= 10배$

• 제조소의 보유공지(공지의 너비)

취급하는 위험물의 최대수량	공지의 너비
지정수량의 10배 이하	3m 이상
지정수량의 10배 초과	5m 이상

※ 전체 지정수량의 배수 = 9배 + 3배 + 10배 = 22배

∴ 보유공지는 10배를 초과하므로 5m 이상을 두어야 한다.

정답 1-1 5m 이상
　　　 1-2 5m 이상
　　　 1-3 30m 이상
　　　 1-4 20m 이상
　　　 1-5 5m 이상

핵심이론 02 | 제조소의 표지 및 게시판

(1) "위험물제조소"라는 표지를 설치★

① 표지의 크기 : 한 변의 길이 0.3m 이상, 다른 한 변의 길이 0.6m 이상인 직사각형

② 표지의 색상 : 백색바탕에 흑색문자

(2) 방화에 관하여 필요한 사항을 게시한 게시판 설치

① 게시판의 크기 : 한변의 길이 0.3m 이상, 다른 한변의 길이 0.6m 이상

② 기재 내용 : 위험물의 유별·품명 및 저장최대수량 또는 취급최대수량, 지정수량의 배수 및 안전관리자의 성명 또는 직명★

③ 게시판의 색상 : 백색바탕에 흑색문자

위 험 물 제 조 소	
화 기 엄 금	
유별	제4류 위험물
품명	제1석유류(휘발유)
취급최대수량	50,000L
지정수량의 배수	250배
안전관리자의 성명	이덕수

(3) 주의사항을 표시한 게시판 설치

위험물의 종류	주의사항	게시판의 색상
• 제1류 위험물 중 알칼리금속의 과산화물 • 제3류 위험물 중 금수성 물질★	물기 엄금	청색바탕에 백색문자
제2류 위험물(인화성 고체는 제외)	화기 주의	적색바탕에 백색문자
• 제2류 위험물 중 인화성 고체★ • 제3류 위험물 중 자연발화성 물질 • 제4류 위험물 • 제5류 위험물★★	화기 엄금	적색바탕에 백색문자
• 제1류 위험물 중 알칼리금속의 과산화물 외의 것 • 제6류 위험물★★		해당없음

2-1. 위험물제조소에는 "위험물제조소"라는 표시한 표지를 설치해야 한다. 이때의 기준에 대해 다음 각 물음에 답하시오.

① 표지의 크기 기준에 대해 쓰시오.
② 표지의 바탕색과 문자의 색상을 쓰시오.

2-2. 제5류 위험물제조소의 주의사항 게시판에 대한 다음 각 물음에 답하시오.

① 게시판의 바탕색을 쓰시오.
② 게시판의 문자색을 쓰시오.
③ 표시해야 하는 주의사항을 쓰시오.

2-3. 제6류 위험물을 취급하는 위험물제조소에 설치하는 주의사항에 관한 게시판에 기재해야 할 내용은 무엇인지 쓰시오(단, 위험물안전관리법령상 주의사항 게시판이 필요없는 경우에는 "필요없음"으로 쓰시오).

|해설|

2-1
위험물제조소의 표지기준
• 표지는 한 변의 길이가 0.3m 이상, 다른 한 변의 길이가 0.6m 이상인 직사각형으로 할 것
• 표지의 바탕은 백색으로, 문자는 흑색으로 할 것

2-2
제5류 위험물제조소의 주의사항
• 게시판의 색상 : 적색바탕에 백색문자
• 주의사항 : 화기엄금

2-3
제6류 위험물제조소의 주의사항

위험물의 종류	주의사항	게시판의 색상
• 제1류 위험물중 알칼리금속의 과산화물 외의 것 • 제6류 위험물	없음	없음

※ 운반 시 제6류 위험물의 주의사항 : 가연물접촉주의

정답 **2-1** ① 한 변의 길이가 0.3m 이상, 다른 한 변의 길이가 0.6m 이상인 직사각형
② 바탕색 : 백색, 문자색 : 흑색
2-2 ① 적색
② 백색
③ 화기엄금
2-3 필요없음

| 핵심이론 03 | 건축물의 구조

(1) 지하층이 없도록 해야 한다.

(2) **벽·기둥·바닥·보·서까래 및 계단** : 불연재료로 하고 연소의 우려가 있는 외벽은 출입구 외의 개구부가 없는 내화구조의 벽으로 할 것

(3) 지붕은 폭발력이 위로 방출될 정도의 가벼운 불연재료로 덮어야 한다.

※ 지붕을 내화구조로 할 수 있는 경우
 • 제2류 위험물(분말 상태의 것과 인화성 고체는 제외)
 • 제4류 위험물 중 제4석유류, 동식물유류
 • 제6류 위험물

(4) 출입구와 비상구에는 60분+방화문·60분 방화문 또는 30분 방화문을 설치해야 한다.

(5) **건축물의 창 및 출입구의 유리** : 망입유리(두꺼운 판유리에 철망을 넣은 것)

(6) **액체의 위험물을 취급하는 건축물의 바닥** : 위험물이 스며들지 못하는 재료를 사용하고 적당한 경사를 두어 그 최저부에 집유설비를 할 것

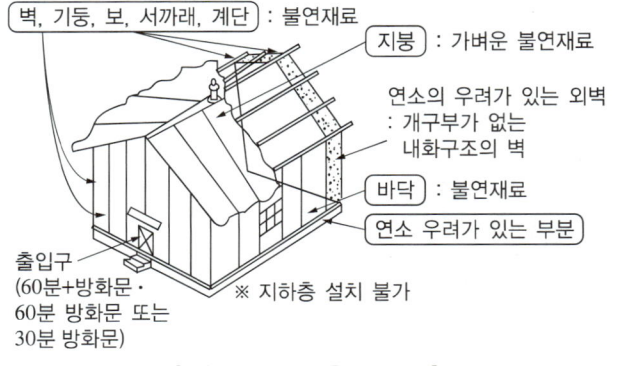

[위험물제조소 건축물의 구조]

(1) 채광설비 : 불연재료로 하고 연소의 우려가 없는 장소에 설치하되 채광면적을 최소로 할 것

(2) 조명설비

① 가연성 가스 등이 체류할 우려가 있는 장소의 조명등 : 방폭등

② 전선 : 내화·내열전선

③ 점멸스위치 : 출입구 바깥부분에 설치할 것. 다만, 스위치의 스파크로 인한 화재·폭발의 우려가 없을 경우에는 그렇지 않다.

(3) 환기설비

① 환기 : 자연배기방식★

② 급기구는 해당 급기구가 설치된 실의 바닥면적 $150m^2$마다 1개 이상으로 하되 급기구의 크기는 $800cm^2$ 이상으로 할 것. 다만 바닥면적 $150m^2$ 미만인 경우에는 다음의 크기로 할 것★★

바닥면적	급기구의 면적
$60m^2$ 미만	$150cm^2$ 이상
$60m^2$ 이상 $90m^2$ 미만	$300cm^2$ 이상
$90m^2$ 이상 $120m^2$ 미만	$450cm^2$ 이상
$120m^2$ 이상 $150m^2$ 미만	$600cm^2$ 이상

③ 급기구는 낮은 곳에 설치하고 가는 눈의 구리망으로 인화방지망을 설치할 것

④ 환기구는 지붕 위 또는 지상 2m 이상의 높이에 회전식 고정벤틸레이터 또는 루프팬 방식(Roof Fan : 지붕에 설치하는 배기장치)으로 설치할 것

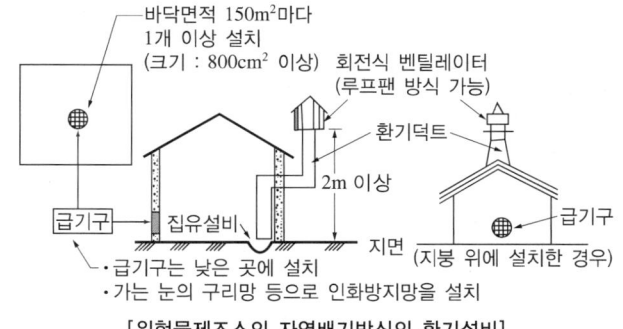

[위험물제조소의 자연배기방식의 환기설비]

(4) 배출설비

① 설치장소 : 가연성 증기 또는 미분이 체류할 우려가 있는 건축물

② 배출설비 : 국소방식

③ 배출설비는 배풍기(오염된 공기를 뽑아내는 통풍기), 배출덕트(공기배출통로), 후드 등을 이용하여 강제적으로 배출하는 것으로 해야 한다.

④ 배출능력은 1시간당 배출장소 용적의 20배 이상인 것으로 할 것(전역방출방식 : 바닥면적 $1m^2$당 $18m^3$ 이상).★

⑤ 급기구 및 배출구의 설치기준

　㉠ 급기구는 높은 곳에 설치하고 가는 눈의 구리망으로 인화방지망을 설치할 것

　㉡ 배출구는 지상 2m 이상으로서 연소 우려가 없는 장소에 설치하고, 배출덕트(공기배출통로)가 관통하는 벽 부분의 바로 가까이에 화재 시 자동으로 폐쇄되는 방화댐퍼(화재 시 연기 등을 차단하는 장치)를 설치할 것★

⑥ 배풍기 : 강제배기방식

4-1. 위험물안전관리법령상 위험물제조소의 환기설비에 대하여 다음 물음에 답하시오.

① 환기는 어떤 방식으로 해야 하는가?
② 바닥면적이 150m²일 때 급기구의 크기는 얼마 이상으로 해야 하는가?

4-2. 제조소에 설치하는 배출설비에 대하여 다음 물음에 답하시오.

① 배출구는 지상 몇 m 이상으로 연소 우려가 없는 장소에 설치하는지 쓰시오.
② 배출능력은 1시간당 배출장소 용적의 몇 배 이상으로 하는지 쓰시오.

|해설|

4-1

제조소의 환기설비

• 환기 : 자연배기방식
• 급기구는 해당 급기구가 설치된 실의 바닥면적 150m²마다 1개 이상으로 하되 급기구의 크기는 800cm² 이상으로 할 것. 다만 바닥면적 150m² 미만인 경우에는 다음의 크기로 할 것

바닥면적	급기구의 면적
60m² 미만	150cm² 이상
60m² 이상 90m² 미만	300cm² 이상
90m² 이상 120m² 미만	450cm² 이상
120m² 이상 150m² 미만	600cm² 이상

4-2

배출설비

• 설치장소 : 가연성 증기 또는 미분이 체류할 우려가 있는 건축물
• 배출능력은 1시간당 배출장소 용적의 20배 이상인 것으로 할 것(전역방출방식 : 바닥면적 1m²당 18m³ 이상)
• 급기구는 높은 곳에 설치하고 가는 눈의 구리망으로 인화방지망을 설치할 것
• 배출구는 지상 2m 이상으로서 연소 우려가 없는 장소에 설치하고, 배출덕트(공기배출통로)가 관통하는 벽 부분의 바로 가까이에 화재 시 자동으로 폐쇄되는 방화댐퍼(화재 시 연기 등을 차단하는 장치)를 설치할 것
• 배풍기 : 강제배기방식

정답 4-1 ① 자연배기방식
② 800cm² 이상
4-2 ① 2m
② 20배

핵심이론 05 │ 옥외설비의 바닥(옥외에서 액체위험물을 취급하는 경우)

(1) 바닥의 둘레에 높이 0.15m 이상의 턱을 설치하는 등 위험물이 외부로 흘러나가지 않도록 해야 한다.

(2) 바닥은 콘크리트 등 위험물이 스며들지 않는 재료로 하고, (1)의 턱이 있는 쪽이 낮게 경사지게 해야 한다.

(3) 바닥의 최저부에 집유설비를 할 것

(4) 위험물(온도 20℃의 물 100g에 용해되는 양이 1g 미만인 것에 한함)을 취급하는 설비에는 해당 위험물이 직접 배수구에 흘러들어가지 않도록 집유설비에 유분리장치를 설치할 것

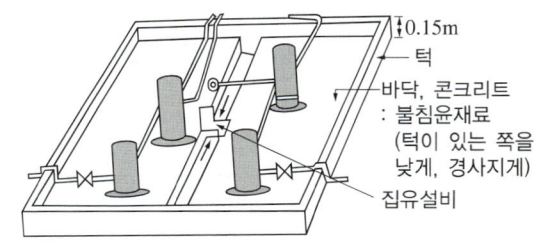

[위험물제조소의 옥외시설의 바닥]

(1) 위험물 누출 · 비산방지설비

(2) 가열 · 냉각설비 등의 온도측정장치

(3) 가열건조설비

(4) 압력계 및 안전장치

① 자동적으로 압력의 상승을 정지시키는 장치

② 감압측에 안전밸브를 부착한 감압밸브

③ 안전밸브를 병용하는 경보장치

④ 파괴판(위험물의 성질에 따라 안전밸브의 작동이 곤란한 가압설비에 한한다)

(5) 전기설비

(6) 정전기 제거설비★★★

① 접지에 의한 방법

② 공기 중의 상대습도를 70% 이상으로 하는 방법

③ 공기를 이온화하는 방법

(7) 피뢰설비

지정수량의 10배 이상의 위험물을 제조소(제6류 위험물은 제외)에는 설치할 것★

10년간 자주 출제된 문제

6-1. 위험물안전관리법령상 위험물을 취급함에 있어서 정전기가 발생할 우려가 있는 설비에는 정전기를 유효하게 제거할 수 있는 설비를 설치해야 한다. 이에 해당하는 방법 3가지를 쓰시오.

6-2. 위험물안전관리법령상 지정수량의 몇 배 이상의 위험물을 취급하는 제조소에 피뢰침을 설치해야 하는지 쓰시오(단, 제6류 위험물을 취급하는 위험물제조소 제외).

|해설|

6-1
정전기 제거설비 : 본문 참고

6-2
피뢰설비 설치 : 지정수량의 10배 이상(제6류 위험물은 제외)

정답 6-1 • 접지에 의한 방법
  • 공기 중의 상대습도를 70% 이상으로 하는 방법
  • 공기를 이온화하는 방법
6-2 10배

(1) 위험물제조소의 옥외에 있는 위험물 취급탱크

① 하나의 취급탱크 주위에 설치하는 방유제의 용량 : 해당 탱크용량의 50% 이상

② 2 이상의 취급탱크 주위에 하나의 방유제를 설치하는 경우 방유제의 용량 : 해당 탱크 중 용량이 최대인 것의 50%에 나머지 탱크용량 합계의 10%를 가산한 양 이상이 되게 할 것

※ 방유제의 용량

$$V = (V_2 \times 0.5) + (V_1 \times 0.1)$$

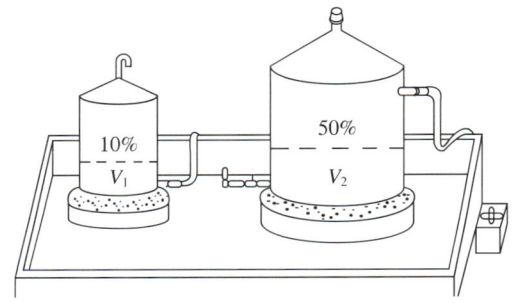

[옥외 위험물 취급탱크의 방유제 용량]

(2) 위험물제조소의 옥내에 있는 위험물 취급탱크

① 하나의 취급탱크의 주위에 설치하는 방유턱의 용량 : 해당 탱크용량 이상

② 2 이상의 취급탱크 주위에 설치하는 방유턱의 용량 : 최대 탱크용량 이상

※ 방유제, 방유턱의 용량

• 위험물제조소의 옥외에 있는 위험물 취급탱크의 방유제의 용량★★

  – 1기일 때 : 탱크용량 × 0.5(50%)

  – 2기 이상일 때 : 최대 탱크용량 × 0.5 + (나머지 탱크 용량합계 × 0.1)

• 위험물제조소의 옥내에 있는 위험물 취급탱크의 방유턱의 용량

  – 1기일 때 : 탱크용량 이상

  – 2기 이상일 때 : 최대 탱크용량 이상

• 위험물옥외탱크저장소의 방유제의 용량

  – 1기일 때 : 탱크용량 × 1.1(110%)[비인화성 물질은 100%]

  – 2기 이상일 때 : 최대 탱크용량 × 1.1(110%)[비인화성 물질은 100%]

10년간 자주 출제된 문제

7-1. 위험물제조소의 옥외에 용량이 500L와 200L인 액체위험물(이황화탄소 제외) 취급탱크 2기가 있다. 2기의 탱크 주위에 하나의 방유제를 설치하는 경우 방유제의 용량은 얼마 이상인지 구하시오(단, 지정수량 이상을 취급하는 경우이다).

7-2. 위험물제조소의 옥외에 있는 가솔린 취급탱크 2기의 주위에 하나의 방유제를 설치하고자 하는 경우 방유제 용량을 구하시오(단, 탱크의 용량은 각각 200m³, 100m³이다).

|해설|

7-1
위험물제조소의 옥외에 있는 위험물 취급탱크의 방유제 용량
• 하나의 취급탱크 주위에 설치하는 방유제의 용량 : 해당 탱크용량의 50% 이상
• 2 이상의 취급탱크 주위에 하나의 방유제를 설치하는 경우 방유제의 용량 : 해당 탱크 중 용량이 최대인 것의 50%에 나머지 탱크용량 합계의 10%를 가산한 양 이상이 되게 할 것
∴ 방유제의 용량 = $(500L \times 0.5) + (200L \times 0.1) = 270L$

7-2
방유제의 용량
$(200m^3 \times 0.5) + (100m^3 \times 0.1) = 110m^3$

정답 **7-1** 270L
　　　7-2 110m³

핵심이론 08 | 하이드록실아민 등을 취급하는 제조소의 안전거리★

$$D = 51.1 \sqrt[3]{N} \text{ m}$$

여기서, N : 지정수량의 배수(하이드록실아민의 지정수량 : 100kg)

10년간 자주 출제된 문제

위험물제조소에서 하이드록실아민의 최대취급수량 900kg을 취급하고자 할 때 위험물안전관리법령상 안전거리(m)를 얼마 이상 두어야 하는가?

|해설|

하이드록실아민의 안전거리

$D = 51.1 \times \sqrt[3]{N}$

여기서, N : 지정수량의 배수$\left(\dfrac{900\text{kg}}{100\text{kg}} = 9\text{배}\right)$

※ 하이드록실아민의 지정수량 : 100kg

∴ $D = 51.1 \times \sqrt[3]{N} = 51.1 \times \sqrt[3]{9} = 106.29\text{m}$

|계산방법|

$\sqrt[3]{9} = 9^{1/3} = 2.08$

정답 106.29m

4-2. 옥내저장소의 위치, 구조 및 설비의 기준(시행규칙 별표 5)

핵심이론 01 | 옥내저장소의 안전거리

제조소와 동일함

핵심이론 02 | 옥내저장소의 보유공지

저장 또는 취급하는 위험물의 최대수량	공지의 너비	
	벽·기둥 및 바닥이 내화구조로 된 건축물	그 밖의 건축물
지정수량의 5배 이하	–	0.5m 이상
지정수량의 5배 초과 10배 이하	1m 이상	1.5m 이상
지정수량의 10배 초과 20배 이하	2m 이상	3m 이상
지정수량의 20배 초과 50배 이하	3m 이상	5m 이상
지정수량의 50배 초과 200배 이하	5m 이상	10m 이상
지정수량의 200배 초과★	10m 이상	15m 이상

제조소와 동일함

나트륨(Na)을 옥내저장소에 저장한다면 게시판에 표시해야 하는 주의사항과 표지의 바탕색과 문자의 색상을 쓰시오.

| 해설 |

옥내저장소 게시판의 주의사항

위험물의 종류	주의사항	게시판의 색상
• 제1류 위험물 중 알칼리금속의 과산화물 • 제3류 위험물 중 금수성 물질(나트륨)	물기엄금	청색바탕에 백색문자

정답 • 주의사항 : 물기엄금
  • 바탕색 : 청색
  • 문자색 : 백색

핵심이론 04 | 옥내저장소의 저장창고

(1) 저장창고는 지면에서 처마까지의 높이(처마높이)가 6m 미만인 단층건물로 하고 그 바닥을 지반면보다 높게 해야 한다. ★

(2) 제2류 또는 제4류 위험물만을 저장하는 창고로서 아래 기준에 적합한 창고는 20m 이하로 할 수 있다.
① 벽・기둥・보 및 바닥을 내화구조로 할 것
② 출입구에 60분+방화문 또는 60분 방화문을 설치할 것
③ 피뢰침을 설치할 것(단, 안전상 지장이 없는 경우에는 예외)

(3) **저장창고의 바닥면적(2개 이상의 구획된 실은 바닥면적의 합계)**

위험물을 저장하는 창고의 종류	바닥면적
① 제1류 위험물 중 아염소산염류, 염소산염류, 과염소산염류, 무기과산화물, 그 밖에 지정수량이 50kg인 위험물 ② 제3류 위험물 중 칼륨, 나트륨, 알킬알루미늄, 알킬리튬, 그 밖에 지정수량이 10kg인 위험물 및 황린 ③ 제4류 위험물 중 특수인화물, 제1석유류 및 알코올류 ④ 제5류 위험물 중 유기과산화물, 질산에스터류, 그 밖에 지정수량이 10kg인 위험물 ⑤ 제6류 위험물	1,000m² 이하 ★★★
①~⑤의 위험물 외의 위험물을 저장하는 창고	2,000m² 이하 ★★
위의 전부에 해당하는 위험물을 내화구조의 격벽으로 완전히 구획된 실에 각각 저장하는 창고(①~⑤의 위험물을 저장하는 실의 면적은 500m²을 초과할 수 없다)	1,500m² 이하

(4) 저장창고의 벽・기둥 및 바닥은 내화구조로 하고, 보와 서까래는 불연재료로 해야 한다. ★

(5) 저장창고는 지붕을 폭발력이 위로 방출될 정도의 가벼운 불연재료로 하고, 천장을 만들지 않아야 한다. 다만, 제5류 위험물만의 저장창고에 있어서는 해당 저장창고내의 온도를 저온으로 유지하기 위하여 난연재료 또는 불연재료로 된 천장을 설치할 수 있다.

※ 저장창고의 지붕을 내화구조로 할 수 있는 것
 • 제2류 위험물(분말상태의 것과 인화성 고체는 제외)
 • 제6류 위험물

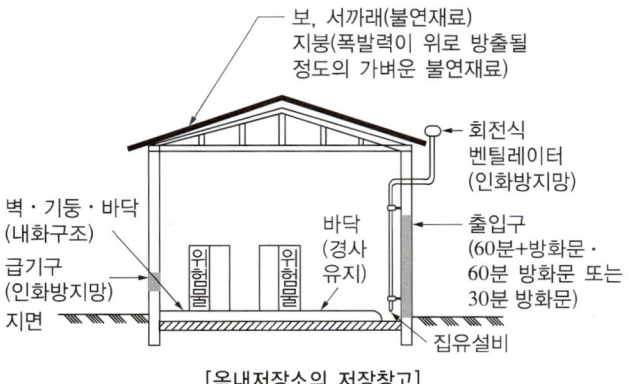

보, 서까래(불연재료)
지붕(폭발력이 위로 방출될 정도의 가벼운 불연재료)
회전식 벤틸레이터(인화방지망)
벽·기둥·바닥(내화구조)
급기구(인화방지망)
지면
바닥(경사 유지)
출입구(60분+방화문·60분 방화문 또는 30분 방화문)
집유설비

[옥내저장소의 저장창고]

(6) 저장창고의 출입구에는 60분+방화문·60분 방화문 또는 30분 방화문을 설치하되, 연소의 우려가 있는 외벽에 있는 출입구에는 수시로 열 수 있는 자동폐쇄식의 60분+방화문 또는 60분 방화문을 설치해야 한다.★

(7) 저장창고의 창 또는 출입구에 유리를 이용하는 경우에는 망입유리로 해야 한다.

(8) **저장창고에 물이 스며 나오거나 스며들지 않는 구조로 해야 하는 위험물**

① 제1류 위험물 중 알칼리금속의 과산화물
② 제2류 위험물 중 철분, 금속분, 마그네슘
③ 제3류 위험물 중 금수성 물질
④ 제4류 위험물

(9) 액상의 위험물의 저장창고의 바닥은 위험물이 스며들지 않는 구조로 하고, 적당하게 경사지게 하여 그 최저부에 집유설비를 해야 한다.

(10) **피뢰침 설치** : 지정수량의 10배 이상의 저장창고 (제6류 위험물은 제외)

10년간 자주 출제된 문제

4-1. 유기과산화물을 옥내저장소에 저장하려고 저장창고를 신축하려고 한다. 이때 하나의 저장창고의 면적은 얼마 이하로 해야 하는가?

4-2. 위험물안전관리법령상 위험물을 저장하는 옥내저장소의 경우 하나의 저장창고 바닥면적은 몇 m^2 이하로 해야 하는지 쓰시오.
① 다이크로뮴산염류
② 적린

|해설|

4-1
옥내저장소의 저장창고의 면적 : 본문 참고

4-2
다이크로뮴산염류, 적린의 옥내저장창고의 바닥면적 : 2,000m² 이하

정답 4-1 1,000m²
　　　4-2 ① 2,000m²
　　　　　② 2,000m²

핵심이론 05 | 소규모 옥내저장소의 특례(지정수량의 50배 이하, 처마높이가 5m 미만인 것)★

(1) 보유공지

저장 또는 취급하는 위험물의 최대수량	공지의 너비
지정수량의 5배 이하	–
지정수량의 5배 초과 20배 이하	1m 이상
지정수량의 20배 초과 50배 이하	2m 이상

(2) 저장창고 바닥면적 : $150m^2$ 이하

(3) 벽·기둥·바닥·보, 지붕 : 내화구조

(4) 출입구 : 수시로 개방할 수 있는 자동폐쇄방식의 60분+방화문 또는 60분 방화문을 설치

(5) 저장창고에는 창을 설치하지 않을 것

(6) 연소의 우려가 있는 외벽에 설치하는 출입구의 유리 : 망입유리

핵심이론 06 | 지정과산화물을 저장 또는 취급하는 옥내저장소★

(1) 저장창고의 창 : 바닥면으로부터 2m 이상의 높이

(2) 하나의 벽면에 두는 창의 면적의 합계는 해당 벽면의 면적 : 1/80 이내

(3) 하나의 창의 면적 : $0.4m^2$ 이내

10년간 자주 출제된 문제

위험물안전관리법령상 지정과산화물을 저장하는 옥내저장소의 저장창고 기준에 대해 다음 각 물음에 답하시오.
① 창은 바닥면으로부터 몇 m 이상의 높이에 두어야 하는지 쓰시오.
② 하나의 창의 면적을 몇 m^2 이내로 해야 하는지 쓰시오.
③ 하나의 벽면에 두는 창의 면적의 합계는 해당 벽면의 면적의 몇 분의 몇 이내로 해야 하는지 쓰시오.

|해설|

지정과산화물을 저장 또는 취급하는 옥내저장소
• 저장창고의 창 : 바닥면으로부터 2m 이상의 높이
• 하나의 창의 면적 : $0.4m^2$ 이내
• 하나의 벽면에 두는 창의 면적의 합계 : 해당 벽면의 면적의 1/80 이내

정답 ① 2m
② $0.4m^2$
③ 1/80

4-3. 옥외탱크저장소의 위치, 구조 및 설비의 기준
(시행규칙 별표 6)

핵심이론 01 | 옥외탱크저장소의 안전거리

제조소와 동일함

핵심이론 02 | 옥외탱크저장소의 보유공지

(1) 옥외저장탱크(위험물을 이송하기 위한 배관 그 밖에 이에 준하는 공작물을 제외한다)의 주위에는 그 저장 또는 취급하는 위험물의 최대수량에 따라 옥외저장탱크의 측면으로부터 다음 표에 의한 너비의 공지를 보유해야 한다.

저장 또는 취급하는 위험물의 최대수량	공지의 너비
지정수량의 500배 이하	3m 이상
지정수량의 500배 초과 1,000배 이하	5m 이상★
지정수량의 1,000배 초과 2,000배 이하	9m 이상
지정수량의 2,000배 초과 3,000배 이하	12m 이상★
지정수량의 3,000배 초과 4,000배 이하	15m 이상
지정수량의 4,000배 초과	해당 탱크의 수평단면의 최대지름(가로형은 긴변)과 높이 중 큰 것과 같은 거리 이상(단, 30m 초과 시 30m 이상으로, 15m 미만 시 15m 이상으로 할 것)

① 제6류 위험물 외의 위험물을 저장 또는 취급하는 옥외저장탱크(지정수량 4,000배 초과 시 제외)를 동일한 방유제 안에 2개 이상 인접하여 설치하는 경우 : 표의 보유공지의 1/3 이상(최소 3m 이상)

② 제6류 위험물을 저장 또는 취급하는 옥외저장탱크 : 표의 규정에 의한 보유공지의 1/3 이상(최소 1.5m 이상)★

③ 제6류 위험물을 저장 또는 취급하는 옥외저장탱크를 동일구 내에 2개 이상 인접하여 설치하는 경우 : ②의 규정에 의하여 산출된 너비의 1/3 이상(최소 1.5m 이상)★

④ 위험물을 저장 또는 취급하는 옥외저장탱크에 있어서는 물분무설비로 방호조치를 하는 경우에는 표의 규정에 의한 보유공지의 1/2 이상의 너비(최소 3m 이상)로 할 수 있다.

　㉠ 탱크의 표면에 방사하는 물의 양은 탱크의 원주길이 1m에 대하여 분당 37L 이상으로 할 것

　㉡ 수원의 양은 ㉠의 규정에 의한 수량으로 20분 이상 방사할 수 있는 수량으로 할 것

※ 수원 = 원주길이 × 37L/min·m × 20min

$\quad = 2\pi r \times 37\text{L/min·m} \times 20\text{min}$

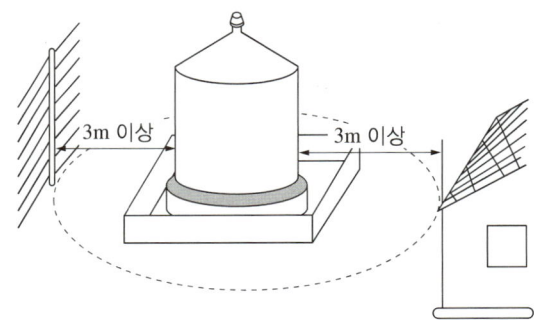

3m 이상　　　3m 이상

- 지정수량의 500배 이하의 경우 -

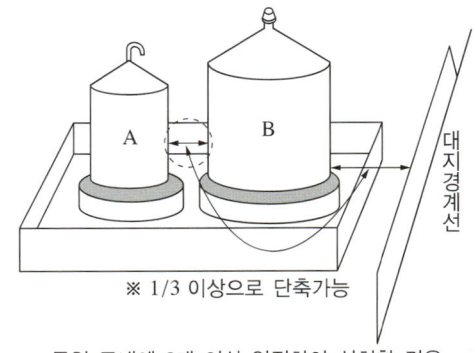

A　　B

대지경계선

※ 1/3 이상으로 단축가능

- 동일 구내에 2개 이상 인접하여 설치한 경우 -

[옥외탱크저장소의 보유공지]

위험물안전관리법령상 옥외저장탱크의 주위에는 그 저장 또는 취급하는 위험물의 최대수량에 따라 옥외저장탱크의 측면으로부터 너비의 공지를 두어야 한다. 다음 (   ) 안에 적당한 숫자를 쓰시오.

저장 또는 취급하는 위험물의 최대수량	공지의 너비
지정수량의 500배 초과 1,000배 이하	(㉠)m 이상
지정수량의 (㉡)배 초과 (㉢)배 이하	12m 이상

|해설|

옥외탱크저장소의 보유공지 : 본문 참고

정답 ㉠ 5
㉡ 2,000
㉢ 3,000

핵심이론 04 | 특정옥외탱크저장소 등

(1) **특정 옥외저장탱크** : 액체위험물의 최대수량이 100만L 이상의 옥외저장탱크

(2) **준특정 옥외저장탱크** : 액체위험물의 최대수량이 50만L 이상 100만L 미만의 옥외저장탱크

(3) **압력탱크** : 최대상용압력이 부압 또는 정압 5kPa를 초과하는 탱크

핵심이론 03 | 옥외탱크저장소의 표지 및 게시판

제조소와 동일함

핵심이론 05 | 옥외탱크저장소의 외부구조 및 설비

(1) 옥외저장탱크

① 특정옥외저장탱크 및 준특정 옥외저장탱크외의 옥외저장탱크의 재질 : 3.2mm 이상의 강철판★★★

② 시험방법
  ㉠ 압력탱크 : 최대상용압력의 1.5배의 압력으로 10분간 실시하는 수압시험에서 이상이 없을 것
  ㉡ 압력탱크 외의 탱크 : 충수시험

③ 특정옥외탱크의 용접부의 검사 : 방사선투과시험, 진공시험 등의 비파괴시험

(2) 압력탱크 외의 탱크에 설치하는 밸브 없는 통기관

① 지름은 30mm 이상일 것★★

② 끝부분은 수평면보다 45° 이상 구부려 빗물 등의 침투를 막는 구조로 할 것★

(3) 옥외저장탱크의 펌프설비

① 펌프설비의 주위에는 너비 3m 이상의 공지를 보유할 것(방화상 유효한 격벽을 설치하는 경우, 제6류 위험물, 지정수량의 10배 이하 위험물은 제외)★

② 펌프설비로부터 옥외저장탱크까지의 사이에는 해당 옥외저장탱크의 보유공지 너비의 1/3 이상의 거리를 유지할 것

③ 펌프실의 바닥의 주위에는 높이 0.2m 이상의 턱을 만들고 그 최저부에는 집유설비를 설치할 것

④ 펌프실 외의 장소에 설치하는 펌프설비에는 그 직하의 지반면의 주위에 높이 0.15m 이상의 턱을 만들고 해당 지반면은 콘크리트 등 위험물이 스며들지 않는 재료로 적당히 경사지게 하여 그 최저부에는 집유설비를 할 것

(4) 기타 설치기준

① 옥외저장탱크의 배수관 : 탱크의 옆판에 설치

② 피뢰침 설치 : 지정수량의 10배 이상(단, 제6류 위험물은 제외)

③ 이황화탄소의 옥외저장탱크는 벽 및 바닥의 두께가 0.2m 이상이고 누수가 되지 않는 철근콘크리트의 수조에 넣어 보관한다. 이 경우 보유공지·통기관 및 자동계량장치는 생략할 수 있다.

| 옥외탱크저장소의 방유제(이황화탄소는 제외)

(1) 방유제의 용량★

① 탱크가 하나일 때 : 탱크 용량의 110% 이상(인화성이 없는 액체위험물은 100%)

② 탱크가 2기 이상일 때 : 탱크 중 용량이 최대인 것의 용량의 110% 이상(인화성이 없는 액체위험물은 100%)

(2) 방유제의 높이 : 0.5m 이상 3m 이하★★★

(3) 방유제의 두께 : 0.2m 이상★

(4) 방유제의 지하매설깊이 : 1m 이상

(5) 방유제 내의 면적 : 80,000m^2 이하★★

(6) 방유제 내에 설치하는 옥외저장탱크의 수

① 제1석유류, 제2석유류 : 10기 이하★★

② 제3석유류(인화점 70℃ 이상 200℃ 미만) : 20기 이하

③ 제4석유류(인화점이 200℃ 이상) : 제한 없음

(7) 방유제는 탱크의 옆판으로부터 일정 거리를 유지할 것(단, 인화점이 200℃ 이상인 위험물은 제외)★

① 지름이 15m 미만인 경우 : 탱크 높이의 1/3 이상

② 지름이 15m 이상인 경우 : 탱크 높이의 1/2 이상

(8) 방유제의 재질 : 철근콘크리트, 방유제와 옥외저장탱크 사이의 지표면은 불연성과 불침윤성이 있는 구조(철근콘크리트 등)로 할 것. 다만, 누출된 위험물을 수용할 수 있는 전용유조(專用油槽) 및 펌프 등의 설비를 갖춘 경우에는 방유제와 옥외저장탱크 사이의 지표면을 흙으로 할 수 있다.

(9) 방유제에는 그 내부에 고인 물을 외부로 배출하기 위한 배수구를 설치하고 개폐밸브 등을 방유제의 외부에 설치할 것

(10) 높이가 1m 이상이면 계단 또는 경사로를 약 50m 마다 설치할 것

10년간 자주 출제된 문제

6-1. 휘발유를 저장하는 옥외저장탱크의 방유제에 대하여 다음 각 물음에 답하시오.

① 방유제의 높이는 몇 m 이상 몇 m 이하로 해야 하는가?

② 방유제 안(8만m^2)에 설치할 수 있는 휘발유 저장탱크의 수는 몇 기 이하인가?(단, 방유제 내에 다른 위험물 저장탱크는 없다)

6-2. 위험물옥외탱크저장소의 방유제에 대한 다음 각 물음에 답하시오.

① 방유제의 두께는 (㉠)m 이상으로 하고 높이는 (㉡)m 이상 (㉢) 이하로 할 것

② 방유제 내의 면적은 (㉣)m^2 이하로 할 것

6-3. 옥외탱크저장소의 방유제는 옥외저장탱크의 지름에 따라 그 탱크의 옆판으로부터 일정한 거리를 유지해야 한다. 탱크의 지름이 10m이고 탱크의 높이가 15m일 때 얼마 이상의 거리를 유지해야 하는지 계산하시오(단, 인화점이 200℃ 이상인 위험물은 제외).

| 해설 |

6-1

옥외탱크저장소의 방유제

• 방유제의 높이 : 0.5m 이상 3m 이하, 두께 : 0.2m 이상, 지하매설깊이 : 1m 이상

• 방유제 내에 설치하는 옥외저장탱크의 수는 10(방유제 내에 설치하는 모든 옥외저장탱크의 용량이 20만L 이하이고, 위험물의 인화점이 70℃ 이상 200℃ 미만인 경우에는 20)기 이하로 할 것(단, 인화점이 200℃ 이상인 옥외저장탱크는 제외)

6-2

위험물옥외탱크저장소의 방유제의 기준

항목	기준
두께	0.2m 이상
높이	0.5m 이상 3m 이하
지하매설깊이	1m 이상
면적	80,000m² 이하

6-3

방유제는 탱크의 옆판으로부터 일정 거리를 유지할 것(단, 인화점이 200℃ 이상인 위험물은 제외)

• 지름이 15m 미만인 경우 : 탱크 높이의 1/3 이상
• 지름이 15m 이상인 경우 : 탱크 높이의 1/2 이상

∴ 유지 거리 $= 15m \times \dfrac{1}{3} = 5m$ 이상

정답 6-1 ① 0.5m 이상 3m 이하
　　　　② 10기 이하
　　　6-2 ㉠ 0.2
　　　　㉡ 0.5
　　　　㉢ 3
　　　　㉣ 80,000
　　　6-3 5m 이상

4-4. 옥내탱크저장소의 위치, 구조 및 설비의 기준
(시행규칙 별표 7)

핵심이론 01 | 옥내탱크저장소의 구조(단층 건축물에 설치하는 경우)

(1) 옥내저장탱크는 단층 건축물에 설치된 탱크전용실에 설치할 것

(2) 옥내저장탱크와 탱크전용실의 벽과의 사이 및 옥내저장탱크의 상호 간에는 0.5m 이상의 간격을 유지할 것. 다만, 탱크의 점검 및 보수에 지장이 없는 경우에는 그렇지 않다. ★★★

(3) 옥내저장탱크의 용량(동일한 탱크전용실에 2 이상 설치하는 경우에는 각 탱크의 용량의 합계)은 지정수량의 40배(제4석유류 및 동식물유류 외의 제4류 위험물 : 20,000L를 초과할 때에는 20,000L) 이하일 것

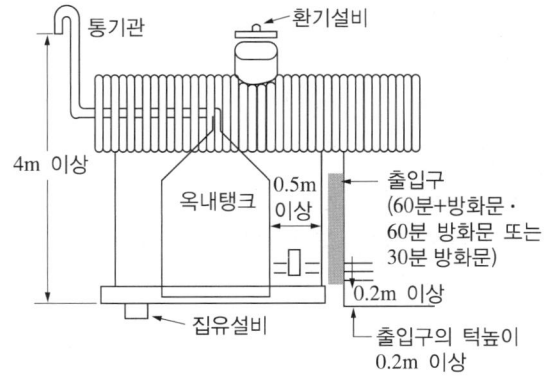

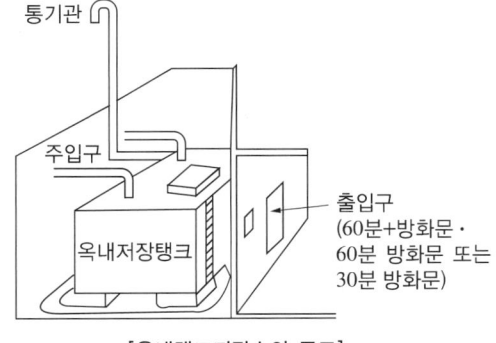

[옥내탱크저장소의 구조]

(4) 옥내저장탱크

압력탱크(최대상용압력이 부압 또는 정압 5kPa를 초과하는 탱크) 외의 탱크 : 밸브 없는 통기관 설치

(5) 밸브 없는 통기관

① 지름은 30mm 이상일 것
② 끝부분은 수평면보다 45° 이상 구부려 빗물 등의 침투를 막는 구조로 할 것
③ 통기관의 끝부분은 건축물의 창·출입구 등의 개구부로부터 1m 이상 떨어진 옥외의 장소에 지면으로부터 4m 이상의 높이에 설치할 것

(6) 탱크전용실은 벽·기둥 및 바닥을 내화구조로 하고, 보를 불연재료로 하며, 연소의 우려가 있는 외벽은 출입구 외에는 개구부가 없도록 할 것. 다만, 인화점이 70℃ 이상인 제4류 위험물만의 옥내저장탱크를 설치하는 탱크전용실에 있어서는 연소의 우려가 없는 외벽·기둥 및 바닥을 불연재료로 할 수 있다.

(7) 액상의 위험물의 옥내저장탱크를 설치하는 탱크전용실의 바닥은 위험물이 침투하지 않는 구조로 하고, 적당한 경사를 두는 한편, 집유설비를 설치할 것

제6류 위험물의 옥내탱크저장소의 기준에 대하여 다음 각 물음에 답하시오.

① 옥내저장탱크와 탱크전용실의 벽과의 사이 및 옥내저장탱크의 상호 간에는 몇 m 이상의 간격을 유지해야 하는지 쓰시오(단, 탱크의 점검 및 보수에 지장이 없는 경우는 제외한다).
② 옥내저장탱크의 용량은 지정수량의 몇 배 이하이어야 하는지 쓰시오.

|해설|

옥내탱크저장소의 기준
• 옥내저장탱크의 탱크전용실은 단층 건축물에 설치할 것
• 이격거리
 – 옥내저장탱크와 탱크전용실의 벽과의 사이 : 0.5m 이상의 간격 유지
 – 옥내저장탱크의 상호 간 : 0.5m 이상의 간격 유지
• 옥내저장탱크의 용량(동일한 탱크전용실에 2 이상 설치하는 경우에는 각 탱크의 용량의 합계)은 지정수량의 40배(제4석유류 및 동식물유류 외의 제4류 위험물 : 20,000L를 초과할 때에는 20,000L) 이하일 것

정답 ① 0.5
② 40배

│핵심이론 02│ 옥내탱크저장소의 표지 및 게시판

제조소와 동일함

핵심이론 03 | 옥내탱크저장소의 탱크 전용실이 단층 건축물 외에 설치하는 경우

※ 제2류 위험물 중 황화인·적린 및 덩어리 황, 제3류 위험물 중 황린, 제6류 위험물 중 질산 및 제4류 위험물 중 인화점이 38℃ 이상인 위험물만을 저장 또는 취급하는 것에 한한다.

(1) 옥내저장탱크는 탱크전용실에 설치할 것

황화인, 적린, 덩어리 황, 황린, 질산의 탱크전용실은 1층 또는 지하층에 설치해야 한다. ★

(2) 탱크전용실에 펌프설비를 설치하는 경우

견고한 기초위에 고정한 다음 그 주위에는 불연재료로 된 턱을 0.2m 이상의 높이로 설치하는 등 누설된 위험물이 유출되거나 유입되지 않도록 하는 조치를 할 것

(3) 다층건축물일 때 옥내저장탱크의 용량

① 1층 이하의 층
  ㉠ 제2석유류(인화점 38℃ 이상), 제3석유류 : 지정수량의 40배 이하(단, 20,000L 초과 시 20,000L로)
  ㉡ 제4석유류, 동식물유류 : 지정수량의 40배 이하
② 2층 이상의 층
  ㉠ 특수인화물, 제2석유류(인화점 38℃ 이상), 제3석유류 : 지정수량의 10배 이하(단, 5,000L 초과 시 5,000L로)
  ㉡ 제4석유류, 동식물유류 : 지정수량의 10배 이하
※ 용량 : 탱크전용실에 옥내저장탱크를 2 이상 설치 시 각 탱크의 용량의 합계

10년간 자주 출제된 문제

옥내탱크저장소의 위치·구조 및 설비의 기준에서 탱크전용실을 건축물의 1층 또는 지하층에 설치해야 하는 제2류 위험물을 2가지만 쓰시오.

|해설|

옥내탱크저장소 중 옥내저장탱크는 탱크전용실에 설치해야 하는데 제2류 위험물 중 황화인, 적린, 덩어리 황, 제3류 위험물 중 황린, 제6류 위험물 중 질산의 탱크전용실은 건축물의 1층 또는 지하층에 설치해야 한다.

정답 황화인, 적린

4-5. 지하탱크저장소의 위치, 구조 및 설비의 기준
(시행규칙 별표 8)

핵심이론 01 | 지하탱크저장소의 기준

(1) 지하탱크전용실을 설치해야 하는데 제4류 위험물의 지하저장탱크가 아래 기준에 적합한 때에는 설치하지 않는 경우

① 해당 탱크를 지하철·지하가 또는 지하터널로부터 수평거리 10m 이내의 장소 또는 지하건축물 내의 장소에 설치하지 않을 것

② 해당 탱크를 그 수평 투영의 세로 및 가로보다 각각 0.6m 이상 크고 두께가 0.3m 이상인 철근콘크리트조의 뚜껑으로 덮을 것

③ 뚜껑에 걸리는 중량이 직접 해당 탱크에 걸리지 않는 구조일 것

④ 해당 탱크를 견고한 기초 위에 고정할 것

⑤ 해당 탱크를 지하의 가장 가까운 벽·피트(Pit : 인공지하구조물)·가스관 등의 시설물 및 대지경계선으로부터 0.6m 이상 떨어진 곳에 매설할 것

(2) 탱크전용실은 지하의 가장 가까운 벽·피트·가스관 등의 시설물 및 대지경계선으로부터 0.1m 이상 떨어진 곳에 설치하고, 지하저장탱크와 탱크전용실의 안쪽과의 사이는 0.1m 이상의 간격을 유지하도록 하며, 해당 탱크의 주위에 마른 모래 또는 습기 등에 의하여 응고되지 않는 입자지름 5mm 이하의 마른 자갈분을 채워야 한다.

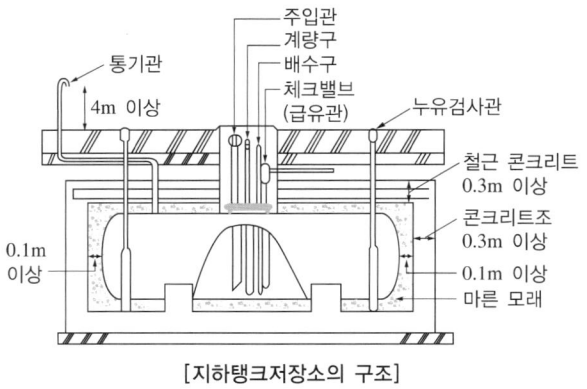

[지하탱크저장소의 구조]

(3) 지하저장탱크의 윗부분은 지면으로부터 0.6m 이상 아래에 있어야 한다.

(4) 지하저장탱크를 2 이상 인접해 설치하는 경우에는 그 상호 간에 1m(해당 2 이상의 지하저장탱크의 용량의 합계가 지정수량의 100배 이하인 때에는 0.5m) 이상의 간격을 유지해야 한다. ★

(5) 지하저장탱크의 재질은 두께 3.2mm 이상의 강철판으로 할 것

(6) 수압시험

① 압력탱크(최대상용압력이 46.7kPa 이상인 탱크) 외의 탱크 : 70kPa의 압력으로 10분간

② 압력탱크 : 최대상용압력의 1.5배의 압력으로 10분간

(7) 지하저장탱크의 액체위험물의 누설을 검사하기 위한 관의 각 설치기준(4개소 이상)

① 이중관으로 할 것. 다만, 소공이 없는 상부는 단관으로 할 수 있다. ★

② 재료는 금속관 또는 경질합성수지관으로 할 것

③ 관은 탱크 전용실의 바닥 또는 탱크의 기초까지 닿게 할 것

④ 관의 밑부분으로부터 탱크의 중심 높이까지의 부분에는 소공이 뚫려 있을 것. 다만, 지하수위가 높은 장소에 있어서는 지하수위 높이까지의 부분에 소공이 뚫려 있어야 한다.

⑤ 상부는 물이 침투하지 않는 구조로 하고, 뚜껑은 검사 시에 쉽게 열 수 있도록 할 것

(8) 탱크전용실의 구조(철근콘크리트구조)

① 벽, 바닥, 뚜껑의 두께 : 0.3m 이상

② 벽, 바닥 및 뚜껑의 내부에는 지름 9mm부터 13mm까지의 철근을 가로 및 세로로 5cm부터 20cm까지의 간격으로 배치할 것

③ 벽, 바닥 및 뚜껑의 재료에 수밀(액체가 새지 않도록 밀봉되어 있는 상태)콘크리트를 혼입하거나 벽, 바닥 및 뚜껑의 중간에 아스팔트층을 만드는 방법으로 적정한 방수조치를 할 것

(9) 지하저장탱크에는 과충전 방지장치를 설치할 것★

① 탱크용량을 초과하는 위험물이 주입될 때 자동으로 그 주입구를 폐쇄하거나 위험물의 공급을 자동으로 차단하는 방법

② 탱크용량의 90%가 찰 때 경보음을 울리는 방법

10년간 자주 출제된 문제

1-1. 위험물안전관리법령상 지하저장탱크를 2 이상 인접해 설치하려 할 때 그 상호 간의 간격은 얼마 이상으로 해야 하는지 쓰시오(단, 전체수량은 지정수량의 200배이다).

1-2. 지하저장탱크의 주위에는 해당 탱크로부터 액체위험물의 누설을 검사하기 위한 관에 대한 위험물안전관리법령상 설치기준 2가지를 쓰시오.

1-3. 지하탱크저장소에는 과충전을 방지하기 위하여 과충전 방지장치를 설치해야 한다. 과충전 방지조치를 할 수 있는 방법 한 가지만 쓰시오.

1-4. 지하탱크저장소의 밸브 없는 통기관의 구조에 대하여 다음 물음에 답하시오.
① 통기관의 끝부분은 지면으로부터 몇 m 이상의 높이에 설치해야 하는지 쓰시오.
② 밸브 없는 통기관의 지름은 얼마로 해야 하는지 쓰시오.

| 해설 |

1-1
지하저장탱크를 2 이상 인접해 설치하는 경우
• 지정수량 100배 이하 : 0.5m 이상 간격 유지
• 지정수량 100배 초과 : 1m 이상 간격 유지

1-2
지하저장탱크의 누설을 검사하기 위한 관의 설치기준
• 이중관으로 할 것. 다만, 소공이 없는 상부는 단관으로 할 수 있다.
• 재료는 금속관 또는 경질합성수지관으로 할 것
• 관은 탱크 전용실의 바닥 또는 탱크의 기초까지 닿게 할 것
• 관의 밑부분으로부터 탱크의 중심 높이까지의 부분에는 소공이 뚫려 있을 것. 다만, 지하수위가 높은 장소에 있어서는 지하수위 높이까지의 부분에 소공이 뚫려 있어야 한다.

1-3
지하저장탱크에는 과충전 방지장치를 설치할 것
• 탱크용량을 초과하는 위험물이 주입될 때 자동으로 그 주입구를 폐쇄하거나 위험물의 공급을 자동으로 차단하는 방법
• 탱크용량의 90%가 찰 때 경보음을 울리는 방법

1-4
지하탱크저장소의 밸브 없는 통기관 기준
• 통기관의 끝부분은 지면으로부터 4m 이상의 높이로 설치할 것
• 통기관 가스 등이 체류할 우려가 있는 굴곡이 없도록 할 것
• 지름은 30mm 이상일 것
• 끝부분은 수평면보다 45° 이상 구부려 빗물 등의 침투를 막는 구조로 할 것
• 가는 눈의 구리망 등으로 인화방지망을 설치할 것

정답 **1-1** 1m
1-2 ① 이중관으로 할 것. 다만, 소공이 없는 상부는 단관으로 할 수 있다.
② 재료는 금속관 또는 경질합성수지관으로 할 것
1-3 탱크용량의 90%가 찰 때 경보음을 울리는 방법
1-4 ① 4m
② 30mm 이상

핵심이론 02 | **지하탱크저장소의 표지 및 게시판**

제조소와 동일함

4-6. 간이탱크저장소의 위치, 구조 및 설비의 기준
(시행규칙 별표 9)

핵심이론 01 | 설치기준

(1) 위험물을 저장 또는 취급하는 간이저장탱크는 옥외에 설치해야 한다.

(2) **전용실의 바닥** : 액상의 위험물의 옥내저장탱크를 설치하는 탱크전용실의 바닥은 위험물이 침투하지 않는 구조로 하고, 적당한 경사를 두는 한편, 집유설비를 설치할 것

(3) 하나의 간이탱크저장소에 설치하는 간이저장탱크는 그 수를 3 이하로 하고, 동일한 품질의 위험물의 간이저장탱크를 2 이상 설치하지 않아야 한다. ★

(4) 간이저장탱크는 움직이거나 넘어지지 않도록 지면 또는 가설대에 고정시키되, 옥외에 설치하는 경우에는 그 탱크의 주위에 너비 1m 이상의 공지를 두고, 전용실 안에 설치하는 경우에는 탱크와 전용실의 벽과의 사이에 0.5m 이상의 간격을 유지해야 한다.

(5) 간이저장탱크의 용량은 600L 이하이어야 한다. ★

(6) 간이저장탱크는 두께 3.2mm 이상의 강판으로 흠이 없도록 제작해야 하며, 70kPa의 압력으로 10분간의 수압시험을 실시하여 새거나 변형되지 않아야 한다. ★

(7) **간이저장탱크에 밸브 없는 통기관의 설치기준★**

① 통기관의 지름은 25mm 이상으로 할 것

② 통기관은 옥외에 설치하되, 그 끝부분의 높이는 지상 1.5m 이상으로 할 것

③ 통기관의 끝부분은 수평면에 대하여 아래로 45° 이상 구부려 빗물 등이 침투하지 않도록 할 것

④ 가는 눈의 구리망 등으로 인화방지장치를 할 것(다만, 인화점이 70℃ 이상의 위험물만을 해당 위험물의 인화점 미만의 온도로 저장 또는 취급하는 탱크에 설치하는 통기관에 있어서는 그렇지 않다)

10년간 자주 출제된 문제

위험물안전관리법령상 간이저장탱크의 용량은 몇 L 이하로 해야 하는가?

|해설|

간이저장탱크
• 간이저장탱크의 용량 : 600L 이하
• 간이저장탱크의 두께 : 3.2mm 이상
• 통기관의 지름 : 25mm 이상

정답 600L

핵심이론 02 | 표지 및 게시판

제조소와 동일함

4-7. 이동탱크저장소의 위치, 구조 및 설비의 기준
(시행규칙 별표 10)

핵심이론 01 │ 이동탱크저장소의 상시설치(상치)장소

(1) **옥외에 있는 상시설치장소** : 화기를 취급하는 장소 또는 인근의 건축물로부터 5m 이상(인근의 건축물이 1층인 경우에는 3m 이상)의 거리를 확보해야 한다(단, 하천의 공지나 수면, 내화구조 또는 불연재료의 담 또는 벽 그 밖에 이와 유사한 것에 접하는 경우를 제외).★

(2) **옥내에 있는 상시설치장소** : 벽·바닥·보·서까래 및 지붕이 내화구조 또는 불연재료로 된 건축물의 1층에 설치해야 한다.

[이동저장탱크]

핵심이론 02 │ 이동저장탱크의 구조

(1) **탱크의 두께** : 3.2mm 이상의 강철판★

(2) **수압시험**

① 압력탱크(최대상용압력이 46.7kPa 이상인 탱크) 외의 탱크 : 70kPa의 압력으로 10분간 실시하여 새지 않을 것★

② 압력탱크 : 최대상용압력의 1.5배의 압력으로 10분간 실시하여 새지 않을 것

(3) 이동저장탱크는 그 내부에 4,000L 이하마다 3.2mm 이상의 강철판 또는 이와 동등 이상의 강도·내열성 및 내식성이 있는 금속성의 것으로 칸막이를 설치해야 한다(다만, 고체인 위험물을 저장하거나 고체인 위험물을 가열하여 액체 상태로 저장하는 경우에는 그렇지 않다).★★

(4) **칸막이로 구획된 각 부분에 설치** : 맨홀, 안전장치, 방파판을 설치(용량이 2,000L 미만 : 방파판 설치 제외)

① 안전장치의 작동 압력

   ㉠ 상용압력이 20kPa 이하인 탱크 : 20kPa 이상 24kPa 이하의 압력

   ㉡ 상용압력이 20kPa을 초과하는 탱크 : 상용압력의 1.1배 이하의 압력

(5) **부속장치**

종류	두께	용도
안전칸막이	3.2mm 이상	탱크 전복 시 탱크의 일부가 파손되더라도 전량의 위험물 누출 방지
방파판	1.6mm 이상★	위험물 운송 중 내부 위험물의 출렁임, 쏠림 등을 완화하여 차량의 안전 확보
방호틀	2.3mm 이상★	탱크 전복 시 부속장치(주입구, 맨홀, 안전장치) 보호
측면틀	3.2mm 이상	탱크 전복 시 탱크본체 파손 방지

2-1. 위험물안전관리법령상 이동탱크저장소의 탱크는 강철판의 두께가 몇 mm 이상이어야 하는지 쓰시오.

2-2. 위험물안전관리법령상 압력탱크 외의 이동저장탱크에 실시하는 수압시험은 몇 kPa의 압력으로 10분간 실시해야 하는가?

2-3. 이동탱크저장소의 탱크의 용량이 20,000L일 때 칸막이의 개수를 계산하시오.

|해설|

2-1
이동탱크저장소의 두께

종류	두께
탱크	3.2mm 이상
안전칸막이	3.2mm 이상
측면틀	3.2mm 이상
방파판	1.6mm 이상
방호틀	2.3mm 이상

2-2
이동저장탱크의 수압시험
• 압력탱크(최대상용압력이 46.7kPa 이상인 탱크) 외의 탱크 : 70kPa의 압력으로 10분간
• 압력탱크 : 최대상용압력의 1.5배의 압력으로 10분간

2-3
칸막이 설치기준
이동저장탱크는 그 내부에 4,000L 이하마다 3.2mm 이상의 강철판 또는 이와 동등 이상의 강도·내열성 및 내식성이 있는 금속성의 것으로 칸막이를 설치해야 한다.

$$\therefore \text{칸막이수} = \frac{20,000L}{4,000L} - 1 = 4\text{개}$$

정답 **2-1** 3.2mm
　　2-2 70kPa
　　2-3 4개

핵심이론 03 | 배출밸브, 폐쇄장치, 결합금속구 등

(1) 이동저장탱크의 아랫부분에 배출구를 설치하는 경우에 해당 탱크의 배출구에 배출밸브를 설치하고 비상시에 직접 해당 배출밸브를 폐쇄할 수 있는 수동폐쇄장치 또는 자동폐쇄장치를 설치할 것

(2) 수동폐쇄장치에 레버를 설치하는 경우의 기준
① 손으로 잡아당겨 수동폐쇄장치를 작동시킬 수 있도록 할 것
② 길이는 15cm 이상으로 할 것

(3) 탱크의 배관의 끝부분에는 개폐밸브를 설치할 것

(4) 이동탱크저장소에 주유설비를 설치하는 경우 설치 기준
① 주입설비의 길이 : 50m 이내로 하고 그 끝부분에 축적되는 정전기를 유효하게 제거할 수 있는 제거장치를 설치할 것
② 분당배출량 : 200L 이하

핵심이론 04 | 이동탱크저장소의 접지도선

(1) 접지도선 설치대상 : 특수인화물, 제1석유류, 제2석유류★

※ 접지하는 이유 : 정전기를 방지하기 위하여★

(2) 설치기준

① 양도체(良導體)의 도선에 비닐 등의 전열차단 재료로 피복하여 끝부분에 접지전극 등을 결착시킬 수 있는 클립(Clip) 등을 부착할 것

② 도선이 손상되지 않도록 도선을 수납할 수 있는 장치를 부착할 것

10년간 자주 출제된 문제

위험물안전관리법령상 제4류 위험물 중 일부 품명에 속하는 위험물의 이동탱크저장소에는 기준에 의하여 접지도선을 설치해야 한다. 이에 해당하는 위험물안전관리법령상 품명을 모두 쓰시오.

|해설|

이동탱크저장소의 접지도선 : 특수인화물, 제1석유류, 제2석유류

정답 특수인화물, 제1석유류, 제2석유류

핵심이론 05 | 위험물안전카드(시행규칙 별표 21)

이동탱크저장소에 의해 제4류 위험물을 운송하는 경우 반드시 위험물안전카드를 휴대하고 운송해야 하는 위험물 : 특수인화물 및 제1석유류

4-8. 옥외저장소의 위치, 구조 및 설비의 기준
(시행규칙 별표 11)

핵심이론 01 | 옥외저장소의 안전거리

제조소와 동일함

핵심이론 02 | 옥외저장소의 보유공지

저장 또는 취급하는 위험물의 최대수량	공지의 너비
지정수량의 10배 이하	3m 이상★
지정수량의 10배 초과 20배 이하	5m 이상
지정수량의 20배 초과 50배 이하	9m 이상★
지정수량의 50배 초과 200배 이하	12m 이상
지정수량의 200배 초과	15m 이상

※ 제4류 위험물 중 제4석유류와 제6류 위험물 : 위의 표에 의한 보유공지의 1/3로 할 수 있다.

[고인화점 위험물 저장 시 보유공지]

저장 또는 취급하는 위험물의 최대수량	공지의 너비
지정수량의 50배 이하	3m 이상
지정수량의 50배 초과 200배 이하	6m 이상
지정수량의 200배 초과	10m 이상

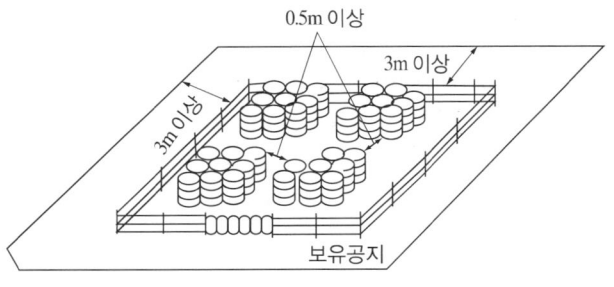

[옥외저장소의 보유공지]

10년간 자주 출제된 문제

과산화수소를 옥외저장소에 보관하려고 한다. 저장하는 최대수량이 3,000kg인 경우 보유공지의 너비는 몇 m 이상이어야 하는가?

|해설|

옥외저장소의 보유공지

• 과산화수소의 지정수량 : 300kg(제6류 위험물)

∴ 지정수량의 배수 $= \dfrac{\text{저장수량}}{\text{지정수량}} = \dfrac{3,000\text{kg}}{300\text{kg}} = 10$배

• 보유공지의 기준

저장 또는 취급하는 위험물의 최대수량	공지의 너비
지정수량의 10배 이하	3m 이상
지정수량의 10배 초과 20배 이하	5m 이상

정답 3m 이상

핵심이론 03 | 옥외저장소의 표지 및 게시판

제조소와 동일함

핵심이론 04 | 옥외저장소의 기준

(1) **선반** : 불연재료

(2) **선반의 높이** : 6m를 초과하지 말 것★

(3) **과산화수소, 과염소산을 저장하는 옥외저장소** : 불연성 또는 난연성의 천막 등을 설치하여 햇빛을 가릴 것

(4) **인화성 고체, 제1석유류, 알코올류를 저장 또는 취급하는 장소** : 살수설비 설치할 것

(5) **제1석유류 또는 알코올류를 저장 또는 취급하는 장소의 주위** : 배수구 및 집유설비를 설치할 것

10년간 자주 출제된 문제

알코올류를 저장하는 옥외저장소에 해당 위험물을 적당한 온도로 유지하기 위해 설치하는 설비의 명칭을 쓰시오.

|해설|

인화성 고체, 제1석유류 또는 알코올류의 옥외저장소의 특례기준

• 인화성 고체(인화점 21℃ 미만인 것에 한함), 제1석유류, 알코올류를 저장 또는 취급하는 장소 : 위험물을 적당한 온도로 유지하기 위한 살수설비 설치

• 제1석유류 또는 알코올류를 저장 또는 취급하는 장소의 주위 : 배수구 및 집유설비를 설치할 것. 이 경우 제1석유류(온도 20℃의 물 100g에 용해되는 양이 1g 미만의 것에 한한다)를 저장 또는 취급하는 장소에는 집유설비에 유분리장치를 설치할 것

※ 유분리장치를 해야 하는 제1석유류 : 벤젠, 톨루엔, 휘발유

정답 살수설비

핵심이론 05 │ 옥외저장소의 저장할 수 있는 위험물

(1) 제2류 위험물 중 황, 인화성 고체(인화점이 0℃ 이상인 것에 한함)

(2) 제4류 위험물 중 제1석유류(인화점이 0℃ 이상인 것에 한함), 제2석유류, 제3석유류, 제4석유류, 알코올류, 동식물유류

(3) **제6류 위험물**

※ 제1석유류인 톨루엔(인화점 : 4℃), 피리딘(인화점 : 16℃)은 옥외저장소에 저장할 수 있다.

(4) 제2류 위험물 및 제4류 위험물 중 특별시·광역시·특별자치시·도 또는 특별자치도의 조례로 정하는 위험물(관세법 제154조의 규정에 의한 보세구역 안에 저장하는 경우로 한정한다)

(5) 국제해사기구에 관한 협약에 의하여 설치된 국제해사기구가 채택한 국제해상위험물규칙(IMDG Code)에 적합한 용기에 수납된 위험물

4-9. 주유취급소의 위치, 구조 및 설비의 기준
(시행규칙 별표 13)

핵심이론 01 │ 주유공지 및 급유공지

(1) **고정주유설비** : 펌프기기 및 호스기기로 되어 위험물을 자동차 등에 직접 주유하기 위한 설비로서 현수식(매닮식)의 것을 포함한다.

(2) 고정주유설비의 주위에는 주유를 받으려는 자동차 등이 출입할 수 있도록 너비 15m 이상, 길이 6m 이상의 콘크리트 등으로 포장한 공지(주유공지)를 보유해야 한다.★

(3) **고정급유설비** : 펌프기기 및 호스기기로 되어 위험물을 용기에 옮겨 담거나 이동저장탱크에 주입하기 위한 설비로서 현수식의 것을 포함한다.

(4) 고정급유설비를 설치하는 경우에는 고정급유설비의 호스기기의 주위에 필요한 공지(급유공지)를 보유해야 한다.

(5) 공지의 바닥은 주위 지면보다 높게 하고, 그 표면을 적당하게 경사지게 하여 새어나온 기름 그 밖의 액체가 공지의 외부로 유출되지 않도록 배수구·집유설비 및 유분리장치를 해야 한다.

위험물 주유취급소	
화기엄금	
위험물의 유별	제4류
품명	제2석유류(경유)
취급 최대수량	50,000L
지정수량의 배수	50배
안전관리자의 성명 또는 직명	이덕수

※ 경유(제2석유류, 비수용성)의 지정수량 : 1,000L

주유 중 엔진정지★★★
(황색바탕에 흑색문자)

10년간 자주 출제된 문제

위험물안전관리법령상 주유취급소에 설치하는 "주유 중 엔진정지" 표시를 한 게시판의 바탕색과 문자의 색상을 각각 쓰시오.

① 바탕색
② 문자색

|해설|

게시판의 색상
• 화기엄금, 화기주의 : 적색바탕에 백색문자
• 물기엄금 : 청색바탕에 백색문자
• 주유 중 엔진정지 : 황색바탕에 흑색문자

정답 ① 황색
② 흑색

핵심이론 03 | 주유취급소의 저장 또는 취급 가능한 탱크

(1) 자동차 등에 주유하기 위한 고정주유설비에 직접 접속하는 전용탱크로서 50,000L 이하의 것

(2) 고정급유설비에 직접 접속하는 전용탱크로서 50,000L 이하의 것

(3) 보일러 등에 직접 접속하는 전용탱크로서 10,000L 이하의 것

(4) 자동차 등을 점검·정비하는 작업장 등(주유취급소 안에 설치된 것에 한한다)에서 사용하는 폐유·윤활유 등의 위험물을 저장하는 탱크로서 용량(2 이상 설치하는 경우에는 각 용량의 합계)이 2,000L 이하인 탱크(이하 "폐유탱크 등"이라 한다)

(5) 고정주유설비 또는 고정급유설비에 직접 접속하는 3기 이하의 간이탱크

10년간 자주 출제된 문제

위험물안전관리법령상 주유취급소의 저장 또는 취급 가능한 탱크의 용량을 쓰시오.

① 자동차 등에 주유하기 위한 고정주유설비에 직접 접속하는 전용탱크
② 고정급유설비에 직접 접속하는 전용탱크

|해설|

주유취급소의 저장 또는 취급 가능한 탱크
• 자동차 등에 주유하기 위한 고정주유설비에 직접 접속하는 전용탱크로서 50,000L 이하의 것
• 고정급유설비에 직접 접속하는 전용탱크로서 50,000L 이하의 것
• 보일러 등에 직접 접속하는 전용탱크로서 10,000L 이하의 것

정답 ① 50,000L 이하
② 50,000L 이하

(1) 주유취급소의 고정주유설비 또는 고정급유설비의 구조

① 주유관 끝부분에서의 최대배출량★★

    ㉠ 제1석유류 : 분당 50L 이하

    ㉡ 경유 : 분당 180L 이하

    ㉢ 등유 : 분당 80L 이하

② 이동저장탱크에 주입하기 위한 고정급유설비의 펌프기기는 최대배출량 : 분당 300L 이하

(2) 고정주유설비 또는 고정급유설비의 주유관의 길이

(끝부분의 개폐밸브를 포함) : 5m(현수식의 경우에는 지면 위 0.5m의 수평면에 수직으로 내려 만나는 점을 중심으로 반경 3m) 이내로 하고 그 끝부분에는 축적된 정전기를 유효하게 제거할 수 있는 장치를 설치할 것

(3) 고정주유설비 또는 고정급유설비의 설치기준

① 고정주유설비(중심선을 기점으로 하여)

    ㉠ 도로경계선까지 : 4m 이상

    ㉡ 부지경계선·담 및 건축물의 벽까지 : 2m(개구부가 없는 벽까지는 1m) 이상

② 고정급유설비(중심선을 기점으로 하여)

    ㉠ 도로경계선까지 : 4m 이상

    ㉡ 부지경계선·담까지 : 1m 이상

    ㉢ 건축물의 벽까지 : 2m(개구부가 없는 벽까지는 1m) 이상 거리를 유지할 것

③ 고정주유설비와 고정급유설비의 사이에는 4m 이상의 거리를 유지할 것

10년간 자주 출제된 문제

위험물안전관리법령상 주유취급소의 고정주유설비 또는 고정급유설비의 펌프기기는 주유관 끝부분에서 최대배출량은 각각 분당 몇 L 이하이어야 하는가?(단, 이동저장탱크에 주입하는 경우는 제외한다)

① 휘발유

② 등유

|해설|

분당 배출량

• 펌프기기는 주유관 끝부분에서 최대배출량

종류	제1석유류(휘발유)	경유	등유
배출량	50L/min 이하	180L/min 이하	80L/min 이하

• 이동저장탱크에 주입하기 위한 고정급유설비의 펌프기기는 최대배출량이 분당 300L 이하인 것으로 할 수 있으며, 분당 배출량이 200L 이상인 것의 경우에는 주유설비에 관계된 모든 배관의 안지름을 40mm 이상으로 해야 한다.

정답 ① 50L
      ② 80L

핵심이론 05 | 주유취급소에 설치할 수 있는 건축물

(1) 주유 또는 등유·경유를 옮겨 담기 위한 작업장

(2) 주유취급소의 업무를 행하기 위한 사무소

(3) 자동차 등의 점검 및 간이정비를 위한 작업장

(4) 자동차 등의 세정을 위한 작업장

(5) 주유취급소에 출입하는 사람을 대상으로 한 점포·휴게음식점 또는 전시장

(6) 주유취급소의 관계자가 거주하는 주거시설

(7) 전기자동차용 충전설비(전기를 동력원으로 하는 자동차에 직접 전기를 공급하는 설비)
※ (2), (3), (5)의 용도에 제공하는 부분의 면적의 합은 1,000m²를 초과할 수 없다.

핵심이론 06 | 건축물의 구조

(1) **건축물은 벽·기둥·바닥·보 및 지붕** : 내화구조 또는 불연재료

(2) **창 및 출입구** : 60분+방화문·60분 방화문·30분 방화문 또는 불연재료로 된 문을 설치

(3) 사무실 등의 창 및 출입구에 유리를 사용하는 경우에는 망입유리 또는 강화유리로 할 것(강화유리의 두께는 창에는 8mm 이상, 출입구에는 12mm 이상)★

(4) **주유원 간이대기실의 기준**
① 불연재료로 할 것
② 바퀴가 부착되지 않은 고정식일 것
③ 차량의 출입 및 주유작업에 장애를 주지 않는 위치에 설치할 것
④ 바닥면적이 2.5m² 이하일 것

핵심이론 07 | 고속도로 주유취급소의 특례

고속국도의 도로변에 설치된 주유취급소의 탱크의 용량 : 60,000L 이하

10년간 자주 출제된 문제

고속국도의 도로변에 설치된 주유취급소의 탱크의 용량은 얼마인지 쓰시오.

|해설|

고속국도의 도로변에 설치된 주유취급소의 탱크의 용량 : 60,000L 이하

정답 60,000L 이하

핵심이론 08 | 고객이 직접 주유하는 주유취급소의 특례

(1) 셀프용 고정주유설비의 기준

① 주유호스의 끝부분에 수동개폐장치를 부착한 주유노즐을 설치할 것
② 주유노즐은 자동차 등의 연료탱크가 가득 찬 경우에 자동적으로 정지시키는 구조일 것
③ 1회의 연속주유량 및 주유시간의 상한을 미리 설정할 수 있는 구조일 것. 이 경우 주유량의 상한은 휘발유는 100L 이하, 경유는 200L 이하로 하며, 주유시간의 상한은 4분 이하로 한다. ★★

(2) 셀프용 고정급유설비의 기준

① 급유호스의 끝부분에 수동개폐장치를 부착한 급유노즐을 설치할 것
② 주유노즐은 용기가 가득 찬 경우에 자동적으로 정지시키는 구조일 것
③ 1회의 연속급유량 및 급유시간의 상한을 미리 설정할 수 있는 구조일 것. 이 경우 급유량의 상한은 100L 이하, 급유시간의 상한은 6분 이하로 한다. ★

10년간 자주 출제된 문제

셀프용 고정주유설비의 주유량과 주유시간의 상한을 쓰시오.

항목 \ 종류	휘발유	경유
주유량의 상한	㉠	㉡
주유시간의 상한	㉢	㉣

|해설|

셀프용 주유취급소
• 셀프용 고정주유설비의 주유량 및 주유시간의 상한

항목 \ 종류	휘발유	경유
주유량의 상한	100L 이하	200L 이하
주유시간의 상한	4분 이하	4분 이하

• 셀프용 고정급유설비(등유)의 주유량 및 주유시간의 상한

급유량의 상한	급유시간의 상한
100L 이하	6분 이하

정답 ㉠ 100L 이하 ㉡ 200L 이하
㉢ 4분 이하 ㉣ 4분 이하

4-10. 판매취급소의 위치, 구조 및 설비의 기준
(시행규칙 별표 14)

핵심이론 01 | 제1종 판매취급소
(지정수량의 20배 이하)

(1) 제1종 판매취급소는 건축물의 1층에 설치할 것

(2) 제1종 판매취급소에는 보기 쉬운 곳에 "위험물 판매취급소(제1종)"라는 표지와 방화에 관하여 필요한 사항을 게시한 게시판은 제조소와 동일하게 설치할 것

(3) 제1종 판매취급소의 용도로 사용되는 건축물의 부분은 내화구조 또는 불연재료로 하고, 판매취급소로 사용되는 부분과 다른 부분과의 격벽은 내화구조로 할 것

(4) 제1종 판매취급소의 용도로 사용하는 건축물의 부분은 보를 불연재료로 하고, 천장을 설치하는 경우에는 천장을 불연재료로 할 것

(5) 제1종 판매취급소의 용도로 사용하는 부분에 상층이 있는 경우에 있어서는 그 상층의 바닥을 내화구조로 하고, 상층이 없는 경우에 있어서는 지붕을 내화구조 또는 불연재료로 할 것

(6) 제1종 판매취급소의 용도로 사용하는 부분의 창 및 출입구에는 60분+방화문·60분 방화문 또는 30분 방화문을 설치할 것

(7) 위험물 배합실의 기준★★★
① 바닥면적은 $6m^2$ 이상 $15m^2$ 이하일 것
② 내화구조 또는 불연재료로 된 벽으로 구획할 것
③ 바닥은 위험물이 침투하지 않는 구조로 하여 적당한 경사를 두고 집유설비를 할 것

④ 출입구에는 수시로 열 수 있는 자동폐쇄식의 60분+방화문 또는 60분 방화문을 설치할 것
⑤ 출입구 문턱의 높이는 바닥면으로부터 0.1m 이상으로 할 것
⑥ 내부에 체류한 가연성의 증기 또는 가연성의 미분을 지붕 위로 방출하는 설비를 할 것

10년간 자주 출제된 문제

제1종 판매취급소에서 저장 및 취급하는 위험물은 지정수량의 몇 배 이하로 하는가?

|해설|

제1종 판매취급소 : 지정수량의 20배 이하를 저장 또는 취급하는 판매취급소

정답 20배

제2종 판매취급소
(지정수량의 40배 이하)

(1) 제2종 판매취급소의 용도로 사용하는 부분은 벽·기둥·바닥 및 보를 내화구조로 하고, 천장이 있는 경우에는 이를 불연재료로 하며, 판매취급소로 사용되는 부분과 다른 부분과의 격벽은 내화구조로 할 것★

(2) 제2종 판매취급소의 용도로 사용하는 부분에 있어서 상층이 있는 경우에는 상층의 바닥을 내화구조로 하는 동시에 상층으로의 연소를 방지하기 위한 조치를 강구하고, 상층이 없는 경우에는 지붕을 내화구조로 할 것

(3) 제2종 판매취급소의 용도로 사용하는 부분 중 연소의 우려가 없는 부분에 한하여 창을 두되, 해당 창에는 60분+방화문·60분 방화문 또는 30분 방화문을 설치할 것

※ 판매취급소의 구분★★★
• 제1종 판매취급소 : 위험물의 수량이 지정수량의 20배 이하
• 제2종 판매취급소 : 위험물의 수량이 지정수량의 40배 이하

10년간 자주 출제된 문제

위험물안전관리법령에서 판매취급소의 구분에 대하여 ( ) 안에 알맞은 숫자를 쓰시오.
① 제1종 판매취급소 : 저장 또는 취급하는 위험물의 수량이 지정수량의 ( )배 이하인 판매취급소
② 제2종 판매취급소 : 저장 또는 취급하는 위험물의 수량이 지정수량의 ( )배 이하인 판매취급소

|해설|

판매취급소 : 본문 참고

정답 ① 20
② 40

4-11. 이송취급소의 위치, 구조 및 설비의 기준
(시행규칙 별표 15)

설치장소

이송취급소는 다음의 장소 외의 장소에 설치해야 한다.

(1) 철도 및 도로의 터널 안

(2) 고속국도 및 자동차전용도로의 차도·갓길 및 중앙분리대

(3) 호수·저수지 등으로서 수리의 수원이 되는 곳

(4) 급경사지역으로서 붕괴의 위험이 있는 지역

핵심이론 02 | 배관설치의 기준

(1) 지하매설

① 배관은 그 외면으로부터 건축물·지하가·터널 또는 수도시설까지 각각 다음의 규정에 의한 안전거리를 둘 것
   ㉠ 건축물(지하가 내의 건축물을 제외한다) : 1.5m 이상
   ㉡ 지하가 및 터널 : 10m 이상
   ㉢ 수도법에 의한 수도시설(위험물의 유입 우려가 있는 것에 한한다) : 300m 이상
② 배관은 그 외면으로부터 다른 공작물에 대하여 0.3m 이상의 거리를 보유할 것
③ 배관의 외면과 지표면과의 거리는 산이나 들에 있어서는 0.9m 이상, 그 밖의 지역에 있어서는 1.2m 이상으로 할 것

(2) 도로 밑 매설

① 배관은 그 외면으로부터 도로의 경계에 대하여 1m 이상의 안전거리를 둘 것
② 시가지 도로의 밑에 매설하는 경우에는 배관의 외경보다 10cm 이상 넓은 견고하고 내구성이 있는 재질의 판(보호판)을 배관의 상부로부터 30cm 이상 위에 설치할 것
③ 배관(보호판 또는 방호구조물에 의하여 배관을 보호하는 경우에는 해당 보호판 또는 방호구조물을 말한다)은 그 외면으로부터 다른 공작물에 대하여 0.3m 이상의 거리를 보유할 것

(3) 철도부지 밑 매설

① 배관은 그 외면으로부터 철도 중심선에 대하여는 4m 이상, 해당 철도부지(도로에 인접한 경우를 제외)의 용지경계에 대하여는 1m 이상의 거리를 유지할 것
② 배관의 외면과 지표면과의 거리는 1.2m 이상으로 할 것

핵심이론 03 | 기타 설비 등

(1) 비파괴시험

배관 등의 용접부는 비파괴시험을 실시하여 합격할 것. 이 경우 이송기지 내의 지상에 설치된 배관 등은 전체 용접부의 20% 이상을 발췌하여 시험할 수 있다.

(2) 내압시험

배관 등은 최대상용압력의 1.25배 이상의 압력으로 4시간 이상 수압을 가하여 누설 그 밖의 이상이 없을 것

(3) 압력안전장치

배관계에는 배관 내의 압력이 최대상용압력을 초과하거나 유격작용 등에 의하여 생긴 압력이 최대상용압력의 1.1배를 초과하지 않도록 제어하는 장치

(4) 경보설비

① 이송기지에는 비상벨장치 및 확성장치를 설치할 것
② 가연성 증기를 발생하는 위험물을 취급하는 펌프실 등에는 가연성 증기 경보설비를 설치할 것

[세부기준 별지 제9호 서식]

<table>
<tr><td colspan="2" rowspan="2" style="text-align:center">제 조 소
일반취급소   일반점검표</td><td colspan="3">점검기간 :</td></tr>
<tr><td colspan="3">점 검 자 :   (서명 또는 인)
설 치 자 :   (서명 또는 인)</td></tr>
<tr><td colspan="2">제조소 등의 구분</td><td>[ ] 제조소   [ ] 일반취급소</td><td colspan="2">설치허가 연월일 및 완공검사번호</td><td></td></tr>
<tr><td colspan="2">설치자</td><td></td><td colspan="2">안전관리자</td><td></td></tr>
<tr><td colspan="2">사업소명</td><td></td><td colspan="2">설치위치</td><td></td></tr>
<tr><td colspan="2">위험물 현황</td><td>품 명</td><td></td><td>허가량</td><td>지정수량의 배수</td></tr>
</table>

점검항목		점검내용	점검방법	점검결과	비고
위험물 저장·취급 개요					
시설명/호칭번호					
안전거리		보호대상물 신설여부	육안 및 실측	[ ]적합 [ ]부적합 [ ]해당없음	
		방화상 유효한 담의 손상유무	육 안	[ ]적합 [ ]부적합 [ ]해당없음	
보유공지		허가외 물건 존치여부	육 안	[ ]적합 [ ]부적합 [ ]해당없음	
		방화상 유효한 격벽의 손상유무	육 안	[ ]적합 [ ]부적합 [ ]해당없음	
건축물	벽·기둥·보·지붕	균열·손상 등 유무	육 안	[ ]적합 [ ]부적합 [ ]해당없음	
	방화문	변형·손상 등 유무 및 폐쇄기능의 적부	육 안	[ ]적합 [ ]부적합 [ ]해당없음	
	바 닥	체유·체수 유무	육 안	[ ]적합 [ ]부적합 [ ]해당없음	
		균열·손상·패임 등 유무	육 안	[ ]적합 [ ]부적합 [ ]해당없음	
	계 단	변형·손상 등 유무 및 고정상황의 적부	육 안	[ ]적합 [ ]부적합 [ ]해당없음	
환기설비· 배출설비 등		변형·손상 유무 및 고정상태의 적부	육 안	[ ]적합 [ ]부적합 [ ]해당없음	
		인화방지망의 손상 및 막힘 유무	육 안	[ ]적합 [ ]부적합 [ ]해당없음	
		방화댐퍼의 손상 유무 및 기능의 적부	육안 및 작동확인	[ ]적합 [ ]부적합 [ ]해당없음	
		팬의 작동상황 적부	작동확인	[ ]적합 [ ]부적합 [ ]해당없음	
		가연성증기경보장치의 작동상황 적부	작동확인	[ ]적합 [ ]부적합 [ ]해당없음	
옥외 위험물 취급 설비	방유턱·바닥	균열·손상 등 유무	육 안	[ ]적합 [ ]부적합 [ ]해당없음	
		체유·체수·토사퇴적 등 유무	육 안	[ ]적합 [ ]부적합 [ ]해당없음	
	집유설비·배수구· 유분리장치	균열·손상 등 유무	육 안	[ ]적합 [ ]부적합 [ ]해당없음	
		체유·체수·토사퇴적 등 유무	육 안	[ ]적합 [ ]부적합 [ ]해당없음	
위험물의 누출· 비산 방지 장치 등	누출방지설비 등 (이중배관 등)	체유 등 유무	육 안	[ ]적합 [ ]부적합 [ ]해당없음	
		변형·균열·손상 유무	육 안	[ ]적합 [ ]부적합 [ ]해당없음	
		도장상황의 적부 및 부식 유무	육 안	[ ]적합 [ ]부적합 [ ]해당없음	
		고정상황의 적부	육 안	[ ]적합 [ ]부적합 [ ]해당없음	
	역류방지설비 (되돌림관 등)	기능의 적부	육안 및 작동확인	[ ]적합 [ ]부적합 [ ]해당없음	
		변형·균열·손상 유무	육 안	[ ]적합 [ ]부적합 [ ]해당없음	
		도장상황의 적부 및 부식 유무	육 안	[ ]적합 [ ]부적합 [ ]해당없음	
		고정상황의 적부	육 안	[ ]적합 [ ]부적합 [ ]해당없음	
	비산방지설비	체유 등 유무	육 안	[ ]적합 [ ]부적합 [ ]해당없음	
		변형·균열·손상 유무	육 안	[ ]적합 [ ]부적합 [ ]해당없음	
		기능의 적부	육안 및 작동확인	[ ]적합 [ ]부적합 [ ]해당없음	
		고정상황의 적부	육 안	[ ]적합 [ ]부적합 [ ]해당없음	

가열·냉각·건조설비	기초·지주 등	변형·균열·손상·침하 유무	육 안	[ ]적합 [ ]부적합 [ ]해당없음	
		볼트 등의 풀림 유무	육 안	[ ]적합 [ ]부적합 [ ]해당없음	
		도장상황의 적부 및 부식 유무	육 안	[ ]적합 [ ]부적합 [ ]해당없음	
	본체부	누설 유무	육안 및 가스검지	[ ]적합 [ ]부적합 [ ]해당없음	
		변형·균열·손상 유무	육 안	[ ]적합 [ ]부적합 [ ]해당없음	
		도장상황의 적부 및 부식 유무	육안 및 두께측정	[ ]적합 [ ]부적합 [ ]해당없음	
		볼트 등의 풀림 유무	육 안	[ ]적합 [ ]부적합 [ ]해당없음	
		보냉재의 손상·탈락 유무	육 안	[ ]적합 [ ]부적합 [ ]해당없음	
	접 지	단선 유무	육 안	[ ]적합 [ ]부적합 [ ]해당없음	
		부착부분의 탈락 유무	육 안	[ ]적합 [ ]부적합 [ ]해당없음	
		접지저항치의 적부	저항측정	[ ]적합 [ ]부적합 [ ]해당없음	
	안전장치	부식·손상 유무	육 안	[ ]적합 [ ]부적합 [ ]해당없음	
		고정상황의 적부	육 안	[ ]적합 [ ]부적합 [ ]해당없음	
		기능의 적부	작동확인	[ ]적합 [ ]부적합 [ ]해당없음	
	계측장치	손상 유무	육 안	[ ]적합 [ ]부적합 [ ]해당없음	
		부착부의 풀림 유무	육 안	[ ]적합 [ ]부적합 [ ]해당없음	
		작동·지시사항의 적부	육 안	[ ]적합 [ ]부적합 [ ]해당없음	
	송풍장치	손상 유무	육 안	[ ]적합 [ ]부적합 [ ]해당없음	
		부착부의 풀림 유무	육 안	[ ]적합 [ ]부적합 [ ]해당없음	
		이상진동·소음·발열 등 유무	육안 및 작동확인	[ ]적합 [ ]부적합 [ ]해당없음	
	살수장치	부식·변형·손상 유무	육 안	[ ]적합 [ ]부적합 [ ]해당없음	
		살수상황의 적부	육 안	[ ]적합 [ ]부적합 [ ]해당없음	
		고정상태의 적부	육 안	[ ]적합 [ ]부적합 [ ]해당없음	
	교반장치	손상 유무	육 안	[ ]적합 [ ]부적합 [ ]해당없음	
		고정상황의 적부	육 안	[ ]적합 [ ]부적합 [ ]해당없음	
		이상진동·소음·발열 등 유무	육안 및 작동확인	[ ]적합 [ ]부적합 [ ]해당없음	
		누유 유무	육 안	[ ]적합 [ ]부적합 [ ]해당없음	
		안전장치의 작동 적부	육안 및 작동확인	[ ]적합 [ ]부적합 [ ]해당없음	
위험물취급설비	기초·지주 등	변형·균열·손상·침하 유무	육 안	[ ]적합 [ ]부적합 [ ]해당없음	
		볼트 등의 풀림 유무	육 안	[ ]적합 [ ]부적합 [ ]해당없음	
		도장상황의 적부 및 부식 유무	육 안	[ ]적합 [ ]부적합 [ ]해당없음	
	본체부	누설 유무	육안 및 가스검지	[ ]적합 [ ]부적합 [ ]해당없음	
		변형·균열·손상 유무	육 안	[ ]적합 [ ]부적합 [ ]해당없음	
		도장상황의 적부 및 부식 유무	육안 및 두께측정	[ ]적합 [ ]부적합 [ ]해당없음	
		볼트 등의 풀림 유무	육 안	[ ]적합 [ ]부적합 [ ]해당없음	
		보냉재의 손상·탈락 유무	육 안	[ ]적합 [ ]부적합 [ ]해당없음	
	접 지	단선 유무	육 안	[ ]적합 [ ]부적합 [ ]해당없음	
		부착부분의 탈락 유무	육 안	[ ]적합 [ ]부적합 [ ]해당없음	
		접지저항치의 적부	저항측정	[ ]적합 [ ]부적합 [ ]해당없음	
	안전장치	부식·손상 유무	육 안	[ ]적합 [ ]부적합 [ ]해당없음	
		고정상황의 적부	육 안	[ ]적합 [ ]부적합 [ ]해당없음	
		기능의 적부	작동확인	[ ]적합 [ ]부적합 [ ]해당없음	
	계측장치	손상의 유무	육 안	[ ]적합 [ ]부적합 [ ]해당없음	
		부착부의 풀림 유무	육 안	[ ]적합 [ ]부적합 [ ]해당없음	
		작동·지시사항의 적부	육 안	[ ]적합 [ ]부적합 [ ]해당없음	
	송풍장치	손상 유무	육 안	[ ]적합 [ ]부적합 [ ]해당없음	
		부착부의 풀림 유무	육 안	[ ]적합 [ ]부적합 [ ]해당없음	
		이상진동·소음·발열 등 유무	육안 및 작동확인	[ ]적합 [ ]부적합 [ ]해당없음	
	구동장치	고정상태의 적부	육 안	[ ]적합 [ ]부적합 [ ]해당없음	
		이상진동·소음·발열 등 유무	육안 및 작동확인	[ ]적합 [ ]부적합 [ ]해당없음	
		회전부 등의 급유상태 적부	육 안	[ ]적합 [ ]부적합 [ ]해당없음	
	교반장치	손상 유무	육 안	[ ]적합 [ ]부적합 [ ]해당없음	
		고정상황의 적부	육 안	[ ]적합 [ ]부적합 [ ]해당없음	
		이상진동·소음·발열 등 유무	육안 및 작동확인	[ ]적합 [ ]부적합 [ ]해당없음	
		누유 유무	육 안	[ ]적합 [ ]부적합 [ ]해당없음	
		안전장치의 작동 적부	육안 및 작동확인	[ ]적합 [ ]부적합 [ ]해당없음	

위험물 취급탱크	기초·지주· 전용실 등	변형·균열·손상·침하 유무	육 안	[ ]적합 [ ]부적합 [ ]해당없음	
		고정상태의 적부	육 안	[ ]적합 [ ]부적합 [ ]해당없음	
	본 체	변형·균열·손상 유무	육 안	[ ]적합 [ ]부적합 [ ]해당없음	
		누설 유무	육 안	[ ]적합 [ ]부적합 [ ]해당없음	
		도장상황의 적부 및 부식 유무	육안 및 두께측정	[ ]적합 [ ]부적합 [ ]해당없음	
		고정상태의 적부	육 안	[ ]적합 [ ]부적합 [ ]해당없음	
		보냉재의 손상·탈락 등 유무	육 안	[ ]적합 [ ]부적합 [ ]해당없음	
	노즐·맨홀 등	누설 유무	육 안	[ ]적합 [ ]부적합 [ ]해당없음	
		변형·손상 유무	육 안	[ ]적합 [ ]부적합 [ ]해당없음	
		부착부의 손상 유무	육 안	[ ]적합 [ ]부적합 [ ]해당없음	
		도장상황의 적부 및 부식 유무	육안 및 두께측정	[ ]적합 [ ]부적합 [ ]해당없음	
	방유제·방유턱	**변형·균열·손상 유무**	**육 안**	[ ]적합 [ ]부적합 [ ]해당없음	
		배수관의 손상 유무	**육 안**	[ ]적합 [ ]부적합 [ ]해당없음	
		배수관의 개폐상황 적부	**육 안**	[ ]적합 [ ]부적합 [ ]해당없음	
		배수구의 균열·손상 유무	**육 안**	[ ]적합 [ ]부적합 [ ]해당없음	
		배수구내 체유·체수·토사퇴적 등 유무	**육 안**	[ ]적합 [ ]부적합 [ ]해당없음	
		수용량의 적부	**측정**	[ ]적합 [ ]부적합 [ ]해당없음	
	접 지	단선 유무	육 안	[ ]적합 [ ]부적합 [ ]해당없음	
		부착부분의 탈락 유무	육 안	[ ]적합 [ ]부적합 [ ]해당없음	
		접지저항치의 적부	저항측정	[ ]적합 [ ]부적합 [ ]해당없음	
	누유검사관	변형·손상·토사퇴적 등 유무	육 안	[ ]적합 [ ]부적합 [ ]해당없음	
	교반장치	누유 유무	육 안	[ ]적합 [ ]부적합 [ ]해당없음	
		이상진동·소음·발열 등 유무	육안 및 작동확인	[ ]적합 [ ]부적합 [ ]해당없음	
		고정상태의 적부	육 안	[ ]적합 [ ]부적합 [ ]해당없음	
	통기관	인화방지장치의 손상·막힘 유무	육 안	[ ]적합 [ ]부적합 [ ]해당없음	
		화염방지장치 접합부의 고정상태 적부	육 안	[ ]적합 [ ]부적합 [ ]해당없음	
		밸브의 작동상황 적부	작동확인	[ ]적합 [ ]부적합 [ ]해당없음	
		통기관내 장애물의 유무	육 안	[ ]적합 [ ]부적합 [ ]해당없음	
		도장상황의 적부 및 부식 유무	육 안	[ ]적합 [ ]부적합 [ ]해당없음	
	안전장치	작동의 적부	육안 및 작동확인	[ ]적합 [ ]부적합 [ ]해당없음	
		부식·손상 유무	육 안	[ ]적합 [ ]부적합 [ ]해당없음	
	계량장치	손상 유무	육 안	[ ]적합 [ ]부적합 [ ]해당없음	
		부착부의 고정상태 적부	육 안	[ ]적합 [ ]부적합 [ ]해당없음	
		작동의 적부	육 안	[ ]적합 [ ]부적합 [ ]해당없음	
	주입구	폐쇄시의 누설 유무	육 안	[ ]적합 [ ]부적합 [ ]해당없음	
		변형·손상 유무	육 안	[ ]적합 [ ]부적합 [ ]해당없음	
		접지전극의 손상 유무	육 안	[ ]적합 [ ]부적합 [ ]해당없음	
		접지저항치의 적부	저항측정	[ ]적합 [ ]부적합 [ ]해당없음	
	주입구의 피트	균열·손상 유무	육 안	[ ]적합 [ ]부적합 [ ]해당없음	
		체유·체수·토사퇴적 등 유무	육 안	[ ]적합 [ ]부적합 [ ]해당없음	
배관·밸브 등	배관(플랜지·밸브 포함)	누설의 유무(지하매설배관은 누설점검실시)	육안 및 누설점검	[ ]적합 [ ]부적합 [ ]해당없음	
		변형·손상 유무	육 안	[ ]적합 [ ]부적합 [ ]해당없음	
		도장상황의 적부 및 부식 유무	육 안	[ ]적합 [ ]부적합 [ ]해당없음	
		지반면과 이격상태의 적부	육 안	[ ]적합 [ ]부적합 [ ]해당없음	
	배관의 피트	균열·손상 유무	육 안	[ ]적합 [ ]부적합 [ ]해당없음	
		체유·체수·토사퇴적 등 유무	육 안	[ ]적합 [ ]부적합 [ ]해당없음	
	전기방식 설비	단자함의 손상·토사퇴적 등 유무	육 안	[ ]적합 [ ]부적합 [ ]해당없음	
		단자의 탈락 유무	육 안	[ ]적합 [ ]부적합 [ ]해당없음	
		방식전류(전위)의 적부	전위측정	[ ]적합 [ ]부적합 [ ]해당없음	

		손상 유무	육 안	[ ]적합 [ ]부적합 [ ]해당없음	
펌프설비 등	전동기	고정상태의 적부	육 안	[ ]적합 [ ]부적합 [ ]해당없음	
		회전부 등의 급유상태 적부	육 안	[ ]적합 [ ]부적합 [ ]해당없음	
		이상진동·소음·발열 등 유무	육안 및 작동확인	[ ]적합 [ ]부적합 [ ]해당없음	
	펌 프	누설 유무	육 안	[ ]적합 [ ]부적합 [ ]해당없음	
		변형·손상 유무	육 안	[ ]적합 [ ]부적합 [ ]해당없음	
		도장상태의 적부 및 부식 유무	육 안	[ ]적합 [ ]부적합 [ ]해당없음	
		고정상태의 적부	육 안	[ ]적합 [ ]부적합 [ ]해당없음	
		회전부 등의 급유상태 적부	육 안	[ ]적합 [ ]부적합 [ ]해당없음	
		유량 및 유압 적부	육 안	[ ]적합 [ ]부적합 [ ]해당없음	
		이상진동·소음·발열 등의 유무	육안 및 작동확인	[ ]적합 [ ]부적합 [ ]해당없음	
	접 지	단선 유무	육 안	[ ]적합 [ ]부적합 [ ]해당없음	
		부착부분의 탈락 유무	육 안	[ ]적합 [ ]부적합 [ ]해당없음	
		접지저항치의 적부	저항측정	[ ]적합 [ ]부적합 [ ]해당없음	
전기설비	배전반·차단기·배선 등	변형·손상 유무	육 안	[ ]적합 [ ]부적합 [ ]해당없음	
		고정상태의 적부	육 안	[ ]적합 [ ]부적합 [ ]해당없음	
		기능의 적부	육안 및 작동확인	[ ]적합 [ ]부적합 [ ]해당없음	
		배선접합부의 탈락 유무	육 안	[ ]적합 [ ]부적합 [ ]해당없음	
	접 지	단선 유무	육 안	[ ]적합 [ ]부적합 [ ]해당없음	
		부착부분의 탈락 유무	육 안	[ ]적합 [ ]부적합 [ ]해당없음	
		접지저항치의 적부	저항측정	[ ]적합 [ ]부적합 [ ]해당없음	
	제어장치 등	제어계기의 손상 유무	육 안	[ ]적합 [ ]부적합 [ ]해당없음	
		제어반 고정상태의 적부	육 안	[ ]적합 [ ]부적합 [ ]해당없음	
		제어계(온도·압력·유량 등) 기능의 적부	작동확인 및 시험	[ ]적합 [ ]부적합 [ ]해당없음	
		감시설비 기능의 적부	작동확인	[ ]적합 [ ]부적합 [ ]해당없음	
		경보설비 기능의 적부	작동확인	[ ]적합 [ ]부적합 [ ]해당없음	
	피뢰설비	**돌침부의 경사·손상·부착상태 적부**	**육 안**	[ ]적합 [ ]부적합 [ ]해당없음	
		피뢰도선의 단선 및 벽체 등과 접촉 유무	**육 안**	[ ]적합 [ ]부적합 [ ]해당없음	
		접지저항치의 적부	**저항측정**	[ ]적합 [ ]부적합 [ ]해당없음	
	표지·게시판	손상 유무	육 안	[ ]적합 [ ]부적합 [ ]해당없음	
		기재사항의 적부	육 안	[ ]적합 [ ]부적합 [ ]해당없음	
소화설비	소화기	위치·설치수·압력의 적부	육 안	[ ]적합 [ ]부적합 [ ]해당없음	
	그 밖의 소화설비	소화설비 점검표에 의할 것			
경보설비	자동화재탐지설비	자동화재탐지설비 점검표에 의할 것			
	그 밖의 경보설비	손상 유무	육 안	[ ]적합 [ ]부적합 [ ]해당없음	
		기능의 적부	작동확인	[ ]적합 [ ]부적합 [ ]해당없음	
	기타사항				

옥내저장소 일반점검표

점검기간 :
점검자 :　　　　서명(또는 인)
설치자 :　　　　서명(또는 인)

옥내저장소의 형태		[ ]단층 [ ]다층 [ ]복합		설치허가 연월일 및 완공검사번호		
설치자				안전관리자		
사업소명				설치위치		
위험물 현황		품 명		허가량	지정수량의 배수	
위험물 저장·취급 개요						
시설명/호칭번호						

점검항목		점검내용	점검방법	점검결과	비 고
안전거리		보호대상물 신설여부	육안 및 실측	[ ]적합 [ ]부적합 [ ]해당없음	
		방화상 유효한 담의 손상 유무	육 안	[ ]적합 [ ]부적합 [ ]해당없음	
보유공지		허가외 물건 존치 여부	육 안	[ ]적합 [ ]부적합 [ ]해당없음	
건축물	벽·기둥·보·지붕	균열·손상 등 유무	육 안	[ ]적합 [ ]부적합 [ ]해당없음	
	방화문	변형·손상 등 유무 및 폐쇄기능의 적부	육 안	[ ]적합 [ ]부적합 [ ]해당없음	
	바 닥	체유·체수 유무	육 안	[ ]적합 [ ]부적합 [ ]해당없음	
		균열·손상·패임 등 유무	육 안	[ ]적합 [ ]부적합 [ ]해당없음	
	계 단	변형·손상 등 유무 및 고정상황의 적부	육 안	[ ]적합 [ ]부적합 [ ]해당없음	
	다른 용도부분과 구획	균열·손상 등 유무	육 안	[ ]적합 [ ]부적합 [ ]해당없음	
	조명설비	손상의 유무	육 안	[ ]적합 [ ]부적합 [ ]해당없음	
환기설비·배출설비 등		변형·손상 유무 및 고정상태의 적부	육 안	[ ]적합 [ ]부적합 [ ]해당없음	
		인화방지장치의 손상 및 막힘 유무	육 안	[ ]적합 [ ]부적합 [ ]해당없음	
		방화댐퍼의 손상 유무 및 기능의 적부	육안 및 작동확인	[ ]적합 [ ]부적합 [ ]해당없음	
		팬의 작동상황 적부	작동확인	[ ]적합 [ ]부적합 [ ]해당없음	
		가연성증기경보장치의 작동상황 적부	작동확인	[ ]적합 [ ]부적합 [ ]해당없음	
선반 등		변형·손상 등 유무 및 고정상태의 적부	육 안	[ ]적합 [ ]부적합 [ ]해당없음	
		낙하방지장치의 적부	육 안	[ ]적합 [ ]부적합 [ ]해당없음	
집유설비·배수구		균열·손상 등 유무	육 안	[ ]적합 [ ]부적합 [ ]해당없음	
		체유·체수·토사퇴적 등 유무	육 안	[ ]적합 [ ]부적합 [ ]해당없음	
전기설비	배전반·차단기·배선 등	변형·손상 유무	육 안	[ ]적합 [ ]부적합 [ ]해당없음	
		고정상태의 적부	육 안	[ ]적합 [ ]부적합 [ ]해당없음	
		기능의 적부	육안 및 작동확인	[ ]적합 [ ]부적합 [ ]해당없음	
		배선접합부의 탈락 유무	육 안	[ ]적합 [ ]부적합 [ ]해당없음	
	접 지	단선 유무	육 안	[ ]적합 [ ]부적합 [ ]해당없음	
		부착부분의 탈락 유무	육 안	[ ]적합 [ ]부적합 [ ]해당없음	
		접지저항치의 적부	저항측정	[ ]적합 [ ]부적합 [ ]해당없음	
피뢰설비		돌침부의 경사·손상·부착상태 적부	육 안	[ ]적합 [ ]부적합 [ ]해당없음	
		피뢰도선의 단선 및 벽체 등과 접촉 유무	육 안	[ ]적합 [ ]부적합 [ ]해당없음	
		접지저항치의 적부	저항측정	[ ]적합 [ ]부적합 [ ]해당없음	
표지·게시판		손상의 유무	육 안	[ ]적합 [ ]부적합 [ ]해당없음	
		기재사항의 적부	육 안	[ ]적합 [ ]부적합 [ ]해당없음	
소화설비	소화기	위치·설치수·압력의 적부	육 안	[ ]적합 [ ]부적합 [ ]해당없음	
	그 밖의 소화설비	소화설비 점검표에 의할 것			
경보설비	자동화재 탐지설비	자동화재탐지설비 점검표에 의할 것			
	그 밖의 경보설비	손상 유무	육 안	[ ]적합 [ ]부적합 [ ]해당없음	
		기능의 적부	작동확인	[ ]적합 [ ]부적합 [ ]해당없음	
기타사항					

옥외탱크저장소 일반점검표

점검기간 :
점검자 :　　　　　서명(또는 인)
설치자 :　　　　　서명(또는 인)

옥외탱크저장소의 형태	[ ]고정지붕식 [ ]부상지붕식 [ ]지중탱크 [ ]부상덮개부착 고정지붕식 [ ]해상탱크 [ ]기타		설치허가 연월일 및 완공검사번호		
설치자			안전관리자		
사업소명			설치위치		
위험물 현황	품 명		허가량	지정수량의 배수	
위험물 저장·취급 개요					
시설명/호칭번호					

점검항목		점검내용	점검방법	점검결과	비 고
안전거리		보호대상물 신설여부	육안 및 실측	[ ]적합 [ ]부적합 [ ]해당없음	
		방화상 유효한 담의 손상유무	육 안	[ ]적합 [ ]부적합 [ ]해당없음	
보유공지		허가외 물건 존치여부	육 안	[ ]적합 [ ]부적합 [ ]해당없음	
		물분무설비 기능의 적부	작동확인	[ ]적합 [ ]부적합 [ ]해당없음	
탱크의 침하		부등침하의 유무	육 안	[ ]적합 [ ]부적합 [ ]해당없음	
기 초		균열·손상 등의 유무	육 안	[ ]적합 [ ]부적합 [ ]해당없음	
		배수관의 손상 유무 및 막힘 유무	육 안	[ ]적합 [ ]부적합 [ ]해당없음	
저부	바닥판 (애뉼러판 포함)	누설 유무	육 안	[ ]적합 [ ]부적합 [ ]해당없음	
		장출부의 변형·균열 유무	육 안	[ ]적합 [ ]부적합 [ ]해당없음	
		장출부의 토사퇴적·체수 유무	육 안	[ ]적합 [ ]부적합 [ ]해당없음	
		장출부 도장상황의 적부 및 부식 유무	육안 및 두께측정	[ ]적합 [ ]부적합 [ ]해당없음	
		고정상태의 적부	육 안	[ ]적합 [ ]부적합 [ ]해당없음	
	빗물침투 방지설비	변형·균열·박리 등의 유무	육 안	[ ]적합 [ ]부적합 [ ]해당없음	
	배수관 등	누설 유무	육 안	[ ]적합 [ ]부적합 [ ]해당없음	
		부식·변형·균열 유무	육 안	[ ]적합 [ ]부적합 [ ]해당없음	
		피트의 손상·체유·체수·토사퇴적 등의 유무	육 안	[ ]적합 [ ]부적합 [ ]해당없음	
		배수관과 피트의 간격 적부	육 안	[ ]적합 [ ]부적합 [ ]해당없음	
옆판부	옆판	누설 유무	육 안	[ ]적합 [ ]부적합 [ ]해당없음	
		변형·균열 유무	육 안	[ ]적합 [ ]부적합 [ ]해당없음	
		도장상황의 적부 및 부식 유무	육안 및 두께측정	[ ]적합 [ ]부적합 [ ]해당없음	
	노즐·맨홀 등	누설 유무	육 안	[ ]적합 [ ]부적합 [ ]해당없음	
		변형·손상 유무	육 안	[ ]적합 [ ]부적합 [ ]해당없음	
		부착부의 손상 유무	육 안	[ ]적합 [ ]부적합 [ ]해당없음	
		도장상황의 적부 및 부식 유무	육안 및 두께측정	[ ]적합 [ ]부적합 [ ]해당없음	
	접 지	단선 유무	육 안	[ ]적합 [ ]부적합 [ ]해당없음	
		부착부분의 탈락 유무	육 안	[ ]적합 [ ]부적합 [ ]해당없음	
		접지저항치의 적부	저항측정	[ ]적합 [ ]부적합 [ ]해당없음	
	윈드가드 및 계단	변형·손상 유무	육 안	[ ]적합 [ ]부적합 [ ]해당없음	
		도장상황의 적부 및 부식 유무	육 안	[ ]적합 [ ]부적합 [ ]해당없음	
지붕부	지붕판	변형·균열 유무	육 안	[ ]적합 [ ]부적합 [ ]해당없음	
		체수의 유무	육 안	[ ]적합 [ ]부적합 [ ]해당없음	
		도장상황의 적부 및 부식 유무	육안 및 두께측정	[ ]적합 [ ]부적합 [ ]해당없음	
		실(Seal)기구의 적부(탱크 개방 시)	육 안	[ ]적합 [ ]부적합 [ ]해당없음	
		루프드레인의 적부	육 안	[ ]적합 [ ]부적합 [ ]해당없음	
		폰툰·가이드폴의 적부(탱크 개방 시)	육 안	[ ]적합 [ ]부적합 [ ]해당없음	
		그 밖의 부상지붕 관련 설비의 적부	육 안	[ ]적합 [ ]부적합 [ ]해당없음	

지붕부	안전장치	작동의 적부	육안 및 작동확인	[ ]적합 [ ]부적합 [ ]해당없음	
		부식·손상 유무	육 안	[ ]적합 [ ]부적합 [ ]해당없음	
	통기관	인화방지장치의 손상·막힘 유무	육 안	[ ]적합 [ ]부적합 [ ]해당없음	
		화염방지장치 접합부의 고정상태 적부	육 안	[ ]적합 [ ]부적합 [ ]해당없음	
		대기밸브 작동상황의 적부	작동확인	[ ]적합 [ ]부적합 [ ]해당없음	
		통기관 내 장애물의 유무	육 안	[ ]적합 [ ]부적합 [ ]해당없음	
		도장상황의 적부 및 부식 유무	육 안	[ ]적합 [ ]부적합 [ ]해당없음	
	검측구·샘플링구·맨홀	변형·균열·틈새의 유무	육 안	[ ]적합 [ ]부적합 [ ]해당없음	
		도장상항의 적부 및 부식 유무	육 안	[ ]적합 [ ]부적합 [ ]해당없음	
계측장치	액량자동표시장치	손상 유무	육 안	[ ]적합 [ ]부적합 [ ]해당없음	
		작동상황의 적부	육안 및 작동확인	[ ]적합 [ ]부적합 [ ]해당없음	
		부착부의 손상 유무	육 안	[ ]적합 [ ]부적합 [ ]해당없음	
	온도계	손상 유무	육 안	[ ]적합 [ ]부적합 [ ]해당없음	
		작동상황의 적부	육안 및 작동확인	[ ]적합 [ ]부적합 [ ]해당없음	
		부착부의 손상 유무	육 안	[ ]적합 [ ]부적합 [ ]해당없음	
	압력계	손상 유무	육 안	[ ]적합 [ ]부적합 [ ]해당없음	
		작동상황의 적부	육안 및 작동확인	[ ]적합 [ ]부적합 [ ]해당없음	
		부착부의 손상 유무	육 안	[ ]적합 [ ]부적합 [ ]해당없음	
	액면상하한경보설비	손상 유무	육 안	[ ]적합 [ ]부적합 [ ]해당없음	
		작동상황의 적부	육안 및 작동확인	[ ]적합 [ ]부적합 [ ]해당없음	
		부착부의 손상 유무	육 안	[ ]적합 [ ]부적합 [ ]해당없음	
배관·밸브등	배관 (플랜지·밸브 포함)	누설 유무	육 안	[ ]적합 [ ]부적합 [ ]해당없음	
		변형·손상 유무	육 안	[ ]적합 [ ]부적합 [ ]해당없음	
		도장상황의 적부 및 부식 유무	육 안	[ ]적합 [ ]부적합 [ ]해당없음	
		지반면과 이격상태의 적부	육 안	[ ]적합 [ ]부적합 [ ]해당없음	
	배관의 피트	균열·손상 유무	육 안	[ ]적합 [ ]부적합 [ ]해당없음	
		체유·체수·토사퇴적 등의 유무	육 안	[ ]적합 [ ]부적합 [ ]해당없음	
	전기방식 설비	단자함의 손상·토사퇴적 등의 유무	육 안	[ ]적합 [ ]부적합 [ ]해당없음	
		단자의 탈락 유무	육 안	[ ]적합 [ ]부적합 [ ]해당없음	
		방식전류(전위)의 적부	전위측정	[ ]적합 [ ]부적합 [ ]해당없음	
	주입구	폐쇄시의 누설 유무	육 안	[ ]적합 [ ]부적합 [ ]해당없음	
		변형·손상 유무	육 안	[ ]적합 [ ]부적합 [ ]해당없음	
		접지전극의 손상 유무	육 안	[ ]적합 [ ]부적합 [ ]해당없음	
		접지저항치의 적부	저항측정	[ ]적합 [ ]부적합 [ ]해당없음	
	배기밸브	누설 유무	육 안	[ ]적합 [ ]부적합 [ ]해당없음	
		도장상황의 적부 및 부식 유무	육 안	[ ]적합 [ ]부적합 [ ]해당없음	
		기능의 적부	작동확인	[ ]적합 [ ]부적합 [ ]해당없음	
펌프설비등	전동기	손상 유무	육 안	[ ]적합 [ ]부적합 [ ]해당없음	
		고정상태의 적부	육 안	[ ]적합 [ ]부적합 [ ]해당없음	
		회전부 등의 급유상태 적부	육 안	[ ]적합 [ ]부적합 [ ]해당없음	
		이상진동·소음·발열 등의 유무	육안 및 작동확인	[ ]적합 [ ]부적합 [ ]해당없음	
	펌프	누설 유무	육 안	[ ]적합 [ ]부적합 [ ]해당없음	
		변형·손상 유무	육 안	[ ]적합 [ ]부적합 [ ]해당없음	
		도장상황의 적부 및 부식 유무	육 안	[ ]적합 [ ]부적합 [ ]해당없음	
		고정상태의 적부	육 안	[ ]적합 [ ]부적합 [ ]해당없음	
		회전부 등의 급유상태 적부	육 안	[ ]적합 [ ]부적합 [ ]해당없음	
		유량 및 유압의 적부	육 안	[ ]적합 [ ]부적합 [ ]해당없음	
		이상진동·소음·발열 등의 유무	육안 및 작동확인	[ ]적합 [ ]부적합 [ ]해당없음	
		기초의 균열·손상 유무	육 안	[ ]적합 [ ]부적합 [ ]해당없음	

펌프설비등	접지	단선 유무	육안	[ ]적합 [ ]부적합 [ ]해당없음	
		부착부분의 탈락 유무	육안	[ ]적합 [ ]부적합 [ ]해당없음	
		접지저항치의 적부	저항측정	[ ]적합 [ ]부적합 [ ]해당없음	
	주위·바닥·집유설비·유분리장치	균열·손상 등 유무	육안	[ ]적합 [ ]부적합 [ ]해당없음	
		체유·체수·토사퇴적 등의 유무	육안	[ ]적합 [ ]부적합 [ ]해당없음	
	펌프실	지붕·벽·바닥·방화문 등의 균열·손상 유무	육안	[ ]적합 [ ]부적합 [ ]해당없음	
		환기·배출설비 등의 손상 유무 및 기능의 적부	육안 및 작동확인	[ ]적합 [ ]부적합 [ ]해당없음	
		조명설비의 손상 유무	육안	[ ]적합 [ ]부적합 [ ]해당없음	
방유제등	방유제	변형·균열·손상 유무	육안	[ ]적합 [ ]부적합 [ ]해당없음	
	배수관	배수관의 손상 유무	육안	[ ]적합 [ ]부적합 [ ]해당없음	
		배수관 개폐상황의 적부	육안	[ ]적합 [ ]부적합 [ ]해당없음	
	배수구	배수구의 균열·손상 유무	육안	[ ]적합 [ ]부적합 [ ]해당없음	
		배수구내의 체유·체수·토사퇴적 등의 유무	육안	[ ]적합 [ ]부적합 [ ]해당없음	
	집유설비	체유·체수·토사퇴적 등의 유무	육안	[ ]적합 [ ]부적합 [ ]해당없음	
	계단	변형·손상 유무	육안	[ ]적합 [ ]부적합 [ ]해당없음	
전기설비	배전반·차단기·배선 등	변형·손상 유무	육안	[ ]적합 [ ]부적합 [ ]해당없음	
		고정상태의 적부	육안	[ ]적합 [ ]부적합 [ ]해당없음	
		기능의 적부	육안 및 작동확인	[ ]적합 [ ]부적합 [ ]해당없음	
		배선접합부의 탈락 유무	육안	[ ]적합 [ ]부적합 [ ]해당없음	
	접지	단선 유무	육안	[ ]적합 [ ]부적합 [ ]해당없음	
		부착부분의 탈락 유무	육안	[ ]적합 [ ]부적합 [ ]해당없음	
		접지저항치의 적부	저항측정	[ ]적합 [ ]부적합 [ ]해당없음	
	피뢰설비	돌침부의 경사·손상·부착상태 적부	육안	[ ]적합 [ ]부적합 [ ]해당없음	
		피뢰도선의 단선 및 벽체 등과 접촉 유무	육안	[ ]적합 [ ]부적합 [ ]해당없음	
		접지저항치의 적부	저항측정	[ ]적합 [ ]부적합 [ ]해당없음	
	표지·게시판	손상 유무	육안	[ ]적합 [ ]부적합 [ ]해당없음	
		기재사항의 적부	육안	[ ]적합 [ ]부적합 [ ]해당없음	
소화설비	소화기	위치·설치수·압력의 적부	육안	[ ]적합 [ ]부적합 [ ]해당없음	
	그 밖의 소화설비	소화설비 점검표에 의할 것			
경보설비	자동화재탐지설비	자동화재탐지설비 점검표에 의할 것			
	그 밖의 경보설비	손상 유무	육안	[ ]적합 [ ]부적합 [ ]해당없음	
		기능의 적부	작동확인	[ ]적합 [ ]부적합 [ ]해당없음	
기타사항	보온재	손상·탈락 유무	육안	[ ]적합 [ ]부적합 [ ]해당없음	
		피복재 도장상황의 적부 및 부식의 유무	육안	[ ]적합 [ ]부적합 [ ]해당없음	
	탱크기둥	변형·손상의 유무(탱크 개방 시)	육안	[ ]적합 [ ]부적합 [ ]해당없음	
		고정상태의 적부(탱크 개방 시)	육안	[ ]적합 [ ]부적합 [ ]해당없음	
	가열장치	고정상태의 적부	육안	[ ]적합 [ ]부적합 [ ]해당없음	
	전기방식설비	단자함의 손상·토사퇴적 등의 유무	육안	[ ]적합 [ ]부적합 [ ]해당없음	
		단자의 탈락 유무	육안	[ ]적합 [ ]부적합 [ ]해당없음	
		방식전류(전위)의 적부	전위측정	[ ]적합 [ ]부적합 [ ]해당없음	
	기타				

지하탱크저장소 일반점검표

점검기간 :	
점검자 :	서명(또는 인)
설치자 :	서명(또는 인)

지하탱크저장소의 형태	이중벽(여 · 부) 전용실설치여부(여 · 부)		설치허가 연월일 및 완공검사번호			
설치자			안전관리자			
사업소명			설치위치			
위험물 현황	품 명		허가량		지정수량의 배수	
위험물 저장 · 취급 개요						
시설명/호칭번호						

점검항목		점검내용	점검방법	점검결과	비 고
탱크본체		누설 유무	육 안	[ ]적합 [ ]부적합 [ ]해당없음	
상 부		뚜껑의 균열 · 변형 · 손상 · 부등침하 유무	육안 및 실측	[ ]적합 [ ]부적합 [ ]해당없음	
		허가외 구조물 설치여부	육 안	[ ]적합 [ ]부적합 [ ]해당없음	
맨 홀		변형 · 손상 · 토사퇴적 등의 유무	육 안	[ ]적합 [ ]부적합 [ ]해당없음	
통기관		인화방지장치의 손상 · 막힘 유무	육 안	[ ]적합 [ ]부적합 [ ]해당없음	
		화염방지장치 접합부의 고정상태 적부	육 안	[ ]적합 [ ]부적합 [ ]해당없음	
		밸브 작동상황의 적부	작동확인	[ ]적합 [ ]부적합 [ ]해당없음	
		통기관 내 장애물의 유무	육 안	[ ]적합 [ ]부적합 [ ]해당없음	
		도장상황의 적부 및 부식 유무	육 안	[ ]적합 [ ]부적합 [ ]해당없음	
안전장치		작동의 적부	육안 및 작동확인	[ ]적합 [ ]부적합 [ ]해당없음	
		부식 · 손상 유무	육 안	[ ]적합 [ ]부적합 [ ]해당없음	
가연성증기 회수장치		손상의 유무	육 안	[ ]적합 [ ]부적합 [ ]해당없음	
		작동상황의 적부	육 안	[ ]적합 [ ]부적합 [ ]해당없음	
계측장치	액량자동표시장치	손상 유무	육 안	[ ]적합 [ ]부적합 [ ]해당없음	
		작동상황의 적부	육안 및 작동확인	[ ]적합 [ ]부적합 [ ]해당없음	
		부착부의 손상 유무	육 안	[ ]적합 [ ]부적합 [ ]해당없음	
	온도계	손상 유무	육 안	[ ]적합 [ ]부적합 [ ]해당없음	
		작동상황의 적부	육안 및 작동확인	[ ]적합 [ ]부적합 [ ]해당없음	
		부착부의 손상 유무	육 안	[ ]적합 [ ]부적합 [ ]해당없음	
	계량구	덮개 폐쇄상황의 적부	육 안	[ ]적합 [ ]부적합 [ ]해당없음	
		변형 · 손상 유무	육 안	[ ]적합 [ ]부적합 [ ]해당없음	
누설검사관		변형 · 손상 · 토사퇴적 등의 유무	육 안	[ ]적합 [ ]부적합 [ ]해당없음	
누설감지설비 (이중벽탱크)		손상 유무	육 안	[ ]적합 [ ]부적합 [ ]해당없음	
		경보장치 기능의 적부	작동확인	[ ]적합 [ ]부적합 [ ]해당없음	
주입구		폐쇄시의 누설 유무	육 안	[ ]적합 [ ]부적합 [ ]해당없음	
		변형 · 손상 유무	육 안	[ ]적합 [ ]부적합 [ ]해당없음	
		접지전극의 손상 유무	육 안	[ ]적합 [ ]부적합 [ ]해당없음	
		접지저항치의 적부	저항측정	[ ]적합 [ ]부적합 [ ]해당없음	
주입구의 피트		균열 · 손상 유무	육 안	[ ]적합 [ ]부적합 [ ]해당없음	
		체유 · 체수 · 토사퇴적 등의 유무	육 안	[ ]적합 [ ]부적합 [ ]해당없음	

배관·밸브 등	배관 (플랜지·밸브 포함)	누설 유무	육 안	[ ]적합 [ ]부적합 [ ]해당없음	
		변형·손상의 유무	육 안	[ ]적합 [ ]부적합 [ ]해당없음	
		도장상황의 적부 및 부식 유무	육 안	[ ]적합 [ ]부적합 [ ]해당없음	
		지반면과 이격상태의 적부	육 안	[ ]적합 [ ]부적합 [ ]해당없음	
	배관의 피트	균열·손상 유무	육 안	[ ]적합 [ ]부적합 [ ]해당없음	
		체유·체수·토사퇴적 등의 유무	육 안	[ ]적합 [ ]부적합 [ ]해당없음	
	전기방식 설비	단자함의 손상·토사퇴적 등의 유무	육 안	[ ]적합 [ ]부적합 [ ]해당없음	
		단자의 탈락 유무	육 안	[ ]적합 [ ]부적합 [ ]해당없음	
		방식전류(전위)의 적부	전위측정	[ ]적합 [ ]부적합 [ ]해당없음	
	점검함	균열·손상·체유·체수·토사퇴적 등의 유무	육 안	[ ]적합 [ ]부적합 [ ]해당없음	
	밸 브	누설·손상 유무	육 안	[ ]적합 [ ]부적합 [ ]해당없음	
		폐쇄기능의 적부	작동확인	[ ]적합 [ ]부적합 [ ]해당없음	
펌프설비 등	전동기	손상 유무	육 안	[ ]적합 [ ]부적합 [ ]해당없음	
		고정상태의 적부	육 안	[ ]적합 [ ]부적합 [ ]해당없음	
		회전부 등의 급유상태의 적부	육 안	[ ]적합 [ ]부적합 [ ]해당없음	
		이상진동·소음·발열 등의 유무	육안 및 작동확인	[ ]적합 [ ]부적합 [ ]해당없음	
	펌프	**누설 유무**	**육 안**	[ ]적합 [ ]부적합 [ ]해당없음	
		변형·손상 유무	**육 안**	[ ]적합 [ ]부적합 [ ]해당없음	
		도장상태의 적부 및 부식 유무	**육 안**	[ ]적합 [ ]부적합 [ ]해당없음	
		고정상태의 적부	**육 안**	[ ]적합 [ ]부적합 [ ]해당없음	
		회전부 등의 급유상태의 적부	**육 안**	[ ]적합 [ ]부적합 [ ]해당없음	
		유량 및 유압의 적부	**육 안**	[ ]적합 [ ]부적합 [ ]해당없음	
		이상진동·소음·발열 등의 유무	**육안 및 작동확인**	[ ]적합 [ ]부적합 [ ]해당없음	
		기초의 균열·손상 유무	**육 안**	[ ]적합 [ ]부적합 [ ]해당없음	
	접 지	단선 유무	육 안	[ ]적합 [ ]부적합 [ ]해당없음	
		부착부분의 탈락 유무	육 안	[ ]적합 [ ]부적합 [ ]해당없음	
		접지저항치의 적부	저항측정	[ ]적합 [ ]부적합 [ ]해당없음	
	주위·바닥·집유설비·유분리장치	균열·손상 등의 유무	육 안	[ ]적합 [ ]부적합 [ ]해당없음	
		체유·체수·토사퇴적 등의 유무	육 안	[ ]적합 [ ]부적합 [ ]해당없음	
	펌프실	지붕·벽·바닥·방화문 등의 균열·손상 유무	육 안	[ ]적합 [ ]부적합 [ ]해당없음	
		환기·배출설비 등의 손상 유무 및 기능의 적부	육안 및 작동확인	[ ]적합 [ ]부적합 [ ]해당없음	
		조명설비의 손상 유무	육 안	[ ]적합 [ ]부적합 [ ]해당없음	
전기설비	배전반·차단기·배선 등	변형·손상 유무	육 안	[ ]적합 [ ]부적합 [ ]해당없음	
		고정상태의 적부	육 안	[ ]적합 [ ]부적합 [ ]해당없음	
		기능의 적부	육안 및 작동확인	[ ]적합 [ ]부적합 [ ]해당없음	
		배선접합부의 탈락 유무	육 안	[ ]적합 [ ]부적합 [ ]해당없음	
	접 지	**단선 유무**	**육 안**	[ ]적합 [ ]부적합 [ ]해당없음	
		부착부분의 탈락 유무	**육 안**	[ ]적합 [ ]부적합 [ ]해당없음	
		접지저항치의 적부	**저항측정**	[ ]적합 [ ]부적합 [ ]해당없음	
표지·게시판		손상 유무	육 안	[ ]적합 [ ]부적합 [ ]해당없음	
		기재사항의 적부	육 안	[ ]적합 [ ]부적합 [ ]해당없음	
소화기		위치·설치수·압력의 적부	육 안	[ ]적합 [ ]부적합 [ ]해당없음	
경보설비		손상 유무	육 안	[ ]적합 [ ]부적합 [ ]해당없음	
		기능의 적부	작동확인	[ ]적합 [ ]부적합 [ ]해당없음	
기타사항					

이동탱크저장소 일반점검표			점검기간 : 점검자 :　　　　　　서명(또는 인) 설치자 :　　　　　　서명(또는 인)		
이동탱크저장소의 형태	컨테이너식(여·부) 견인식(여·부)		설치허가 연월일 및 완공검사번호		
설치자			위험물운송자		
사업소명			상치장소		
위험물 현황	품 명		허가량		지정수량의 배수
위험물 저장·취급 개요					
시설명/호칭번호					
점검항목	점검내용	점검방법	점검결과		비 고
상치장소	이격거리의 적부(옥외)	육 안	[ ]적합 [ ]부적합 [ ]해당없음		
	벽·기둥·지붕 등의 균열·손상 유무(옥내)	육 안	[ ]적합 [ ]부적합 [ ]해당없음		
탱크본체	누설 유무	육 안	[ ]적합 [ ]부적합 [ ]해당없음		
탱크프레임	균열·변형 유무	육 안	[ ]적합 [ ]부적합 [ ]해당없음		
탱크의 고정	고정상태의 적부	육 안	[ ]적합 [ ]부적합 [ ]해당없음		
	고정금속구의 균열·손상 유무	육 안	[ ]적합 [ ]부적합 [ ]해당없음		
안전장치	작동상황의 적부	육안 및 조작시험	[ ]적합 [ ]부적합 [ ]해당없음		
	본체의 손상 유무	육 안	[ ]적합 [ ]부적합 [ ]해당없음		
	인화방지장치의 손상 및 막힘 유무	육 안	[ ]적합 [ ]부적합 [ ]해당없음		
맨 홀	뚜껑의 이탈 유무	육 안	[ ]적합 [ ]부적합 [ ]해당없음		
주입구	뚜껑의 개폐상황의 적부	육 안	[ ]적합 [ ]부적합 [ ]해당없음		
	패킹의 마모상태	육 안	[ ]적합 [ ]부적합 [ ]해당없음		
가연성증기 회수설비	회수구의 변형·손상의 유무	육 안	[ ]적합 [ ]부적합 [ ]해당없음		
	호스결합장치의 균열·손상의 유무	육 안	[ ]적합 [ ]부적합 [ ]해당없음		
	완충이음 등의 균열·변형·손상의 유무	육 안	[ ]적합 [ ]부적합 [ ]해당없음		
정전기제거설비	변형·손상 유무	육 안	[ ]적합 [ ]부적합 [ ]해당없음		
	부착부의 이탈 유무	육 안	[ ]적합 [ ]부적합 [ ]해당없음		
방호틀·측면틀	균열·변형·손상 유무	육 안	[ ]적합 [ ]부적합 [ ]해당없음		
	부식 유무	육 안	[ ]적합 [ ]부적합 [ ]해당없음		
배출밸브·자동폐쇄장치· 토출밸브·드레인밸브·바 이패스밸브·전환밸브 등	작동상황의 적부	육안 및 작동확인	[ ]적합 [ ]부적합 [ ]해당없음		
	폐쇄장치의 작동상황의 적부	육안 및 작동확인	[ ]적합 [ ]부적합 [ ]해당없음		
	균열·손상 유무	육 안	[ ]적합 [ ]부적합 [ ]해당없음		
	누설 유무	육 안	[ ]적합 [ ]부적합 [ ]해당없음		
배 관	누설 유무	육 안	[ ]적합 [ ]부적합 [ ]해당없음		
	고정금속결합구의 고정상태의 적부	육 안	[ ]적합 [ ]부적합 [ ]해당없음		
전기설비	변형·손상 유무	육 안	[ ]적합 [ ]부적합 [ ]해당없음		
	배선접속부의 탈락 유무	육 안	[ ]적합 [ ]부적합 [ ]해당없음		
접지도선	접지도선과 선단크립의 도통상태의 적부	확인시험	[ ]적합 [ ]부적합 [ ]해당없음		
	회전부의 회전상태의 적부	확인시험	[ ]적합 [ ]부적합 [ ]해당없음		
	접지도선의 접속상태의 적부	확인시험	[ ]적합 [ ]부적합 [ ]해당없음		
주입호스·금속결합구	균열·변형·손상 유무	육 안	[ ]적합 [ ]부적합 [ ]해당없음		
펌프설비	누설 유무	육 안	[ ]적합 [ ]부적합 [ ]해당없음		
표시·표지	손상 유무 및 내용의 적부	육 안	[ ]적합 [ ]부적합 [ ]해당없음		
소화기	설치수·압력의 적부	육 안	[ ]적합 [ ]부적합 [ ]해당없음		
보냉온재	부식 유무	육 안	[ ]적합 [ ]부적합 [ ]해당없음		
컨테이너식 상자틀	균열·변형·손상 유무	육 안	[ ]적합 [ ]부적합 [ ]해당없음		
컨테이너식 금속결합구·모서리 볼트·U볼트	균열·변형·손상 유무	육 안	[ ]적합 [ ]부적합 [ ]해당없음		
컨테이너식 탱크검사(시험) 합격확인증	손상 유무	육 안	[ ]적합 [ ]부적합 [ ]해당없음		
컨테이너식 기타사항					

옥외저장소 일반점검표

점검기간 :
점검자 :　　　　　　　서명(또는 인)
설치자 :　　　　　　　서명(또는 인)

옥외저장소의 면적			설치허가 연월일 및 완공검사번호			
설치자			안전관리자			
사업소명			설치위치			
위험물 현황	품 명		허가량		지정수량의 배수	
위험물 저장·취급 개요						
시설명/호칭번호						

점검항목		점검내용	점검방법	점검결과	비 고
안전거리		보호대상물 신설 여부	육안 및 실측	[ ]적합 [ ]부적합 [ ]해당없음	
		방화상 유효한 담의 손상 유무	육 안	[ ]적합 [ ]부적합 [ ]해당없음	
보유공지		허가외 물건 존치 여부	육 안	[ ]적합 [ ]부적합 [ ]해당없음	
경계표시		변형·손상 유무	육 안	[ ]적합 [ ]부적합 [ ]해당없음	
지반면 등	지반면	패임의 유무 및 배수의 적부	육 안	[ ]적합 [ ]부적합 [ ]해당없음	
	배수구	균열·손상 유무	육 안	[ ]적합 [ ]부적합 [ ]해당없음	
		체유·체수·토사퇴적 등의 유무	육 안	[ ]적합 [ ]부적합 [ ]해당없음	
	유분리장치	균열·손상 유무	육 안	[ ]적합 [ ]부적합 [ ]해당없음	
		체유·체수·토사퇴적 등의 유무	육 안	[ ]적합 [ ]부적합 [ ]해당없음	
선 반		**변형·손상 유무**	**육 안**	[ ]적합 [ ]부적합 [ ]해당없음	
		고정상태의 적부	**육 안**	[ ]적합 [ ]부적합 [ ]해당없음	
		낙하방지조치의 적부	**육 안**	[ ]적합 [ ]부적합 [ ]해당없음	
표지·게시판		손상 유무 및 내용의 적부	육 안	[ ]적합 [ ]부적합 [ ]해당없음	
소화설비	소화기	위치·설치수·압력의 적부	육 안	[ ]적합 [ ]부적합 [ ]해당없음	
	그 밖의 소화설비	소화설비 점검표에 의할 것			
경보설비		손상 유무	육 안	[ ]적합 [ ]부적합 [ ]해당없음	
		작동의 적부	육안 및 작동확인	[ ]적합 [ ]부적합 [ ]해당없음	
살수설비		작동의 적부	육안 및 작동확인	[ ]적합 [ ]부적합 [ ]해당없음	
기타사항					

암반탱크저장소 일반점검표			점검기간 :		
			점검자 : 서명(또는 인)		
			설치자 : 서명(또는 인)		

암반탱크의 용적			설치허가 연월일 및 완공검사번호		
설치자			안전관리자		
사업소명			설치위치		
위험물 현황	품 명		허가량	지정수량의 배수	
위험물 저장·취급 개요					
시설명/호칭번호					

점검항목		점검내용	점검방법	점검결과	비 고
탱크본체	암반투수도	투수계수의 적부	투수계수측정	[ ]적합 [ ]부적합 [ ]해당없음	
	탱크내부증기압	증기압의 적부	압력측정	[ ]적합 [ ]부적합 [ ]해당없음	
	탱크내벽	균열·손상 유무	육 안	[ ]적합 [ ]부적합 [ ]해당없음	
		보강재의 이탈·손상의 유무	육 안	[ ]적합 [ ]부적합 [ ]해당없음	
수리상태	유입지하수량	지하수 충전량과 비교치의 이상 유무	수량측정	[ ]적합 [ ]부적합 [ ]해당없음	
	수벽공	균열·변형·손상 유무	육 안	[ ]적합 [ ]부적합 [ ]해당없음	
	지하수압	수압의 적부	수압측정	[ ]적합 [ ]부적합 [ ]해당없음	
표지·게시판		손상 유무 및 내용의 적부	육 안	[ ]적합 [ ]부적합 [ ]해당없음	
압력계		작동의 적부	육안 및 작동확인	[ ]적합 [ ]부적합 [ ]해당없음	
		부식·손상 유무	육 안	[ ]적합 [ ]부적합 [ ]해당없음	
안전장치		작동상황의 적부	육안 및 조작시험	[ ]적합 [ ]부적합 [ ]해당없음	
		본체의 손상 유무	육 안	[ ]적합 [ ]부적합 [ ]해당없음	
		인화방지장치의 손상 및 막힘 유무	육 안	[ ]적합 [ ]부적합 [ ]해당없음	
정전기제거설비		변형·손상 유무	육 안	[ ]적합 [ ]부적합 [ ]해당없음	
		부착부의 이탈 유무	육 안	[ ]적합 [ ]부적합 [ ]해당없음	
배관·밸브등	배관 (플랜지·밸브 포함)	누설 유무	육 안	[ ]적합 [ ]부적합 [ ]해당없음	
		변형·손상 유무	육 안	[ ]적합 [ ]부적합 [ ]해당없음	
		도장상황의 적부 및 부식의 유무	육 안	[ ]적합 [ ]부적합 [ ]해당없음	
		지반면과 이격상태의 적부	육 안	[ ]적합 [ ]부적합 [ ]해당없음	
	배관의 피트	균열·손상 유무	육 안	[ ]적합 [ ]부적합 [ ]해당없음	
		체유·체수·토사퇴적 등의 유무	육 안	[ ]적합 [ ]부적합 [ ]해당없음	
	전기방식 설비	단자함의 손상·토사퇴적 등의 유무	육 안	[ ]적합 [ ]부적합 [ ]해당없음	
		단자의 탈락 유무	육 안	[ ]적합 [ ]부적합 [ ]해당없음	
		방식전류(전위)의 적부	전위측정	[ ]적합 [ ]부적합 [ ]해당없음	
주입구		폐쇄시의 누설 유무	육 안	[ ]적합 [ ]부적합 [ ]해당없음	
		변형·손상 유무	육 안	[ ]적합 [ ]부적합 [ ]해당없음	
		접지전극의 손상 유무	육 안	[ ]적합 [ ]부적합 [ ]해당없음	
		접지저항치의 적부	저항측정	[ ]적합 [ ]부적합 [ ]해당없음	
소화설비	소화기	위치·설치수·압력의 적부	육 안	[ ]적합 [ ]부적합 [ ]해당없음	
	그 밖의 소화설비	소화설비 점검표에 의할 것			
경보설비	자동화재탐지설비	자동화재탐지설비 점검표에 의할 것			
	그 밖의 경보설비	손상 유무	육 안	[ ]적합 [ ]부적합 [ ]해당없음	
		기능의 적부	작동확인	[ ]적합 [ ]부적합 [ ]해당없음	
기타사항					

[별지 제16호 서식]

주유취급소 일반점검표

점검기간 :
점검자 :　　　　　　서명(또는 인)
설치자 :　　　　　　서명(또는 인)

주유취급소의 형태	[ ]옥내　　[ ]옥외 고객이 직접주유하는 형태(여·부)	설치허가 연월일 및 완공검사번호	
설치자		안전관리자	
사업소명		설치위치	

위험물 현황	품 명		허가량		지정수량의 배수	

위험물 저장·취급 개요	
시설명/호칭번호	

점검항목		점검내용	점검방법	점검결과	비 고
공지등	주유·급유공지	장애물의 유무	육 안	[ ]적합 [ ]부적합 [ ]해당없음	
	지반면	주위지반과 고저차의 적부	육 안	[ ]적합 [ ]부적합 [ ]해당없음	
		균열·손상 유무	육 안	[ ]적합 [ ]부적합 [ ]해당없음	
	배수구·유분리장치	균열·손상 유무	육 안	[ ]적합 [ ]부적합 [ ]해당없음	
		체유·체수·토사퇴적 등의 유무	육 안	[ ]적합 [ ]부적합 [ ]해당없음	
	방화담	균열·손상·경사 등의 유무	육 안	[ ]적합 [ ]부적합 [ ]해당없음	
건축물	벽·기둥·바닥· 보·지붕	균열·손상 유무	육 안	[ ]적합 [ ]부적합 [ ]해당없음	
	방화문	변형·손상 유무 및 폐쇄기능의 적부	육 안	[ ]적합 [ ]부적합 [ ]해당없음	
	간판 등	고정의 적부 및 경사의 유무	육 안	[ ]적합 [ ]부적합 [ ]해당없음	
	다른 용도와의 구획	균열·손상 유무	육 안	[ ]적합 [ ]부적합 [ ]해당없음	
	구멍·구덩이	구멍·구덩이의 유무	육 안	[ ]적합 [ ]부적합 [ ]해당없음	
	감시대등	감시대	위치의 적부	육 안	[ ]적합 [ ]부적합 [ ]해당없음	
		감시설비	기능의 적부	육안 및 작동확인	[ ]적합 [ ]부적합 [ ]해당없음	
		제어장치	기능의 적부	육안 및 작동확인	[ ]적합 [ ]부적합 [ ]해당없음	
		방송기기 등	기능의 적부	육안 및 작동확인	[ ]적합 [ ]부적합 [ ]해당없음	
전용탱크·폐유탱크·간이탱크	상 부	허가 외 구조물 설치여부	육 안	[ ]적합 [ ]부적합 [ ]해당없음	
	맨 홀	변형·손상·토사퇴적 등의 유무	육 안	[ ]적합 [ ]부적합 [ ]해당없음	
	과잉주입방지장치	작동상황의 적부	육안 및 작동확인	[ ]적합 [ ]부적합 [ ]해당없음	
	가연성증기회수밸브	작동상황의 적부	육 안	[ ]적합 [ ]부적합 [ ]해당없음	
	액량자동표시장치	작동상황의 적부	육안 및 작동확인	[ ]적합 [ ]부적합 [ ]해당없음	
	온도계·계량구	작동상황의 적부 및 변형·손상 유무	육안 및 작동확인	[ ]적합 [ ]부적합 [ ]해당없음	
	탱크본체	누설 유무	육 안	[ ]적합 [ ]부적합 [ ]해당없음	
	누설검사관	변형·손상·토사퇴적 등의 유무	육 안	[ ]적합 [ ]부적합 [ ]해당없음	
	누설감지설비 (이중벽탱크)	경보장치 기능의 적부	작동확인	[ ]적합 [ ]부적합 [ ]해당없음	
	주입구	접지전극의 손상 유무	육 안	[ ]적합 [ ]부적합 [ ]해당없음	
	주입구의 피트	체유·체수·토사퇴적 등의 유무	육 안	[ ]적합 [ ]부적합 [ ]해당없음	
	통기관	인화방지장치의 손상·막힘 유무	육 안	[ ]적합 [ ]부적합 [ ]해당없음	
		화염방지장치 접합부의 고정상태 적부	육 안	[ ]적합 [ ]부적합 [ ]해당없음	
		밸브의 작동상황 적부	작동확인	[ ]적합 [ ]부적합 [ ]해당없음	
		도장상황의 적부 및 부식 유무	육 안	[ ]적합 [ ]부적합 [ ]해당없음	
배관·밸브등	배관 (플랜지·밸브 포함)	도장상황의 적부·부식 및 누설 유무	육 안	[ ]적합 [ ]부적합 [ ]해당없음	
	배관의 피트	체유·체수·토사퇴적 등의 유무	육 안	[ ]적합 [ ]부적합 [ ]해당없음	
	전기방식 설비	단자의 탈락 유무	육 안	[ ]적합 [ ]부적합 [ ]해당없음	
	점검함	균열·손상·체유·체수·토사퇴적 등의 유무	육 안	[ ]적합 [ ]부적합 [ ]해당없음	
	밸 브	폐쇄기능의 적부	작동확인	[ ]적합 [ ]부적합 [ ]해당없음	

고정		접합부	누설·변형·손상 유무	육 안	[ ]적합 [ ]부적합 [ ]해당없음
		고정볼트	부식·풀림 유무	육 안	[ ]적합 [ ]부적합 [ ]해당없음
		노즐·호스	누설의 유무	육 안	[ ]적합 [ ]부적합 [ ]해당없음
			균열·손상·결합부의 풀림 유무	육 안	[ ]적합 [ ]부적합 [ ]해당없음
			유종표시의 손상 유무	육 안	[ ]적합 [ ]부적합 [ ]해당없음
		펌 프	누설의 유무	육 안	[ ]적합 [ ]부적합 [ ]해당없음
			변형·손상 유무	육 안	[ ]적합 [ ]부적합 [ ]해당없음
			이상진동·소음·발열 등의 유무	육안 및 작동확인	[ ]적합 [ ]부적합 [ ]해당없음
주유설비·급유설비		유량계	누설·파손 유무	육 안	[ ]적합 [ ]부적합 [ ]해당없음
		표시장치	변형·손상 유무	육 안	[ ]적합 [ ]부적합 [ ]해당없음
		충돌방지장치	변형·손상 유무	육 안	[ ]적합 [ ]부적합 [ ]해당없음
		정전기제거설비	손상 유무	육 안	[ ]적합 [ ]부적합 [ ]해당없음
			접지저항치의 적부	저항측정	[ ]적합 [ ]부적합 [ ]해당없음
	현수식	호스릴	누설·변형·손상 유무	육 안	[ ]적합 [ ]부적합 [ ]해당없음
			호스상승기능·작동상황의 적부	작동확인	[ ]적합 [ ]부적합 [ ]해당없음
		긴급이송정지장치	기능의 적부	작동확인	[ ]적합 [ ]부적합 [ ]해당없음
	셀프용	기동안전대책노즐	기능의 적부	작동확인	[ ]적합 [ ]부적합 [ ]해당없음
		탈락시정지 장치	기능의 적부	작동확인	[ ]적합 [ ]부적합 [ ]해당없음
		가연성증기 회수장치	기능의 적부	작동확인	[ ]적합 [ ]부적합 [ ]해당없음
		만량(滿量)정지장치	기능의 적부	작동확인	[ ]적합 [ ]부적합 [ ]해당없음
		긴급이탈커플러	변형·손상 유무	육 안	[ ]적합 [ ]부적합 [ ]해당없음
		오(誤)주유정지장치	기능의 적부	작동확인	[ ]적합 [ ]부적합 [ ]해당없음
		정량정시간제어	기능의 적부	작동확인	[ ]적합 [ ]부적합 [ ]해당없음
		노 즐	개방상태고정이 불가한 수동폐쇄장치의 적부	작동확인	[ ]적합 [ ]부적합 [ ]해당없음
		누설확산방지장치	변형·손상 유무	육 안	[ ]적합 [ ]부적합 [ ]해당없음
		"고객용"표시판	변형·손상 유무	육 안	[ ]적합 [ ]부적합 [ ]해당없음
		자동차정지위치·용기 위치표시	변형·손상 유무	육 안	[ ]적합 [ ]부적합 [ ]해당없음
		사용방법· 위험물의 품명표시	변형·손상 유무	육 안	[ ]적합 [ ]부적합 [ ]해당없음
		"비고객용"표시판	변형·손상 유무	육 안	[ ]적합 [ ]부적합 [ ]해당없음
펌프실·유고·정비실 등		벽·기둥·보·지붕	손상 유무	육 안	[ ]적합 [ ]부적합 [ ]해당없음
		방화문	변형·손상의 유무 및 폐쇄기능의 적부	육 안	[ ]적합 [ ]부적합 [ ]해당없음
		펌 프	누설 유무	육 안	[ ]적합 [ ]부적합 [ ]해당없음
			변형·손상 유무	육 안	[ ]적합 [ ]부적합 [ ]해당없음
			이상진동·소음·발열 등의 유무	육안 및 작동확인	[ ]적합 [ ]부적합 [ ]해당없음
		바닥·점검피트 집유설비	균열·손상·체유·체수·토사퇴적 등의 유무	육 안	[ ]적합 [ ]부적합 [ ]해당없음
		환기·배출설비	변형·손상 유무	육 안	[ ]적합 [ ]부적합 [ ]해당없음
		조명설비	손상 유무	육 안	[ ]적합 [ ]부적합 [ ]해당없음
		누설국한설비·수용설비	체유·체수·토사퇴적 등의 유무	육 안	[ ]적합 [ ]부적합 [ ]해당없음
전기설비			배선·기기의 손상의 유무	육 안	[ ]적합 [ ]부적합 [ ]해당없음
			기능의 적부	작동확인	[ ]적합 [ ]부적합 [ ]해당없음
가연성증기검지 경보설비			손상 유무	육 안	[ ]적합 [ ]부적합 [ ]해당없음
			기능의 적부	작동확인	[ ]적합 [ ]부적합 [ ]해당없음

부대설비	(증기)세차기	배기통·연통의 탈락·변형·손상 유무	육 안	[ ]적합 [ ]부적합 [ ]해당없음	
		주위의 변형·손상 유무	육 안	[ ]적합 [ ]부적합 [ ]해당없음	
	그 밖의 설비	위치의 적부	육 안	[ ]적합 [ ]부적합 [ ]해당없음	
	표지·게시판	손상 유무	육 안	[ ]적합 [ ]부적합 [ ]해당없음	
		기재사항의 적부	육 안	[ ]적합 [ ]부적합 [ ]해당없음	
소화설비	소화기	위치·설치수·압력의 적부	육 안	[ ]적합 [ ]부적합 [ ]해당없음	
	그 밖의 소화설비	소화설비 점검표에 의할 것			
경보설비	자동화재탐지설비	자동화재탐지설비 점검표에 의할 것			
	그 밖의 경보설비	손상 유무	육 안	[ ]적합 [ ]부적합 [ ]해당없음	
		기능의 적부	작동확인	[ ]적합 [ ]부적합 [ ]해당없음	
피난설비	유도등본체	점등상황의 적부 및 손상의 유무	육 안	[ ]적합 [ ]부적합 [ ]해당없음	
		시각장애물의 유무	육 안	[ ]적합 [ ]부적합 [ ]해당없음	
	비상전원	정전시 점등상황의 적부	작동확인	[ ]적합 [ ]부적합 [ ]해당없음	
	기타사항				

[별지 제17호 서식]

이송취급소 일반점검표

| 점검기간 : |
| 점검자 : 　　　　서명(또는 인) |
| 설치자 : 　　　　서명(또는 인) |

이송취급소의 총연장				설치허가 연월일 및 완공검사번호		
설치자				안전관리자		
사업소명				설치위치		
위험물 현황	품 명			허가량		지정수량의 배수
위험물 저장·취급 개요						
시설명/호칭번호						

점검항목			점검내용	점검방법	점검결과	비 고
이송기지	유출방지설비	울타리 등	손상 유무	육 안	[ ]적합 [ ]부적합 [ ]해당없음	
		성토상태	손상·갈라짐의 유무	육 안	[ ]적합 [ ]부적합 [ ]해당없음	
			경사·굴곡의 유무	육 안	[ ]적합 [ ]부적합 [ ]해당없음	
			배수구개폐상황의 적부 및 막힘 유무	육 안	[ ]적합 [ ]부적합 [ ]해당없음	
		유분리장치	균열·손상 유무	육 안	[ ]적합 [ ]부적합 [ ]해당없음	
			체유·체수·토사퇴적 등의 유무	육 안	[ ]적합 [ ]부적합 [ ]해당없음	
	펌프설비	안전거리	보호대상물의 신설 여부	육안 및 실측	[ ]적합 [ ]부적합 [ ]해당없음	
		보유공지	허가 외 물건의 존치 여부	육 안	[ ]적합 [ ]부적합 [ ]해당없음	
		펌프실	지붕·벽·바닥·방화문의 균열·손상 유무	육 안	[ ]적합 [ ]부적합 [ ]해당없음	
			환기·배출설비의 손상 유무 및 기능의 적부	육안 및 작동확인	[ ]적합 [ ]부적합 [ ]해당없음	
			조명설비의 손상 유무	육 안	[ ]적합 [ ]부적합 [ ]해당없음	
		펌 프	누설 유무	육 안	[ ]적합 [ ]부적합 [ ]해당없음	
			변형·손상 유무	육 안	[ ]적합 [ ]부적합 [ ]해당없음	
			이상진동·소음·발열 등의 유무	육안 및 작동확인	[ ]적합 [ ]부적합 [ ]해당없음	
			도장상황의 적부 및 부식 유무	육 안	[ ]적합 [ ]부적합 [ ]해당없음	
			고정상황의 적부	육 안	[ ]적합 [ ]부적합 [ ]해당없음	
		펌프기초	균열·손상 유무	육 안	[ ]적합 [ ]부적합 [ ]해당없음	
			고정상황의 적부	육 안	[ ]적합 [ ]부적합 [ ]해당없음	
		펌프접지	단선 유무	육 안	[ ]적합 [ ]부적합 [ ]해당없음	
			접합부의 탈락 유무	육 안	[ ]적합 [ ]부적합 [ ]해당없음	
			접지저항치의 적부	저항측정	[ ]적합 [ ]부적합 [ ]해당없음	
		주위·바닥·집유설비·유분리장치	균열·손상 유무	육 안	[ ]적합 [ ]부적합 [ ]해당없음	
			체유·체수·토사퇴적 등의 유무	육 안	[ ]적합 [ ]부적합 [ ]해당없음	
	피그장치	보유공지	허가외 물건의 존치 여부	육 안	[ ]적합 [ ]부적합 [ ]해당없음	
		본 체	누설 유무	육 안	[ ]적합 [ ]부적합 [ ]해당없음	
			변형·손상 유무	육 안	[ ]적합 [ ]부적합 [ ]해당없음	
			내압방출설비 기능의 적부	작동확인	[ ]적합 [ ]부적합 [ ]해당없음	
		바닥·배수구·집유설비	균열·손상 유무	육 안	[ ]적합 [ ]부적합 [ ]해당없음	
			체유·체수·토사퇴적 등의 유무	육 안	[ ]적합 [ ]부적합 [ ]해당없음	
배관·플랜지 등	주입·토출구	로딩암	누설 유무	육 안	[ ]적합 [ ]부적합 [ ]해당없음	
			변형·손상 유무	육 안	[ ]적합 [ ]부적합 [ ]해당없음	
			도장상황의 적부 및 부식 유무	육 안	[ ]적합 [ ]부적합 [ ]해당없음	
			고정상황의 적부	육 안	[ ]적합 [ ]부적합 [ ]해당없음	
			기능의 적부	작동확인	[ ]적합 [ ]부적합 [ ]해당없음	
		기 타	누설 유무	육 안	[ ]적합 [ ]부적합 [ ]해당없음	
			변형·손상 유무	육 안	[ ]적합 [ ]부적합 [ ]해당없음	
	배관	지상·해상 설치 배관	안전거리 내 보호대상물 신설 여부	육안 및 실측	[ ]적합 [ ]부적합 [ ]해당없음	
			보유공지 내 허가외 물건의 존치 여부	육 안	[ ]적합 [ ]부적합 [ ]해당없음	
			누설 유무	육 안	[ ]적합 [ ]부적합 [ ]해당없음	
			변형·손상 유무	육 안	[ ]적합 [ ]부적합 [ ]해당없음	
			도장상황의 적부 및 부식의 유무	육안 및 두께측정	[ ]적합 [ ]부적합 [ ]해당없음	
			지표면과 이격상황의 적부	육 안	[ ]적합 [ ]부적합 [ ]해당없음	

배관·플랜지 등	배관	지하 매설배관	누설 유무	육 안	[ ]적합 [ ]부적합 [ ]해당없음
			안전거리 내 보호대상물 신설 여부	육안 및 실측	[ ]적합 [ ]부적합 [ ]해당없음
		해저 설치배관	누설 유무	육 안	[ ]적합 [ ]부적합 [ ]해당없음
			변형·손상 유무	육 안	[ ]적합 [ ]부적합 [ ]해당없음
			해저매설상황의 적부	육 안	[ ]적합 [ ]부적합 [ ]해당없음
	플랜지·교체밸브·제어밸브 등		누설 유무	육 안	[ ]적합 [ ]부적합 [ ]해당없음
			변형·손상 유무	육 안	[ ]적합 [ ]부적합 [ ]해당없음
			도장상황의 적부 및 부식의 유무	육 안	[ ]적합 [ ]부적합 [ ]해당없음
			볼트의 풀림 유무	육 안	[ ]적합 [ ]부적합 [ ]해당없음
			밸브개폐표시의유무	육 안	[ ]적합 [ ]부적합 [ ]해당없음
			밸브잠금상항의 적부	육 안	[ ]적합 [ ]부적합 [ ]해당없음
			밸브개폐기능의 적부	작동확인	[ ]적합 [ ]부적합 [ ]해당없음
	누설확산 방지장치		변형·손상 유무	육 안	[ ]적합 [ ]부적합 [ ]해당없음
			도장상항의 적부 및 부식 유무	육 안	[ ]적합 [ ]부적합 [ ]해당없음
			체유·체수 유무	육 안	[ ]적합 [ ]부적합 [ ]해당없음
			검지장치 작동상황의 적부	작동확인	[ ]적합 [ ]부적합 [ ]해당없음
	랙·지지대 등		변형·손상 유무	육 안	[ ]적합 [ ]부적합 [ ]해당없음
			도장상항의 적부 및 부식 유무	육 안	[ ]적합 [ ]부적합 [ ]해당없음
			고정상황의 적부	육 안	[ ]적합 [ ]부적합 [ ]해당없음
			방호설비의 변형·손상 유무	육 안	[ ]적합 [ ]부적합 [ ]해당없음
	배관피트 등		균열·손상 유무	육 안	[ ]적합 [ ]부적합 [ ]해당없음
			체유·체수·토사퇴적 등의 유무	육 안	[ ]적합 [ ]부적합 [ ]해당없음
	배기구		누설 여부	육 안	[ ]적합 [ ]부적합 [ ]해당없음
			도장상황의 적부 및 부식 유무	육 안	[ ]적합 [ ]부적합 [ ]해당없음
			기능의 적부	작동확인	[ ]적합 [ ]부적합 [ ]해당없음
	해상배관 및 지지물의 방호설비		변형·손상 유무	육 안	[ ]적합 [ ]부적합 [ ]해당없음
			부착상황의 적부	육 안	[ ]적합 [ ]부적합 [ ]해당없음
	긴급차단밸브		손상 유무	육 안	[ ]적합 [ ]부적합 [ ]해당없음
			개폐상황표시의 유무	육 안	[ ]적합 [ ]부적합 [ ]해당없음
			주위장애물의 유무	육 안	[ ]적합 [ ]부적합 [ ]해당없음
			기능의 적부	작동확인	[ ]적합 [ ]부적합 [ ]해당없음
	배관접지		단선 유무	육 안	[ ]적합 [ ]부적합 [ ]해당없음
			접합부의 탈락 유무	육 안	[ ]적합 [ ]부적합 [ ]해당없음
			접지저항치의 적부	저항측정	[ ]적합 [ ]부적합 [ ]해당없음
	배관절연물 등		변형·손상 유무	육 안	[ ]적합 [ ]부적합 [ ]해당없음
			절연저항치의 적부	저항측정	[ ]적합 [ ]부적합 [ ]해당없음
	가열·보온설비		변형·손상 유무	육 안	[ ]적합 [ ]부적합 [ ]해당없음
			고정상황의 적부	육 안	[ ]적합 [ ]부적합 [ ]해당없음
			안전장치의 기능 적부	작동확인	[ ]적합 [ ]부적합 [ ]해당없음
	전기방식설비		단자함의 손상 및 토사퇴적 등의 유무	육 안	[ ]적합 [ ]부적합 [ ]해당없음
			단선 및 단자의 풀림 유무	육 안	[ ]적합 [ ]부적합 [ ]해당없음
			방식전위(전류)의 적부	전위측정	[ ]적합 [ ]부적합 [ ]해당없음
	배관응력검지장치		변형·손상 유무	육 안	[ ]적합 [ ]부적합 [ ]해당없음
			배관응력의 적부	육 안	[ ]적합 [ ]부적합 [ ]해당없음
			지시상황의 적부	육 안	[ ]적합 [ ]부적합 [ ]해당없음
터널내 증기체류방지조치	배출설비		급배기덕트의 변형·손상 유무	육 안	[ ]적합 [ ]부적합 [ ]해당없음
			인화방지장치의 손상·막힘 유무	육 안	[ ]적합 [ ]부적합 [ ]해당없음
			배기구 부근의 화기 유무	육 안	[ ]적합 [ ]부적합 [ ]해당없음
			가연성증기경보장치 작동상황의 적부	작동확인	[ ]적합 [ ]부적합 [ ]해당없음
	부속설비		배수구·집유설비·유분리장치의 균열·손상·체유·체수·토사퇴적 등의 유무	육 안	[ ]적합 [ ]부적합 [ ]해당없음
			배수펌프의 손상 유무	육 안	[ ]적합 [ ]부적합 [ ]해당없음
			조명설비의 손상 유무	육 안	[ ]적합 [ ]부적합 [ ]해당없음
			방호설비·안전설비 등의 손상 유무	육 안	[ ]적합 [ ]부적합 [ ]해당없음

구분			점검항목	점검방법	판정	
운전상태감시장치	압력계 (압력경보)		본체 및 방호설비의 변형·손상 유무	육 안	[ ]적합 [ ]부적합 [ ]해당없음	
			부착부의 풀림 유무	육 안	[ ]적합 [ ]부적합 [ ]해당없음	
			지시상황의 적부	육 안	[ ]적합 [ ]부적합 [ ]해당없음	
			경보기능의 적부	작동확인	[ ]적합 [ ]부적합 [ ]해당없음	
	유량계 (유량경보)		본체 및 방호설비의 변형·손상 유무	육 안	[ ]적합 [ ]부적합 [ ]해당없음	
			부착부의 풀림 유무	육 안	[ ]적합 [ ]부적합 [ ]해당없음	
			지시상황의 적부	육 안	[ ]적합 [ ]부적합 [ ]해당없음	
			경보기능의 적부	작동확인	[ ]적합 [ ]부적합 [ ]해당없음	
	온도계 (온도과승검지)		본체 및 방호설비의 변형·손상 유무	육 안	[ ]적합 [ ]부적합 [ ]해당없음	
			부착부의 풀림 유무	육 안	[ ]적합 [ ]부적합 [ ]해당없음	
			지시상황의 적부	육 안	[ ]적합 [ ]부적합 [ ]해당없음	
			경보기능의 적부	작동확인	[ ]적합 [ ]부적합 [ ]해당없음	
	과대진동검지장치		본체 및 방호설비의 변형·손상 유무	육 안	[ ]적합 [ ]부적합 [ ]해당없음	
			부착부의 풀림 유무	육 안	[ ]적합 [ ]부적합 [ ]해당없음	
			지시상황의 적부	육 안	[ ]적합 [ ]부적합 [ ]해당없음	
			경보기능의 적부	작동확인	[ ]적합 [ ]부적합 [ ]해당없음	
	누설검지장치		손상 유무	육 안	[ ]적합 [ ]부적합 [ ]해당없음	
			막힘 유무	육 안	[ ]적합 [ ]부적합 [ ]해당없음	
			작동상황의 적부	육 안	[ ]적합 [ ]부적합 [ ]해당없음	
			경보기능의 적부	작동확인	[ ]적합 [ ]부적합 [ ]해당없음	
안전제어장치			수동기동장치 주위장애물의 유무	육 안	[ ]적합 [ ]부적합 [ ]해당없음	
			기능의 적부	작동확인	[ ]적합 [ ]부적합 [ ]해당없음	
압력안전장치			변형·손상 유무	육 안	[ ]적합 [ ]부적합 [ ]해당없음	
			기능의 적부	작동확인	[ ]적합 [ ]부적합 [ ]해당없음	
경보설비 및 통보설비			변형·손상 유무	육 안	[ ]적합 [ ]부적합 [ ]해당없음	
			부착부의 풀림 유무	육 안	[ ]적합 [ ]부적합 [ ]해당없음	
			기능의 적부	작동확인	[ ]적합 [ ]부적합 [ ]해당없음	
순찰차등	순찰차		배치의 적부	육 안	[ ]적합 [ ]부적합 [ ]해당없음	
			적재기자재의 종류·수량·기능의 적부	육안 및 작동확인	[ ]적합 [ ]부적합 [ ]해당없음	
	기자재등	창 고	건물의 손상의 유무	육 안	[ ]적합 [ ]부적합 [ ]해당없음	
			정리상황의 적부	육 안	[ ]적합 [ ]부적합 [ ]해당없음	
		기자재	기자재의 종류·수량 적부	육 안	[ ]적합 [ ]부적합 [ ]해당없음	
			기자재의 변형·손상 유무 및 기능의 적부	육안 및 작동확인	[ ]적합 [ ]부적합 [ ]해당없음	
비상전원	자가발전설비		변형·손상 유무	육 안	[ ]적합 [ ]부적합 [ ]해당없음	
			주위 장애물 유무	육 안	[ ]적합 [ ]부적합 [ ]해당없음	
			연료량의 적부	육 안	[ ]적합 [ ]부적합 [ ]해당없음	
			기능의 적부	작동확인	[ ]적합 [ ]부적합 [ ]해당없음	
	축전지설비		변형·손상 유무	육 안	[ ]적합 [ ]부적합 [ ]해당없음	
			단자볼트풀림 등의 유무	육 안	[ ]적합 [ ]부적합 [ ]해당없음	
			전해액량의 적부	육 안	[ ]적합 [ ]부적합 [ ]해당없음	
			기능의 적부	작동확인	[ ]적합 [ ]부적합 [ ]해당없음	
감진장치 등			손상 유무	육 안	[ ]적합 [ ]부적합 [ ]해당없음	
			기능의 적부	작동확인	[ ]적합 [ ]부적합 [ ]해당없음	
피뢰설비			손상 유무	육 안	[ ]적합 [ ]부적합 [ ]해당없음	
			피뢰도선의 단선·손상 유무	육 안	[ ]적합 [ ]부적합 [ ]해당없음	
			접지저항치의 적부	저항측정	[ ]적합 [ ]부적합 [ ]해당없음	
전기설비			배선 및 기기의 손상 유무	육 안	[ ]적합 [ ]부적합 [ ]해당없음	
			기능의 적부	작동확인	[ ]적합 [ ]부적합 [ ]해당없음	
표시·표지·게시판			기재사항의 적부 및 손상의 유무	육 안	[ ]적합 [ ]부적합 [ ]해당없음	
소화설비	소화기		위치·설치수·압력의 적부	육 안	[ ]적합 [ ]부적합 [ ]해당없음	
	그 밖의 소화설비		소화설비 점검표에 의할 것			
기타사항						

[별지 제18호 서식]

[ ] 옥내 [ ] 옥외 소화전설비 일반점검표			점검기간 : 점검자 :　　　　　　서명(또는 인) 설치자 :　　　　　　서명(또는 인)		
제조소 등의 구분			제조소 등의 설치허가 연월일 및 완공검사번호		
소화설비의 호칭번호					

점검항목		점검내용	점검방법	점검결과	비고
수원	수조	누수·변형·손상 유무	육안	[ ]적합 [ ]부적합 [ ]해당없음	
	수원량·상태	수원량 적부	육안	[ ]적합 [ ]부적합 [ ]해당없음	
		부유물·침전물 유무	육안	[ ]적합 [ ]부적합 [ ]해당없음	
	급수장치	부식·손상 유무	육안	[ ]적합 [ ]부적합 [ ]해당없음	
		기능의 적부	작동확인	[ ]적합 [ ]부적합 [ ]해당없음	
흡수장치	흡수조	누수·변형·손상 유무	육안	[ ]적합 [ ]부적합 [ ]해당없음	
		물의 양·상태 적부	육안	[ ]적합 [ ]부적합 [ ]해당없음	
	밸브	변형·손상 유무	육안	[ ]적합 [ ]부적합 [ ]해당없음	
		개폐상태 및 기능의 적부	육안 및 작동확인	[ ]적합 [ ]부적합 [ ]해당없음	
	자동급수장치	변형·손상 유무	육안	[ ]적합 [ ]부적합 [ ]해당없음	
		기능의 적부	육안	[ ]적합 [ ]부적합 [ ]해당없음	
	감수경보장치	변형·손상 유무	육안	[ ]적합 [ ]부적합 [ ]해당없음	
		기능의 적부	작동확인	[ ]적합 [ ]부적합 [ ]해당없음	
가압송수장치	**전동기**	**변형·손상 유무**	**육안**	[ ]적합 [ ]부적합 [ ]해당없음	
		회전부 등의 급유상태 적부	**육안**	[ ]적합 [ ]부적합 [ ]해당없음	
		기능의 적부	**작동확인**	[ ]적합 [ ]부적합 [ ]해당없음	
		고정상태의 적부	**육안**	[ ]적합 [ ]부적합 [ ]해당없음	
		이상소음·진동·발열 유무	**육안 및 작동확인**	[ ]적합 [ ]부적합 [ ]해당없음	
	내연기관 본체	변형·손상 유무	육안	[ ]적합 [ ]부적합 [ ]해당없음	
		회전부 등의 급유상태 적부	육안	[ ]적합 [ ]부적합 [ ]해당없음	
		기능의 적부	작동확인	[ ]적합 [ ]부적합 [ ]해당없음	
		고정상태의 적부	육안	[ ]적합 [ ]부적합 [ ]해당없음	
		이상소음·진동·발열 유무	육안 및 작동확인	[ ]적합 [ ]부적합 [ ]해당없음	
	연료탱크	누설·부식·변형 유무	육안	[ ]적합 [ ]부적합 [ ]해당없음	
		연료량의 적부	육안	[ ]적합 [ ]부적합 [ ]해당없음	
		밸브개폐상태 및 기능의 적부	육안 및 작동확인	[ ]적합 [ ]부적합 [ ]해당없음	
	윤활유	현저한 노후의 유무 및 양의 적부	육안	[ ]적합 [ ]부적합 [ ]해당없음	
	축전지	부식·변형·손상 유무	육안	[ ]적합 [ ]부적합 [ ]해당없음	
		전해액량의 적부	육안	[ ]적합 [ ]부적합 [ ]해당없음	
		단자전압의 적부	전압측정	[ ]적합 [ ]부적합 [ ]해당없음	
	동력전달장치	부식·변형·손상 유무	육안	[ ]적합 [ ]부적합 [ ]해당없음	
		기능의 적부	육안	[ ]적합 [ ]부적합 [ ]해당없음	
	기동장치	부식·변형·손상 유무	육안	[ ]적합 [ ]부적합 [ ]해당없음	
		기능의 적부	작동확인	[ ]적합 [ ]부적합 [ ]해당없음	
		회전수의 적부	육안	[ ]적합 [ ]부적합 [ ]해당없음	
	냉각장치	냉각수의 누수 유무 및 물의 양·상태 적부	육안	[ ]적합 [ ]부적합 [ ]해당없음	
		부식·변형·손상 유무	육안	[ ]적합 [ ]부적합 [ ]해당없음	
		기능의 적부	작동확인	[ ]적합 [ ]부적합 [ ]해당없음	
	급배기장치	변형·손상 유무	육안	[ ]적합 [ ]부적합 [ ]해당없음	
		주위의 가연물 유무	육안	[ ]적합 [ ]부적합 [ ]해당없음	
		기능의 적부	작동확인	[ ]적합 [ ]부적합 [ ]해당없음	
	펌프	**누수·부식·변형·손상 유무**	**육안**	[ ]적합 [ ]부적합 [ ]해당없음	
		회전부 등의 급유상태 적부	**육안**	[ ]적합 [ ]부적합 [ ]해당없음	
		기능의 적부	**작동확인**	[ ]적합 [ ]부적합 [ ]해당없음	
		고정상태의 적부	**육안**	[ ]적합 [ ]부적합 [ ]해당없음	
		이상소음·진동·발열 유무	**육안 및 작동확인**	[ ]적합 [ ]부적합 [ ]해당없음	
		압력의 적부	**육안**	[ ]적합 [ ]부적합 [ ]해당없음	
		계기판의 적부	**육안**	[ ]적합 [ ]부적합 [ ]해당없음	

기동장치		조작부 주위의 장애물 유무	육 안	[ ]적합 [ ]부적합 [ ]해당없음	
		표지의 손상 유무 및 기재사항의 적부	육 안	[ ]적합 [ ]부적합 [ ]해당없음	
		기능의 적부	작동확인	[ ]적합 [ ]부적합 [ ]해당없음	
전동기 제어장치	제어반	변형·손상 유무	육 안	[ ]적합 [ ]부적합 [ ]해당없음	
		조작관리상 지장 유무	육 안	[ ]적합 [ ]부적합 [ ]해당없음	
	전원전압	전압의 지시상황 적부	육 안	[ ]적합 [ ]부적합 [ ]해당없음	
		전원등의 점등상황 적부	작동확인	[ ]적합 [ ]부적합 [ ]해당없음	
	계기 및 스위치류	변형·손상 유무	육 안	[ ]적합 [ ]부적합 [ ]해당없음	
		단자의 풀림·탈락 유무	육 안	[ ]적합 [ ]부적합 [ ]해당없음	
		개폐상황 및 기능의 적부	육안 및 작동확인	[ ]적합 [ ]부적합 [ ]해당없음	
	휴즈류	손상·용단 유무	육 안	[ ]적합 [ ]부적합 [ ]해당없음	
		종류·용량의 적부	육 안	[ ]적합 [ ]부적합 [ ]해당없음	
		예비품의 유무	육 안	[ ]적합 [ ]부적합 [ ]해당없음	
	차단기	단자의 풀림·탈락 유무	육 안	[ ]적합 [ ]부적합 [ ]해당없음	
		접점의 소손 유무	육 안	[ ]적합 [ ]부적합 [ ]해당없음	
		기능의 적부	작동확인	[ ]적합 [ ]부적합 [ ]해당없음	
	결선접속	풀림·탈락·피복 손상 유무	육 안	[ ]적합 [ ]부적합 [ ]해당없음	
배관 등	밸브류	변형·손상 유무	육 안	[ ]적합 [ ]부적합 [ ]해당없음	
		개폐상태 및 작동의 적부	작동확인	[ ]적합 [ ]부적합 [ ]해당없음	
	여과장치	변형·손상 유무	육 안	[ ]적합 [ ]부적합 [ ]해당없음	
		여과망의 손상·이물의 퇴적 유무	육 안	[ ]적합 [ ]부적합 [ ]해당없음	
	배 관	누설·변형·손상 유무	육 안	[ ]적합 [ ]부적합 [ ]해당없음	
		도장상황의 적부 및 부식 유무	육 안	[ ]적합 [ ]부적합 [ ]해당없음	
		드레인피트의 손상 유무	육 안	[ ]적합 [ ]부적합 [ ]해당없음	
소화전	소화전함	부식·변형·손상 유무	육 안	[ ]적합 [ ]부적합 [ ]해당없음	
		주위 장애물 유무	육 안	[ ]적합 [ ]부적합 [ ]해당없음	
		부속공구의 비치상태 및 표지의 적부	육 안	[ ]적합 [ ]부적합 [ ]해당없음	
	호스 및 노즐	변형·손상 유무	육 안	[ ]적합 [ ]부적합 [ ]해당없음	
		수량 및 기능의 적부	육 안	[ ]적합 [ ]부적합 [ ]해당없음	
	표시등	손상 유무	육 안	[ ]적합 [ ]부적합 [ ]해당없음	
		점등 상황의 적부	작동확인	[ ]적합 [ ]부적합 [ ]해당없음	
예비동력원	자가발전설비 본 체	변형·손상 유무	육 안	[ ]적합 [ ]부적합 [ ]해당없음	
		회전부 등의 급유상태 적부	육 안	[ ]적합 [ ]부적합 [ ]해당없음	
		기능의 적부	작동확인	[ ]적합 [ ]부적합 [ ]해당없음	
		고정상태의 적부	육 안	[ ]적합 [ ]부적합 [ ]해당없음	
		이상소음·진동·발열 유무	육안 및 작동확인	[ ]적합 [ ]부적합 [ ]해당없음	
		절연저항치의 적부	저항측정	[ ]적합 [ ]부적합 [ ]해당없음	
	연료탱크	누설·부식·변형 유무	육 안	[ ]적합 [ ]부적합 [ ]해당없음	
		연료량의 적부	육 안	[ ]적합 [ ]부적합 [ ]해당없음	
		밸브개폐상태 및 기능의 적부	육안 및 작동확인	[ ]적합 [ ]부적합 [ ]해당없음	
	윤활유	현저한 노후의 유무 및 양의 적부	육 안	[ ]적합 [ ]부적합 [ ]해당없음	
	축전지	부식·변형·손상 유무	육 안	[ ]적합 [ ]부적합 [ ]해당없음	
		전해액량 및 단자전압의 적부	육안 및 전압측정	[ ]적합 [ ]부적합 [ ]해당없음	
	냉각장치	냉각수의 누수 유무	육 안	[ ]적합 [ ]부적합 [ ]해당없음	
		물의 양·상태의 적부	육 안	[ ]적합 [ ]부적합 [ ]해당없음	
		부식·변형·손상 유무	육 안	[ ]적합 [ ]부적합 [ ]해당없음	
		기능의 적부	작동확인	[ ]적합 [ ]부적합 [ ]해당없음	
	급배기장치	변형·손상 유무	육 안	[ ]적합 [ ]부적합 [ ]해당없음	
		주위 가연물의 유무	육 안	[ ]적합 [ ]부적합 [ ]해당없음	
		기능의 적부	작동확인	[ ]적합 [ ]부적합 [ ]해당없음	
	축전지설비	부식·변형·손상 유무	육 안	[ ]적합 [ ]부적합 [ ]해당없음	
		전해액량 및 단자전압의 적부	육안 및 전압측정	[ ]적합 [ ]부적합 [ ]해당없음	
		기능의 적부	작동확인	[ ]적합 [ ]부적합 [ ]해당없음	
	기동장치	부식·변형·손상 유무	육 안	[ ]적합 [ ]부적합 [ ]해당없음	
		조작부 주위의 장애물 유무	육 안	[ ]적합 [ ]부적합 [ ]해당없음	
		기능의 적부	작동확인	[ ]적합 [ ]부적합 [ ]해당없음	
기타사항					

[　] 물분무소화설비 일반점검표 [　] 스프링클러설비				점검기간 :　점검자 :　　　　　서명(또는 인)　설치자 :　　　　　서명(또는 인)		
제조소 등의 구분				제조소 등의 설치허가 연월일 및 완공검사번호		
소화설비의 호칭번호						
점검항목		점검내용	점검방법	점검결과		비 고
수원	수 조	누수·변형·손상 유무	육 안	[ ]적합 [ ]부적합 [ ]해당없음		
	수원량·상태	수원량의 적부	육 안	[ ]적합 [ ]부적합 [ ]해당없음		
		부유물·침전물 유무	육 안	[ ]적합 [ ]부적합 [ ]해당없음		
	급수장치	부식·손상 유무	육 안	[ ]적합 [ ]부적합 [ ]해당없음		
		기능의 적부	작동확인	[ ]적합 [ ]부적합 [ ]해당없음		
흡수장치	흡수조	누수·변형·손상 유무	육 안	[ ]적합 [ ]부적합 [ ]해당없음		
		물의 양·상태의 적부	육 안	[ ]적합 [ ]부적합 [ ]해당없음		
	밸 브	변형·손상 유무	육 안	[ ]적합 [ ]부적합 [ ]해당없음		
		개폐상태 및 기능의 적부	육안 및 작동확인	[ ]적합 [ ]부적합 [ ]해당없음		
	자동급수장치	변형·손상 유무	육 안	[ ]적합 [ ]부적합 [ ]해당없음		
		기능의 적부	육 안	[ ]적합 [ ]부적합 [ ]해당없음		
	감수경보장치	변형·손상 유무	육 안	[ ]적합 [ ]부적합 [ ]해당없음		
		기능의 적부	작동확인	[ ]적합 [ ]부적합 [ ]해당없음		
가압송수장치	전동기	변형·손상 유무	육 안	[ ]적합 [ ]부적합 [ ]해당없음		
		회전부 등의 급유상태의 적부	육 안	[ ]적합 [ ]부적합 [ ]해당없음		
		기능의 적부	작동확인	[ ]적합 [ ]부적합 [ ]해당없음		
		고정상태의 적부	육 안	[ ]적합 [ ]부적합 [ ]해당없음		
		이상소음·진동·발열 유무	육안 및 작동확인	[ ]적합 [ ]부적합 [ ]해당없음		
	내연기관 본 체	변형·손상 유무	육 안	[ ]적합 [ ]부적합 [ ]해당없음		
		회전부 등의 급유상태 적부	육 안	[ ]적합 [ ]부적합 [ ]해당없음		
		기능의 적부	작동확인	[ ]적합 [ ]부적합 [ ]해당없음		
		고정상태의 적부	육 안	[ ]적합 [ ]부적합 [ ]해당없음		
		이상소음·진동·발열 유무	육안 및 작동확인	[ ]적합 [ ]부적합 [ ]해당없음		
	연료탱크	누설·부식·변형 유무	육 안	[ ]적합 [ ]부적합 [ ]해당없음		
		연료량의 적부	육 안	[ ]적합 [ ]부적합 [ ]해당없음		
		밸브개폐상태 및 기능의 적부	육안 및 작동확인	[ ]적합 [ ]부적합 [ ]해당없음		
	윤활유	현저한 노후의 유무 및 양의 적부	육 안	[ ]적합 [ ]부적합 [ ]해당없음		
	축전지	부식·변형·손상 유무	육 안	[ ]적합 [ ]부적합 [ ]해당없음		
		전해액량의 적부	육 안	[ ]적합 [ ]부적합 [ ]해당없음		
		단자전압의 적부	전압측정	[ ]적합 [ ]부적합 [ ]해당없음		
	동력전달장치	부식·변형·손상 유무	육 안	[ ]적합 [ ]부적합 [ ]해당없음		
		기능의 적부	육 안	[ ]적합 [ ]부적합 [ ]해당없음		
	기동장치	부식·변형·손상 유무	육 안	[ ]적합 [ ]부적합 [ ]해당없음		
		기능의 적부	작동확인	[ ]적합 [ ]부적합 [ ]해당없음		
		회전수의 적부	육 안	[ ]적합 [ ]부적합 [ ]해당없음		
	냉각장치	냉각수의 누수 유무 및 물의 양·상태의 적부	육 안	[ ]적합 [ ]부적합 [ ]해당없음		
		부식·변형·손상 유무	육 안	[ ]적합 [ ]부적합 [ ]해당없음		
		기능의 적부	작동확인	[ ]적합 [ ]부적합 [ ]해당없음		
	급배기장치	변형·손상 유무	육 안	[ ]적합 [ ]부적합 [ ]해당없음		
		주위의 가연물 유무	육 안	[ ]적합 [ ]부적합 [ ]해당없음		
		기능의 적부	작동확인	[ ]적합 [ ]부적합 [ ]해당없음		
	펌 프	누수·부식·변형·손상 유무	육 안	[ ]적합 [ ]부적합 [ ]해당없음		
		회전부 등의 급유상태 적부	육 안	[ ]적합 [ ]부적합 [ ]해당없음		
		기능의 적부	작동확인	[ ]적합 [ ]부적합 [ ]해당없음		
		고정상태의 적부	육 안	[ ]적합 [ ]부적합 [ ]해당없음		
		이상소음·진동·발열 유무	육안 및 작동확인	[ ]적합 [ ]부적합 [ ]해당없음		
		압력의 적부	육 안	[ ]적합 [ ]부적합 [ ]해당없음		
		계기판의 적부	육 안	[ ]적합 [ ]부적합 [ ]해당없음		

기동장치		조작부 주위의 장애물 유무	육 안	[ ]적합 [ ]부적합 [ ]해당없음
		표지의 손상 유무 및 기재사항의 적부	육 안	[ ]적합 [ ]부적합 [ ]해당없음
		기능의 적부	작동확인	[ ]적합 [ ]부적합 [ ]해당없음
전동기 제어장치	제어반	변형·손상 유무	육 안	[ ]적합 [ ]부적합 [ ]해당없음
		조작관리상 지장 유무	육 안	[ ]적합 [ ]부적합 [ ]해당없음
	전원전압	전압의 지시상황의 적부	육 안	[ ]적합 [ ]부적합 [ ]해당없음
		전원 등의 점등상황 적부	작동확인	[ ]적합 [ ]부적합 [ ]해당없음
	계기 및 스위치류	변형·손상 유무	육 안	[ ]적합 [ ]부적합 [ ]해당없음
		단자의 풀림·탈락 유무	육 안	[ ]적합 [ ]부적합 [ ]해당없음
		개폐상황 및 기능의 적부	육안 및 작동확인	[ ]적합 [ ]부적합 [ ]해당없음
	휴즈류	손상·용단 유무	육 안	[ ]적합 [ ]부적합 [ ]해당없음
		종류·용량의 적부	육 안	[ ]적합 [ ]부적합 [ ]해당없음
		예비품의 유무	육 안	[ ]적합 [ ]부적합 [ ]해당없음
	차단기	단자의 풀림·탈락 유무	육 안	[ ]적합 [ ]부적합 [ ]해당없음
		접점의 소손 유무	육 안	[ ]적합 [ ]부적합 [ ]해당없음
		기능의 적부	작동확인	[ ]적합 [ ]부적합 [ ]해당없음
	결선접속	풀림·탈락·피복손상 유무	육 안	[ ]적합 [ ]부적합 [ ]해당없음
배관 등	밸브류	변형·손상 유무	육 안	[ ]적합 [ ]부적합 [ ]해당없음
		개폐상태 및 작동의 적부	작동확인	[ ]적합 [ ]부적합 [ ]해당없음
	여과장치	변형·손상 유무	육 안	[ ]적합 [ ]부적합 [ ]해당없음
		여과망의 손상·이물의 퇴적 유무	육 안	[ ]적합 [ ]부적합 [ ]해당없음
	배 관	누설·변형·손상 유무	육 안	[ ]적합 [ ]부적합 [ ]해당없음
		도장상황의 적부 및 부식 유무	육 안	[ ]적합 [ ]부적합 [ ]해당없음
		드레인피트의 손상 유무	육 안	[ ]적합 [ ]부적합 [ ]해당없음
헤 드		변형·손상 유무	육 안	[ ]적합 [ ]부적합 [ ]해당없음
		부착각도의 적부	육 안	[ ]적합 [ ]부적합 [ ]해당없음
		기능의 적부	작동확인	[ ]적합 [ ]부적합 [ ]해당없음
예비동력원	자가발전설비 본 체	변형·손상 유무	육 안	[ ]적합 [ ]부적합 [ ]해당없음
		회전부 등의 급유상태 적부	육 안	[ ]적합 [ ]부적합 [ ]해당없음
		기능의 적부	작동확인	[ ]적합 [ ]부적합 [ ]해당없음
		고정상태의 적부	육 안	[ ]적합 [ ]부적합 [ ]해당없음
		이상소음·진동·발열 유무	육안 및 작동확인	[ ]적합 [ ]부적합 [ ]해당없음
		절연저항치의 적부	저항측정	[ ]적합 [ ]부적합 [ ]해당없음
	연료탱크	누설·부식·변형 유무	육 안	[ ]적합 [ ]부적합 [ ]해당없음
		연료량의 적부	육 안	[ ]적합 [ ]부적합 [ ]해당없음
		밸브개폐상태 및 기능의 적부	육안 및 작동확인	[ ]적합 [ ]부적합 [ ]해당없음
	윤활유	현저한 노후의 유무 및 양의 적부	육 안	[ ]적합 [ ]부적합 [ ]해당없음
	축전지	부식·변형·손상 유무	육 안	[ ]적합 [ ]부적합 [ ]해당없음
		전해액량 및 단자전압의 적부	육안 및 전압측정	[ ]적합 [ ]부적합 [ ]해당없음
	냉각장치	냉각수의 누수 유무	육 안	[ ]적합 [ ]부적합 [ ]해당없음
		물의 양·상태의 적부	육 안	[ ]적합 [ ]부적합 [ ]해당없음
		부식·변형·손상 유무	육 안	[ ]적합 [ ]부적합 [ ]해당없음
		기능의 적부	작동확인	[ ]적합 [ ]부적합 [ ]해당없음
	급배기장치	변형·손상 유무	육 안	[ ]적합 [ ]부적합 [ ]해당없음
		주위의 가연물 유무	육 안	[ ]적합 [ ]부적합 [ ]해당없음
		기능의 적부	작동확인	[ ]적합 [ ]부적합 [ ]해당없음
	축전지설비	부식·변형·손상 유무	육 안	[ ]적합 [ ]부적합 [ ]해당없음
		전해액량 및 단자전압의 적부	육안 및 전압측정	[ ]적합 [ ]부적합 [ ]해당없음
		기능의 적부	작동확인	[ ]적합 [ ]부적합 [ ]해당없음
	기동장치	부식·변형·손상 유무	육 안	[ ]적합 [ ]부적합 [ ]해당없음
		조작부 주위의 장애물 유무	육 안	[ ]적합 [ ]부적합 [ ]해당없음
		기능의 적부	작동확인	[ ]적합 [ ]부적합 [ ]해당없음
기타사항				

포소화설비 일반점검표

점검기간 :	
점검자 :	서명(또는 인)
설치자 :	서명(또는 인)

제조소 등의 구분		제조소 등의 설치허가 연월일 및 완공검사번호	
소화설비의 호칭번호			

점검항목			점검내용	점검방법	점검결과	비고
수원	수조		누수·변형·손상 유무	육안	[ ]적합 [ ]부적합 [ ]해당없음	
	수원량·상태		수원량의 적부	육안	[ ]적합 [ ]부적합 [ ]해당없음	
			부유물·침전물 유무	육안	[ ]적합 [ ]부적합 [ ]해당없음	
	급수장치		부식·손상 유무	육안	[ ]적합 [ ]부적합 [ ]해당없음	
			기능의 적부	작동확인	[ ]적합 [ ]부적합 [ ]해당없음	
흡수장치	흡수조		누수·변형·손상 유무	육안	[ ]적합 [ ]부적합 [ ]해당없음	
			물의 양·상태의 적부	육안	[ ]적합 [ ]부적합 [ ]해당없음	
	밸브		변형·손상 유무	육안	[ ]적합 [ ]부적합 [ ]해당없음	
			개폐상태 및 기능의 적부	육안 및 작동확인	[ ]적합 [ ]부적합 [ ]해당없음	
	자동급수장치		변형·손상 유무	육안	[ ]적합 [ ]부적합 [ ]해당없음	
			기능의 적부	육안	[ ]적합 [ ]부적합 [ ]해당없음	
	감수경보장치		변형·손상 유무	육안	[ ]적합 [ ]부적합 [ ]해당없음	
			기능의 적부	작동확인	[ ]적합 [ ]부적합 [ ]해당없음	
가압송수장치	전동기		변형·손상 유무	육안	[ ]적합 [ ]부적합 [ ]해당없음	
			회전부 등의 급유상태 적부	육안	[ ]적합 [ ]부적합 [ ]해당없음	
			기능의 적부	작동확인	[ ]적합 [ ]부적합 [ ]해당없음	
			고정상태의 적부	육안	[ ]적합 [ ]부적합 [ ]해당없음	
			이상소음·진동·발열 유무	육안 및 작동확인	[ ]적합 [ ]부적합 [ ]해당없음	
	내연기관	본체	변형·손상 유무	육안	[ ]적합 [ ]부적합 [ ]해당없음	
			회전부 등의 급유상태 적부	육안	[ ]적합 [ ]부적합 [ ]해당없음	
			기능의 적부	작동확인	[ ]적합 [ ]부적합 [ ]해당없음	
			고정상태의 적부	육안	[ ]적합 [ ]부적합 [ ]해당없음	
			이상소음·진동·발열 유무	육안 및 작동확인	[ ]적합 [ ]부적합 [ ]해당없음	
		연료탱크	누설·부식·변형 유무	육안	[ ]적합 [ ]부적합 [ ]해당없음	
			연료량의 적부	육안	[ ]적합 [ ]부적합 [ ]해당없음	
			밸브개폐상태 및 기능의 적부	육안 및 작동확인	[ ]적합 [ ]부적합 [ ]해당없음	
		윤활유	현저한 노후의 유무 및 양의 적부	육안	[ ]적합 [ ]부적합 [ ]해당없음	
		축전지	부식·변형·손상 유무	육안	[ ]적합 [ ]부적합 [ ]해당없음	
			전해액량의 적부	육안	[ ]적합 [ ]부적합 [ ]해당없음	
			단자전압의 적부	전압측정	[ ]적합 [ ]부적합 [ ]해당없음	
		동력전달장치	부식·변형·손상 유무	육안	[ ]적합 [ ]부적합 [ ]해당없음	
			기능의 적부	육안	[ ]적합 [ ]부적합 [ ]해당없음	
		기동장치	부식·변형·손상 유무	육안	[ ]적합 [ ]부적합 [ ]해당없음	
			기능의 적부	작동확인	[ ]적합 [ ]부적합 [ ]해당없음	
			회전수의 적부	육안	[ ]적합 [ ]부적합 [ ]해당없음	
		냉각장치	냉각수의 누수 유무 및 물의 양·상태의 적부	육안	[ ]적합 [ ]부적합 [ ]해당없음	
			부식·변형·손상 유무	육안	[ ]적합 [ ]부적합 [ ]해당없음	
			기능의 적부	작동확인	[ ]적합 [ ]부적합 [ ]해당없음	
		급배기장치	변형·손상 유무	육안	[ ]적합 [ ]부적합 [ ]해당없음	
			주위의 가연물 유무	육안	[ ]적합 [ ]부적합 [ ]해당없음	
			기능의 적부	작동확인	[ ]적합 [ ]부적합 [ ]해당없음	
	펌프		누수·부식·변형·손상 유무	육안	[ ]적합 [ ]부적합 [ ]해당없음	
			회전부 등의 급유상태 적부	육안	[ ]적합 [ ]부적합 [ ]해당없음	
			기능의 적부	작동확인	[ ]적합 [ ]부적합 [ ]해당없음	
			고정상태의 적부	육안	[ ]적합 [ ]부적합 [ ]해당없음	
			이상소음·진동·발열 유무	육안 및 작동확인	[ ]적합 [ ]부적합 [ ]해당없음	
			압력의 적부	육안	[ ]적합 [ ]부적합 [ ]해당없음	
			계기판의 적부	육안	[ ]적합 [ ]부적합 [ ]해당없음	

		누설 유무	육 안	[ ]적합 [ ]부적합 [ ]해당없음	
약제저장탱크	탱크	변형·손상 유무	육 안	[ ]적합 [ ]부적합 [ ]해당없음	
		도장상황의 적부 및 부식 유무	육 안	[ ]적합 [ ]부적합 [ ]해당없음	
		배관접속부의 이탈 유무	육 안	[ ]적합 [ ]부적합 [ ]해당없음	
		고정상태의 적부	육 안	[ ]적합 [ ]부적합 [ ]해당없음	
		통기관의 막힘 유무	육 안	[ ]적합 [ ]부적합 [ ]해당없음	
		압력계 지시상황의 적부(압력탱크)	육 안	[ ]적합 [ ]부적합 [ ]해당없음	
	소화약제	변질·침전물 유무	육 안	[ ]적합 [ ]부적합 [ ]해당없음	
		양의 적부	육 안	[ ]적합 [ ]부적합 [ ]해당없음	
약제혼합장치		변질·침전물 유무	육 안	[ ]적합 [ ]부적합 [ ]해당없음	
		양의 적부	육 안	[ ]적합 [ ]부적합 [ ]해당없음	
기동장치	수동기동장치	조작부 주위의 장애물 유무	육 안	[ ]적합 [ ]부적합 [ ]해당없음	
		표지의 손상 유무 및 기재사항의 적부	육 안	[ ]적합 [ ]부적합 [ ]해당없음	
		기능의 적부	작동확인	[ ]적합 [ ]부적합 [ ]해당없음	
	자동기동장치	기동용수압개폐장치(압력스위치·압력탱크)	변형·손상 유무	육 안	[ ]적합 [ ]부적합 [ ]해당없음	
			압력계 지시상황의 적부	육 안	[ ]적합 [ ]부적합 [ ]해당없음	
			기능의 적부	작동확인	[ ]적합 [ ]부적합 [ ]해당없음	
		화재감지장치 (감지기·폐쇄형헤드)	변형·손상 유무	육 안	[ ]적합 [ ]부적합 [ ]해당없음	
			주위 장애물의 유무	육 안	[ ]적합 [ ]부적합 [ ]해당없음	
			기능의 적부	작동확인	[ ]적합 [ ]부적합 [ ]해당없음	
전동기 제어장치	제어반	변형·손상 유무	육 안	[ ]적합 [ ]부적합 [ ]해당없음	
		조작관리상 지장 유무	육 안	[ ]적합 [ ]부적합 [ ]해당없음	
	전원전압	전압의 지시상황 적부	육 안	[ ]적합 [ ]부적합 [ ]해당없음	
		전원등의 점등상황 적부	작동확인	[ ]적합 [ ]부적합 [ ]해당없음	
	계기 및 스위치류	변형·손상 유무	육 안	[ ]적합 [ ]부적합 [ ]해당없음	
		단자의 풀림·탈락 유무	육 안	[ ]적합 [ ]부적합 [ ]해당없음	
		개폐상황 및 기능의 적부	육안 및 작동확인	[ ]적합 [ ]부적합 [ ]해당없음	
	휴즈류	손상·용단 유무	육 안	[ ]적합 [ ]부적합 [ ]해당없음	
		종류·용량의 적부	육 안	[ ]적합 [ ]부적합 [ ]해당없음	
		예비품의 유무	육 안	[ ]적합 [ ]부적합 [ ]해당없음	
	차단기	단자의 풀림·탈락 유무	육 안	[ ]적합 [ ]부적합 [ ]해당없음	
		접점의 소손 유무	육 안	[ ]적합 [ ]부적합 [ ]해당없음	
		기능의 적부	작동확인	[ ]적합 [ ]부적합 [ ]해당없음	
	결선접속	풀림·탈락·피복손상 유무	육 안	[ ]적합 [ ]부적합 [ ]해당없음	
유수·압력검지장치	자동경보밸브 (유수작동밸브)	변형·손상 유무	육 안	[ ]적합 [ ]부적합 [ ]해당없음	
		기능의 적부	작동확인	[ ]적합 [ ]부적합 [ ]해당없음	
	리타딩챔버	변형·손상 유무	육 안	[ ]적합 [ ]부적합 [ ]해당없음	
		기능의 적부	작동확인	[ ]적합 [ ]부적합 [ ]해당없음	
	압력스위치	단자의 풀림·이탈·손상 유무	육 안	[ ]적합 [ ]부적합 [ ]해당없음	
		기능의 적부	작동확인	[ ]적합 [ ]부적합 [ ]해당없음	
	경보·표시장치	변형·손상 유무	육 안	[ ]적합 [ ]부적합 [ ]해당없음	
		기능의 적부	작동확인	[ ]적합 [ ]부적합 [ ]해당없음	
배관등	밸브류	변형·손상 유무	육 안	[ ]적합 [ ]부적합 [ ]해당없음	
		개폐상태 및 작동의 적부	작동확인	[ ]적합 [ ]부적합 [ ]해당없음	
	여과장치	변형·손상 유무	육 안	[ ]적합 [ ]부적합 [ ]해당없음	
		여과망의 손상·이물의 퇴적 유무	육 안	[ ]적합 [ ]부적합 [ ]해당없음	
	배관	누설·변형·손상 유무	육 안	[ ]적합 [ ]부적합 [ ]해당없음	
		도장상황의 적부 및 부식 유무	육 안	[ ]적합 [ ]부적합 [ ]해당없음	
		드레인피트의 손상 유무	육 안	[ ]적합 [ ]부적합 [ ]해당없음	
	저부포주입법의 외부격납함	변형·손상 유무	육 안	[ ]적합 [ ]부적합 [ ]해당없음	
		호스 격납상태의 적부	육 안	[ ]적합 [ ]부적합 [ ]해당없음	
포방출구	포헤드	변형·손상 유무	육 안	[ ]적합 [ ]부적합 [ ]해당없음	
		부착각도의 적부	육 안	[ ]적합 [ ]부적합 [ ]해당없음	
		공기취입구의 막힘 유무	육 안	[ ]적합 [ ]부적합 [ ]해당없음	
		기능의 적부	작동확인	[ ]적합 [ ]부적합 [ ]해당없음	
	포챔버	본체의 부식·변형·손상 유무	육 안	[ ]적합 [ ]부적합 [ ]해당없음	
		봉판의 부착상태 및 손상 유무	육 안	[ ]적합 [ ]부적합 [ ]해당없음	

포방출구	포챔버	공기수입구 및 스크린의 막힘 유무	육 안	[ ]적합 [ ]부적합 [ ]해당없음	
		기능의 적부	작동확인	[ ]적합 [ ]부적합 [ ]해당없음	
	포모니터노즐	변형·손상 유무	육 안	[ ]적합 [ ]부적합 [ ]해당없음	
		공기수입구 및 필터의 막힘 유무	육 안	[ ]적합 [ ]부적합 [ ]해당없음	
		기능의 적부	작동확인	[ ]적합 [ ]부적합 [ ]해당없음	
포소화전	소화전함	부식·변형·손상 유무	육 안	[ ]적합 [ ]부적합 [ ]해당없음	
		주위 장애물 유무	육 안	[ ]적합 [ ]부적합 [ ]해당없음	
		부속공구의 비치 상태 및 표지의 적부	육 안	[ ]적합 [ ]부적합 [ ]해당없음	
	호스 및 노즐	변형·손상 유무	육 안	[ ]적합 [ ]부적합 [ ]해당없음	
		수량 및 기능의 적부	육 안	[ ]적합 [ ]부적합 [ ]해당없음	
	표시등	손상 유무	육 안	[ ]적합 [ ]부적합 [ ]해당없음	
		점등 상황의 적부	작동확인	[ ]적합 [ ]부적합 [ ]해당없음	
연결송액구		변형·손상 유무	육 안	[ ]적합 [ ]부적합 [ ]해당없음	
		주위 장애물 유무	육 안	[ ]적합 [ ]부적합 [ ]해당없음	
		표시의 적부	육 안	[ ]적합 [ ]부적합 [ ]해당없음	
예비동력원	자가발전설비	변형·손상 유무	육 안	[ ]적합 [ ]부적합 [ ]해당없음	
	본 체	회전부 등의 급유상태 적부	육 안	[ ]적합 [ ]부적합 [ ]해당없음	
		기능의 적부	작동확인	[ ]적합 [ ]부적합 [ ]해당없음	
		고정상태의 적부	육 안	[ ]적합 [ ]부적합 [ ]해당없음	
		이상소음·진동·발열 유무	육안 및 작동확인	[ ]적합 [ ]부적합 [ ]해당없음	
		절연저항치의 적부	저항측정	[ ]적합 [ ]부적합 [ ]해당없음	
	연료탱크	누설·부식·변형 유무	육 안	[ ]적합 [ ]부적합 [ ]해당없음	
		연료량의 적부	육 안	[ ]적합 [ ]부적합 [ ]해당없음	
		밸브개폐상태 및 기능의 적부	육안 및 작동확인	[ ]적합 [ ]부적합 [ ]해당없음	
	윤활유	현저한 노후의 유무 및 양의 적부	육 안	[ ]적합 [ ]부적합 [ ]해당없음	
	축전지	부식·변형·손상 유무	육 안	[ ]적합 [ ]부적합 [ ]해당없음	
		전해액량 및 단자전압의 적부	육안 및 전압측정	[ ]적합 [ ]부적합 [ ]해당없음	
	냉각장치	냉각수의 누수 유무	육 안	[ ]적합 [ ]부적합 [ ]해당없음	
		물의 양·상태의 적부	육 안	[ ]적합 [ ]부적합 [ ]해당없음	
		부식·변형·손상의 유무	육 안	[ ]적합 [ ]부적합 [ ]해당없음	
		기능의 적부	작동확인	[ ]적합 [ ]부적합 [ ]해당없음	
	급배기장치	변형·손상의 유무	육 안	[ ]적합 [ ]부적합 [ ]해당없음	
		주위의 가연물 유무	육 안	[ ]적합 [ ]부적합 [ ]해당없음	
		기능의 적부	작동확인	[ ]적합 [ ]부적합 [ ]해당없음	
	축전지설비	부식·변형·손상 유무	육 안	[ ]적합 [ ]부적합 [ ]해당없음	
		전해액량 및 단자전압의 적부	육안 및 전압측정	[ ]적합 [ ]부적합 [ ]해당없음	
		기능의 적부	작동확인	[ ]적합 [ ]부적합 [ ]해당없음	
	기동장치	부식·변형·손상 유무	육 안	[ ]적합 [ ]부적합 [ ]해당없음	
		조작부 주위의 장애물 유무	육 안	[ ]적합 [ ]부적합 [ ]해당없음	
		기능의 적부	작동확인	[ ]적합 [ ]부적합 [ ]해당없음	
기타사항					

이산화탄소소화설비 일반점검표			점검기간 :			
			점검자 :		서명(또는 인)	
			설치자 :		서명(또는 인)	

제조소 등의 구분				제조소 등의 설치허가 연월일 및 완공검사번호		

소화설비의 호칭번호						

점검항목			점검내용	점검방법	점검결과	비 고
이산화탄소소화약제저장용기등	소화약제 저장용기		설치상황의 적부	육 안	[ ]적합 [ ]부적합 [ ]해당없음	
			변형·손상 유무	육 안	[ ]적합 [ ]부적합 [ ]해당없음	
	소화약제		양의 적부	육 안	[ ]적합 [ ]부적합 [ ]해당없음	
	고압식	용기밸브	변형·손상·부식 유무	육 안	[ ]적합 [ ]부적합 [ ]해당없음	
			개폐상황의 적부	육 안	[ ]적합 [ ]부적합 [ ]해당없음	
		용기밸브 개방장치	변형·손상·부식 유무	육 안	[ ]적합 [ ]부적합 [ ]해당없음	
			기능의 적부	작동확인	[ ]적합 [ ]부적합 [ ]해당없음	
	저압식	안전장치	변형·손상·부식 유무	육 안	[ ]적합 [ ]부적합 [ ]해당없음	
		압력경보장치	변형·손상 유무	육 안	[ ]적합 [ ]부적합 [ ]해당없음	
			기능의 적부	작동확인	[ ]적합 [ ]부적합 [ ]해당없음	
		압력계	변형·손상 유무	육 안	[ ]적합 [ ]부적합 [ ]해당없음	
			지시상황의 적부	육 안	[ ]적합 [ ]부적합 [ ]해당없음	
		액면계	변형·손상 유무	육 안	[ ]적합 [ ]부적합 [ ]해당없음	
		자동냉동기	변형·손상 유무	육 안	[ ]적합 [ ]부적합 [ ]해당없음	
			기능의 적부	작동확인	[ ]적합 [ ]부적합 [ ]해당없음	
		방출밸브	변형·손상·부식 유무	육 안	[ ]적합 [ ]부적합 [ ]해당없음	
			개폐상황의 적부	육 안	[ ]적합 [ ]부적합 [ ]해당없음	
기동용가스용기등	용 기		변형·손상 유무	육 안	[ ]적합 [ ]부적합 [ ]해당없음	
			가스량의 적부	육 안	[ ]적합 [ ]부적합 [ ]해당없음	
	용기밸브		변형·손상·부식 유무	육 안	[ ]적합 [ ]부적합 [ ]해당없음	
			개폐상황의 적부	육 안	[ ]적합 [ ]부적합 [ ]해당없음	
	용기밸브개방장치		변형·손상·부식 유무	육 안	[ ]적합 [ ]부적합 [ ]해당없음	
			기능의 적부	작동확인	[ ]적합 [ ]부적합 [ ]해당없음	
	조작관		변형·손상·부식 유무	육 안	[ ]적합 [ ]부적합 [ ]해당없음	
선택밸브			손상·변형 유무	육 안	[ ]적합 [ ]부적합 [ ]해당없음	
			개폐상황의 적부	작동확인	[ ]적합 [ ]부적합 [ ]해당없음	
			기능의 적부	작동확인	[ ]적합 [ ]부적합 [ ]해당없음	
기동장치	**수동기동장치**		**조작부 주위의 장애물 유무**	**육 안**	[ ]적합 [ ]부적합 [ ]해당없음	
			표지의 손상 유무 및 기재사항의 적부	**육 안**	[ ]적합 [ ]부적합 [ ]해당없음	
			기능의 적부	**작동확인**	[ ]적합 [ ]부적합 [ ]해당없음	
	자동기동장치	자동수동 전환장치	변형·손상 유무	육 안	[ ]적합 [ ]부적합 [ ]해당없음	
			기능의 적부	작동확인	[ ]적합 [ ]부적합 [ ]해당없음	
		화재감지장치	변형·손상 유무	육 안	[ ]적합 [ ]부적합 [ ]해당없음	
			감지장해의 유무	육 안	[ ]적합 [ ]부적합 [ ]해당없음	
			기능의 적부	작동확인	[ ]적합 [ ]부적합 [ ]해당없음	
경보장치			변형·손상 유무	육 안	[ ]적합 [ ]부적합 [ ]해당없음	
			기능의 적부	작동확인	[ ]적합 [ ]부적합 [ ]해당없음	
압력스위치			단자의 풀림·탈락·손상 유무	육 안	[ ]적합 [ ]부적합 [ ]해당없음	
			기능의 적부	작동확인	[ ]적합 [ ]부적합 [ ]해당없음	
제어장치	제어반		변형·손상 유무	육 안	[ ]적합 [ ]부적합 [ ]해당없음	
			조작관리상 지장 유무	육 안	[ ]적합 [ ]부적합 [ ]해당없음	
	전원전압		전압의 지시상황 적부	육 안	[ ]적합 [ ]부적합 [ ]해당없음	
			전원등의 점등상황 적부	작동확인	[ ]적합 [ ]부적합 [ ]해당없음	
	계기 및 스위치류		**변형·손상 유무**	**육 안**	[ ]적합 [ ]부적합 [ ]해당없음	
			단자의 풀림·탈락 유무	**육 안**	[ ]적합 [ ]부적합 [ ]해당없음	
			개폐상황 및 기능의 적부	**육안 및 작동확인**	[ ]적합 [ ]부적합 [ ]해당없음	
	휴즈류		손상·용단 유무	육 안	[ ]적합 [ ]부적합 [ ]해당없음	
			종류·용량의 적부 및 예비품 유무	육 안	[ ]적합 [ ]부적합 [ ]해당없음	

제어장치	차단기	단자의 풀림·탈락 유무	육 안	[ ]적합 [ ]부적합 [ ]해당없음	
		접점의 소손 유무	육 안	[ ]적합 [ ]부적합 [ ]해당없음	
		기능의 적부	작동확인	[ ]적합 [ ]부적합 [ ]해당없음	
	결선접속	풀림·탈락·피복손상 유무	육 안	[ ]적합 [ ]부적합 [ ]해당없음	
배관 등	밸브류	변형·손상 유무	육 안	[ ]적합 [ ]부적합 [ ]해당없음	
		개폐상태 및 작동의 적부	작동확인	[ ]적합 [ ]부적합 [ ]해당없음	
	역류방지밸브	부착방향의 적부	육 안	[ ]적합 [ ]부적합 [ ]해당없음	
		기능의 적부	작동확인	[ ]적합 [ ]부적합 [ ]해당없음	
	배 관	누설·변형·손상·부식 유무	육 안	[ ]적합 [ ]부적합 [ ]해당없음	
	파괴판·안전장치	변형·손상·부식 유무	육 안	[ ]적합 [ ]부적합 [ ]해당없음	
	방출표시등	손상 유무	육 안	[ ]적합 [ ]부적합 [ ]해당없음	
		점등 상황의 적부	육 안	[ ]적합 [ ]부적합 [ ]해당없음	
	분사헤드	변형·손상·부식 유무	육 안	[ ]적합 [ ]부적합 [ ]해당없음	
이동식노즐	호스·호스릴·노즐	변형·손상 유무	육 안	[ ]적합 [ ]부적합 [ ]해당없음	
		부식 유무	육 안	[ ]적합 [ ]부적합 [ ]해당없음	
	노즐개폐밸브	변형·손상 유무	육 안	[ ]적합 [ ]부적합 [ ]해당없음	
		부식 유무	육 안	[ ]적합 [ ]부적합 [ ]해당없음	
		기능의 적부	작동확인	[ ]적합 [ ]부적합 [ ]해당없음	
예비동력원	자가발전설비	본 체	변형·손상 유무	육 안	[ ]적합 [ ]부적합 [ ]해당없음	
			회전부 등의 급유상태 적부	육 안	[ ]적합 [ ]부적합 [ ]해당없음	
			기능의 적부	작동확인	[ ]적합 [ ]부적합 [ ]해당없음	
			고정상태의 적부	육 안	[ ]적합 [ ]부적합 [ ]해당없음	
			이상소음·진동·발열 유무	육안 및 작동확인	[ ]적합 [ ]부적합 [ ]해당없음	
			절연저항치의 적부	저항측정	[ ]적합 [ ]부적합 [ ]해당없음	
		연료탱크	누설·부식·변형 유무	육 안	[ ]적합 [ ]부적합 [ ]해당없음	
			연료량의 적부	육 안	[ ]적합 [ ]부적합 [ ]해당없음	
			밸브개폐상태 및 기능의 적부	육안 및 작동확인	[ ]적합 [ ]부적합 [ ]해당없음	
		윤활유	현저한 노후의 유무 및 양의 적부	육 안	[ ]적합 [ ]부적합 [ ]해당없음	
		축전지	부식·변형·손상 유무	육 안	[ ]적합 [ ]부적합 [ ]해당없음	
			전해액량 및 단자전압의 적부	육안 및 전압측정	[ ]적합 [ ]부적합 [ ]해당없음	
		냉각장치	냉각수의 누수 유무	육 안	[ ]적합 [ ]부적합 [ ]해당없음	
			물의 양·상태의 적부	육 안	[ ]적합 [ ]부적합 [ ]해당없음	
			부식·변형·손상 유무	육 안	[ ]적합 [ ]부적합 [ ]해당없음	
			기능의 적부	작동확인	[ ]적합 [ ]부적합 [ ]해당없음	
		급배기장치	변형·손상 유무	육 안	[ ]적합 [ ]부적합 [ ]해당없음	
			주위의 가연물 유무	육 안	[ ]적합 [ ]부적합 [ ]해당없음	
			기능의 적부	작동확인	[ ]적합 [ ]부적합 [ ]해당없음	
	축전지설비	부식·변형·손상 유무	육 안	[ ]적합 [ ]부적합 [ ]해당없음	
		전해액량 및 단자전압의 적부	육안 및 전압측정	[ ]적합 [ ]부적합 [ ]해당없음	
		기능의 적부	작동확인	[ ]적합 [ ]부적합 [ ]해당없음	
	기동장치	부식·변형·손상 유무	육 안	[ ]적합 [ ]부적합 [ ]해당없음	
		조작부 주위의 장애물 유무	육 안	[ ]적합 [ ]부적합 [ ]해당없음	
		기능의 적부	작동확인	[ ]적합 [ ]부적합 [ ]해당없음	
기타사항					

할로젠화합물소화설비 일반점검표				점검기간 :		
				점검자 :	서명(또는 인)	
				설치자 :	서명(또는 인)	
제조소 등의 구분				제조소 등의 설치허가 연월일 및 완공검사번호		
소화설비의 호칭번호						

점검항목				점검내용	점검방법	점검결과	비고
할로젠화합물소화약제저장용기등	소화약제 저장용기			설치상황의 적부	육 안	[ ]적합 [ ]부적합 [ ]해당없음	
				변형·손상 유무	육 안	[ ]적합 [ ]부적합 [ ]해당없음	
	소화약제			양 및 내압의 적부	육안 및 압력측정	[ ]적합 [ ]부적합 [ ]해당없음	
	축압식	용기밸브		변형·손상·부식 유무	육 안	[ ]적합 [ ]부적합 [ ]해당없음	
				개폐상황의 적부	육 안	[ ]적합 [ ]부적합 [ ]해당없음	
		용기밸브 개방장치		변형·손상·부식 유무	육 안	[ ]적합 [ ]부적합 [ ]해당없음	
				기능의 적부	작동확인	[ ]적합 [ ]부적합 [ ]해당없음	
	가압식	가압가스용기등	방출밸브	변형·손상·부식 유무	육 안	[ ]적합 [ ]부적합 [ ]해당없음	
				개폐상황의 적부	육 안	[ ]적합 [ ]부적합 [ ]해당없음	
			안전장치	변형·손상·부식 유무	육 안	[ ]적합 [ ]부적합 [ ]해당없음	
			압력계	변형·손상 유무	육 안	[ ]적합 [ ]부적합 [ ]해당없음	
			용기	설치상황의 적부 및 변형·손상 유무	육 안	[ ]적합 [ ]부적합 [ ]해당없음	
			가스량	양·내압의 적부	육안 및 압력측정	[ ]적합 [ ]부적합 [ ]해당없음	
			용기밸브	변형·손상·부식 유무	육 안	[ ]적합 [ ]부적합 [ ]해당없음	
				개폐상황의 적부	육 안	[ ]적합 [ ]부적합 [ ]해당없음	
			용기밸브 개방장치	변형·손상·부식 유무	육 안	[ ]적합 [ ]부적합 [ ]해당없음	
				기능의 적부	작동확인	[ ]적합 [ ]부적합 [ ]해당없음	
			압력조정기	변형·손상 유무	육 안	[ ]적합 [ ]부적합 [ ]해당없음	
				기능의 적부	작동확인	[ ]적합 [ ]부적합 [ ]해당없음	
기동용가스용기등	용기			변형·손상 유무	육 안	[ ]적합 [ ]부적합 [ ]해당없음	
				가스량의 적부	육 안	[ ]적합 [ ]부적합 [ ]해당없음	
	용기밸브			변형·손상·부식 유무	육 안	[ ]적합 [ ]부적합 [ ]해당없음	
				개폐상황의 적부	육 안	[ ]적합 [ ]부적합 [ ]해당없음	
	용기밸브개방장치			변형·손상·부식 유무	육 안	[ ]적합 [ ]부적합 [ ]해당없음	
				기능의 적부	작동확인	[ ]적합 [ ]부적합 [ ]해당없음	
	조작관			변형·손상·부식 유무	육 안	[ ]적합 [ ]부적합 [ ]해당없음	
선택밸브				손상·변형 유무	육 안	[ ]적합 [ ]부적합 [ ]해당없음	
				개폐상황 및 기능의 적부	작동확인	[ ]적합 [ ]부적합 [ ]해당없음	
기동장치	수동기동장치			조작부 주위의 장애물 유무	육 안	[ ]적합 [ ]부적합 [ ]해당없음	
				표지의 손상 유무 및 기재사항의 적부	육 안	[ ]적합 [ ]부적합 [ ]해당없음	
				기능의 적부	작동확인	[ ]적합 [ ]부적합 [ ]해당없음	
	자동기동장치	자동수동 전환장치		변형·손상 유무	육 안	[ ]적합 [ ]부적합 [ ]해당없음	
				기능의 적부	작동확인	[ ]적합 [ ]부적합 [ ]해당없음	
		화재감지장치		변형·손상 유무	육 안	[ ]적합 [ ]부적합 [ ]해당없음	
				감지장해 유무	육 안	[ ]적합 [ ]부적합 [ ]해당없음	
				기능의 적부	작동확인	[ ]적합 [ ]부적합 [ ]해당없음	
경보장치				변형·손상 유무	육 안	[ ]적합 [ ]부적합 [ ]해당없음	
				기능의 적부	작동확인	[ ]적합 [ ]부적합 [ ]해당없음	
압력스위치				단자의 풀림·탈락·손상 유무	육 안	[ ]적합 [ ]부적합 [ ]해당없음	
				기능의 적부	작동확인	[ ]적합 [ ]부적합 [ ]해당없음	
제어장치	제어반			변형·손상 유무	육 안	[ ]적합 [ ]부적합 [ ]해당없음	
				조작관리상 지장 유무	육 안	[ ]적합 [ ]부적합 [ ]해당없음	
	전원전압			전압의 지시상황 및 전원등의 점등상황 적부	육안 및 작동확인	[ ]적합 [ ]부적합 [ ]해당없음	
	계기 및 스위치류			변형·손상 및 단자의 풀림·탈락의 유무	육 안	[ ]적합 [ ]부적합 [ ]해당없음	
				개폐상황 및 기능의 적부	육안 및 작동확인	[ ]적합 [ ]부적합 [ ]해당없음	
	휴즈류			손상·용단 유무	육 안	[ ]적합 [ ]부적합 [ ]해당없음	
				종류·용량의 적부 및 예비품 유무	육 안	[ ]적합 [ ]부적합 [ ]해당없음	

제어장치	차단기	단자의 풀림·탈락의 유무	육 안	[ ]적합 [ ]부적합 [ ]해당없음	
		접점의 소손의 유무	육 안	[ ]적합 [ ]부적합 [ ]해당없음	
		기능의 적부	작동확인	[ ]적합 [ ]부적합 [ ]해당없음	
	결선접속	풀림·탈락·피복손상의 유무	육 안	[ ]적합 [ ]부적합 [ ]해당없음	
배관등	밸브류	변형·손상의 유무	육 안	[ ]적합 [ ]부적합 [ ]해당없음	
		개폐상태 및 작동의 적부	작동확인	[ ]적합 [ ]부적합 [ ]해당없음	
	역류방지밸브	부착방향의 적부	육 안	[ ]적합 [ ]부적합 [ ]해당없음	
		기능의 적부	작동확인	[ ]적합 [ ]부적합 [ ]해당없음	
	배 관	누설·변형·손상·부식의 유무	육 안	[ ]적합 [ ]부적합 [ ]해당없음	
	파괴판·안전장치	변형·손상·부식의 유무	육 안	[ ]적합 [ ]부적합 [ ]해당없음	
방출표시등		손상의 유무	육 안	[ ]적합 [ ]부적합 [ ]해당없음	
		점등의 상황	육 안	[ ]적합 [ ]부적합 [ ]해당없음	
분사헤드		변형·손상·부식의 유무	육 안	[ ]적합 [ ]부적합 [ ]해당없음	
이동식노즐	호스·호스릴·노즐	변형·손상의 유무	육 안	[ ]적합 [ ]부적합 [ ]해당없음	
		부식의 유무	육 안	[ ]적합 [ ]부적합 [ ]해당없음	
	노즐개폐밸브	변형·손상의 유무	육 안	[ ]적합 [ ]부적합 [ ]해당없음	
		부식의 유무	육 안	[ ]적합 [ ]부적합 [ ]해당없음	
		기능의 적부	작동확인	[ ]적합 [ ]부적합 [ ]해당없음	
예비동력원	자가발전설비 본 체	변형·손상의 유무	육 안	[ ]적합 [ ]부적합 [ ]해당없음	
		회전부 등의 급유상태의 적부	육 안	[ ]적합 [ ]부적합 [ ]해당없음	
		기능의 적부	작동확인	[ ]적합 [ ]부적합 [ ]해당없음	
		고정상태의 적부	육 안	[ ]적합 [ ]부적합 [ ]해당없음	
		이상소음·진동·발열의 유무	육안 및 작동확인	[ ]적합 [ ]부적합 [ ]해당없음	
		절연저항치의 적부	저항측정	[ ]적합 [ ]부적합 [ ]해당없음	
	연료탱크	누설·부식·변형의 유무	육 안	[ ]적합 [ ]부적합 [ ]해당없음	
		연료량의 적부	육 안	[ ]적합 [ ]부적합 [ ]해당없음	
		밸브개폐상태 및 기능의 적부	육안 및 작동확인	[ ]적합 [ ]부적합 [ ]해당없음	
	윤활유	현저한 노후의 유무 및 양의 적부	육 안	[ ]적합 [ ]부적합 [ ]해당없음	
	축전지	부식·변형·손상의 유무	육 안	[ ]적합 [ ]부적합 [ ]해당없음	
		전해액량 및 단자전압의 적부	육안 및 전압측정	[ ]적합 [ ]부적합 [ ]해당없음	
	냉각장치	냉각수의 누수의 유무	육 안	[ ]적합 [ ]부적합 [ ]해당없음	
		물의 양·상태의 적부	육 안	[ ]적합 [ ]부적합 [ ]해당없음	
		부식·변형·손상의 유무	육 안	[ ]적합 [ ]부적합 [ ]해당없음	
		기능의 적부	작동확인	[ ]적합 [ ]부적합 [ ]해당없음	
	급배기장치	변형·손상의 유무	육 안	[ ]적합 [ ]부적합 [ ]해당없음	
		주위의 가연물의 유무	육 안	[ ]적합 [ ]부적합 [ ]해당없음	
		기능의 적부	작동확인	[ ]적합 [ ]부적합 [ ]해당없음	
	축전지설비	부식·변형·손상의 유무	육 안	[ ]적합 [ ]부적합 [ ]해당없음	
		전해액량 및 단자전압의 적부	육안 및 전압측정	[ ]적합 [ ]부적합 [ ]해당없음	
		기능의 적부	작동확인	[ ]적합 [ ]부적합 [ ]해당없음	
	기동장치	부식·변형·손상의 유무	육 안	[ ]적합 [ ]부적합 [ ]해당없음	
		조작부 주위의 장애물의 유무	육 안	[ ]적합 [ ]부적합 [ ]해당없음	
		기능의 적부	작동확인	[ ]적합 [ ]부적합 [ ]해당없음	
기타사항					

분말소화설비 일반점검표

점검기간 :
점검자 :　　　　　　서명(또는 인)
설치자 :　　　　　　서명(또는 인)

제조소 등의 구분					제조소 등의 설치허가 연월일 및 완공검사번호	

소화설비의 호칭번호						

점검항목				점검내용	점검방법	점검결과	비 고
분말소화약제저장용기등	소화약제 저장용기			설치상황의 적부	육 안	[ ]적합 [ ]부적합 [ ]해당없음	
				변형·손상 유무	육 안	[ ]적합 [ ]부적합 [ ]해당없음	
	소화약제			양 및 내압의 적부	육안 및 압력측정	[ ]적합 [ ]부적합 [ ]해당없음	
	축압식	용기밸브		변형·손상·부식 유무	육 안	[ ]적합 [ ]부적합 [ ]해당없음	
				개폐상황의 적부	육 안	[ ]적합 [ ]부적합 [ ]해당없음	
		용기밸브 개방장치		변형·손상·부식 유무	육 안	[ ]적합 [ ]부적합 [ ]해당없음	
				기능의 적부	작동확인	[ ]적합 [ ]부적합 [ ]해당없음	
		지시압력계		변형·손상 유무 및 지시상황의 적부	육 안	[ ]적합 [ ]부적합 [ ]해당없음	
	가압식	방출밸브		변형·손상·부식의 유무	육 안	[ ]적합 [ ]부적합 [ ]해당없음	
				개폐상황의 적부	육 안	[ ]적합 [ ]부적합 [ ]해당없음	
		안전장치		변형·손상·부식의 유무	육 안	[ ]적합 [ ]부적합 [ ]해당없음	
		정압작동장치		변형·손상의 유무	육 안	[ ]적합 [ ]부적합 [ ]해당없음	
		가압가스용기등	용 기	설치상황의 적부 및 변형·손상 유무	육 안	[ ]적합 [ ]부적합 [ ]해당없음	
			가스량	양·내압의 적부	육안 및 압력측정	[ ]적합 [ ]부적합 [ ]해당없음	
			용기밸브	변형·손상·부식 유무	육 안	[ ]적합 [ ]부적합 [ ]해당없음	
				개폐상황의 적부	육 안	[ ]적합 [ ]부적합 [ ]해당없음	
			용기밸브 개방장치	변형·손상·부식 유무	육 안	[ ]적합 [ ]부적합 [ ]해당없음	
				기능의 적부	작동확인	[ ]적합 [ ]부적합 [ ]해당없음	
			압력조정기	변형·손상 유무 및 기능의 적부	육안 및 작동확인	[ ]적합 [ ]부적합 [ ]해당없음	
기동용가스용기등	용 기			변형·손상 유무	육 안	[ ]적합 [ ]부적합 [ ]해당없음	
				가스량의 적부	육 안	[ ]적합 [ ]부적합 [ ]해당없음	
	용기밸브			변형·손상·부식 유무	육 안	[ ]적합 [ ]부적합 [ ]해당없음	
				개폐상황의 적부	육 안	[ ]적합 [ ]부적합 [ ]해당없음	
	용기밸브개방장치			변형·손상·부식 유무	육 안	[ ]적합 [ ]부적합 [ ]해당없음	
				기능의 적부	작동확인	[ ]적합 [ ]부적합 [ ]해당없음	
	조작관			변형·손상·부식 유무	육 안	[ ]적합 [ ]부적합 [ ]해당없음	
선택밸브				손상·변형 유무	육 안	[ ]적합 [ ]부적합 [ ]해당없음	
				개폐상황 및 기능의 적부	작동확인	[ ]적합 [ ]부적합 [ ]해당없음	
기동장치	수동기동장치			조작부 주위의 장애물 유무	육 안	[ ]적합 [ ]부적합 [ ]해당없음	
				표지의 손상 유무 및 기재사항의 적부	육 안	[ ]적합 [ ]부적합 [ ]해당없음	
				기능의 적부	작동확인	[ ]적합 [ ]부적합 [ ]해당없음	
	자동기동장치	자동수동 전환장치		변형·손상 유무	육 안	[ ]적합 [ ]부적합 [ ]해당없음	
				기능의 적부	작동확인	[ ]적합 [ ]부적합 [ ]해당없음	
		화재감지장치		변형·손상 유무	육 안	[ ]적합 [ ]부적합 [ ]해당없음	
				감지장해 유무	육 안	[ ]적합 [ ]부적합 [ ]해당없음	
				기능의 적부	작동확인	[ ]적합 [ ]부적합 [ ]해당없음	
경보장치				변형·손상 유무	육 안	[ ]적합 [ ]부적합 [ ]해당없음	
				기능의 적부	작동확인	[ ]적합 [ ]부적합 [ ]해당없음	
압력스위치				단자의 풀림·탈락·손상 유무	육 안	[ ]적합 [ ]부적합 [ ]해당없음	
				기능의 적부	작동확인	[ ]적합 [ ]부적합 [ ]해당없음	
제어장치	제어반			변형·손상 유무	육 안	[ ]적합 [ ]부적합 [ ]해당없음	
				조작관리상 지장 유무	육 안	[ ]적합 [ ]부적합 [ ]해당없음	
	전원전압			전압의 지시상황 및 전원등의 점등상황의 적부	육안 및 작동확인	[ ]적합 [ ]부적합 [ ]해당없음	
	계기 및 스위치류			변형·손상 및 단자의 풀림·탈락 유무	육 안	[ ]적합 [ ]부적합 [ ]해당없음	
				개폐상황 및 기능의 적부	육안 및 작동확인	[ ]적합 [ ]부적합 [ ]해당없음	
	휴즈류			손상·용단 유무	육 안	[ ]적합 [ ]부적합 [ ]해당없음	
				종류·용량의 적부 및 예비품 유무	육 안	[ ]적합 [ ]부적합 [ ]해당없음	

구분			점검항목	점검방법	판정	
제어장치	차단기		단자의 풀림·탈락 유무	육 안	[ ]적합 [ ]부적합 [ ]해당없음	
			접점의 소손 유무	육 안	[ ]적합 [ ]부적합 [ ]해당없음	
			기능의 적부	작동확인	[ ]적합 [ ]부적합 [ ]해당없음	
	결선접속		풀림·탈락·피복손상 유무	육 안	[ ]적합 [ ]부적합 [ ]해당없음	
배관등	밸브류		변형·손상 유무	육 안	[ ]적합 [ ]부적합 [ ]해당없음	
			개폐상태 및 작동의 적부	작동확인	[ ]적합 [ ]부적합 [ ]해당없음	
	역류방지밸브		부착방향의 적부	육 안	[ ]적합 [ ]부적합 [ ]해당없음	
			기능의 적부	작동확인	[ ]적합 [ ]부적합 [ ]해당없음	
	배 관		누설·변형·손상·부식 유무	육 안	[ ]적합 [ ]부적합 [ ]해당없음	
	파괴판·안전장치		변형·손상·부식 유무	육 안	[ ]적합 [ ]부적합 [ ]해당없음	
	방출표시등		손상 유무	육 안	[ ]적합 [ ]부적합 [ ]해당없음	
			점등 상황의 적부	육 안	[ ]적합 [ ]부적합 [ ]해당없음	
	분사헤드		변형·손상·부식 유무	육 안	[ ]적합 [ ]부적합 [ ]해당없음	
이동식노즐	호스·호스릴·노즐		변형·손상 유무	육 안	[ ]적합 [ ]부적합 [ ]해당없음	
			부식 유무	육 안	[ ]적합 [ ]부적합 [ ]해당없음	
	노즐개폐밸브		변형·손상 유무	육 안	[ ]적합 [ ]부적합 [ ]해당없음	
			부식 유무	육 안	[ ]적합 [ ]부적합 [ ]해당없음	
			기능의 적부	작동확인	[ ]적합 [ ]부적합 [ ]해당없음	
예비동력원	자가발전설비	본 체	변형·손상 유무	육 안	[ ]적합 [ ]부적합 [ ]해당없음	
			회전부 등의 급유상태 적부	육 안	[ ]적합 [ ]부적합 [ ]해당없음	
			기능의 적부	작동확인	[ ]적합 [ ]부적합 [ ]해당없음	
			고정상태의 적부	육 안	[ ]적합 [ ]부적합 [ ]해당없음	
			이상소음·진동·발열 유무	육안 및 작동확인	[ ]적합 [ ]부적합 [ ]해당없음	
			절연저항치의 적부	저항측정	[ ]적합 [ ]부적합 [ ]해당없음	
		연료탱크	누설·부식·변형 유무	육 안	[ ]적합 [ ]부적합 [ ]해당없음	
			연료량의 적부	육 안	[ ]적합 [ ]부적합 [ ]해당없음	
			밸브개폐상태 및 기능의 적부	육안 및 작동확인	[ ]적합 [ ]부적합 [ ]해당없음	
		윤활유	현저한 노후의 유무 및 양의 적부	육 안	[ ]적합 [ ]부적합 [ ]해당없음	
		축전지	부식·변형·손상 유무	육 안	[ ]적합 [ ]부적합 [ ]해당없음	
			전해액량 및 단자전압의 적부	육안 및 전압측정	[ ]적합 [ ]부적합 [ ]해당없음	
		냉각장치	냉각수의 누수 유무	육 안	[ ]적합 [ ]부적합 [ ]해당없음	
			물의 양·상태의 적부	육 안	[ ]적합 [ ]부적합 [ ]해당없음	
			부식·변형·손상 유무	육 안	[ ]적합 [ ]부적합 [ ]해당없음	
			기능의 적부	작동확인	[ ]적합 [ ]부적합 [ ]해당없음	
		급배기장치	변형·손상 유무	육 안	[ ]적합 [ ]부적합 [ ]해당없음	
			주위의 가연물 유무	육 안	[ ]적합 [ ]부적합 [ ]해당없음	
			기능의 적부	작동확인	[ ]적합 [ ]부적합 [ ]해당없음	
	축전지설비		부식·변형·손상 유무	육 안	[ ]적합 [ ]부적합 [ ]해당없음	
			전해액량 및 단자전압의 적부	육안 및 전압측정	[ ]적합 [ ]부적합 [ ]해당없음	
			기능의 적부	작동확인	[ ]적합 [ ]부적합 [ ]해당없음	
	기동장치		부식·변형·손상 유무	육 안	[ ]적합 [ ]부적합 [ ]해당없음	
			조작부 주위의 장애물 유무	육 안	[ ]적합 [ ]부적합 [ ]해당없음	
			기능의 적부	작동확인	[ ]적합 [ ]부적합 [ ]해당없음	
기타사항						

자동화재탐지설비 일반점검표		점검기간 :			
		점검자 :	서명(또는 인)		
		설치자 :	서명(또는 인)		
제조소 등의 구분		제조소 등의 설치허가 연월일 및 완공검사번호			
탐지설비의 호칭번호					
점검항목	점검내용	점검방법	점검결과		비 고
감지기	변형·손상 유무	육 안	[ ]적합 [ ]부적합 [ ]해당없음		
	감지장해 유무	육 안	[ ]적합 [ ]부적합 [ ]해당없음		
	기능의 적부	작동확인	[ ]적합 [ ]부적합 [ ]해당없음		
중계기	변형·손상 유무	육 안	[ ]적합 [ ]부적합 [ ]해당없음		
	표시의 적부	육 안	[ ]적합 [ ]부적합 [ ]해당없음		
	기능의 적부	작동확인	[ ]적합 [ ]부적합 [ ]해당없음		
수신기 (통합조작반)	**변형·손상 유무**	**육 안**	[ ]적합 [ ]부적합 [ ]해당없음		
	표시의 적부	**육 안**	[ ]적합 [ ]부적합 [ ]해당없음		
	경계구역일람도의 적부	**육 안**	[ ]적합 [ ]부적합 [ ]해당없음		
	기능의 적부	**작동확인**	[ ]적합 [ ]부적합 [ ]해당없음		
주음향장치 지구음향장치	변형·손상 유무	육 안	[ ]적합 [ ]부적합 [ ]해당없음		
	기능의 적부	작동확인	[ ]적합 [ ]부적합 [ ]해당없음		
발신기	변형·손상 유무	육 안	[ ]적합 [ ]부적합 [ ]해당없음		
	기능의 적부	작동확인	[ ]적합 [ ]부적합 [ ]해당없음		
비상전원	변형·손상 유무	육 안	[ ]적합 [ ]부적합 [ ]해당없음		
	전환의 적부	작동확인	[ ]적합 [ ]부적합 [ ]해당없음		
배 선	변형·손상 유무	육 안	[ ]적합 [ ]부적합 [ ]해당없음		
	접속단자의 풀림·탈락 유무	육 안	[ ]적합 [ ]부적합 [ ]해당없음		
기타사항					

| 2017~2023년 | 과년도 기출복원문제 | 회독 CHECK 1 2 3 |
| 2024년 | 최근 기출복원문제 | 회독 CHECK 1 2 3 |

과년도 + 최근
기출복원문제

#기출유형 확인   #상세한 해설   #최종점검 테스트

※ 실기 과년도 문제는 수험자의 기억에 의해 문제를 복원된 것입니다. 실제 시행문제와 일부 상이할 수 있음을 알려드립니다.

01 제2류 위험물인 아연분에 대해 다음 각 물음에 답하시오.

(1) 공기 중 수분에 의한 화학반응식을 쓰시오.

(2) 염산과 반응할 경우 발생 기체는 무엇인가?

정답

(1) $Zn + 2H_2O \rightarrow Zn(OH)_2 + H_2$

(2) 수소(H_2)

해설

아연의 반응식

반응물질	반응식	발생 기체
수분(물)	$Zn + 2H_2O \rightarrow Zn(OH)_2 + H_2$	수소(H_2)
염산	$Zn + 2HCl \rightarrow ZnCl_2 + H_2$	수소(H_2)
황산	$Zn + H_2SO_4 \rightarrow ZnSO_4 + H_2$	수소(H_2)

02 다음 제4류 위험물의 화학식을 쓰시오.

(1) 에틸렌글라이콜

(2) 초산메틸(Methyl Acetate)

(3) 피리딘

정답

(1) CH_2OHCH_2OH

(2) CH_3COOCH_3

(3) C_5H_5N

해설

제4류 위험물의 화학식 등

종류	화학식	품명	지정수량
에틸렌글라이콜	CH_2OHCH_2OH	제3석유류(수용성)	4,000L
초산메틸	CH_3COOCH_3	제1석유류(비수용성)	200L
피리딘	C_5H_5N	제1석유류(수용성)	400L

03 과산화나트륨과 이산화탄소가 반응하였을 때와 과산화나트륨과 물이 반응하였을 때 공통적으로 생성되는 물질을 화학식으로 쓰시오.

O_2

해설

과산화나트륨의 반응식

반응물질	반응식	발생 기체
이산화탄소	$2Na_2O_2 + 2CO_2 \rightarrow 2Na_2CO_3 + O_2$	산소(O_2)
물	$2Na_2O_2 + 2H_2O \rightarrow 4NaOH + O_2$	산소(O_2)
염산	$Na_2O_2 + 2HCl \rightarrow 2NaCl + H_2O_2$	과산화수소(H_2O_2)

04 위험물안전관리법령상 제5류 위험물의 운반용기의 외부에 표시해야 하는 주의사항을 모두 쓰시오.

화기엄금, 충격주의

해설

운반 시 운반용기에 표시해야 하는 주의사항

종류	주의사항
제4류 위험물	화기엄금
제5류 위험물	화기엄금, 충격주의
제6류 위험물	가연물접촉주의

05 위험물제조소에는 "위험물제조소"라는 표시한 표지를 설치해야 한다. 이때의 기준에 대해 다음 각 물음에 답하시오.

(1) 표지의 크기 기준에 대해 쓰시오.

(2) 표지의 바탕색과 문자의 색상을 쓰시오.

(1) 한 변의 길이가 0.3m 이상, 다른 한 변의 길이가 0.6m 이상인 직사각형
(2) 바탕색 : 백색, 문자색 : 흑색

해설

위험물제조소의 표지기준

• 표지는 한 변의 길이가 0.3m 이상, 다른 한 변의 길이가 0.6m 이상인 직사각형으로 할 것
• 표지의 바탕은 백색으로, 문자는 흑색으로 할 것

06 위험물안전관리법령상 이동탱크저장소의 탱크는 강철판의 두께가 몇 mm 이상이어야 하는지 쓰시오.

3.2mm 이상

해설

이동탱크저장소의 두께

종류	탱크	안전칸막이	측면틀	방파판	방호틀
두께	3.2mm 이상	3.2mm 이상	3.2mm 이상	1.6mm 이상	2.3mm 이상

---

07 이황화탄소가 완전 연소할 때의 연소반응식을 쓰시오.

$CS_2 + 3O_2 \rightarrow CO_2 + 2SO_2$

해설

이황화탄소의 반응식

- 연소반응식 : $CS_2 + 3O_2 \rightarrow CO_2 + 2SO_2$
- 물과 반응 : $CS_2 + 2H_2O \rightarrow CO_2 + 2H_2S$

---

08 탄소 100kg을 완전 연소시키려면 표준상태에서 몇 m^3의 공기가 필요한지 구하시오(단, 공기는 질소 79vol%, 산소 21vol%로 되어 있다).

$888.90m^3$

해설

이론공기량

- 이론산소량

$$
\begin{array}{ccccc}
C & + & O_2 & \rightarrow & CO_2 \\
12kg & & 22.4m^3 & & \\
100kg & & x & &
\end{array}
$$

$$\therefore \ x = \frac{100kg \times 22.4m^3}{12kg} = 186.67\,m^3\,(이론산소량)$$

- 이론공기량

$$\frac{186.67m^3}{0.21} = 888.90m^3$$

09 제4류 위험물 중 위험등급 I 과 위험등급 II 에 해당하는 위험물안전관리법령상 품명을 구분하여 모두 쓰시오.

(1) 위험등급 I

(2) 위험등급 II

해설

제4류 위험물의 위험등급

구분	품명
위험등급 I	특수인화물
위험등급 II	제1석유류, 알코올류
위험등급 III	제2석유류, 제3석유류, 제4석유류, 동식물유류

정답

(1) 특수인화물

(2) 제1석유류, 알코올류

10 다음 분말소화약제의 주성분을 분자식으로 쓰시오.

(1) 제1종 분말소화약제

(2) 제2종 분말소화약제

(3) 제3종 분말소화약제

해설

분말소화약제

종류	주성분	착색	적응화재	열분해반응식
제1종 분말	탄산수소나트륨 ($NaHCO_3$)	백색	B, C급	$2NaHCO_3 \rightarrow$ $Na_2CO_3 + CO_2 + H_2O$
제2종 분말	탄산수소칼륨 ($KHCO_3$)	담회색	B, C급	$2KHCO_3 \rightarrow$ $K_2CO_3 + CO_2 + H_2O$
제3종 분말	제일인산암모늄 ($NH_4H_2PO_4$)	담홍색	A, B, C급	$NH_4H_2PO_4 \rightarrow$ $HPO_3 + NH_3 + H_2O$
제4종 분말	탄산수소칼륨 + 요소 ($KHCO_3 + (NH_2)_2CO$)	회색	B, C급	$2KHCO_3 + (NH_2)_2CO \rightarrow$ $K_2CO_3 + 2NH_3 + 2CO_2$

정답

(1) $NaHCO_3$

(2) $KHCO_3$

(3) $NH_4H_2PO_4$

11 위험물안전관리법령상 위험물은 지정수량의 몇 배를 1소요단위로 하는가?

해설

위험물 1소요단위 : 지정수량의 10배

정답

10배

12 금속나트륨과 에틸알코올이 반응할 때 수소를 발생하는 화학반응식을 쓰시오.

$2Na + 2C_2H_5OH \rightarrow 2C_2H_5ONa + H_2$

해설

나트륨의 반응식

반응물질	반응식	발생 기체
에틸알코올	$2Na + 2C_2H_5OH \rightarrow 2C_2H_5ONa + H_2$	수소(H_2)
물	$2Na + 2H_2O \rightarrow 2NaOH + H_2$	수소(H_2)
이산화탄소	$4Na + 3CO_2 \rightarrow 2Na_2CO_3 + C$	수소(H_2)

13 탄화칼슘 1mol과 물 2mol이 반응할 때 생성되는 기체를 쓰고 그 기체는 표준상태를 기준으로 몇 L가 생성되는지 구하시오.

(1) 생성 기체

(2) 생성량(L)

(1) 아세틸렌
(2) 22.4L

해설

탄화칼슘과 물의 반응

$CaC_2 + 2H_2O \rightarrow Ca(OH)_2 + C_2H_2$(아세틸렌)

1mol ――――――― 22.4L

1mol ――――――― x

$\therefore x = \dfrac{1mol \times 22.4L}{1mol} = 22.4L$

14 위험물제조소에서 하이드록실아민의 최대취급수량 900kg을 취급하고자 할 때 위험물안전관리법령상 안전거리(m)를 얼마 이상 두어야 하는가?

106.29m 이상

해설

하이드록실아민의 안전거리

$D = 51.1 \times \sqrt[3]{N}$

여기서, N : 지정수량의 배수($\dfrac{900kg}{100kg} = 9$배)

※ 하이드록실아민의 지정수량 : 100kg

$\therefore D = 51.1 \times \sqrt[3]{N} = 51.1 \times \sqrt[3]{9} = 106.29m$

15 위험물안전관리법령상 이황화탄소의 품명과 지정수량을 적으시오.

• 품명 : 특수인화물
• 지정수량 : 50L

해설
이황화탄소

화학식	품명	지정수량
CS_2	제4류 위험물 특수인화물	50L

16 위험물옥외탱크저장소의 방유제에 대한 다음 각 물음에 답하시오.

(1) 방유제의 두께는 (㉠)m 이상으로 하고, 높이는 (㉡)m 이상 (㉢)m 이하로 할 것
(2) 방유제 내의 면적은 (㉣)m² 이하로 할 것

㉠ 0.2
㉡ 0.5
㉢ 3
㉣ 80,000

해설
위험물옥외탱크저장소의 방유제의 기준

항목	기준
두께	0.2m 이상
높이	0.5m 이상 3m 이하
지하매설깊이	1m 이상
면적	80,000m² 이하

17 다음 [보기]에서 제6류 위험물의 화재에 적응성이 없는 소화기를 모두 적으시오.

┌ 보기 ┐
기계포소화기, 강화액소화기, 할로겐화합물소화기

할로겐화합물소화기

해설
제6류 위험물은 기계포소화기, 강화액소화기 등 수계소화기가 적합하고 할로겐화합물소화기는 적합하지 않다.

18 위험물안전관리법령상 판매취급소에 대하여 다음 물음에 답하시오.

(1) 제2종 판매취급소의 벽, 기둥, 바닥, 보는 어떤 구조로 해야 하는지 쓰시오.

(2) 제2종 판매취급소의 천장은 어떤 재료로 해야 하는지 쓰시오.

정답
(1) 내화구조
(2) 불연재료

해설
제2종 판매취급소
• 벽, 기둥, 바닥, 보 : 내화구조
• 천장이 있는 경우 : 불연재료
• 판매취급소로 사용되는 부분과 다른 부분과의 격벽 : 내화구조

---

19 위험물안전관리법령상 주유취급소에서 보유해야 할 주유공지의 너비와 길이 기준을 적으시오.

정답
• 너비 15m 이상
• 길이 6m 이상

해설
주유취급소의 주유공지 : 너비 15m 이상, 길이 6m 이상

---

20 이황화탄소 1mol이 연소 시 발생하는 이론공기량(L)을 구하시오(단, 공기 중의 산소는 21vol%이다).

정답
320L

해설
이론공기량

$$CS_2 \quad + \quad 3O_2 \quad \rightarrow \quad CO_2 \quad + \quad 2SO_2$$

1mol ╲╱ 3 × 22.4L
1mol ╱╲ x

$x = \dfrac{1\text{mol} \times 3 \times 22.4\text{L}}{1\text{mol}} = 67.2\text{L}$ (이론산소량)

∴ 이론공기량 = 67.2L ÷ 0.21 = 320L

※ 표준상태에서 기체 1mol이 차지하는 부피 : 22.4L

01 제5류 위험물 제조소의 주의사항 게시판에 대한 다음 각 물음에 답하시오.

(1) 게시판의 바탕색을 쓰시오.

(2) 게시판의 문자색을 쓰시오.

(3) 표시해야 하는 주의사항을 쓰시오.

해설

제조소 등의 주의사항

위험물의 종류	주의사항	게시판의 색상
• 제2류 위험물 중 인화성 고체 • 제3류 위험물 중 자연발화성 물질 • 제4류 위험물 • 제5류 위험물	화기엄금	적색바탕에 백색문자

정답

(1) 적색

(2) 백색

(3) 화기엄금

02 다음 위험물의 지정수량을 쓰시오.

(1) $C_2H_5OC_2H_5$

(2) $(CH_3)_2CHOH$

(3) 동식물유류

해설

위험물의 지정수량

항목 \ 종류	$C_2H_5OC_2H_5$	$(CH_3)_2CHOH$	동식물유류
명칭	다이에틸에터	아이소프로필알코올	동식물유류
품명	특수인화물	알코올류	동식물유류
지정수량	50L	400L	10,000L

정답

(1) 50L

(2) 400L

(3) 10,000L

03 과산화나트륨과 물이 반응하여 산소를 생성하는 화학반응식을 쓰 시오.

정답

$2Na_2O_2 + 2H_2O \rightarrow 4NaOH + O_2$

해설
과산화나트륨의 반응식

반응물질	반응식	발생 기체
분해반응식	$2Na_2O_2 \rightarrow 2Na_2O + O_2$	산소(O_2)
물	$2Na_2O_2 + 2H_2O \rightarrow 4NaOH + O_2$	산소(O_2)
이산화탄소	$2Na_2O_2 + 2CO_2 \rightarrow 2Na_2CO_3 + O_2$	산소(O_2)

04 제3류 위험물 중 위험등급Ⅲ에 해당하는 위험물 품명의 지정수량이 얼마인지 쓰시오.

정답
300kg

해설
제3류 위험물

성질	품명	위험등급	지정수량
자연발화성 물질 및 금수성 물질	칼륨, 나트륨, 알킬알루미늄, 알킬리튬	Ⅰ	10kg
	황린	Ⅰ	20kg
	금속의 수소화물, 금속의 인화물, 칼슘 또는 알루미늄의 탄화물	Ⅲ	300kg

05 위험물안전관리법령상 지하저장탱크를 2 이상 인접해 설치하려 할 때 그 상호 간의 간격은 얼마 이상으로 해야 하는지 쓰시오(단, 전체 수량은 지정수량의 200배이다).

정답
1m 이상

해설
지하저장탱크를 2 이상 인접해 설치하는 경우
• 지정수량 100배 이하 : 0.5m 이상 간격 유지
• 지정수량 100배 초과 : 1m 이상 간격 유지

06 [보기]에서 질산에스터류에 해당하는 물질을 모두 쓰시오.

┌보기┐
트라이나이트로톨루엔, 나이트로셀룰로스, 나이트로글리세린,
테트릴, 피크르산
└────┘

나이트로셀룰로스, 나이트로글리세린

해설
제5류 위험물의 분류

품명	종류	지정수량
질산에스터류	나이트로셀룰로스, 나이트로글리세린	10kg
나이트로화합물	트라이나이트로톨루엔(TNT), 테트릴, 트라이나이트로페놀(피크르산)	10kg

07 과산화수소 1,200kg, 질산 600kg, 과염소산 900kg을 같은 장소에 저장하려 한다. 각 위험물의 지정수량 배수의 총합을 구하시오.

정답

9배

해설
지정수량의 배수
• 제6류 위험물의 지정수량

품명	과산화수소	질산	과염소산
지정수량	300kg	300kg	300kg

• 지정수량의 배수 $= \dfrac{\text{저장수량}}{\text{지정수량}} + \dfrac{\text{저장수량}}{\text{지정수량}} + \cdots$

$= \dfrac{1,200kg}{300kg} + \dfrac{600kg}{300kg} + \dfrac{900kg}{300kg} = 9배$

08 다음 위험물안전관리법령상 품명을 쓰시오.

(1) 아세트알데하이드

(2) 아닐린

(3) 톨루엔

정답

(1) 특수인화물

(2) 제3석유류(비수용성)

(3) 제1석유류(비수용성)

해설
제4류 위험물

종류 항목	아세트알데하이드	아닐린	톨루엔
화학식	CH_3CHO	$C_6H_5NH_2$	$C_6H_5CH_3$
품명	특수인화물	제3석유류(비수용성)	제1석유류(비수용성)
지정수량	50L	2,000L	200L

09 적린의 연소 시 흰 연기를 생성하는 물질의 화학반응식을 쓰시오.

정답

$4P + 5O_2 \rightarrow 2P_2O_5$

해설

적린의 연소반응식

$4P + 5O_2 \rightarrow 2P_2O_5$
(오산화인, 흰 연기 발생)

---

10 [보기]의 설명 중 과염소산에 대한 내용으로 옳은 것을 모두 선택하여 그 번호를 쓰시오.

정답
③, ⑥

┤보기├

① 분자량은 약 78이다.

② 분자량은 약 63이다.

③ 무색의 액체이다.

④ 짙은 푸른색을 나타내는 액체이다.

⑤ 농도가 36wt% 미만인 것은 위험물에 해당하지 않는다.

⑥ 가열 분해 시 유독한 HCl을 발생한다.

해설

과염소산

• 분자량 : $HClO_4(100.5)$

• 무색 무취의 유동하기 쉬운 액체이다.

• 가열 분해반응식 : $HClO_4 \rightarrow HCl + 2O_2$
(염산, 염화수소)

※ 분자량 H_2O_2 : 34, HNO_3 : 63

---

11 알루미늄 분말과 고온의 물이 반응하여 수소를 발생하는 화학반응식을 쓰시오.

정답
$2Al + 6H_2O \rightarrow 2Al(OH)_3 + 3H_2$

해설

알루미늄의 반응식

반응물질	반응식	발생 기체
물	$2Al + 6H_2O \rightarrow 2Al(OH)_3 + 3H_2$	수소(H_2)
염산	$2Al + 6HCl \rightarrow 2AlCl_3 + 3H_2$	수소(H_2)

12 A, B, C급 화재에 적응성이 있는 분말소화약제의 열분해반응식을 쓰시오.

$NH_4H_2PO_4 \rightarrow HPO_3 + NH_3 + H_2O$

해설

분말소화약제의 열분해반응식

종류	주성분	착색	적응화재	열분해반응식
제1종 분말	탄산수소나트륨 (NaHCO₃)	백색	B, C급	$2NaHCO_3 \rightarrow Na_2CO_3 + CO_2 + H_2O$
제2종 분말	탄산수소칼륨 (KHCO₃)	담회색	B, C급	$2KHCO_3 \rightarrow K_2CO_3 + CO_2 + H_2O$
제3종 분말	제일인산암모늄 (NH₄H₂PO₄)	담홍색	A, B, C급	$NH_4H_2PO_4 \rightarrow HPO_3 + NH_3 + H_2O$

13 톨루엔을 진한 황산과 진한 질산으로 나이트로화 시키면 탈수되면서 무엇이 생성되는지 쓰시오.

트라이나이트로톨루엔(TNT)

해설

TNT의 구조식 및 제법 : 톨루엔을 진한 질산과 진한 황산으로 나이트로화시키면 TNT(트라이나이트로톨루엔)가 생성된다.

14 위험물안전관리법령상 글리세린에 대하여 다음 물음에 답하시오.

(1) 몇 가 알코올인지 쓰시오.

(2) 품명과 지정수량을 쓰시오.

(1) 3가

(2) 품명 : 제3석유류(수용성)

지정수량 : 4,000L

해설

글리세린

• 물성

종류	화학식	품명	지정수량	위험등급	알코올의 가수
글리세린	C₃H₅(OH)₃	제3석유류 (수용성)	4,000L	III	3가

• 구조식(OH가 3개이므로 3가 알코올이다)

```
CH₂ − OH
 |
CH  − OH
 |
CH₂ − OH
```

15 마그네슘이 온수와 반응하여 수소를 발생시키는 화학반응식을 쓰시오.

정답

$Mg + 2H_2O \rightarrow Mg(OH)_2 + H_2$

해설
마그네슘과 물의 반응식
$Mg + 2H_2O \rightarrow Mg(OH)_2 + H_2$

16 탄화칼슘과 물이 반응하여 가연성 가스가 발생하는 반응식을 쓰시오.

정답

$CaC_2 + 2H_2O \rightarrow Ca(OH)_2 + C_2H_2$

해설
탄화칼슘(CaC_2)은 물과 반응하면 수산화칼슘[$Ca(OH)_2$]과 가연성 가스인 아세틸렌(C_2H_2)가스를 생성한다.
$CaC_2 + 2H_2O \rightarrow Ca(OH)_2 + C_2H_2$

17 인화성 고체를 취급하는 위험물제조소의 주의사항 게시판에 대해 다음 각 물음에 답하시오.

(1) 주의사항 게시판

(2) 바탕색

(3) 문자색

정답

(1) 화기엄금

(2) 적색

(3) 백색

해설
제조소 등의 주의사항

위험물의 종류	주의사항	게시판의 색상
• 제2류 위험물 중 인화성 고체 • 제3류 위험물 중 자연발화성 물질 • 제4류 위험물 • 제5류 위험물	화기엄금	적색바탕에 백색문자

18 위험물안전관리법령상 옥외저장소에 선반을 설치하고자 할 때 높이는 얼마를 초과하지 않아야 하는지 쓰시오.

정답

6m

해설
옥외저장소에 설치하는 선반의 높이는 6m를 초과하지 않을 것

19 벤젠과 아세톤에 각각 불을 붙여 물로 소화하고자 한다. 아세톤은 물로 소화가 가능하나 벤젠은 소화되지 않고 연소가 지속되는 이유를 쓰시오.

정답
아세톤은 물로 소화하면 아세톤의 농도가 떨어져서 소화가 가능하나, 벤젠은 물보다 가볍고 물에 녹지 않아서 상부층의 벤젠이 계속 연소한다.

해설
아세톤은 물에 무수히 녹으므로 물로 소화하면 아세톤의 농도가 떨어져서 소화가 가능하나, 벤젠은 비중이 0.9로서 물보다 가볍고 물에 녹지 않아서 상부층의 벤젠이 계속 연소한다.

20 이동탱크저장소에 대한 내용이다. 다음 (   ) 안에 적당한 말이나 숫자를 쓰시오.

(1) 이동저장탱크는 그 내부에 (㉠)L 이하마다 (㉡)mm 이상의 강철판 또는 이와 동등 이상의 강도·내열성 및 내식성이 있는 금속성의 것으로 칸막이를 설치해야 한다. 방파판은 두께 (㉢)mm 이상의 강철판 또는 이와 동등 이상의 강도·내열성 및 내식성이 있는 금속성의 것으로 할 것

(2) 방호틀의 두께 (㉣)mm 이상의 강철판 또는 이와 동등 이상의 기계적 성질이 있는 재료로서 산모양의 형상으로 하거나 이와 동등 이상의 강도가 있는 형상으로 할 것

정답
㉠ 4,000
㉡ 3.2
㉢ 1.6
㉣ 2.3

해설
이동탱크저장소
• 칸막이 : 탱크 전복 시 탱크의 일부가 파손되더라도 위험물의 전량 유출을 방지하기 위하여 4,000L 이하마다 3.2mm 이상의 강철판으로 설치할 것
• 방파판 : 위험물 운송 중 내부의 위험물의 출렁임, 쏠림 등을 완화하여 차량의 안전 확보를 위하여 두께 1.6mm 이상의 강철판 또는 이와 동등 이상의 강도·내열성 및 내식성이 있는 금속성의 것으로 할 것
• 방호틀 : 두께 2.3mm 이상의 강철판 또는 이와 동등 이상의 기계적 성질이 있는 재료로서 산모양의 형상으로 하거나 이와 동등 이상의 강도가 있는 형상으로 할 것

01 위험물안전관리법령상 제4류 위험물 중 일부 품명에 속하는 위험물의 이동탱크저장소에는 기준에 의하여 접지도선을 설치해야 한다. 이에 해당하는 위험물안전관리법령상 품명을 모두 쓰시오.

정답
특수인화물, 제1석유류, 제2석유류

해설
이동탱크저장소의 접지도선 : 특수인화물, 제1석유류, 제2석유류

02 옥내소화전설비의 설치기준에 대해 다음 ( ) 안에 알맞은 수치를 쓰시오.

> 옥내소화전은 제조소 등의 건축물의 층마다 해당 층의 각 부분에서 하나의 호스접속구까지의 수평거리가 (㉠)m 이하가 되도록 설치할 것. 이 경우 옥내소화전은 각 층의 출입구 부근에 (㉡)개 이상 설치해야 한다.

정답
㉠ 25
㉡ 1

해설
옥내소화전설비의 설치기준
- 옥내소화전은 제조소 등의 건축물의 층마다 해당 층의 각 부분에서 하나의 호스접속구까지의 수평거리가 25m 이하가 되도록 설치할 것. 이 경우 옥내소화전은 각 층의 출입구 부근에 1개 이상 설치해야 한다.
- 수원의 수량은 옥내소화전이 가장 많이 설치된 층의 옥내소화전 설치개수(설치개수가 5개 이상인 경우는 5개)에 7.8m^{3}를 곱한 양 이상이 되도록 설치할 것
- 옥내소화전설비는 각 층을 기준으로 하여 해당 층의 모든 소화전(설치개수가 5개 이상인 경우는 5개의 옥내소화전)을 동시에 사용할 경우에 각 노즐 끝부분의 방수압력이 350kPa 이상이고 방수량은 260L/min 이상의 성능이 되도록 할 것

03 수소화나트륨이 습한 공기 중에서 물과 반응하여 수소기체를 발생하는 반응식을 쓰시오.

정답
$NaH + H_2O \rightarrow NaOH + H_2$

해설
수소화나트륨(NaH)과 물이 반응하면 가연성 가스인 수소(H_2)를 발생한다.
$NaH + H_2O \rightarrow NaOH + H_2 \uparrow$

04 아세트알데하이드 등의 저장기준에 대하여 다음 (   ) 안에 알맞은 용어나 수치를 쓰시오.

(1) 보냉장치가 있는 이동저장탱크에 저장하는 경우 아세트알데하이드 등의 온도는 해당 위험물의 (   ) 이하로 유지할 것

(2) 보냉장치가 없는 이동저장탱크에 저장하는 경우 아세트알데하이드 등의 온도는 (   )℃ 이하로 유지할 것

정답
(1) 비점
(2) 40

해설
아세트알데하이드 등 또는 다이에틸에터 등을 이동저장탱크에 저장하는 경우
• 보냉장치가 있는 경우 : 비점 이하
• 보냉장치가 없는 경우 : 40℃ 이하

05 제6류 위험물의 옥내탱크저장소의 기준에 대하여 다음 각 물음에 답하시오.

(1) 옥내저장탱크와 탱크전용실의 벽과의 사이 및 옥내저장탱크의 상호 간에는 몇 m 이상의 간격을 유지해야 하는지 쓰시오(단, 탱크의 점검 및 보수에 지장이 없는 경우는 제외한다).

(2) 옥내저장탱크의 용량은 지정수량의 몇 배 이하이어야 하는지 쓰시오.

정답
(1) 0.5m 이상
(2) 40배 이하

해설
옥내탱크저장소의 기준(시행규칙 별표 7)
• 옥내저장탱크의 탱크전용실은 단층 건축물에 설치할 것
• 옥내저장탱크와 탱크전용실의 벽과의 사이 및 옥내저장탱크의 상호 간에는 0.5m 이상의 간격을 유지할 것
• 옥내저장탱크의 용량(동일한 탱크전용실에 2 이상 설치하는 경우에는 각 탱크의 용량의 합계)은 지정수량의 40배(제4석유류 및 동식물유류 외의 제4류 위험물 : 20,000L를 초과할 때에는 20,000L) 이하일 것

06 [보기]의 물질 중 위험물안전관리법령상 제1석유류에 속하는 물질을 모두 쓰시오.

┤보기├

아세트산, 폼산, 아세톤, 클로로벤젠, 에틸벤젠, 경유

정답

아세톤, 에틸벤젠

해설

제4류 위험물의 분류

종류	품명	지정수량
아세트산	제2석유류(수용성)	2,000L
폼산	제2석유류(수용성)	2,000L
아세톤	제1석유류(수용성)	400L
클로로벤젠	제2석유류(비수용성)	1,000L
에틸벤젠	제1석유류(비수용성)	200L
경유	제2석유류(비수용성)	1,000L

07 황 32g을 완전 연소시킬 때 27℃에서 몇 L의 SO_2가 생성되는지 구하시오(단, 압력은 1atm이고, 황의 원자량은 32이다).

정답

24.62L

해설

• 이산화황(SO_2)의 무게

$$S \quad + \quad O_2 \quad \rightarrow \quad SO_2$$

32g 　　　　　　　 64g

32g 　　　　　　　 x

$\therefore x = \dfrac{32g \times 64g}{32g} = 64g$

• 이상기체 상태방정식

$$PV = \frac{W}{M}RT, \qquad V = \frac{WRT}{PM}$$

여기서, P : 압력(1atm)

　　　　M : 분자량($SO_2 = 32 + (2 \times 16) = 64g/g\text{-}mol$)

　　　　W : 무게(64g)

　　　　T : 절대온도(273 + 27℃ = 300K)

　　　　R : 기체상수(0.08205L · atm/g-mol · K)

　　　　V : 부피(L)

$\therefore V = \dfrac{WRT}{PM} = \dfrac{64g \times 0.08205L \cdot atm/g-mol \cdot K \times 300K}{1atm \times 64g/g-mol} = 24.62L$

08 다음의 Halon 번호에 해당하는 화학식을 쓰시오.

(1) Halon 2402

(2) Halon 1211

정답
(1) $C_2F_4Br_2$

(2) CF_2ClBr

해설
할로젠화합물소화약제

종류	할론 1301	할론 1211	할론 2402	할론 1011
화학식	CF_3Br	CF_2ClBr	$C_2F_4Br_2$	CH_2ClBr

09 다음 각 종별에 따른 분말소화약제의 주성분을 쓰시오.

(1) 제1종 분말

(2) 제2종 분말

(3) 제3종 분말

정답
(1) $NaHCO_3$(탄산수소나트륨)

(2) $KHCO_3$(탄산수소칼륨)

(3) $NH_4H_2PO_4$(제일인산암모늄)

해설
분말소화약제

종류	주성분	착색(분말의 색)	적응화재
제1종 분말	$NaHCO_3$ (탄산수소나트륨, 중탄산나트륨)	백색	B, C급
제2종 분말	$KHCO_3$ (탄산수소칼륨, 중탄산칼륨)	담회색	B, C급
제3종 분말	$NH_4H_2PO_4$ (인산암모늄, 제일인산암모늄)	담홍색	A, B, C급
제4종 분말	$KHCO_3 + (NH_2)_2CO$ (탄산수소칼륨 + 요소)	회색	B, C급

10 제6류 위험물 운반용기의 외부에 표시하는 주의사항을 쓰시오.

정답
가연물접촉주의

해설
제6류 위험물 운반용기의 주의사항 : 가연물접촉주의

11 위험물안전관리법령상 제4류 위험물과 같이 적재하여 운반해도 되는 위험물은 제 몇 류 위험물인지 모두 쓰시오(단, 지정수량의 10배인 경우이다).

제2류 위험물, 제3류 위험물, 제5류 위험물

해설

운반 시 위험물의 혼재 가능 기준

위험물의 구분	제1류	제2류	제3류	제4류	제5류	제6류
제1류		×	×	×	×	○
제2류	×		×	○	○	×
제3류	×	×		○	×	×
제4류	×	○	○		○	×
제5류	×	○	×	○		×
제6류	○	×	×	×	×	

12 벤젠에 대한 다음 각 물음에 답하시오.

(1) 증기비중을 구하시오(계산과정 포함).

(2) 완전 연소반응식을 쓰시오.

(3) 위험물안전관리법령상 지정수량은 얼마인지 쓰시오.

(1) 증기비중 $= \dfrac{\text{분자량}}{29} = \dfrac{78}{29} = 2.69$

(2) $2C_6H_6 + 15O_2 \rightarrow 12CO_2 + 6H_2O$

(3) 200L

해설

벤젠

• 증기비중

화학식	분자량	지정수량	비중	융점	인화점	착화점	연소범위
C_6H_6	78	200L	0.95	7℃	−11℃	498℃	1.4~8.0%

증기비중 $= \dfrac{\text{분자량}}{29} = \dfrac{78}{29} = 2.69$

• 완전 연소반응식 : $2C_6H_6 + 15O_2 \rightarrow 12CO_2 + 6H_2O$

• 지정수량 : 제4류 위험물 제1석유류(비수용성)로 200L이다.

13 다음 각 위험물의 시성식을 쓰시오.

(1) 폼산메틸(Methyl Formate)

(2) 메틸에틸케톤(Methyl Ethyl Keton)

(3) 톨루엔(Toluene)

해설

제4류 위험물의 시성식 등

종류	폼산메틸	메틸에틸케톤	톨루엔
시성식	$HCOOCH_3$	$CH_3COC_2H_5$	$C_6H_5CH_3$
품명	제1석유류(수용성)	제1석유류(비수용성)	제1석유류(비수용성)
지정수량	400L	200L	200L

정답

(1) $HCOOCH_3$

(2) $CH_3COC_2H_5$

(3) $C_6H_5CH_3$

14 Al 분말이 150μm의 체를 통과하는 것이 몇 wt% 이상일 때 위험물로 보는가?

해설

금속분 : 알칼리금속, 알칼리토류금속, 철, 마그네슘 외의 금속의 분말(구리분, 니켈분 및 150μm의 체를 통과하는 것이 50wt% 미만인 것은 제외)

• 철, 마그네슘 외의 금속의 분말 : 알루미늄(Al), 아연, 타이타늄, 코발트분말

• 제2류 위험물 : 150μm의 체를 통과하는 것이 50wt% 이상인 것

정답

50wt% 이상

15 나트륨(Na)을 옥내저장소에 저장한다면 게시판에 표시해야 하는 주의사항과 표지의 바탕색과 문자의 색상을 쓰시오.

해설

옥내저장소 게시판의 주의사항

위험물의 종류	주의사항	게시판의 색상
• 제1류 위험물 중 알칼리금속의 과산화물 • 제3류 위험물 중 금수성 물질(나트륨)	물기엄금	청색바탕에 백색문자

정답

• 주의사항 : 물기엄금

• 바탕색 : 청색

• 문자색 : 백색

16 제1류 위험물인 Na_2O_2(과산화나트륨)과 물의 반응식을 쓰시오.

> **정답**
>
> $2Na_2O_2 + 2H_2O \longrightarrow 4NaOH + O_2$

해설

과산화나트륨의 반응식

반응물질	반응식	발생 기체
이산화탄소	$2Na_2O_2 + 2CO_2 \longrightarrow 2Na_2CO_3 + O_2$	산소(O_2)
물	$2Na_2O_2 + 2H_2O \longrightarrow 4NaOH + O_2$	산소(O_2)
염산	$Na_2O_2 + 2HCl \longrightarrow 2NaCl + H_2O_2$	과산화수소(H_2O_2)

17 제3류 위험물인 탄화칼슘(CaC_2)에 대해 다음 각 물음에 답하시오.

(1) 물과 반응할 때 반응식을 쓰시오.

(2) 물과 반응 시 발생하는 가스의 연소범위를 쓰시오.

> **정답**
>
> (1) $CaC_2 + 2H_2O \longrightarrow Ca(OH)_2 + C_2H_2$
>
> (2) 2.5~81%

해설

탄화칼슘(CaC_2)

• 물과 반응 : $CaC_2 + 2H_2O \longrightarrow Ca(OH)_2 + C_2H_2$
• 발생하는 가스
 – 명칭 : 아세틸렌(C_2H_2)
 – 연소범위 : 2.5~81%
 – 위험도 $= \dfrac{\text{상한값} - \text{하한값}}{\text{하한값}} = \dfrac{81 - 2.5}{2.5} = 31.4$

18 에틸알코올이 1mol이 완전 연소할 때 필요한 산소의 몰수와 반응식을 쓰시오.

> **정답**
>
> • 산소의 몰수 : 3mol
> • 반응식 : $C_2H_5OH + 3O_2 \longrightarrow 2CO_2 + 3H_2O$

해설

에틸알코올의 연소반응식

$C_2H_5OH + 3O_2 \longrightarrow 2CO_2 + 3H_2O$

19 알킬알루미늄 저장탱크에 질소 봉입장치를 설치하는 이유를 쓰시오.

정답

폭발(자연발화) 방지

해설

알킬알루미늄은 공기 중에서 자연발화의 위험이 있으므로 폭발을 방지하기 위해 질소 등 불활성 기체를 투입하여 봉입한다.

20 지하저장탱크의 주위에는 해당 탱크로부터 액체위험물의 누설을 검사하기 위한 관에 대한 위험물안전관리법령상 설치기준 2가지를 쓰시오.

정답

• 이중관으로 할 것. 다만, 소공이 없는 상부는 단관으로 할 수 있다.
• 재료는 금속관 또는 경질합성수지관으로 할 것

해설

지하저장탱크의 누설을 검사하기 위한 관의 설치기준
• 이중관으로 할 것. 다만, 소공이 없는 상부는 단관으로 할 수 있다.
• 재료는 금속관 또는 경질합성수지관으로 할 것
• 관은 탱크 전용실의 바닥 또는 탱크의 기초까지 닿게 할 것
• 관의 밑부분으로부터 탱크의 중심 높이까지의 부분에는 소공이 뚫려 있을 것. 다만, 지하수위가 높은 장소에 있어서는 지하수위 높이까지의 부분에 소공이 뚫려 있어야 한다.

01 위험물제조소의 옥외에 용량이 500L와 200L인 액체위험물(이황화탄소 제외) 취급탱크 2기가 있다. 2기의 탱크 주위에 하나의 방유제를 설치하는 경우 방유제의 용량은 얼마 이상인지 구하시오(단, 지정수량 이상을 취급하는 경우이다).

정답

270L 이상

해설

위험물제조소의 옥외에 있는 위험물 취급탱크의 방유제 용량
- 하나의 취급탱크 주위에 설치하는 방유제의 용량 : 해당 탱크용량의 50% 이상
- 2 이상의 취급탱크 주위에 하나의 방유제를 설치하는 경우 방유제의 용량 : 해당 탱크 중 용량이 최대인 것의 50%에 나머지 탱크용량 합계의 10%를 가산한 양 이상이 되게 할 것
∴ 방유제의 용량 = (500L × 0.5) + (200L × 0.1) = 270L

02 다음 [보기]에서 설명하는 위험물의 완전 연소반응식을 쓰시오.

정답

$4K + O_2 \rightarrow 2K_2O$

┌ 보기 ┐
- 은백색의 광택이 있는 경금속이다.
- 무른 금속이다.
- 원자량은 39, 비중은 약 0.86이다.

해설

칼륨
- 물성

화학식	원자량	비중	융점	불꽃색상
K	39	0.86	63.7℃	보라색

- 은백색의 광택이 있는 무른 경금속으로 보라색 불꽃을 내면서 연소한다.
  - 연소반응식 : $4K + O_2 \rightarrow 2K_2O$
  - 물과 반응 : $2K + 2H_2O \rightarrow 2KOH + H_2$

03 경유 600L, 중유 200L, 등유 300L, 톨루엔 400L를 보관하고 있다. 위험물안전관리법령상 각 위험물의 지정수량 배수의 총합은 얼마인지 구하시오.

3.0배

해설

지정수량의 배수
• 위험물의 지정수량

종류	품명	지정수량
경유	제2석유류(비수용성)	1,000L
중유	제3석유류(비수용성)	2,000L
등유	제2석유류(비수용성)	1,000L
톨루엔	제1석유류(비수용성)	200L

• 지정수량의 배수 $= \dfrac{\text{저장수량}}{\text{지정수량}} + \dfrac{\text{저장수량}}{\text{지정수량}} + \cdots$

$$= \frac{600L}{1,000L} + \frac{200L}{2,000L} + \frac{300L}{1,000L} + \frac{400L}{200L} = 3.0\text{배}$$

04 다음 각 물질의 주된 연소형태 1가지를 [보기]에서 선택하여 쓰시오.

┌ 보기 ┐

표면연소, 분해연소, 증발연소, 자기연소, 예혼합연소, 확산연소

(1) 나프탈렌

(2) 석탄

(3) 금속분

(1) 증발연소

(2) 분해연소

(3) 표면연소

해설

고체의 연소
• 표면연소 : 목탄, 코크스, 숯, 금속분
• 분해연소 : 석탄, 종이, 목재, 플라스틱
• 증발연소 : 황, 나프탈렌, 왁스, 파라핀
• 자기연소(내부연소) : 제5류 위험물인 나이트로셀룰로스, 질화면

05 불활성가스소화약제인 IG-541의 구성성분 3가지를 쓰시오.

정답
질소(N_2), 아르곤(Ar), 이산화탄소(CO_2)

해설

불연성 · 불활성기체소화약제

• 종류

소화약제	화학식
불연성 · 불활성기체 혼합가스(IG-01)	Ar
불연성 · 불활성기체 혼합가스(IG-100)	N_2
불연성 · 불활성기체 혼합가스(IG-541)	N_2 : 52%, Ar : 40%, CO_2 : 8%
불연성 · 불활성기체 혼합가스(IG-55)	N_2 : 50%, Ar : 50%

• 명명법

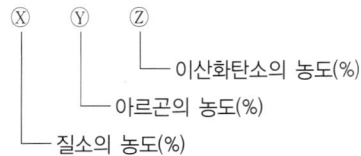

X Y Z
└─ 이산화탄소의 농도(%)
└─ 아르곤의 농도(%)
└─ 질소의 농도(%)

06 위험물안전관리법령상 [보기]의 위험물 중에서 비수용성인 것을 모두 선택하여 쓰시오(단, 해당하는 물질이 없을 경우는 "해당없음"이라고 답할 것).

정답
벤젠

┤보기├
에틸알코올, 이황화탄소, 아세트알데하이드, 벤젠, 아세트산

해설

제4류 위험물의 수용성 여부

종류	품명	수용성 여부
에틸알코올	알코올류	구분없음
이황화탄소	특수인화물	구분없음
아세트알데하이드	특수인화물	구분없음
벤젠	제1석유류	비수용성
아세트산	제2석유류	수용성

07 트라이에틸알루미늄이 물과 접촉하면 발생하는 가연성 가스의 화학식을 쓰시오.

해설

트라이에틸알루미늄
- 물과 반응 : $(C_2H_5)_3Al + 3H_2O \rightarrow Al(OH)_3 + 3C_2H_6$
  (수산화알루미늄) (에테인)
- 공기와 반응 : $2(C_2H_5)_3Al + 21O_2 \rightarrow Al_2O_3 + 15H_2O + 12CO_2$

08 물분무소화설비의 설치기준에 대해 다음 (   ) 안에 알맞은 수치를 쓰시오.

(1) 방호대상물의 표면적이 150m^{2}인 경우 물분무소화설비의 방사구역은 (㉠)m^2 이상으로 할 것

(2) 수원의 수량은 분무헤드가 가장 많이 설치된 방사구역의 모든 분무헤드를 동시에 사용할 경우에 해당 방사구역의 표면적 1m^{2}당 1분당 (㉡)L의 비율로 계산한 양으로 (㉢)분간 방사할 수 있는 양 이상이 되도록 설치할 것

해설

물분무소화설비의 설치기준(시행규칙 별표 17)
① 물분무소화설비의 방사구역은 150m^2 이상(방호대상물의 표면적이 150m^2 미만인 경우에는 해당 표면적)으로 할 것
② 수원의 수량은 분무헤드가 가장 많이 설치된 방사구역의 모든 분무헤드를 동시에 사용할 경우에 해당 방사구역의 표면적 1m^{2}당 1분당 20L의 비율로 계산한 양으로 30분간 방사할 수 있는 양 이상이 되도록 설치할 것
③ 물분무소화설비는 ②의 규정에 의한 분무헤드를 동시에 사용할 경우에 각 끝부분의 방사압력이 350kPa 이상으로 표준방사량을 방사할 수 있는 성능이 되도록 할 것
④ 물분무소화설비에는 비상전원을 설치할 것

09 지정수량의 5배 이상의 위험물을 운송할 경우 제6류 위험물과 혼재할 수 없는 위험물은 제 몇 류인지 모두 쓰시오.

해설

운반 시 위험물의 혼재 가능 기준

위험물의 구분	제1류	제2류	제3류	제4류	제5류	제6류
제1류		×	×	×	×	○
제2류	×		×	○	○	×
제3류	×	×		○	×	×
제4류	×	○	○		○	×
제5류	×	○	×	○		×
제6류	○	×	×	×	×	

10 동식물유류를 아이오딘값에 따라 분류할 때 야자유와 같이 아이오 딘값이 100 이하인 것을 무엇이라고 하는지 쓰시오.

정답
불건성유

해설

동식물유류

종류＼항목	아이오딘값	반응성	불포화도	종류
건성유	130 이상	크다.	크다.	해바라기유, 동유, 아마인유, 정어리기름, 들기름
반건성유	100~130	중간	중간	채종유, 목화씨기름(면실유), 참기름, 콩기름
불건성유	100 이하	작다.	작다.	야자유, 올리브유, 피마자유, 동백유

11 벤젠의 수소원자 1개를 메틸기로 치환하면 생성되는 물질의 명칭과 지정수량을 쓰시오.

(1) 명칭

(2) 지정수량

정답
(1) 톨루엔
(2) 200L

해설

톨루엔

• 정의 : 벤젠(C_6H_6)의 수소원자(H) 1개를 메틸기($-CH_3$)로 치환한 것

종류	벤젠	톨루엔
화학식	C_6H_6	$C_6H_5CH_3$
구조식	⬡	CH₃ ⬡

• 지정수량

명칭	품명	지정수량
톨루엔	제1석유류(비수용성)	200L

12 제4류 위험물 중 특수인화물인 $C_2H_5OC_2H_5$의 위험도(H)를 구하시오.

27.24

해설

위험도

- 다이에틸에터의 연소범위 : 1.7~48%
- 위험도

$$H = \frac{U - L}{L}$$

여기서, U : 폭발상한값
L : 폭발하한값

∴ 위험도 $= \dfrac{48 - 1.7}{1.7} = 27.24$

13 다음 위험물의 시성식을 쓰시오.

(1) 에틸렌글라이콜

(2) 나이트로벤젠

(3) 아닐린

(1) CH_2OHCH_2OH

(2) $C_6H_5NO_2$

(3) $C_6H_5NH_2$

해설

제4류 위험물의 시성식

종류	화학식	품명	지정수량
에틸렌글라이콜	CH_2OHCH_2OH	제3석유류(수용성)	4,000L
나이트로벤젠	$C_6H_5NO_2$	제3석유류(비수용성)	2,000L
아닐린	$C_6H_5NH_2$	제3석유류(비수용성)	2,000L

14 분말소화약제 $NH_4H_2PO_4$ 115g이 열분해할 경우 몇 g의 HPO_3가 생기는지 화학반응식을 쓰고 구하시오(단, P의 원자량은 31이다).

(1) 화학반응식

(2) HPO_3의 분자량

(1) $NH_4H_2PO_4 \rightarrow HPO_3 + NH_3 + H_2O$

(2) 80g

해설

제3종 분말소화약제

- 열분해반응식 : $NH_4H_2PO_4 \rightarrow HPO_3 + NH_3 + H_2O$
- 생성된 HPO_3의 양

$NH_4H_2PO_4 \quad \rightarrow \quad HPO_3 + NH_3 + H_2O$

115g　　　　　 80g
115g　　　　　 x

∴ $x = \dfrac{115g \times 80g}{115g} = 80g$

※ $NH_4H_2PO_4$의 분자량 : 115, HPO_3의 분자량 : 80

15 위험물안전관리법령상 다음 제4류 위험물의 품명을 쓰고 수용성과 비수용성을 구분하여 표를 완성하시오.

지정수량	품명	수용성/비수용성 여부
400L	㉠	㉣
1,000L	㉡	㉤
4,000L	㉢	㉥

해설

제4류 위험물의 분류

성질	품명		위험등급	지정수량
인화성 액체	1. 특수인화물		I	50L
	2. 제1석유류	비수용성 액체	II	200L
		수용성 액체	II	400L
	3. 알코올류		II	400L
	4. 제2석유류	비수용성 액체	III	1,000L
		수용성 액체	III	2,000L
	5. 제3석유류	비수용성 액체	III	2,000L
		수용성 액체	III	4,000L

16 위험물안전관리법령상 다음 [보기] 위험물에 대하여 각 물음에 답하시오.

┤보기├

과산화바륨, 탄화칼슘, 나트륨, 칼륨

(1) 위험물안전관리법령상 유별을 달리하는 위험물을 쓰시오.

(2) 탄화칼슘과 물의 화학반응식을 쓰시오.

해설

• 위험물의 분류

종류	유별	품명	지정수량
과산화바륨	제1류 위험물	알칼리금속 외의 과산화물	50kg
탄화칼슘	제3류 위험물	칼슘의 탄화물	300kg
나트륨	제3류 위험물	–	10kg
칼륨	제3류 위험물	–	10kg

• 위험물과 물의 반응식

 – 과산화바륨 : $2BaO_2 + 2H_2O \rightarrow 2Ba(OH)_2 + O_2$

 – 탄화칼슘 : $CaC_2 + 2H_2O \rightarrow Ca(OH)_2 + C_2H_2$

 – 나트륨 : $2Na + 2H_2O \rightarrow 2NaOH + H_2$

 – 칼륨 : $2K + 2H_2O \rightarrow 2KOH + H_2$

17 위험물제조소에 휘발유 5,000L, 경유 10,000L를 취급할 때 제조소에서 취급하는 위험물의 지정수량의 배수를 구하시오.

정답
35배

해설
지정수량의 배수
• 위험물의 지정수량

종류	휘발유	경유
품명	제1석유류(비수용성)	제2석유류(비수용성)
지정수량	200L	1,000L

• 지정수량의 배수 $= \dfrac{\text{저장수량}}{\text{지정수량}} + \dfrac{\text{저장수량}}{\text{지정수량}} + \cdots$

$$= \dfrac{5{,}000L}{200L} + \dfrac{10{,}000L}{1{,}000L} = 35배$$

18 물의 온도가 26℃인데 질산암모늄을 넣고 온도를 보니 16℃로 내려갔다. 온도 변화가 생기는 이유를 쓰시오.

정답
흡열반응을 하므로

해설
질산암모늄(NH_4NO_3)은 물과 반응하면 주위의 열을 흡수(흡열반응)하여 원래의 온도보다 내려간다.

19 위험물안전관리법령상 질산이 제6류 위험물이 되기 위해서는 비중이 얼마 이상이어야 하는가?

1.49 이상

해설
제6류 위험물의 조건
• 질산 : 비중이 1.49 이상인 것
• 과산화수소 : 농도가 36wt% 이상인 것

20 위험물안전관리법령상 제3류 위험물인 나트륨(Sodium)의 지정수량을 쓰시오.

정답
10kg

해설
제3류 위험물의 지정수량

성질	품명	위험등급	지정수량
자연발화성 물질 및 금수성 물질	칼륨, 나트륨, 알킬알루미늄, 알킬리튬	I	10kg
	황린	I	20kg
	알칼리금속(칼륨 및 나트륨을 제외한다) 및 알칼리토금속, 유기금속 화합물(알킬알루미늄 및 알킬리튬을 제외한다)	II	50kg
	금속의 수소화물, 금속의 인화물, 칼슘 또는 알루미늄의 탄화물	III	300kg
	그 밖에 행정안전부령이 정하는 것	III	10kg, 20kg, 50kg, 300kg

01 다음 표에서 위험물의 명칭과 지정수량을 표의 빈칸에 쓰시오.

종류	명칭	지정수량(kg)
NH_4ClO_4		
$KMnO_4$		
$K_2Cr_2O_7$		

종류	명칭	지정수량(kg)
NH_4ClO_4	과염소산암모늄	50
$KMnO_4$	과망가니즈산칼륨	1,000
$K_2Cr_2O_7$	다이크로뮴산칼륨	1,000

해설

제1류 위험물의 명칭과 지정수량

종류	명칭	품명	지정수량
NH_4ClO_4	과염소산암모늄	과염소산염류	50kg
$KMnO_4$	과망가니즈산칼륨	과망가니즈산염류	1,000kg
$K_2Cr_2O_7$	다이크로뮴산칼륨	다이크로뮴산염류	1,000kg

02 다음 [보기]에서 금속칼륨과 금속나트륨의 공통적인 성질에 해당하는 것을 모두 선택하여 번호를 쓰시오.

보기

① 무른 경금속이다.
② 알코올과 반응하면 수소를 발생한다.
③ 물과 반응하면 불연성 기체를 발생한다.
④ 흑색의 고체이다.
⑤ 보호액 속에 보관한다.

정답

①, ②, ⑤

해설

칼륨과 나트륨의 비교

항목＼종류	칼륨(K)	나트륨(Na)
외관	은백색의 광택이 있는 무른 경금속	은백색의 광택이 있는 무른 경금속
알코올과 반응	$2K + 2C_2H_5OH \rightarrow 2C_2H_5OK + H_2$ (수소)	$2Na + 2C_2H_5OH \rightarrow 2C_2H_5ONa + H_2$ (수소)
물과 반응	$2K + 2H_2O \rightarrow 2KOH + H_2$ (수소)	$2Na + 2H_2O \rightarrow 2NaOH + H_2$ (수소)
보관	등유, 경유, 유동파라핀 속에 보관	등유, 경유, 유동파라핀 속에 보관

03 제3종 분말소화약제가 분해하여 메타인산, 암모니아, H_2O를 발생하는 열분해반응식을 쓰시오.

정답

$NH_4H_2PO_4 \rightarrow HPO_3 + NH_3 + H_2O$

해설

분말소화약제

종류	주성분	적응화재	열분해반응식
제3종 분말	제일인산암모늄 ($NH_4H_2PO_4$)	A, B, C급	$NH_4H_2PO_4 \rightarrow HPO_3 + NH_3 + H_2O$

04 다음 할로젠화합물소화약제의 화학식을 쓰시오.

(1) Halon 1011

(2) Halon 1211

정답

(1) CH_2ClBr

(2) CF_2ClBr

해설

할로젠화합물소화약제의 화학식

종류	Halon 1301	Halon 1011	Halon 1211	Halon 2402
화학식	CF_3Br	CH_2ClBr	CF_2ClBr	$C_2F_4Br_2$

05 위험물안전관리법령상 이동탱크저장소의 이동저장탱크 구조에서 방파판의 두께가 몇 mm 이상의 강철판으로 해야 하는지 쓰시오.

정답

1.6mm 이상

해설

이동탱크저장소 부속장치

종류 \ 항목	설치 이유	두께
방파판	위험물 운송 중 내부의 위험물의 출렁임, 쏠림 등을 완화하여 차량의 안전 확보	1.6mm 이상
방호틀	탱크 전복 시 부속장치(주입구, 맨홀, 안전장치) 보호	2.3mm 이상

06 제1류 위험물인 질산칼륨 1mol 중의 질소함량은 약 몇 wt%인지 구하시오(단, K의 원자량은 39이다).

13.86wt%

해설
질산칼륨

종류 \ 항목	화학식	분자량	질산칼륨 1mol
질산칼륨	KNO_3	101	101g

∴ 질산칼륨 1mol 내 질소함량(질소의 원자량 : 14)

$$질소함량 = \frac{질소의\ 분자량}{질산칼륨의\ 분자량} \times 100\% = \frac{14g}{101g} \times 100\% = 13.86wt\%$$

07 위험물안전관리법령상 위험물의 운반에 관한 기준에서 제6류 위험물과 혼재 가능한 위험물은 제 몇 류 위험물인지 쓰시오.

제1류 위험물

해설
운반 시 위험물의 혼재 가능 기준

위험물의 구분	제1류	제2류	제3류	제4류	제5류	제6류
제1류		×	×	×	×	○
제2류	×		×	○	○	×
제3류	×	×		○	×	×
제4류	×	○	○		○	×
제5류	×	○	×	○		×
제6류	○	×	×	×	×	

08 다음의 [보기]에서 설명하는 위험물은 무엇인지 쓰시오.

┌ 보기 ┐
- 분자량은 약 104.2이고 지정수량이 1,000L인 제2석유류이다.
- 비점은 약 146℃이고 인화점은 약 32℃이다.
- 에틸벤젠을 탈수소화 처리하여 얻을 수 있다.
└─────┘

스타이렌

해설
스타이렌(Styrene)
- 물성

화학식	분자량	품명	지정수량	비중	비점	인화점
$C_6H_5CH = CH_2$	104	제2석유류 (비수용성)	1,000L	0.9	146℃	32℃

- 독특한 냄새의 무색 액체이다.
- 물에 녹지 않고 알코올, 에터, 이황화탄소에는 녹는다.
- 에틸벤젠을 탈수소화 처리하여 얻을 수 있다.

---

09 위험물안전관리법령상 고체위험물과 액체위험물은 각각 운반용기 내용적의 몇 % 이하의 수납률로 수납해야 하는지 쓰시오.

(1) 고체위험물
(2) 액체위험물

정답
(1) 95% 이하
(2) 98% 이하

해설
운반용기의 수납률

종류	고체위험물	액체위험물
수납률	95% 이하	98% 이하

---

10 다음과 같은 구조식을 갖는 위험물에 대해 위험물안전관리법령상 해당하는 품명과 지정수량을 쓰시오.

정답
- 품명 : 제3석유류(비수용성)
- 지정수량 : 2,000L

해설
아닐린(Aniline)의 물성

화학식	구조식	품명	지정수량	비중	인화점
$C_6H_5NH_2$	NH₂	제3석유류 (비수용성)	2,000L	1.02	70℃

11 위험물제조소의 옥외에 있는 가솔린 취급탱크 2기의 주위에 하나의 방유제를 설치하고자 하는 경우 방유제 용량을 구하시오(단, 탱크의 용량은 각각 200m³, 100m³이다).

110m^3

해설

위험물 취급탱크(지정수량 1/5 미만은 제외)
- 위험물제조소의 옥내에 있는 위험물 취급탱크
  - 하나의 취급탱크의 주위에 설치하는 방유턱의 용량 : 해당 탱크용량 이상
  - 2 이상의 취급탱크 주위에 설치하는 방유턱의 용량 : 최대 탱크용량 이상
- 위험물제조소의 옥외에 있는 위험물 취급탱크
  - 하나의 취급탱크 주위에 설치하는 방유제의 용량 : 해당 탱크용량의 50% 이상
  - 2 이상의 취급탱크 주위에 하나의 방유제를 설치하는 경우 방유제의 용량 : 해당 탱크 중 용량이 최대인 것의 50%에 나머지 탱크용량 합계의 10%를 가산한 양 이상이 되게 할 것
- $\therefore$ 방유제 용량 $= (200\text{m}^3 \times 0.5) + (100\text{m}^3 \times 0.1) = 110\text{m}^3$

12 다음 각 설명에 해당하는 제6류 위험물의 물질명과 분자식을 쓰시오.

(1) 피부 접촉 시 잔토프로테인 반응이 일어난다.
   ① 물질명
   ② 분자식

(2) 가열 시 폭발우려가 있고 물과 반응하여 발열하며 증기비중은 약 3.47이다.
   ① 물질명
   ② 분자식

정답
(1) ① 질산
   ② HNO_3
(2) ① 과염소산
   ② $HClO_4$

해설

제6류 위험물
- 질산
  - 물성

화학식	비중	비점	융점
HNO_3	1.49	122℃	−42℃

  - 진한 질산을 가열하면 적갈색의 이산화질소(NO_2)가스가 발생한다.
  - 질산은 단백질과 잔토프로테인 반응을 하여 노란색으로 변한다.
- 과염소산(Perchloric Acid)
  - 물성

화학식	비중	증기비중	비점	융점
$HClO_4$	1.76	3.47	39℃	−112℃

  - 가열하면 폭발하고 산성이 강한 편이다.

13 위험물안전관리법령상 위험물은 그 운반용기의 외부에 수납하는 위험물에 따라 규정에 의한 주의사항을 표시해야 한다. 과산화수소를 수납한 경우에 표시해야 하는 주의사항을 쓰시오.

정답
가연물접촉주의

해설
과산화수소(제6류 위험물) 운반 시 주의사항 : 가연물접촉주의

14 위험물안전관리법령에 따라 위험물 탱크시험자가 갖추어야 하는 장비는 필수장비와 필요한 경우에 두는 장비로 구분한다. 각각에 해당하는 장비를 2가지씩 쓰시오.

(1) 필수장비
(2) 필요한 경우에 두는 장비

정답
(1) 자기탐상시험기, 초음파두께측정기
(2) 진공능력 53kPa 이상의 진공누설시험기, 수직·수평도 측정기

해설
위험물 탱크시험자가 갖추어야 하는 장비(시행령 별표 7)
• 필수장비 : 자기탐상시험기, 초음파두께측정기 및 다음 중 어느 하나
  – 영상초음파시험기
  – 방사선투과시험기 및 초음파시험기
• 필요한 경우에 두는 장비
  – 충·수압시험, 진공시험, 기밀시험 또는 내압시험의 경우
    ▸ 진공능력 53kPa 이상의 진공누설시험기
    ▸ 기밀시험장치(안전장치가 부착된 것으로서 가압능력 200kPa 이상, 감압의 경우에는 감압능력 10kPa 이상·감도 10Pa 이하의 것으로서 각각의 압력변화를 스스로 기록할 수 있는 것)
  – 수직·수평도 시험의 경우 : 수직·수평도 측정기

15 과산화나트륨과 철분에 대하여 다음 물음에 답하시오.

(1) 과산화나트륨과 물이 반응할 때 생성되는 기체의 명칭은?
(2) 위의 두 위험물의 유별과 지정수량을 각각 적으시오.

정답
(1) 산소
(2) ① 과산화나트륨
　　　　• 유별 : 제1류 위험물
　　　　• 지정수량 : 50kg
　　② 철분
　　　　• 유별 : 제2류 위험물
　　　　• 지정수량 : 500kg

해설
• 과산화나트륨은 물과 반응하면 조연성 가스인 산소를 발생한다.
  $2Na_2O_2 + 2H_2O \rightarrow 4NaOH + O_2 + 발열$
• 위험물의 유별과 지정수량

명칭	유별	품명	지정수량
과산화나트륨	제1류 위험물	무기과산화물	50kg
철분	제2류 위험물	–	500kg

16 제4류 위험물인 이황화탄소의 완전 연소반응식을 쓰시오.

해설

이황화탄소가 연소하면 이산화탄소(CO_2)와 이산화황(SO_2)이 발생한다.
$CS_2 + 3O_2 \rightarrow CO_2 + 2SO_2$

정답

$CS_2 + 3O_2 \rightarrow CO_2 + 2SO_2$

17 이동저장탱크의 측면틀에 대하여 (   ) 안에 알맞은 답을 하시오.

> 탱크 뒷부분의 입면도에 있어서 측면틀의 최외측과 탱크의 최외측을 연결하는 직선의 수평면에 대한 내각이 (㉠)° 이상이 되도록 하고, 최대수량의 위험물을 저장한 상태에 있을 때의 해당 탱크중량의 중심점과 측면틀의 최외측을 연결하는 직선과 그 중심점을 지나는 직선 중 최외측선과 직각을 이루는 직선과의 내각이 (㉡)° 이상이 되도록 할 것

해설

이동저장탱크의 측면틀(시행규칙 별표 10) : 탱크 뒷부분의 입면도에 있어서 측면틀의 최외측과 탱크의 최외측을 연결하는 직선(이하 "최외측선"이라 한다)의 수평면에 대한 내각이 75° 이상이 되도록 하고, 최대수량의 위험물을 저장한 상태에 있을 때의 해당 탱크중량의 중심점과 측면틀의 최외측을 연결하는 직선과 그 중심점을 지나는 직선 중 최외측선과 직각을 이루는 직선과의 내각이 35° 이상이 되도록 할 것

정답

㉠ 75
㉡ 35

18 칼륨과 이산화탄소의 반응식을 쓰고 위험물의 지정수량을 쓰시오.

해설

칼륨
• 지정수량 : 10kg(제3류 위험물)
• 칼륨의 반응식
  – 물과 반응 : $2K + 2H_2O \rightarrow 2KOH + H_2$
  – 이산화탄소와 반응 : $4K + 3CO_2 \rightarrow 2K_2CO_3 + C$
  – 알코올과 반응 : $2K + 2C_2H_5OH \rightarrow 2C_2H_5OK + H_2$

정답

• 반응식 : $4K + 3CO_2 \rightarrow 2K_2CO_3 + C$
• 지정수량 : 10kg

19 지하탱크저장소의 밸브 없는 통기관의 구조에 대하여 다음 물음에 답하시오.

(1) 통기관의 끝부분은 지면으로부터 몇 m 이상의 높이에 설치해야 하는지 쓰시오.

(2) 밸브 없는 통기관의 지름은 얼마로 해야 하는지 쓰시오.

(1) 4m 이상
(2) 30mm 이상

해설
지하탱크저장소의 밸브 없는 통기관의 기준(시행규칙 별표 8)
• 통기관의 끝부분은 지면으로부터 4m 이상의 높이로 설치할 것
• 통기관 가스 등이 체류할 우려가 있는 굴곡이 없도록 할 것
• 지름은 30mm 이상일 것
• 끝부분은 수평면보다 45° 이상 구부려 빗물 등의 침투를 막는 구조로 할 것
• 가는 눈의 구리망 등으로 인화방지망을 설치할 것

20 위험물제조소에서 사용전압이 35,000V를 초과하는 특고압가공전선의 안전거리를 쓰시오.

5m 이상

해설
제조소의 안전거리

건축물	안전거리
사용전압 7,000V 초과 35,000V 이하의 특고압가공전선	3m 이상
사용전압 35,000V 초과의 특고압가공전선	5m 이상

01 다음 제1류 위험물의 화학식을 쓰시오.

(1) 과염소산칼륨

(2) 과산화칼륨

(3) 아염소산나트륨

(4) 브로민산칼륨

해설

제1류 위험물의 화학식

종류	과염소산칼륨	과산화칼륨	아염소산나트륨	브로민산칼륨
화학식	$KClO_4$	K_2O_2	$NaClO_2$	$KBrO_3$
품명	과염소산염류	무기과산화물	아염소산염류	브로민산염류
지정수량	50kg	50kg	50kg	300kg

정답

(1) $KClO_4$

(2) K_2O_2

(3) $NaClO_2$

(4) $KBrO_3$

02 위험물안전관리법령상 위험물제조소에 정전기를 유효하게 제거하기 위해 공기 중의 상대습도를 몇 % 이상으로 하도록 규정하는지 쓰시오.

해설

정전기 제거설비

• 접지에 의한 방법

• 공기 중의 상대습도를 70% 이상으로 하는 방법

• 공기를 이온화하는 방법

정답

70% 이상

03 제3종 분말소화약제가 분해하여 메타인산, 암모니아, H_2O를 발생하는 열분해반응식을 쓰시오.

해설

분말소화약제

종류	주성분	적응화재	열분해반응식
제3종 분말	제일인산암모늄 ($NH_4H_2PO_4$)	A, B, C급	$NH_4H_2PO_4 \rightarrow HPO_3 + NH_3 + H_2O$ (메타인산) (암모니아)

정답

$NH_4H_2PO_4 \rightarrow HPO_3 + NH_3 + H_2O$

04 위험물안전관리법령상 주유취급소에 설치하는 "주유 중 엔진정지" 표시를 한 게시판의 바탕색과 문자의 색상을 각각 쓰시오.

(1) 바탕색

(2) 문자색

해설

게시판의 색상

• 화기엄금, 화기주의 : 적색바탕에 백색문자
• 물기엄금 : 청색바탕에 백색문자
• 주유 중 엔진정지 : 황색바탕에 흑색문자

정답

(1) 황색

(2) 흑색

05 위험물안전관리법령상 이동탱크저장소에 의해 제4류 위험물을 운송하는 경우 반드시 위험물안전카드를 위험물운송자로 하여금 휴대해야 하는 위험물의 품명 2가지를 쓰시오.

해설

위험물안전카드를 휴대하고 운송해야 하는 위험물 : 특수인화물 및 제1석유류

정답

특수인화물, 제1석유류

06 위험물안전관리법령상 지정과산화물을 저장하는 옥내저장소의 저장창고 기준에 대해 다음 각 물음에 답하시오.

(1) 창은 바닥면으로부터 몇 m 이상의 높이에 두어야 하는지 쓰시오.

(2) 하나의 창의 면적을 몇 m² 이내로 해야 하는지 쓰시오.

(3) 하나의 벽면에 두는 창의 면적의 합계는 해당 벽면의 면적의 몇 분의 몇 이내로 해야 하는지 쓰시오.

해설

지정과산화물을 저장 또는 취급하는 옥내저장소

• 저장창고의 창 : 바닥면으로부터 2m 이상의 높이
• 하나의 창의 면적 : 0.4m² 이내
• 하나의 벽면에 두는 창의 면적의 합계 : 해당 벽면 면적의 1/80 이내

정답

(1) 2m 이상

(2) 0.4m² 이내

(3) 1/80 이내

07 제2종 분말소화약제인 탄산수소칼륨이 190℃에서 열분해 되었을 때 분해반응식을 쓰고, 200kg의 탄산수소칼륨이 분해하였을 때 발생하는 탄산가스는 몇 m³인지 1기압, 200℃의 기준에서 구하시오 (단, 칼륨의 원자량은 39이다).

(1) 열분해반응식
(2) 탄산가스의 양

정답

(1) $2KHCO_3 \rightarrow K_2CO_3 + CO_2 + H_2O$
(2) $38.81m^3$

해설

제2종 분말소화약제
- 분해반응식
  - 1차 분해반응식(190℃) : $2KHCO_3 \rightarrow K_2CO_3 + CO_2 + H_2O$
  - 2차 분해반응식(590℃) : $2KHCO_3 \rightarrow K_2O + 2CO_2 + H_2O$
- 이산화탄소의 무게

  $$2KHCO_3 \quad \rightarrow \quad K_2CO_3 \ + \ CO_2 \ + \ H_2O$$
  $$2 \times 100kg \qquad\qquad\qquad 44kg$$
  $$200kg \qquad\qquad\qquad\qquad x$$

  $\therefore \ x = \dfrac{200kg \times 44kg}{2 \times 100kg} = 44kg$

  ※ $KHCO_3$의 분자량 : 100
- 이상기체 상태방정식

  $PV = \dfrac{W}{M}RT, \qquad V = \dfrac{WRT}{PM}$

  여기서, P : 압력(1atm)
  $\qquad\qquad V$: 부피(m³)
  $\qquad\qquad W$: 무게(44kg)
  $\qquad\qquad M$: 분자량(이산화탄소 CO_2 = 44kg/kg-mol)
  $\qquad\qquad R$: 기체상수(0.08205m³·atm/kg-mol·K)
  $\qquad\qquad T$: 절대온도(273 + 200℃ = 473K)

  $\therefore \ V = \dfrac{WRT}{PM} = \dfrac{44kg \times 0.08205m^3 \cdot atm/kg-mol \cdot K \times 473K}{1atm \times 44kg/kg-mol} = 38.81m^3$

08 트라이나이트로톨루엔과 피크르산(트라이나이트로페놀)의 구조식을 쓰시오.

해설

트라이나이트로톨루엔(TNT)
- 제법

- 분해반응식

$2C_6H_2CH_3(NO_2)_3 \rightarrow 2C + 3N_2 + 5H_2 + 12CO$

트라이나이트로페놀(피크르산)
- 제법

- 분해반응식

$2C_6H_2OH(NO_2)_3 \rightarrow 2C + 3N_2 + 3H_2 + 4CO_2 + 6CO$

정답

- 트라이나이트로톨루엔

- 트라이나이트로페놀

09 알루미늄분에 대하여 다음 물음에 답하시오.

(1) 흰 연기를 내면서 연소하는 연소반응식을 쓰시오.

(2) 염산과 반응하여 수소를 발생하는 화학반응식을 쓰시오.

(3) 위험물안전관리법령상 품명을 쓰시오.

해설

- 반응식

반응물질	반응식
연소반응	$4Al + 3O_2 \rightarrow 2Al_2O_3$
물	$2Al + 6H_2O \rightarrow 2Al(OH)_3 + 3H_2$
염산	$2Al + 6HCl \rightarrow 2AlCl_3 + 3H_2$

- 품명
  알루미늄분, 아연분, 타이타늄분, 코발트분 : 제2류 위험물의 금속분

정답

(1) $4Al + 3O_2 \rightarrow 2Al_2O_3$

(2) $2Al + 6HCl \rightarrow 2AlCl_3 + 3H_2$

(3) 금속분

10 다음 ( ) 안에 위험물안전관리법령에 따른 알맞은 품명을 쓰시오.

> ( )(이)라 함은 이황화탄소, 다이에틸에터 그 밖에 1기압에서 발화점이 100℃ 이하인 것 또는 인화점이 −20℃ 이하이고 비점이 40℃ 이하인 것을 말한다.

특수인화물

해설
특수인화물
• 정의
 − 1기압에서 발화점이 100℃ 이하인 것
 − 인화점이 −20℃ 이하이고 비점이 40℃ 이하인 것
• 종류 : 이황화탄소, 다이에틸에터, 아세트알데하이드, 산화프로필렌 등

11 햇빛에 의해 4mol의 질산이 완전 분해하여 산소 1mol을 발생한다. 이때 발생하는 유독성 기체와 분해할 때 화학반응식을 쓰시오.

해설
질산이 분해하면 유독성 기체인 이산화질소(NO_2)의 갈색증기가 발생한다.
$4HNO_3 \rightarrow 2H_2O + 4NO_2 \uparrow + O_2 \uparrow$

• 유독성 기체 : 이산화질소
• 화학반응식
 $4HNO_3 \rightarrow 2H_2O + 4NO_2 + O_2$

12 위험물의 분자량 58, 인화점이 −37℃, 비점이 35℃인 무색의 휘발성 액체로서 저장 시 불활성 기체를 봉입해야 하는 제4류 위험물의 명칭과 화학식을 쓰시오.

• 물질명 : 산화프로필렌
• 화학식 : CH_3CHCH_2O

해설
산화프로필렌
• 물성

화학식	분자량	지정수량	비점	인화점	착화점	연소범위
CH_3CHCH_2O	58	50L	35℃	−37℃	449℃	2.8~37.0%

• 옥외저장탱크・옥내저장탱크・지하저장탱크 또는 이동저장탱크에 새롭게 아세트알데하이드 등(아세트알데하이드, 산화프로필렌)을 주입하는 때에는 미리 해당 탱크 안의 공기를 불활성 기체와 치환하여 둘 것

13 탄화칼슘이 고온에서 질소와 반응하여 석회질소를 생성하는 화학반응식을 쓰시오.

$CaC_2 + N_2 \rightarrow CaCN_2 + C$

해설
탄화칼슘의 반응식
• 질소와 반응 : $CaC_2 + N_2 \rightarrow CaCN_2 + C$
• 물과 반응 : $CaC_2 + 2H_2O \rightarrow Ca(OH)_2 + C_2H_2$

14 위험물안전관리법령상 위험물제조소에 아래와 같이 위험물 취급하고자 할 때 공지의 너비는 얼마인지 쓰시오.

취급 위험물	취급 최대수량
하이드록실아민	900kg
유기과산화물	300kg
나이트로글리세린	100kg

5m 이상

해설
위험물
• 제5류 위험물의 지정수량

종류	하이드록실아민	유기과산화물	나이트로글리세린
지정수량	100kg	100kg	10kg

• 제5류 위험물의 지정수량의 배수

– 하이드록실아민의 지정수량의 배수 $= \dfrac{취급수량}{지정수량} = \dfrac{900kg}{100kg} = 9.0배$

– 유기과산화물의 지정수량의 배수 $= \dfrac{취급수량}{지정수량} = \dfrac{300kg}{100kg} = 3.0배$

– 질산에스터류의 지정수량의 배수 $= \dfrac{취급수량}{지정수량} = \dfrac{100kg}{10kg} = 10.0배$

• 제조소의 보유공지(공지의 너비)

취급하는 위험물의 최대수량	공지의 너비
지정수량의 10배 이하	3m 이상
지정수량의 10배 초과	5m 이상

※ 전체 지정수량의 배수 = 9배 + 3배 + 10배 = 22배
∴ 지정수량은 10배를 초과하므로 보유공지는 5m 이상을 두어야 한다.

15 다음 중 제4류 위험물의 지정수량이 같은 것을 [보기]에서 모두 고르시오.

┌ 보기 ─────────────────────────────────┐
│ 메틸알콜, 에틸알콜, 아세톤, 다이에틸에터, 가솔린 │
└─────────────────────────────────────┘

정답
메틸알콜, 에틸알콜, 아세톤

해설
제4류 위험물의 지정수량

종류	품명	지정수량
메틸알콜	알코올류	400L
에틸알콜	알코올류	400L
아세톤	제1석유류(수용성)	400L
다이에틸에터	특수인화물	50L
가솔린	제1석유류(비수용성)	200L

16 그림은 옥외탱크저장소의 통기관 모습이다. 다음 물음에 답하시오.

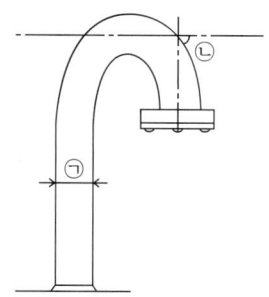

(1) ㉠의 지름은 몇 mm 이상으로 해야 하는가?
(2) ㉡의 각도는 얼마 이상으로 해야 하는가?

해설
밸브 없는 통기관
• 지름은 30mm 이상일 것
• 끝부분은 수평면보다 45° 이상 구부려 빗물 등의 침투를 막는 구조로 할 것

정답
(1) 30mm 이상
(2) 45° 이상

17 이동탱크저장소의 탱크의 용량이 20,000L일 때 칸막이의 개수를 계산하시오.

정답

4개

해설
칸막이의 설치기준 : 이동저장탱크는 그 내부에 4,000L 이하마다 3.2mm 이상의 강철판 또는 이와 동등 이상의 강도·내열성 및 내식성이 있는 금속성의 것으로 칸막이를 설치해야 한다.

$$\therefore\ 칸막이수 = \frac{20,000L}{4,000L} - 1 = 4개$$

18 마그네슘이 연소할 때 이산화탄소 소화기가 효과가 없는 이유를 쓰시오.

정답

가연성 가스인 일산화탄소(CO)가 발생하므로 효과가 없다.

해설
마그네슘은 이산화탄소와 반응하면 가연성 가스인 일산화탄소가 발생하므로 효과가 없다.
$Mg + CO_2 \rightarrow MgO + CO$
※ 일산화탄소(CO) : 가연성 가스

19 리튬과 물의 반응식과 이때 생성되는 기체의 화학식을 쓰시오.

> **해설**
> 리튬은 물과 반응하면 수소(H_2)를 발생한다.
> $2Li + 2H_2O \rightarrow 2LiOH + H_2$

20 위험물안전관리법령상 옥외탱크저장소의 내용적(m^3)을 구하시오 (단, r는 1m이고, l은 6m이다).

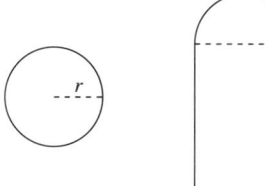

> **해설**
> 원통형 탱크의 내용적
> 내용적 $= \pi r^2 l$
> $\qquad = \pi \times (1m)^2 \times 6m$
> $\qquad = 18.85m^3$

01 위험물안전관리법령상 지정수량이 100kg인 제5류 위험물의 품명 4가지를 쓰시오.

해설
지정수량 100kg인 품명 : 유기과산화물, 하이드록실아민, 하이드록실아민염류, 하이드라진유도체류

정답
유기과산화물, 하이드록실아민, 하이드록실아민염류, 하이드라진유도체류

02 고체 물질의 대표적인 연소형태 4가지를 쓰시오.

해설
고체의 연소
• 표면연소 : 목탄, 코크스, 숯, 금속분
• 분해연소 : 석탄, 종이, 목재, 플라스틱
• 증발연소 : 황, 나프탈렌, 왁스, 파라핀
• 자기연소(내부연소) : 제5류 위험물인 나이트로셀룰로스, 셀룰로이드

정답
표면연소, 분해연소, 증발연소, 자기연소

03 위험물안전관리법령상 지정수량의 몇 배 이상의 제4류 위험물을 취급하는 제조소에는 자체소방대를 설치해야 하는지 쓰시오.

해설
자체소방대를 두어야 하는 제조소 등
• 제4류 위험물을 지정수량의 3,000배 이상을 취급하는 제조소 또는 일반취급소
• 제4류 위험물의 최대수량이 지정수량의 50만배 이상을 저장하는 옥외탱크저장소

정답
3,000배 이상

04 위험물안전관리법령상 질산이 위험물로 취급되기 위해 비중이 일정 값 이상이어야 한다. 그 비중이 최솟값을 기준으로 질산의 지정수량을 L 단위로 환산하면 얼마인지 구하시오.

201.34L

해설
질산의 비중이 1.49 이상이면 제6류 위험물로 본다.
비중 1.49일 때 밀도 $\rho = 1.49\text{g/cm}^3 = 1.49\text{kg/L}$이고
질산의 지정수량은 300kg이므로 부피로 환산하면

$$\rho = \frac{W}{V}, \quad V = \frac{W}{\rho}$$

여기서, W : 무게
V : 부피

$$\therefore \ V = \frac{W}{\rho} = \frac{300\text{kg}}{1.49\text{kg/L}} = 201.34\text{L}$$

05 다음 [보기]에서 제2류 위험물을 착화온도가 낮은 것부터 높은 순서로 차례대로 쓰시오.

┌보기┐
삼황화인, 적린, 마그네슘, 황(사방황)

삼황화인, 황(사방황), 적린, 마그네슘

해설
제2류 위험물의 착화온도

종류	삼황화인	적린	마그네슘	황(사방황)
착화온도	약 100℃	260℃	520℃	232℃

06 다음 설명에서 해당하는 분말소화약제의 주성분을 각각 화학식으로 쓰시오.

(1) 열분해 시 발생하는 메타인산이 소화작용을 한다.
(2) 기름화재에 사용하면 비누화 현상이 일어난다.

(1) $NH_4H_2PO_4$
(2) $NaHCO_3$

해설
분말소화약제
• 제1종 분말소화약제($NaHCO_3$)
 – 제1종 분말의 주성분 : 탄산수소나트륨(중탄산나트륨) + 스테아린산염 또는 실리콘
 – 소화효과 : 질식, 냉각 부촉매효과
 – 식용유 화재 : 식용유 화재에 제1종 분말소화약제를 사용하면 가연물과 반응하여 비누화 현상을 일으키므로 질식소화 및 재발 방지까지 하므로 효과가 있다.
• 제3종 분말소화약제($NH_4H_2PO_4$)
 – 제1종 분말의 주성분 : 제일인산암모늄
 – 열분해 시 발생하는 메타인산이 소화작용을 한다.

07 다음 [보기]의 위험물 중 위험물안전관리법령상 포소화설비가 적응성이 없는 것을 모두 선택하여 쓰시오(단, 모두 적응성이 있는 경우에는 "해당없음"이라고 답할 것).

┌─보기─
│ 철분, 인화성 고체, 황린, 알킬알루미늄, TNT
└─

정답

철분, 알킬알루미늄

해설

소화설비의 적응성

소화설비의 구분		대상물의 구분	건축물·그 밖의 공작물	전기설비	제1류 위험물		제2류 위험물			제3류 위험물		제4류 위험물	제5류 위험물	제6류 위험물
					알칼리금속과산화물 등	그 밖의 것	철분·금속분·마그네슘 등	인화성고체	그 밖의 것	금수성물품	그 밖의 것			
물분무 등 소화설비	물분무소화설비		○	○		○		○	○		○	○	○	○
	포소화설비		○			○		○	○		○	○	○	○
	불활성가스소화설비			○				○			○			
	할로젠화합물소화설비			○				○			○			
	분말 소화 설비	인산염류 등	○	○		○		○	○			○		○
		탄산수소염류 등		○	○		○	○		○		○		
		그 밖의 것			○		○			○				

08 다이에틸에터의 완전 연소반응식을 쓰시오.

해설

다이에틸에터는 연소하면 이산화탄소(CO_2)와 물(H_2O)이 생성된다.
$C_2H_5OC_2H_5 + 6O_2 \rightarrow 4CO_2 + 5H_2O$

정답

$C_2H_5OC_2H_5 + 6O_2 \rightarrow 4CO_2 + 5H_2O$

09 다음 위험물의 시성식을 쓰시오.

(1) 아닐린

(2) 스타이렌

(3) 아세톤

(4) 아세트알데하이드

(1) $C_6H_5NH_2$

(2) $C_6H_5CHCH_2$

(3) CH_3COCH_3

(4) CH_3CHO

해설

제4류 위험물의 시성식

종류	시성식	품명	지정수량
아닐린	$C_6H_5NH_2$	제3석유류(비수용성)	2,000L
스타이렌	$C_6H_5CHCH_2$	제2석유류(비수용성)	1,000L
아세톤	CH_3COCH_3	제1석유류(수용성)	400L
아세트알데하이드	CH_3CHO	특수인화물	50L

10 제조소에 설치하는 배출설비에 대하여 다음 물음에 답하시오.

(1) 배출구는 지상 몇 m 이상으로 연소 우려가 없는 장소에 설치하는지 쓰시오.

(2) 배출능력은 1시간당 배출장소 용적의 몇 배 이상으로 하는지 쓰시오.

정답

(1) 2m 이상

(2) 20배 이상

해설

배출설비

• 설치장소 : 가연성 증기 또는 미분이 체류할 우려가 있는 건축물

• 배출능력은 1시간당 배출장소 용적의 20배 이상인 것으로 할 것
  (전역방출방식 : 바닥면적 $1m^2$당 $18m^3$ 이상)

• 급기구는 높은 곳에 설치하고 가는 눈의 구리망으로 인화방지망을 설치할 것

• 배출구는 지상 2m 이상으로서 연소 우려가 없는 장소에 설치하고, 배출덕트(공기배출 통로)가 관통하는 벽 부분의 바로 가까이에 화재 시 자동으로 폐쇄되는 방화댐퍼(화재 시 연기 등을 차단하는 장치)를 설치할 것

• 배풍기 : 강제배기방식

11 삼산화크로뮴을 가열분해하면 산소를 방출한다. 이때의 분해반응식을 쓰시오.

정답

$4CrO_3 \rightarrow 2Cr_2O_3 + 3O_2$

해설

삼산화크로뮴을 250℃로 가열하면 산화이크로뮴(Cr_2O_3)과 산소(O_2)를 발생한다.

$4CrO_3 \rightarrow 2Cr_2O_3 + 3O_2$

12 위험물안전관리법령에서 구분하고 있는 위험등급 I, II, III 중 위험등급 II에 해당하는 제4류 위험물의 품명 2가지를 쓰시오.

정답

제1석유류, 알코올류

해설

위험등급의 구분

위험등급		해당하는 품명
위험등급 II	제1류 위험물	브로민산염류, 질산염류, 아이오딘산염류
	제2류 위험물	황화인, 적린, 황
	제3류 위험물	알칼리금속(칼륨 및 나트륨을 제외한다) 및 알칼리토금속, 유기금속화합물(알킬알루미늄 및 알킬리튬을 제외한다)
	제4류 위험물	제1석유류, 알코올류
	제5류 위험물	유기과산화물, 질산에스터류 외의 것

13 1mol의 탄화알루미늄과 물이 반응할 때의 반응식을 쓰시오.

정답

$Al_4C_3 + 12H_2O \rightarrow 4Al(OH)_3 + 3CH_4$

해설

탄화알루미늄과 물이 반응하면 메테인 가스를 발생한다.

$Al_4C_3 + 12H_2O \rightarrow 4Al(OH)_3 + 3CH_4$
(수산화알루미늄) (메테인)

14 표준상태에서 1mol의 아세톤이 완전 연소하기 위해 필요한 산소의 부피는 몇 L인지 구하시오.

정답

89.6L

해설

아세톤이 연소 시 산소의 부피

$CH_3COCH_3 + 4O_2 \rightarrow 3CO_2 + 3H_2O$

1mol ⤬ 4 × 22.4L
1mol x

$\therefore x = \dfrac{1mol \times (4 \times 22.4L)}{1mol} = 89.6L$

15 위험물안전관리법령상 위험물의 운반에 관한 기준에 따르면 적재하는 위험물의 성질에 따라 일광의 직사 또는 빗물의 침투를 방지하기 위하여 유효하게 피복하는 등 기준에 따른 조치를 해야 한다. 다음 위험물에는 어떠한 조치를 해야 하는지 답하시오.

(1) 제5류 위험물은 어떤 피복으로 가려야 하는지 쓰시오.

(2) 제6류 위험물은 어떤 피복으로 가려야 하는지 쓰시오.

(3) 제2류 위험물 중 철분은 어떤 피복으로 덮어야 하는지 쓰시오.

해설
적재위험물에 따른 조치

피복 방법	해당하는 위험물
차광성이 있는 것으로 피복	• 제1류 위험물 • 제3류 위험물 중 자연발화성 물질 • 제4류 위험물 중 특수인화물 • 제5류 위험물 • 제6류 위험물
방수성이 있는 것으로 피복	• 제1류 위험물 중 알칼리금속의 과산화물 • 제2류 위험물 중 철분·금속분·마그네슘 • 제3류 위험물 중 금수성 물질

정답
(1) 차광성이 있는 것으로 피복
(2) 차광성이 있는 것으로 피복
(3) 방수성이 있는 것으로 피복

16 위험물안전관리법령상 제4류 위험물인 다이에틸에터의 품명과 지정수량을 쓰시오.

해설
다이에틸에터의 물성

품명	지정수량
특수인화물	50L

정답
• 품명 : 특수인화물
• 지정수량 : 50L

17 과산화수소의 분해반응식을 쓰고 생성되는 기체의 명칭을 쓰시오.

해설
과산화수소의 분해반응식

$2H_2O_2 \xrightarrow[\text{(정촉매)}]{MnO_2} 2H_2O + O_2$

정답
• $2H_2O_2 \rightarrow 2H_2O + O_2$
• 산소

18 알코올류를 저장하는 옥외저장소에 해당 위험물을 적당한 온도로 유지하기 위해 설치하는 설비의 명칭을 쓰시오.

> 정답
> 살수설비

> **해설**
> **인화성 고체, 제1석유류 또는 알코올류의 옥외저장소의 특례기준**
> • 인화성 고체(인화점 21℃ 미만인 것에 한함), 제1석유류, 알코올류를 저장 또는 취급하는 장소 : 위험물을 적당한 온도로 유지하기 위한 살수설비 설치
> • 제1석유류 또는 알코올류를 저장 또는 취급하는 장소의 주위 : 배수구 및 집유설비를 설치할 것. 이 경우 제1석유류(온도 20℃의 물 100g에 용해되는 양이 1g 미만의 것에 한한다)를 저장 또는 취급하는 장소에는 집유설비에 유분리장치를 설치할 것
> ※ 유분리장치를 해야 하는 제1석유류 : 벤젠, 톨루엔, 휘발유

19 분자량이 80인 제1류 위험물로서 물, 알코올에 녹고 물에 용해 시 흡열반응 하는 물질을 화학식으로 쓰시오.

> 정답
> NH_4NO_3

> **해설**
> 질산암모늄(NH_4NO_3, 분자량 : 80)은 물이나 알코올에 잘 녹고 물에 녹을 때에는 흡열반응을 한다.

20 셀프용 고정주유설비의 주유량과 주유시간의 상한을 쓰시오.

> 정답
> ㉠ 100L 이하
> ㉡ 200L 이하
> ㉢ 4분 이하
> ㉣ 4분 이하

항목 ＼ 종류	휘발유	경유
주유량의 상한	㉠	㉡
주유시간의 상한	㉢	㉣

> **해설**
> **셀프용 주유취급소**
> • 셀프용 고정주유설비의 주유량 및 주유시간의 상한

항목 ＼ 종류	휘발유	경유
주유량의 상한	100L 이하	200L 이하
주유시간의 상한	4분 이하	4분 이하

> • 셀프용 고정급유설비(등유)의 주유량 및 주유시간의 상한

급유량의 상한	급유시간의 상한
100L 이하	6분 이하

01 다음 그림과 같은 원통형 위험물 저장탱크의 내용적은 몇 m³인지 구하시오.

정답
12.57m^3

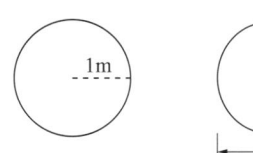

해설

원통형 탱크의 내용적

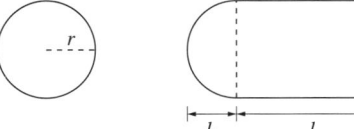

$$\therefore \ \text{내용적} = \pi r^2\left(l + \frac{l_1 + l_2}{3}\right) = \pi \times (1\text{m})^2 \times \left(3\text{m} + \frac{1.5\text{m} + 1.5\text{m}}{3}\right) = 12.57\text{m}^3$$

02 위험물제조소 건축물의 외벽 구조에 따라 연면적 몇 m²가 1소요단위에 해당되는지 각각 쓰시오.

(1) 외벽이 내화구조인 것

(2) 외벽이 내화구조가 아닌 것

정답
(1) 100m^2
(2) 50m^2

해설

소요단위

구분 / 종류	내화구조	내화구조가 아닌 것
제조소 또는 취급소	연면적 100m²를 1소요단위	연면적 50m²를 1소요단위
저장소	연면적 150m²를 1소요단위	연면적 75m²를 1소요단위
위험물	지정수량의 10배 : 1소요단위	

03 위험물안전관리법령상 유별 위험물의 성질을 정의하고 있다. 다음 [보기]에서 산화성 고체인 위험물을 모두 선택하여 쓰시오(단, 해당 사항이 없으면 "해당없음"이라고 답할 것).

┌ 보기 ┐

산화칼슘, 리튬, 질산암모늄, 과산화나트륨, 과산화벤조일

해설

위험물의 분류

종류	유별	품명
산화칼슘	유독물	–
리튬	제3류 위험물	알칼리금속
질산암모늄	제1류 위험물	질산염류
과산화나트륨	제1류 위험물	무기과산화물
과산화벤조일	제5류 위험물	유기과산화물

※ 제1류 위험물 : 산화성 고체

04 톨루엔 9.2g을 완전 연소시키는 데 필요한 공기는 몇 L인지 구하시오(단, 0℃, 1기압을 기준으로 하며 공기 중 산소는 21vol%이다).

해설

필요한 이론공기량

$C_6H_5CH_3$ + $9O_2$ → $7CO_2$ + $4H_2O$

92g ⤬ 9 × 22.4L
9.2g x

$x = \dfrac{9.2g \times 9 \times 22.4L}{92g} = 20.16L$ (이론산소량)

∴ 이론공기량 $= 20.16L \div 0.21 = 96L$

※ 톨루엔($C_6H_5CH_3$)의 분자량 : 92

05 다음은 위험물안전관리법령에서 정한 제3석유류의 정의이다. ( ) 안에 알맞은 용어나 수치를 쓰시오.

> "제3석유류"라 함은 (㉠), (㉡), 그 밖에 1기압에서 인화점이 (㉢)℃ 이상 (㉣)℃ 미만인 것을 말한다. 다만, 도료류 그 밖의 물품은 가연성 액체량이 (㉤)wt% 이하인 것은 제외한다.

㉠ 중유
㉡ 크레오소트유
㉢ 70
㉣ 200
㉤ 40

해설
"제3석유류"라 함은 중유, 크레오소트유, 그 밖에 1기압에서 인화점이 70℃ 이상 200℃ 미만인 것을 말한다. 다만, 도료류 그 밖의 물품은 가연성 액체량이 40wt% 이하인 것은 제외한다.

06 다음 위험물을 수납한 운반용기의 외부에 표시하는 주의사항을 모두 쓰시오(단, 원칙적인 경우에만 한한다).

(1) 제4류 위험물

(2) 제5류 위험물

(3) 제6류 위험물

(1) 화기엄금
(2) 화기엄금, 충격주의
(3) 가연물접촉주의

해설
운반 시 운반용기에 표시해야 하는 주의사항

종류	표시 사항
제1류 위험물	• 알칼리금속의 과산화물 : 화기 · 충격주의, 물기엄금, 가연물접촉주의 • 그 밖의 것 : 화기 · 충격주의, 가연물접촉주의
제2류 위험물	• 철분, 금속분, 마그네슘 : 화기주의, 물기엄금 • 인화성 고체 : 화기엄금 • 그 밖의 것 : 화기주의
제3류 위험물	• 자연발화성 물질 : 화기엄금, 공기접촉엄금 • 금수성 물질 : 물기엄금
제4류 위험물	화기엄금
제5류 위험물	화기엄금, 충격주의
제6류 위험물	가연물접촉주의

07 취급하는 위험물의 최대수량이 지정수량의 20배인 경우 위험물 제조소의 보유공지 너비는 몇 m 이상이어야 하는지 쓰시오.

5m 이상

해설

제조소의 보유공지

취급하는 위험물의 최대수량	공지의 너비
지정수량의 10배 이하	3m 이상
지정수량의 10배 초과	5m 이상

08 페놀을 진한 황산에 녹이고 이것을 질산에 작용시켜 제조하는 제5류 위험물에 대하여 답하시오.

(1) 명칭

(2) 지정수량

(3) 화학식

(1) 피크르산
(2) 10kg
(3) $C_6H_2OH(NO_2)_3$

해설

피크르산

• 성상

명칭	유별	품명	화학식	구조식	지정수량
피크르산	제5류	나이트로 화합물	$C_6H_2OH(NO_2)_3$	O_2N ⬡ NO_2 OH NO_2	10kg

• 제법 : 페놀에 진한 황산과 질산을 넣고 나이트로화시켜 제조한다.

09 제6류 위험물인 과염소산을 가열하면 발생하는 유독성 가스를 화학식으로 쓰시오.

HCl

해설

과염소산의 분해반응식

$HClO_4 \rightarrow HCl + 2O_2$
       (염산, 염화수소)

10 동식물유류는 아이오딘값을 기준으로 건성유, 반건성유, 불건성유로 나눈다. 다음 동식물유류를 구분하는 아이오딘값의 범위를 쓰시오.

(1) 건성유

(2) 반건성유

(3) 불건성유

해설

동식물유류의 종류

종류\항목	아이오딘값	반응성	불포화도	종류
건성유	130 이상	크다.	크다.	해바라기유, 동유, 아마인유, 정어리기름, 들기름
반건성유	100~130	중간	중간	채종유, 목화씨기름(면실유), 참기름, 콩기름
불건성유	100 이하	작다.	작다.	야자유, 올리브유, 피마자유, 동백유

정답

(1) 130 이상

(2) 100~130

(3) 100 이하

11 제3종 분말소화약제의 주성분을 쓰고 적응 가능한 화재를 A~C급에서 선택하여 모두 쓰시오.

(1) 주성분

(2) 적응화재

해설

약제의 적응화재 및 착색

종류	주성분	착색(분말의 색)	적응화재
제1종 분말	NaHCO₃ (탄산수소나트륨, 중탄산나트륨)	백색	B, C급
제2종 분말	KHCO₃ (탄산수소칼륨, 중탄산칼륨)	담회색	B, C급
제3종 분말	NH₄H₂PO₄ (인산암모늄, 제일인산암모늄)	담홍색	A, B, C급
제4종 분말	KHCO₃ + (NH₂)₂CO (탄산수소칼륨 + 요소)	회색	B, C급

정답

(1) 제일인산암모늄($NH_4H_2PO_4$)

(2) A, B, C급

12 경유 500L, 중유 1,000L, 에틸알코올 400L, 다이에틸에터 150L를 저장하고 있다. 각 물질의 지정수량 배수의 총합은 얼마인지 구하시오.

정답
5배

해설
제4류 위험물 지정수량

종류	품명	지정수량
경유	제2석유류(비수용성)	1,000L
중유	제3석유류(비수용성)	2,000L
에틸알코올	알코올류	400L
다이에틸에터	특수인화물	50L

$$\therefore \ 지정수량의\ 배수 = \frac{저장수량}{지정수량} = \frac{500L}{1,000L} + \frac{1,000L}{2,000L} + \frac{400L}{400L} + \frac{150L}{50L} = 5배$$

13 질산이 피부에 닿으면 노란색으로 변하는데 이것을 화학적으로 무슨 반응이라 하는지 쓰시오.

정답
잔토프로테인 반응

해설
질산은 단백질과 잔토프로테인 반응을 하여 노란색으로 변한다.
※ 잔토프로테인 반응 : 단백질 검출 반응의 하나로서 아미노산 또는 단백질에 진한 질산을 가하여 가열하면 황색이 되고, 냉각하여 염기성으로 되게 하면 등황색을 띤다.

14 옥외탱크저장소의 방유제는 옥외저장탱크의 지름에 따라 그 탱크의 옆판으로부터 일정한 거리를 유지해야 한다. 탱크의 지름이 10m이고 탱크의 높이가 15m일 때 얼마 이상의 거리를 유지해야 하는지 계산하시오(단, 인화점이 200℃ 이상인 위험물은 제외).

정답
5m 이상

해설
방유제는 탱크의 옆판으로부터 일정 거리를 유지할 것(단, 인화점이 200℃ 이상인 위험물은 제외)
• 지름이 15m 미만인 경우 : 탱크 높이의 1/3 이상
• 지름이 15m 이상인 경우 : 탱크 높이의 1/2 이상

$$\therefore \ 유지\ 거리 = 15m \times \frac{1}{3} = 5m\ 이상$$

15 주유취급소에서 휘발유는 1회의 연속주유량은 몇 L 이하인지 쓰시오.

정답
100L 이하

해설

셀프용 고정주유설비 주유량 상한

종류	휘발유	경유
주유량 상한	100L 이하	200L 이하
주유시간 상한	4분 이하	4분 이하

16 질산과 황산을 나이트로화시켜 트라이나이트로톨루엔을 생성한다. 이 위험물에 대하여 답하시오.

(1) 화학식

(2) 연소반응식

정답

(1) $C_6H_5CH_3$

(2) $C_6H_5CH_3 + 9O_2 \rightarrow 7CO_2 + 4H_2O$

해설

톨루엔

• 톨루엔에 혼산(질산과 황산)을 나이트로화시켜 트라이나이트로톨루엔을 생성한다.

• 톨루엔의 화학식 : $C_6H_5CH_3$

• 톨루엔의 연소반응식 : $C_6H_5CH_3 + 9O_2 \rightarrow 7CO_2 + 4H_2O$

17 제2류 위험물 중 운반용기의 외부에 표시해야 할 주의사항이 화기엄금인 위험물의 품명을 쓰시오.

정답

인화성 고체

해설

운반용기의 외부에 표시해야 할 주의사항

종류	표시 사항
제2류 위험물	• 철분, 금속분, 마그네슘 : 화기주의, 물기엄금 • 인화성 고체 : 화기엄금 • 그 밖의 것 : 화기주의

18 다음 중 제조소에 있어서 불활성 기체로 봉입해야 하는 위험물을 [보기]에서 고르시오.

┌보기┐
칼륨, 탄산칼슘, 황린, 알킬리튬
└─────────────────────────────┘

해설
알킬알루미늄 등(알킬알루미늄, 알킬리튬)의 제조소 또는 일반취급소에 있어서 알킬알루미늄 등을 취급하는 설비에는 불활성 기체를 봉입할 것

---

19 이동저장탱크로부터 위험물을 저장 또는 취급하는 탱크에 인화점이 몇 ℃ 미만인 위험물을 주입할 때에는 이동탱크저장소의 원동기를 정지시켜야 하는지 쓰시오.

해설
이동저장탱크로부터 위험물을 저장 또는 취급하는 탱크에 인화점이 40℃ 미만인 위험물을 주입할 때에는 이동탱크저장소의 원동기를 정지시켜야 한다.

---

20 옥내저장소에 글리세린을 수납하는 용기만을 겹쳐 쌓는 경우에 높이 몇 m를 초과하지 말아야 하는지 쓰시오.

해설
옥내저장소에 제4류 위험물 중 제3석유류인 글리세린을 수납하는 용기만을 겹쳐 쌓는 경우는 4m를 초과하지 말 것

2019년 제1회 과년도 기출복원문제

01 이황화탄소 12kg이 모두 증기가 된다면 1기압 100℃에서 몇 L가 되는지 구하시오.

해설

이상기체 상태방정식

$$PV = \frac{W}{M}RT, \quad V = \frac{WRT}{PM}$$

여기서, P : 압력(1atm)

V : 부피(L)

W : 무게(12kg = 12,000g)

M : 분자량[CS_2 = 12 + (32 × 2) = 76g/g-mol]

R : 기체상수(0.08205L · atm/g-mol · K)

T : 절대온도(273 + 100℃ = 373K)

$$\therefore V = \frac{WRT}{PM} = \frac{12{,}000\text{g} \times 0.08205\text{L} \cdot \text{atm/g} - \text{mol} \cdot \text{K} \times 373\text{K}}{1\text{atm} \times 76\text{g/g} - \text{mol}} = 4{,}832.31\text{L}$$

정답

4,832.31L

02 과산화수소가 분해되어 산소(O_2)를 발생하는 화학반응식을 쓰시오.

해설

과산화수소는 분해되어 물(H_2O)과 산소(O_2)를 발생한다.

$2H_2O_2 \rightarrow 2H_2O + O_2$

정답

$2H_2O_2 \rightarrow 2H_2O + O_2$

03 위험물안전관리법령에서 규정하는 인화성 고체의 정의를 쓰시오.

해설

제2류 위험물의 정의

- 황 : 순도가 60wt% 이상인 것을 말하며 순도측정을 하는 경우 불순물은 활석 등 불연성 물질과 수분으로 한정한다.
- 철분 : 철의 분말로서 53μm의 표준체를 통과하는 것이 50wt% 미만은 제외
- 인화성 고체 : 고형알코올 그 밖에 1기압에서 인화점이 40℃ 미만인 고체

정답

고형알코올 그 밖에 1기압에서 인화점이 40℃ 미만인 고체

04 다음 제1류 위험물의 지정수량을 각각 쓰시오.

(1) 브로민산염류

(2) 다이크로뮴산염류

(3) 무기과산화물

(4) 아염소산염류

정답

(1) 300kg

(2) 1,000kg

(3) 50kg

(4) 50kg

해설

제1류 위험물의 지정수량

성질	품명	해당하는 위험물	지정수량
산화성 고체	아염소산염류	$KClO_2$, $NaClO_2$	50kg
	무기과산화물	K_2O_2, Na_2O_2, CaO_2, BaO_2, MgO_2	
	브로민산염류	$KBrO_3$, $NaBrO_3$	300kg
	다이크로뮴산염류	$K_2Cr_2O_7$, $Na_2Cr_2O_7$, $(NH_4)_2Cr_2O_7$	1,000kg

05 셀프용 고정주유설비의 주유취급소에서 경유와 휘발유에 대한 설명이다. 다음 각 물음에 답하시오.

(1) 1회 주유량 상한의 합계(L)를 계산하시오.

(2) 지정수량의 합계(L)를 계산하시오.

정답

(1) 300L

(2) 1,200L

해설

셀프용 고정주유설비의 주유량과 지정수량

종류		주유량 상한 (1회 연속)	주유(급유)시간 상한	품명	지정수량
셀프용 고정주유설비	경유	200L 이하	4분 이하	제2석유류 (비수용성)	1,000L
	휘발유	100L 이하	4분 이하	제1석유류 (비수용성)	200L
셀프용 고정급유설비	등유	100L 이하	6분 이하	제2석유류 (비수용성)	1,000L

• 주유량 상한의 합계 = 200L + 100L = 300L

• 지정수량의 합계 = 1,000L + 200L = 1,200L

06 옥내탱크저장소에서 다음 경우에 상호 간의 간격은 몇 m 이상을 유지해야 하는지 쓰시오.

(1) 옥내저장탱크와 탱크전용실의 벽과의 사이

(2) 옥내저장탱크 상호 간

해설
옥내탱크저장소의 이격거리
• 옥내저장탱크와 탱크전용실의 벽과의 사이 : 0.5m 이상의 간격 유지
• 옥내저장탱크 상호 간 : 0.5m 이상의 간격 유지

정답
(1) 0.5m 이상
(2) 0.5m 이상

07 위험물판매취급소의 배합실에 대하여 다음 물음에 답하시오.

(1) 배합실의 바닥면적은 (　)m² 이상 (　)m² 이하로 할 것

(2) (　) 또는 (　)로 된 벽으로 구획할 것

(3) 바닥은 위험물이 침투하지 않는 구조로 하여 적당한 경사를 두고 (　)를 할 것

(4) 출입구에는 수시로 열 수 있는 (　)을 설치할 것

해설
판매취급소의 배합실
• 배합실의 바닥면적은 6m² 이상 15m² 이하로 할 것
• 내화구조 또는 불연재료로 된 벽으로 구획할 것
• 바닥은 위험물이 침투하지 않는 구조로 하여 적당한 경사를 두고 집유설비를 할 것
• 출입구에는 수시로 열 수 있는 자동폐쇄식의 60분+방화문 또는 60분 방화문을 설치할 것
• 출입구 문턱의 높이는 바닥면으로부터 0.1m 이상으로 할 것

정답
(1) 6, 15
(2) 내화구조, 불연재료
(3) 집유설비
(4) 자동폐쇄식의 60분+방화문 또는 60분 방화문

08 다음 [보기]에서 불건성유를 모두 선택하여 쓰시오(단, 해당사항이 없을 경우는 "해당없음"이라고 답할 것).

┌ 보기 ┐
│ 피마자유, 올리브유, 야자유, 아마인유, 해바라기유 │
└─────────────────────────────────┘

피마자유, 올리브유, 야자유

해설
동식물유류의 종류

종류 \ 항목	아이오딘값	반응성	불포화도	종류
건성유	130 이상	크다.	크다.	해바라기유, 동유, 아마인유, 정어리기름, 들기름
반건성유	100~130	중간	중간	채종유, 목화씨기름(면실유), 참기름, 콩기름
불건성유	100 이하	작다.	작다.	야자유, 올리브유, 피마자유, 동백유

09 주유취급소의 건축물에 바닥으로부터 30cm 높이에 창문에 대한 내용이다. 다음 각 물음에 답하시오.

(1) 사무실 등의 창 및 출입구에 유리를 사용하는 경우에는 어떤 유리를 설치해야 하는가?

(2) 출입구의 개방 및 밀폐구조 여부를 설명하시오.

(3) 다른 창의 설치 높이는 얼마로 해야 하는가?

(1) 망입유리 또는 강화유리
(2) 안에서 밖으로 수시로 개방할 수 있는 자동폐쇄식의 것
(3) 1m 이하

해설
주유취급소의 창 및 출입구(시행규칙 별표 13)
• 사무실 등의 창 및 출입구에 유리를 사용하는 경우에는 망입유리 또는 강화유리로 할 것. 이 경우 강화유리의 두께는 창에는 8mm 이상, 출입구에는 12mm 이상으로 해야 한다.
• 출입구는 건축물의 안에서 밖으로 수시로 개방할 수 있는 자동폐쇄식의 것으로 할 것
• 출입구 또는 사이 통로의 문턱의 높이를 15cm 이상으로 할 것
• 높이 1m 이하의 부분에 있는 창 등은 밀폐시킬 것

10 위험물안전관리법령에 따라 주유취급소의 위험물 취급기준에 대해 다음 (   ) 안에 알맞은 온도를 쓰시오.

40

> 자동차 등에 인화점 (   )℃ 미만의 위험물을 주유할 때에는 자동차 등의 원동기를 정지시킬 것. 다만, 연료탱크에 위험물을 주유하는 동안 방출되는 가연성 증기를 회수하는 설비가 부착된 고정주유설비에 의하여 주유하는 경우에는 그렇지 않다.

해설

위험물의 저장 및 취급에 관한 기준(시행규칙 별표 18) : 자동차 등에 인화점 40℃ 미만의 위험물을 주유할 때에는 자동차 등의 원동기를 정지시킬 것. 다만, 연료탱크에 위험물을 주유하는 동안 방출되는 가연성 증기를 회수하는 설비가 부착된 고정주유설비에 의하여 주유하는 경우에는 그렇지 않다.

---

11 금속칼륨과 탄산가스(이산화탄소)가 반응할 때 화학반응식을 쓰시오.

해설

칼륨의 반응식
- 이산화탄소와 반응 : $4K + 3CO_2 \rightarrow 2K_2CO_3 + C$
- 물과 반응 : $2K + 2H_2O \rightarrow 2KOH + H_2$
- 에틸알코올과 반응 : $2K + 2C_2H_5OH \rightarrow 2C_2H_5OK + H_2$
- 초산과 반응 : $2K + 2CH_3COOH \rightarrow 2CH_3COOK + H_2$

정답

$4K + 3CO_2 \rightarrow 2K_2CO_3 + C$

---

12 $KClO_3$ 1kg이 고온에서 완전히 열분해할 때 화학반응식을 쓰고 이때 발생하는 산소는 몇 g인지 계산하시오(단, K의 원자량은 39이고 Cl의 원자량은 35.5이다).

(1) 화학반응식

(2) 발생 산소량

정답

(1) $2KClO_3 \rightarrow 2KCl + 3O_2$

(2) 391.84g

해설

염소산칼륨
- 분해반응식 : $2KClO_3 \rightarrow 2KCl + 3O_2$
- 발생 산소량

$$2KClO_3 \rightarrow 2KCl + 3O_2$$
$$2 \times 122.5g \qquad\qquad 3 \times 32g$$
$$1,000g \qquad\qquad x$$

$$\therefore x = \frac{1,000g \times (3 \times 32)g}{2 \times 122.5g} = 391.84g$$

※ $KClO_3$의 분자량 : $39 + 35.5 + (16 \times 3) = 122.5$

13 제4류 위험물 중 벤젠핵의 수소 1개가 아민기 1개와 치환한 것의 화학식을 쓰시오.

$C_6H_5NH_2$

해설

아닐린

• 정의 : 벤젠핵($\begin{smallmatrix} H & H \\ H-C=C-H \\ C-C \\ H & H \end{smallmatrix}$)의 수소원자 1개에 아민기(아미노기, $-NH_2$) 1개를 치환한 화합물

• 물성

화학식	구조식	품명	지정수량	비중	인화점
$C_6H_5NH_2$	NH_2 🔷	제3석유류 (비수용성)	2,000L	1.02	70℃

14 제조소에서 위험물을 취급함에 있어서 정전기가 발생할 우려가 있는 설비에는 규정된 방법으로 정전기를 유효하게 제거할 수 있는 설비를 설치해야 한다. 이에 해당하는 방법 3가지를 각각 쓰시오.

• 접지에 의한 방법
• 공기 중의 상대습도를 70% 이상으로 하는 방법
• 공기를 이온화하는 방법

해설

정전기 제거설비

• 접지에 의한 방법
• 공기 중의 상대습도를 70% 이상으로 하는 방법(제조소에서는 현장바닥에 물을 뿌리는 방법도 있다)
• 공기를 이온화하는 방법

15 리튬조각과 물이 반응하였을 때 생성하는 가스의 명칭과 반응상태를 설명하시오.

• 생성 가스 : 수소
• 반응상태 : 발열반응

해설

리튬

• 물과 반응 : $2Li + 2H_2O \rightarrow 2LiOH + H_2 + Q\,kcal$
                              (수소)

• 반응상태 : 발열반응

16 다음의 소화방법은 연소 3요소 중에서 어떠한 것을 제거하여 소화하는 것인지 연소의 3요소 중 해당하는 것을 각각 1가지씩 쓰시오.

(1) 제거소화

(2) 질식소화

(1) 가연물

(2) 산소공급원

해설

소화방법

제거되는 물질	소화방법
가연물	제거소화
산소공급원	질식소화

17 제2류 위험물과 제5류 위험물과도 혼재가 가능한 위험물은 제 몇류 위험물인지 쓰시오(단, 지정수량의 10배 이상인 경우이다).

정답

제4류 위험물

해설

운반 시 유별을 달리하는 위험물의 혼재기준

• 제1류 위험물 + 제6류 위험물

• 제2류 위험물 + 제4류 위험물 + 제5류 위험물

• 제3류 위험물 + 제4류 위험물

18 제5류 위험물인 나이트로글리세린을 화학식으로 쓰시오.

정답

$C_3H_5(ONO_2)_3$

해설

나이트로글리세린(Nitroglycerine)의 물성

화학식	지정수량	비점
$C_3H_5(ONO_2)_3$	10kg	218℃

19 제1류 위험물인 등적색의 고체 물질인 다이크로뮴산암모늄의 지정 수량을 쓰시오.

정답
1,000kg

해설
제1류 위험물

성질	품명	위험등급	지정수량
산화성 고체	아염소산염류, 염소산염류, 과염소산염류, 무기과산화물	I	50kg
	브로민산염류, 질산염류, 아이오딘산염류	II	300kg
	과망가니즈산염류, 다이크로뮴산염류(다이크로뮴산암모늄)	III	1,000kg

20 옥내저장소의 게시판을 설치하고자 할 때 누락된 것을 고르시오.

정답
지정수량의 배수

위험물 옥내저장소	
화기엄금	
유별	
품명	
저장최대수량	
안전관리자의 성명 또는 직명	

해설
제조소의 표지 및 게시판

위험물 옥내저장소(백색바탕 흑색문자)	
화기엄금(적색바탕 백색문자)	
유별	제4류 위험물
품명	제2석유류(초산)
저장최대수량	10,000L
지정수량의 배수	5배
안전관리자의 성명 또는 직명	○ ○ ○

01

위험물안전관리법령에 따른 판매취급소의 배합실 출입구 문턱의 높이는 바닥면으로부터 몇 m 이상으로 해야 하는지 쓰시오.

정답

0.1m 이상

해설

위험물 배합실의 기준

• 바닥면적은 6m^2 이상 15m^2 이하일 것
• 내화구조 또는 불연재료로 된 벽으로 구획할 것
• 출입구에는 수시로 열 수 있는 자동폐쇄식의 60분+방화문 또는 60분 방화문을 설치할 것
• 출입구 문턱의 높이는 바닥면으로부터 0.1m 이상으로 할 것

02

과산화수소 수용액의 저장 시 분해를 막기 위하여 넣어주는 안정제 종류를 2가지만 쓰시오.

정답

인산, 요산

해설

과산화수소의 안정제

• 넣는 이유 : 분해를 막기 위하여
• 종류 : 인산(H_3PO_4), 요산($C_5H_4N_4O_3$)

03

아이오딘값의 정의와 건성유의 종류 3가지를 쓰시오.

정답

• 정의 : 유지 100g에 부가되는 아이오딘의 g수
• 종류 : 해바라기유, 동유, 아마인유

해설

아이오딘값

• 정의 : 유지 100g에 부가되는 아이오딘의 g수
• 종류

종류＼항목	아이오딘값	반응성	불포화도	종류
건성유	130 이상	크다.	크다.	해바라기유, 동유, 아마인유, 정어리기름, 들기름
반건성유	100~130	중간	중간	채종유, 목화씨기름(면실유), 참기름, 콩기름
불건성유	100 이하	작다.	작다.	야자유, 올리브유, 피마자유, 동백유

04 금속칼륨과 이산화탄소가 반응하여 탄소를 발생하는 화학반응식을 쓰시오.

$4K + 3CO_2 \rightarrow 2K_2CO_3 + C$

해설
칼륨의 반응식
- 이산화탄소와 반응 : $4K + 3CO_2 \rightarrow 2K_2CO_3 + C$
  _(탄소)
- 물과 반응 : $2K + 2H_2O \rightarrow 2KOH + H_2$
- 알코올과 반응 : $2K + 2C_2H_5OH \rightarrow 2C_2H_5OK + H_2$

05 제4류 위험물을 저장하는 옥내저장소의 연면적이 450m²이고 외벽은 내화구조가 아닌 경우 옥내저장소에 대한 소화설비의 소요단위를 구하시오.

6단위

해설
소요단위의 계산방법

구분 종류	내화구조	내화구조가 아닌 것
제조소 또는 취급소	연면적 100m²를 1소요단위	연면적 50m²를 1소요단위
저장소	연면적 150m²를 1소요단위	연면적 75m²를 1소요단위
위험물	지정수량의 10배 : 1소요단위	

$\therefore$ 소요단위 $= \dfrac{연면적}{기준면적} = \dfrac{450m^2}{75m^2} = 6$단위

06 옥내저장소에 윤활유 드럼을 2단으로 적재하고자 한다. 다음 각 물음에 답하시오.

(1) 용기만을 겹쳐 쌓는 경우 몇 m를 초과하지 말아야 하는지 쓰시오.

(2) 적절한 조치를 하였다면 함께 저장할 수 있는 위험물의 유별을 쓰시오.

정답

(1) 4m
(2) 제2류 위험물 중 인화성 고체

해설

옥외저장소
• 옥내저장소와 옥외저장소에 저장 시 높이(아래 높이를 초과하지 말 것)
 – 기계에 의하여 하역하는 구조로 된 용기만을 겹쳐 쌓는 경우 : 6m
 – 제4류 위험물 중 제3석유류, 제4석유류(윤활유), 동식물유류를 수납하는 용기만을 겹쳐 쌓는 경우 : 4m
 – 그 밖의 경우(특수인화물, 제1석유류, 제2석유류, 알코올류, 타류) : 3m
• 옥내저장소 또는 옥외저장소에는 있어서 유별을 달리하는 위험물을 동일한 저장소에 저장할 수 없는데 1m 이상 간격을 두고 아래 유별을 저장할 수 있다.
 – 제1류 위험물(알칼리금속의 과산화물은 제외)과 제5류 위험물을 저장하는 경우
 – 제1류 위험물과 제6류 위험물을 저장하는 경우
 – 제1류 위험물과 자연발화성 물품(황린 포함)을 저장하는 경우
 – 제2류 위험물 중 인화성 고체와 제4류 위험물을 저장하는 경우
 – 제3류 위험물 중 알킬알루미늄 등과 제4류 위험물(알킬알루미늄 또는 알킬리튬을 함유한 것에 한함)을 저장하는 경우
 – 제4류 위험물 중 유기과산화물과 제5류 위험물 중 유기과산화물을 저장하는 경우

07 나이트로글리세린의 제조방법을 사용되는 원료를 중심으로 설명하시오.

해설

글리세린을 혼산(질산 + 황산)으로 나이트로화시켜 나이트로글리세린을 제조한다.

$$\begin{matrix} CH_2-OH \\ | \\ CH\ -OH \\ | \\ CH_2-OH \end{matrix} + 3HNO_3 \xrightarrow[\text{나이트로화}]{C-H_2SO_4} \begin{matrix} CH_2-ONO_2 \\ | \\ CH\ -ONO_2 \\ | \\ CH_2-ONO_2 \end{matrix} + 3H_2O$$

(글리세린)　　　　　　　　　　　　　(나이트로글리세린)

정답

글리세린에 혼산(질산 + 황산)으로 나이트로화시켜 나이트로글리세린을 제조한다.

08 제3류 위험물인 황린에 대하여 다음 각 물음에 답하시오.

(1) 안정한 저장을 위하여 사용되는 보호액을 쓰시오.

(2) 수산화칼륨 수용액과 반응하였을 때 발생하는 맹독성 가스의 화학식을 쓰시오.

(3) 위험물안전관리법령에서 정한 지정수량이 얼마인지 쓰시오.

해설

황린

- pH 9(약알칼리) 정도의 물속에 저장하며 보호액이 증발되지 않도록 한다.
- 강알칼리 용액과 반응하면 유독성 포스핀(인화수소, PH_3)가스를 발생한다.
  $P_4 + 3KOH + 3H_2O \rightarrow PH_3 + 3KH_2PO_2$
  (차아인산칼륨)
- 물성

화학식	지정수량	증기비중	발화점
P_4	20kg	4.3	34℃

정답

(1) pH 9(약알칼리) 정도의 물

(2) PH_3

(3) 20kg

---

09 다음 할로젠화합물의 할론소화약제의 명칭을 쓰시오.

(1) CF_3Br

(2) CF_2ClBr

(3) $C_2F_4Br_2$

해설

할로젠화합물소화약제

물성＼종류	할론 1301	할론 1211	할론 2402
분자식	CF_3Br	CF_2ClBr	$C_2F_4Br_2$
분자량	148.9	165.4	259.8
상태(20℃)	기체	기체	액체
증기비중	5.13	5.70	8.96

정답

(1) 할론 1301

(2) 할론 1211

(3) 할론 2402

10 황과 적린에 대하여 다음 각 물음에 답하시오.

(1) 황이 연소할 때 발생하는 기체의 명칭을 쓰시오.

(2) 적린이 연소할 때 발생하는 기체를 화학식으로 쓰시오.

해설

황과 적린

• 황의 연소반응식 : $S + O_2 \rightarrow SO_2$
(이산화황/아황산가스)

• 적린의 연소반응식 : $4P + 5O_2 \rightarrow 2P_2O_5$
(오산화인)

정답

(1) 이산화황

(2) P_2O_5

---

11 물이 들어 있는 비커에 칼슘을 소량 넣으니 잠시 후 비커에서 반응이 일어나고 비커에 설치된 온도계의 온도가 올라간다. 칼슘과 물의 반응식을 쓰시오.

해설

칼슘과 물의 반응

$Ca + 2H_2O \rightarrow Ca(OH)_2 + H_2$(발열반응)

정답

$Ca + 2H_2O \rightarrow Ca(OH)_2 + H_2$

---

12 위험물은 운반용기의 외부에 위험물안전관리법령에서 정하는 사항을 표시하여 적재해야 한다. 위험물의 운반용기 외부에 표시해야 하는 사항 중 3가지만 쓰시오.

해설

운반용기의 외부 표시 사항

• 위험물의 품명, 위험등급, 화학명 및 수용성("수용성" 표시는 제4류 위험물의 수용성인 것에 한함)

• 위험물의 수량

• 수납하는 위험물에 따른 주의사항

정답

• 위험물의 품명, 위험등급, 화학명 및 수용성("수용성" 표시는 제4류 위험물의 수용성인 것에 한함)

• 위험물의 수량

• 수납하는 위험물에 따른 주의사항

13 제5류 위험물의 구조식을 쓰시오.

(1) 트라이나이트로톨루엔(TNT)

(2) 트라이나이트로페놀(피크르산)

해설

종류	TNT(Trinitrotoluene)	TNP(Trinitrophenol)
화학식	$C_6H_2CH_3(NO_2)_3$	$C_6H_2OH(NO_2)_3$
구조식		

정답

(1) TNT

(2) 피크르산

---

14 옥외저장탱크를 강철판으로 제작할 경우 두께를 얼마 이상으로 해야 하는지 쓰시오(단, 특정옥외저장탱크 및 준특정옥외저장탱크는 제외한다).

해설

옥외저장탱크(특정·준특정옥외저장탱크 제외)의 두께 : 3.2mm 이상의 강철판

정답

3.2mm 이상

---

15 위험물안전관리법령에서 정한 이동탱크저장소의 옥외에 있는 상치 장소에 대한 설명이다. 다음 ( )에 적당한 답을 쓰시오.

옥외에 있는 상시장소는 화기를 취급하는 장소 또는 인근 건축물로부터 (㉠)m 이상, 인근건축물이 1층인 경우 (㉡)m 이상의 거리를 확보해야 한다.

해설

이동탱크저장소의 상치장소

• 옥외에 있는 상치장소는 화기를 취급하는 장소 또는 인근의 건축물로부터 5m 이상(인근의 건축물이 1층인 경우에는 3m 이상)의 거리를 확보해야 한다(단, 하천의 공지나 수면, 내화구조 또는 불연재료의 담 또는 벽 그 밖에 이와 유사한 것에 접하는 경우를 제외).

• 옥내에 있는 상치장소는 벽·바닥·보·서까래 및 지붕이 내화구조 또는 불연재료로 된 건축물의 1층에 설치해야 한다.

정답

㉠ 5

㉡ 3

16 위험물안전관리법령상 제2류 위험물의 품명 중 지정수량이 100kg 인 것을 2가지만 쓰시오.

정답

황화인, 적린

해설
제2류 위험물

성질	품명	위험등급	지정수량
가연성 고체	황화인(삼황화인, 오황화인, 칠황화인), 적린, 황(단사황, 사방황, 고무상황)	II	100kg
	철분, 금속분(Al분말, Zn분말, Ti분말, Co분말), 마그네슘	III	500kg
	인화성 고체	III	1,000kg

17 질산 500배를 저장하고 있는 옥외탱크저장소에 대하여 다음 물음에 답하시오.

(1) 옥외탱크저장소의 보유공지를 쓰시오.

(2) 위험물의 지정수량과 위험물이 되기 위한 기준을 쓰시오.

정답

(1) 1.5m 이상

(2) 지정수량 : 300kg

　　조건 : 비중이 1.49 이상인 것

해설
보유공지 등
• 옥외탱크저장소의 보유공지

저장 또는 취급하는 위험물의 최대수량	공지의 너비
지정수량의 500배 이하	3m 이상

※ 제6류 위험물을 저장 또는 취급하는 옥외저장탱크 : 표의 규정에 의한 보유공지의 1/3 이상(최소 1.5m 이상)

∴ 보유공지 $= 3m \times \dfrac{1}{3} = 1m$ (최소 1.5m 이상)

• 질산

화학식	비중	지정수량
HNO_3	1.49	300kg

• 위험물이 되기 위한 조건
 – 과산화수소 : 농도가 36wt% 이상인 것
 – 질산 : 비중이 1.49 이상인 것

18 벤젠의 증기비중을 구하시오.

정답

2.69

해설
벤젠의 증기비중
• 벤젠(C_6H_6)의 분자량 : 78[(12 × 6) + (1 × 6) = 78]

• 증기비중 $= \dfrac{분자량}{29} = \dfrac{78}{29} = 2.69$

19 제조소의 환기설비의 바닥면적이 100m²일 경우 급기구의 면적을 쓰시오.

450cm² 이상

해설

위험물제조소 환기설비의 급기구 크기 : 급기구는 해당 급기구가 설치된 실의 바닥면적 150m²마다 1개 이상으로 하되 급기구의 크기는 800cm² 이상으로 할 것. 다만 바닥면적이 150m² 미만인 경우에는 다음의 크기로 할 것

바닥면적	급기구의 면적
60m² 미만	150cm² 이상
60m² 이상 90m² 미만	300cm² 이상
90m² 이상 120m² 미만	450cm² 이상
120m² 이상 150m² 미만	600cm² 이상

20 위험물안전관리법령상 위험물취급소의 종류 4가지를 쓰시오.

정답

주유취급소, 판매취급소, 이송취급소, 일반취급소

해설

제조소 등

• 제조소
• 저장소
  - 옥내저장소   - 옥외탱크저장소
  - 옥내탱크저장소   - 지하탱크저장소
  - 간이탱크저장소   - 이동탱크저장소
  - 옥외저장소   - 암반탱크저장소
• 취급소
  - 주유취급소   - 판매취급소
  - 이송취급소   - 일반취급소

01 산화프로필렌 200L, 벤즈알데하이드 1,000L, 아크릴산 4,000L를
저장하고 있을 경우 지정수량의 배수를 구하시오.

정답
7배

해설
지정수량의 배수

항목 \ 종류	산화프로필렌	벤즈알데하이드	아크릴산
품명	특수인화물	제2석유류 (비수용성)	제2석유류 (수용성)
지정수량	50L	1,000L	2,000L

$\therefore$ 지정수량의 배수 $= \dfrac{\text{저장수량}}{\text{지정수량}} + \dfrac{\text{저장수량}}{\text{지정수량}} + \cdots$

$= \dfrac{200L}{50L} + \dfrac{1,000L}{1,000L} + \dfrac{4,000L}{2,000L} = 7$배

02 동식물유류를 건성유, 반건성유, 불건성류로 분류할 때 기준이 되는
아이오딘값의 범위를 쓰시오.

(1) 건성유

(2) 반건성유

(3) 불건성유

정답
(1) 130 이상
(2) 100~130
(3) 100 이하

해설
동식물유류

종류 \ 항목	아이오딘값	반응성	불포화도	종류
건성유	130 이상	크다.	크다.	해바라기유, 동유, 아마인유, 정어리기름, 들기름
반건성유	100~130	중간	중간	채종유, 목화씨기름(면실유), 참기름, 콩기름
불건성유	100 이하	작다.	작다.	야자유, 올리브유, 피마자유, 동백유

03 셀프용 고정주유설비에 대해 다음 물음에 답하시오.

(1) 경유의 1회 연속주유 상한은 몇 L 이하로 해야 하는지 쓰시오.

(2) 경유의 주유시간 상한은 몇 분 이하로 해야 하는지 쓰시오.

해설
셀프용 고정주유설비의 주유량과 지정수량

항목 \ 종류	셀프용 고정주유설비		셀프용 고정급유설비
	경유	휘발유	등유
주유량 상한 (1회 연속)	200L 이하	100L 이하	100L 이하
주유(급유)시간 상한	4분 이하	4분 이하	6분 이하
품명	제2석유류 (비수용성)	제1석유류 (비수용성)	제2석유류 (비수용성)
지정수량	1,000L	200L	1,000L

04 메틸알코올 4,000L를 취급하는 위험물제조소와 액화석유가스 시설과의 안전거리를 쓰시오.

해설
제조소의 안전거리

건축물	안전거리
사용전압 7,000V 초과 35,000V 이하의 특고압가공전선	3m 이상
사용전압 35,000V 초과하는 특고압가공전선	5m 이상
건축물 그 밖의 공작물로서 주거용으로 사용되는 것(제조소가 설치된 부지 내에 있는 것을 제외)	10m 이상
고압가스, 액화석유가스, 도시가스를 저장 또는 취급하는 시설	20m 이상
학교, 병원(병원급 의료기관), 극장(공연장, 영화상영관 및 그 밖에 이와 유사한 시설로서 300명 이상을 수용할 수 있는 것), 복지시설(아동복지시설, 노인복지 시설, 장애인복지시설, 한부모가족복지시설), 어린이집, 성매매피해자 등을 위한 지원시설, 정신건강증진시설, 가정폭력방지 및 피해자 보호시설 및 그 밖에 이와 유사한 시설로서 20명 이상을 수용할 수 있는 것	30m 이상
유형문화재, 기념물 중 지정문화재	50m 이상

05 분말소화약제인 탄산수소칼륨의 1차 열분해반응식을 쓰시오.

정답

$2KHCO_3 \rightarrow K_2CO_3 + CO_2 + H_2O$

해설

제2종 분말(탄산수소칼륨)
- 1차 분해반응식(190℃) : $2KHCO_3 \rightarrow K_2CO_3 + CO_2 + H_2O$
- 2차 분해반응식(590℃) : $2KHCO_3 \rightarrow K_2O + 2CO_2 + H_2O$

---

06 글리세린에 황산과 질산을 반응시키고 잠시 후에 폭발하는 위험물에 대해 다음 물음에 답하시오.

(1) 폭발하는 물질의 명칭을 쓰시오.

(2) 폭발하는 물질의 화학식과 지정수량을 쓰시오.

정답

(1) 나이트로글리세린

(2) 화학식 : $C_3H_5(ONO_2)_3$, 지정수량 : 10kg

해설

나이트로글리세린(Nitroglycerine)
- 물성

화학식	구조식	지정수량	비중
$C_3H_5(ONO_2)_3$	$\begin{matrix} CH_2-ONO_2 \\ \| \\ CH\ -ONO_2 \\ \| \\ CH_2-ONO_2 \end{matrix}$	10kg	1.6

- 글리세린을 혼산(질산＋황산)으로 나이트로화시켜 나이트로글리세린을 제조한다.

$$\begin{matrix} CH_2-OH \\ \| \\ CH\ -OH \\ \| \\ CH_2-OH \end{matrix} + 3HNO_3 \xrightarrow{\text{진한 황산}} \begin{matrix} CH_2-ONO_2 \\ \| \\ CH\ -ONO_2 \\ \| \\ CH_2-ONO_2 \end{matrix} + 3H_2O$$

---

07 알루미늄의 연소반응식을 쓰시오.

정답

$4Al + 3O_2 \rightarrow 2Al_2O_3$

해설

알루미늄의 연소반응식

$4Al + 3O_2 \rightarrow 2Al_2O_3$

08 위험물안전관리법령상 위험물제조소 환기설비의 설치기준에서 바닥면적이 130m²인 곳에 설치된 급기구 면적은 얼마 이상으로 해야 하는지 쓰시오.

600cm² 이상

해설
위험물제조소 환기설비의 급기구 크기 : 급기구는 해당 급기구가 설치된 실의 바닥면적 150m²마다 1개 이상으로 하되 급기구의 크기는 800cm² 이상으로 할 것. 다만 바닥면적이 150m² 미만인 경우에는 다음의 크기로 할 것

바닥면적	급기구의 면적
60m² 미만	150cm² 이상
60m² 이상 90m² 미만	300cm² 이상
90m² 이상 120m² 미만	450cm² 이상
120m² 이상 150m² 미만	600cm² 이상

09 위험물 운송 시 운송책임자의 감독, 지원을 받아야 하는 위험물의 종류 2가지를 쓰시오.

알킬알루미늄, 알킬리튬

해설
운송책임자의 감독, 지원을 받아야 하는 위험물 : 알킬알루미늄, 알킬리튬

10 위험물안전관리법령에서 정한 이동탱크저장소의 옥외에 있는 상치장소에 대한 설명이다. 다음 (   )에 적당한 답을 쓰시오.

㉠ 5
㉡ 3

옥외에 있는 상치장소는 화기를 취급하는 장소 또는 인근 건축물로부터 (㉠)m 이상[인근의 건축물이 1층인 경우에는 (㉡)m 이상]의 거리를 확보해야 한다. 다만, 하천의 공지나 수면, 내화구조 또는 불연재료의 담 또는 벽 그밖에 이와 유사한 것에 접하는 경우를 제외한다.

해설
이동탱크저장소의 상치장소
• 옥외에 있는 상치장소는 화기를 취급하는 장소 또는 인근의 건축물로부터 5m 이상(인근의 건축물이 1층인 경우에는 3m 이상)의 거리를 확보해야 한다(단, 하천의 공지나 수면, 내화구조 또는 불연재료의 담 또는 벽 그 밖에 이와 유사한 것에 접하는 경우를 제외).
• 옥내에 있는 상치장소는 벽·바닥·보·서까래 및 지붕이 내화구조 또는 불연재료로 된 건축물의 1층에 설치해야 한다.

11 제4류 위험물인 부틸알코올은 제4류 위험물의 알코올류에 속하는지 여부와 만약 알코올류가 아니면 품명을 쓰시오.

정답

부틸알코올의 품명은 알코올류가 아니고 제2석유류(비수용성)이다.

해설

알코올류

• 정의 : 1분자를 구성하는 탄소원자의 수가 1개부터 3개까지인 포화 1가 알코올(변성알코올을 포함한다)

• 종류

항목\종류	CH_3OH	C_2H_5OH	C_3H_7OH	C_4H_9OH
명칭	메틸알코올	에틸알코올	프로필알코올	부틸알코올
품명	알코올류	알코올류	알코올류	제2석유류 (비수용성)
지정수량	400L	400L	400L	1,000L

12 주유취급소에 천장에 매달린 현수식 고정주유설비의 주유관의 길이를 쓰시오.

정답

반경 3m 이내

해설

주유취급소

• 고정주유설비 또는 고정급유설비의 주유관의 길이(끝부분의 개폐밸브 포함) : 5m 이내

• 현수식의 경우에는 지면 위 0.5m의 수평면에 수직으로 내려 만나는 점을 중심으로 거리 : 반경 3m 이내

• 끝부분에는 축적된 정전기를 유효하게 제거할 수 있는 장치를 설치해야 한다.

13 아세트알데하이드의 연소반응식을 쓰시오.

정답

$2CH_3CHO + 5O_2 \rightarrow 4CO_2 + 4H_2O$

해설

아세트알데하이드의 연소반응식

$2CH_3CHO + 5O_2 \rightarrow 4CO_2 + 4H_2O$

14 옥내탱크저장소에 위험물을 저장할 경우 다음의 경우에 상호 간의 간격은 몇 m 이상 유지해야 하는지 쓰시오.

(1) 옥내저장탱크와 탱크전용실의 벽과의 사이

(2) 옥내저장탱크 상호 간

(3) 메탄올을 저장할 경우 탱크의 최대 용량

정답

(1) 0.5m 이상
(2) 0.5m 이상
(3) 20,000L

> **해설**
> 옥내탱크저장소의 간격
> • 옥내저장탱크와 탱크전용실의 벽과의 사이 : 0.5m 이상의 간격 유지
> • 옥내저장탱크 상호 간 : 0.5m 이상의 간격 유지
> • 옥내저장탱크의 용량(동일한 탱크전용실에 2 이상 설치하는 경우에는 각 탱크의 용량의 합계)은 지정수량의 40배 이하(제4석유류 및 동식물유류 외의 제4류 위험물에 있어서는 20,000L를 초과할 때에는 20,000L 이하)
> ∴ 알코올류의 최대 저장량 : 20,000L

---

15 위험물안전관리법령상에서 정하는 자기반응성 물질에 대해 다음 ( ) 안에 알맞은 내용을 쓰시오.

> "자기반응성 물질"이라 함은 고체 또는 액체로서 (㉠)의 위험성 또는 (㉡)의 격렬함을 판단하기 위해 고시로 정하는 시험에서 고시로 정하는 성질과 상태를 나타내는 것을 말한다.

정답

㉠ 폭발
㉡ 가열분해

> **해설**
> 자기반응성 물질 : 고체 또는 액체로서 폭발의 위험성 또는 가열분해의 격렬함을 판단하기 위하여 고시로 정하는 시험에서 고시로 정하는 성질과 상태를 나타내는 것

---

16 인화칼슘이 물과 반응하였을 때 생성되는 물질 2가지를 화학식으로 쓰시오.

정답

$Ca(OH)_2$, PH_3

> **해설**
> 인화칼슘이 물과 반응하면 수산화칼슘[($Ca(OH)_2$)]과 포스핀(PH_3) 가스를 발생한다.
> $Ca_3P_2 + 6H_2O \rightarrow 3Ca(OH)_2 + 2PH_3 \uparrow$

17 위험물안전관리법령상 위험물의 운반용기 외부에 표시해야 하는 주의사항을 모두 쓰시오.

(1) 제1류 위험물 중 알칼리금속의 과산화물

(2) 제2류 위험물 중 금속분

(3) 제5류 위험물

> **해설**
> 운반 시 운반용기에 표시해야 하는 주의사항
> • 제1류 위험물
>   – 알칼리금속의 과산화물 : 화기·충격주의, 물기엄금, 가연물접촉주의
>   – 그 밖의 것 : 화기·충격주의, 가연물접촉주의
> • 제2류 위험물
>   – 철분·금속분·마그네슘 : 화기주의, 물기엄금
>   – 인화성 고체 : 화기엄금
>   – 그 밖의 것 : 화기주의
> • 제3류 위험물
>   – 자연발화성 물질 : 화기엄금, 공기접촉엄금
>   – 금수성 물질 : 물기엄금
> • 제4류 위험물 : 화기엄금
> • 제5류 위험물 : 화기엄금, 충격주의
> • 제6류 위험물 : 가연물접촉주의

> **정답**
> (1) 화기·충격주의, 물기엄금, 가연물접촉주의
> (2) 화기주의, 물기엄금
> (3) 화기엄금, 충격주의

18 자일렌의 이성질체 중 m-자일렌의 구조식을 쓰시오.

> **해설**
> 자일렌의 물성
>
> | 구분 | 구조식 | 분류 | 지정수량 | 액체비중 | 인화점 |
> |---|---|---|---|---|---|
> | o-자일렌 (ortho) | | 제2석유류 | | 0.88 | 32℃ |
> | m-자일렌 (meta) | | 제2석유류 | 1,000L | 0.86 | 25℃ |
> | p-자일렌 (para) | | 제2석유류 | | 0.86 | 25℃ |

> **정답**
>

19 판매취급소에 대한 설명이다. 다음 (   ) 안에 알맞은 답을 쓰시오.

> 판매취급소에서는 도료류, 제1류 위험물 중 (㉠) 및 (㉠)만을 함유한
> 것, (㉡) 또는 인화점이 38℃ 이상인 제4류 위험물을 배합실에서 배합
> 하는 경우 외에는 위험물을 배합하거나 옮겨 담는 작업을 하지 않을 것

해설

판매취급소에서의 취급기준(시행규칙 별표 18)
• 판매취급소에서는 도료류, 제1류 위험물 중 염소산염류 및 염소산염류만을 함유한
것, 황 또는 인화점이 38℃ 이상인 제4류 위험물을 배합실에서 배합하는 경우 외에는
위험물을 배합하거나 옮겨 담는 작업을 하지 않을 것
• 위험물은 위험물안전관리법 시행규칙 별표 19 Ⅰ의 규정에 의한 운반용기에 수납한
채로 판매할 것
• 판매취급소에서 위험물을 판매할 때에는 위험물이 넘치거나 비산하는 계량기(액용되
를 포함한다)를 사용하지 않을 것

20 부착성이 뛰어난 메타인산을 만들어 화재 시 소화능력이 좋은 약제
로 A, B, C 소화약제라고도 하는 약제의 주성분을 화학식으로 쓰시오.

해설

분말소화약제

종류	주성분	적응 화재	열분해반응식
제1종 분말	탄산수소나트륨 ($NaHCO_3$)	B, C급	$2NaHCO_3 \rightarrow Na_2CO_3 + CO_2 + H_2O$
제2종 분말	탄산수소칼륨 ($KHCO_3$)	B, C급	$2KHCO_3 \rightarrow K_2CO_3 + CO_2 + H_2O$
제3종 분말	제일인산암모늄 ($NH_4H_2PO_4$)	A, B, C급	$NH_4H_2PO_4 \rightarrow HPO_3 + NH_3 + H_2O$ (메타인산)
제4종 분말	탄산수소칼륨 + 요소 [$KHCO_3 + (NH_2)_2CO$]	B, C급	$2KHCO_3 + (NH_2)_2CO \rightarrow K_2CO_3 + 2NH_3 + 2CO_2$

01 위험물안전관리법령상 동식물유류의 정의에 대한 설명이다. 다음 ( ) 안에 알맞은 수치를 쓰시오.

정답
250

> 동물의 지육(枝肉 : 머리, 내장, 다리를 잘라 내고 아직 부위별로 나누지 않은 고기를 말한다) 등 또는 식물의 종자나 과육으로부터 추출한 것으로서 1기압에서 인화점이 ( )℃ 미만인 것을 동식물유류라 한다.

해설
동식물유류 : 동물의 지육(枝肉 : 머리, 내장, 다리를 잘라 내고 아직 부위별로 나누지 않은 고기를 말한다) 등 또는 식물의 종자나 과육으로부터 추출한 것으로서 1기압에서 인화점이 250℃ 미만인 것

02 이산화탄소 1kg을 1기압, 20℃에서 기체로 방출 시 부피는 몇 L인지 계산하시오.

정답
546.38L

해설
이상기체 상태방정식

$$PV = \frac{W}{M}RT, \quad V = \frac{WRT}{PM}$$

여기서, P : 압력(1atm)

V : 부피(L)

M : 분자량(CO_2 : 44g/g-mol)

W : 무게(1kg = 1,000g)

R : 기체상수(0.08205L · atm/g-mol · K)

T : 절대온도(273 + 20℃ = 293K)

$$\therefore V = \frac{WRT}{PM} = \frac{1,000\text{g} \times 0.08205\text{L} \cdot \text{atm/g} - \text{mol} \cdot \text{K} \times 293\text{K}}{1\text{atm} \times 44\text{g/g} - \text{mol}} = 546.38\text{L}$$

03 위험물안전관리법령상 지정수량의 10배 이상을 운반하고자 할 때 제3류 위험물과 혼재 가능한 유별을 모두 쓰시오.

정답
제4류 위험물

해설
운반 시 유별을 달리하는 위험물의 혼재기준
• 제1류 위험물 + 제6류 위험물
• 제3류 위험물 + 제4류 위험물
• 제5류 위험물 + 제2류 위험물 + 제4류 위험물

04 위험물안전관리법령상 제6류 위험물의 운반용기의 외부에 표시하는 주의사항을 쓰시오.

가연물접촉주의

해설
제6류 위험물 운반용기의 주의사항 : 가연물접촉주의

05 다음 [보기]의 위험물을 인화점이 낮은 것부터 높은 순서대로 쓰시오.

┤보기├

나이트로벤젠, 아세트알데하이드, 아세트산, 에탄올

정답
아세트알데하이드, 에탄올, 아세트산, 나이트로벤젠

해설
제4류 위험물의 인화점

종류 ＼ 항목	품명	인화점	석유류 구분
나이트로벤젠	제3석유류	88℃	인화점이 70℃ 이상 200℃ 미만
아세트알데하이드	특수인화물	−40℃	인화점이 −20℃ 이하이고 비점이 40℃ 이하
아세트산	제2석유류	40℃	인화점이 21℃ 이상 70℃ 미만
에탄올	알코올류	13℃	−

06 아세트알데하이드가 산화하여 아세트산이 생성되는 반응식과 환원하여 에틸알코올이 되는 화학반응식을 쓰시오.

정답
• 산화반응식 : $2CH_3CHO + O_2 \rightarrow 2CH_3COOH$
• 환원반응식 : $CH_3CHO + H_2 \rightarrow C_2H_5OH$

해설
아세트알데하이드
• 산화반응식 : $2CH_3CHO + O_2 \rightarrow 2CH_3COOH$
• 환원반응식 : $CH_3CHO + H_2 \rightarrow C_2H_5OH$

07 다음 제4류 위험물의 구조식을 쓰시오.

(1) 초산에틸

(2) 에틸렌글라이콜

(3) 폼산

해설

제4류 위험물의 성상

종류	화학식	구조식	지정수량
초산에틸 (아세트산에틸)	$CH_3COOC_2H_5$	H O H H | || | | H-C-C-O-C-C-H | | | H H H	200L
에틸렌글라이콜	CH_2OHCH_2OH	H H | | HO-C-C-OH | | H H	4,000L
폼산(의산)	HCOOH	O || H-C-O-H	2,000L

정답

(1) 초산에틸

H O H H
\| \|\| \| \|
H-C-C-O-C-C-H
\| \| \|
H H H

(2) 에틸렌글라이콜

H H
\| \|
HO-C-C-OH
\| \|
H H

(3) 폼산

O
\|\|
H-C-O-H

08 위험물안전관리법령상 간이탱크저장소에 대하여 다음 물음에 답하시오.

(1) 1개의 간이탱크저장소에 설치하는 간이저장탱크는 몇 개 이하인지 쓰시오.

(2) 간이저장탱크의 용량은 몇 L 이하인지 쓰시오.

(3) 간이저장탱크는 두께를 몇 mm 이상의 강철판으로 하는지 쓰시오.

해설

간이탱크저장소(시행규칙 별표 9)

• 하나의 간이탱크저장소에 설치하는 간이저장탱크는 그 수를 3 이하로 하고, 동일한 품질의 위험물의 간이저장탱크를 2 이상 설치하지 않아야 한다.

• 간이저장탱크의 용량은 600L 이하이어야 한다.

• 간이저장탱크는 두께 3.2mm 이상의 강철판으로 하고 70kPa의 압력으로 10분간의 수압시험을 실시하여 새거나 변형되지 않아야 한다.

정답

(1) 3개 이하

(2) 600L 이하

(3) 3.2mm 이상

09 벤젠 1mol이 연소하기 위하여 필요한 공기의 몰수를 구하시오(단, 공기 중의 산소는 21% 함유하고 있다).

35.71mol

해설

벤젠의 연소반응식

$C_6H_6 + 7.5O_2 \rightarrow 6CO_2 + 3H_2O$

1mol $\diagup$ 7.5mol

1mol $\qquad x$

$x = \dfrac{1\text{mol} \times 7.5\text{mol}}{1\text{mol}} = 7.5\,\text{mol}$ (이론 산소 몰 수)

$\therefore$ 공기의 몰수 $= \dfrac{7.5\text{mol}}{0.21} = 35.71\text{mol}$

---

10 물과 반응 시 아세틸렌가스를 발생하고 고온에서 질소와 반응 시 석회질소를 발생시키는 위험물의 명칭과 화학식을 쓰시오.

(1) 명칭

(2) 화학식

(1) 탄화칼슘

(2) CaC_2

해설

탄화칼슘의 반응

- 물과 반응 : $CaC_2 + 2H_2O \rightarrow Ca(OH)_2 + C_2H_2$
  (수산화칼슘) (아세틸렌)
- 고온(700℃ 이상)에서 반응 : $CaC_2 + N_2 \rightarrow CaCN_2 + C$
  (석회질소) (탄소)

---

11 다음 할로젠화합물의 화학식을 쓰시오.

(1) 할론 1301

(2) 할론 1211

(1) CF_3Br

(2) CF_2ClBr

해설

할로젠화합물소화약제

종류 \ 물성	할론 1301	할론 1211	할론 2402
분자식	CF_3Br	CF_2ClBr	$C_2F_4Br_2$
상태(20℃)	기체	기체	액체
증기비중	5.13	5.70	8.96

12 위험물안전관리법령상 지정수량의 10배 이상을 운반하고자 할 때 제3류 위험물과 혼재 가능한 유별을 모두 쓰시오.

정답
제4류 위험물

해설
운반 시 유별을 달리하는 위험물의 혼재기준
• 제1류 위험물 + 제6류 위험물
• 제3류 위험물 + 제4류 위험물
• 제5류 위험물 + 제2류 위험물 + 제4류 위험물

13 제5류 위험물 중 위험등급 I 에 해당하는 품명 2개를 쓰시오.

정답
유기과산화물, 질산에스터류

해설
제5류 위험물의 위험등급 I : 유기과산화물, 질산에스터류

14 질산이 햇빛에 의해 분해되어 이산화질소가 발생하는 반응식을 쓰시오.

정답
$4HNO_3 \rightarrow 2H_2O + 4NO_2 + O_2$

해설
질산의 열분해반응식
$4HNO_3 \rightarrow 2H_2O + 4NO_2 + O_2$
　　　　　　(물)　(이산화질소)(산소)

15 하이드라진과 과산화수소가 반응하여 폭발할 때의 폭발반응식을 쓰시오.

정답
$N_2H_4 + 2H_2O_2 \rightarrow 4H_2O + N_2$

해설

종류 항목	하이드라진	과산화수소
유별	제4류 위험물 제2석유류(수용성)	제6류 위험물
지정수량	2,000L	300kg
폭발반응식	$N_2H_4 + 2H_2O_2 \rightarrow 4H_2O + N_2$	

16 위험물안전관리법령상 제조소에 휘발유를 4,000L를 취급한다. 다음 물음에 답하시오.

(1) 지정수량의 배수를 구하시오.

(2) 이 제조소의 보유공지를 쓰시오.

(1) 20배
(2) 5m 이상

해설

위험물제조소
• 지정수량의 배수

종류	유별	품명	지정수량
휘발유	제4류 위험물	제1석유류(비수용성)	200L

∴ 지정수량의 배수 $= \dfrac{\text{저장수량}}{\text{지정수량}} = \dfrac{4,000L}{200L} = 20$배

• 보유공지

지정수량의 배수	보유공지
지정수량의 10배 이하	3m 이상
지정수량의 10배 초과	5m 이상

17 염소산나트륨을 저장하는 옥내저장소에 대한 기준이다. 다음 물음에 답하시오.

(1) 저장창고는 지면에서 처마까지의 높이 (㉠)m 미만인 단층건물로 하고 하나의 저장창고의 바닥면적은 (㉡)m² 이하로 해야 한다.

(2) 옥내저장소의 벽·기둥·보 및 바닥을 (㉢)로 하고 저장창고의 출입구에는 (㉣) 또는 (㉤)을 설치한다.

㉠ 6
㉡ 1,000
㉢ 내화구조
㉣ 60분+방화문·60분 방화문
㉤ 30분 방화문

해설

옥내저장소의 설치기준
• 저장창고는 지면에서 처마까지의 높이 6m 미만인 단층건물로 하고 하나의 저장창고의 바닥면적은 1,000m² 이하로 해야 한다.
• 옥내저장소의 벽·기둥·보 및 바닥을 내화구조로 하고 저장창고의 출입구에는 60분+방화문·60분 방화문 또는 30분 방화문을 설치한다. 연소의 우려가 있는 외벽에 있는 출입구에는 수시로 열 수 있는 자동폐쇄식의 60분+방화문 또는 60분 방화문을 설치해야 한다.

18 위험물안전관리법령상 판매취급소의 배합실에 대한 기준이다. 다음 물음에 답하시오.

(1) 위험물을 배합하는 실의 바닥면적 최소기준(m^2)을 쓰시오.

(2) 위험물을 배합하는 실의 바닥면적 최대기준(m^2)을 쓰시오.

해설

판매취급소의 배합실 기준
- 바닥면적은 $6m^2$ 이상 $15m^2$ 이하일 것
- 내화구조 또는 불연재료로 된 벽으로 구획할 것
- 출입구 문턱의 높이는 바닥면으로부터 0.1m 이상으로 할 것

정답

(1) $6m^2$ 이상

(2) $15m^2$ 이하

---

19 제3류 위험물인 나트륨과 물이 반응할 때의 반응식과 발생하는 기체의 명칭을 쓰시오.

해설

나트륨은 물과 반응하면 수산화나트륨(NaOH)과 수소(H_2)를 발생한다.
$2Na + 2H_2O \rightarrow 2NaOH + H_2$

정답

- 반응식 : $2Na + 2H_2O \rightarrow 2NaOH + H_2$
- 발생 기체 : 수소

---

20 제3종 분말소화기의 소화약제의 주성분을 화학식으로 쓰시오.

해설

분말소화약제

종류	주성분	착색(분말의 색)	적응화재
제1종 분말	$NaHCO_3$ (탄산수소나트륨, 중탄산나트륨)	백색	B, C급
제2종 분말	$KHCO_3$ (탄산수소칼륨, 중탄산칼륨)	담회색	B, C급
제3종 분말	$NH_4H_2PO_4$ (인산암모늄, 제일인산암모늄)	담홍색	A, B, C급
제4종 분말	$KHCO_3 + (NH_2)_2CO$ (탄산수소칼륨 + 요소)	회색	B, C급

정답

$NH_4H_2PO_4$

01 다음 할로젠화합물소화약제의 화학식을 쓰시오.

(1) 할론 2402

(2) 할론 1211

(3) 할론 1301

(1) $C_2F_4Br_2$

(2) CF_2ClBr

(3) CF_3Br

해설

할로젠화합물소화약제

물성 \ 종류	할론 2402	할론 1211	할론 1301
분자식	$C_2F_4Br_2$	CF_2ClBr	CF_3Br
상태(20℃)	액체	기체	기체

02 다음 [보기]에서 설명하는 물질에 대하여 답하시오.

┤보기├

• 제5류 위험물로 품명은 나이트로화합물이다.

• 독성이 있고 강한 쓴맛이 난다.

• 물에는 녹지 않고 알코올에는 잘 녹는다.

• 분자량이 229이다.

(1) 명칭

(2) 지정수량

(3) 구조식

(1) 피크르산

(2) 10kg

(3)

O_2N —OH— NO_2
NO_2

해설

트라이나이트로페놀(피크르산)

• 물성

화학식	구조식	지정수량	분자량	비중	착화점
$C_6H_2OH(NO_2)_3$	O_2N—OH—NO_2 / NO_2	10kg	229	1.8	300℃

• 특성

- 제5류 위험물로 품명은 나이트로화합물이다.

- 독성이 있고 강한 쓴맛이 난다.

- 물에는 녹지 않고 알코올에는 잘 녹는다.

03 위험물안전관리법령에서 정한 옥외탱크저장소의 내용적(L)을 구하시오(단, r은 1m이고 l은 6m이다).

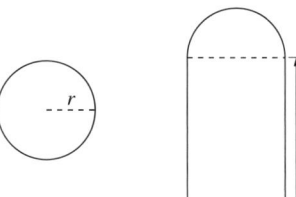

18,850L

해설

원통형 탱크의 내용적

내용적 $= \pi r^2 l = \pi \times (1\text{m})^2 \times 6\text{m}$

$\qquad = 18.85\text{m}^3$

$\qquad = 18,850\text{L}$

※ $1\text{m}^3 = 1,000\text{L}$

---

04 제1류 위험물의 지정수량을 쓰시오.

(1) 아염소산염류

(2) 질산염류

(3) 다이크로뮴산염류

정답

(1) 50kg

(2) 300kg

(3) 1,000kg

해설

제1류 위험물의 지정수량

종류 항목	아염소산염류	질산염류	다이크로뮴산염류
지정수량	50kg	300kg	1,000kg
위험등급	I	II	III

---

05 하이드라진과 반응하여 질소와 물을 생성하는 제6류 위험물에 대하여 다음 물음에 답하시오.

(1) 하이드라진과 제6류 위험물의 반응식을 쓰시오.

(2) 제6류 위험물에 해당하는 물질의 위험물안전관리법령상의 기준을 쓰시오.

정답

(1) $N_2H_4 + 2H_2O_2 \rightarrow 4H_2O + N_2$

(2) 농도가 36wt% 이상인 것

해설

하이드라진과 과산화수소의 반응식

$\quad N_2H_4 \quad + \quad 2H_2O_2 \quad \rightarrow \quad 4H_2O \quad + \quad N_2$
(하이드라진) (과산화수소)　　(물)　　(질소)

※ 과산화수소의 농도가 36wt% 이상이면 제6류 위험물로 본다.

06 다음 위험물과 물이 반응할 때 생성되는 기체의 명칭을 쓰시오.

(1) 수소화칼륨

(2) 리튬

(3) 인화알루미늄

(4) 탄화리튬

(5) 탄화알루미늄

해설

물과 반응

종류 \ 항목	물과 반응식	생성 기체
수소화칼륨	$KH + H_2O \rightarrow KOH + H_2 \uparrow$	수소
리튬	$2Li + 2H_2O \rightarrow 2LiOH + H_2 \uparrow$	수소
인화알루미늄	$AlP + 3H_2O \rightarrow Al(OH)_3 + PH_3 \uparrow$	인화수소
탄화리튬	$Li_2C_2 + 2H_2O \rightarrow 2LiOH + C_2H_2 \uparrow$	아세틸렌
탄화알루미늄	$Al_4C_3 + 12H_2O \rightarrow 4Al(OH)_3 + 3CH_4 \uparrow$	메테인

07 다음 [보기]에서 물보다 무겁고 수용성인 물질을 모두 고르시오.

┌ 보기 ────────────────────────────────┐
아세톤, 아크릴산, 글리세린, 벤젠, 이황화탄소, 클로로벤젠
└──────────────────────────────────────┘

해설

제4류 위험물의 성상

종류	품명	지정수량	액체 비중	수용성 여부
아세톤	제1석유류	400L	0.79	수용성
아크릴산	제2석유류	2,000L	1.1	수용성
글리세린	제3석유류	4,000L	1.26	수용성
벤젠	제1석유류	200L	0.95	비수용성
이황화탄소	특수인화물	50L	1.26	–
클로로벤젠	제2석유류	1,000L	1.1	비수용성

※ 액체 비중이 1 이상이면 물보다 무겁다.

08 적린이 연소할 때의 완전 연소반응식과 이때 흰 연기가 발생하는 물질을 쓰시오.

해설

적린 연소반응식

$4P + 5O_2 \rightarrow 2P_2O_5$

(오산화인 : 흰 연기)

정답

• 반응식 : $4P + 5O_2 \rightarrow 2P_2O_5$

• 흰 연기 발생하는 물질 : 오산화인

09 이동탱크저장소에 설치된 부품의 강철판의 두께에 대하여 다음 물음에 답하시오.

(1) 안전칸막이의 두께

(2) 방파판의 두께

(3) 방호틀의 두께

해설

이동저장탱크의 부속장치

항목 / 종류	두께	용도
안전칸막이	3.2mm 이상	탱크 전복 시 탱크의 일부가 파손되더라도 전량의 위험물 누출 방지
방파판	1.6mm 이상	위험물 운송 중 내부 위험물의 출렁임, 쏠림 등을 완화하여 차량의 안전 확보
방호틀	2.3mm 이상	탱크 전복 시 부속장치(주입구, 맨홀, 안전장치) 보호
측면틀	3.2mm 이상	탱크 전복 시 탱크본체 파손 방지

정답

(1) 3.2mm 이상

(2) 1.6mm 이상

(3) 2.3mm 이상

10 위험물안전관리법령상 소요단위에 대한 산출기준이다. 다음 (   ) 안에 맞는 숫자를 채우시오.

(1) 제조소의 외벽이 내화구조 : 연면적 (㉠)m²를 1소요단위

(2) 제조소의 외벽이 내화구조가 아닌 것 : 연면적 (㉡)m²를 1소요단위

(3) 저장소의 외벽이 내화구조 : 연면적 (㉢)m²를 1소요단위

(4) 저장소의 외벽이 내화구조가 아닌 것 : 연면적 (㉣)m²를 1소요단위

(5) 위험물은 지정수량의 (㉤)배 : 1소요단위

정답
㉠ 100
㉡ 50
㉢ 150
㉣ 75
㉤ 10

해설

소요단위의 계산방법
• 제조소 또는 취급소의 건축물
 – 외벽이 내화구조 : 연면적 100m²를 1소요단위
 – 외벽이 내화구조가 아닌 것 : 연면적 50m²를 1소요단위
• 저장소의 건축물
 – 외벽이 내화구조 : 연면적 150m²를 1소요단위
 – 외벽이 내화구조가 아닌 것 : 연면적 75m²를 1소요단위
 – 위험물은 지정수량의 10배 : 1소요단위

11 제5류 위험물인 TNT의 분자량을 구하시오.

정답
227

해설

TNT의 분자량

품명	화학식	분자량
나이트로화합물	$C_6H_2CH_3(NO_2)_3$	$(12 \times 6) + (1 \times 2) + 12 + (1 \times 3) +$ $\{[14 + (16 \times 2)] \times 3\} = 227$

12 동식물유류의 사용하는 아이오딘값의 범위를 쓰시오.

(1) 건성유

(2) 반건성유

(3) 불건성유

(1) 아이오딘값 130 이상

(2) 아이오딘값 100~130

(3) 아이오딘값 100 이하

해설

아이오딘값의 범위

항목 종류	아이오딘값	종류
건성유	130 이상	해바라기유, 동유, 아마인유, 정어리기름, 들기름
반건성유	100~130	채종유, 목화씨기름(면실유), 참기름, 콩기름
불건성유	100 이하	야자유, 올리브유, 피마자유, 동백유

13 간이소화용구의 능력단위 내용이다. 빈칸을 채우시오.

소화설비	용량	능력단위
마른 모래(삽 1개 포함)	50L	(㉠)
팽창질석 (삽 1개 포함)	160L	(㉡)
소화전용 물통	8L	(㉢)

정답

㉠ 0.5

㉡ 1

㉢ 0.3

해설

소화설비의 능력단위

소화설비	용량	능력단위
소화전용(專用) 물통	8L	0.3
수조(소화전용 물통 3개 포함)	80L	1.5
수조(소화전용 물통 6개 포함)	190L	2.5
마른 모래(삽 1개 포함)	50L	0.5
팽창질석 또는 팽창진주암(삽 1개 포함)	160L	1.0

14 위험물안전관리법령에서 정한 액체위험물의 운반용기 수납기준이다. 다음 (   ) 안에 알맞은 답을 쓰시오.

> 액체위험물은 운반용기 내용적의 (㉠)% 이하의 수납률로 수납하되, (㉡)℃의 온도에서 충분한 (㉢)을 유지하도록 해야 한다.

정답

㉠ 98

㉡ 55

㉢ 공간용적

해설
액체위험물은 운반용기 내용적의 98% 이하의 수납률로 수납하되, 55℃의 온도에서 충분한 공간용적을 유지하도록 해야 한다.

---

15 제4류 위험물인 메탄올의 분자량과 증기비중을 구하시오.

정답

• 분자량 : 32

• 증기비중 : 1.10

해설
메틸알코올(메탄올)

품명	화학식	분자량	지정수량	증기비중
알코올류	CH_3OH	32	400L	$\dfrac{32}{29} = 1.10$

---

16 제1류 위험물인 과망가니즈산칼륨($KMnO_4$)의 분해반응식을 쓰고, 과망가니즈산칼륨 1mol이 분해할 때 발생하는 산소량(g)을 구하시오.

정답

• 분해반응식

$2KMnO_4 \rightarrow K_2MnO_4 + MnO_2 + O_2$

• 산소량 : 16g

해설
과망가니즈산칼륨

• 분해반응식

$2KMnO_4 \rightarrow K_2MnO_4 + MnO_2 + O_2\uparrow$
(망가니즈산칼륨) (이산화망가니즈) (산소)

• 발생하는 산소량(g)

$2KMnO_4 \rightarrow K_2MnO_4 + MnO_2 + O_2$
2mol ⟍⟋ 32g
1mol ⟋⟍ x

$\therefore x = \dfrac{1\text{mol} \times 32\text{g}}{2\text{mol}} = 16\text{g}$

17 아연에 대하여 다음 물음에 알맞은 답을 쓰시오.

(1) 아연과 물의 반응식을 쓰시오.

(2) 아연과 염산이 반응하여 생성되는 기체의 명칭을 쓰시오.

아연의 반응

• 물과 반응 : Zn + 2H₂O → Zn(OH)₂ + H₂
　　　　　　　　　　　　　(수산화아연) (수소)

• 아연과 염산의 반응 : Zn + 2HCl → ZnCl₂ + H₂
　　　　　　　　　　　　　　　(염화아연) (수소)

(1) $Zn + 2H_2O \rightarrow Zn(OH)_2 + H_2$

(2) 수소

---

18 위험물안전관리법령상 알코올류의 정의에 대한 설명이다. 다음 ( ) 안에 알맞은 답을 쓰시오.

"알코올류"라 함은 1분자를 구성하는 탄소원자의 수가 (㉠)개부터 (㉡)개까지인 포화 1가 알코올(변성알코올을 포함한다)을 말한다. 단, 다음 중 하나에 해당하는 것은 제외한다.

(1) 1분자를 구성하는 탄소원자의 수가 1개 내지 3개의 포화 1가 알코올의 함유량이 (㉢)wt% 미만인 수용액

(2) 가연성 액체량이 (㉣)wt% 미만이고 인화점 및 연소점이 에틸알코올 (㉤)wt% 수용액의 인화점 및 연소점을 초과하는 것

알코올류(시행령 별표 1) : 1분자를 구성하는 탄소원자의 수가 1개부터 3개까지인 포화 1가 알코올(변성알코올을 포함한다)을 말한다. 다만, 다음에 해당하는 것은 제외한다.

• 1분자를 구성하는 탄소원자의 수가 1개 내지 3개의 포화 1가 알코올의 함유량이 60wt% 미만인 수용액

• 가연성 액체량이 60wt% 미만이고 인화점 및 연소점(태그개방식인화점측정기에 의한 연소점을 말한다)이 에틸알코올 60wt% 수용액의 인화점 및 연소점을 초과하는 것

㉠ 1

㉡ 3

㉢ 60

㉣ 60

㉤ 60

19 표준상태에서 1kg의 탄산가스를 소화기로 방출할 경우 부피는 몇 L인지 구하시오.

509.08L

해설
이상기체 상태방정식

$$PV = nRT = \frac{W}{M}RT, \quad V = \frac{WRT}{PM}$$

여기서, P : 압력(1atm)

V : 부피(L)

n : mol수(무게/분자량)[g-mol]

M : 분자량[탄산가스 = CO_2 = 12 + (16 × 2) = 44g/g-mol]

W : 무게(1kg = 1,000g)

R : 기체상수(0.08205L·atm/g-mol·K)

T : 절대온도(273 + 0℃ = 273K)

$$\therefore V = \frac{WRT}{PM} = \frac{1,000g \times 0.08205L \cdot atm/g-mol \cdot K \times 273K}{1atm \times 44g/g-mol} = 509.08L$$

※ 표준상태 = 0℃, 1atm

[다른 풀이]

$$\frac{1,000g}{44g} \times 22.4L = 509.09L$$

20 탄화칼슘에 대하여 다음 물음에 답하시오.

(1) 지정수량을 쓰시오.

(2) 탄화칼슘과 물의 반응 시 생성되는 물질의 명칭을 쓰시오.

(3) 탄화칼슘이 고온에서 질소와 반응하여 석회질소를 생성하는 화학반응식을 쓰시오.

(1) 300kg

(2) 수산화칼슘, 아세틸렌

(3) $CaC_2 + N_2 \rightarrow CaCN_2 + C$

해설
탄화칼슘
• 탄화칼슘의 물성

유별	화학식	분자량	지정수량	품명	위험등급
제3류 위험물	CaC_2	64	300kg	칼슘의 탄화물	III

• 탄화칼슘(카바이드)의 반응

– 물과 반응 : $CaC_2 + 2H_2O \rightarrow Ca(OH)_2 + C_2H_2\uparrow$

　　　　　　　　　　　　(수산화칼슘) (아세틸렌)

– 약 700℃ 이상에서 반응 : $CaC_2 + N_2 \rightarrow CaCN_2 + C$

　　　　　　　　　　　　　　　　(석회질소) (탄소)

01 1kg의 탄소가 완전 연소하는 데 필요한 산소의 양은 몇 L인가?(단 온도와 압력은 25℃, 750mmHg이다)

정답
2,066.99L

해설
산소의 양

$$C + O_2 \rightarrow CO_2$$

12kg ╳ 32kg
1kg x

$$\therefore x = \frac{1kg \times 32kg}{12kg} = 2.67kg$$

이상기체 상태방정식

$$PV = nRT = \frac{W}{M}RT, \quad V = \frac{WRT}{PM}$$

여기서, P : 압력($\frac{750mmHg}{760mmHg} \times 1atm = 0.987atm$)

　　　　M : 분자량($O_2 = 32g/g-mol$)

　　　　W : 무게(2.67kg = 2,670g)

　　　　T : 절대온도(273 + 25℃ = 298K)

　　　　R : 기체상수(0.08205L · atm/g-mol · K)

　　　　V : 부피(L)

$$\therefore V = \frac{WRT}{PM} = \frac{2,670g \times 0.08205L \cdot atm/g-mol \cdot K \times 298K}{0.987atm \times 32g/g-mol} = 2,066.99L$$

02 금속칼륨과 물의 반응식을 쓰고 생성되는 기체의 명칭을 쓰시오.

정답
• $2K + 2H_2O \rightarrow 2KOH + H_2$

• 수소

해설
칼륨의 반응식

• 물과 반응 : $2K + 2H_2O \rightarrow 2KOH + H_2$
　　　　　　　　　　　　　　　　　(수소)

• 알코올과 반응 : $2K + 2C_2H_5OH \rightarrow 2C_2H_5OK + H_2$

• 초산과 반응 : $2K + 2CH_3COOH \rightarrow 2CH_3COOK + H_2$

• 염산과 반응 : $2K + 2HCl \rightarrow 2KCl + H_2$

03 아세트산 2mol이 연소할 경우 생성되는 이산화탄소의 몰수를 구하시오.

4mol

해설

아세트산의 연소반응식

$$CH_3COOH \ + \ 2O_2 \ \rightarrow \ 2CO_2 \ + \ 2H_2O$$

1mol   2mol

2mol x

※ 아세트산 2mol과 산소 4mol이 반응하여 이산화탄소 4mol과 물 4mol이 생성된다.

04 위험물안전관리법령상 다음 각 위험물의 운반용기 외부에 표시해야 하는 주의사항을 모두 쓰시오.

(1) 과산화수소

(2) 아세톤

(3) 과산화벤조일

(4) 마그네슘

(5) 황린

정답
(1) 가연물접촉주의
(2) 화기엄금
(3) 화기엄금, 충격주의
(4) 화기주의, 물기엄금
(5) 화기엄금, 공기접촉엄금

해설

운반 시 운반용기에 표시해야 하는 주의사항

종류 \ 항목	유별	품명	주의사항
과산화수소	제6류 위험물	–	가연물접촉주의
아세톤	제4류 위험물	제1석유류	화기엄금
과산화벤조일	제5류 위험물	유기과산화물	화기엄금, 충격주의
마그네슘	제2류 위험물	–	화기주의, 물기엄금
황린	제3류 위험물	–	화기엄금, 공기접촉엄금

05 다음 분말소화약제의 주성분을 화학식으로 쓰시오.

(1) 제1종 분말소화약제

(2) 제2종 분말소화약제

(3) 제3종 분말소화약제

정답

(1) $NaHCO_3$

(2) $KHCO_3$

(3) $NH_4H_2PO_4$

해설

분말소화약제

종류	주성분	착색(분말의 색)	적응화재
제1종 분말	$NaHCO_3$ (탄산수소나트륨, 중탄산나트륨)	백색	B, C급
제2종 분말	$KHCO_3$ (탄산수소칼륨, 중탄산칼륨)	담회색	B, C급
제3종 분말	$NH_4H_2PO_4$ (인산암모늄, 제일인산암모늄)	담홍색	A, B, C급
제4종 분말	$KHCO_3 + (NH_2)_2CO$ (탄산수소칼륨 + 요소)	회색	B, C급

06 위험물안전관리법령에서 정한 위험물의 운반에 관한 기준이다. 다음 위험물이 지정수량 이상일 때 혼재가 가능한 위험물을 모두 쓰시오.

(1) 제1류 위험물

(2) 제2류 위험물

(3) 제3류 위험물

정답

(1) 제6류 위험물

(2) 제4류 위험물, 제5류 위험물

(3) 제4류 위험물

해설

운반 시 유별을 달리하는 위험물의 혼재기준

위험물의 구분	제1류	제2류	제3류	제4류	제5류	제6류
제1류		×	×	×	×	○
제2류	×		×	○	○	×
제3류	×	×		○	×	×
제4류	×	○	○		○	×
제5류	×	○	×	○		×
제6류	○	×	×	×	×	

07 옥내저장소에 [보기]와 같이 위험물을 저장하고자 할 때 지정수량의 배수를 구하시오.

정답

12배

┌ 보기 ┐
　　나이트로글라이콜 5kg, 셀룰로이드 150kg, 피크르산 100kg
└─────┘

해설

지정수량의 배수

종류 ＼ 항목	품명	지정수량
나이트로글라이콜	질산에스터류	10kg
셀룰로이드	질산에스터류	100kg
피크르산	나이트로화합물	10kg

$\therefore$ 지정수량의 배수 $= \dfrac{저장수량}{지정수량} = \dfrac{5kg}{10kg} + \dfrac{150kg}{100kg} + \dfrac{100kg}{10kg} = 12$배

08 다음 [보기]에서 설명하는 제3류 위험물에 대하여 답을 하시오.

정답

(1) 인화칼슘

(2) $Ca_3P_2 + 6H_2O \rightarrow 3Ca(OH)_2 + 2PH_3$

┌ 보기 ┐
- 적갈색의 고체이다.
- 물이나 산과 반응한다.
- 지정수량은 300kg이다.
- 물과 반응할 때 인화수소를 발생한다.
- 비중은 약 2.5이다.
└─────┘

(1) 제3류 위험물의 명칭을 쓰시오.

(2) 이 물질과 물의 화학반응식을 쓰시오.

해설

인화칼슘

- 물성

화학식	분자량	지정수량	비중
Ca_3P_2	182	300kg	2.51

- 적갈색의 괴상 고체로서 인화석회라고도 한다.
- 물이나 약산과 반응하여 유독성 포스핀(PH_3, 인화수소)가스를 발생한다.
  $Ca_3P_2 + 6H_2O \rightarrow 3Ca(OH)_2 + 2PH_3$

09 KClO₃ 1kg이 고온에서 완전히 열분해할 때 발생하는 산소의 질량 (g)을 구하시오(단, K의 원자량은 39이고, Cl의 원자량은 35.5이다).

해설
• 염소산칼륨의 분해반응식
  $2KClO_3 \rightarrow 2KCl + 3O_2$
• 산소의 질량

$$2KClO_3 \quad \rightarrow \quad 2KCl \quad + \quad 3O_2$$
$$2 \times 122.5g \qquad\qquad\qquad 3 \times 32g$$
$$1,000g \qquad\qquad\qquad\qquad x$$

$$x = \frac{1,000g \times (3 \times 32)g}{2 \times 122.5g} = 391.84g$$

※ KClO₃의 분자량 = 39 + 35.5 + (16 × 3) = 122.5

정답
산소의 질량 : 391.84g

10 원자량이 약 24이고, 은백색의 광택이 나는 가벼운 금속이며 산과 작용하여 수소를 발생하는 제2류 위험물의 물질명을 쓰고, 그 물질과 염산의 화학반응식을 쓰시오.

(1) 물질명

(2) 화학반응식

해설
마그네슘
• 물성

화학식	분자량	지정수량	비중	융점	비점
Mg	24.3	500kg	1.74	651℃	1,100℃

• 은백색의 광택이 나는 가벼운 금속이다.
• 염산과 반응하면 수소가스를 발생한다.
  $Mg + 2HCl \rightarrow MgCl_2 + H_2$

정답
(1) 마그네슘(Mg)
(2) $Mg + 2HCl \rightarrow MgCl_2 + H_2$

11 다음 제4류 위험물의 시성식을 쓰시오.

(1) 사이안화수소

(2) 다이에틸에터

(3) 피리딘

(4) 에틸알코올

(5) 에틸렌글라이콜

정답

(1) HCN

(2) $C_2H_5OC_2H_5$

(3) C_5H_5N

(4) C_2H_5OH

(5) $C_2H_4(OH)_2$

해설

제4류 위험물

종류	사이안화수소	다이에틸에터	피리딘	에틸알코올	에틸렌글라이콜
시성식	HCN	$C_2H_5OC_2H_5$	C_5H_5N	C_2H_5OH	$C_2H_4(OH)_2$

12 나이트로글리세린이 분해 · 폭발하여 이산화탄소, 수증기, 질소, 산소를 발생한다. 다음 물음에 답하시오(단, 온도와 압력은 표준상태를 기준으로 계산한다).

(1) 나이트로글리세린이 분해 · 폭발하는 반응식을 쓰시오.

(2) 나이트로글리세린 1kg-mol이 분해 · 폭발하였을 때 생성되는 기체의 총부피(m^3)를 구하시오.

정답

(1) $4C_3H_5(ONO_2)_3 \rightarrow O_2 + 6N_2 + 10H_2O + 12CO_2$

(2) $162.4m^3$

해설

• 나이트로글리세린의 분해반응식

$4C_3H_5(ONO_2)_3 \rightarrow O_2 + 6N_2 + 10H_2O + 12CO_2$

• 생성되는 기체의 총 부피

$4C_3H_5(ONO_2)_3 \rightarrow O_2 + 6N_2 + 10H_2O + 12CO_2$

$4 \times 227kg$ ⤬ $29kg\text{-}mol(1+6+10+12)$

$227kg$ x

$x = \dfrac{227kg \times 29kg-mol}{4 \times 227kg} = 7.25kg-mol$

• 이상기체 상태방정식

$PV = nRT, \quad V = \dfrac{nRT}{P}$

$\therefore \ V = \dfrac{nRT}{P} = \dfrac{7.25kg-mol \times 0.08205m^3 \cdot atm/kg-mol \cdot K \times 273K}{1atm}$

$= 162.4m^3$

13 다음 물질 중 산의 세기를 작은 것부터 다음 [보기]에서 번호를 쓰시오.

┌─ 보기 ─────────────────────────────────┐
│ ① HClO   ② $HClO_2$ │
│ ③ $HClO_3$ ④ $HClO_4$ │
└──────────────────────────────────────┘

정답
①, ②, ③, ④

해설

산의 세기

종류	HClO	$HClO_2$	$HClO_3$	$HClO_4$
명칭	차아염소산	아염소산	염소산	과염소산

※ 산소(O)의 수가 작을수록 산의 세기가 작다.

14 다음 위험물의 화학식과 지정수량을 표의 빈칸에 채우시오.

종류	화학식	지정수량
과염소산나트륨	㉠	㉡
질산칼륨	㉢	㉣
과망가니즈산나트륨	㉤	1,000kg

정답
㉠ $NaClO_4$
㉡ 50kg
㉢ KNO_3
㉣ 300kg
㉤ $NaMnO_4$

해설

위험물의 분류

종류	화학식	지정수량
과염소산나트륨	$NaClO_4$	50kg
질산칼륨	KNO_3	300kg
과망가니즈산나트륨	$NaMnO_4$	1,000kg

15 BrF_5을 6,000kg 저장할 경우 소요단위를 구하시오.

해설

소요단위

위험물	명칭	유별	품명	위험등급	지정수량
BrF_5	펜타플루오로브로민	제6류 위험물	할로젠간화합물	I	300kg

∴ 소요단위 $= \dfrac{저장수량}{지정수량 \times 10} = \dfrac{6{,}000kg}{300kg \times 10} = 2$단위

정답

2단위

16 다음 각 위험물의 완전 연소반응식을 쓰시오.

(1) 다이에틸에터

(2) 이황화탄소

(3) 메틸에틸케톤

해설

완전 연소반응식

• 다이에틸에터 : $C_2H_5OC_2H_5 + 6O_2 \rightarrow 4CO_2 + 5H_2O$

• 이황화탄소 : $CS_2 + 3O_2 \rightarrow CO_2 + 2SO_2$

• 메틸에틸케톤 : $2CH_3COC_2H_5 + 11O_2 \rightarrow 8CO_2 + 8H_2O$

정답

(1) $C_2H_5OC_2H_5 + 6O_2 \rightarrow 4CO_2 + 5H_2O$

(2) $CS_2 + 3O_2 \rightarrow CO_2 + 2SO_2$

(3) $2CH_3COC_2H_5 + 11O_2 \rightarrow 8CO_2 + 8H_2O$

17 옥내탱크저장소에 위험물을 저장할 경우 다음 물음에 답하시오.

(1) 옥내저장탱크와 탱크전용실의 벽과의 사이

(2) 옥내저장탱크 상호 간

(3) 메탄올을 저장할 경우 탱크의 최대 용량

해설

옥내탱크저장소의 간격

• 옥내저장탱크와 탱크전용실의 벽과의 사이 : 0.5m 이상의 간격 유지

• 옥내저장탱크 상호 간 : 0.5m 이상의 간격 유지

• 옥내저장탱크의 용량(동일한 탱크전용실에 2 이상 설치하는 경우에는 각 탱크의 용량의 합계)은 지정수량의 40배 이하(제4석유류 및 동식물유류 외의 제4류 위험물에 있어서는 20,000L를 초과할 때에는 20,000L 이하)

∴ 알코올류의 최대 저장량 : 20,000L 이하

정답

(1) 0.5m 이상

(2) 0.5m 이상

(3) 20,000L 이하

18 다음은 위험물안전관리법령에서 정하는 특수인화물의 정의이다. 다음 ( ) 안에 알맞은 답을 쓰시오.

> 특수인화물이라 함은 이황화탄소, 다이에틸에터 그 밖에 1기압에서 발화점이 (㉠)℃ 이하인 것 또는 인화점이 (㉡)℃ 이하이고 비점이 (㉢)℃ 이하인 것을 말한다.

정답
㉠ 100
㉡ −20
㉢ 40

해설
특수인화물 : 이황화탄소, 다이에틸에터 그 밖에 1기압에서 발화점이 100℃ 이하인 것 또는 인화점이 −20℃ 이하이고 비점이 40℃ 이하인 것을 말한다.

19 다음 [보기]에서 위험등급 I 인 위험물을 모두 고르시오.

┌보기├─────────────────────────
다이에틸에터, 이황화탄소, 아세트알데하이드, 메틸에틸케톤, 아세톤, 휘발유, 에탄올
└──────────────────────────

정답
다이에틸에터, 이황화탄소, 아세트알데하이드

해설
제4류 위험물의 위험등급

종류	위험등급
특수인화물(다이에틸에터, 이황화탄소, 아세트알데하이드)	I
제1석유류(메틸에틸케톤, 아세톤, 휘발유), 알코올류(에탄올)	II

20 다음 위험물의 연소반응식을 쓰시오.

(1) 황

(2) 알루미늄

(3) 삼황화인

정답
(1) $S + O_2 \rightarrow SO_2$
(2) $4Al + 3O_2 \rightarrow 2Al_2O_3$
(3) $P_4S_3 + 8O_2 \rightarrow 2P_2O_5 + 3SO_2$

해설
제2류 위험물의 연소반응식
• 황 : $S + O_2 \rightarrow SO_2$
  (이산화황)
• 알루미늄 : $4Al + 3O_2 \rightarrow 2Al_2O_3$
  (산화알루미늄)
• 삼황화인 : $P_4S_3 + 8O_2 \rightarrow 2P_2O_5 + 3SO_2$
  (오산화인)

01 위험물안전관리법령에 따른 제조소와 안전거리에 관한 내용이다. 다음 각 시설과의 안전거리를 쓰시오.

(1) 노인복지시설

(2) 고압가스시설

(3) 35,000V 초과의 특고압가공전선

정답

(1) 30m 이상

(2) 20m 이상

(3) 5m 이상

해설

제조소의 안전거리

건축물	안전거리
사용전압 35,000V 초과의 특고압가공전선	5m 이상
고압가스, 액화석유가스, 도시가스를 저장 또는 취급하는 시설	20m 이상
학교, 병원(병원급 의료기관), 극장(공연장, 영화상영관 및 그 밖에 이와 유사한 시설로서 수용인원 300명 이상 수용할 수 있는 것), 아동복지시설, 노인복지시설, 장애인복지시설, 한부모가족복지시설, 어린이집, 성매매피해자 등을 위한 지원시설, 정신건강증진시설, 가정폭력방지 및 피해자 보호시설 및 그 밖에 이와 유사한 시설로서 수용인원 20명 이상 수용할 수 있는 것	30m 이상

02 위험물안전관리법령에서 정한 판매취급소의 기준에 대하여 다음 물음에 답하시오.

(1) 제2종 판매취급소는 저장 또는 취급하는 위험물의 수량이 지정수량의 (㉠)배 이하인 판매취급소를 말한다.

(2) 위험물을 배합하는 실은 바닥면적은 (㉡)m² 이상 (㉢)m² 이하로 한다.

(3) 출입구 문턱의 높이는 바닥면으로부터 (㉣)m 이상으로 해야 한다.

정답
㉠ 40
㉡ 6
㉢ 15
㉣ 0.1

해설

판매취급소

- 구분
  - 제1종 판매취급소 : 저장 또는 취급하는 위험물의 수량이 지정수량의 20배 이하인 판매취급소
  - 제2종 판매취급소 : 저장 또는 취급하는 위험물의 수량이 지정수량의 40배 이하인 판매취급소
- 배합하는 실의 기준
  - 바닥면적은 6m² 이상 15m² 이하일 것
  - 내화구조 또는 불연재료로 된 벽으로 구획할 것
  - 출입구 문턱의 높이는 바닥면으로부터 0.1m 이상으로 할 것

03 위험물이 A : 50%, B : 30%, C : 20%의 농도일 때 이 혼합가스의 폭발범위를 구하시오(단, 폭발범위는 A : 5~15%, B : 3~12%, C : 2~10%이다).

정답
3.33~12.77%

해설

혼합가스의 폭발범위(폭발한계)

$$L_m = \frac{100}{\dfrac{V_1}{L_1} + \dfrac{V_2}{L_2} + \dfrac{V_3}{L_3} + \cdots + \dfrac{V_n}{L_n}}$$

여기서, L_m : 혼합가스의 폭발범위(하한값, 상한값의 용량%)

V_1, V_2, V_3, V_n : 가연성 가스의 용량(용량%)

L_1, L_2, L_3, L_n : 가연성 가스의 하한값 또는 상한값(용량%)

- 하한값 $L_m = \dfrac{100}{\dfrac{V_1}{L_1} + \dfrac{V_2}{L_2} + \dfrac{V_3}{L_3}} = \dfrac{100}{\dfrac{50\%}{5\%} + \dfrac{30\%}{3\%} + \dfrac{20\%}{2\%}} = 3.33\%$

- 상한값 $L_m = \dfrac{100}{\dfrac{V_1}{L_1} + \dfrac{V_2}{L_2} + \dfrac{V_3}{L_3}} = \dfrac{100}{\dfrac{50\%}{15\%} + \dfrac{30\%}{12\%} + \dfrac{20\%}{10\%}} = 12.77\%$

04 이황화탄소 76g이 완전 연소하면 생성되는 기체는 모두 몇 L인지 구하시오(단, 표준상태를 기준으로 하고 공급된 산소는 모두 연소에 사용된다).

정답
67.2L

해설

이황화탄소의 연소반응식

- $CS_2 + 3O_2 \rightarrow CO_2 + 2SO_2$

  76g ⎯⎯⎯ 22.4L

  76g ⎯⎯⎯ x

  $\therefore x = \dfrac{76g \times 22.4L}{76g} = 22.4L$

- $CS_2 + 3O_2 \rightarrow CO_2 + 2SO_2$

  76g ⎯⎯⎯ $2 \times 22.4L$

  76g ⎯⎯⎯ x

  $\therefore x = \dfrac{76g \times (2 \times 22.4)L}{76g} = 44.8L$

따라서, 생성되는 기체의 총 부피 = 22.4L + 44.8L = 67.2L

05 다음 제1류 위험물과 물의 반응식을 쓰시오.

(1) 과산화나트륨

(2) 과산화마그네슘

정답
(1) $2Na_2O_2 + 2H_2O \rightarrow 4NaOH + O_2$
(2) $2MgO_2 + 2H_2O \rightarrow 2Mg(OH)_2 + O_2$

해설

제1류 위험물과 물의 반응

- 과산화나트륨 : $2Na_2O_2 + 2H_2O \rightarrow 4NaOH + O_2$
- 과산화마그네슘 : $2MgO_2 + 2H_2O \rightarrow 2Mg(OH)_2 + O_2$

06 나이트로글리세린에 대하여 다음 물음에 답하시오.

(1) 나이트로글리세린은 상온에서 존재하는 상태(고체, 액체, 기체로 답하시오)

(2) 나이트로글리세린의 제조 시 글리세린에 혼합하는 물질 2가지

(3) 나이트로글리세린은 규조토에 흡수시켜 만든 약품의 명칭

해설

나이트로글리세린

• 물성

화학식	품명	상태	지정수량	위험등급
$C_3H_5(ONO)_3$	질산에스터류	액체(상온)	10kg	I

• 무색 투명한 기름성 액체이다.

• 글리세린에 혼산(황산+질산)으로 나이트로화시켜 나이트로글리세린을 제조한다.

$$
\begin{array}{l}
CH_2-OH \\
| \\
CH-OH \\
| \\
CH_2-OH
\end{array}
+ 3HNO_3
\xrightarrow[\text{나이트로화}]{C-H_2SO_4}
\begin{array}{l}
CH_2-ONO_2 \\
| \\
CH-ONO_2 \\
| \\
CH_2-ONO_2
\end{array}
+ 3H_2O
$$

• 나이트로글리세린은 규조토에 흡수시켜 다이너마이트를 제조할 때 사용한다.

정답

(1) 액체

(2) 황산, 질산

(3) 다이너마이트

---

07 비중이 0.79인 에틸알코올 200mL와 비중이 1.0인 물 150mL를 혼합한 수용액이 있다. 다음 물음에 답하시오.

(1) 에틸알코올의 함유량은 몇 wt%인지 구하시오.

(2) (1)의 에틸알코올은 위험물안전관리법령상 제4류 위험물의 알코올류에 속하는지 판단하고 그 이유를 설명하시오.

해설

함유량과 알코올류의 여부

• 에틸알코올의 함유량

– 비중 = 0.79 = 0.79g/cm^3 = 0.79g/mL

– 중량(wt)% = $\dfrac{\text{용질의 질량}}{\text{용액의 질량}} \times 100\%$

$$= \frac{0.79\text{g/mL} \times 200\text{mL}}{(0.79\text{g/mL} \times 200\text{mL}) + (1\text{g/mL} \times 150\text{mL})} \times 100\% = 51.30\text{wt}\%$$

• 알코올류의 해당 여부 : 알코올의 농도가 60wt% 이상이어야 하므로, 51.30wt%의 에틸알코올은 제4류 위험물에 속하지 않는다.

정답

(1) 51.30wt%

(2) 51.30wt%로 농도가 60wt% 미만이므로 알코올류에 속하지 않는다.

08 다음 표에서 제1류 위험물의 명칭과 지정수량을 채우시오.

화학식	명칭	지정수량
㉠	과염소산암모늄	㉣
$KMnO_4$	㉡	㉤
$K_2Cr_2O_7$	㉢	㉥

해설

제1류 위험물

화학식	명칭	지정수량
NH_4ClO_4	과염소산암모늄	50kg
$KMnO_4$	과망가니즈산칼륨	1,000kg
$K_2Cr_2O_7$	다이크로뮴산칼륨	1,000kg

09 위험물안전관리법령상 소화난이도등급 I 에 해당하는 제조소에 관한 내용이다. 다음 물음에 답하시오.

(1) 제조소의 연면적은 몇 m^2 이상인지 쓰시오.

(2) 제조소에서 저장 또는 취급하는 위험물 지정수량은 몇 배 이상인지 쓰시오.

(3) 제조소는 지반면으로부터 몇 m 이상의 높이에 위험물 취급설비가 있는지 쓰시오.

해설

소화난이도등급 I 에 해당하는 제조소 등

제조소 등의 구분	제조소 등의 규모, 저장 또는 취급하는 위험물의 품명 및 최대수량 등
제조소 일반취급소	연면적 1,000m^2 이상인 것
	지정수량의 100배 이상인 것(고인화점위험물만을 100℃ 미만의 온도에서 취급하는 것 및 제48조의 위험물을 취급하는 것은 제외)
	지반면으로부터 6m 이상의 높이에 위험물 취급설비가 있는 것(고인화점위험물만을 100℃ 미만의 온도에서 취급하는 것은 제외)
	일반취급소로 사용되는 부분 외의 부분을 갖는 건축물에 설치된 것(내화구조로 개구부 없이 구획된 것 및 고인화점위험물만을 100℃ 미만의 온도에서 취급하는 것은 제외)

10 다음 제4류 위험물의 화학식을 보고 명칭을 쓰시오.

(1) $CH_3COC_2H_5$

(2) C_6H_5Cl

(3) $CH_3COOC_2H_5$

해설

제4류 위험물

화학식	명칭	품명
$CH_3COC_2H_5$	메틸에틸케톤	제1석유류(비수용성)
C_6H_5Cl	클로로벤젠	제2석유류(비수용성)
$CH_3COOC_2H_5$	초산에틸	제1석유류(비수용성)

정답

(1) 메틸에틸케톤

(2) 클로로벤젠

(3) 초산에틸

11 제2류 위험물이 공기 중에서 연소할 때 생성되는 물질을 화학식으로 쓰시오.

(1) 적린

(2) 삼황화인

(3) 황린

해설

연소반응식

• 적린 : $4P + 5O_2 \rightarrow 2P_2O_5$

• 삼황화인 : $P_4S_3 + 8O_2 \rightarrow 2P_2O_5 + 3SO_2$

• 황린 : $P_4 + 5O_2 \rightarrow 2P_2O_5$

정답

(1) P_2O_5

(2) P_2O_5, SO_2

(3) P_2O_5

12 다음 [보기]의 위험물이 질산에스터류에 해당하는 물질을 모두 고르시오.

┌보기┐

트라이나이트로톨루엔, 나이트로셀룰로스, 나이트로글리세린, 테트릴, 피크르산

해설

제5류 위험물의 분류

종류	품명	지정수량
트라이나이트로톨루엔, 테트릴, 피크르산	나이트로화합물	10kg
나이트로셀룰로스, 나이트로글리세린	질산에스터류	10kg

정답

나이트로셀룰로스, 나이트로글리세린

13 위험물안전관리법령에서 정한 제6류 위험물에 대하여 다음 물음에 답하시오.

(1) 과염소산
　① 화학식
　② 분자량

(2) 질산
　① 화학식
　② 분자량

(1) ① $HClO_4$
　② 100.5
(2) ① HNO_3
　② 63

해설

제6류 위험물성상

종류	화학식	분자량	지정수량	위험등급
과염소산	$HClO_4$	100.5	300kg	I
질산	HNO_3	63	300kg	I

14 위험물안전관리법령에서 정한 운반에 관한 기준이다. 운반용기의 외부에 표시해야 하는 주의사항을 모두 쓰시오(단, 없으면 "해당없음"이라고 표기할 것).

(1) 제2류 위험물 중 인화성 고체
(2) 제5류 위험물
(3) 제6류 위험물

(1) 화기엄금
(2) 화기엄금, 충격주의
(3) 가연물접촉주의

해설

운반 시 운반용기에 표시해야 하는 주의사항

종류	주의사항
제2류 위험물 중 인화성 고체	화기엄금
제5류 위험물	화기엄금, 충격주의
제6류 위험물	가연물접촉주의

15 다음 제2류 위험물의 지정수량을 쓰시오.

(1) 마그네슘

(2) 황

(3) 철분

(4) 알루미늄분

(5) 인화성 고체

(1) 500kg

(2) 100kg

(3) 500kg

(4) 500kg

(5) 1,000kg

해설

제2류 위험물의 지정수량

성질	품명	지정수량
가연성 고체	황화인, 적린, 황	100kg
	철분, 금속분(알루미늄분), 마그네슘	500kg
	그 밖에 안전행정부령이 정하는 것	100kg 또는 500kg
	인화성 고체	1,000kg

16 위험물안전관리법령에서 정한 옥외탱크저장소의 기준이다. 다음 물음에 답하시오.

(1) 제4류 위험물을 저장하는 특정옥외저장탱크 외의 탱크 두께는 몇 mm 이상의 강철판으로 해야 하는지 쓰시오.

(2) 옥외저장탱크의 밸브 없는 통기관의 지름은 몇 mm 이상으로 해야 하는지 쓰시오.

정답

(1) 3.2mm 이상

(2) 30mm 이상

해설

옥외탱크저장소의 기준

• 특정옥외저장탱크 및 준특정옥외저장탱크 외의 탱크의 두께 및 재질 : 3.2mm 이상의 강철판

• 밸브 없는 통기관의 지름 : 30mm 이상

17 위험물안전관리법령에 따른 하이드록실아민 등을 취급하는 제조소의 특례기준이다. 다음 물음에 답하시오.

(1) 하이드록실아민 등을 취급하는 설비에는 (㉠) 이온 등의 혼입에 의한 위험한 반응을 방지하기 위한 조치를 해야 한다.

(2) 하이드록실아민 등을 취급하는 설비에는 (㉡) 및 (㉢)의 상승에 의한 위험한 반응을 방지하기 위한 조치를 해야 한다.

해설

하이드록실아민 등을 취급하는 제조소의 특례기준(시행규칙 별표 4)

• 하이드록실아민 등을 취급하는 설비에는 철 이온 등의 혼입에 의한 위험한 반응을 방지하기 위한 조치를 해야 한다.

• 하이드록실아민 등을 취급하는 설비에는 온도 및 농도의 상승에 의한 위험한 반응을 방지하기 위한 조치를 해야 한다.

정답

㉠ 철

㉡ 온도

㉢ 농도

18 다음 제4류 위험물의 증기비중을 구하시오(단, 공기의 평균분자량은 29이다).

(1) 이황화탄소

(2) 아세트산

(3) 글리세린

해설

증기비중

항목 \ 종류	이황화탄소	아세트산	글리세린
화학식	CS_2	CH_3COOH	$C_3H_5(OH)_3$
분자량	76	60	92
증기비중	2.62(= 76/29)	2.07(= 60/29)	3.17(= 92/29)

정답

(1) 2.62

(2) 2.07

(3) 3.17

19 다음 제3류 위험물과 물이 반응하여 생성되는 물질의 명칭을 모두 쓰시오.

(1) 탄화칼슘

(2) 탄화알루미늄

(1) 수산화칼슘(소석회), 아세틸렌

(2) 수산화알루미늄, 메테인

해설

물과 반응

• 탄화칼슘 : $CaC_2 + 2H_2O \rightarrow Ca(OH)_2 + C_2H_2$
                         (수산화칼슘) (아세틸렌)

• 탄화알루미늄 : $Al_4C_3 + 12H_2O \rightarrow 4Al(OH)_3 + 3CH_4$
                                 (수산화알루미늄)(메테인)

20 다음 [보기]를 보고 물음에 답하시오(단, 없으면 "해당없음"이라고 답할 것).

┌보기┐

이황화탄소, 아세톤, 벤젠, 아세트알데하이드, 아세트산

(1) 비수용성인 물질을 고르시오.

(2) 인화점이 가장 낮은 물질을 고르시오.

(3) 비점이 가장 높은 물질을 고르시오.

(1) 벤젠

(2) 아세트알데하이드

(3) 아세트산

해설

제4류 위험물의 성상(위험물안전관리법령 기준)

항목 ＼ 종류	이황화탄소	아세톤	벤젠	아세트알데하이드	아세트산
품명	특수인화물	제1석유류	제1석유류	특수인화물	제2석유류
수용성 여부	해당없음	수용성	비수용성	해당없음	수용성
비점	46℃	56℃	79℃	21℃	118℃
인화점	-30℃	-18.5℃	-11℃	-40℃	40℃

01 다음 그림과 같은 원통형 위험물 저장탱크의 내용적(m^3)을 구하시오.

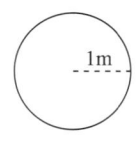

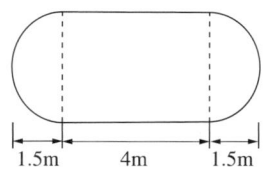

1.5m   4m   1.5m

정답

$15.71m^3$

해설

원통형 탱크의 내용적

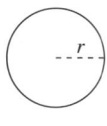

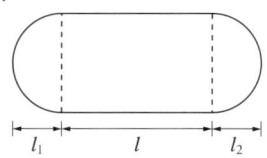

l_1 l l_2

$$\therefore \ \text{내용적} = \pi r^2 \left(l + \frac{l_1 + l_2}{3} \right) = \pi \times (1m)^2 \times \left(4m + \frac{1.5m + 1.5m}{3} \right) = 15.71m^3$$

02 과산화벤조일의 구조식을 쓰고 분자량을 구하시오.

해설

과산화벤조일

• 분자식 : $(C_6H_5CO)_2O_2$

• 분자량 : $[(12 \times 6) + (1 \times 5) + 12 + 16] \times 2 + (16 \times 2) = 242$

• 구조식

$$\bigcirc - \overset{\overset{O}{\|}}{C} - O - O - \overset{\overset{O}{\|}}{C} - \bigcirc$$

정답

• 구조식

$$\bigcirc - \overset{\overset{O}{\|}}{C} - O - O - \overset{\overset{O}{\|}}{C} - \bigcirc$$

• 분자량 : 242

03 제2류 위험물인 알루미늄분에 대해 다음 물음에 답하시오.

(1) 흰 연기를 내면서 연소하는 연소반응식을 쓰시오.

(2) 염산과 반응하여 수소가스를 발생하는 화학반응식을 쓰시오.

(3) 위험물안전관리법령상의 품명을 쓰시오.

해설

알루미늄분

• 연소반응식 : $4Al + 3O_2 \rightarrow 2Al_2O_3$
• 염산과 반응 : $2Al + 6HCl \rightarrow 2AlCl_3 + 3H_2$
• 제2류 위험물의 품명 : 금속분

정답

(1) $4Al + 3O_2 \rightarrow 2Al_2O_3$

(2) $2Al + 6HCl \rightarrow 2AlCl_3 + 3H_2$

(3) 금속분

---

04 제5류 위험물인 TNT의 제조방법을 쓰시오.

해설

TNT의 제법 : 톨루엔에 혼산(진한 황산, 진한 질산)으로 나이트로화하여 제조한다.

정답

톨루엔에 혼산(진한 황산, 진한 질산)으로 나이트로화하여 제조한다.

---

05 트라이에틸알루미늄에 대하여 다음 물음에 답하시오.

(1) 트라이에틸알루미늄과 물이 반응할 때 생성되는 기체의 명칭을 쓰시오.

(2) 트라이에틸알루미늄과 물이 반응할 때 생성되는 기체의 완전 연소반응식을 쓰시오.

해설

트라이에틸알루미늄

• 물과 반응 : $(C_2H_5)_3Al + 3H_2O \rightarrow Al(OH)_3 + 3C_2H_6$ (에테인)
• 산소(공기)와 반응 : $2(C_2H_5)_3Al + 21O_2 \rightarrow Al_2O_3 + 15H_2O + 12CO_2$
• 에테인의 연소반응 : $2C_2H_6 + 7O_2 \rightarrow 4CO_2 + 6H_2O$

정답

(1) 에테인

(2) $2C_2H_6 + 7O_2 \rightarrow 4CO_2 + 6H_2O$

06 위험물안전관리법령에 따른 지하탱크저장소의 저장탱크의 압력시험기준이다. 다음 (   ) 안에 알맞은 수치를 쓰시오.

> 지하탱크저장소의 압력시험기준은 압력탱크는 최대상용압력의 (㉠) 배의 압력으로 압력탱크 외의 탱크는 (㉡)kPa의 압력으로 각각 (㉢) 분간 수압시험을 실시하여 새거나 변형되지 않아야 한다. 이 경우 수압시험은 소방청장이 정하여 고시하는 (㉣)과 (㉤)을 동시에 실시하는 방법으로 대신할 수 있다.

정답
㉠ 1.5
㉡ 70
㉢ 10
㉣ 기밀시험
㉤ 비파괴시험

해설
저장탱크의 압력시험기준
• 압력탱크 : 최대상용압력의 1.5배의 압력으로 10분간
• 압력탱크 외의 탱크 : 70kPa의 압력으로 10분간을 실시하여 새거나 변형되지 않아야 한다. 이 경우 수압시험은 소방청장이 정하여 고시하는 기밀시험과 비파괴시험을 동시에 실시하는 방법으로 대신할 수 있다.

07 다음 분말소화약제의 1차 분해반응식을 쓰시오.

(1) 제1인산암모늄

(2) 탄산수소칼륨

정답
(1) $NH_4H_2PO_4 \rightarrow NH_3 + H_3PO_4$
(2) $2KHCO_3 \rightarrow K_2CO_3 + CO_2 + H_2O$

해설
분말소화약제의 분해반응식
• 제2종 분말(탄산수소칼륨)
  – 1차 분해반응식(190℃) : $2KHCO_3 \rightarrow K_2CO_3 + CO_2 + H_2O$
  – 2차 분해반응식(590℃) : $2KHCO_3 \rightarrow K_2O + 2CO_2 + H_2O$
• 제3종 분말(제1인산암모늄)
  – 190℃에서 분해 : $NH_4H_2PO_4 \rightarrow NH_3 + H_3PO_4$
    (인산, 오쏘인산)
  – 215℃에서 분해 : $2H_3PO_4 \rightarrow H_2O + H_4P_2O_7$
    (피로인산)
  – 300℃에서 분해 : $H_4P_2O_7 \rightarrow H_2O + 2HPO_3$
    (메타인산)

08 위험물안전관리법령상 운반 시 제2류 위험물과 혼재가 불가능한 위험물을 모두 쓰시오.

정답
제1류 위험물, 제3류 위험물, 제6류 위험물

해설
제2류 위험물과 운반 시 혼재 가능한 위험물 : 제4류 위험물, 제5류 위험물

09 로켓추진제로 사용되는 하이드라진과 과산화수소의 반응식을 쓰시오.

$N_2H_4 + 2H_2O_2 \rightarrow N_2 + 4H_2O$

해설
하이드라진과 과산화수소가 반응하면 질소와 물이 생성된다.
$N_2H_4 + 2H_2O_2 \rightarrow N_2 + 4H_2O$

10 다음 위험물과 물이 반응할 때 생성되는 가스의 명칭을 쓰시오(단, 없으면 "해당없음"으로 답할 것).

(1) 과산화마그네슘

(2) 질산나트륨

(3) 과염소산나트륨

(4) 칼륨

(5) 수소화칼륨

(1) 산소
(2) 해당없음
(3) 해당없음
(4) 수소
(5) 수소

해설
물과 반응
• 과산화마그네슘 : $2MgO_2 + 2H_2O \rightarrow 2Mg(OH)_2 + O_2$ (산소)

• 질산나트륨 : 물에 녹는다.
• 과염소산나트륨 : 물에 녹는다.
• 칼륨 : $2K + 2H_2O \rightarrow 2KOH + H_2$ (수소)
• 수소화칼륨 : $KH + H_2O \rightarrow KOH + H_2$ (수소)

11 제4류 위험물로서 분자량이 58, 비중 0.79, 비점이 약 56℃, 아이오도폼 반응을 하는 물질에 대하여 다음 물음에 답하시오.

(1) 명칭

(2) 시성식

(3) 위험등급

(1) 아세톤
(2) CH_3COCH_3
(3) Ⅱ

해설
아세톤의 물성

시성식	분자량	위험등급	지정수량	비중	비점	인화점	착화점	연소범위
CH_3COCH_3	58	Ⅱ	400L	0.79	56℃	−18.5℃	465℃	2.5~12.8%

12 과산화칼륨 1mol이 이산화탄소와 반응하였을 때 생성되는 산소의 부피는 몇 L인지 구하시오(단, 표준상태이다).

정답

11.2L

해설

산소의 부피

$$2K_2O_2 \ + \ 2CO_2 \ \rightarrow \ 2K_2CO_3 \ + \ O_2$$

$$
\begin{array}{ccc}
2g-mol & & 22.4L \\
1g-mol & & x
\end{array}
$$

$$x = \frac{1g-mol \times 22.4L}{2g-mol} = 11.2L$$

13 다음 [보기]에서 위험물과 지정수량이 옳게 짝지어진 것을 모두 고르시오(단, 없으면 "해당없음"이라고 답할 것).

정답

①, ②, ③

┤보기├

① 아닐린 2,000L
② 실린더유 6,000L
③ 피리딘 400L
④ 산화프로필렌 200L
⑤ 아마인유 6,000L

해설

위험물의 지정수량

종류	품명	지정수량
아닐린	제3석유류(비수용성)	2,000L
실린더유	제4석유류	6,000L
피리딘	제1석유류(수용성)	400L
산화프로필렌	특수인화물	50L
아마인유	동식물유류	10,000L

14 위험물안전관리법령상 1기압, 인화점이 21℃ 이상 70℃ 미만인 수용성 물질을 [보기]에서 모두 고르시오.

아세트산, 폼산

┌보기┐
테레핀유, 아세트산, 폼산, 글리세린, 나이트로벤젠
└─────┘

해설
제4류 위험물의 분류

항목 \ 종류	테레핀유	아세트산	의산 (폼산)	글리세린	나이트로벤젠
품명	제2석유류 (비수용성)	제2석유류 (수용성)	제2석유류 (수용성)	제3석유류 (수용성)	제3석유류 (비수용성)
인화점	35℃	40℃	55℃	160℃	88℃

※ 인화점이 21℃ 이상 70℃ 미만 : 제2석유류

15 위험물안전관리법령에서 정의하는 다음 내용에 대하여 (   ) 안에 알맞은 답을 쓰시오.

(1) 인화성, 발화성
(2) 지정수량

(1) "위험물"이라 함은 (   ) 또는 (   ) 등의 성질을 가지는 것으로서 대통령령으로 정하는 물품을 말한다.

(2) (   )이라 함은 위험물의 종류별로 위험성을 고려하여 대통령령이 정하는 수량으로서 제조소 등의 설치허가 등에 있어서 최저의 기준이 되는 수량을 말한다.

해설
정의
• 위험물 : 인화성 또는 발화성 등의 성질을 가지는 것으로서 대통령령으로 정하는 물품
• 지정수량 : 위험물의 종류별로 위험성을 고려하여 대통령령이 정하는 수량으로서 제조소 등의 설치허가 등에 있어서 최저의 기준이 되는 수량을 말한다.

16 이산화탄소 소화기의 대표적인 소화효과 2가지를 쓰시오.

질식소화, 냉각소화

해설
이산화탄소 소화기의 소화효과
• 질식효과 : 공기 중의 산소의 농도를 21%에서 15% 이하로 낮추어 소화하는 방법
• 냉각효과 : 화재 현장에 물을 주수하여 발화점 이하로 온도를 낮추어 소화하는 방법

17 각 위험물의 연소반응식을 쓰시오.

(1) 톨루엔

(2) 벤젠

(3) 이황화탄소

해설

제4류 위험물의 연소반응식

• 톨루엔 : $C_6H_5CH_3 + 9O_2 \rightarrow 7CO_2 + 4H_2O$

• 벤젠 : $2C_6H_6 + 15O_2 \rightarrow 12CO_2 + 6H_2O$

• 이황화탄소 : $CS_2 + 3O_2 \rightarrow CO_2 + 2SO_2$

정답

(1) $C_6H_5CH_3 + 9O_2 \rightarrow 7CO_2 + 4H_2O$

(2) $2C_6H_6 + 15O_2 \rightarrow 12CO_2 + 6H_2O$

(3) $CS_2 + 3O_2 \rightarrow CO_2 + 2SO_2$

18 다음 제1류 위험물의 지정수량을 쓰시오.

(1) 염소산염류

(2) 아이오딘산염류

(3) 무기과산화물

(4) 다이크로뮴산염류

(5) 질산염류

해설

제1류 위험물의 지정수량

종류	지정수량
염소산염류	50kg
아이오딘산염류	300kg
무기과산화물	50kg
다이크로뮴산염류	1,000kg
질산염류	300kg

정답

(1) 50kg

(2) 300kg

(3) 50kg

(4) 1,000kg

(5) 300kg

19 다음 물음에 알맞은 답을 쓰시오.

(1) 고체가연물의 대표적인 연소형태 4가지를 쓰시오.

(2) 황의 연소형태를 쓰시오.

해설

• 고체의 연소형태
  - 표면연소
  - 분해연소
  - 증발연소
  - 자기연소(내부연소)
• 황의 연소 : 증발연소

정답

(1) 표면연소, 분해연소, 증발연소, 자기연소

(2) 증발연소

20 다이에틸에터 37g을 100℃, 2L의 밀폐공간에서 증발시켰을 때 압력(atm)을 구하시오.

해설

이상기체 상태방정식

$$PV = \frac{W}{M}RT, \quad P = \frac{WRT}{VM}$$

여기서, P : 압력(atm)

$\quad\quad\quad V$: 부피(2L)

$\quad\quad\quad M$: 분자량[$C_2H_5OC_2H_5 = 74g/g\text{-mol}$]

$\quad\quad\quad W$: 무게(37g)

$\quad\quad\quad R$: 기체상수($0.08205\text{L} \cdot \text{atm/g-mol} \cdot \text{K}$)

$\quad\quad\quad T$: 절대온도($273 + 100℃ = 373\text{K}$)

$\therefore P = \dfrac{WRT}{VM} = \dfrac{37g \times 0.08205\text{L} \cdot \text{atm/g-mol} \cdot \text{K} \times 373\text{K}}{2\text{L} \times 74g/g\text{-mol}} = 7.65\text{atm}$

정답

7.65atm

01 연소범위가 1.4~8.0%인 벤젠의 위험도를 구하시오.

해설

위험도(H)

$$H = \frac{\text{상한값} - \text{하한값}}{\text{하한값}}$$

$$= \frac{8.0 - 1.4}{1.4}$$

$$= 4.71$$

정답

4.71

02 칼륨 78g과 에틸알코올 92g이 표준상태에서 반응하였다. 다음 물음에 답하시오.

(1) 반응식

(2) 발생하는 수소기체의 부피

해설

칼륨과 에틸알코올의 반응

• 반응식 : $2K + 2C_2H_5OH \rightarrow 2C_2H_5OK + H_2$

• 발생하는 수소기체의 부피

$$\begin{array}{cccc} 2K & + 2C_2H_5OH & \rightarrow 2C_2H_5OK & + H_2 \\ 2 \times 39g & 2 \times 46g & & 2g \\ 2mol & 2mol & & 1mol \end{array}$$

∴ 표준상태에서 기체 1mol이 차지하는 부피 : 22.4L

정답

(1) $2K + 2C_2H_5OH \rightarrow 2C_2H_5OK + H_2$

(2) 22.4L

03 주유취급소에 설치하는 표지판 및 게시판의 바탕색과 문자색을 쓰시오.

(1) 위험물 주유취급소

(2) 주유 중 엔진정지

해설

표지판 및 게시판의 바탕색과 문자색
- 위험물 주유취급소 : 백색바탕에 흑색문자
- 주유 중 엔진정지 : 황색바탕에 흑색문자

정답

(1) 백색바탕에 흑색문자

(2) 황색바탕에 흑색문자

04 다음 위험물의 시성식 중 틀린 것의 번호를 쓰고 바르게 수정하시오.

(1) 아세트알데하이드 : CH_3CHO

(2) 벤젠 : C_6H_6

(3) 톨루엔 : $C_6H_2CH_3$

(4) 메틸알코올 : CH_3OH

(5) 아닐린 : $C_6H_2N_2H_2$

해설

위험물의 시성식

품명	아세트알데하이드	벤젠	톨루엔	메틸알코올	아닐린
시성식	CH_3CHO	C_6H_6	$C_6H_5CH_3$	CH_3OH	$C_6H_5NH_2$

정답

(3) 톨루엔 : $C_6H_5CH_3$

(5) 아닐린 : $C_6H_5NH_2$

05 다음 유별 저장 및 취급의 공통기준에 대한 설명이다. 해당하는 유별을 쓰시오.

정답
(1) 3
(2) 4
(3) 2
(4) 6
(5) 1

(1) 제( )류 위험물 중 자연발화성 물품에 있어서는 불티, 불꽃 또는 고온체와의 접근·과열 또는 공기와의 접촉을 피하고, 금수성 물품에 있어서는 물과의 접촉을 피해야 한다.

(2) 제( )류 위험물은 불티, 불꽃, 고온체와의 접근 또는 과열을 피하고, 함부로 증기를 발생시키지 않아야 한다.

(3) 제( )류 위험물은 산화제와의 접촉, 혼합이나 불티, 불꽃, 고온체와의 접근 또는 과열을 피하는 한편, 철분, 금속분, 마그네슘 및 이를 함유한 것에 있어서는 물이나 산과의 접촉을 피하고 인화성 고체에 있어서는 함부로 증기를 발생시키지 않아야 한다.

(4) 제( )류 위험물은 가연물과의 접촉·혼합이나 분해를 촉진하는 물품과의 접근 또는 과열을 피해야 한다.

(5) 제( )류 위험물은 가연물과의 접촉, 혼합이나 분해를 촉진하는 물품과의 접근 또는 과열, 충격, 마찰 등을 피하는 한편, 알칼리금속의 과산화물 및 이를 함유한 것에 있어서는 물과의 접촉을 피해야 한다.

해설
유별 저장 및 취급의 공통기준
• 제1류 위험물 : 가연물과의 접촉, 혼합이나 분해를 촉진하는 물품과의 접근 또는 과열, 충격, 마찰 등을 피하는 한편, 알칼리금속의 과산화물 및 이를 함유한 것에 있어서는 물과의 접촉을 피해야 한다.
• 제2류 위험물 : 산화제와의 접촉, 혼합이나 불티, 불꽃, 고온체와의 접근 또는 과열을 피하는 한편, 철분, 금속분, 마그네슘 및 이를 함유한 것에 있어서는 물이나 산과의 접촉을 피하고 인화성 고체에 있어서는 함부로 증기를 발생시키지 않아야 한다.
• 제3류 위험물 : 자연발화성 물품에 있어서는 불티, 불꽃 또는 고온체와의 접근·과열 또는 공기와의 접촉을 피하고, 금수성 물품에 있어서는 물과의 접촉을 피해야 한다.
• 제4류 위험물 : 불티, 불꽃, 고온체와의 접근 또는 과열을 피하고, 함부로 증기를 발생시키지 않아야 한다.
• 제5류 위험물 : 불티, 불꽃, 고온체와의 접근이나 과열, 충격 또는 마찰을 피해야 한다.
• 제6류 위험물 : 가연물과의 접촉·혼합이나 분해를 촉진하는 물품과의 접근 또는 과열을 피해야 한다.

06 다음 유별의 위험물을 운반하고자 할 때 혼재 가능한 유별을 쓰시오.

(1) 제4류 위험물

(2) 제5류 위험물

(3) 제6류 위험물

정답

(1) 제2류 위험물, 제3류 위험물, 제5류 위험물

(2) 제2류 위험물, 제4류 위험물

(3) 제1류 위험물

해설

운반 시 위험물의 혼재 가능 기준

위험물의 구분	제1류	제2류	제3류	제4류	제5류	제6류
제1류		×	×	×	×	○
제2류	×		×	○	○	×
제3류	×	×		○	×	×
제4류	×	○	○		○	×
제5류	×	○	×	○		×
제6류	○	×	×	×	×	

07 제4류 위험물 중 분자량이 58이고 피부와 접촉 시 탈지작용과 햇빛에 의하여 분해하는 성질이 있는 물질에 대하여 답하시오.

(1) 시성식

(2) 지정수량

정답

(1) CH_3COCH_3

(2) 400L

해설

아세톤

시성식	품명	분자량	지정수량	비중	인화점	착화점
CH_3COCH_3	제1석유류 (수용성)	58	400L	0.79	−18.5℃	465℃

• 무색 투명한 자극성·휘발성 액체이다.

• 피부와 접촉 시 탈지작용과 햇빛에 의하여 분해하는 성질이 있다.

08 제5류 위험물인 TNP와 TNT의 구조식을 쓰시오.

해설

종류	TNP(Trinitrophenol)	TNT(Trinitrotoluene)
화학식	$C_6H_2OH(NO_2)_3$	$C_6H_2CH_3(NO_2)_3$
구조식		

정답

종류	구조식
TNP(Trinitrophenol)	
TNT(Trinitrotoluene)	

09 다음 [보기]의 위험물에 대하여 물음에 답하시오.

┌보기┐

삼황화인, 알루미늄분, 황린, 나트륨, 황, 오황화인, 적린, 마그네슘

(1) 물과 반응 시 수소를 발생하는 위험물의 명칭을 쓰시오.

(2) [보기]에서 제2류 위험물을 모두 쓰시오.

(3) 주기율표상 제1족 원소에 해당하는 것을 모두 쓰시오(없으면 "해당 없음"이라고 답할 것).

해설

제2류, 제3류 위험물

• 물과 반응

종류	물과 반응식
삼황화인	물과 반응하지 않는다.
알루미늄분	$2Al + 6H_2O \rightarrow 2Al(OH)_3 + 3H_2$
황린	물과 반응하지 않는다.
나트륨	$2Na + 2H_2O \rightarrow 2NaOH + H_2$
황	물과 반응하지 않는다.
오황화인	$P_2S_5 + 8H_2O \rightarrow 5H_2S + 2H_3PO_4$
적린	물과 반응하지 않는다.
마그네슘	$2Mg + 2H_2O \rightarrow Mg(OH)_2 + H_2$

∴ 물과 반응 시 수소가스를 발생하는 물질 : 알루미늄분, 나트륨, 마그네슘
• 제2류 위험물 : 삼황화인, 알루미늄분, 황, 오황화인, 적린, 마그네슘
• 제3류 위험물 : 황린, 나트륨
• 제1족 원소 : 나트륨

정답

(1) 알루미늄분, 나트륨, 마그네슘

(2) 삼황화인, 알루미늄분, 황, 오황화인, 적린, 마그네슘

(3) 나트륨

10 다음 물질에 대하여 각 물음에 답하시오.

(1) $(C_6H_5CO)_2O_2$
   ① 품명
   ② 지정수량

(2) $C_6H_2CH_3(NO_2)_3$
   ① 품명
   ② 지정수량

(1) ① 유기과산화물
   ② 100kg
(2) ① 나이트로화합물
   ② 10kg

해설
제5류 위험물

시성식	품명	명칭	지정수량
$(C_6H_5CO)_2O_2$	유기과산화물	과산화벤조일	100kg
$C_6H_2CH_3(NO_2)_3$	나이트로화합물	트라이나이트로톨루엔	10kg

11 다음 위험물탱크의 내용적을 구하는 식을 쓰시오.

(1)
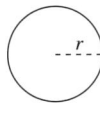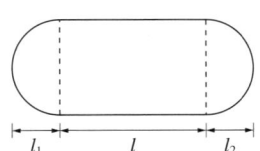

(2)
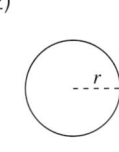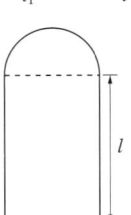

(1) $\pi r^2\left(l + \dfrac{l_1 + l_2}{3}\right)$

(2) $\pi r^2 l$

해설
원통형 탱크의 내용적
• 가로로 설치한 것

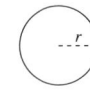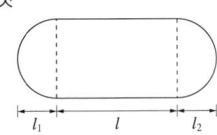

내용적 $= \pi r^2\left(l + \dfrac{l_1 + l_2}{3}\right)$

• 세로로 설치한 것

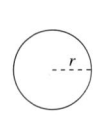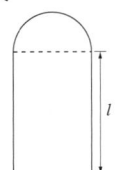

내용적 $= \pi r^2 l$

12 제2류 위험물 적린에 대하여 각 물음에 답하시오.

(1) 지정수량

(2) 연소 시 발생하는 물질의 명칭

(3) 제3류 위험물에 해당하는 동소체의 명칭

해설

적린

• 물성

화학식	분자량	지정수량	비중	융점
P	31	100kg	2.2	600℃

• 연소하면 오산화인(P_2O_5)을 발생한다.

$4P + 5O_2 \rightarrow 2P_2O_5$

• 제3류 위험물인 황린(P_4)과 적린은 동소체이다.

정답

(1) 100kg

(2) 오산화인(P_2O_5)

(3) 황린

---

13 다음 [보기]의 위험물을 인화점이 낮은 것부터 높은 순서대로 쓰시오.

┌─보기─────────────────────────────┐

아세트산, 아세톤, 나이트로벤젠, 에탄올

└──────────────────────────────────┘

해설

인화점

항목 〈 종류	아세트산 (초산)	아세톤	나이트로벤젠	에탄올 (에틸알코올)
품명	제2석유류 (수용성)	제1석유류 (수용성)	제3석유류 (비수용성)	알코올류
인화점	40℃	−18.5℃	88℃	13℃

정답

아세톤 < 에탄올 < 아세트산 < 나이트로 벤젠

---

14 다음 제2류 위험물의 완전 연소반응식을 쓰시오.

(1) 삼황화인

(2) 오황화인

해설

연소반응식

• 삼황화인 : $P_4S_3 + 8O_2 \rightarrow 2P_2O_5 + 3SO_2$

• 오황화인 : $2P_2S_5 + 15O_2 \rightarrow 2P_2O_5 + 10SO_2$

정답

(1) $P_4S_3 + 8O_2 \rightarrow 2P_2O_5 + 3SO_2$

(2) $2P_2S_5 + 15O_2 \rightarrow 2P_2O_5 + 10SO_2$

15 다음 [보기]의 위험물에 대하여 다음 물음에 답하시오.

┌보기─────────────────────────────────────┐
│   │
│   탄화칼슘, 수소화칼슘, 탄화알루미늄, 칼슘, 탄화리튬   │
│   │
└──┘

(1) 물과 반응할 때 메테인을 발생하는 위험물의 명칭을 쓰시오.

(2) (1)의 위험물과 물이 반응할 때 반응식을 쓰시오.

해설

제3류 위험물

• 물과 반응식

　– 탄화칼슘 : $CaC_2 + 2H_2O \rightarrow Ca(OH)_2 + C_2H_2$
　　　　　　　　　　　　　　　　　　　　(아세틸렌)

　– 수소화칼슘 : $CaH_2 + 2H_2O \rightarrow Ca(OH)_2 + 2H_2$
　　　　　　　　　　　　　　　　　　　(수소)

　– 탄화알루미늄 : $Al_4C_3 + 12H_2O \rightarrow 4Al(OH)_3 + 3CH_4$
　　　　　　　　　　　　　　　　　　　　　　(메테인)

　– 칼슘 : $Ca + 2H_2O \rightarrow Ca(OH)_2 + H_2$

　– 탄화리튬 : $Li_2C_2 + 2H_2O \rightarrow 2LiOH + C_2H_2$

• 탄화알루미늄은 물과 반응할 때 메테인 가스를 발생한다.

정답

(1) 탄화알루미늄

(2) $Al_4C_3 + 12H_2O \rightarrow 4Al(OH)_3 + 3CH_4$

---

16 위험물제조소에 옥내소화전 4개가 설치되어 있다. 이 옥내소화전설비의 수원의 양을 구하시오.

해설

옥내소화전설비의 수원

수원 $= N$(소화전의 수, 최대 5개)$\times 7.8m^3$

　　　(260L/min $\times$ 30min $= 7,800L = 7.8m^3$)

$\therefore$ 수원 $= 4 \times 7.8m^3 = 31.2m^3$

정답

$31.2m^3$

17 다음 [보기]는 제1류 위험물이다. 각 위험물의 지정수량을 쓰시오.

┌─보기───┐
│ ① $KClO_3$ ② KNO_3 ③ $KMnO_4$ ④ K_2O_2 ⑤ $K_2Cr_2O_7$ │
└──┘

정답
① 50kg
② 300kg
③ 1,000kg
④ 50kg
⑤ 1,000kg

해설
제1류 위험물의 지정수량

종류	명칭	품명	지정수량
$KClO_3$	염소산칼륨	염소산염류	50kg
KNO_3	질산칼륨	질산염류	300kg
$KMnO_4$	과망가니즈산칼륨	과망가니즈산염류	1,000kg
K_2O_2	과산화칼륨	무기과산화물	50kg
$K_2Cr_2O_7$	다이크로뮴산칼륨	다이크로뮴산염류	1,000kg

18 제2류 위험물인 마그네슘 연소 시 1mol당 134.7kcal의 열량이 발생한다. 다음 물음에 답하시오.

(1) 마그네슘의 연소반응식

(2) 마그네슘 4mol이 연소 시 발생하는 열량

정답
(1) $2Mg + O_2 \rightarrow 2MgO$
(2) 538.8kcal

해설
마그네슘
• 마그네슘의 연소반응식 : $2Mg + O_2 \rightarrow 2MgO$
• 마그네슘 1mol이 연소할 때 연소반응식 : $Mg + 0.5O_2 \rightarrow MgO + 134.7kcal$
  마그네슘이 1mol일 때 134.7kcal의 열량이 발생하므로
  4mol이 연소할 때 $4 \times 134.7kcal = 538.8kcal$의 열량이 발생한다.

19 다음 각 위험물의 소요단위를 구하시오.

(1) 질산 90,000kg

(2) 아세트산 20,000L

소요단위 : 위험물은 지정수량의 10배를 1소요단위로 한다.
• 위험물의 지정수량

종류	질산	아세트산
품명	제6류 위험물	제4류 위험물 제2석유류(수용성)
지정수량	300kg	2,000L

• 질산 90,000kg의 소요단위

$$\therefore \text{소요단위} = \frac{\text{저장수량}}{\text{지정수량} \times 10} = \frac{90,000kg}{300kg \times 10배} = 30단위$$

• 아세트산 20,000L의 소요단위

$$\therefore \text{소요단위} = \frac{\text{저장수량}}{\text{지정수량} \times 10} = \frac{20,000L}{2,000L \times 10배} = 1단위$$

정답
(1) 30단위
(2) 1단위

20 위험물 운반용기에는 수납하는 위험물에 따라 주의사항을 표시한다. 다음 위험물의 주의사항을 쓰시오.

(1) 제2류 위험물 중 인화성 고체

(2) 제4류 위험물

(3) 제6류 위험물

해설
운반 시 운반용기에 표시해야 하는 주의사항
• 제2류 위험물
　－ 철분·금속분·마그네슘 : 화기주의, 물기엄금
　－ 인화성 고체 : 화기엄금
　－ 그 밖의 것 : 화기주의
• 제4류 위험물 : 화기엄금
• 제6류 위험물 : 가연물접촉주의

정답
(1) 화기엄금
(2) 화기엄금
(3) 가연물접촉주의

01 다음 위험물의 주된 연소형태를 쓰시오.

(1) 마그네슘

(2) 황

(3) 나이트로셀룰로스

해설

고체의 연소

• 표면연소 : 목탄, 코크스, 숯, 금속분 등이 열분해에 의하여 가연성 가스를 발생하지 않고 그 물질 자체가 연소하는 현상

• 분해연소 : 석탄, 종이, 목재, 플라스틱 등의 연소 시 열분해에 의해 발생된 가스와 공기가 혼합하여 연소하는 현상

• 증발연소 : 황, 나프탈렌, 왁스, 파라핀 등과 같이 고체를 가열하면 열분해는 일어나지 않고 고체가 액체로 되어 일정온도가 되면 액체가 기체로 변화하여 기체가 연소하는 현상

• 자기연소(내부연소) : 제5류 위험물인 나이트로셀룰로스, 질화면 등과 같이 외부로부터 연소에 필요한 산소를 공급받지 않고, 분자에 포함된 산소를 공급받아 연소하는 현상

정답

(1) 표면연소

(2) 증발연소

(3) 자기연소

02 제4류 위험물인 휘발유를 저장하는 옥외탱크저장소의 방유제에 대하여 다음 물음에 답하시오.

(1) 방유제의 높이

(2) 방유제의 면적

(3) 방유제에 설치할 수 있는 휘발유 저장탱크의 수(단, 방유제 내에 다른 위험물 저장탱크는 없다)

해설

옥외탱크저장소의 방유제

• 방유제의 용량

– 탱크가 하나일 때 : 탱크 용량의 110% 이상(인화성이 없는 액체위험물은 100%)

– 탱크가 2기 이상일 때 : 탱크 중 용량이 최대인 것의 용량의 110% 이상(인화성이 없는 액체위험물은 100%)

• 방유제의 높이 : 0.5m 이상 3m 이하, 두께 : 0.2m 이상, 지하매설깊이 : 1m 이상

• 방유제 내의 면적 : 80,000m² 이하

• 방유제 내에 탱크의 설치개수

– 제1석유류(휘발유), 제2석유류 : 10기 이하

– 제3석유류(인화점 70℃ 이상 200℃ 미만) : 20기 이하

– 제4석유류(인화점이 200℃ 이상) : 제한없음

정답

(1) 0.5m 이상 3m 이하

(2) 80,000m² 이하

(3) 10기 이하

03 Fe 1kg을 완전 연소시키는 데 필요한 산소의 부피(L)를 아래 반응식을 이용하여 구하시오(단, Fe의 원자량은 55.85이고, 표준상태이다).

$$4Fe + 3O_2 \rightarrow 2Fe_2O_3$$

300.81L

해설

산소의 부피

$$4Fe \quad + \quad 3O_2 \quad \rightarrow \quad 2Fe_2O_3$$

$4 \times 55.85g \quad\quad 3 \times 22.4L$

$1,000g \quad\quad\quad x$

$\therefore \ x = \dfrac{1,000g \times 3 \times 22.4L}{4 \times 55.85g} = 300.81L$

---

04 제1종 분말소화약제에 대하여 다음 물음에 답하시오.

(1) 1차 분해반응식을 쓰시오.

(2) 제1종 분말소화약제가 열분해하여 $200m^3$의 이산화탄소를 생성할 때 탄산수소나트륨은 표준상태에서 몇 kg이 필요한지 구하시오.

(1) $2NaHCO_3 \rightarrow Na_2CO_3 + CO_2 + H_2O$

(2) 1,500kg

해설

제1종 분말소화약제

• 제1종 분말 열분해반응식

  – 1차 분해반응식(270℃) : $2NaHCO_3 \rightarrow Na_2CO_3 + CO_2 + H_2O$

  – 2차 분해반응식(850℃) : $2NaHCO_3 \rightarrow Na_2O + 2CO_2 + H_2O$

• 탄산수소나트륨의 필요한 양

$$2NaHCO_3 \quad \rightarrow \quad Na_2CO_3 \quad + \quad CO_2 \quad + \quad H_2O$$

$2 \times 84kg \quad\quad\quad\quad 22.4m^3$

$x \quad\quad\quad\quad\quad 200m^3$

$\therefore \ x = \dfrac{2 \times 84kg \times 200m^3}{22.4m^3} = 1,500kg$

※ $NaHCO_3$의 분자량 : 84

05 다음 [보기]에서 설명하는 위험물에 대하여 답하시오.

┌ 보기 ┐
- 비점이 약 146℃이고 인화점은 약 32℃이다.
- 분자량이 약 104.2이고 지정수량이 1,000L인 제2석유류이다.
- 에틸벤젠을 탈수소화 처리하여 얻을 수 있다.
└─────┘

(1) 명칭

(2) 화학식

(3) 위험등급

해설

스타이렌

- 물성

화학식	분자량	품명	위험등급	지정수량	인화점	비점
$C_6H_5CH = CH_2$	104.2	제2석유류 (비수용성)	Ⅲ	1,000L	32℃	146℃

- 에틸벤젠을 탈수소화 처리하여 얻을 수 있다.

정답

(1) 스타이렌

(2) $C_6H_5CH = CH_2$

(3) Ⅲ

---

06 다음 [보기]의 물질 중 위험물안전관리법령상 제4류 위험물 제1석유류에 해당하는 위험물을 모두 쓰시오.

┌ 보기 ┐
아세트산, 폼산, 아세톤, 클로로벤젠, 에틸벤젠, 경유
└─────┘

해설

제4류 위험물의 구분

종류	품명	지정수량
아세트산	제2석유류(수용성)	2,000L
폼산	제2석유류(수용성)	2,000L
아세톤	제1석유류(수용성)	400L
클로로벤젠	제2석유류(비수용성)	1,000L
에틸벤젠	제1석유류(비수용성)	200L
경유	제2석유류(비수용성)	1,000L

정답

아세톤, 에틸벤젠

07 위험물안전관리법령에서 정한 위험물의 운반에 관한 기준에서 다음 위험물이 지정수량의 10배 이상일 때 혼재가 불가능한 위험물을 모두 쓰시오.

(1) 제2류 위험물

(2) 제5류 위험물

(3) 제6류 위험물

(1) 제1류 위험물, 제3류 위험물, 제6류 위험물

(2) 제1류 위험물, 제3류 위험물, 제6류 위험물

(3) 제2류 위험물, 제3류 위험물, 제4류 위험물, 제5류 위험물

해설

운반 시 위험물의 혼재 가능 기준

위험물의 구분	제1류	제2류	제3류	제4류	제5류	제6류
제1류		×	×	×	×	○
제2류	×		×	○	○	×
제3류	×	×		○	×	×
제4류	×	○	○		○	×
제5류	×	○	×	○		×
제6류	○	×	×	×	×	

08 위험물안전관리법령에서 정한 제2류 위험물이다. (   ) 안에 알맞은 용어나 수치를 쓰시오.

(1) "가연성 고체"라 함은 고체로서 화염에 의한 (   )의 위험성 또는 (   )의 위험성을 판단하기 위하여 고시로 정하는 시험에서 고시로 정하는 성질과 상태를 나타내는 것을 말한다.

(2) "인화성 고체"라 함은 (   ), 그 밖에 1기압에서 인화점이 (   )℃ 미만인 고체를 말한다.

(3) 황은 순도가 (   )wt% 이상인 것을 말한다.

(1) 발화, 인화

(2) 고형알코올, 40

(3) 60

해설

위험물의 정의

• 가연성 고체 : 고체로서 화염에 의한 발화의 위험성 또는 인화의 위험성을 판단하기 위하여 고시로 정하는 시험에서 고시로 정하는 성질과 상태를 나타내는 것

• 인화성 고체 : 고형알코올, 그 밖에 1기압에서 인화점이 40℃ 미만인 고체

• 황 : 순도가 60wt% 이상인 것

09 제4류 위험물인 사이안화수소에 대하여 다음 물음에 답하시오.

(1) 시성식

(2) 증기비중

(3) 품명

정답

(1) HCN

(2) 0.93

(3) 제1석유류(수용성)

해설

사이안화수소

• 물성

화학식	품명	지정수량	액체비중	증기비중	인화점	연소범위
HCN	제1석유류(수용성)	400L	0.69	0.93	−17℃	5.6~40%

• 증기비중 $= \dfrac{\text{분자량}}{29} = \dfrac{27}{29} = 0.93$

※ 사이안화수소의 분자량 : HCN = 1 + 12 + 14 = 27

10 다음 위험물탱크의 내용적을 계산하는 공식을 쓰시오.

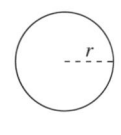 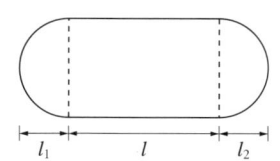

정답

$\pi r^2 \left(l + \dfrac{l_1 + l_2}{3} \right)$

해설

원통형 탱크의 내용적

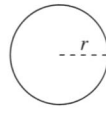 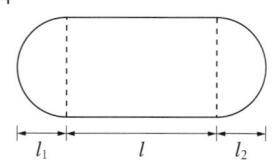

내용적 $= \pi r^2 \left(l + \dfrac{l_1 + l_2}{3} \right)$

11 다음 제5류 위험물인 물질에 대하여 시성식을 쓰시오.

(1) 질산메틸

(2) 트라이나이트로톨루엔

(3) 나이트로글리세린

해설

제5류 위험물

종류	품명	시성식
질산메틸	질산에스터류	CH_3ONO_2
트라이나이트로톨루엔	나이트로화합물	$C_6H_2CH_3(NO_2)_3$
나이트로글리세린	질산에스터류	$C_3H_5(ONO_2)_3$

정답

(1) CH_3ONO_2

(2) $C_6H_2CH_3(NO_2)_3$

(3) $C_3H_5(ONO_2)_3$

12 다음 설명에 해당하는 제6류 위험물의 물질명과 분자식을 쓰시오.

(1) 단백질과 잔토프로테인 반응이 일어난다.

(2) 가열 시 폭발의 우려가 있고 물과 반응하여 발열하며 증기비중은 약 3.47이다.

해설

제6류 위험물

• 질산 : 단백질과 잔토프로테인 반응을 하여 노란색으로 변한다.
  ※ 잔토프로테인 반응 : 단백질 검출 반응의 하나로서 아미노산 또는 단백질에 진한 질산을 가하여 가열하면 황색이 되고, 냉각하여 염기성으로 되게 하면 등황색을 띤다.

• 과염소산
  – 물성

화학식	지정수량	비중	증기비중	융점	비점
$HClO_4$	300kg	1.76	3.47	$-112℃$	$39℃$

  – 가열하면 폭발하고 산성이 강한 편이다.
  – 물과 반응하면 심하게 발열한다.

정답

(1) 물질명 : 질산
   분자식 : HNO_3

(2) 물질명 : 과염소산
   분자식 : $HClO_4$

13 다음 위험물과 물이 반응하여 생성되는 가연성 기체를 화학식으로 쓰시오(단, 없으면 "해당없음"이라고 답할 것).

(1) 트라이에틸알루미늄

(2) 과산화칼슘

(3) 메틸리튬

(1) C_2H_6

(2) 해당없음

(3) CH_4

해설

물과 반응

• 트라이에틸알루미늄 : $(C_2H_5)_3Al + 3H_2O \rightarrow Al(OH)_3 + 3C_2H_6$
　　　　　　　　　　　　　　　　　　　　　　　(에테인)

• 과산화칼슘 : $2CaO_2 + 2H_2O \rightarrow 2Ca(OH)_2 + O_2$
　　　　　　　　　　　　　　　　(조연성 가스, 산소)

• 메틸리튬 : $CH_3Li + H_2O \rightarrow LiOH + CH_4$
　　　　　　　　　　　　　　(메테인)

14 위험물안전관리법령상 다음 위험물의 지정수량을 쓰시오.

(1) K_2O_2

(2) $KClO_3$

(3) CrO_3

(1) 50kg

(2) 50kg

(3) 300kg

해설

제1류 위험물의 지정수량

종류	명칭	품명	지정수량
K_2O_2	과산화칼륨	무기과산화물	50kg
$KClO_3$	염소산칼륨	염소산염류	50kg
CrO_3	삼산화크로뮴	크로뮴의 산화물	300kg

15 제3류 위험물인 황린에 대하여 다음 물음에 답하시오.

(1) 황린의 동소체인 제2류 위험물의 명칭을 쓰시오.

(2) 황린의 동소체인 물질의 제조방법을 쓰시오.

(3) (1)에 해당하는 물질의 연소반응식을 쓰시오.

정답

(1) 적린

(2) 공기를 차단하고 황린을 약 260℃로 가열하면 적린이 생성된다.

(3) $4P + 5O_2 \rightarrow 2P_2O_5$

해설

황린과 적린

항목 \ 종류	황린	적린
화학식	P_4	P
유별	제3류 위험물	제2류 위험물
색상	담황색의 고체	암적색의 분말
연소반응식	$P_4 + 5O_2 \rightarrow 2P_2O_5$	$4P + 5O_2 \rightarrow 2P_2O_5$
소화방법	주수소화	주수소화

※ 적린의 제조방법 : 공기를 차단하고 황린을 약 260℃로 가열하면 적린(P)이 생성된다.

16 다음 할로젠화합물소화약제의 화학식을 쓰시오.

(1) Halon 1211

(2) Halon 1301

(3) Halon 2402

(4) Halon 1011

정답

(1) CF_2ClBr

(2) CF_3Br

(3) $C_2F_4Br_2$

(4) CH_2ClBr

해설

할로젠화합물소화약제

종류 \ 물성	할론 1211	할론 1301	할론 2402	할론 1011
분자식	CF_2ClBr	CF_3Br	$C_2F_4Br_2$	CH_2ClBr
분자량	165.4	148.9	259.8	129.4
증기비중	5.70	5.13	8.96	4.46
상태(20℃)	기체	기체	액체	액체

17 흑자색 결정으로 물이나 알코올과 반응하면 보라색으로 변하고 분자량이 158인 제1류 위험물에 대하여 다음 물음에 답하시오.

(1) 명칭

(2) 화학식

(3) 열분해반응식

해설

과망가니즈산칼륨

• 물성

화학식	분자량	지정수량
$KMnO_4$	158	1,000kg

• 흑자색의 주상 결정으로 산화력과 살균력이 강하다.

• 물, 알코올에 녹고 녹으면 진한 보라색을 나타낸다.

• 열분해반응식 : $2KMnO_4 \rightarrow K_2MnO_4 + MnO_2 + O_2$
　　　　　　　　　　　　(망가니즈산칼륨) (이산화망가니즈)　(산소)

정답

(1) 과망가니즈산칼륨

(2) $KMnO_4$

(3) $2KMnO_4 \rightarrow K_2MnO_4 + MnO_2 + O_2$

---

18 표준상태에서 벤젠 30kg이 연소하는 데 필요한 공기의 부피는 몇 m^3인지 계산하시오(단, 공기 중에는 산소가 21vol%이다).

해설

공기의 부피

C_6H_6　+　$7.5O_2$　$\rightarrow$　$6CO_2$　+　$3H_2O$

78kg　　7.5 × 22.4m^3

30kg　　　　x

$\therefore x = \dfrac{30kg \times 7.5 \times 22.4m^3}{78kg} = 64.62m^3$ (이론산소량)

이론공기량 = 64.62m^3 ÷ 0.21 = 307.71m^3

정답

307.71m^3

19 단층건물의 옥내탱크저장소에 경유를 저장하고 있다. 다음 물음에 답하시오.

(1) 옥내저장탱크와 탱크전용실의 벽과의 사이 거리는 몇 m 이상의 간격을 유지해야 하는가?

(2) 옥내저장탱크 상호 간의 거리는 몇 m 이상의 간격을 유지해야 하는가?

(3) 경유를 저장하는 탱크의 최대 저장용량을 쓰시오.

해설

단층건물의 옥내탱크저장소

• 옥내저장탱크와 탱크전용실의 벽과의 사이 및 옥내저장탱크의 상호 간에는 0.5m 이상의 간격을 유지할 것. 다만, 탱크의 점검 및 보수에 지장이 없는 경우에는 그렇지 않다.

• 옥내저장탱크의 용량(동일한 탱크전용실에 2 이상 설치하는 경우에는 각 탱크의 용량의 합계)은 지정수량의 40배(제4석유류 및 동식물유류 외의 제4류 위험물 : 20,000L를 초과할 때에는 20,000L) 이하일 것
경유는 제4류 위험물 제2석유류이므로 20,000L를 초과할 수 없으니까 최대 저장용량은 20,000L이다.

정답

(1) 0.5m 이상
(2) 0.5m 이상
(3) 20,000L

---

20 위험물안전관리법령에서 정하는 동식물유류에 대한 설명이다. 다음 물음에 답하시오.

(1) 유지 중의 불포화지방산의 이중결합의 수를 나타내는 수치로서 이 값이 높은 것은 이중결합이 많은 것을 의미한다. 불포화지방산의 측정기준은 무엇인지 쓰시오.

(2) 다음 물질을 동식물유류에서 구분하시오.
① 야자유
② 아마인유

해설

동식물유류

• 종류

종류 \ 항목	아이오딘값	반응성	불포화도	종류
건성유	130 이상	크다.	크다.	해바라기유, 동유, 아마인유, 정어리기름, 들기름
반건성유	100~130	중간	중간	채종유, 목화씨기름(면실유), 참기름, 콩기름
불건성유	100 이하	작다.	작다.	야자유, 올리브유, 피마자유, 동백유

• 아이오딘값 : 유지 100g에 부가되는 아이오딘의 g수로서 유지 중의 불포화지방산의 이중결합의 수를 나타내는 수치이다.

정답

(1) 아이오딘값
(2) ① 불건성유
② 건성유

01 제4류 위험물인 에틸알코올에 대하여 다음 물음에 답하시오.

(1) 에틸알코올과 나트륨의 반응식

(2) 에틸알코올 46g이 나트륨과 반응하여 생성되는 기체의 부피(L)를 구하시오(단, 1기압, 25℃이다).

정답

(1) $2Na + 2C_2H_5OH \rightarrow 2C_2H_5ONa + H_2$

(2) 12.23L

해설

에틸알코올

• 나트륨과 반응 : $2Na + 2C_2H_5OH \rightarrow 2C_2H_5ONa + H_2$

• 생성되는 기체의 부피

$$2Na + 2C_2H_5OH \rightarrow 2C_2H_5ONa + H_2$$
$$2 \times 46g \diagdown 2g$$
$$46g \diagup x$$

$$\therefore \ x = \frac{46g \times 2g}{2 \times 46g} = 1g$$

• 이상기체 상태방정식

$$PV = \frac{W}{M}RT, \quad V = \frac{WRT}{PM}$$

여기서, P : 압력(1atm)

V : 부피(L)

M : 분자량(H_2 = 2g/g-mol)

W : 무게(1g)

R : 기체상수(0.08205L · atm/g-mol · K)

T : 절대온도(273 + 25℃ = 298K)

$$\therefore \ V = \frac{WRT}{PM} = \frac{1g \times 0.08205L \cdot atm/g-mol \cdot K \times 298K}{1atm \times 2g/g-mol} = 12.23L$$

02 불활성기체소화약제인 IG-541의 구성성분 3가지를 쓰시오.

정답

N_2(질소), Ar(아르곤), CO_2(이산화탄소)

해설

불활성기체소화약제

소화약제	화학식
불연성 · 불활성기체 혼합가스(IG-01)	Ar
불연성 · 불활성기체 혼합가스(IG-100)	N_2
불연성 · 불활성기체 혼합가스(IG-541)	N_2 : 52%, Ar : 40%, CO_2 : 8%
불연성 · 불활성기체 혼합가스(IG-55)	N_2 : 50%, Ar : 50%

03 다음 [보기]의 위험물을 인화점이 높은 것부터 낮은 순서대로 쓰시오.

┌ 보기 ┐

아닐린, 에틸알코올, 아세트산, 사이안화수소, 아세트알데하이드

아닐린 > 아세트산 > 에틸알코올 > 사이안화수소 > 아세트알데하이드

해설

제4류 위험물의 인화점

종류	품명	인화점
아닐린	제3석유류(비수용성)	70℃
에틸알코올	알코올류	13℃
아세트산	제2석유류(수용성)	40℃
사이안화수소	제1석유류(수용성)	−17℃
아세트알데하이드	특수인화물	−40℃

04 위험물안전관리법령상 제2류 위험물의 품명 중 지정수량이 500kg인 것을 2가지만 쓰시오.

철분, 금속분

해설

제2류 위험물

성질	품명	위험등급	지정수량
가연성 고체	황화인(삼황화인, 오황화인, 칠황화인), 적린, 황(단사황, 사방황, 고무상황)	II	100kg
	철분, 금속분(Al분말, Zn분말, Ti분말, Co분말), 마그네슘	III	500kg
	인화성 고체	III	1,000kg

05 다음 [보기]의 위험물이 열분해하여 산소를 발생하는 위험물을 모두 쓰시오(단, 없으면 "해당없음"이라고 답할 것).

┌ 보기 ┐

과망가니즈산칼륨, 과산화칼륨, 질산암모늄, 다이크로뮴산칼륨

과망가니즈산칼륨, 과산화칼륨, 질산암모늄, 다이크로뮴산칼륨

해설

열분해반응식

- 과망가니즈산칼륨 : $2KMnO_4 \rightarrow K_2MnO_4 + MnO_2 + O_2$
- 과산화칼륨 : $2K_2O_2 \rightarrow 2K_2O + O_2$
- 질산암모늄 : $2NH_4NO_3 \rightarrow 2N_2 + 4H_2O + O_2$
- 다이크로뮴산칼륨 : $4K_2Cr_2O_7 \rightarrow 2Cr_2O_3 + 4K_2CrO_4 + 3O_2$

06 다음 [보기]의 제4류 위험물을 옥내저장소에 저장할 때 지정수량의 배수를 구하시오.

┌ 보기 ├
┌──┐
│ 메틸에틸케톤 400L, 아세톤 1,200L, 등유 2,000L │
└──┘

해설

지정수량의 배수

종류	품명	지정수량
메틸에틸케톤	제1석유류(비수용성)	200L
아세톤	제1석유류(수용성)	400L
등유	제2석유류(비수용성)	1,000L

$$\therefore \text{지정수량의 배수} = \frac{\text{저장수량}}{\text{지정수량}} + \frac{\text{저장수량}}{\text{지정수량}} + \cdots$$

$$= \frac{400L}{200L} + \frac{1,200L}{400L} + \frac{2,000L}{1,000L} = 7\text{배}$$

07 다음 그림과 같은 원통형 위험물 저장탱크의 내용적(m^3)을 구하시오 (단, r은 1m, l_1은 0.4m, l_2는 0.4m, l은 5m이고 π는 3.14로 한다).

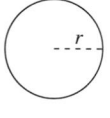 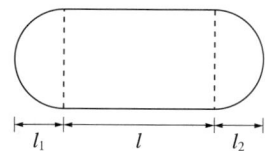

해설

원통형 탱크의 내용적

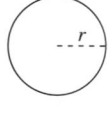 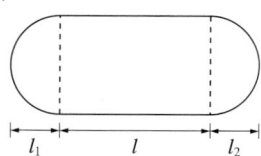

$$\text{내용적} = \pi r^2 \left(l + \frac{l_1 + l_2}{3} \right)$$

$$= 3.14 \times (1m)^2 \times \left(5m + \frac{0.4m + 0.4m}{3} \right) = 16.54m^3$$

08 제2류 위험물인 황화인에 대하여 ( ) 안에 알맞은 답을 쓰시오.

명칭	화학식	조해성 여부	지정수량
삼황화인	(㉡)	불용성	(㉢)
(㉠)	P_2S_5	조해성	(㉣)
칠황화인	(㉣)	(㉣)	(㉣)

정답
㉠ 오황화인
㉡ P_4S_3
㉢ P_4S_7
㉣ 조해성
㉤ 100kg
㉥ 100kg
㉦ 100kg

해설
황화인

명칭	화학식	조해성 여부	지정수량
삼황화인	P_4S_3	불용성	100kg
오황화인	P_2S_5	조해성	100kg
칠황화인	P_4S_7	조해성	100kg

09 위험물안전관리법령상 제3류 위험물 중 위험등급 I 에 해당하는 품명 3가지 쓰시오.

정답

칼륨, 나트륨, 황린

해설
위험등급 I 의 위험물
• 제1류 위험물 중 : 아염소산염류, 염소산염류, 과염소산염류, 무기과산화물
• 제3류 위험물 : 칼륨, 나트륨, 알킬알루미늄, 알킬리튬, 황린
• 제4류 위험물 : 특수인화물
• 제5류 위험물 : 유기과산화물, 질산에스터류
• 제6류 위험물 : 전부

10 위험물안전관리법령상 제6류 위험물이 될 수 있는 조건을 모두 쓰시오(단, 없으면 "해당없음"이라고 답할 것).

(1) 과염소산

(2) 과산화수소

(3) 질산

해설
제6류 위험물이 될 수 있는 조건
• 과염소산 : 해당없음
• 과산화수소 : 농도가 36wt% 이상인 것
• 질산 : 비중이 1.49 이상인 것

정답
(1) 해당없음
(2) 농도가 36wt% 이상인 것
(3) 비중이 1.49 이상인 것

11 위험물안전관리법령에 따른 제조소의 안전거리에 관한 내용이다. 다음 시설물과의 안전거리를 쓰시오.

(1) 학교

(2) 병원

(3) 주택

(4) 지정문화재

(5) 35,000V를 초과하는 특고압가공전선

정답

(1) 30m 이상

(2) 30m 이상

(3) 10m 이상

(4) 50m 이상

(5) 5m 이상

해설

제조소의 안전거리

건축물	안전거리
사용전압 7,000V 초과 35,000V 이하의 특고압가공전선	3m 이상
사용전압 35,000V 초과의 특고압가공전선	5m 이상
건축물 그 밖의 공작물로서 주거용으로 사용되는 것(제조소가 설치된 부지 내에 있는 것을 제외)	10m 이상
고압가스, 액화석유가스, 도시가스를 저장 또는 취급하는 시설	20m 이상
학교, 병원(병원급 의료기관), 극장(공연장, 영화상영관 및 그 밖에 이와 유사한 시설로서 수용인원 300명 이상 수용할 수 있는 것), 아동복지시설, 노인복지시설, 장애인복지시설, 한부모가족복지시설, 어린이집, 성매매피해자 등을 위한 지원시설, 정신건강증진시설, 가정폭력방지 및 피해자 보호시설, 그 밖에 이와 유사한 시설로서 수용인원 20명 이상 수용할 수 있는 것	30m 이상
유형문화재, 지정문화재	50m 이상

12 제4류 위험물인 메틸알코올(메탄올)에 대하여 다음 물음에 답하시오.

(1) 완전 연소반응식을 쓰시오.

(2) 비중이 0.8이고 메탄올 50L가 완전 연소할 때 이론산소량(g)을 계산하시오.

정답

(1) $2CH_3OH + 3O_2 \rightarrow 2CO_2 + 4H_2O$

(2) 60,000g

해설

메틸알코올

• 연소반응식 : $2CH_3OH + 3O_2 \rightarrow 2CO_2 + 4H_2O$

• 이론산소량

$$2CH_3OH \quad + \quad 3O_2 \quad \rightarrow \quad 2CO_2 + 4H_2O$$

$$\begin{array}{c} 2 \times 32g \\ 40,000g \end{array} \times \begin{array}{c} 3 \times 32g \\ x \end{array}$$

$$\therefore \ x = \frac{40,000g \times 3 \times 32g}{2 \times 32g} = 60,000g$$

※ 메탄올을 무게로 환산하면 비중이 $0.8 = 0.8g/cm^3 = 0.8kg/L$이므로

$0.8kg/L \times 50L = 40kg = 40,000g$

13 벤젠의 수소원자 1개를 메틸기로 치환한 물질에 대하여 다음 물음에 답하시오.

(1) 화학식

(2) 품명

(3) 증기비중

(1) $C_6H_5CH_3$

(2) 제1석유류(비수용성)

(3) 3.17

해설

톨루엔

• 정의 : 벤젠(C_6H_6)의 수소원자 1개를 메틸기($-CH_3$)로 치환한 물질

• 물성

화학식	구조식	품명	지정수량	증기비중	인화점
$C_6H_5CH_3$		제1석유류 (비수용성)	200L	$\dfrac{92}{29}=3.17$	4℃

14 제3류 위험물인 황린에 대하여 다음 물음에 답하시오.

(1) 저장방법을 쓰시오.

(2) 공기를 차단하고 약 260℃로 가열하면 생성되는 동소체인 제2류 위험물은 무엇인가?

(3) 황린이 연소 시 생성되는 물질의 화학식을 쓰시오.

(4) 수산화칼륨 수용액과 반응하였을 때 발생되는 맹독성가스의 화학식을 쓰시오.

(1) pH 9인 알칼리성 물속에 저장

(2) 적린

(3) P_2O_5

(4) PH_3

해설

황린

• 저장방법 : pH 9인 알칼리성 물속에 저장

• 적린 : 공기를 차단하고 황린을 약 260℃로 가열하면 적린(P)이 생성된다.

• 황린의 연소반응식 : $P_4 + 5O_2 \rightarrow 2P_2O_5$

• 강알칼리(수산화칼륨) 용액과 반응하면 맹독성의 포스핀가스(PH_3)를 발생한다.

$P_4 + 3KOH + 3H_2O \rightarrow PH_3 + 3KH_2PO_2$
(차아인산칼륨)

15 다음 그림을 보고 다음 물음에 답하시오(단, 처마높이는 6m 미만이고 저장창고의 바닥면적은 150m² 이하이다).

정답
(1) 소규모 옥내저장소
(2) 50배

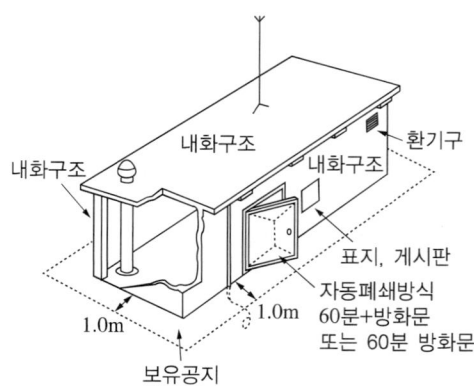

(1) 그림에서 보여주는 해당 시설의 명칭은?

(2) 해당 시설에 저장할 수 있는 위험물의 최대 저장수량의 배수는?

해설

소규모 옥내저장소의 특례(시행규칙 별표 5)
• 지정수량의 50배 이하인 저장창고
• 처마높이가 6m 미만인 것
• 하나의 저장창고의 바닥면적 : 150m² 이하

[참고]

종류	최대 저장수량의 배수	처마 높이
일반 옥내저장소	해당없음	6m 미만
다층건물의 옥내저장소	해당없음	6m 미만
복합용도 건축물의 옥내저장소	20배 이하	6m 미만
소규모 옥내저장소	50배 이하	6m 미만

16 제5류 위험물인 질산에틸과 트라이나이트로페놀에 대하여 다음 물음에 답하시오.

(1) 질산에틸의 화학식은?

(2) 20℃의 온도에서 질산에틸의 상태는?(단, 고체, 액체, 기체로 표시)

(3) 트라이나이트로페놀의 화학식은?

(4) 20℃의 온도에서 트라이나이트로페놀의 상태는?(단, 고체, 액체, 기체로 표시)

해설

제5류 위험물

항목 \ 종류	질산에틸	트라이나이트로페놀
화학식	$C_2H_5ONO_2$	$C_6H_2OH(NO_2)_3$
품명	질산에스터류	나이트로화합물
상태(20℃)	액체	고체

17 제4류 위험물로서 2가 알코올이고, 단맛이 나며 비중이 1.1, 자동차의 부동액의 원료로 사용되는 위험물에 대하여 다음 물음에 답하시오.

(1) 명칭

(2) 시성식

(3) 구조식

해설

에틸렌글라이콜의 물성

화학식	구조식	알코올의 수	지정수량	비중	용도
CH₂OHCH₂OH	HO − C − C − OH (H H / H H)	2가	4,000L	1.11	부동액의 원료

18 다음 [보기]에서 제4류 위험물 제3석유류에 해당하는 것을 모두 고르시오.

┌─보기─────────────────────────────────────┐
│ 클로로벤젠, 아세트산, 폼산, 나이트로톨루엔, 글리세린, 나이트로벤젠 │
└──┘

해설
제4류 위험물의 분류

품명		위험물
제2석유류	비수용성	클로로벤젠
	수용성	아세트산(초산), 폼산(의산)
제3석유류	비수용성	나이트로톨루엔, 나이트로벤젠
	수용성	글리세린

정답
나이트로톨루엔, 글리세린, 나이트로벤젠

19 제1류 위험물인 과망가니즈산칼륨에 대하여 다음 물음에 답하시오.

(1) 화학식
(2) 품명
(3) 물과 반응 여부
(4) 물과 반응 시 생성되는 기체의 명칭(단, 없으면 "해당없음"이라고 답할 것)
(5) 아세톤에 대한 용해 여부

해설
과망가니즈산칼륨
• 물성

화학식	분자량	품명	지정수량	비중	분해 온도
KMnO₄	158	과망가니즈산염류	1,000kg	2.7	200~250℃

• 물과 반응하지 않고 물, 알코올, 아세톤에 녹는다.

정답
(1) $KMnO_4$
(2) 과망가니즈산염류
(3) 반응하지 않음
(4) 해당없음
(5) 용해

20 위험물제조소의 게시판과 운반용기의 외부에 표시하는 주의사항을 모두 쓰시오(단, 없으면 "해당없음"이라고 답할 것).

(1) 제5류 위험물의 운반용기에 표시해야 하는 주의사항

(2) 제5류 위험물제조소 게시판의 주의사항

(3) 제6류 위험물의 운반용기에 표시해야 하는 주의사항

(4) 제6류 위험물제조소 게시판의 주의사항

해설

주의사항

종류	주의사항	
	운반용기	제조소
제5류 위험물	화기엄금, 충격주의	화기엄금
제6류 위험물	가연물접촉주의	해당없음

정답

(1) 화기엄금, 충격주의

(2) 화기엄금

(3) 가연물접촉주의

(4) 해당없음

01

다음 주어진 반응식을 보고 다음 물음에 답하시오.

$$(\quad) + 2H_2O \rightarrow Ca(OH)_2 + 2H_2$$

(1) 품명

(2) 지정수량

(3) 위험등급

정답

(1) 금속의 수소화물

(2) 300kg

(3) Ⅲ

해설

수소화칼슘

• 물성

종류	화학식	분자량	형상	품명	위험등급	지정수량
수소화칼슘	CaH_2	42	무색 결정	금속의 수소화물	Ⅲ	300kg

• 물과 반응 : $CaH_2 + 2H_2O \rightarrow Ca(OH)_2 + 2H_2$

02

제5류 위험물인 TNT(트라이나이트로톨루엔)에 대해 다음 물음에 답하시오.

(1) 다음 물질에 대하여 용해성 여부를 쓰시오.
  ① 물
  ② 벤젠

(2) 지정수량을 쓰시오.

(3) TNT를 제조할 때 필요한 원료 2가지를 쓰시오.

정답

(1) ① 용해하지 않는다.
  ② 용해한다.

(2) 10kg

(3) 톨루엔, 진한 질산과 진한 황산

해설

TNT(트라이나이트로톨루엔)

• 용해성

용매	물	벤젠	아세톤	에터
용해 여부	용해하지 않는다.	용해한다.	용해한다.	용해한다.

• 지정수량

품명	지정수량
트라이나이트로톨루엔(나이트로화합물)	10kg

• TNT 제법 : 톨루엔에 혼산(진한 질산+진한 황산)으로 나이트로화하여 TNT를 제조한다.

$$\text{톨루엔} + 3HNO_3 \xrightarrow[\text{나이트로화}]{C-H_2SO_4} \text{TNT} + 3H_2O$$

03 제3류 위험물인 나트륨에 대하여 다음 물음에 답하시오.

(1) 나트륨과 물이 반응하는 반응식을 쓰시오.

(2) (1)의 반응에서 생성되는 기체의 연소반응식을 쓰시오.

해설

나트륨의 반응식

- 나트륨은 물과 반응하면 가연성 가스인 수소(H_2)를 발생한다.

  $2Na + 2H_2O \rightarrow 2NaOH + H_2 \uparrow$

- 생성되는 수소의 연소반응

  $2H_2 + O_2 \rightarrow 2H_2O$

정답

(1) $2Na + 2H_2O \rightarrow 2NaOH + H_2$

(2) $2H_2 + O_2 \rightarrow 2H_2O$

---

04 표준상태에서 탄소 100kg을 완전 연소시키는 데 몇 m^3의 공기가 필요한지 구하시오(단, 공기 중의 산소는 21vol%, 질소는 79vol%이다).

해설

공기의 체적

$$C \quad + \quad O_2 \quad \rightarrow \quad CO_2$$

12kg ⟍ 22.4m³

100kg ⟋ x

$x = \dfrac{100kg \times 22.4m^3}{12kg} = 186.67m^3$ (이론산소량)

∴ 이론공기량 $= \dfrac{186.67m^3}{0.21} = 888.90m^3$

정답

888.90m³

---

05 위험물안전관리법령상 위험물제조소 환기설비의 급기구에 대한 내용이다. 다음 표의 (   ) 안에 알맞은 답을 쓰시오.

바닥면적	급기구의 면적
(㉠)m² 미만	150cm² 이상
(㉠)m² 이상 (㉡)m² 미만	300cm² 이상
(㉡)m² 이상 120m² 미만	450cm² 이상
120m² 이상 150m² 미만	(㉢)cm² 이상

해설

위험물제조소 환기설비의 급기구 크기

바닥면적	급기구의 면적
60m² 미만	150cm² 이상
60m² 이상 90m² 미만	300cm² 이상
90m² 이상 120m² 미만	450cm² 이상
120m² 이상 150m² 미만	600cm² 이상

정답

㉠ 60

㉡ 90

㉢ 600

06 아세트알데하이드 등의 저장기준에 대해 다음 (   ) 안에 알맞은 답을 쓰시오.

(1) 옥외저장탱크·옥내저장탱크 또는 지하저장탱크 중 압력탱크에 저장하는 아세트알데하이드 또는 다이에틸에터 등의 온도는 (   )℃ 이하로 유지할 것

(2) 보냉장치가 있는 이동저장탱크에 저장하는 아세트알데하이드 등의 온도는 해당 위험물의 (   ) 이하로 유지할 것

(3) 보냉장치가 없는 이동저장탱크에 저장하는 아세트알데하이드 등의 온도는 (   )℃ 이하로 유지할 것

(1) 40
(2) 비점
(3) 40

해설
저장기준
• 이동저장탱크

종류＼구분	보냉장치가 있는 경우	보냉장치가 없는 경우
아세트알데하이드 등 또는 다이에틸에터 등을 이동저장탱크에 저장	비점 이하	40℃ 이하

• 기타 저장탱크

종류＼구분	산화프로필렌 다이에틸에터 등	아세트 알데하이드 등
옥외저장탱크, 옥내저장탱크, 지하저장탱크 중 압력탱크 외의 탱크에 저장	30℃ 이하	15℃ 이하
옥외저장탱크, 옥내저장탱크, 지하저장탱크 중 압력탱크에 저장	40℃ 이하	40℃ 이하

07 아세톤의 증기밀도를 구하시오(단, 1atm, 30℃이다).

정답

2.33g/L

해설
이상기체 상태방정식

$$PV = \frac{W}{M}RT, \quad PM = \frac{W}{V}RT, \quad PM = \rho RT, \quad \rho = \frac{PM}{RT}$$

여기서, P : 압력(1atm)
　　　　V : 부피(L)
　　　　M : 분자량(CH_3COCH_3 = 58g/g−mol)
　　　　R : 기체상수(0.08205L·atm/g−mol·K)
　　　　T : 절대온도(273 + 30℃ = 303K)

$$\therefore \rho = \frac{PM}{RT} = \frac{1\text{atm} \times 58\text{g/g}-\text{mol}}{0.08205\text{L} \cdot \text{atm/g}-\text{mol} \cdot \text{K} \times 303\text{K}} = 2.33\text{g/L}$$

08 위험물안전관리법령에서 정한 간이탱크저장소의 밸브 없는 통기관의 기준 3가지를 쓰시오.

해설
간이탱크저장소의 밸브 없는 통기관의 기준
• 통기관의 지름은 25mm 이상으로 할 것
• 통기관은 옥외에 설치하되, 그 끝부분의 높이는 지상 1.5m 이상으로 할 것
• 통기관의 끝부분은 수평면에 대하여 아래로 45° 이상 구부려 빗물 등이 침투하지 않도록 할 것
• 가는 눈의 구리망 등으로 인화방지장치를 할 것(다만, 인화점이 70℃ 이상의 위험물만을 해당 위험물의 인화점 미만의 온도로 저장 또는 취급하는 탱크에 설치하는 통기관에 있어서는 그렇지 않다)

정답
• 통기관의 지름은 25mm 이상으로 할 것
• 통기관은 옥외에 설치하되, 그 끝부분의 높이는 지상 1.5m 이상으로 할 것
• 통기관의 끝부분은 수평면에 대하여 아래로 45° 이상 구부려 빗물 등이 침투하지 않도록 할 것

09 다음 제2류 위험물의 연소반응식을 쓰시오.

(1) 삼황화인

(2) 오황화인

해설
연소반응식
• 삼황화인 : $P_4S_3 + 8O_2 \rightarrow 2P_2O_5 + 3SO_2$
  (오산화인)
• 오황화인 : $2P_2S_5 + 15O_2 \rightarrow 2P_2O_5 + 10SO_2$
• 오황화인과 물의 반응 : $P_2S_5 + 8H_2O \rightarrow 5H_2S + 2H_3PO_4$
  (황화수소) (인산)

정답
(1) $P_4S_3 + 8O_2 \rightarrow 2P_2O_5 + 3SO_2$
(2) $2P_2S_5 + 15O_2 \rightarrow 2P_2O_5 + 10SO_2$

10 다음 위험물의 시성식을 쓰시오.

(1) 과산화칼슘

(2) 과망가니즈산칼륨

(3) 질산암모늄

해설
제1류 위험물

항목 \ 종류	과산화칼슘	과망가니즈산칼륨	질산암모늄
시성식	CaO_2	$KMnO_4$	NH_4NO_3
품명	무기과산화물	과망가니즈산염류	질산염류
지정수량	50kg	1,000kg	300kg

정답
(1) CaO_2
(2) $KMnO_4$
(3) NH_4NO_3

11 위험물안전관리법령상 주유취급소의 고정주유설비 또는 고정급유 설비의 펌프기기 주유관 끝부분에서의 최대 배출량은 얼마인지 쓰시오(단, 이동저장탱크에 주입하는 경우는 제외한다).

(1) 휘발유

(2) 등유

(3) 경유

정답

(1) 50L/min 이하

(2) 80L/min 이하

(3) 180L/min 이하

해설

분당 배출량

• 펌프기기는 주유관 끝부분에서 최대 배출량

종류	제1석유류(휘발유)	경유	등유
배출량	50L/min 이하	180L/min 이하	80L/min 이하

• 이동저장탱크에 주입하기 위한 고정급유설비의 펌프기기는 최대 배출량이 분당 300L 이하인 것으로 할 수 있으며, 분당 배출량이 200L 이상인 것의 경우에는 주유설비에 관계된 모든 배관의 안지름을 40mm 이상으로 해야 한다.

12 다음 동식물유류를 구분하는 일반적인 기준을 쓰시오.

(1) 건성유

(2) 불건성유

정답

(1) 아이오딘값 130 이상

(2) 아이오딘값 100 이하

해설

동식물유류

종류 \ 항목	아이오딘값	반응성	불포화도	종류
건성유	130 이상	크다.	크다.	해바라기유, 동유, 아마인유, 정어리기름, 들기름
반건성유	100~130	중간	중간	채종유, 목화씨기름(면실유), 참기름, 콩기름
불건성유	100 이하	작다.	작다.	야자유, 올리브유, 피마자유, 동백유

13 90wt% 과산화수소 1kg에 물 몇 kg을 첨가해야 10wt%를 만들 수 있는지 계산하시오.

정답

8kg

해설

첨가할 물의 양
- 과산화수소의 양을 구하면 1kg × 0.9 = 0.9kg
- 10wt%로 희석 시 물의 양

$$농도(wt\%) = \frac{용질(kg)}{용액(kg)} \times 100\%$$

$$10\% = \frac{0.9kg}{1kg + x} \times 100\%$$

$$10(1kg + x) = (0.9 \times 100)kg$$

$$10kg + 10x = 90kg$$

$$\therefore\ x = \frac{(90-10)kg}{10} = 8kg$$

[다른 풀이]

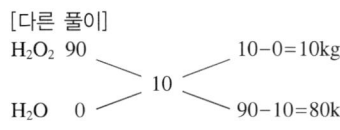

$H_2O_2 : H_2O = 10kg : 80kg = 1kg : x$

$$\therefore\ x = \frac{80kg \times 1kg}{10kg} = 8kg$$

14 제2류 위험물인 황에 대하여 다음 물음에 답하시오.

(1) 황의 연소반응식을 쓰시오.

(2) 위험물이 되기 위한 순도는 몇 wt%인지 쓰시오.

(3) 순도 측정에 있어서 불순물로 분류될 수 있는 것을 한 가지만 쓰시오.

정답

(1) $S + O_2 \rightarrow SO_2$

(2) 60wt% 이상

(3) 수분

해설

황
- 정의 : 순도가 60wt% 이상인 것을 말하며 순도측정을 하는 경우 불순물은 활석 등 불연성 물질과 수분으로 한정한다.
- 연소반응식 : $S + O_2 \rightarrow SO_2$

15 위험물안전관리법령상 소요단위 계산방법에 대한 기준이다. 다음 물음에 답하시오.

(1) 취급소의 외벽이 내화구조인 경우

(2) 취급소의 외벽이 내화구조가 아닌 경우

(3) 저장소의 외벽이 내화구조인 경우

(4) 저장소의 외벽이 내화구조가 아닌 경우

(5) 제조소의 외벽이 내화구조가 아닌 경우

(1) 100m^2

(2) 50m^2

(3) 150m^2

(4) 75m^2

(5) 50m^2

해설

소요단위

구분 종류	내화구조	내화구조가 아닌 것
제조소 또는 취급소	연면적 100m^2를 1소요단위	연면적 50m^2를 1소요단위
저장소	연면적 150m^2를 1소요단위	연면적 75m^2를 1소요단위
위험물	지정수량의 10배 : 1소요단위	

16 제4류 위험물인 피리딘의 구조식을 쓰고 분자량을 구하시오.

해설

피리딘

화학식	구조식	분자량	지정수량	비중	인화점
C_5H_5N	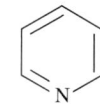	$(12 \times 5) + (1 \times 5) + 14 = 79$	400L	0.99	16℃

정답
• 구조식

• 분자량 : 79

17 제4류 위험물인 초산에 대해 다음 물음에 답하시오.

(1) 시성식

(2) 증기비중

> **해설**
>
> 초산

화학(시성)식	분자량	품명	지정수량	증기비중	응고점
CH_3COOH	60	제2석유류 (수용성)	2,000L	60/29 = 2.07	16.2℃

정답

(1) CH_3COOH

(2) 2.07

18 제6류 위험물에 대해 다음 물음에 답하시오.

(1) 단백질과 반응하여 노란색으로 변하는 반응의 명칭을 쓰시오.

(2) 제6류 위험물이 햇빛에 분해되는 분해반응식을 쓰시오.

> **해설**
>
> 질산
>
> • 질산은 단백질과 잔토프로테인 반응을 하여 노란색으로 변한다.
>
> • 질산의 분해반응식 : $4HNO_3 \rightarrow 2H_2O + 4NO_2 + O_2$

정답

(1) 잔토프로테인 반응

(2) $4HNO_3 \rightarrow 2H_2O + 4NO_2 + O_2$

19 질산에스터류(나이트로셀룰로스) 50kg, 하이드록실아민 300kg, 나이트로화합물(TNT) 400kg을 저장할 경우 지정수량 배수의 총합을 구하시오.

정답
48배

해설

지정수량의 배수

• 제5류 위험물의 지정수량

종류	지정수량
질산에스터류(나이트로셀룰로스)	10kg
하이드록실아민	100kg
나이트로화합물(TNT)	10kg

• 지정수량의 배수 $= \dfrac{저장수량}{지정수량} + \dfrac{저장수량}{지정수량} + \cdots$

$$= \dfrac{50kg}{10kg} + \dfrac{300kg}{100kg} + \dfrac{400kg}{10kg} = 48배$$

20 다음 [보기]에 설명하는 위험물에 대해 다음 물음에 답하시오.

┌ 보기 ┐

• 강산화제이다.
• 가열하면 400℃에서 아질산칼륨과 산소를 발생한다.
• 흑색화약의 제조나 금속열처리 등의 용도로 사용된다.

(1) 품명

(2) 지정수량

(3) 화학식

정답
(1) 질산염류
(2) 300kg
(3) KNO_3

해설

질산칼륨

• 물성

화학식	분자량	품명	지정수량	비중	융점	분해 온도
KNO_3	101	질산염류	300kg	2.1	339℃	400℃

• 강산화제이며 가연물과 접촉하면 위험하다.
• 황과 숯가루와 혼합하여 흑색화약을 제조한다.
• 400℃에서 가열하면 아질산칼륨(KNO_2)과 산소(O_2)를 발생한다.
  $2KNO_3 \rightarrow 2KNO_2 + O_2$

01 아닐린에 대하여 다음 각 물음에 답을 쓰시오.

(1) 품명

(2) 지정수량

(3) 분자량

정답

(1) 제3석유류(비수용성)

(2) 2,000L

(3) 93

해설

아닐린(Aniline)의 물성

화학식	구조식	분자량	품명	지정수량	비중	인화점
$C_6H_5NH_2$	(NH₂ 구조식)	$(12 \times 6) +$ $(1 \times 5) + 14 +$ $(1 \times 2) = 93$	제3석유류 (비수용성)	2,000L	1.02	70℃

02 경유 600L, 중유 200L, 등유 300L, 톨루엔 400L를 저장소에 저장하고 있다. 지정수량 배수의 합을 구하시오.

정답

3배

해설

지정수량의 배수

• 제4류 위험물의 지정수량

종류	품명	지정수량
경유	제2석유류(비수용성)	1,000L
중유	제3석유류(비수용성)	2,000L
등유	제2석유류(비수용성)	1,000L
톨루엔	제1석유류(비수용성)	200L

• 지정수량의 배수 $= \dfrac{\text{저장수량}}{\text{지정수량}} + \dfrac{\text{저장수량}}{\text{지정수량}} + \cdots$

$$= \frac{600L}{1,000L} + \frac{200L}{2,000L} + \frac{300L}{1,000L} + \frac{400L}{200L} = 3배$$

03 위험물안전관리법령상 위험물제조소 보유공지의 너비를 쓰시오.

(1) 지정수량의 5배 이하

(2) 지정수량의 10배 이하

(3) 지정수량의 100배 이하

해설

제조소의 보유공지

지정수량의 배수	보유공지
지정수량의 10배 이하	3m 이상
지정수량의 10배 초과	5m 이상

정답

(1) 3m 이상

(2) 3m 이상

(3) 5m 이상

04 제6류 위험물인 질산이 햇빛에 의해 분해될 경우 다음 물음에 답하시오.

(1) 분해반응식

(2) 생성되는 유독성 기체의 명칭

해설

질산의 분해반응식

$4HNO_3 \rightarrow 2H_2O + 4NO_2 + O_2$
(질산)　　(물) (이산화질소)(산소)

정답

(1) $4HNO_3 \rightarrow 2H_2O + 4NO_2 + O_2$

(2) 이산화질소

05 다음 [보기]에서 설명하는 물질에 대하여 답하시오.

┌ 보기 ┐

- 비점이 약 65℃이고 비중 0.79, 인화점이 11℃이다.
- 1차 산화하면 폼알데하이드가 된다.
- 독성이 있고 마셨을 경우 실명의 위험이 있다.

(1) 연소반응식

(2) 위험등급

(3) 구조식

해설

메틸알코올

- 물성

화학식	위험등급	지정수량	액체비중	증기비중	비점	인화점	연소범위
CH_3OH	II	400L	0.79	1.1 (32/29)	64.7℃	11℃	6.0~ 36.0%

- 독성이 있고 마셨을 경우 실명의 위험이 있다.
- 연소반응식 : $2CH_3OH + 3O_2 \rightarrow 2CO_2 + 4H_2O$
- 메틸알코올을 1차 산화하면 폼알데하이드($HCHO$)가 되고, 2차로 산화하면 폼산 ($HCOOH$)이 된다.
- 구조식

$$\begin{array}{c} H \\ | \\ H - C - OH \\ | \\ H \end{array}$$

정답

(1) $2CH_3OH + 3O_2 \rightarrow 2CO_2 + 4H_2O$

(2) II

(3)
$$\begin{array}{c} H \\ | \\ H - C - OH \\ | \\ H \end{array}$$

---

06 제1류 위험물인 과산화칼륨에 대하여 다음 물음에 답하시오.

(1) 물과 반응식

(2) 이산화탄소와 반응식

해설

과산화칼륨의 반응식

- 물과 반응 : $2K_2O_2 + 2H_2O \rightarrow 4KOH + O_2$
- 가열 분해반응 : $2K_2O_2 \rightarrow 2K_2O + O_2$
- 이산화탄소와 반응 : $2K_2O_2 + 2CO_2 \rightarrow 2K_2CO_3 + O_2$

정답

(1) $2K_2O_2 + 2H_2O \rightarrow 4KOH + O_2$

(2) $2K_2O_2 + 2CO_2 \rightarrow 2K_2CO_3 + O_2$

07 다음 [보기]에서 비중이 물보다 큰 것을 모두 고르시오.

정답
클로로벤젠, 이황화탄소, 글리세린

┌보기┐
클로로벤젠, 이황화탄소, 글리세린, 피리딘, 산화프로필렌
└────┘

해설
제4류 위험물의 액체비중

종류	품명	액체비중
클로로벤젠	제2석유류(비수용성)	1.1
이황화탄소	특수인화물	1.26
글리세린	제3석유류(수용성)	1.26
피리딘	제1석유류(수용성)	0.99
산화프로필렌	특수인화물	0.82

08 이황화탄소 20kg이 모두 증기가 된다면 3기압, 120℃에서 몇 L가 되는지 계산하시오.

정답
2,828.57L

해설
이상기체 상태방정식

$$PV = \frac{W}{M}RT, \quad V = \frac{WRT}{PM}$$

여기서, P : 압력(3atm)

V : 부피(L)

W : 무게(20kg = 20,000g)

M : 분자량[CS_2 = 12 + (32 × 2) = 76g/g-mol]

R : 기체상수(0.08205L · atm/g-mol · K)

T : 절대온도(273 + 120℃ = 393K)

$$\therefore V = \frac{WRT}{PM} = \frac{20,000\text{g} \times 0.08205\text{L} \cdot \text{atm/g} - \text{mol} \cdot \text{K} \times 393\text{K}}{3\text{atm} \times 76\text{g/g} - \text{mol}} = 2,828.57\text{L}$$

09 할로젠화합물에 해당하는 할론소화약제의 번호를 쓰시오.

(1) CF_3Br

(2) CF_2ClBr

(3) $C_2F_4Br_2$

해설

할로젠화합물소화약제

물성 \ 종류	할론 1301	할론 1211	할론 2402
분자식	CF_3Br	CF_2ClBr	$C_2F_4Br_2$
분자량	148.9	165.4	259.8
증기비중	5.13	5.70	8.96
상태(20℃)	기체	기체	액체

정답

(1) 할론 1301

(2) 할론 1211

(3) 할론 2402

10 제2류 위험물인 적린에 대하여 다음 물음에 답을 쓰시오.

(1) 연소반응식

(2) 연소 시 생성되는 흰 연기를 발생하는 물질

해설

적린

• 연소반응식 : $4P + 5O_2 \rightarrow 2P_2O_5$

• 발생하는 물질 : 오산화인(P_2O_5)으로 흰 연기가 발생한다.

정답

(1) $4P + 5O_2 \rightarrow 2P_2O_5$

(2) 오산화인

11 제4류 위험물인 에틸알코올에 대하여 다음 물음에 답을 쓰시오.

(1) 1차 산화하였을 때 생성되는 특수인화물의 명칭을 쓰시오.

(2) (1)에서 생성되는 물질이 공기 중에서 다시 산화할 경우 생성되는 제2석유류의 명칭을 쓰시오.

(3) 에틸알코올의 연소범위가 3.1~27.7%일 경우 위험도를 구하시오.

해설

에틸알코올

• 에틸알코올의 산화, 환원반응식

$$C_2H_5OH \underset{\text{환원}}{\overset{\text{산화}}{\rightleftarrows}} CH_3CHO \underset{\text{환원}}{\overset{\text{산화}}{\rightleftarrows}} CH_3COOH$$
(에틸알코올)　　　　(아세트알데하이드)　　　(초산)

• 에틸알코올의 물성

화학식	지정수량	액체비중	증기비중	비점	인화점	연소범위
C_2H_5OH	400L	0.79	1.59	80℃	13℃	3.1~27.7%

• 위험도(H)

$$H = \frac{U-L}{L}$$

여기서, U : 폭발상한값

L : 폭발하한값

$$\therefore H = \frac{U-L}{L} = \frac{27.7-3.1}{3.1} = 7.94$$

정답

(1) 아세트알데하이드

(2) 초산

(3) 7.94

---

12 제4류 위험물인 다이에틸에터에 대하여 다음 물음에 답을 쓰시오.

(1) 증기비중을 계산하시오.

(2) 과산화물의 생성 여부를 확인하는 방법을 쓰시오.

(3) 지정수량을 쓰시오.

해설

다이에틸에터

• 물성

화학식	분자량	지정수량	증기비중	비점	인화점	연소범위
$C_2H_5OC_2H_5$	74	50L	2.55 (74/29)	34℃	-40℃	1.7~48%

• 증기비중 = $\dfrac{분자량}{29} = \dfrac{74}{29} = 2.55$

• 과산화물의 생성 여부를 확인하는 방법 : 10% 아이오딘화칼륨 용액을 반응시켜 황색으로 변하는지를 확인한다.

정답

(1) 2.55

(2) 10% 아이오딘화칼륨 용액을 반응시켜 황색으로 변하는지를 확인한다.

(3) 50L

13 제3류 위험물인 나트륨에 대하여 다음 물음에 답을 쓰시오.

(1) 물과 반응식을 쓰시오.

(2) 나트륨 1kg이 물과 반응할 경우 생성되는 기체의 부피(m³)를 구하시오(단, 표준상태이다).

해설

나트륨

• 나트륨은 물과 반응하면 가연성 가스인 수소(H_2)를 발생한다.

$2Na + 2H_2O \rightarrow 2NaOH + H_2 \uparrow$

• 물과 반응할 때 생성되는 기체의 부피

$$2Na + 2H_2O \rightarrow 2NaOH + H_2 \uparrow$$

$2 \times 23kg$ ⎯⎯⎯ $22.4m^3$

$1kg$ ⎯⎯⎯ x

$$\therefore x = \frac{1kg \times 22.4m^3}{2 \times 23kg} = 0.49m^3$$

14 제2류 위험물인 마그네슘에 대하여 다음 물음에 답을 쓰시오.

(1) 연소반응식을 쓰시오.

(2) 마그네슘 1mol이 연소할 경우 필요한 산소의 부피(L)를 구하시오(단, 표준상태이다).

해설

마그네슘

• 마그네슘의 연소반응식 : $2Mg + O_2 \rightarrow 2MgO$

• 산소의 부피

$$2Mg + O_2 \rightarrow 2MgO$$

$2mol$ ⎯⎯⎯ $22.4L$

$1mol$ ⎯⎯⎯ x

$$\therefore x = \frac{1mol \times 22.4L}{2mol} = 11.2L$$

※ 표준상태(0℃, 1atm)에서 기체 1mol(g-mol)이 차지하는 부피는 22.4L이다.

15 위험물안전관리법령상 위험물 운반 시 외부에 표시해야 하는 주의 사항을 모두 쓰시오.

(1) 제1류 위험물 중 알칼리금속의 과산화물

(2) 제2류 위험물 중 철분, 금속분, 마그네슘

(3) 제3류 위험물 중 자연발화성 물질

(4) 제4류 위험물

(5) 제6류 위험물

해설

운반 시 운반용기에 표시해야 하는 주의사항

종류	표시 사항
제1류 위험물	• 알칼리금속의 과산화물 : 화기・충격주의, 물기엄금, 가연물접촉주의 • 그 밖의 것 : 화기・충격주의, 가연물접촉주의
제2류 위험물	• 철분, 금속분, 마그네슘 : 화기주의, 물기엄금 • 인화성 고체 : 화기엄금 • 그 밖의 것 : 화기주의
제3류 위험물	• 자연발화성 물질 : 화기엄금, 공기접촉엄금 • 금수성 물질 : 물기엄금
제4류 위험물	화기엄금
제5류 위험물	화기엄금, 충격주의
제6류 위험물	가연물접촉주의

정답

(1) 화기・충격주의, 물기엄금, 가연물접촉주의

(2) 화기주의, 물기엄금

(3) 화기엄금, 공기접촉엄금

(4) 화기엄금

(5) 가연물접촉주의

16 다음 그림과 같은 원통형 위험물 저장탱크의 내용적(m^3)을 구하시오
(단, r : 1m, l_1, l_2 : 0.5m, l : 5m이다).

$16.76m^3$

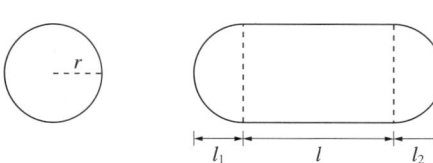

해설
원통형 탱크의 내용적

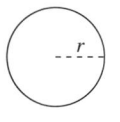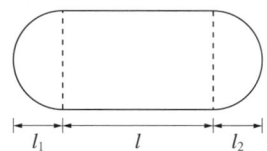

$$\therefore \ 내용적 = \pi r^2 \left(l + \frac{l_1 + l_2}{3} \right) = \pi \times (1m)^2 \times \left(5m + \frac{0.5m + 0.5m}{3} \right) = 16.76m^3$$

17 위험물안전관리법령상 이동탱크저장소의 기준이다. 다음 (   ) 안에 알맞은 답을 쓰시오.

(1) 4,000, 3.2
(2) 2,000
(3) 24, 1.1

(1) 이동저장탱크는 그 내부에 (   )L 이하마다 (   )mm 이상의 강철판 또는 이와 동등 이상의 강도·내열성 및 내식성이 있는 금속성의 것으로 칸막이를 설치해야 한다.

(2) 칸막이로 구획된 부분의 용량이 (   )L 미만인 부분에는 방파판을 설치하지 않을 수 있다.

(3) 안전장치는 상용압력이 20kPa 이하인 탱크에 있어서는 20kPa 이상 (   )kPa 이하의 압력에서, 상용압력이 20kPa를 초과하는 탱크에 있어서는 상용압력의 (   )배 이하의 압력에서 작동하는 것으로 할 것

해설
이동탱크저장소의 기준
• 이동저장탱크는 그 내부에 4,000L 이하마다 3.2mm 이상의 강철판 또는 이와 동등 이상의 강도·내열성 및 내식성이 있는 금속성의 것으로 칸막이를 설치해야 한다.
• 칸막이로 구획된 각 부분에 설치 : 맨홀, 안전장치, 방파판을 설치(용량이 2,000L 미만 : 방파판 설치 제외)
• 안전장치의 작동 압력
  – 상용압력이 20kPa 이하인 탱크 : 20kPa 이상 24kPa 이하의 압력
  – 상용압력이 20kPa을 초과하는 탱크 : 상용압력의 1.1배 이하의 압력

18 위험물안전관리법령에 따른 소화설비의 적응성에 대한 내용이다. 물분무소화설비의 적응성에 대하여 빈칸에 ○표를 하시오.

대상물의 구분 소화설비의 구분	건축물·그 밖의 공작물	전기설비	제1류 위험물 알칼리금속과산화물 등	제1류 위험물 그 밖의 것	제2류 위험물 철분·금속분·마그네슘 등	제2류 위험물 인화성고체	제2류 위험물 그 밖의 것	제3류 위험물 금수성물품	제3류 위험물 그 밖의 것	제4류 위험물	제5류 위험물	제6류 위험물
물분무소화설비												

대상물의 구분 소화설비의 구분	건축물·그 밖의 공작물	전기설비	제1류 위험물 알칼리금속과산화물 등	제1류 위험물 그 밖의 것	제2류 위험물 철분·금속분·마그네슘 등	제2류 위험물 인화성고체	제2류 위험물 그 밖의 것	제3류 위험물 금수성물품	제3류 위험물 그 밖의 것	제4류 위험물	제5류 위험물	제6류 위험물
물분무소화설비	○	○		○		○	○		○	○	○	○

해설

소화설비의 적응성

대상물의 구분 소화설비의 구분		건축물·그 밖의 공작물	전기설비	제1류 위험물 알칼리금속과산화물 등	제1류 위험물 그 밖의 것	제2류 위험물 철분·금속분·마그네슘 등	제2류 위험물 인화성고체	제2류 위험물 그 밖의 것	제3류 위험물 금수성물품	제3류 위험물 그 밖의 것	제4류 위험물	제5류 위험물	제6류 위험물
옥내소화전설비 또는 옥외소화전설비		○			○		○	○		○		○	○
스프링클러설비		○			○		○	○		○	△	○	○
물분무 등 소화설비	물분무소화설비	○	○		○		○	○		○	○	○	○
	포소화설비	○			○		○	○		○	○	○	○
	불활성가스소화설비		○				○				○		
	할로겐화합물소화설비		○				○				○		
	분말소화설비 인산염류 등	○	○		○		○	○			○		○
	분말소화설비 탄산수소염류 등		○	○		○	○		○		○		
	분말소화설비 그 밖의 것			○		○			○				
대형·소형수동식소화기	봉상수(棒狀水)소화기	○			○		○	○		○		○	○
	무상수(霧狀水)소화기	○	○		○		○	○		○		○	○
	봉상강화액소화기	○			○		○	○		○		○	○
	무상강화액소화기	○	○		○		○	○		○	○	○	○
	포소화기	○			○		○	○		○	○	○	○
	이산화탄소소화기		○				○				○		△
	할로겐화합물소화기		○				○				○		
	분말소화기 인산염류소화기	○	○		○		○	○			○		○
	분말소화기 탄산수소염류소화기		○	○		○	○		○		○		
	분말소화기 그 밖의 것			○		○			○				
기타	물통 또는 수조	○			○		○	○		○		○	○
	건조사			○	○	○	○	○	○	○	○	○	○
	팽창질석 또는 팽창진주암			○	○	○	○	○	○	○	○	○	○

19 제3류 위험물인 탄화알루미늄에 대하여 다음 물음에 답을 쓰시오.

(1) 물과 반응식을 쓰시오.

(2) (1)에서 생성되는 기체의 연소반응식을 쓰시오.

정답

(1) $Al_4C_3 + 12H_2O \rightarrow 4Al(OH)_3 + 3CH_4$

(2) $CH_4 + 2O_2 \rightarrow CO_2 + 2H_2O$

해설

탄화알루미늄

• 물과 반응 : $Al_4C_3 + 12H_2O \rightarrow 4Al(OH)_3 + 3CH_4$
(수산화알루미늄) (메테인)

• 메테인의 연소반응식 : $CH_4 + 2O_2 \rightarrow CO_2 + 2H_2O$

---

20 위험물안전관리법령상 이동탱크저장소에 의한 위험물 운송기준이다. 다음 ( ) 안에 알맞은 답을 쓰시오.

위험물운송자는 장거리[고속국도에 있어서는 (㉠)km 이상, 그 밖의 도로에 있어서는 (㉡)km 이상을 말한다]에 걸치는 운송을 하는 때에는 2명 이상의 운전자로 할 것. 다만, 다음에 해당하는 경우에는 그렇지 않다.

(1) 운송책임자를 동승시킨 경우

(2) 운송하는 위험물이 제2류 위험물, 제3류 위험물(칼슘 또는 알루미늄의 탄화물과 이것만을 함유한 것에 한한다) 또는 (㉢)위험물인 경우

(3) 운송 도중에 (㉣)시간 이내마다 (㉤)분 이상씩 휴식하는 경우

정답

㉠ 340

㉡ 200

㉢ 제4류(특수인화물을 제외)

㉣ 2

㉤ 20

해설

이동탱크저장소에 의한 위험물 운송기준(시행규칙 별표 21)

• 위험물운송자는 운송의 개시 전에 이동저장탱크의 배출밸브 등의 밸브와 폐쇄장치, 맨홀 및 주입구의 뚜껑, 소화기 등의 점검을 충분히 실시할 것

• 위험물운송자는 장거리(고속국도에 있어서는 340km 이상, 그 밖의 도로에 있어서는 200km 이상을 말한다)에 걸치는 운송을 하는 때에는 2명 이상의 운전자로 할 것. 다만, 다음에 해당하는 경우에는 그렇지 않다.

 - 운송책임자를 동승시킨 경우

 - 운송하는 위험물이 제2류 위험물 · 제3류 위험물(칼슘 또는 알루미늄의 탄화물과 이것만을 함유한 것에 한한다) 또는 제4류 위험물(특수인화물을 제외한다)인 경우

 - 운송 도중에 2시간 이내마다 20분 이상씩 휴식하는 경우

• 위험물운송자는 이동탱크저장소를 휴식 · 고장 등으로 일시 정차시킬 때에는 안전한 장소를 택하고 해당 이동탱크저장소의 안전을 위한 감시를 할 수 있는 위치에 있는 등 운송하는 위험물의 안전확보에 주의할 것

• 위험물운송자는 이동저장탱크로부터 위험물이 현저하게 새는 등 재해발생의 우려가 있는 경우에는 재난을 방지하기 위한 응급조치를 강구하는 동시에 소방관서 그 밖의 관계기관에 통보할 것

• 위험물(제4류 위험물에 있어서는 특수인화물 및 제1석유류에 한한다)을 운송하게 하는 자는 위험물안전카드를 위험물운송자로 하여금 휴대하게 할 것

01 다음은 위험물안전관리법령에서 정한 제6류 위험물인 과염소산, 과산화수소, 질산의 공통적인 특성이다. [보기]에서 틀린 것을 찾아 바르게 고치시오.

┌ 보기 ─────────────────────────────
│ ① 산화성 액체이다.
│ ② 유기화합물이다.
│ ③ 물에 잘 녹는다.
│ ④ 물보다 가볍다.
│ ⑤ 불연성이다.
└──────────────────────────────────

해설
제6류 위험물의 일반적인 성질
• 산화성 액체이며 무기화합물로 이루어져 형성된다.
• 무색, 투명하며 모두가 액체이다.
• 비중은 1보다 크므로 물보다 무겁다.
• 과산화수소를 제외하고 강산성 물질이며 물에 녹기 쉽다.
• 불연성 물질이다.

정답
② 유기화합물이다. → 무기화합물이다.
④ 물보다 가볍다. → 물보다 무겁다.

02 다음 분말소화약제의 1차 분해반응식을 쓰시오.

(1) $NaHCO_3$

(2) $NH_4H_2PO_4$

해설
분말소화약제의 분해반응식
• 제1종 분말
  − 1차 분해반응식(270℃) : $2NaHCO_3 \rightarrow Na_2CO_3 + CO_2 + H_2O$
  − 2차 분해반응식(850℃) : $2NaHCO_3 \rightarrow Na_2O + 2CO_2 + H_2O$
• 제2종 분말
  − 1차 분해반응식(190℃) : $2KHCO_3 \rightarrow K_2CO_3 + CO_2 + H_2O$
  − 2차 분해반응식(590℃) : $2KHCO_3 \rightarrow K_2O + 2CO_2 + H_2O$
• 제3종 분말
  − 190℃에서 분해 : $NH_4H_2PO_4 \rightarrow NH_3 + H_3PO_4$
      (인산, 오쏘인산)
  − 215℃에서 분해 : $2H_3PO_4 \rightarrow H_2O + H_4P_2O_7$
      (피로인산)
  − 300℃에서 분해 : $H_4P_2O_7 \rightarrow H_2O + 2HPO_3$
      (메타인산)

정답
(1) $2NaHCO_3 \rightarrow Na_2CO_3 + CO_2 + H_2O$
(2) $NH_4H_2PO_4 \rightarrow NH_3 + H_3PO_4$

03 위험물안전관리법령에 대하여 다음 물음에 알맞은 답을 쓰시오.

(1) 제조소 등의 관계인은 정기점검을 연간 몇 회 이상 실시해야 하는가?

(2) 제조소 등 설치자의 지위승계에 대한 내용으로 맞는 것을 모두 고르시오.
　① 제조소 등의 설치자가 사망한 경우
　② 제조소 등을 양도한 때
　③ 법인인 제조소 등의 설치자의 합병이 있을 때

(3) 제조소 등의 폐지에 대하여 틀린 내용을 모두 고르시오.
　① 용도폐지는 장래에 대하여 위험물 시설로서의 기능을 완전히 상실시키는 것을 말한다.
　② 용도폐지는 제조소 등의 관계인이 한다.
　③ 시·도지사에게 신고 후 14일 이내에 용도 폐지한다.
　④ 제조소 등의 용도폐지에 필요한 서류는 용도폐지신청서, 완공검사합격확인증이다.

정답
(1) 1회
(2) ①, ②, ③
(3) ③

해설
위험물안전관리법령
• 정기점검(법 제18조, 규칙 제64조)
　제조소 등의 관계인은 해당 제조소 등에 대하여 연 1회 이상 정기점검을 실시하고 정기점검을 한 제조소 등의 관계인은 점검을 한 날부터 30일 이내에 점검결과를 시·도지사에게 제출해야 한다.
• 제조소 등 설치자의 지위승계(법 제10조)
　– 제조소 등의 설치자가 사망한 경우
　– 제조소 등을 양도·인도한 때
　– 법인인 제조소 등의 설치자의 합병이 있을 때
• 제조소 등의 용도폐지(법 제11조)
　– 폐지는 장래에 대하여 위험물 시설로서의 기능을 완전히 상실시키는 것을 말한다.
　– 제조소 등의 용도폐지는 제조소 등의 관계인이 한다.
　– 제조소 등의 용도를 폐지한 날로부터 14일 이내에 시·도지사에게 신고해야 한다.
　– 제조소 등의 용도폐지신고를 하려는 자는 용도폐지신청서와 완공검사합격확인증을 첨부하여 시·도지사 또는 소방서장에게 제출해야 한다(시행규칙 제23조).

04 자일렌의 이성질체 3가지를 구분하고 구조식을 쓰시오.

[해설]

자일렌의 물성

구분	구조식	분류	지정수량	액체비중	인화점
o-자일렌 (ortho)	CH₃ CH₃	제2석유류		0.88	32℃
m-자일렌 (meta)	CH₃ CH₃	제2석유류	1,000L	0.86	25℃
p-자일렌 (para)	CH₃ CH₃	제2석유류		0.86	25℃

[정답]

구분	구조식
o-자일렌	CH₃ CH₃
m-자일렌	CH₃ CH₃
p-자일렌	CH₃ CH₃

05 다음 제5류 위험물에 대하여 화학식을 쓰시오.

(1) 과산화벤조일

(2) 질산메틸

(3) 나이트로글라이콜

[해설]

제5류 위험물

구분	화학식	품명
과산화벤조일	$(C_6H_5CO)_2O_2$	유기과산화물
질산메틸	CH_3ONO_2	질산에스터류
나이트로글라이콜	$C_2H_4(ONO_2)_2$	질산에스터류

[정답]

(1) $(C_6H_5CO)_2O_2$

(2) CH_3ONO_2

(3) $C_2H_4(ONO_2)_2$

06 위험물안전관리법령상 제4류 위험물 중 위험등급Ⅱ에 해당하는 품명 2가지를 쓰시오.

해설

제4류 위험물

품명		위험등급	지정수량
특수인화물		Ⅰ	50L
제1석유류	비수용성 액체	Ⅱ	200L
	수용성 액체	Ⅱ	400L
알코올류		Ⅱ	400L
제2석유류	비수용성 액체	Ⅲ	1,000L
	수용성 액체	Ⅲ	2,000L
제3석유류	비수용성 액체	Ⅲ	2,000L
	수용성 액체	Ⅲ	4,000L
제4석유류		Ⅲ	6,000L
동식물유류		Ⅲ	10,000L

07 위험물안전관리법령에서 정한 탱크 용적 산정기준에 관한 내용이다. 다음 ( ) 안에 알맞은 답을 쓰시오.

(1) 위험물을 저장 또는 취급하는 탱크의 용량은 해당 탱크 내용적에서 공간용적을 뺀 용적으로 한다.

(2) 탱크의 공간용적은 탱크의 내용적의 100분의 (㉠) 이상 100분의 (㉡) 이하의 용적으로 한다. 다만, 소화설비(소화약제 방출구를 탱크 안의 윗부분에 설치하는 것에 한한다)를 설치하는 탱크의 공간용적은 해당 소화설비의 소화약제 방출구 아래의 (㉢)m 이상 (㉣)m 미만 사이의 면으로부터 윗부분의 용적으로 한다.

해설

탱크의 용량

• 탱크의 용량(허가량) : 탱크의 내용적 − 공간용적

• 공간용적 : 탱크 내용적의 $\dfrac{5}{100}$ 이상 $\dfrac{10}{100}$ 이하

다만, 소화설비(소화약제 방출구를 탱크 안의 윗부분에 설치하는 것에 한한다)를 설치하는 탱크의 공간용적은 해당 소화설비의 소화약제 방출구 아래의 0.3m 이상 1m 미만 사이의 면으로부터 윗부분의 용적으로 한다.

• 암반탱크에 있어서는 해당 탱크 내에 용출하는 7일간의 지하수의 양에 상당하는 용적과 해당 탱크의 내용적의 1/100의 용적 중에서 보다 큰 용적을 공간용적으로 한다.

08 위험물안전관리법령상 이동탱크저장소의 구조기준이다. 다음 ( ) 안에 알맞은 답을 하시오.

- 압력탱크(최대상용압력이 46.7kPa 이상인 탱크를 말한다) 외의 탱크에는 (㉠)kPa의 압력으로, 압력탱크는 최대상용압력의 (㉡)배의 압력으로 각각 10분간의 수압시험을 실시하여 새거나 변형되지 않을 것

- 이동저장탱크는 그 내부에 (㉢)L마다 (㉣)mm 이상의 강철판 또는 이와 동등 이상의 강도·내열성 및 내식성이 있는 금속성의 것으로 칸막이를 설치해야 한다.

- 탱크(맨홀 및 주입관의 뚜껑을 포함한다)는 두께 (㉤)mm 이상의 강철판 또는 이와 동등 이상의 강도·내식성 및 내열성이 있다고 인정하는 것으로 할 것

정답
㉠ 70
㉡ 1.5
㉢ 4,000
㉣ 3.2
㉤ 3.2

해설
이동탱크저장소의 구조
- 탱크의 두께 : 3.2mm 이상의 강철판
- 수압시험
  - 압력탱크(최대상용압력이 46.7kPa 이상인 탱크) 외의 탱크 : 70kPa의 압력으로 10분간 실시하여 새지 않을 것
  - 압력탱크 : 최대상용압력의 1.5배의 압력으로 10분간 실시하여 새지 않을 것
- 이동저장탱크는 그 내부에 4,000L 이하마다 3.2mm 이상의 강철판 또는 이와 동등 이상의 강도·내열성 및 내식성이 있는 금속성의 것으로 칸막이를 설치해야 한다(다만, 고체인 위험물을 저장하거나 고체인 위험물을 가열하여 액체상태로 저장하는 경우에는 그렇지 않다)
- 칸막이로 구획된 각 부분에 설치 : 맨홀, 안전장치, 방파판을 설치(용량이 2,000L 미만 : 방파판 설치 제외)
- 안전장치의 작동 압력
  - 상용압력이 20kPa 이하인 탱크 : 20kPa 이상 24kPa 이하의 압력
  - 상용압력이 20kPa을 초과하는 탱크 : 상용압력의 1.1배 이하의 압력

09 다음 위험물의 연소반응식을 쓰시오.

(1) 삼황화인

(2) 오황화인

정답
(1) $P_4S_3 + 8O_2 \rightarrow 2P_2O_5 + 3SO_2$
(2) $2P_2S_5 + 15O_2 \rightarrow 2P_2O_5 + 10SO_2$

해설
황화인의 연소반응식
- 삼황화인 : $P_4S_3 + 8O_2 \rightarrow 2P_2O_5 + 3SO_2$
- 오황화인 : $2P_2S_5 + 15O_2 \rightarrow 2P_2O_5 + 10SO_2$

10 다음 할로젠화합물에 해당하는 할론소화약제의 번호를 쓰시오.

구분	$C_2F_4Br_2$	CF_2ClBr	CH_3I
할론 번호	㉠	㉡	㉢

정답

㉠ 할론 2402

㉡ 할론 1211

㉢ 할론 10001

해설

할로젠화합물소화약제의 명명

• 할론 10001의 명명법

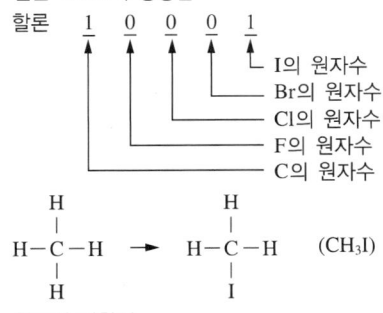

할론 1 0 0 0 1
- I의 원자수
- Br의 원자수
- Cl의 원자수
- F의 원자수
- C의 원자수

(CH_3I)

• 할론의 화학식

구분	$C_2F_4Br_2$	CF_2ClBr	CH_3I
할론 번호	할론 2402	할론 1211	할론 10001

11 다음 [보기]에서 위험물의 발화점이 낮은 순서에서 높은 순서로 나열하시오.

┤보기├
다이에틸에터, 이황화탄소, 휘발유, 아세톤

정답

이황화탄소, 다이에틸에터, 휘발유, 아세톤

해설

발화점

종류	화학식	품명	지정수량	발화점
다이에틸에터	$C_2H_5OC_2H_5$	특수인화물	50L	180℃
이황화탄소	CS_2	특수인화물	50L	90℃
휘발유	C_5H_{12}~C_9H_{20}	제1석유류(비수용성)	200L	280~456℃
아세톤	CH_3COCH_3	제1석유류(수용성)	400L	465℃

12 제4류 위험물인 아세톤에 대하여 다음 물음에 알맞은 답을 하시오.

(1) 연소반응식을 쓰시오.

(2) 표준상태에서 아세톤 1kg이 연소할 경우 필요한 공기량(m^3)을 구하시오(단, 공기 중의 산소는 21vol%이다).

아세톤

• 연소반응식 : $CH_3COCH_3 + 4O_2 \rightarrow 3CO_2 + 3H_2O$
　　　　　　　　(아세톤)　　(산소)　(이산화탄소) (물)

• 공기량

$$CH_3COCH_3 \quad + \quad 4O_2 \quad \rightarrow \quad 3CO_2 + 3H_2O$$
　　58kg 　　　　　　　$4 \times 22.4m^3$
　　1kg 　　　　　　　　x

$$x = \frac{1kg \times 4 \times 22.4m^3}{58kg} = 1.54m^3$$

$$\therefore \ 필요한 \ 공기량 = \frac{1.54m^3}{0.21} = 7.33m^3$$

정답

(1) $CH_3COCH_3 + 4O_2 \rightarrow 3CO_2 + 3H_2O$

(2) $7.33m^3$

---

13 다음 위험물에 대하여 시성식과 지정수량을 쓰시오.

(1) 클로로벤젠
　① 시성식
　② 지정수량

(2) 메틸알코올
　① 시성식
　② 지정수량

(3) 톨루엔
　① 시성식
　② 지정수량

제4류 위험물

종류	시성식	품명	지정수량
클로로벤젠	C_6H_5Cl	제2석유류(비수용성)	1,000L
메틸알코올	CH_3OH	알코올류	400L
톨루엔	$C_6H_5CH_3$	제1석유류(비수용성)	200L

정답

(1) ① C_6H_5Cl
　② 1,000L

(2) ① CH_3OH
　② 400L

(3) ① $C_6H_5CH_3$
　② 200L

14 다음 [보기]에서 건성유, 반건성유, 불건성유를 구분하여 쓰시오.

┌ 보기 ─────────────────────────────────
│ ① 아마인유   ② 들기름   ③ 참기름   ④ 야자유   ⑤ 동유
└──────────────────────────────────────

해설

동식물유류

종류 \ 항목	아이오딘값	반응성	불포화도	종류
건성유	130 이상	크다.	크다.	해바라기유, 동유, 아마인유, 정어리기름, 들기름
반건성유	100~130	중간	중간	채종유, 목화씨기름(면실유), 참기름, 콩기름
불건성유	100 이하	작다.	작다.	야자유, 올리브유, 피마자유, 동백유

15 위험물안전관리법령에 따른 포화 1가에서 3가의 알코올류에 해당하지 않는 조건 2가지를 쓰시오.

해설

알코올류

- 1분자를 구성하는 탄소원자의 수가 1개부터 3개까지인 포화 1가 알코올(변성알코올 포함)로서 농도가 60% 이상은 해당된다.
- 알코올류 제외
  - 1분자를 구성하는 탄소원자의 수가 1개 내지 3개의 포화 1가 알코올의 함유량이 60wt% 미만인 수용액
  - 가연성 액체량이 60wt% 미만이고 인화점 및 연소점(태그개방식 인화점측정기에 의한 연소점을 말한다)이 에틸알코올 60wt% 수용액의 인화점 및 연소점을 초과하는 것

16 다이에틸에터 100L, 이황화탄소 150L, 아세톤 200L, 휘발유 400L 를 저장하는 경우 지정수량의 배수를 구하시오.

정답
7.5배

해설

지정수량의 배수

• 제4류 위험물의 지정수량

종류	품명	지정수량
다이에틸에터	특수인화물	50L
이황화탄소	특수인화물	50L
아세톤	제1석유류(수용성)	400L
휘발유	제1석유류(비수용성)	200L

• 지정수량의 배수 $= \dfrac{\text{저장수량}}{\text{지정수량}} + \dfrac{\text{저장수량}}{\text{지정수량}} + \cdots$

$$= \dfrac{100L}{50L} + \dfrac{150L}{50L} + \dfrac{200L}{400L} + \dfrac{400L}{200L} = 7.5배$$

17 위험물안전관리법령상 위험물제조소에 설치하는 주의사항 게시판 의 바탕색과 글자색을 쓰시오.

(1) 인화성 고체
　① 바탕색
　② 글자색

(2) 금수성 물질
　① 바탕색
　② 글자색

정답
(1) ① 적색, ② 백색
(2) ① 청색, ② 백색

해설

위험물제조소의 주의사항

위험물의 종류	주의사항	게시판의 색상
• 제1류 위험물 중 알칼리금속의 과산화물 • 제3류 위험물 중 금수성 물질	물기엄금	청색바탕에 백색문자
제2류 위험물(인화성 고체는 제외)	화기주의	적색바탕에 백색문자
• 제2류 위험물 중 인화성 고체 • 제3류 위험물 중 자연발화성 물질 • 제4류 위험물 • 제5류 위험물	화기엄금	적색바탕에 백색문자
• 제1류 위험물 중 알칼리금속의 과산화물 외의 것 • 제6류 위험물		해당없음

18 표준상태에서 1kg의 탄산가스를 소화기로 방출할 경우 부피는 약 몇 L인지 구하시오.

509.09L

해설
부피
- 표준상태에서 1g-mol이 차지하는 부피 : 22.4L
  표준상태에서 1kg-mol이 차지하는 부피 : 22.4m³
- 방출할 경우 부피

$$\frac{1,000g}{44g/g-mol} \times 22.4L/g-mol = 509.09L$$

※ 탄산가스(CO_2)의 분자량 : 44

19 다음 [보기]에서 제2류 위험물에 대하여 알맞은 답을 쓰시오.

┌보기┐
- 주기율표상의 2족 원소로 분류된다.
- 은백색의 광택이 있는 금속이다.
- 비중이 1.74이고 녹는점은 약 651℃이다.

(1) 연소반응식을 쓰시오.
(2) 물과 반응하여 수소가 생성되는 반응식을 쓰시오.

해설
마그네슘
- 물성

화학식	원자량	지정수량	비중	녹는점	주기율표
Mg	24.3	500kg	1.74	651℃	2족 원소

- 은백색의 광택이 있는 금속이다.
- 반응식
  - 연소반응식 : $2Mg + O_2 \rightarrow 2MgO$
  - 물과 반응 : $Mg + 2H_2O \rightarrow Mg(OH)_2 + H_2$

정답
(1) $2Mg + O_2 \rightarrow 2MgO$
(2) $Mg + 2H_2O \rightarrow Mg(OH)_2 + H_2$

20 위험물안전관리법령상 [보기] 중 수용성 물질을 모두 고르시오(단, 위험물안전관리법령 기준의 수용성으로 한다).

정답

⑤, ⑥

┌─보기├─────────────────────────────────┐

① 아이소프로필알코올　　　② 이황화탄소

③ 사이클로헥세인　　　　　④ 벤젠

⑤ 아세톤　　　　　　　　　⑥ 아세트산

└──────────────────────────────────────┘

해설

제4류 위험물의 수용성 여부

종류	품명	수용성 여부	지정수량
아이소프로필알코올	알코올류	해당없음	400L
이황화탄소	특수인화물	해당없음	50L
사이클로헥세인	제1석유류	비수용성	200L
벤젠	제1석유류	비수용성	200L
아세톤	제1석유류	수용성	400L
아세트산	제2석유류	수용성	2,000L

01 위험물안전관리법령에서 정한 인화점의 기준을 쓰시오(단, 이상, 이하, 초과, 미만에 대하여 정확히 기술하시오).

(1) 제1석유류

(2) 제3석유류

(3) 제4석유류

해설

제4류 위험물의 분류

품명	분류 기준
특수인화물	• 1기압에서 발화점이 100℃ 이하인 것 • 인화점이 영하 20℃ 이하이고 비점이 40℃ 이하인 것
제1석유류	1기압에서 인화점이 21℃ 미만인 것
제2석유류	1기압에서 인화점이 21℃ 이상 70℃ 미만인 것
제3석유류	1기압에서 인화점이 70℃ 이상 200℃ 미만인 것
제4석유류	1기압에서 인화점이 200℃ 이상 250℃ 미만의 것

정답

(1) 1기압에서 인화점이 21℃ 미만인 것

(2) 1기압에서 인화점이 70℃ 이상 200℃ 미만인 것

(3) 1기압에서 인화점이 200℃ 이상 250℃ 미만의 것

02 다음 위험물의 지정수량을 쓰시오.

(1) 황화인

(2) 적린

(3) 철분

해설

제2류 위험물의 지정수량

종류	황화인	적린	철분
지정수량	100kg	100kg	500kg
위험등급	Ⅱ등급	Ⅱ등급	Ⅲ등급

정답

(1) 100kg

(2) 100kg

(3) 500kg

03 다음 위험물이 물과 반응할 때 생성되는 기체의 명칭을 화학식으로 쓰시오(단, 없으면 "해당없음"이라고 답할 것).

(1) 트라이메틸알루미늄

(2) 트라이에틸알루미늄

(3) 황린

(4) 리튬

(5) 수소화칼슘

해설

제3류 위험물과 물과의 반응

- 트라이메틸알루미늄 : $(CH_3)_3Al + 3H_2O \rightarrow Al(OH)_3 + 3CH_4$
  (메테인)

- 트라이에틸알루미늄 : $(C_2H_5)_3Al + 3H_2O \rightarrow Al(OH)_3 + 3C_2H_6$
  (에테인)

- 황린 : 물과 반응하지 않는다.

- 리튬 : $2Li + 2H_2O \rightarrow 2LiOH + H_2$
  (수소)

- 수소화칼슘 : $CaH_2 + 2H_2O \rightarrow Ca(OH)_2 + 2H_2$
  (수소)

정답

(1) 메테인

(2) 에테인

(3) 해당없음

(4) 수소

(5) 수소

---

04 위험물안전관리법령상 다음 [보기]의 위험물 중 에터에 녹고 비수용성인 물질을 모두 고르시오(단, 없으면 "해당없음"이라고 답할 것).

┌보기┐
이황화탄소, 아세트알데하이드, 아세톤, 스타이렌, 클로로벤젠

해설

제4류 위험물의 물성(위험물안전관리법령 기준)

항목 \ 종류	이황화탄소	아세트알데하이드	아세톤	스타이렌	클로로벤젠
에터 용해 여부	녹는다.	녹는다.	녹는다.	녹는다.	녹는다.
수용성 여부	-	-	수용성	비수용성	비수용성

※ 특수인화물(이황화탄소, 아세트알데하이드)은 법령상 수용성, 비수용성의 구분이 없다.

정답

스타이렌, 클로로벤젠

05 다음 위험물의 구조식을 쓰시오.

(1) 트라이나이트로톨루엔

(2) 트라이나이트로페놀

해설

구조식

종류	트라이나이트로톨루엔	트라이나이트로페놀
구조식		

06 햇빛에 의해 4mol의 질산이 완전 분해하여 산소 1mol을 생성한다. 다음 물음에 답하시오.

(1) 발생하는 유독성 기체의 명칭을 쓰시오.

(2) 분해반응식을 쓰시오.

해설

질산의 분해반응식

$4HNO_3 \rightarrow 2H_2O + 4NO_2 + O_2$
（질산）　　　（물）　（이산화질소）（산소）

07 다음 [보기]에서 설명하는 제1류 위험물에 대하여 다음 물음에 답하시오.

┌ 보기 ┐
- 강산화제이다.
- 분자량이 101, 분해온도는 400℃이다.
- 황과 숯가루를 혼합하여 흑색화약을 제조한다.
└────────────────────────────────────┘

(1) 시성식을 쓰시오.

(2) 위험등급을 쓰시오.

(3) 분해반응식을 쓰시오.

정답

(1) KNO_3

(2) II등급

(3) $KNO_3 \rightarrow 2KNO_2 + O_2$

해설

질산칼륨

- 물성

화학식	분자량	품명	지정수량	비중	분해 온도
KNO_3	101	질산염류	300kg	2.1	400℃

- 황과 숯가루를 혼합하여 흑색화약을 제조한다.
- 질산칼륨의 분해반응식 : $KNO_3 \rightarrow 2KNO_2 + O_2$
  (질산칼륨)　(아질산칼륨)　(산소)

---

08 위험물안전관리법령상 다음 각 위험물의 운반용기 외부에 표시해야 하는 주의사항을 모두 쓰시오.

(1) 제1류 위험물 중 염소산염류

(2) 제5류 위험물 중 나이트로화합물

(3) 제6류 위험물 중 과산화수소

정답

(1) 화기·충격주의, 가연물접촉주의

(2) 화기엄금, 충격주의

(3) 가연물접촉주의

해설

운반 시 운반용기에 표시해야 하는 주의사항

종류	표시사항
제1류 위험물	• 알칼리금속의 과산화물 : 화기·충격주의, 물기엄금, 가연물접촉주의 • 그 밖의 것(염소산염류) : 화기·충격주의, 가연물접촉주의
제2류 위험물	• 철분, 금속분, 마그네슘 : 화기주의, 물기엄금 • 인화성 고체 : 화기엄금 • 그 밖의 것 : 화기주의
제3류 위험물	• 자연발화성물질 : 화기엄금, 공기접촉엄금 • 금수성 물질 : 물기엄금
제4류 위험물	화기엄금
제5류 위험물 (나이트로화합물)	화기엄금, 충격주의
제6류 위험물 (과산화수소)	가연물접촉주의

09 제4류 위험물인 아세톤에 대하여 다음 물음에 답하시오.

(1) 화학식을 쓰시오.

(2) 품명을 쓰시오.

(3) 증기비중을 구하시오(계산과정을 포함한다).

해설

아세톤의 물성

화학식	지정 수량	품명	증기비중	비점	인화점	착화점	연소 범위
CH_3COCH_3	400L	제1석유류 (수용성)	2.0 (58/29)	56℃	−18.5℃	465℃	2.5~ 12.8%

10 제2류 위험물인 황에 대해 다음 물음에 답하시오.

(1) 연소반응식을 쓰시오.

(2) 고온에서 수소와 반응식을 쓰시오.

해설

황

• 연소반응식 : $S + O_2 \rightarrow SO_2$
(이산화황)

• 수소와의 반응식 : $S + H_2 \rightarrow H_2S$
(황화수소)

11 제4류 위험물인 에틸알코올에 대하여 다음 물음에 답하시오.

(1) 1차 산화하였을 때 생성되는 특수인화물의 명칭을 화학식으로 쓰시오.

(2) (1)에서 생성되는 위험물의 연소반응식을 쓰시오.

(3) (1)에서 생성되는 위험물이 산화할 경우 생성되는 제2석유류의 명칭을 쓰시오.

해설

에틸알코올(C_2H_5OH)

• 산화, 환원반응식

$$C_2H_5OH \underset{\text{환원}}{\overset{\text{산화}}{\rightleftarrows}} CH_3CHO \underset{\text{환원}}{\overset{\text{산화}}{\rightleftarrows}} CH_3COOH$$
(에틸알코올)　　　(아세트알데하이드)　　(초산)

• 위험물의 명칭

종류	화학식	품명
아세트알데하이드	CH_3CHO	특수인화물
초산	CH_3COOH	제2석유류(수용성)

• 아세트알데하이드의 연소반응식 : $2CH_3CHO + 5O_2 \rightarrow 4CO_2 + 4H_2O$

12 위험물안전관리법령에 근거하여 위험물제조소 등에 설치해야 하는 경보설비의 종류 3가지를 쓰시오.

정답
자동화재탐지설비, 비상경보설비, 확성장치 또는 비상방송설비

해설

제조소 등별로 설치해야 하는 경보설비의 종류(시행규칙 별표 17)

제조소 등의 구분	제조소 등의 규모, 저장 또는 취급하는 위험물의 종류 및 최대수량 등	경보설비
가. 제조소 및 일반취급소	• 연면적이 500m² 이상인 것 • 옥내에서 지정수량의 100배 이상을 취급하는 것(고인화점 위험물만을 100℃ 미만의 온도에서 취급하는 것은 제외) • 일반취급소로 사용되는 부분 외의 부분이 있는 건축물에 설치된 일반취급소(일반취급소와 일반취급소 외의 부분이 내화구조의 바닥 또는 벽으로 개구부 없이 구획된 것은 제외)	자동화재탐지설비
나. 옥내저장소	• 지정수량의 100배 이상을 저장 또는 취급하는 것(고인화점 위험물만을 저장 또는 취급하는 것은 제외) • 저장창고의 연면적이 150m²를 초과하는 것[연면적 150m² 이내마다 불연재료의 격벽으로 개구부 없이 완전히 구획된 저장창고와 제2류 위험물(인화성 고체는 제외) 또는 제4류 위험물(인화점이 70℃ 미만인 것은 제외)만을 저장 또는 취급하는 저장창고는 그 연면적이 500m² 이상인 것을 말한다] • 처마 높이가 6m 이상인 단층 건물의 것 • 옥내저장소로 사용되는 부분 외의 부분이 있는 건축물에 설치된 옥내저장소[옥내저장소와 옥내저장소 외의 부분이 내화구조의 바닥 또는 벽으로 개구부 없이 구획된 것과 제2류(인화성 고체는 제외) 또는 제4류의 위험물(인화점이 70℃ 미만인 것은 제외)만을 저장 또는 취급하는 것은 제외]	
다. 옥내탱크저장소	단층 건물 외의 건축물에 설치된 옥내탱크저장소로서 소화난이도등급 I 에 해당하는 것	
라. 주유취급소	옥내주유취급소	
마. 옥외탱크저장소	특수인화물, 제1석유류 및 알코올류를 저장 또는 취급하는 탱크의 용량이 1,000만L 이상인 것	• 자동화재탐지설비 • 자동화재속보설비
바. 가목부터 마목까지의 규정에 따른 자동화재탐지설비 설치 대상 제조소 등에 해당하지 않는 제조소 등(이송취급소는 제외)	지정수량의 10배 이상을 저장 또는 취급하는 것	자동화재탐지설비, 비상경보설비, 확성장치 또는 비상방송설비 중 1종 이상

13 다음 위험물의 화학식을 쓰시오.

(1) 염소산칼슘

(2) 과망가니즈산나트륨

(3) 다이크로뮴산칼륨

해설

제1류 위험물의 화학식

종류	화학식	품명
염소산칼슘	$Ca(ClO_3)_2$	염소산염류
과망가니즈산나트륨	$NaMnO_4$	과망가니즈산염류
다이크로뮴산칼륨	$K_2Cr_2O_7$	다이크로뮴산염류

정답

(1) $Ca(ClO_3)_2$

(2) $NaMnO_4$

(3) $K_2Cr_2O_7$

14 금속칼륨이 다음 물질과 반응할 때의 반응식을 쓰시오.

(1) 물

(2) 에틸알코올

해설

칼륨의 반응식

• 연소반응식 : $4K + O_2 \rightarrow 2K_2O$

• 물과 반응식 : $2K + 2H_2O \rightarrow 2KOH + H_2$

• 에틸알코올과 반응식 : $2K + 2C_2H_5OH \rightarrow 2C_2H_5OK + H_2$

정답

(1) $2K + 2H_2O \rightarrow 2KOH + H_2$

(2) $2K + 2C_2H_5OH \rightarrow 2C_2H_5OK + H_2$

15 제4류 위험물을 저장하는 옥내저장소의 연면적 450m²이고 외벽은 내화구조가 아닐 경우 옥내저장소에 대한 소화설비의 소요단위를 계산하시오.

6단위

해설
소요단위의 계산방법
• 제조소 또는 취급소의 건축물
  – 외벽이 내화구조 : 연면적 100m²를 1소요단위
  – 외벽이 내화구조가 아닌 것 : 연면적 50m²를 1소요단위
• 저장소의 건축물
  – 외벽이 내화구조 : 연면적 150m²를 1소요단위
  – 외벽이 내화구조가 아닌 것 : 연면적 75m²를 1소요단위

※ 소요단위 $= \dfrac{\text{연면적}}{\text{기준면적}} = \dfrac{450m^2}{75m^2} = 6$단위

16 제4류 위험물 중 위험등급이 Ⅲ등급인 품명을 모두 쓰시오.

제2석유류, 제3석유류, 제4석유류, 동식물유류

해설
제4류 위험물의 위험등급

품명		해당하는 위험물	위험 등급	지정 수량
특수인화물		이황화탄소, 다이에틸에터, 아세트알데하이드, 산화프로필렌	Ⅰ	50L
제1석유류	비수용성 액체	휘발유, 벤젠, 톨루엔, 메틸에틸케톤(MEK), 초산메틸, 초산에틸, 의산에틸	Ⅱ	200L
	수용성 액체	아세톤, 피리딘, 사이안화수소, 의산메틸	Ⅱ	400L
알코올류		메틸알코올, 에틸알코올, 프로필알코올	Ⅱ	400L
제2석유류	비수용성 액체	등유, 경유, 클로로벤젠, 스타이렌, o, m, p–자일렌	Ⅲ	1,000L
	수용성 액체	초산, 의산, 아크릴산, 메틸셀로솔브, 에틸셀로솔브, 하이드라진	Ⅲ	2,000L
제3석유류	비수용성 액체	중유, 크레오소트유, 나이트로벤젠, 아닐린, 메타크레졸	Ⅲ	2,000L
	수용성 액체	글리세린, 에틸렌글라이콜	Ⅲ	4,000L
제4석유류		기어유, 실린더유, 가소제	Ⅲ	6,000L
동식물유류		건성유, 반건성유, 불건성유	Ⅲ	10,000L

17 산화프로필렌 200L, 벤즈알데하이드 1,000L, 아크릴산 4,000L를 옥내저장소에 저장하고 있을 경우 지정수량 배수의 합계를 구하시오.

정답
7배

해설

지정수량의 배수

• 제4류 위험물의 지정수량

종류	산화프로필렌	벤즈알데하이드	아크릴산
품명	특수인화물	제2석유류 (비수용성)	제2석유류 (수용성)
지정수량	50L	1,000L	2,000L

• 지정수량의 배수 $= \dfrac{200L}{50L} + \dfrac{1,000L}{1,000L} + \dfrac{4,000L}{2,000L} = 7$배

18 제2종 분말소화약제에 대하여 다음 물음에 답하시오.

(1) 약제 주성분을 쓰시오.

(2) 1차 분해반응식을 쓰시오.

정답
(1) 탄산수소칼륨($KHCO_3$)
(2) $2KHCO_3 \rightarrow K_2CO_3 + CO_2 + H_2O$

해설

제2종 분말소화약제

• 분말 소화약제의 성상

종류	주성분	착색	적응 화재
제2종 분말	탄산수소칼륨($KHCO_3$)	담회색	B, C급

• 열분해반응식
  – 1차 분해반응식(190℃) : $2KHCO_3 \rightarrow K_2CO_3 + CO_2 + H_2O$
  – 2차 분해반응식(590℃) : $2KHCO_3 \rightarrow K_2O + 2CO_2 + H_2O$

19 다음 그림과 같은 원통형 위험물 저장탱크의 내용적(m^3)을 구하시오.

정답

$13.82m^3$

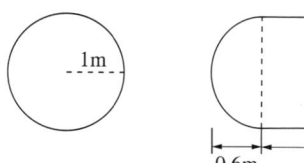

해설
원통형 탱크의 내용적

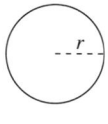 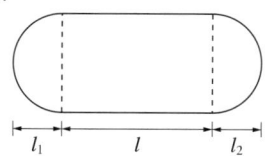

$$\therefore \; 내용적 = \pi r^2 \left(l + l\, \frac{l_1 + l_2}{3} \right) = \pi \times (1\mathrm{m})^2 \times \left(4\mathrm{m} + \frac{0.6\mathrm{m} + 0.6\mathrm{m}}{3} \right) = 13.82\mathrm{m}^3$$

20 이산화탄소 6kg이 25℃, 1atm에서 부피는 몇 L인지 계산하시오.

정답

3,334.21L

해설
이상기체 상태방정식

$$PV = \frac{W}{M}RT, \quad V = \frac{WRT}{PM}$$

여기서, P : 압력(1atm)

V : 부피(L)

W : 무게(6,000g)

M : 분자량(이산화탄소 CO_2 = 44)

R : 기체상수(0.08205L · atm/g－mol · K)

T : 절대온도(273 + 25℃ = 298K)

$$\therefore \; V = \frac{WRT}{PM} = \frac{6,000\mathrm{g} \times 0.08205\mathrm{L} \cdot \mathrm{atm/g-mol} \cdot \mathrm{K} \times 298\mathrm{K}}{1\mathrm{atm} \times 44\mathrm{g/g-mol}} = 3,334.21\mathrm{L}$$

01 제3류 위험물인 인화칼슘에 대하여 반응식을 쓰시오(단, 반응하지 않을 경우에는 "해당없음"이라고 답할 것).

(1) 물과 반응

(2) 염산과 반응

해설

인화칼슘의 반응식

• 물과 반응 : $Ca_3P_2 + 6H_2O \rightarrow 3Ca(OH)_2 + 2PH_3\uparrow$

• 염산과 반응 : $Ca_3P_2 + 6HCl \rightarrow 3CaCl_2 + 2PH_3\uparrow$

(인화수소, 포스핀)

정답

(1) $Ca_3P_2 + 6H_2O \rightarrow 3Ca(OH)_2 + 2PH_3$

(2) $Ca_3P_2 + 6HCl \rightarrow 3CaCl_2 + 2PH_3$

02 다음 할로젠화합물에 해당하는 할론소화약제의 번호를 쓰시오.

화학식	CF_3Br	CH_2ClBr	CH_3Br
할론 번호	㉠	㉡	㉢

정답

㉠ 할론 1301

㉡ 할론 1011

㉢ 할론 1001

해설

할로젠화합물 소화약제의 명명법

화학식	CF_3Br	CH_2ClBr	CH_3Br
할론 번호	할론 1301	할론 1011	할론 1001
명명법	할론 1 3 0 1 → Br의 원자수 → Cl의 원자수 → F의 원자수 → C의 원자수	할론 1 0 1 1 → Br의 원자수 → Cl의 원자수 → F의 원자수 → C의 원자수	할론 1 0 0 1 → Br의 원자수 → Cl의 원자수 → F의 원자수 → C의 원자수

03 다음 그림과 같은 원통형 위험물 저장탱크의 내용적을 구하시오(단, 수치의 단위는 m이다).

정답
16.65m^3

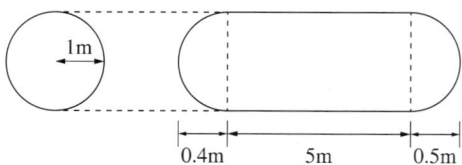

해설

원통형 탱크의 내용적

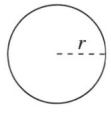 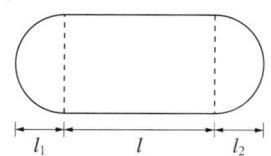

$$\therefore\ \text{내용적} = \pi r^2\left(l + \frac{l_1 + l_2}{3}\right) = \pi \times 1^2 \times \left(5 + \frac{0.4 + 0.5}{3}\right) = 16.65\text{m}^3$$

04 위험물안전관리법령에서 탱크시험자가 갖추어야 하는 장비는 필수장비와 필요한 경우에 두는 장비로 구분한다. 각각에 해당하는 장비 2개씩을 쓰시오.

(1) 필수장비

(2) 필요한 경우에 두는 장비

해설

위험물 탱크시험자가 갖추어야 하는 장비

• 필수장비 : 자기탐상시험기, 초음파두께측정기 및 다음 중 어느 하나
  - 영상초음파시험기
  - 방사선투과시험기 및 초음파시험기
• 필요한 경우에 두는 장비
  - 충·수압시험, 진공시험, 기밀시험 또는 내압시험의 경우 : 진공능력 53kPa 이상의 진공누설시험기, 기밀시험장치(안전장치가 부착된 것으로서 가압능력 200kPa 이상, 감압의 경우에는 감압능력 10kPa 이상·감도 10Pa 이하의 것으로서 각각의 압력변화를 스스로 기록할 수 있는 것)
  - 수직·수평도 시험의 경우 : 수직·수평도 측정기
※ 둘 이상의 기능을 함께 가지고 있는 장비를 갖춘 경우에는 각각의 장비를 갖춘 것으로 본다.

정답
(1) 필수장비 : 자기탐상시험기, 초음파두께측정기
(2) 필요한 경우에 두는 장비
  • 진공능력 53kPa 이상의 진공누설시험기
  • 수직·수평도 측정기

05 제4류 제3석유류인 에틸렌글라이콜에 대하여 다음 물음에 답하시오.

(1) 구조식

(2) 위험등급

(3) 증기비중

> **해설**
>
> 에틸렌글라이콜의 물성

화학식	구조식	지정수량	위험등급	분자량	증기비중
CH₂OHCH₂OH	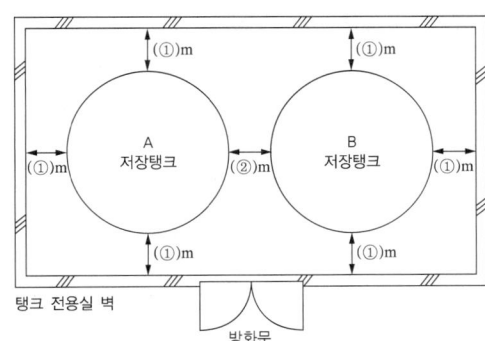	4,000L	Ⅲ등급	62	62/29 = 2.14

06 위험물안전관리법령에 따른 옥내탱크저장소의 저장탱크에 대한 내용이다. 다음 (①), (②)에 알맞은 수치를 적으시오.

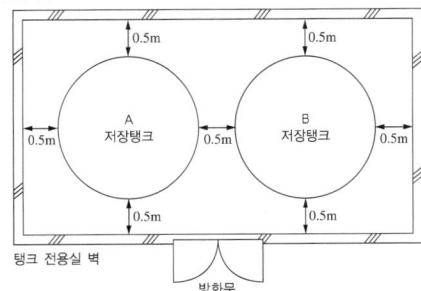

> **해설**
>
> 옥내탱크저장소의 기준
> • 옥내저장탱크의 탱크전용실은 단층 건축물에 설치할 것
> • 옥내저장탱크와 탱크전용실의 벽과의 사이 및 옥내저장탱크의 상호 간에는 0.5m 이상의 간격을 유지할 것

[도해: 탱크 전용실 벽, A 저장탱크, B 저장탱크, 방화문 — 각 0.5m 표시]

> • 옥내저장탱크의 용량(동일한 탱크전용실에 2 이상 설치하는 경우에는 각 탱크의 용량의 합계)은 지정수량의 40배(제4석유류 및 동식물유류 외의 제4류 위험물 : 20,000L를 초과할 때에는 20,000L) 이하일 것

07 위험물안전관리법령에서 다음 물질이 위험물이 될 수 없는 기준을 쓰시오.

(1) 철분

(2) 마그네슘분

(3) 과산화수소

위험물의 조건
- 철분 : 철의 분말로서 53μm의 표준체를 통과하는 것이 50wt% 미만은 제외한다.
- 마그네슘분에 제외 대상
  - 2mm의 체를 통과하지 않는 덩어리 상태의 것
  - 직경 2mm 이상의 막대 모양의 것
- 과산화수소 : 농도가 36wt% 이상인 것
- 질산 : 비중이 1.49 이상인 것

정답
(1) 철의 분말로서 53μm의 표준체를 통과하는 것이 50wt% 미만인 것
(2) ㉠ 2mm의 체를 통과하지 않는 덩어리 상태의 것
    ㉡ 직경 2mm 이상의 막대 모양의 것
(3) 농도가 36wt% 미만인 것

08 다음 그림은 위험물안전관리법령상 주유취급소에 설치해야 하는 주의사항이다. 다음 물음에 답하시오.

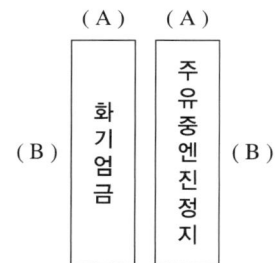

(1) 게시판의 규격을 쓰시오.
    ㉠ (A)
    ㉡ (B)

(2) "화기엄금"이라는 게시판의 바탕색과 글자색을 쓰시오.
    ㉠ 바탕색
    ㉡ 글자색

(3) "주유 중 엔진정지"이라는 게시판의 바탕색과 글자색을 쓰시오.
    ㉠ 바탕색
    ㉡ 글자색

표지판 및 게시판의 바탕색과 문자색
- 게시판의 규격 : 가로 0.3m 이상 세로 0.6m 이상
- 화기엄금, 화기주의 : 적색바탕, 백색문자
- 주유 중 엔진정지 : 황색바탕에 흑색문자

정답
(1) ㉠ 0.3m 이상
    ㉡ 0.6m 이상
(2) ㉠ 적색
    ㉡ 백색
(3) ㉠ 황색
    ㉡ 흑색

09 다음 [보기]에서 칼륨과 나트륨의 공통적인 성질을 모두 고르시오.

┌ 보기 ┐

① 무른 경금속이다.
② 알코올과 반응하면 수소를 발생한다.
③ 물과 반응하면 불연성 기체를 발생한다.
④ 흑색의 고체이다.
⑤ 보호액 속에 보관한다.

정답

①, ②, ⑤

해설

칼륨과 나트륨의 비교

종류 \ 항목	칼륨(K)	나트륨(Na)
외관	은백색의 광택이 있는 무른 경금속	은백색의 광택이 있는 무른 경금속
알코올과 반응	$2K + 2C_2H_5OH \rightarrow 2C_2H_5OK + H_2$ (수소)	$2Na + 2C_2H_5OH \rightarrow 2C_2H_5ONa + H_2$ (수소)
물과 반응	$2K + 2H_2O \rightarrow 2KOH + H_2$ (수소)	$2Na + 2H_2O \rightarrow 2NaOH + H_2$ (수소)
보관	등유, 경유, 유동파라핀 속에 보관	등유, 경유, 유동파라핀 속에 보관

10 1kg의 탄산가스를 표준상태에서 소화기로 방출할 경우 부피는 몇 L인지 구하시오.

정답

509.08L

해설

이상기체 상태방정식

$$PV = \frac{W}{M}RT, \quad V = \frac{WRT}{PM}$$

여기서, P : 압력(1atm)

V : 부피(m^3)

W : 무게(1kg = 1,000g)

M : 분자량(이산화탄소 CO_2 = 44g/g-mol)

R : 기체상수(0.08205L · atm/g-mol · K)

T : 절대온도(273 + 0℃ = 273K)

$$\therefore V = \frac{WRT}{PM} = \frac{1,000g \times 0.08205L \cdot atm/g-mol \cdot K \times 273K}{1atm \times 44g/g-mol} = 509.08L$$

[다른 풀이]

표준상태(0℃, 1atm)에서 기체 1g-mol이 차지하는 부피 : 22.4L이므로

$$\frac{1,000g}{44g/g-mol} \times 22.4L/g-mol = 509.09L$$

11 제1종 분말소화약제인 탄산수소나트륨이 분해할 때 다음 물음에 답하시오.

(1) 1차 열분해반응식을 쓰시오.

(2) 탄산수소나트륨 100kg이 완전 분해할 때 생성되는 이산화탄소의 부피(m^3)를 구하시오(단, 압력은 1atm, 온도는 100℃이다).

> **해설**
>
> 제1종 분말소화약제
> • 제1종 분말(탄산수소나트륨)
> – 1차 분해반응식(270℃) : $2NaHCO_3 \rightarrow Na_2CO_3 + CO_2 + H_2O$
> – 2차 분해반응식(850℃) : $2NaHCO_3 \rightarrow Na_2O + 2CO_2 + H_2O$
> • 이산화탄소의 부피
>
> $$2NaHCO_3 \quad \rightarrow \quad Na_2CO_3 + CO_2 + H_2O$$
> $$2 \times 84kg \qquad\qquad\qquad 44kg$$
> $$100kg \qquad\qquad\qquad\qquad x$$
>
> $$\therefore x = \frac{100kg \times 44kg}{2 \times 84kg} = 26.19kg$$
>
> • 이상기체 상태방정식을 적용하면
>
> $$PV = \frac{W}{M}RT, \quad V = \frac{WRT}{PM}$$
>
> 여기서, P : 압력(1atm)
> V : 부피(m^3)
> W : 무게(26.19kg)
> M : 분자량(이산화탄소 $CO_2 = 44$)
> R : 기체상수(0.08205$m^3 \cdot$ atm/kg–mol $\cdot$ K)
> T : 절대온도(273 + 100℃ = 373K)
>
> $$\therefore V = \frac{WRT}{PM} = \frac{26.19kg \times 0.08205m^3 \cdot atm/kg-mol \cdot K \times 373K}{1atm \times 44kg/kg-mol} = 18.22m^3$$

12 다음 위험물이 분해할 때 산소가 발생하는 반응식을 쓰시오.

(1) 삼산화크로뮴

(2) 질산칼륨

> **해설**
>
> 분해반응식
> • 삼산화크로뮴 : $4CrO_3 \rightarrow 2Cr_2O_3 + 3O_2$
> (삼산화이크로뮴) (산소)
> • 질산칼륨 : $2KNO_3 \rightarrow 2KNO_2 + O_2$

13 위험물안전관리법령에서 벽, 기둥, 바닥이 내화구조인 옥내저장소에 대하여 보유공지를 쓰시오.

(1) 인화성 고체 - 12,000kg

(2) 질산 - 12,000kg

(3) 황 - 12,000kg

해설

옥내저장소의 보유공지

• 보유공지

저장 또는 취급하는 위험물의 최대수량	공지의 너비	
	벽·기둥 및 바닥이 내화구조로 된 건축물	그 밖의 건축물
지정수량의 5배 이하	-	0.5m 이상
지정수량의 5배 초과 10배 이하	1m 이상	1.5m 이상
지정수량의 10배 초과 20배 이하	2m 이상	3m 이상
지정수량의 20배 초과 50배 이하	3m 이상	5m 이상
지정수량의 50배 초과 200배 이하	5m 이상	10m 이상
지정수량의 200배 초과	10m 이상	15m 이상

• 위험물의 지정수량

항목 \ 종류	인화성 고체	질산	황
유별	제2류 위험물	제6류 위험물	제2류 위험물
지정수량	1,000kg	300kg	100kg

• 지정수량의 배수 $= \dfrac{\text{저장수량}}{\text{지정수량}}$

- 인화성 고체 $= \dfrac{12,000\text{kg}}{1,000\text{kg}} = 12$배 → 2m 이상

- 질산 $= \dfrac{12,000\text{kg}}{300\text{kg}} = 40$배 → 3m 이상

- 황 $= \dfrac{12,000\text{kg}}{100\text{kg}} = 120$배 → 5m 이상

정답

(1) 2m 이상

(2) 3m 이상

(3) 5m 이상

14 다음 [보기]의 물질 중 가연물인 동시에 산소 없이 위험물 자체가 연소하는 물질을 모두 고르시오.

과산화벤조일, 나이트로글리세린

┌─ 보기 ─────────────────────────────────┐
│ 과산화나트륨, 과산화수소, 과산화벤조일, 나이트로글리세린,
│   다이메틸아연
└──┘

해설
위험물의 분류

종류	과산화나트륨	과산화수소	과산화벤조일	나이트로글리세린	다이메틸아연
위험물 구분	제1류 위험물	제6류 위험물	제5류 위험물	제5류 위험물	제3류 위험물

※ 제5류 위험물 : 가연물이면서 산소를 가지고 있는 위험물

15 위험물안전관리법령에서 정한 위험물의 운반에 관한 기준에서 지정수량의 10배 이상일 때 혼재가 불가능한 위험물의 유별을 쓰시오.

(1) 제2류 위험물
(2) 제3류 위험물
(3) 제6류 위험물

(1) 제1류 위험물, 제3류 위험물, 제6류 위험물
(2) 제1류 위험물, 제2류 위험물, 제5류 위험물, 제6류 위험물
(3) 제2류 위험물, 제3류 위험물, 제4류 위험물, 제5류 위험물

해설
운반 시 위험물의 혼재 가능 기준

위험물의 구분	제1류	제2류	제3류	제4류	제5류	제6류
제1류		×	×	×	×	○
제2류	×		×	○	○	×
제3류	×	×		○	×	×
제4류	×	○	○		○	×
제5류	×	○	×	○		×
제6류	○	×	×	×	×	

16 아세트알데하이드 300L, 등유 2,000L, 크레오소트유 2,000L를 옥내저장소에 저장하고 있다. 위험물의 지정수량의 배수를 구하시오.

9배

해설

제4류 위험물의 지정수량

항목 \ 종류	아세트알데하이드	등유	크레오소트유
품명	특수인화물	제2석유류 (비수용성)	제3석유류 (비수용성)
지정수량	50L	1,000L	2,000L

∴ 지정수량의 배수 = $\dfrac{\text{저장수량}}{\text{지정수량}} + \dfrac{\text{저장수량}}{\text{지정수량}} + \cdots$

$= \dfrac{300L}{50L} + \dfrac{2,000L}{1,000L} + \dfrac{2,000L}{2,000L} = 9$배

17 위험물안전관리법령상 다음 [표]의 빈칸에 명칭을 쓰시오.

정답
(1) 제조소 등
(2) 간이탱크저장소
(3) 이동탱크저장소
(4) 판매취급소
(5) 이송취급소

해설

제조소 등

• 제조소
• 저장소
 – 옥내저장소   – 옥외탱크저장소
 – 옥내탱크저장소   – 지하탱크저장소
 – 간이탱크저장소   – 이동탱크저장소
 – 옥외저장소   – 암반탱크저장소
• 취급소
 – 주유취급소   – 판매취급소
 – 이송취급소   – 일반취급소

18 메탄올과 벤젠을 비교하여 다음 [보기]에서 선택하여 (   ) 안에 답하시오.

┌ 보기 ┐
- A : 높다, 크다, 많다, 넓다.
- B : 낮다, 작다, 적다, 좁다.

(1) 메탄올의 분자량이 벤젠의 분자량보다 (   )

(2) 메탄올의 증기비중이 벤젠의 증기비중보다 (   )

(3) 메탄올의 인화점이 벤젠의 인화점보다 (   )

(4) 메탄올의 연소범위가 벤젠의 연소범위보다 (   )

(5) 메탄올 1mol이 완전 연소 시 발생하는 이산화탄소의 양이 벤젠 1mol이 완전 연소 시 발생하는 이산화탄소의 양보다 (   )

정답
(1) B
(2) B
(3) A
(4) A
(5) B

해설

메탄올과 벤젠의 비교

항목＼종류	메탄올	벤젠	결과
화학식	CH_3OH	C_6H_6	–
분자량	32	78	벤젠이 크다.
품명	알코올류	제1석유류 (비수용성)	–
증기비중	32/29 = 1.10	78/29 = 2.69	벤젠이 크다.
인화점	11℃	−11℃	메탄올이 높다.
연소범위	6.0~36%	1.4~8.0%	메탄올이 넓다.
CO_2의 양	0.67mol	4mol	벤젠이 많다.

- 메탄올 1mol 연소 시 발생하는 이산화탄소의 양

$$3CH_3OH + 3O_2 \rightarrow 2CO_2 + 4H_2O$$

3mol ⤬ 2mol
1mol x

$$\therefore \ x = \frac{1\text{mol} \times 2\text{mol}}{3\text{mol}} = 0.67\text{mol}$$

- 벤젠 1mol 연소 시 발생하는 이산화탄소의 양

$$3CH_6H_6 + 15O_2 \rightarrow 12CO_2 + 6H_2O$$

3mol ⤬ 12mol
1mol x

$$\therefore \ x = \frac{1\text{mol} \times 12\text{mol}}{3\text{mol}} = 4\text{mol}$$

19 제5류 위험물의 나이트로화합물에 분류되며 햇빛에 의하여 갈색으로 변하고 분자량이 227인 위험물에 대하여 다음 물음에 답하시오.

(1) 명칭

(2) 화학식

(3) 지정과산화물 포함여부

(4) 운반용기 외부 표시해야 할 주의사항(단, 해당 없으면 "해당없음"이라고 답할 것)

정답

(1) 트라이나이트로톨루엔

(2) $C_6H_2CH_3(NO_2)_3$

(3) 포함하지 않는다.

(4) 화기엄금, 충격주의

해설

TNT(트라이나이트로톨루엔)

• 물성

화학식	분자량	지정수량
$C_6H_2CH_3(NO_2)_3$	227	10kg

• 지정과산화물 : 제5류 위험물 중 유기과산화물 또는 이를 함유하는 것으로서 지정수량이 10kg인 것

• 운반 시 운반용기에 표시해야 하는 주의사항

종류	표시 사항
제1류 위험물	• 알칼리금속의 과산화물 : 화기・충격주의, 물기엄금, 가연물접촉주의 • 그 밖의 것 : 화기・충격주의, 가연물접촉주의
제2류 위험물	• 철분, 금속분, 마그네슘 : 화기주의, 물기엄금 • 인화성 고체 : 화기엄금 • 그 밖의 것 : 화기주의
제3류 위험물	• 자연발화성 물질 : 화기엄금, 공기접촉엄금 • 금수성 물질 : 물기엄금
제4류 위험물	화기엄금
제5류 위험물	화기엄금, 충격주의
제6류 위험물	가연물접촉주의

20 다음 [보기]의 위험물이 연소할 때 오산화인이 생성되는 위험물을 모두 고르시오.

┌ 보기 ┐

삼황화인, 오황화인, 칠황화인, 적린, 황

정답

삼황화인, 오황화인, 칠황화인, 적린

해설

연소반응식

• 삼황화인 : $P_4S_3 + 8O_2 \rightarrow 2P_2O_5 + 3SO_2$

• 오황화인 : $2P_2S_5 + 15O_2 \rightarrow 2P_2O_5 + 10SO_2$

• 칠황화인 : $P_4S_7 + 12O_2 \rightarrow 2P_2O_5 + 7SO_2$

• 적린 : $4P + 5O_2 \rightarrow 2P_2O_5$

• 황 : $S + O_2 \rightarrow SO_2$

• 황린 : $P_4 + 5O_2 \rightarrow 2P_2O_5$

01 위험물안전관리법령상 제2석유류에 대한 설명이다. 다음 (   ) 안에 알맞은 답을 쓰시오.

정답

㉠ 21

㉡ 70

㉢ 40

㉣ 40

㉤ 60

> 등유, 경유 그 밖에 1기압에서 인화점이 (㉠)℃ 이상 (㉡)℃ 미만인 것을 말한다. 다만, 도료류 그 밖의 물품에 있어서는 가연성 액체량이 (㉢)wt% 이하이면서 인화점이 (㉣)℃ 이상인 동시에 연소점이 (㉤)℃ 이상인 것은 제외한다.

해설

제4류 위험물의 정의

- 특수인화물 : 이황화탄소, 다이에틸에터 그 밖에 1기압에서 발화점이 100℃ 이하인 것 또는 인화점이 영하 20℃ 이하이고 비점이 40℃ 이하인 것
- 제1석유류 : 아세톤, 휘발유 그 밖에 1기압에서 인화점이 21℃ 미만인 것
- 제2석유류 : 등유, 경유 그 밖에 1기압에서 인화점이 21℃ 이상 70℃ 미만인 것을 말한다. 다만, 도료류 그 밖의 물품에 있어서는 가연성 액체량이 40wt% 이하이면서 인화점이 40℃ 이상인 동시에 연소점이 60℃ 이상인 것은 제외한다.
- 알코올류 : 1분자를 구성하는 탄소원자의 수가 1개부터 3개까지인 포화 1가 알코올(변성 알코올을 포함한다)을 말한다. 다만, 다음에 해당하는 것은 제외한다.
  - 1분자를 구성하는 탄소원자의 수가 1개 내지 3개의 포화 1가 알코올의 함유량이 60wt% 미만인 수용액
  - 가연성 액체량이 60wt% 미만이고 인화점 및 연소점(태그개방식인화점측정기에 의한 연소점을 말한다)이 에틸알코올 60wt% 수용액의 인화점 및 연소점을 초과하는 것
- 제3석유류 : 중유, 클레오소트유 그 밖에 1기압에서 인화점이 70° 이상 200℃ 미만인 것을 말한다. 다만, 도료류 그 밖의 물품은 가연성 액체량이 40wt% 이하인 것은 제외한다.
- 제4석유류 : 기어유, 실린더유 그 밖에 1기압에서 인화점이 200℃인 것을 말한다. 다만, 도료류 그 밖의 물품은 가연성 액체량이 40wt% 이하인 것은 제외한다. 이상 250℃ 미만의 것을 말한다. 다만 도료류 그 밖의 물품은 가연성 액체량이 40wt% 이하인 것은 제외한다.

02 위험물안전관리법령상 옥외저장소에 저장할 수 있는 제4류 위험물의 품명 3가지를 쓰시오(단, 위험물에 해당하지 않는 경우 그 이유를 설명하시오).

알코올류, 제2석유류, 제3석유류

해설

옥외저장소에 저장할 수 있는 위험물
- 제2류 위험물 중 황, 인화성 고체(인화점이 0℃ 이상인 것에 한한다)
- 제4류 위험물
  - 제1석유류(인화점이 0℃ 이상인 것에 한한다)
  - 알코올류
  - 제2석유류
  - 제3석유류
  - 제4석유류
  - 동식물유류
- 제6류 위험물

03 위험물안전관리법령상 제조소의 환기설비에 대한 설명이다. 다음 (   ) 안에 알맞은 답을 쓰시오.

㉠ 자연배기
㉡ 150
㉢ 800
㉣ 2
㉤ 루프팬

- 환기설비는 (㉠)방식으로 할 것
- 급기구는 해당 급기구가 설치된 실의 바닥면적 (㉡)m²마다 1개 이상으로 하되 급기구의 크기는 (㉢)cm² 이상으로 할 것
- 환기구는 지붕 위 또는 지상 (㉣)m 이상의 높이에 회전식 고정벤틸레이터 또는 (㉤)방식으로 설치할 것

해설

제조소의 환기설비
- 환기는 자연배기방식으로 할 것
- 급기구는 해당 급기구가 설치된 실의 바닥면적 150m²마다 1개 이상으로 하되, 급기구의 크기는 800cm² 이상으로 할 것. 다만 바닥면적이 150m² 미만인 경우에는 다음의 크기로 해야 한다.

바닥면적	급기구의 면적
60m² 미만	150cm² 이상
60m² 이상 90m² 미만	300cm² 이상
90m² 이상 120m² 미만	450cm² 이상
120m² 이상 150m² 미만	600cm² 이상

- 급기구는 낮은 곳에 설치하고 가는 눈의 구리망 등으로 인화방지망을 설치할 것
- 환기구는 지붕 위 또는 지상 2m 이상의 높이에 회전식 고정벤틸레이터 또는 루프팬방식(roof fan : 지붕에 설치하는 배기장치)으로 설치할 것

04 나이트로글리세린에 대하여 다음 물음에 답하시오.

(1) 나이트로글리세린의 분해반응식에 ( ) 안에 알맞은 숫자를 적으시오.

$$4C_3H_5(ONO_2)_3 \rightarrow (\quad)CO_2 + 10H_2O + (\quad)N_2 + O_2$$

(2) 나이트로글리세린 2mol이 분해할 경우 생성되는 이산화탄소의 질량(g)을 구하시오.

(3) 나이트로글리세린 90.8g이 분해할 경우 생성되는 산소의 질량(g)을 구하시오.

해설

나이트로글리세린

• 나이트로글리세린의 분해반응식

$4C_3H_5(ONO_2)_3 \rightarrow 12CO_2 + 10H_2O + 6N_2 + O_2$

• 이산화탄소의 질량

$$4C_3H_5(ONO_2)_3 \rightarrow 12CO_2 + 10H_2O + 6N_2 + O_2$$

4mol ⤬ 12 × 44g
2mol x

$$\therefore\ x = \frac{2\text{mol} \times 12 \times 44\text{g}}{4\text{mol}} = 264\text{g}$$

• 산소의 질량

$$4C_3H_5(ONO_2)_3 \rightarrow 12CO_2 + 10H_2O + 6N_2 + O_2$$

4 × 227g   32g
90.8g x

$$\therefore\ x = \frac{90.8\text{g} \times 32\text{g}}{4 \times 227\text{g}} = 3.2\text{g}$$

정답

(1) 12, 6

(2) 264g

(3) 3.2g

05 비중이 0.79인 에틸알코올 200mL와 비중이 1.0인 물 150mL가 혼합한 수용액이 있다. 다음 물음에 답하시오.

(1) 에틸알코올의 함유량은 몇 wt%인지 구하시오.

(2) (1)의 에틸알코올은 위험물안전관리법령상 제4류 위험물의 알코올류에 속하는지 판단하고 그 이유를 설명하시오.

해설

함유량과 알코올류의 여부

- 에틸알코올의 함유량
  - 비중 = 0.79 = 0.79g/cm^3 = 0.79g/mL
  - 중량(wt)% = $\dfrac{용질의\ 질량}{용액의\ 질량}$ × 100%

$$= \frac{0.79g/mL \times 200mL}{(0.79g/mL \times 200mL) + (1g/mL \times 150mL)} \times 100\% = 51.30wt\%$$

- 알코올류의 해당 여부 : 알코올류는 알코올의 농도가 60wt% 이상이므로 알코올류에 해당하지 않는다.

정답

(1) 51.3wt%

(2) 51.3wt%로 농도가 60wt% 미만이므로 알코올류에 속하지 않는다.

06 동식물유류는 아이오딘값을 기준으로 건성유, 반건성유, 불건성유로 분류한다. 아이오딘값의 범위를 쓰시오.

(1) 건성유

(2) 반건성유

(3) 불건성유

해설

동식물유류

종류 \ 항목	아이오딘값	반응성	불포화도	종류
건성유	130 이상	크다.	크다.	해바라기유, 동유, 아마인유, 정어리기름, 들기름
반건성유	100~130	중간	중간	채종유, 목화씨기름(면실유), 참기름, 콩기름
불건성유	100 이하	작다.	작다.	야자유, 올리브유, 피마자유, 동백유

정답

(1) 130 이상

(2) 100~130

(3) 100 이하

07 다음 그림과 같은 원통형 저장탱크의 내용적(L)을 구하시오.

정답
785.4L

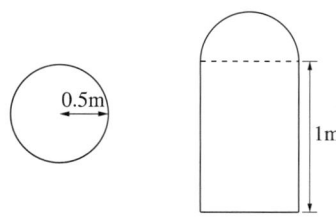

0.5m

1m

해설
원통형 탱크의 내용적
내용적 $= \pi r^2 l$
　　　 $= \pi r^2 l = \pi \times (0.5\text{m})^2 \times 1\text{m} = 0.78539\text{m}^3 = 785.4\text{L}$

08 제1류 위험물에 대하여 다음 물음에 답하시오(단, 해당없으면 "해당없음"이라고 답할 것).

(1) 과산화마그네슘과 염산의 반응

(2) 과산화마그네슘과 물의 반응

(3) 과산화마그네슘의 열분해반응식

해설
과산화마그네슘의 반응
• 염산과 반응　$MgO_2 + 2HCl \longrightarrow MgCl_2 + H_2O_2$
　　　　　　　　　　　　(염산)　　　(염화마그네슘) (과산화수소)
• 물과 반응　　$2MgO_2 + 2H_2O \longrightarrow 2Mg(OH)_2 + O_2$
　　　　　　　　　　　　　　　　　　(수산화마그네슘)　(산소)
• 열분해반응식　$2MgO_2 \longrightarrow 2MgO + O_2$
　　　　　　　　　　　　　　(산화마그네슘)　(산소)

정답

(1) $MgO_2 + 2HCl \longrightarrow MgCl_2 + H_2O_2$

(2) $2MgO_2 + 2H_2O \longrightarrow 2Mg(OH)_2 + O_2$

(3) $2MgO_2 \longrightarrow 2MgO + O_2$

09 다음 제2류 위험물의 지정수량을 쓰시오.

(1) 황화인

(2) 황

(3) 적린

(4) 마그네슘

(5) 철분

(1) 100kg

(2) 100kg

(3) 100kg

(4) 500kg

(5) 500kg

해설

제2류 위험물의 지정수량

성질	품명	지정수량
가연성 고체	황화인, 적린, 황	100kg
	철분, 금속분, 마그네슘	500kg
	그 밖에 안전행정부령이 정하는 것	100kg 또는 500kg
	인화성 고체	1,000kg

10 다음 제5류 위험물의 구조식을 그리시오.

(1) 질산메틸

(2) 트라이나이트로톨루엔

(3) 피크르산

해설

위험물의 분류

종류	질산메틸	TNT (Trinitrotoluene)	피크르산 (Trinitrophenol)
화학식	CH_3ONO_2	$C_6H_2CH_3(NO_2)_3$	$C_6H_2OH(NO_2)_3$
구조식	$H_3C-O-\overset{\overset{O}{\|\|}}{N}-O$		

질산메틸	트라이나이트로톨루엔	피크르산
$H_3C-O-\overset{\overset{O}{\|\|}}{N}-O$		

11 다음 [보기]에 제1류 위험물에 대하여 물음에 알맞은 화학식을 쓰시오(단, 없으면 "해당없음"이라고 답할 것).

┌ 보기 ┐
질산암모늄, 질산칼륨, 과산화나트륨, 삼산화크로뮴, 염소산칼륨
└─────┘

(1) 산소 또는 이산화탄소와 반응하는 위험물 한 가지를 쓰시오.

(2) 흡습성이 있고 용해 시 흡열반응을 하는 위험물 한 가지를 쓰시오.

(3) 비중이 2.32로써 이산화망가니즈를 촉매로 하여 가열 시 산소가 발생하는 위험물을 쓰시오.

해설

제1류 위험물

• 과산화나트륨과 이산화탄소와 반응
  $2Na_2O_2 + 2CO_2 \rightarrow 2Na_2CO_3 + O_2$

• 질산암모늄
  – 물성

화학식	지정수량	위험등급	분자량	비중	융점
NH_4NO_3	300kg	II	80	1.73	165℃

  – 물에 용해 시 : 흡열반응(온도가 강하하는 현상)

• 염소산칼륨
  – 물성

화학식	지정수량	분자량	비중	융점
$KClO_3$	50kg	122.5	2.32	368℃

  – 분해반응식 : $2KClO_3 \rightarrow 2KCl + 3O_2$

12 다음 위험물의 완전 연소반응식을 쓰시오(단, 없으면 "해당없음"이라고 답할 것).

(1) 황린

(2) 삼황화인

(3) 나트륨

(4) 과산화마그네슘

(5) 질산

정답

(1) $P_4 + 5O_2 \rightarrow 2P_2O_5$

(2) $P_4S_3 + 8O_2 \rightarrow 2P_2O_5 + 3SO_2$

(3) $4Na + O_2 \rightarrow 2Na_2O$

(4) 해당없음

(5) 해당없음

해설

연소반응식

- 황린　　　　$P_4 + 5O_2 \rightarrow 2P_2O_5$
- 삼황화인　$P_4S_3 + 8O_2 \rightarrow 2P_2O_5 + 3SO_2$
- 나트륨　　$4Na + O_2 \rightarrow 2Na_2O$
- 과산화마그네슘(MgO_2, 제1류 위험물) : 연소하지 않는다.
- 질산(HNO_3, 제6류 위험물) : 연소하지 않는다.

13 위험물안전관리법령에 따른 주의사항 표지판에 대하여 다음 물음에 답하시오.

(1) 화기엄금
　　① 바탕색
　　② 글자색

(2) 주유 중 엔진정지
　　① 바탕색
　　② 글자색

정답

(1) 화기엄금
　　① 바탕색 : 적색
　　② 글자색 : 백색

(2) 주유 중 엔진정지
　　① 바탕색 : 황색
　　② 글자색 : 흑색

해설

게시판의 색상

- 화기엄금, 화기주의 : 적색바탕에 백색문자
- 물기엄금 : 청색바탕에 백색문자
- 주유 중 엔진정지 : 황색바탕에 흑색문자
- 위험물 : 흑색바탕에 황색 반사도료

14 제4류 위험물인 아세트알데하이드에 대하여 다음 물음에 답하시오.

(1) 품명과 지정수량을 쓰시오.

(2) 다음 특징 중 아세트알데하이드에 해당하는 것만 고르시오.
　① 에탄올의 산화 과정에서 생성된다.
　② 무색, 투명한 액체로 자극적인 냄새가 난다.
　③ 구리, 은, 마그네슘의 용기에 저장한다.
　④ 물, 에터, 에탄올에 잘 녹고 고무를 녹인다.

(3) 보냉장치가 없는 이동저장탱크에 저장하는 경우 아세트알데하이드 등의 온도는 (　　)℃ 이하로 유지할 것

해설

아세트알데하이드
• 물성

화학식	품명	지정수량	위험등급	인화점
CH_3CHO	특수인화물	50L	I	−40℃

• 특성
－ 무색, 투명한 액체로 자극적인 냄새가 난다.
－ 에탄올(에틸알코올)이 산화되면 아세트알데하이드가 된다.
－ 구리, 마그네슘, 은, 수은과 반응하면 아세틸레이트를 생성하므로 위험하다.
－ 물, 에터, 에탄올에 잘 녹고 고무를 녹인다.
• 아세트알데하이드 등 또는 다이에틸에터 등을 이동저장탱크에 저장하는 경우
－ 보냉장치가 있는 경우 : 비점 이하
－ 보냉장치가 없는 경우 : 40℃ 이하

정답

(1) 품명 : 특수인화물, 지정수량 : 50L

(2) ①, ②, ④

(3) 40

---

15 다음 [보기]의 위험물에 대하여 물음에 알맞은 화학식을 쓰시오(단, 없으면 "해당없음"이라고 답할 것).

┌ 보기 ┐

염소산나트륨, 질산암모늄, 과산화나트륨,
칼륨, 과망가니즈산칼륨, 아세톤

(1) 보기에서 위험물 중 이산화탄소와 반응하는 위험물을 모두 쓰시오.

(2) (1)의 위험물 중에서 이산화탄소와 반응하는 반응식을 쓰시오.

해설

이산화탄소와 반응하는 물질
• 과산화나트륨　$2Na_2O_2 + 2CO_2 \rightarrow 2Na_2CO_3 + O_2$
• 칼륨　　　　　$4K + 3CO_2 \rightarrow 2K_2CO_3 + C$

정답

(1) Na_2O_2, K

(2) ① 과산화나트륨

　　　$2Na_2O_2 + 2CO_2 \rightarrow 2Na_2CO_3 + O_2$

② 칼륨

　　　$4K + 3CO_2 \rightarrow 2K_2CO_3 + C$

16 위험물안전관리법령상 이동탱크저장소에 대하여 다음 물음에 답을 쓰시오.

정답
(1) 35° 이상
(2) 75° 이상

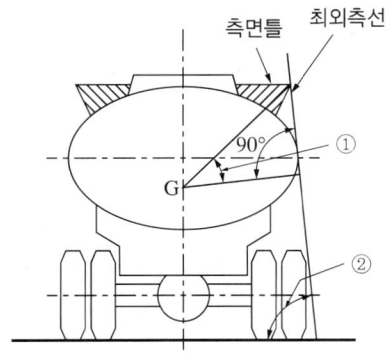

(1) ①의 각도를 쓰시오.

(2) ②의 각도를 쓰시오.

해설

이동탱크저장소의 측면틀(시행규칙 별표 10) : 탱크 뒷부분의 입면도에 있어서 측면틀의 최외측과 탱크의 최외측을 연결하는 직선(이하 "최외측선"이라 한다)의 수평면에 대한 내각이 75° 이상이 되도록 하고 최대수량의 위험물을 저장한 상태에 있을 때의 해당 탱크 중량의 중심점과 측면틀의 최외측을 연결하는 직선과 그 중심점을 지나는 직선중 최외측선과 직각을 이루는 직선과의 내각이 35° 이상이 되도록 할 것

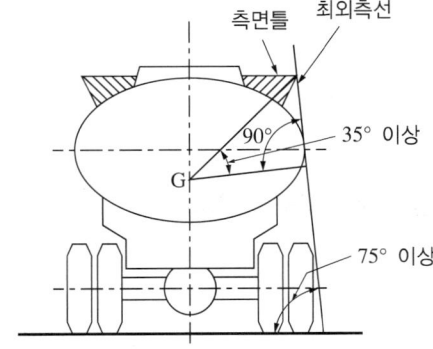

17 제6류 위험물인 과산화수소에 대하여 다음 물음에 답하시오.

(1) 열분해반응식을 쓰시오.

(2) 과산화수소 100g이 열분해할 경우 생성되는 산소의 질량(g)을 계산하시오.

해설

과산화수소
- 열분해반응식 $2H_2O_2 \rightarrow 2H_2O + O_2$
- 산소의 질량

$$2H_2O_2 \rightarrow 2H_2O + O_2$$

$$\begin{array}{ccc} 2 \times 34g & \diagdown & 32g \\ 100g & \diagup & x \end{array}$$

$$\therefore \ x = \frac{100 \times 32g}{2 \times 34g} = 47.06g$$

정답

(1) $2H_2O_2 \rightarrow 2H_2O + O_2$

(2) 47.06g

18 [보기]의 설명 중 과염소산에 대한 내용으로 옳은 것을 모두 선택하여 그 번호를 쓰시오.

┌ 보기 ┐

① 분자량은 약 78이다.
② 분자량은 약 63이다.
③ 무색의 액체이다.
④ 짙은 푸른색을 나타내는 액체이다.
⑤ 농도가 36wt% 미만인 것은 위험물에 해당하지 않는다.
⑥ 가열 분해 시 유독한 HCl을 발생한다.

해설

과염소산($HClO_4$)
- 분자량 : 100.5
- 무색, 무취의 유동하기 쉬운 액체이다.
- 분해반응식 $HClO_4 \rightarrow HCl + 2O_2$
                    (염산, 염화수소)

※ 과산화수소는 농도가 36wt% 이상이면 제6류 위험물로 취급한다.

정답

③, ⑥

19 표준상태에서 메탄올 80kg이 완전연소 시 필요한 이론공기량(m^3)을 계산하시오(단, 공기 중 산소 : 질소 = 21 : 79이다).

정답

$400m^3$

해설

이론공기량

$$2CH_3OH \quad + \quad 3O_2 \quad \rightarrow \quad 2CO_2 \quad + \quad 4H_2O$$

$2 \times 32kg$　　$3 \times 22.4m^3$

$80kg$　　　　　x

$$x = \frac{80kg \times 3 \times 22.4m^3}{2 \times 32kg} = 84m^3 \text{(이론산소량)}$$

∴ 이론공기량 $= 84m^3 \div 0.21 = 400m^3$

20 다음 [보기]에서 제4류 위험물이다. 인화점이 낮은 것부터 높은 순서대로 나열하시오.

정답

산화프로필렌, 메틸알코올, 클로로벤젠, 나이트로벤젠

┌ 보기 ┐

　나이트로벤젠, 메틸알코올, 클로로벤젠, 산화프로필렌

해설

제4류 위험물의 인화점

종류	나이트로벤젠	메틸알코올	클로로벤젠	산화프로필렌
품명	제3석유류	알코올류	제2석유류	특수인화물
인화점	88℃	11℃	27℃	−37℃

※ 해당 문제는 인화점을 몰라도 품명을 구분하면 답을 알 수 있습니다.

01 위험물안전관리법령에 따라 옥내저장소에 황린을 저장할 때 다음 물음에 답하시오.

(1) 옥내저장소의 바닥면적을 쓰시오.

(2) 위험등급을 쓰시오.

(3) 황린과 같이 저장할 수 있는 위험물의 유별을 쓰시오.

정답

(1) 1,000m^2 이하

(2) 등급 I

(3) 제1류 위험물

해설

황린

• 옥내저장창고의 기준면적

위험물을 저장하는 창고의 종류	기준면적
제1류 위험물 중 아염소산염류, 염소산염류, 과염소산염류, 무기과산화물, 그 밖에 지정수량이 50kg인 위험물	1,000m^2 이하
제3류 위험물 중 칼륨, 나트륨, 알킬알루미늄, 알킬리튬, 그 밖에 지정수량이 10kg인 위험물 및 황린	
제4류 위험물 중 특수인화물, 제1석유류 및 알코올류	
제5류 위험물 중 유기과산화물, 질산에스터류, 그 밖에 지정수량이 10kg인 위험물	
제6류 위험물	

• 위험등급 : 등급 I

• 옥내저장소에 같이 저장할 수 있는 위험물(1m 이상 간격 유지)
 – 제1류 위험물(알칼리금속의 과산화물은 제외)과 제5류 위험물을 저장하는 경우
 – 제1류 위험물과 제6류 위험물을 저장하는 경우
 – 제1류 위험물과 제3류 위험물 중 자연발화성 물질(황린에 한한다)을 저장하는 경우
 – 제2류 위험물의 인화성 고체와 제4류 위험물을 저장하는 경우

02 탄산수소칼륨 분말소화약제에 대하여 다음 물음에 답하시오.

(1) 190℃에서 분해되는 분해반응식을 쓰시오.

(2) 탄산수소칼륨 200kg이 분해할 때 생성되는 이산화탄소의 부피(m^3)를 구하시오(단, 1기압, 200℃이다).

해설

제2종 분말소화약제

- 분해반응식
  - 1차 분해반응식(190℃) $2KHCO_3 \rightarrow K_2CO_3 + CO_2 + H_2O$
  - 2차 분해반응식(590℃) $2KHCO_3 \rightarrow K_2O + 2CO_2 + H_2O$
- 이산화탄소의 체적

$$2KHCO_3 \quad \rightarrow \quad K_2CO_3 \ + \ CO_2 \ + \ H_2O$$

$2 \times 100kg$ ⟍⟋ $44kg$
$200kg$ ⟋⟍ x

$$\therefore \ x = \frac{200kg \times 44kg}{2 \times 100kg} = 44kg$$

이상기체 상태방정식을 적용하면

$$PV = \frac{W}{M}RT, \qquad V = \frac{WRT}{PM}$$

여기서, P : 압력(1atm)

V : 부피(m^3)

W : 무게(44kg)

M : 분자량(이산화탄소 $CO_2 = 44$)

R : 기체상수($0.08205m^3 \cdot atm/kg-mol \cdot K$)

T : 절대온도(273 + 200℃ = 473K)

$$\therefore \ V = \frac{WRT}{PM} = \frac{44kg \times 0.08205m^3 \cdot atm/kg-mol \cdot K \times 473K}{1atm \times 44kg/kg-mol} = 38.81m^3$$

03 톨루엔 9.2g을 완전 연소시키는 데 필요한 공기는 몇 L인지 계산하시오(단, 0℃, 1기압을 기준으로 하며 산소는 21vol%이다).

해설

이론공기량

$$C_6H_5CH_3 \ + \ 9O_2 \ \rightarrow \ 7CO_2 \ + \ 4H_2O$$

92g ⟋⟍ $9 \times 22.4L$
9.2g ⟍⟋ x

$$x = \frac{9.2g \times 9 \times 22.4L}{92g} = 20.16L \text{(이론산소량)}$$

$$\therefore \text{이론공기량} = 20.16L \div 0.21 = 96L$$

04 다음 [보기]에서 위험물을 인화점이 낮은 것부터 높은 순서대로 쓰시오.

┌ 보기 ┐
나이트로벤젠, 아세트알데하이드, 아세트산, 에탄올
└──────┘

정답
아세트알데하이드, 에탄올, 아세트산, 나이트로벤젠

해설

제4류 위험물의 인화점

종류 \ 항목	품명	인화점	석유류 구분
나이트로벤젠	제3석유류	88℃	인화점이 70℃ 이상 200℃ 미만
아세트알데하이드	특수인화물	-40℃	인화점이 -20℃ 이하이고 비점이 40℃ 이하
아세트산	제2석유류	40℃	인화점이 21℃ 이상 70℃ 미만
에탄올	알코올류	13℃	-

05 다음 빈칸에 알맞은 답을 쓰시오.

물질명	화학식	품명
에탄올	(①)	알코올류
에틸렌글라이콜	(②)	(③)
(④)	$C_3H_5(OH)_3$	(⑤)

정답
① C_2H_5OH
② $C_2H_4(OH)_2$
③ 제3석유류(수용성)
④ 글리세린
⑤ 제3석유류(수용성)

해설

제4류 위험물

물질명	화학식	품명
에탄올	C_2H_5OH	알코올류
에틸렌글라이콜	$C_2H_4(OH)_2$	제3석유류(수용성)
글리세린	$C_3H_5(OH)_3$	제3석유류(수용성)

06 다음 [보기]에서 설명하는 위험물에 대하여 물음에 알맞은 답을 쓰시오.

┌─보기─────────────────────────────────┐
- 제4류 위험물
- 분자량 : 60
- 지정수량 : 2,000L
- 강산화제, 알칼리금속과 접촉을 피한다.
└──────────────────────────────────────┘

(1) 연소 시 생성되는 물질 2가지를 화학식으로 쓰시오.

(2) Zn과 반응할 경우 생성되는 가연성 가스의 명칭을 쓰시오.

(3) 이 위험물의 수용성, 비수용성 해당 여부를 쓰시오.

정답
(1) CO_2, H_2O
(2) 수소(H_2)
(3) 수용성

해설

초산(아세트산)

- 물성

화학식	품명	지정수량	분자량	인화점
CH_3COOH	제2석유류 (수용성)	2,000L	60	40℃

- 연소반응식 $CH_3COOH + 2O_2 \rightarrow 2CO_2 + 2H_2O$
- 아연과 반응 $Zn + 2CH_3COOH \rightarrow (CH_3COO)_2Zn + H_2$

07 다음 [보기]의 내용 해당하는 제4류 위험물에 대하여 답을 쓰시오.

┌보기┐
- 분자량 : 76
- 비중 : 1.26
- 비점 : 46℃
- 콘크리트 수조 속에 저장한다.
└────┘

(1) 위험물의 명칭을 쓰시오.

(2) 위험물의 시성식을 쓰시오.

(3) 위험물의 품명을 쓰시오.

(4) 위험물의 지정수량을 쓰시오.

(5) 위험물의 위험등급을 쓰시오.

정답

(1) 이황화탄소

(2) CS_2

(3) 특수인화물

(4) 50L

(5) 등급 I

해설

이황화탄소

- 물성

시성식	품명	지정수량	위험등급	분자량	비점	액체비중	인화점	착화점
CS_2	특수인화물	50L	I	76	46℃	1.26	−30℃	90℃

- 철근콘크리트 수조 속에 넣어 보관한다.

08 다음 [보기]에서 동식물유류 중 불건성유에 해당하는 것을 모두 선택하시오(단, 없으면 "해당없음"이라고 답할 것).

┌보기┐
야자유, 아마인유, 해바라기유, 피마자유, 올리브유
└────┘

정답

야자유, 피마자유, 올리브유

해설

동식물유류

종류＼항목	아이오딘값	반응성	불포화도	종류
건성유	130 이상	크다.	크다.	해바라기유, 동유, 아마인유, 정어리기름, 들기름
반건성유	100~130	중간	중간	채종유, 목화씨기름(면실유), 참기름, 콩기름
불건성유	100 이하	작다.	작다.	야자유, 올리브유, 피마자유, 동백유

09 다음 [보기]의 위험물에 대하여 물음에 답하시오.

┌보기─────────────────────────────┐
│ 염소산칼륨, 적린, 과산화칼슘, 아세톤, 과산화수소, 철분 │
└─────────────────────────────────┘

(1) 차광성 덮개를 해야 하는 위험물을 모두 쓰시오.
(2) 방수성 덮개를 해야 하는 위험물을 모두 쓰시오.

해설

운반 시 적재위험물에 따른 조치
• 차광성이 있는 것으로 피복
 – 제1류 위험물
 – 제3류 위험물 중 자연발화성 물질
 – 제4류 위험물 중 특수인화물
 – 제5류 위험물
 – 제6류 위험물
• 방수성이 있는 것으로 피복
 – 제1류 위험물 중 알칼리금속의 과산화물
 – 제2류 위험물 중 철분·금속분·마그네슘
 – 제3류 위험물 중 금수성 물질
• 위험물의 분류

종류	염소산칼륨	적린	과산화칼슘	아세톤	과산화수소	철분
유별	제1류 위험물	제2류 위험물	제1류 위험물	제4류 위험물	제6류 위험물	제2류 위험물
덮개	차광성	–	차광성	–	차광성	방수성

정답
(1) 염소산칼륨, 과산화칼슘, 과산화수소
(2) 철분

10 제2류 위험물인 아연에 대하여 다음 물음에 답하시오.

(1) 고온의 물과 반응식을 쓰시오.
(2) 황산과 반응식을 쓰시오.
(3) 산소와 반응식을 쓰시오.

해설

아연의 반응식

반응물질	반응식	발생가스
수분	$Zn + 2H_2O \rightarrow Zn(OH)_2 + H_2$	수소(H_2)
염산	$Zn + 2HCl \rightarrow ZnCl_2 + H_2$	수소(H_2)
황산	$Zn + H_2SO_4 \rightarrow ZnSO_4 + H_2$	수소(H_2)
연소반응식	$2Zn + O_2 \rightarrow 2ZnO$	–

정답
(1) $Zn + 2H_2O \rightarrow Zn(OH)_2 + H_2$
(2) $Zn + H_2SO_4 \rightarrow ZnSO_4 + H_2$
(3) $2Zn + O_2 \rightarrow 2ZnO$

11 위험물안전관리법령에서 정한 지하탱크저장소의 그림이다. 다음 물음에 답하시오.

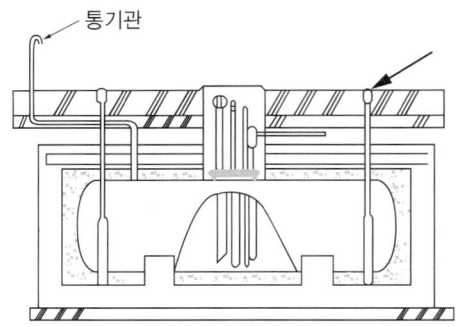

(1) 지면에서부터 통기관의 높이를 쓰시오.

(2) 지하저장탱크 윗부분과 지면까지의 거리를 쓰시오.

(3) 화살표가 지목하는 부분의 명칭을 쓰시오.

(4) 지하저장탱크와 탱크전용실과의 거리를 쓰시오.

(5) 탱크 주위에 채워야 하는 물질을 쓰시오.

해설

지하탱크저장소

• 탱크저장소의 구조

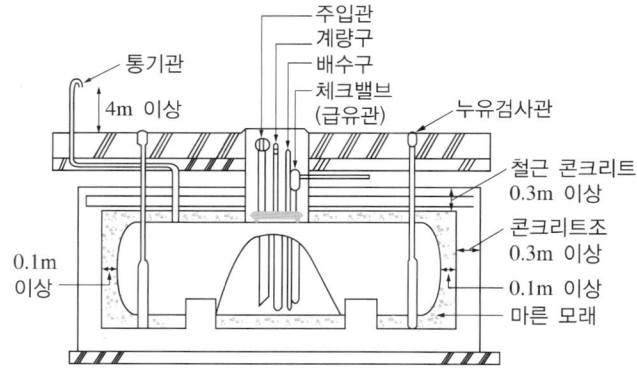

• 지하저장탱크의 윗 부분은 지면으로부터 0.6m 이상 아래에 있어야 한다.
• 탱크전용실은 지하의 가장 가까운 벽·피트·가스관 등의 시설물 및 대지경계선으로 부터 0.1m 이상 떨어진 곳에 설치하고, 지하저장탱크와 탱크전용실의 안쪽과의 사이는 0.1m 이상의 간격을 유지하도록 하며, 해당 탱크의 주위에 마른 모래 또는 습기 등에 의하여 응고되지 않는 입자지름 5mm 이하의 마른 자갈분을 채워야 한다.

정답

(1) 4m 이상

(2) 0.6m 이상

(3) 누유검사관

(4) 0.1m 이상

(5) 마른 모래 또는 습기 등에 의하여 응고되 지 않는 입자지름 5mm 이하의 마른 자 갈분

12 위험물안전관리법령에서 정한 위험물의 운반에 관한 기준에서 혼재가 가능한 위험물의 유별을 모두 쓰시오(단, 위험물의 지정수량 이상 운반한다).

(1) 제1류 위험물

(2) 제2류 위험물

(3) 제3류 위험물

(4) 제4류 위험물

(5) 제5류 위험물

해설

운반 시 위험물의 혼재 가능 기준

위험물의 구분	제1류	제2류	제3류	제4류	제5류	제6류
제1류		×	×	×	×	○
제2류	×		×	○	○	×
제3류	×	×		○	×	×
제4류	×	○	○		○	×
제5류	×	○	×	○		×
제6류	○	×	×	×	×	

정답

(1) 제6류 위험물

(2) 제4류 위험물, 제5류 위험물

(3) 제4류 위험물

(4) 제2류 위험물, 제3류 위험물, 제5류 위험물

(5) 제2류 위험물, 제4류 위험물

13 위험물안전관리법령상 이동탱크저장소에 대하여 다음 물음에 답하시오.

(1) 이동탱크저장소 내부에 설치하는 칸막이의 두께를 쓰시오.

(2) 이동탱크저장소 내부에 설치하는 칸막이는 몇 L 이하마다 설치하는지 쓰시오.

(3) 이동탱크저장소 내부에 설치하는 방파판의 두께를 쓰시오.

해설

이동탱크저장소의 부속장치

항목 종류	두께	용도
안전칸막이	3.2mm 이상	탱크 전복 시 탱크의 일부가 파손되더라도 전량의 위험물 누출 방지하기 위하여 4,000L 이하마다 설치
방파판	1.6mm 이상	위험물 운송 중 내부 위험물의 출렁임, 쏠림 등을 완화하여 차량의 안전 확보
방호틀	2.3mm 이상	탱크 전복 시 부속장치(주입구, 맨홀, 안전장치) 보호
측면틀	3.2mm 이상	탱크 전복 시 탱크본체 파손 방지

정답

(1) 3.2mm 이상

(2) 4,000L 이하

(3) 1.6mm 이상

14 다음 제5류 위험물의 시성식을 쓰시오.

(1) 질산에틸

(2) 트라이나이트로벤젠

(3) 다이나이트로아닐린

해설

제5류 위험물

항목 \ 종류	질산에틸	트라이나이트로벤젠	2,4-다이나이트로아닐린
시성식	$C_2H_5ONO_2$	$C_6H_3(NO_2)_3$	$C_6H_3NH_2(NO_2)_2$
품명	질산에스터류	나이트로화합물	나이트로화합물

정답

(1) $C_2H_5ONO_2$

(2) $C_6H_3(NO_2)_3$

(3) $C_6H_3NH_2(NO_2)_2$

---

15 제4류 위험물의 연소반응식을 쓰시오.

(1) 아세트알데하이드

(2) 벤젠

(3) 메탄올

해설

연소반응식

• 아세트알데하이드 $2CH_3CHO + 5O_2 \rightarrow 4CO_2 + 4H_2O$

• 벤젠 $2C_6H_6 + 15O_2 \rightarrow 12CO_2 + 6H_2O$

• 메탄올 $2CH_3OH + 3O_2 \rightarrow 2CO_2 + 4H_2O$

정답

(1) $2CH_3CHO + 5O_2 \rightarrow 4CO_2 + 4H_2O$

(2) $2C_6H_6 + 15O_2 \rightarrow 12CO_2 + 6H_2O$

(3) $2CH_3OH + 3O_2 \rightarrow 2CO_2 + 4H_2O$

---

16 제1류 위험물에 대한 지정수량을 쓰시오.

(1) 염소산염류

(2) 질산염류

(3) 다이크로뮴산염류

해설

제1류 위험물의 지정수량

종류	염소산염류, 아염소산염류, 과염소산염류	질산염류, 브로민산염류, 아이오딘산염류	다이크로뮴산염류, 과망가니즈산염류
지정수량	50kg	300kg	1,000kg

정답

(1) 50kg

(2) 300kg

(3) 1,000kg

17 위험물안전관리법령에 따른 소화설비의 적응성에 대한 내용이다. 각 소화설비의 적응성에 대하여 빈칸에 ○표를 하시오.

대상물의 구분 소화설비의 구분		제2류 위험물		
		철분·금속분·마그네슘 등	인화성 고체	그 밖의 것
옥내소화전설비				
물분무 등 소화설비	물분무소화설비			
	포소화설비			
	불활성가스소화설비			
	할로젠화합물소화설비			

정답

대상물의 구분 소화설비의 구분		제2류 위험물		
		철분·금속분·마그네슘 등	인화성 고체	그 밖의 것
옥내소화전설비			○	○
물분무 등 소화설비	물분무소화설비		○	○
	포소화설비		○	○
	불활성가스소화설비		○	
	할로젠화합물소화설비		○	

해설

소화설비의 적응성

대상물의 구분 소화설비의 구분			건축물·그 밖의 공작물	전기설비	제1류 위험물		제2류 위험물			제3류 위험물		제4류 위험물	제5류 위험물	제6류 위험물
					알칼리금속과산화물 등	그 밖의 것	철분·금속분·마그네슘 등	인화성 고체	그 밖의 것	금수성물품	그 밖의 것			
옥내소화전설비 또는 옥외소화전설비			○			○		○	○		○		○	○
스프링클러설비			○			○		○	○		○	△	○	○
물분무 등 소화설비	물분무소화설비		○	○		○		○	○		○	○	○	○
	포소화설비		○			○		○	○		○	○	○	○
	불활성가스소소화설비			○				○				○		
	할로젠화합물소화설비			○				○				○		
	분말 소화 설비	인산염류 등	○	○		○		○	○			○		○
		탄산수소염류 등		○	○		○	○			○		○	
		그 밖의 것			○		○				○			

18 다음 그림과 같은 원통형 위험물 저장탱크의 내용적(m^3)을 구하시오 (단, r : 1m, l_1 : 0.5m, l_2 : 0.5m, l : 5m이다).

$16.76m^3$

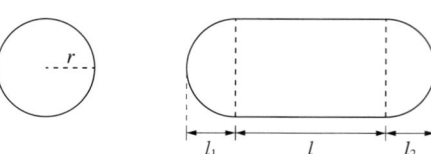

해설
원통형 탱크의 내용적

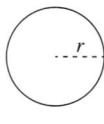 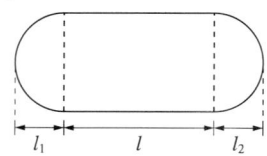

$$\therefore \text{내용적} = \pi r^2\left(l + \frac{l_1 + l_2}{3}\right) = \pi \times (1m)^2 \times \left(5m + \frac{0.5m + 0.5m}{3}\right) = 16.76m^3$$

19 비중이 1.45이고 농도가 80wt%인 질산용액 1L에 대하여 다음 물음에 답하시오.

(1) HNO_3의 질량(g)을 구하시오.

(2) 이 물질을 10wt%로 만들려면 물 몇 g을 첨가해야 하는지 구하시오.

(1) 1,160g
(2) 10,150g

해설
질산의 양과 물의 양
• 질산의 질량
  비중이 1.45 = 1.45kg/L × 1L × 0.8 = 1.16kg = 1,160g
• 물의 양

HNO_3 80 10 − 0 = 10g
         10
H_2O 0   80 − 10 = 70g

$HNO_3 : H_2O = 10g : 70g = 1,450g : x$

$$\therefore x = \frac{70g \times 1,450g}{10g} = 10,150g$$

20 제3류 위험물인 탄화칼슘에 대하여 다음 물음에 답하시오.

(1) 탄화칼슘이 물과 반응하여 생성되는 기체의 연소반응식을 쓰시오.

(2) 탄화칼슘을 취급하는 "위험물제조소"라는 표지판에 대하여 다음 물음에 답을 쓰시오.
　① 바탕색
　② 문자색

해설

탄화칼슘
- 물과 반응식　$CaC_2 + 2H_2O \rightarrow Ca(OH)_2 + C_2H_2$
- 아세틸렌의 연소반응식　$2C_2H_2 + 5O_2 \rightarrow 4CO_2 + 2H_2O$
- 위험물제조소의 표지판 색상 : 백색바탕에 흑색문자

정답

(1)　$2C_2H_2 + 5O_2 \rightarrow 4CO_2 + 2H_2O$

(2)　① 바탕색 : 백색
　　② 문자색 : 흑색

01 제4류 위험물로서 비중이 0.8이고 메탄올 200L가 완전연소 한다. 다음 물음에 답하시오.

(1) 완전연소 시 필요한 이론산소량(kg)을 구하시오.

(2) 생성되는 이산화탄소의 부피(L)를 구하시오.

해설

메틸알코올

• 이론산소량

$$2CH_3OH \quad + \quad 3O_2 \quad \rightarrow \quad 2CO_2 + 4H_2O$$
$$2 \times 32kg \qquad 3 \times 32kg$$
$$160kg \qquad\qquad x$$

$$\therefore \quad x = \frac{160kg \times 3 \times 32kg}{2 \times 32kg} = 240kg$$

여기서, 메탄올을 무게로 환산하면 비중이 $0.8 = 0.8g/cm^3 = 0.8kg/L$이므로 무게는 $0.8kg/L \times 200L = 160kg$이다.

• 이산화탄소의 부피

$$2CH_3OH + 3O_2 \quad \rightarrow \quad 2CO_2 + 4H_2O$$
$$2 \times 32kg \qquad 2 \times 22.4m^3$$
$$160kg \qquad\qquad x$$

$$\therefore \quad x = \frac{160kg \times 2 \times 22.4m^3}{2 \times 32kg} = 112m^3 = 112,000L$$

정답

(1) 240kg

(2) 112,000L

---

02 제3류 위험물인 탄화알루미늄에 대하여 다음 물음에 답하시오.

(1) 탄화알루미늄과 물의 반응식을 쓰시오.

(2) (1)에서 생성되는 물질의 연소반응식을 쓰시오.

해설

탄화알루미늄

• 물과 반응 $Al_4C_3 + 12H_2O \quad \rightarrow \quad 4Al(OH)_3 + 3CH_4$
　　　　　　　　　　　　　　　　　(수산화알루미늄) (메테인)

• 메테인의 연소반응식 $CH_4 + 2O_2 \rightarrow CO_2 + 2H_2O$

정답

(1) $Al_4C_3 + 12H_2O \rightarrow 4Al(OH)_3 + 3CH_4$

(2) $CH_4 + 2O_2 \rightarrow CO_2 + 2H_2O$

03 제4류 위험물인 휘발유를 저장하는 옥외탱크저장소의 방유제에 대하여 다음 물음에 답하시오.

(1) 방유제의 높이

(2) 방유제의 두께

(3) 지하매설깊이

(4) 방유제의 면적

(5) 방유제에 설치할 수 있는 휘발유 저장탱크의 수(단, 방유제 내에 다른 위험물 저장탱크는 없다)

옥외탱크저장소의 방유제의 기준
• 설치기준

항목	기준
두께	0.2m 이상
높이	0.5m 이상 3m 이하
지하매설깊이	1m 이상
면적	80,000m^2 이하

• 방유제 내에 설치하는 옥외저장탱크의 수는 10(방유제 내에 설치하는 모든 옥외저장탱크의 용량이 20만L 이하이고, 위험물의 인화점이 70℃ 이상 200℃ 미만인 경우에는 20) 이하로 할 것(단, 인화점이 200℃ 이상인 옥외저장탱크는 제외)
• 방유제 내에 탱크의 설치개수
– 제1석유류(휘발유), 제2석유류 : 10기 이하
– 제3석유류(인화점 70℃ 이상 200℃ 미만) : 20기 이하
– 제4석유류(인화점이 200℃ 이상) : 제한없음

정답
(1) 0.5m 이상 3m 이하
(2) 0.2m 이상
(3) 1m 이상
(4) 80,000m^2 이하
(5) 10기 이하

---

04 아연에 대하여 다음 물음에 답하시오.

(1) 아연과 물이 반응하는 반응식을 쓰시오.

(2) 아연과 염산이 반응하여 생성되는 기체의 명칭을 쓰시오.

아연의 반응
• 아연과 물의 반응　　$Zn + 2H_2O　→　Zn(OH)_2 + H_2$
　　　　　　　　　　　　　　　　　(수산화아연) (수소)
• 아연과 염산의 반응　$Zn + 2HCl　→　ZnCl_2 + H_2$
　　　　　　　　　　　　　　　　(염화아연) (수소)

정답
(1) $Zn + 2H_2O → Zn(OH)_2 + H_2$
(2) 수소

05 분말소화약제의 종별에 따른 약제의 화학식을 쓰시오.

(1) 제1종 분말소화약제

(2) 제2종 분말소화약제

(3) 제3종 분말소화약제

(1) $NaHCO_3$

(2) $KHCO_3$

(3) $NH_4H_2PO_4$

해설

분말소화약제

종류	주성분	적응화재	착색 (분말의 색)
제1종 분말	$NaHCO_3$(중탄산나트륨, 탄산수소나트륨)	B, C급	백색
제2종 분말	$KHCO_3$(중탄산칼륨, 탄산수소칼륨)	B, C급	담회색
제3종 분말	$NH_4H_2PO_4$(인산암모늄, 제일인산암모늄)	A, B, C급	담홍색
제4종 분말	$KHCO_3 + (NH_2)_2CO$(중탄산칼륨 + 요소)	B, C급	회색

06 [보기]의 내용을 보고 다음 물음에 답하시오.

┌ 보기 ┐

• 무색 투명한 수용성 액체이다.

• 인화점 −37℃, 비점이 35℃이다.

• 흡입할 경우 유해한 성분으로 인해 폐수종의 위험이 있다.

• 구리, 마그네슘, 수은의 저장용기는 사용할 수 없다.

(1) 이 위험물의 명칭을 쓰시오.

(2) 지정수량을 쓰시오.

(3) 보냉장치가 없는 이동저장탱크에 이 위험물을 저장할 경우 온도는 몇 ℃ 이하로 유지해야 하는지 쓰시오.

(1) 산화프로필렌

(2) 50L

(3) 40℃ 이하

해설

산화프로필렌

• 물성

화학식	분자량	지정수량	비점	인화점	착화점	연소범위
CH_3CHCH_2O	58	50L	35℃	−37℃	449℃	2.8~37%

• 무색 투명한 수용성 액체이다.

• 구리, 마그네슘, 수은의 저장용기는 사용할 수 없다.

• 이동저장탱크에 저장

종류	구분	보냉장치가 있는 경우	보냉장치가 없는 경우
아세트알데하이드 등 또는 다이에틸에터 등		비점 이하	40℃ 이하

07 휘발유, 벤젠, 톨루엔 중 인화점이 낮은 것부터 높은 순으로 쓰시오.

휘발유, 벤젠, 톨루엔

해설

인화점

종류	휘발유	벤젠	톨루엔
품명	제1석유류(비수용성)	제1석유류(비수용성)	제1석유류(비수용성)
인화점	$-43℃$	$-11℃$	$4℃$

08 다음 제2류 위험물의 완전 연소반응식을 쓰시오.

(1) 삼황화인

(2) 오황화인

정답

(1) 삼황화인

$P_4S_3 + 8O_2 \rightarrow 2P_2O_5 + 3SO_2$

(2) 오황화인

$2P_2S_5 + 15O_2 \rightarrow 2P_2O_5 + 10SO_2$

해설

연소반응식

• 삼황화인 $P_4S_3 + 8O_2 \rightarrow 2P_2O_5 + 3SO_2$
• 오황화인 $2P_2S_5 + 15O_2 \rightarrow 2P_2O_5 + 10SO_2$

09 [보기]의 위험물을 보고 지정수량이 작은 것부터 순서대로 나열하시오.

┌ 보기 ┐

과망가니즈산염류, 칼륨, 알칼리토금속, 금속의 인화물, 철분

정답

칼륨, 알칼리토금속, 금속의 인화물, 철분, 과망가니즈산염류

해설

지정수량

종류 \ 항목	유별	지정수량
과망가니즈산염류	제1류 위험물	1,000kg
칼륨	제3류 위험물	10kg
알칼리토금속	제3류 위험물	50kg
금속의 인화물	제3류 위험물	300kg
철분	제2류 위험물	500kg

10 다음 [보기]에서 산성의 세기가 작은 순으로 번호를 고르시오.

┌보기─────────────────────────────────
① $HClO$
② $HClO_2$
③ $HClO_3$
④ $HClO_4$
└─────────────────────────────────────

해설
산성의 세기

종류	HClO	HClO₂	HClO₃	HClO₄
명칭	차아염소산	아염소산	염소산	과염소산

※ 산소(O)의 수가 작을수록 산성의 세기가 작다.

11 방향족 탄화수소인 BTX에 대하여 다음 각 물음에 답하시오.

(1) BTX가 무엇의 약자인지 명칭을 쓰시오.
  • B :
  • T :
  • X :

(2) 위의 3가지 물질 중 "T"에 해당하는 물질의 구조식을 쓰시오.

해설
BTX

약자	B	T	X		
명칭	Benzene	Toluene	o–Xylene	m–Xylene	p–Xylene
구조식	⬡	CH₃⬡	CH₃CH₃⬡	CH₃CH₃⬡	CH₃⬡CH₃

12 다음 보기의 위험물이 물과 반응하여 생성되는 기체의 명칭을 쓰시오(단, 없으면 "해당없음"이라고 답할 것).

(1) 과산화나트륨

(2) 과염소산나트륨

(3) 질산암모늄

(4) 과망가니즈산칼륨

(5) 브로민산칼륨

(1) 산소

(2) 해당없음

(3) 해당없음

(4) 해당없음

(5) 해당없음

해설

물과 반응

종류	물과 반응
과산화나트륨	$2Na_2O_2 + 2H_2O \rightarrow 4NaOH + O_2$(산소)
과염소산나트륨	물에 녹는다.
질산암모늄	물에 녹는다.
과망가니즈산칼륨	물에 녹는다.
브로민산칼륨	물에 녹는다.

13 다음 그림과 같은 원통형 위험물 저장탱크의 내용적(m^3)을 구하시오 (단, r은 1m, l_1은 0.4m, l_2는 0.5m, l은 5m이고 π는 3.14로 한다).

$16.64m^3$

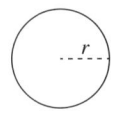 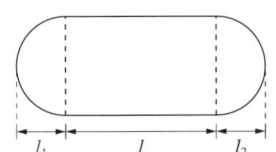

해설

원통형 탱크의 내용적

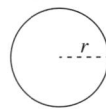 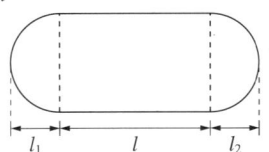

$$\therefore \ 내용적 = \pi r^2\left(l + \frac{l_1 + l_2}{3}\right) = \pi \times (1m)^2 \times \left(5m + \frac{0.4m + 0.5m}{3}\right) = 16.64m^3$$

14 다음 위험물이 지정수량 이상일 때 혼재해서는 안 되는 위험물의 유별을 모두 쓰시오.

(1) 제1류 위험물
(2) 제2류 위험물
(3) 제3류 위험물
(4) 제4류 위험물
(5) 제5류 위험물

(1) 제2류 위험물, 제3류 위험물, 제4류 위험물, 제5류 위험물
(2) 제1류 위험물, 제3류 위험물, 제6류 위험물
(3) 제1류 위험물, 제2류 위험물, 제5류 위험물, 제6류 위험물
(4) 제1류 위험물, 제6류 위험물
(5) 제1류 위험물, 제3류 위험물, 제6류 위험물

해설

운반 시 유별을 달리하는 위험물의 혼재기준(시행규칙 별표 19)

위험물의 구분	제1류	제2류	제3류	제4류	제5류	제6류
제1류		×	×	×	×	○
제2류	×		×	○	○	×
제3류	×	×		○	×	×
제4류	×	○	○		○	×
제5류	×	○	×	○		×
제6류	○	×	×	×	×	

15 위험물안전관리법령상 알코올류의 정의에 대한 설명이다. 다음 ( ) 안에 알맞은 답을 쓰시오.

"알코올류"라 함은 1분자를 구성하는 탄소원자의 수가 (㉠)개부터 (㉡)개까지인 포화 1가 알코올(변성알코올을 포함한다)을 말한다. 단, 다음 중 하나에 해당하는 것은 제외한다.
(1) 1분자를 구성하는 탄소원자의 수가 1개 내지 3개의 포화 1가 알코올의 함유량이 (㉢)wt% 미만인 수용액
(2) 가연성 액체량이 (㉣)wt% 미만이고 인화점 및 연소점이 에틸알코올 (㉤)wt% 수용액의 인화점 및 연소점을 초과하는 것

㉠ 1
㉡ 3
㉢ 60
㉣ 60
㉤ 60

해설

알코올류(시행령 별표 1) : 1분자를 구성하는 탄소원자의 수가 1개부터 3개까지인 포화 1가 알코올(변성알코올을 포함한다)을 말한다. 단, 다음 중 하나에 해당하는 것은 제외한다.
• 1분자를 구성하는 탄소원자의 수가 1개 내지 3개의 포화 1가 알코올의 함유량이 60wt% 미만인 수용액
• 가연성 액체량이 60wt% 미만이고 인화점 및 연소점(태그개방식인화점측정기에 의한 연소점을 말한다)이 에틸알코올 60wt% 수용액의 인화점 및 연소점을 초과하는 것

16 위험물안전관리법령상 위험물의 운반에 관한 기준이다. 운반용기 외부에 표시해야 하는 주의사항을 모두 쓰시오(단, 없으면 "해당없음"이라고 답할 것).

(1) 제2류 위험물 중 인화성 고체

(2) 제4류 위험물

(3) 제6류 위험물

해설

운반 시 운반용기에 표시해야 하는 주의사항

종류	표시 사항
제1류 위험물	• 알칼리금속의 과산화물 : 화기·충격주의, 물기엄금, 가연물접촉주의 • 그 밖의 것 : 화기·충격주의, 가연물접촉주의
제2류 위험물	• 철분, 금속분, 마그네슘 : 화기주의, 물기엄금 • 인화성 고체 : 화기엄금 • 그 밖의 것 : 화기주의
제3류 위험물	• 자연발화성 물질 : 화기엄금, 공기접촉엄금 • 금수성 물질 : 물기엄금
제4류 위험물	화기엄금
제5류 위험물	화기엄금, 충격주의
제6류 위험물	가연물접촉주의

17 다음 [보기]의 위험물을 위험등급에 따라 분류하시오(단, 없으면 "해당없음"이라고 답할 것).

┌ 보기 ┐
아염소산염류, 염소산염류, 과염소산염류,
황화인, 적린, 황, 질산에스터류
└────┘

(1) Ⅰ등급
(2) Ⅱ등급
(3) Ⅲ등급

정답
(1) Ⅰ등급 : 아염소산염류, 염소산염류,
　　　　 과염소산염류, 질산에스터류
(2) Ⅱ등급 : 황화인, 적린, 황
(3) Ⅲ등급 : 해당없음

해설
위험등급

항목 종류	유별	위험등급
아염소산염류	제1류 위험물	Ⅰ등급
염소산염류	제1류 위험물	Ⅰ등급
과염소산염류	제1류 위험물	Ⅰ등급
황화인	제2류 위험물	Ⅱ등급
적린	제2류 위험물	Ⅱ등급
황	제2류 위험물	Ⅱ등급
질산에스터류	제5류 위험물	Ⅰ등급

18 위험물안전관리법령상 위험물을 운송하는 경우에 위험물안전카드를 휴대해야 하는 위험물의 유별 3가지를 쓰시오(단, 위험물의 유별에 품명이 구분되는 경우에는 품명까지 적으시오).

해설

위험물안전카드[시행규칙 별지 제48호 서식]

위험물안전카드						
물질명			UN No.			
			화학물질식별번호 (CAS No.)			

해당 법규 및 위험·위해성												
위험물안전관리법							화학물질관리법			총포·도검·화약류 등의 안전관리에 관한 법률	
제1류	제2류	제3류	제4류	제5류	제6류	품명	유독물질	사고대비물질	기타	화약	폭약

특성	위험성			유해성				환경오염성	그 밖의 위험성	성질·상태			
	금수성	폭발성	가연성	유해가스발생			눈·피부 접촉 시 위험성	하천 등 유입 주의		고체	액체	기체	수용성
				상온	고온	물과 접촉							

〈사고발생 시 응급조치 요령〉
1.
2.
3.
4.
5.
〈긴급신고 번호〉: 소방서(119), 경찰서(112), 시군구청(   ), 한국도로공사(   )
〈긴급신고 내용〉: 사고시각, 사고장소, 물질명, 사고유형, 부상자 유무, 운송자 명칭
〈긴급연락처〉

화주		운송자	
주소		주소	
전화	(주간) (야간)	전화	(주간) (야간)

• 위험물(제4류 위험물에 있어서는 특수인화물 및 제1석유류에 한한다)을 운송하게 하는 자는 별지 제48호 서식의 위험물안전카드를 위험물운송자로 하여금 휴대하게 할 것 (시행규칙 별표 21)

19 제1류 위험물인 과염소산칼륨 50kg이 완전 분해할 경우 다음 물음에 답하시오.

(1) 생성되는 산소의 부피(m^3)를 구하시오.

(2) 생성되는 산소의 질량(kg)을 구하시오.

(1) $16.17m^3$

(2) $23.10kg$

해설

염소산칼륨의 분해반응식

• 산소의 부피

$KClO_4 \rightarrow KCl + 2O_2$

138.5kg $2 \times 22.4m^3$

50kg x

$$\therefore \ x = \frac{50kg \times 2 \times 22.4m^3}{138.5kg} = 16.17\,m^3$$

• 산소의 질량

$KClO_4 \rightarrow KCl + 2O_2$

138.5kg $2 \times 32kg$

50kg x

$$\therefore \ x = \frac{50kg \times 2 \times 32kg}{138.5kg} = 23.10\,kg$$

20 탄소 90wt%와 불연성기체 10wt%로 이루어진 물질 1kg이 있다. 이 물질이 완전 연소할 때 필요한 산소의 부피(L)를 구하시오.

1,680L

해설

산소의 부피

$C + O_2 \rightarrow CO_2$

12g   22.4L

$0.9 \times 1,000g$ x

$$\therefore \ x = \frac{0.9 \times 1,000g \times 22.4L}{12g} = 1,680L$$

01 다음 위험물에 대해 위험물안전관리법령상 해당하는 품명과 지정수량을 쓰시오.

품명 : 제3석유류(비수용성),
지정수량 : 2,000L

해설

아닐린(Aniline)

• 물성

화학식	구조식	품명	지정수량	비중	인화점
C₆H₅NH₂	NH₂	제3석유류 (비수용성)	2,000L	1.02	70℃

• 황색 또는 담황색의 기름성 액체이다.
• 물에는 약간 녹고, 알코올, 아세톤, 벤젠에는 잘 녹는다.

02 표준상태에서 탄소 100kg을 완전 연소시키려면 몇 m³의 산소가 필요한지 구하시오.

186.67m^3

해설

산소의 체적

• 방법 Ⅰ

표준상태(0℃, 1atm)일 때 기체 1kg-mol이 차지하는 부피는 22.4m³이다.

$$\therefore \ x = \frac{100\text{kg}}{12\text{kg}} \times 22.4\text{m}^3 = 186.67\text{m}^3$$

• 방법 Ⅱ

$$\begin{array}{ccccc} \text{C} & + & \text{O}_2 & \rightarrow & \text{CO}_2 \\ 12\text{kg} & & 22.4\text{m}^3 & & \\ 100\text{kg} & & x & & \end{array}$$

$$\therefore \ x = \frac{100\text{kg} \times 22.4\text{m}^3}{12\text{kg}} = 186.67\text{m}^3$$

03 다음 보기의 위험물을 인화점이 낮은 것부터 높은 순서대로 쓰시오.

┌ 보기 ┐

아세트산, 아세톤, 나이트로벤젠, 에틸알코올

정답
아세톤 < 에틸알코올 < 아세트산 < 나이트로벤젠

해설
인화점

종류 항목	아세트산(초산)	아세톤	나이트로벤젠	에탄올 (에틸알코올)
품명	제2석유류 (수용성)	제1석유류 (수용성)	제3석유류 (비수용성)	알코올류
인화점	40℃	−18.5℃	88℃	13℃
낮은 순서	3	1	4	2

04 다음 위험물을 옥내저장소에 저장하려고 할 때 저장창고의 기준면적을 쓰시오.

(1) 과산화수소

(2) 과산화나트륨

(3) 적린

정답
(1) 1,000m^2
(2) 1,000m^2
(3) 2,000m^2

해설
옥내저장창고의 기준면적

위험물을 저장하는 창고의 종류	기준면적
① 제1류 위험물 중 아염소산염류, 염소산염류, 과염소산염류, 무기과산화물, 그 밖에 지정수량이 50kg인 위험물 ② 제3류 위험물 중 칼륨, 나트륨, 알킬알루미늄, 알킬리튬, 그 밖에 지정수량이 10kg인 위험물 및 황린 ③ 제4류 위험물 중 특수인화물, 제1석유류 및 알코올류 ④ 제5류 위험물 중 유기과산화물, 질산에스터류, 그 밖에 지정수량이 10kg인 위험물 ⑤ 제6류 위험물	1,000m^2 이하
①~⑤의 위험물 외의 위험물을 저장하는 창고	2,000m^2 이하
위의 전부에 해당하는 위험물을 내화구조의 격벽으로 완전히 구획된 실에 각각 저장하는 창고(①~⑤의 위험물을 저장하는 실의 면적은 500m^{2}을 초과할 수 없다)	1,500m^2 이하

05 위험물안전관리법령상 위험물의 운반용기 외부에 표시해야 하는 주의사항을 모두 쓰시오.

(1) 제1류 위험물 중 알칼리금속의 과산화물

(2) 제2류 위험물 중 금속분

(3) 제5류 위험물

해설

운반 시 운반용기에 표시해야 하는 주의사항

• 제1류 위험물
  – 알칼리금속의 과산화물 : 화기·충격주의, 물기엄금, 가연물접촉주의
  – 그 밖의 것 : 화기·충격주의, 가연물접촉주의
• 제2류 위험물
  – 철분·금속분·마그네슘 : 화기주의, 물기엄금
  – 인화성 고체 : 화기엄금
  – 그 밖의 것 : 화기주의
• 제3류 위험물
  – 자연발화성 물질 : 화기엄금, 공기접촉엄금
  – 금수성 물질 : 물기엄금
• 제4류 위험물 : 화기엄금
• 제5류 위험물 : 화기엄금, 충격주의
• 제6류 위험물 : 가연물접촉주의

정답

(1) 화기·충격주의, 물기엄금, 가연물접촉주의
(2) 화기주의, 물기엄금
(3) 화기엄금, 충격주의

---

06 다음 [보기]에서 설명하는 제4류 위험물의 제1석유류에 대하여 답하시오.

┤보기├

• 비중 : 0.95
• 인화점 : $-11℃$로 물에 녹지 않는다.
• 융점 : $7℃$로 지정수량이 200L이다.

(1) 위험물의 명칭을 쓰시오.

(2) 위험물의 화학식을 쓰시오.

(3) 위험물의 분자량을 쓰시오.

(4) 위험물의 연소반응식을 쓰시오.

해설

벤젠

• 물성

화학식	분자량	지정수량	비중	융점	인화점	착화점	연소범위
C_6H_6	78	200L	0.95	7℃	$-11℃$	498℃	1.4~8%

• 연소반응식 $2C_6H_6 + 15O_2 \rightarrow 12CO_2 + 6H_2O$

정답

(1) 벤젠
(2) C_6H_6
(3) 78
(4) $2C_6H_6 + 15O_2 \rightarrow 12CO_2 + 6H_2O$

07 제4류 위험물인 다이에틸에터에 대하여 물음에 답하시오.

(1) 위험물의 인화점을 쓰시오.

(2) 위험물의 연소범위를 쓰시오.

(3) 위험물의 품명을 쓰시오.

> **해설**
>
> 다이에틸에터(Diethyl Ether, 에터)의 물성

화학식	품명	지정 수량	비중	비점	인화점	착화점	증기 비중	연소 범위
$C_2H_5OC_2H_5$	특수인화물	50L	0.7	34℃	−40℃	180℃	2.55	1.7~ 48%

정답

(1) −40℃

(2) 1.7~48%

(3) 특수인화물

08 원자량이 약 24이고, 은백색의 광택이 나는 가벼운 금속이며 산과 작용하여 수소를 발생하는 제2류 위험물의 물질에 대한 물음에 답하시오.

(1) 위험물의 물질명을 쓰시오.

(2) 위험물의 물과 반응식을 쓰시오.

(3) 포소화설비, 이산화탄소소화설비, 물분무소화설비, 옥내소화전설비 중에서 적응성이 있는 소화설비를 쓰시오(해당 없으면 "해당없음"이라고 답할 것).

> **해설**
>
> 마그네슘
>
> • 물성

화학식	분자량	지정수량	비중	융점	비점
Mg	24.3	500kg	1.74	650℃	1,102℃

> • 은백색의 광택이 있는 금속이다.
>
> • 물과 반응하면 수소가스를 발생한다.
>
> $$Mg + 2H_2O \rightarrow Mg(OH)_2 + H_2 \uparrow$$
>
> • 산과 반응하면 수소가스를 발생한다.
>
> $$Mg + 2HCl \rightarrow MgCl_2 + H_2 \uparrow$$
>
> • 마그네슘의 적응소화설비 : 탄산수소염류 분말소화설비

정답

(1) 마그네슘(Mg)

(2) $Mg + 2H_2O \rightarrow Mg(OH)_2 + H_2$

(3) 해당없음

09 지정수량의 10배 이상의 위험물을 운송할 경우 다음 위험물과 혼재할 수 있는 유별을 모두 쓰시오.

(1) 제1류 위험물

(2) 제2류 위험물

(3) 제3류 위험물

정답
(1) 제6류 위험물
(2) 제4류 위험물, 제5류 위험물
(3) 제4류 위험물

해설

운반 시 위험물의 혼재 가능 기준

위험물의 구분	제1류	제2류	제3류	제4류	제5류	제6류
제1류		×	×	×	×	○
제2류	×		×	○	○	×
제3류	×	×		○	×	×
제4류	×	○	○		○	×
제5류	×	○	×	○		×
제6류	○	×	×	×	×	

10 제3류 위험물인 탄화칼슘에 대하여 다음 물음에 답하시오.

(1) 탄화칼슘이 물과 반응하는 반응식을 쓰시오.

(2) (1)에서 생성되는 기체의 연소반응식을 쓰시오.

정답
(1) $CaC_2 + 2H_2O \rightarrow Ca(OH)_2 + C_2H_2$
(2) $2C_2H_2 + 5O_2 \rightarrow 4CO_2 + 2H_2O$

해설

탄화칼슘

• 물과 반응식 : $CaC_2 + 2H_2O \rightarrow Ca(OH)_2 + C_2H_2$

• 아세틸렌의 연소반응식 : $2C_2H_2 + 5O_2 \rightarrow 4CO_2 + 2H_2O$

11 톨루엔 400L, 아세톤 400L, 등유 2,000L를 같은 저장소에 저장하려 한다. 지정수량 배수의 총합을 구하시오.

(1) 계산과정

(2) 정답

해설

지정수량의 배수

• 제4류 위험물의 지정수량

종류	톨루엔	아세톤	등유
품명	제1석유류(비수용성)	제1석유류(수용성)	제2석유류(비수용성)
지정수량	200L	400L	1,000L

• 지정수량의 배수

$$지정수량의 \ 배수 = \frac{저장수량}{지정수량} + \frac{저장수량}{지정수량} + \cdots$$

$$\therefore \ 지정수량의 \ 배수 = \frac{400L}{200L} + \frac{400L}{400L} + \frac{2,000L}{1,000L} = 5배$$

정답

(1) 지정수량의 배수

$$= \frac{400L}{200L} + \frac{400L}{400L} + \frac{2,000L}{1,000L}$$

$$= 5배$$

(2) 5배

12 제1종 분말소화약제에 대하여 다음 물음에 답하시오.

(1) 1차 분해반응식을 쓰시오.

(2) 제1종 분말소화약제가 1차 열분해하여 100m³의 이산화탄소를 생성할 때 탄산수소나트륨은 표준상태에서 몇 kg이 필요한지 구하시오.

해설

분말소화약제

• 제1종 분말 열분해반응식
 – 1차 분해반응식(270℃) : $2NaHCO_3 \rightarrow Na_2CO_3 + CO_2 + H_2O$
 – 2차 분해반응식(850℃) : $2NaHCO_3 \rightarrow Na_2O + 2CO_2 + H_2O$

• 제2종 분말 열분해반응식
 – 1차 분해반응식(190℃) : $2KHCO_3 \rightarrow K2CO_3 + CO_2 + H_2O$
 – 2차 분해반응식(590℃) : $2KHCO_3 \rightarrow K_2O + 2CO_2 + H_2O$

• 제3종 분말 열분해반응식
 – 190℃에서 분해 : $NH_4H_2PO_4 \rightarrow NH_3 + H_3PO_4$(인산, 오쏘인산)
 – 215℃에서 분해 : $2H_3PO_4 \rightarrow H_2O + H_4P_2O_7$(피로인산)
 – 300℃에서 분해 : $H_4P_2O_7 \rightarrow H_2O + 2HPO_3$(메타인산)

• 제4종 분말 열분해반응식
 $2KHCO_3 + (NH_2)_2CO \rightarrow K_2CO_3 + 2NH_3 \uparrow + 2CO_2 \uparrow$

• 탄산수소나트륨의 양
 $2NaHCO_3 \rightarrow Na_2CO_3 + CO_2 + H_2O$
 $2 \times 84kg$ ⟍⟋ $22.4m^3$
 x ⟋⟍ $100m^3$

$$\therefore \ x = \frac{2 \times 84kg \times 100m^3}{22.4m^3} = 750kg$$

정답

(1) 1차 분해반응식 :

$2NaHCO_3 \rightarrow Na_2CO_3 + CO_2 + H_2O$

(2) 탄산수소나트륨의 양 : 750kg

13 위험물안전관리법령상 간이탱크저장소에 대하여 다음 각 물음에 답하시오.

(1) 간이저장탱크의 용량은 몇 L 이하인지 쓰시오.

(2) 간이저장탱크의 두께는 몇 mm 이상인지 쓰시오.

(3) 간이저장탱크의 통기관의 지름은 몇 mm 이상인지 쓰시오.

(4) 통기관은 옥외에 설치하되, 그 끝부분의 높이는 지상 몇 m 이상인지 쓰시오.

(5) 통기관의 끝부분은 수평면에 대하여 아래로 몇 ° 이상 구부려 빗물 등이 침투하지 않도록 할 것인지 쓰시오.

정답
(1) 600
(2) 3.2
(3) 25
(4) 1.5
(5) 45

해설

간이탱크저장소

• 하나의 간이탱크저장소에 설치하는 간이저장탱크는 그 수를 3 이하로 하고, 동일한 품질의 위험물의 간이저장탱크를 2 이상 설치하지 않아야 한다.

• 간이저장탱크의 용량은 600L 이하이어야 한다.

• 간이저장탱크는 두께 3.2mm 이상의 강판으로 흠이 없도록 제작하여야 하며, 70kPa의 압력으로 10분간의 수압시험을 실시하여 새거나 변형되지 않아야 한다.

• 간이탱크저장소의 밸브 없는 통기관의 기준
  – 통기관의 지름은 25mm 이상이어야 한다.
  – 통기관은 옥외에 설치하되, 그 끝부분의 높이는 지상 1.5m 이상이어야 한다.
  – 통기관의 끝부분은 수평면에 대하여 아래로 45° 이상 구부려 빗물 등이 침투하지 않도록 하여야 한다.

14 황 1kg이 완전연소 시 필요한 공기는 몇 L인가?(단, 공기 중에 산소는 21% 존재한다)

3,333.33L

해설
방법은 2가지로 풀이하니 수험생께서는 이해하기 쉬운대로 하시면 됩니다.

• 방법 Ⅰ

$$S \quad + \quad O_2 \quad \rightarrow \quad SO_2$$

32g ╱ 22.4L
1,000g ╱ x

$$\therefore \; x = \frac{1,000g \times 22.4L}{32g} = 700L \,(\text{이론산소량})$$

문제에서 이론공기량 $= \dfrac{700L}{0.21} = 3,333.33L$

• 방법 Ⅱ
이상기체상태방정식을 이용하는 데 조건이 없으면 표준상태(0℃, 1기압)를 적용한다.

$$PV = nRT = \frac{W}{M}RT, \quad V = \frac{WRT}{PM}$$

여기서, P : 압력
$\qquad V$: 부피
$\qquad n$: mol수(무게/분자량)
$\qquad W$: 무게
$\qquad M$: 분자량
$\qquad R$: 기체상수 $\left(0.08205 \dfrac{L \cdot atm}{g-mol \cdot K}\right)$
$\qquad T$: 절대온도(273 + ℃)

$$\therefore \; V = \frac{WRT}{PM} = \frac{1,000g \times 0.08205 \times 273}{1atm \times 32} = 699.99L \,(\text{이론산소량})$$

이론공기량 $= \dfrac{699.99L}{0.21} = 3,333.28L$

---

15 옥외저장탱크·옥내저장탱크 또는 지하저장탱크 중 압력탱크 외의 탱크에 저장하는 위험물을 유지할 수 있는 온도를 적으시오.

(1) 다이에틸에터

(2) 산화프로필렌

(3) 아세트알데하이드

(1) 30℃ 이하
(2) 30℃ 이하
(3) 15℃ 이하

해설
옥외저장탱크·옥내저장탱크 또는 지하저장탱크 중 압력탱크 외의 탱크에 저장하는 온도
• 산화프로필렌과 이를 함유한 것 또는 다이에틸에터 등 : 30℃ 이하
• 아세트알데하이드 또는 이를 함유한 것 : 15℃ 이하

16 제5류 위험물인 트라이나이트로톨루엔의 분해반응식을 쓰시오.

$2C_6H_2CH_3(NO_2)_3 \rightarrow 2C + 3N_2 + 5H_2 + 12CO$

해설

분해반응식

• TNT의 분해반응식 : $2C_6H_2CH_3(NO_2)_3 \rightarrow 2C + 3N_2 + 5H_2 + 12CO$

• 피크르산의 분해반응식 : $2C_6H_2OH(NO_2)_3 \rightarrow 2C + 3N_2 + 3H_2 + 4CO_2 + 6CO$

17 다음 [보기]의 위험물 중 위험물안전관리법령상 포소화설비가 적응성이 없는 것을 모두 선택하여 쓰시오(단, 모두 적응성이 있는 경우에는 "해당없음"이라고 답할 것).

정답

철분, 알킬알루미늄

┤보기├

철분, 인화성 고체, 황린, 알킬알루미늄, TNT

해설

소화설비의 적응성

소화설비의 구분		대상물의 구분 → 건축물·그 밖의 공작물	전기설비	제1류 위험물 알칼리금속과산화물 등	그 밖의 것	제2류 위험물 철분·금속분·마그네슘 등	인화성고체	그 밖의 것	제3류 위험물 금수성물품	그 밖의 것	제4류 위험물	제5류 위험물	제6류 위험물
옥내소화전설비 또는 옥외소화전설비		○		○		○	○		○			○	○
스프링클러설비		○		○		○	○		○	△	○	○
물분무등소화설비	물분무소화설비	○	○		○		○	○		○	○	○	○
	포소화설비	○			○		○	○		○	○	○	○
	불활성가스소화설비		○				○				○		
	할로젠화합물소화설비		○				○				○		
	분말소화설비 인산염류 등	○	○		○		○	○			○		○
	분말소화설비 탄산수소염류 등		○	○		○	○		○		○		
	분말소화설비 그 밖의 것			○		○			○				

18 다음 [보기]에서 설명하는 제3류 위험물의 명칭을 쓰고 물과 반응할 때 화학반응식을 쓰시오.

┌ 보기 ─────────────────────────┐

- 적갈색의 고체이다.
- 분자량이 182이다.
- 지정수량은 300kg이다.
- 물과 반응하면 인화수소를 발생한다.
- 비중은 2.50이다.

└──────────────────────────┘

(1) 위험물의 명칭
(2) 물과 반응식

해설

인화칼슘

- 물성

화학식	지정수량	분자량	융점	비중
Ca_3P_2	300kg	182	1,600℃	2.51

※ 분자량 $Ca_3P_2 = (40 \times 3) + (31 \times 2) = 182$

- 적갈색의 괴상 고체로서 인화석회라고도 한다.
- 물이나 약산과 반응하여 포스핀(PH_3)의 유독성 가스를 발생한다.

┌──────────────────────────┐

$$Ca_3P_2 + 6H_2O \rightarrow 3Ca(OH)_2 + 2PH_3 \uparrow$$

└──────────────────────────┘

정답

(1) 인화칼슘(인화석회)
(2) $Ca_3P_2 + 6H_2O \rightarrow 3Ca(OH)_2 + 2PH_3$

---

19 다음 제5류 위험물인 시성식을 쓰시오.

(1) 나이트로글리세린
(2) 트라이나이트로페놀
(3) 트라이나이트로톨루엔

해설

제5류 위험물

시성식 항목	$C_3H_5(ONO_2)_3$	$C_6H_2OH(NO_2)_3$	$C_6H_2CH_3(NO_2)_3$
명칭	나이트로글리세린	트라이나이트로페놀	트라이나이트로톨루엔
품명	질산에스터류	나이트로화합물	나이트로화합물
지정수량	10kg	10kg	10kg

정답

(1) $C_3H_5(ONO_2)_3$
(2) $C_6H_2OH(NO_2)_3$
(3) $C_6H_2CH_3(NO_2)_3$

20 다음 [보기]에서 제1류 위험물 중 지정수량이 500kg 이하인 품명과 지정수량을 쓰시오.

┌ 보기 ┐

아염소산염류, 무기과산화물, 브로민산염류, 과망가니즈산염류,
다이크로뮴산염류

└─────┘

아염소산염류 : 50kg, 무기과산화물 : 50kg,
브로민산염류 : 300kg

해설

제1류 위험물의 지정수량

성질	품명	위험등급	지정수량
산화성고체	아염소산염류, 염소산염류, 과염소산염류, 무기과산화물	I	50kg
	브로민산염류, 질산염류, 아이오딘산염류	II	300kg
	과망가니즈산염류, 다이크로뮴산염류	III	1,000kg

01 다음 [보기]의 위험물에 대하여 위험물안전관리법령상의 위험등급별로 구분하시오.

┤보기├

유기과산화물(제2종), 질산에스터류(제1종), 아닐린, 하이드라진 유도체(제2종), 질산염류, 다이크로뮴산염류, 아염소산염류, 과산화수소, 클로로벤젠

(1) 위험등급 I

(2) 위험등급 II

(3) 위험등급 III

정답

(1) 질산에스터류(제1종), 아염소산염류, 과산화수소

(2) 유기과산화물(제2종), 하이드라진유도체(제2종), 질산염류

(3) 아닐린, 다이크로뮴산염류, 클로로벤젠

해설

위험등급 분류

종류	유별	위험등급
유기과산화물(제2종)	제5류 위험물	II
질산에스터류(제1종)	제5류 위험물	I
아닐린	제4류 위험물	III
하이드라진유도체(제2종)	제5류 위험물	II
질산염류	제1류 위험물	II
다이크로뮴산염류	제1류 위험물	III
아염소산염류	제1류 위험물	I
과산화수소	제6류 위험물	I
클로로벤젠	제4류 위험물	III

02 다음 할로젠화합물의 할론 번호에 해당하는 화학식을 쓰시오.

(1) 할론 1301

(2) 할론 1211

(3) 할론 2402

정답

(1) CF_3Br

(2) CF_2ClBr

(3) $C_2F_4Br_2$

해설

할로젠화합물 소화약제

물성 \ 종류	할론 1301	할론 1211	할론 2402
화학식	CF_3Br	CF_2ClBr	$C_2F_4Br_2$
분자량	148.9	165.4	259.8
상태(20℃)	기체	기체	액체
증기 비중	5.13	5.70	8.96

03 위험물안전관리법령에서 정한 위험물취급자의 자격에 관한 기준이다. 다음 빈칸에 알맞은 답을 쓰시오.

위험물 취급자격자의 구분	취급할 수 있는 위험물
(㉠)	모든 위험물
(㉡)	제4류 위험물
소방공무원 경력자(소방공무원으로 근무한 경력이 3년 이상인 자)	(㉢)

해설

위험물취급자의 자격기준

위험물 취급자격자의 구분	취급할 수 있는 위험물
위험물기능장, 위험물산업기사, 위험물기능사의 자격을 취득한 사람	모든 위험물
안전관리자 교육이수자	제4류 위험물
소방공무원 경력자(소방공무원으로 근무한 경력이 3년 이상인 자)	제4류 위험물

정답

㉠ 위험물기능장, 위험물산업기사, 위험물기능사의 자격을 취득한 사람

㉡ 안전관리자 교육이수자

㉢ 제4류 위험물

04 다음 반응식의 빈칸에 알맞은 답을 쓰시오.

(1) $2K_2O_2 \rightarrow 2K_2O + ($ $)$

(2) $2K_2O_2 + 2H_2O \rightarrow 4KOH + ($ $)$

(3) $K_2O_2 + 2CH_3COOH \rightarrow 2CH_3COOK + ($ $)$

해설

과산화칼륨의 반응식

• 가열분해반응 : $2K_2O_2 \rightarrow 2K_2O + O_2$

• 물과 반응 : $2K_2O_2 + 2H_2O \rightarrow 4KOH + O_2$

• 초산과 반응 : $K_2O_2 + 2CH_3COOH \rightarrow 2CH_3COOK + H_2O_2$

• 이산화탄소와 반응 : $2K_2O_2 + 2CO_2 \rightarrow 2K_2CO_3 + O_2$

정답

(1) O_2

(2) O_2

(3) H_2O_2

05 철과 염산의 반응에 대하여 다음 물음에 답하시오.

(1) 반응식을 쓰시오.

(2) 생성되는 기체의 명칭을 쓰시오.

정답

(1) $Fe + 2HCl \rightarrow FeCl_2 + H_2$

(2) 수소

해설

철분의 반응식

반응물질	반응식	생성기체
연소반응	$4Fe + 3O_2 \rightarrow 2Fe_2O_3$	–
염산	$Fe + 2HCl \rightarrow FeCl_2 + H_2$	수소(H_2)

06 위험물안전관리법령에서 정한 자체소방대 설치에 관한 기준이다. 다음 빈칸에 알맞은 답을 쓰시오.

사업소의 구분	화학소방자동차	자체소방대원의 수
제조소 또는 일반취급소에서 취급하는 제4류 위험물의 최대수량의 합이 지정수량의 3천배 이상 12만배 미만인 사업소	1대	(㉠)
제조소 또는 일반취급소에서 취급하는 제4류 위험물의 최대수량의 합이 지정수량의 12만배 이상 24만배 미만인 사업소	2대	10인
제조소 또는 일반취급소에서 취급하는 제4류 위험물의 최대수량의 합이 지정수량의 24만배 이상 48만배 미만인 사업소	3대	(㉡)
제조소 또는 일반취급소에서 취급하는 제4류 위험물의 최대수량의 합이 지정수량의 48만배 이상인 사업소	4대	(㉢)
옥외탱크저장소에 저장하는 제4류 위험물의 최대수량의 합이 지정수량의 50만배 이상인 사업소	(㉣)	(㉤)

정답

㉠ 5인

㉡ 15인

㉢ 20인

㉣ 2대

㉤ 10인

해설

자체소방대에 두는 화학소방자동차 및 인원(시행령 별표 8)

사업소의 구분	화학소방자동차	자체소방대원의 수
제조소 또는 일반취급소에서 취급하는 제4류 위험물의 최대수량의 합이 지정수량의 3천배 이상 12만배 미만인 사업소	1대	5인
제조소 또는 일반취급소에서 취급하는 제4류 위험물의 최대수량의 합이 지정수량의 12만배 이상 24만배 미만인 사업소	2대	10인
제조소 또는 일반취급소에서 취급하는 제4류 위험물의 최대수량의 합이 지정수량의 24만배 이상 48만배 미만인 사업소	3대	15인
제조소 또는 일반취급소에서 취급하는 제4류 위험물의 최대수량의 합이 지정수량의 48만배 이상인 사업소	4대	20인
옥외탱크저장소에 저장하는 제4류 위험물의 최대수량의 합이 지정수량의 50만배 이상인 사업소	2대	10인

07 위험물안전관리법령에 따른 판매취급소의 기준에 관한 내용이다. 다음 물음에 답하시오.

(1) 점포에서 위험물을 용기에 담아 판매하기 위하여 지정수량의 (   )배 이하인 판매취급소를 말한다.

(2) 위험물을 배합하는 실의 면적을 쓰시오.

(3) 배합실 출입구 문턱의 높이는 바닥면으로부터 몇 m 이상으로 해야 하는지 쓰시오.

(1) 40
(2) $6m^2$ 이상 $15m^2$ 이하
(3) 0.1m

해설
판매취급소(영 별표 3, 규칙 별표 14)
- 점포에서 위험물을 용기에 담아 판매하기 위하여 지정수량의 40배 이하의 위험물을 취급하는 장소를 말한다.
- 판매취급소의 배합실
  - 배합실의 바닥면적은 $6m^2$ 이상 $15m^2$ 이하로 할 것
  - 내화구조 또는 불연재료로 된 벽으로 구획할 것
  - 바닥은 위험물이 침투하지 않는 구조로 하여 적당한 경사를 두고 집유설비를 할 것
  - 출입구에는 수시로 열 수 있는 자동폐쇄식의 60분+방화문 또는 60분 방화문을 설치할 것
  - 출입구 문턱의 높이는 바닥면으로부터 0.1m 이상으로 할 것
  - 내부에 체류한 가연성의 증기 또는 가연성의 미분을 지붕 위로 방출하는 설비를 할 것

08 알코올류의 산화과정에 대한 설명이다. 다음 물음에 알맞은 답을 쓰시오.

(1) 메탄올이 산화되어 생성되는 알데하이드의 화학식을 쓰시오.

(2) (1)에서 생성되는 물질이 산화되어 생성되는 카복실기의 화학식을 쓰시오.

(3) (2)에서 생성되는 물질의 지정수량을 쓰시오.

(4) 에탄올이 산화되어 생성되는 알데하이드의 명칭을 쓰시오.

(5) (4)에서 생성되는 물질의 품명을 쓰시오.

(1) HCHO
(2) HCOOH
(3) 2,000L
(4) 아세트알데하이드
(5) 특수인화물

해설
알코올류의 산화과정
(1) 메탄올(메틸알코올)의 산화, 환원반응식

$$CH_3OH \underset{환원}{\overset{산화}{\rightleftharpoons}} HCHO \underset{환원}{\overset{산화}{\rightleftharpoons}} HCOOH$$
(메틸알코올)　　　(폼알데하이드)　　　(폼산)

(2) 카복실기의 화학식 : HCOOH(폼산, 개미산, 의산)
(3) 폼산의 지정수량 : 2,000L(제2석유류, 수용성)
(4) 에탄올(에틸알코올)의 산화, 환원반응식

$$C_2H_5OH \underset{환원}{\overset{산화}{\rightleftharpoons}} CH_3CHO \underset{환원}{\overset{산화}{\rightleftharpoons}} CH_3COOH$$
(에틸알코올)　　　(아세트알데하이드)　　　(초산)

(5) 아세트알데하이드의 품명 : 특수인화물

09 다음 위험물이 물과 반응할 때 생성되는 가연성 기체의 명칭을 쓰시오(단, 없으면 "해당없음"이라고 답할 것).

(1) 트라이에틸알루미늄

(2) 인화알루미늄

(3) 염소산칼륨

(4) 과염소산나트륨

(5) 사이안화수소

정답
(1) 에테인
(2) 포스핀
(3) 해당없음
(4) 해당없음
(5) 해당없음

해설

물과 반응

항목 종류	생성가스	물과 반응식
트라이에틸알루미늄	에테인(C_2H_6)	$(C_2H_5)_3Al + 3H_2O \rightarrow Al(OH)_3 + 3C_2H_6$
인화알루미늄	포스핀 (인화수소, PH_3)	$AlP + 3H_2O \rightarrow Al(OH)_3 + PH_3$
염소산칼륨	해당없음	냉수에 녹지 않고 온수에 녹는다.
과염소산나트륨	해당없음	물에 녹는다.
사이안화수소	해당없음	물에 녹는다.

10 제5류 위험물인 나이트로글리세린에 대하여 다음 물음에 답하시오.

(1) 구조식을 쓰시오.

(2) 품명을 쓰시오.

(3) 고온에서 폭발·분해하여 이산화탄소, 수증기, 질소, 산소가 생성되는 반응식을 쓰시오.

정답
(1) CH_2-ONO_2
　　$\ |$
　　$CH-ONO_2$
　　$\ |$
　　CH_2-ONO_2
(2) 질산에스터류
(3) $4C_3H_5(ONO_2)_3 \rightarrow 12CO_2 + 10H_2O$
　　$+ 6N_2 + O_2$

해설

• 나이트로글리세린(Nitroglycerine)의 물성

화학식	구조식	품명	지정수량
$C_3H_5(ONO_2)_3$	CH_2-ONO_2 $\ \|$ $CH\ -ONO_2$ $\ \|$ CH_2-ONO_2	질산에스터류	10kg

• 나이트로글리세린의 분해반응식

$$4C_3H_5(ONO_2)_3 \rightarrow 12CO_2 + 10H_2O + 6N_2 + O_2$$

11 알루미늄에 주수소화를 하면 안 되는 이유를 물과의 반응을 고려하여 쓰시오.

가연성 가스인 수소를 발생하므로 주수소화 하면 안 된다.

해설
알루미늄은 물과 반응하면 가연성 가스인 수소를 발생하므로 위험하다.

$$2Al + 6H_2O \rightarrow 2Al(OH)_3 + 3H_2$$

12 다음 그림과 같은 원통형 위험물 저장탱크의 내용적은 몇 m³인지 구하시오.

정답
$12.57m^3$

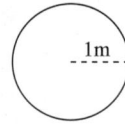
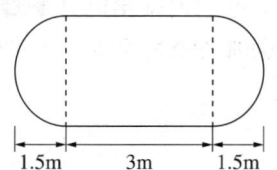

1.5m   3m   1.5m

해설
가로로 설치한 원통형 탱크의 내용적

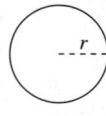
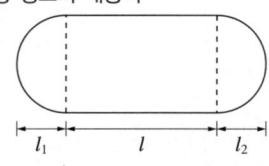

l_1 l l_2

$$\therefore \text{ 내용적} = \pi r^2 \left(l + \frac{l_1 + l_2}{3} \right) = \pi \times (1m)^2 \times \left(3 + \frac{1.5 + 1.5}{3} \right) = 12.57m^3$$

13 다음 위험물의 증기밀도를 구하시오(단, 1기압, 30℃이고 단위까지 기재하세요).

정답
(1) 1.85g/L
(2) 3.70g/L

(1) 에틸알코올

(2) 톨루엔

해설

이상기체상태방정식을 적용하면

$$PV = \frac{W}{M}RT, \ PM = \frac{W}{V}RT, \ PM = \rho RT, \ \rho = \frac{PM}{RT}$$

여기서, P : 압력(1atm)

　　　　V : 부피(L)

　　　　M : 분자량[에틸알코올($C_2H_5OH = 46g/g\text{-}mol$), 톨루엔($C_6H_5CH_3 = 92g/g\text{-}mol$)]

　　　　R : 기체상수($0.08205L \cdot atm/g\text{-}mol \cdot K$)

　　　　T : 절대온도($273 + 30℃ = 303K$)

∴ 에틸알코올 $\rho = \dfrac{PM}{RT} = \dfrac{1 \times 46}{0.08205 \times 303} = 1.85g/L$

　톨루엔 $\rho = \dfrac{PM}{RT} = \dfrac{1 \times 92}{0.08205 \times 303} = 3.70g/L$

$$\rho = \frac{PM}{RT} = \frac{1 \times \dfrac{g}{g\text{-}mol}}{\dfrac{L \cdot atm}{g\text{-}mol \cdot K} \times K} = g/L$$

14 표준상태에서 2kg의 황이 완전연소하기 위해 필요한 공기의 부피는 몇 L인가?(단, 황의 분자량은 32이고, 공기 중에 산소는 21% 존재한다)

정답
6,666.67L

해설

이론공기량

• 이론산소량

$$\begin{array}{ccccc} S & + & O_2 & \rightarrow & SO_2 \\ 32kg & & 22.4m^3 & & \\ 2kg & & x & & \end{array}$$

∴ $x = \dfrac{2kg \times 22.4m^3}{32kg} = 1.4m^3$(이론산소량)

• 이론공기량

$\dfrac{1.4m^3}{0.21} = 6.66667m^3 = 6,666.67L$

15 제6류 위험물을 저장하고 있는 옥내저장소에 대한 내용이다. [보기] 에서 틀린 것을 찾아 바르게 고치시오(단, 없으면 "해당없음"이라고 답할 것).

┌─ 보기 ───┐
│   │
│ ① 안전거리를 두지 않아도 된다.   │
│ ② 저장창고의 바닥면적은 2,000m² 이하로 한다.   │
│ ③ 지붕은 내화구조로 할 수 있다.   │
│ ④ 지정수량의 10배 이상은 피뢰침을 설치하지 않아도 된다. │
│   │
└──┘

해설

제6류 위험물을 저장하고 있는 옥내저장소

• 안전거리를 두지 않아도 되는 경우
 – 제4석유류 또는 동식물유류의 위험물을 저장 또는 취급하는 옥내저장소로서 그 최대수량이 지정수량의 20배 미만인 것
 – 제6류 위험물을 저장 또는 취급하는 옥내저장소
 ∴ 제6류 위험물을 저장 또는 취급하는 옥내저장소에는 안전거리를 두지 않아도 된다.

• 옥내저장창고의 기준면적

위험물을 저장하는 창고의 종류	기준면적
① 제1류 위험물 중 아염소산염류, 염소산염류, 과염소산염류, 무기과산화물, 그 밖에 지정수량이 50kg인 위험물 ② 제3류 위험물 중 칼륨, 나트륨, 알킬알루미늄, 알킬리튬, 그 밖에 지정수량이 10kg인 위험물 및 황린 ③ 제4류 위험물 중 특수인화물, 제1석유류 및 알코올류 ④ 제5류 위험물 중 지정수량이 10kg인 위험물 ⑤ 제6류 위험물	1,000m² 이하
①~⑤의 위험물 외의 위험물을 저장하는 창고(제2류 위험물의 적린)	2,000m² 이하
위의 전부에 해당하는 위험물을 내화구조의 격벽으로 완전히 구획된 실에 각각 저장하는 창고(①~⑤의 위험물을 저장하는 실의 면적은 500m²을 초과할 수 없다)	1,500m² 이하

• 저장창고의 재료
 – 벽, 기둥, 바닥 : 내화구조
 – 보, 서까래, 지붕 : 불연재료[제2류 위험물(분말 상태의 것과 인화성 고체는 제외)과 제6류 위험물만의 저장창고에 있어서는 지붕을 내화구조로 할 수 있다.]

┌──┐
│ 지정수량의 10배 이하, 제2류 위험물(인화성고체는 제외), 제4류 위험 │
│ 물(인화점 70℃ 미만인 것은 제외)만의 저장창고는 연소우려가 없는 │
│ 벽·기둥 및 바닥은 불연재료로 할 수 있다.   │
└──┘

• 제6류 위험물의 저장창고는 지정수량의 10배 이상이 되어도 피뢰침을 설치할 필요가 없다.

16 다음 [보기]의 위험물에 대하여 물음에 답하시오(단, 두 가지에 포함 되면 모두 쓰시오).

┌─보기───┐
│ 황화인, 마그네슘, 황린, 질산암모늄, 질산, 과산화나트륨, 휘발유, │
│ 다이에틸에터 │
└──┘

(1) 차광성 덮개를 해야 하는 위험물을 모두 쓰시오.

(2) 방수성 덮개를 해야 하는 위험물을 모두 쓰시오.

해설

운반 시 적재위험물에 따른 조치

• 차광성이 있는 것으로 피복
  - 제1류 위험물
  - 제3류 위험물 중 자연발화성 물질
  - 제4류 위험물 중 특수인화물
  - 제5류 위험물
  - 제6류 위험물
• 방수성이 있는 것으로 피복
  - 제1류 위험물 중 알칼리금속의 과산화물
  - 제2류 위험물 중 철분 · 금속분 · 마그네슘
  - 제3류 위험물 중 금수성 물질
• 위험물의 분류

종류	황화인	마그네슘	황린	질산암모늄
유별	제2류 위험물	제2류 위험물	제3류 위험물	제1류 위험물
피복 구분	–	방수성	차광성	차광성
종류	질산	과산화나트륨	휘발유	다이에틸에터
유별	제6류 위험물	제1류 위험물	제4류 위험물	제4류 위험물
피복 구분	차광성	차광성, 방수성	–	차광성

정답

(1) 황린, 질산암모늄, 질산, 과산화나트륨, 다이에틸에터

(2) 마그네슘, 과산화나트륨

17 다음 물음에 알맞은 답을 쓰시오.

(1) 에틸알코올과 나트륨의 반응식을 쓰시오.

(2) 에틸알코올 46g이 나트륨과 반응하여 생성되는 기체의 부피(L)를 구하시오(단, 1기압, 25℃이다).

(1) $2Na + 2C_2H_5OH \rightarrow 2C_2H_5ONa + H_2$

(2) 12.23L

해설

나트륨

• 나트륨의 반응식

반응물질	반응식	발생가스
에틸알코올	$2Na + 2C_2H_5OH \rightarrow 2C_2H_5ONa + H_2$	수소(H_2)
물	$2Na + 2H_2O \rightarrow 2NaOH + H_2$	수소(H_2)
이산화탄소	$4Na + 3CO_2 \rightarrow 2Na_2CO_3 + C$	수소(H_2)

• 생성되는 기체의 부피

$$2Na + 2C_2H_5OH \rightarrow 2C_2H_5ONa + H_2$$

$$2 \times 46g \qquad\qquad 2g$$
$$46g \qquad\qquad x$$

$$\therefore \ x = \frac{46g \times 2g}{2 \times 46g} = 1g$$

∴ 이상기체상태 방정식을 적용하면

$$PV = \frac{W}{M}RT \qquad V = \frac{WRT}{PM}$$

여기서, P : 압력(1atm) V : 부피(L) M : 분자량($H_2 = 2$)

W : 무게(1g) R : 기체상수(0.08205L·atm/g-mol·K)

T : 절대온도(273 + 25℃ = 298K)

$$\therefore V = \frac{WRT}{PM} = \frac{1 \times 0.08205 \times 298}{1 \times 2} = 12.23L$$

18 위험물안전관리법령에서 정한 제4류 위험물의 정의에 대하여 다음 빈칸에 알맞은 답을 쓰시오.

(1) "특수인화물"이라 함은 이황화탄소, 다이에틸에터 그 밖에 1기압에서 발화점이 (㉠)℃ 이하인 것 또는 인화점이 영하 (㉡)℃ 이하이고 비점이 (㉢)℃ 이하인 것을 말한다.

(2) "제1석유류"라 함은 아세톤, 휘발유 그밖에 1기압에서 인화점이 (㉣)℃ 미만인 것

(3) "제3석유류"라 함은 중유, 클레오소트유 그밖에 1기압에서 인화점이 (㉤)℃ 이상 (㉥)℃ 미만인 것을 말한다. 다만, 도료류 그 밖의 물품은 가연성 액체량이 (㉦)중량% 이하인 것은 제외한다.

해설

제4류 위험물의 분류

품명	분류 기준
특수인화물	1기압에서 발화점이 100℃ 이하인 것 인화점이 영하 20℃ 이하이고 비점이 40℃ 이하인 것
제1석유류	1기압에서 인화점이 21℃ 미만인 것
제2석유류	1기압에서 인화점이 21℃ 이상 70℃ 미만인 것(다만, 도료류 그 밖의 물품에 있어서 가연성 액체량이 40중량% 이하이면서 인화점이 40℃인 동시에 연소점이 60℃ 것은 제외한다)
제3석유류	1기압에서 인화점이 70℃ 이상 200℃ 미만인 것(다만, 도료류 그 밖의 물품은 가연성 액체량이 40중량% 이하인 것은 제외한다)
제4석유류	1기압에서 인화점이 200℃ 이상 250℃ 미만의 것(다만, 도료류 그밖의 물품은 가연성 액체량이 40중량% 이하인 것은 제외한다)

19 다음에서 설명하는 인화성 액체의 화학식을 쓰시오.

(1) 제2석유류로 수용성이고 16℃에서 결빙하며 신맛이 나는 분자량이 60인 물질의 화학식을 쓰시오.

(2) 벤젠의 수소 원자 한 개를 나이트로기로 치환한 물질의 화학식을 쓰시오.

(3) 3가 알코올이며 지정수량 4,000L로 단맛이 나는 물질의 화학식을 쓰시오.

해설

인화성액체

• 초산

화학(시성)식	품명	분자량	지정수량	증기비중	응고점
CH_3COOH	제2석유류 (수용성)	60	2,000L	60/29 = 2.07	16.2℃

• 나이트로벤젠($C_6H_5NO_2$) : 벤젠의 수소 원자 한 개를 나이트로기로 치환한 물질
• 글리세린
  – 물성

화학식	분자량	지정수량	비중	인화점
$C_3H_5(OH)_3$	92	4,000L	1.26	160℃

– 무색, 무취의 흡수성이 있는 점성 액체이다.
– 3가 알코올로서 독성이 없으며 단맛이 난다.

20 다음 [보기]에서 제3류 위험물에 대하여 지정수량을 쓰시오.

┤보기├
나트륨, 칼륨, 황린, 알킬리튬, 칼슘의 탄화물

해설

제3류 위험물의 지정수량

유별	성질	품명	위험등급	지정수량
제3류	자연발화성 물질 및 금수성 물질	칼륨, 나트륨, 알킬알루미늄, 알킬리튬	I	10kg
		황린	I	20kg
		알칼리금속(칼륨 및 나트륨을 제외한다) 및 알칼리토금속, 유기금속화합물(알킬알루미늄 및 알킬리튬을 제외한다)	II	50kg
		금속의 수소화물, 금속의 인화물, 칼슘 또는 알루미늄의 탄화물	III	300kg
		그 밖에 행정안전부령이 정하는 것(염소화규소화합물)	III	10kg, 50kg, 300kg

01 다음 [보기]에서 설명하는 위험물에 대하여 알맞은 답을 쓰시오.

┤보기├
- 저장 및 취급 시 분해를 막기 위하여 분해방지제인 인산과 요산을 사용한다.
- 산화제 및 환원제가 될 수 있다.

(1) 화학식을 쓰시오.

(2) 농도가 (   )중량% 이상인 경우에 위험물로 본다.

(3) 완전분해 반응식을 쓰시오.

정답

(1) H_2O_2

(2) 36

(3) $2H_2O_2 \rightarrow 2H_2O + O_2$

해설

과산화수소
- 물성

화학식	지정수량	위험등급	농도
H_2O_2	300kg	I	36wt% 이상

과산화수소의 안정제
- 넣는 이유 : 분해를 막기 위하여
- 종류 : 인산(H_3PO_4), 요산($C_5H_4N_4O_3$)
- 분해반응식 : $2H_2O_2 \rightarrow 2H_2O + O_2$

02 위험물안전관리법령상 다음 위험물을 운반할 때 운반용기 외부에 표시해야 하는 주의사항을 쓰시오.

(1) 과산화수소 (2) 아세톤

(3) 과산화벤조일 (4) 마그네슘

(5) 황린

정답

(1) 가연물접촉주의

(2) 화기엄금

(3) 화기엄금, 충격주의

(4) 화기주의, 물기엄금

(5) 화기엄금, 공기접촉엄금

해설

운반용기에 표시해야 하는 주의사항

종류 \ 항목	유별	품명	주의사항
과산화수소	제6류 위험물	–	가연물접촉주의
아세톤	제4류 위험물	제1석유류	화기엄금
과산화벤조일	제5류 위험물	유기과산화물	화기엄금, 충격주의
마그네슘	제2류 위험물	–	화기주의, 물기엄금
황린	제3류 위험물	자연발화성 물질	화기엄금, 공기접촉엄금

03 에틸알코올 100g이 나트륨과 반응할 경우 생성되는 수소는 몇 g인지 계산하시오.

> **해설**
> 생성되는 기체의 부피
>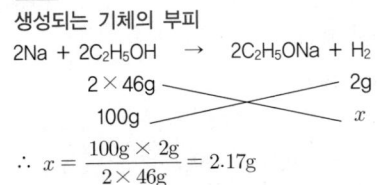
> $2Na + 2C_2H_5OH \rightarrow 2C_2H_5ONa + H_2$
>
> $2 \times 46g$ $2g$
>
> $100g$ x
>
> $\therefore x = \dfrac{100g \times 2g}{2 \times 46g} = 2.17g$

04 다음 위험물의 시성식을 쓰시오.

(1) 트라이나이트로톨루엔

(2) 트라이나이트로페놀

(3) 다이나이트로벤젠

> **해설**
> 제5류 위험물
>
> | 항목 \ 종류 | 트라이나이트로톨루엔 | 트라이나이트로페놀 | 다이나이트로벤젠 |
> |---|---|---|---|
> | 품명 | 나이트로화합물 | 나이트로화합물 | 나이트로화합물 |
> | 시성식 | $C_6H_2CH_3(NO_2)_3$ | $C_6H_2OH(NO_2)_3$ | $C_6H_4(NO_2)_2$ |
> | 지정수량 | 10kg | 10kg | 100kg |

05 다음 위험물이 연소할 때 생성되는 물질을 화학식으로 쓰시오.

(1) 적린

(2) 오황화인

(3) 칠황화인

(4) 황린

(5) 황

(1) P_2O_5

(2) P_2O_5, SO_2

(3) P_2O_5, SO_2

(4) P_2O_5

(5) SO_2

해설

화학식

종류	연소반응식	생성물질
적린	$4P + 5O_2 \rightarrow 2P_2O_5$	P_2O_5
오황화인	$2P_2S_5 + 15O_2 \rightarrow 2P_2O_5 + 10SO_2$	P_2O_5, SO_2
칠황화인	$P_4S_7 + 12O_2 \rightarrow 2P_2O_5 + 7SO_2$	P_2O_5, SO_2
황린	$P_4 + 5O_2 \rightarrow 2P_2O_5$	P_2O_5
황	$S + O_2 \rightarrow SO_2$	SO_2

06 다음 위험물이 물과 반응할 때 생성되는 가스의 명칭을 쓰시오.

(1) 수소화칼륨

(2) 리튬

(3) 인화알루미늄

(4) 탄화리튬

(5) 탄화알루미늄

(1) 수소

(2) 수소

(3) 인화수소

(4) 아세틸렌

(5) 메테인

해설

물과 반응식

종류＼항목	생성가스	물과 반응식
수소화칼륨	수소	$KH + H_2O \rightarrow KOH + H_2$(수소)
리튬	수소	$Li + H_2O \rightarrow LiOH + H_2$(수소)
인화알루미늄	인화수소	$AlP + 3H_2O \rightarrow Al(OH)_3 + PH_3$(포스핀, 인화수소)
탄화리튬	아세틸렌	$Li_2C_2 + 2H_2O \rightarrow 2LiOH + C_2H_2$(아세틸렌)
탄화알루미늄	메테인	$Al_4C_3 + 12H_2O \rightarrow 4Al(OH)_3 + 3CH_4$(메테인)

07 칼륨에 다음 물음에 답을 쓰시오.

(1) 자연발화 할 경우의 반응식을 쓰시오.

(2) 물과의 반응식을 쓰시오.

(3) 저장할 경우 보호액 1개를 쓰시오.

해설

칼륨의 반응식

• 연소반응 : $4K + O_2 \rightarrow 2K_2O$

• 물과 반응 : $2K + 2H_2O \rightarrow 2KOH + H_2$

• 이산화탄소와 반응 : $4K + 3CO_2 \rightarrow 2K_2CO_3 + C$

• 에틸알코올과 반응 : $2K + 2C_2H_5OH \rightarrow 2C_2H_5OK + H_2$

• 초산과 반응 : $2K + 2CH_3COOH \rightarrow 2CH_3COOK + H_2$

칼륨의 보호액 : 등유, 경유, 파라핀

정답

(1) $4K + O_2 \rightarrow 2K_2O$

(2) $2K + 2H_2O \rightarrow 2KOH + H_2$

(3) 등유

---

08 과산화칼륨 1mol이 이산화탄소와 반응하였을 때 생성되는 산소의 부피는 몇 L인지 구하시오(단, 표준상태이다).

해설

산소의 부피

$2K_2O_2 + 2CO_2 \rightarrow 2K_2CO_3 + O_2$

$2K_2O_2 + 2CO_2 \rightarrow 2K_2CO_3 + O_2$

2mol ⎯⎯⎯⎯⎯⎯⎯ 22.4L

1mol ⎯⎯⎯⎯⎯⎯⎯ x

$x = \dfrac{1\text{mol} \times 22.4\text{L}}{2\text{mol}} = 11.2\text{L}$

정답

11.2L

09 위험물안전관리법령상 다음 [표]의 빈칸에 명칭을 쓰시오.

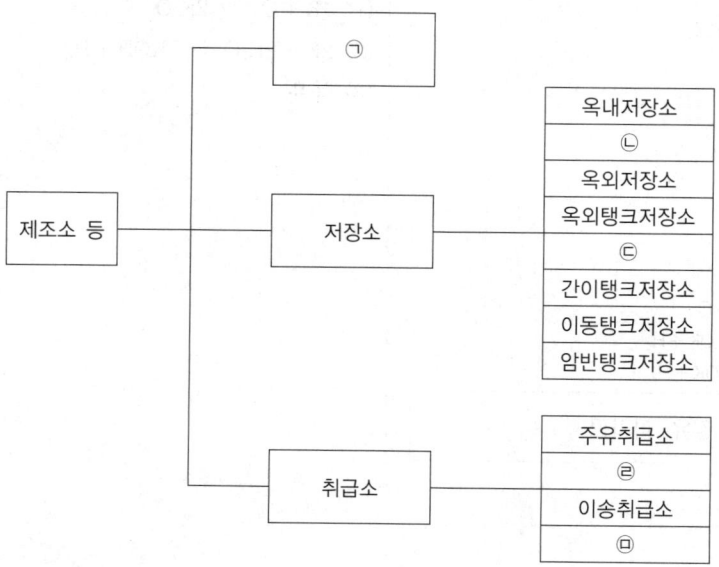

해설
제조소 등
- 제조소
- 저장소
  - 옥내저장소
  - 옥내탱크저장소
  - 옥외저장소
  - 옥외탱크저장소
  - 지하탱크저장소
  - 간이탱크저장소
  - 이동탱크저장소
  - 암반탱크저장소
- 취급소
  - 주유취급소
  - 판매취급소
  - 이송취급소
  - 일반취급소

10 위험물안전관리법령상 주유취급소에 설치해야 하는 주의사항 표지에 대하여 다음 물음에 답을 쓰시오.

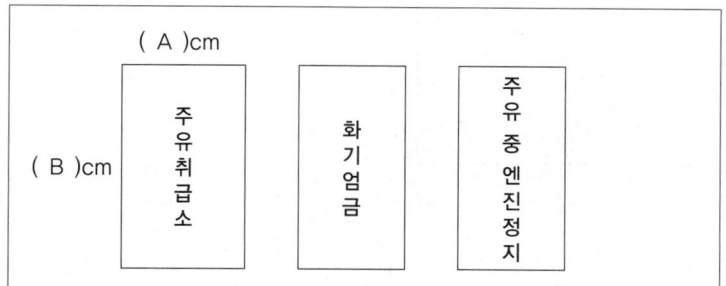

(1) 게시판의 규격을 쓰시오.

ㄱ A

ㄴ B

(2) "주유취급소"라는 게시판의 바탕색과 글자색을 쓰시오.

ㄱ 바탕색

ㄴ 글자색

(3) "화기엄금"이라는 게시판의 바탕색과 글자색을 쓰시오.

ㄱ 바탕색

ㄴ 글자색

(4) "주유 중 엔진정지"라는 게시판의 바탕색과 글자색을 쓰시오.

ㄱ 바탕색

ㄴ 글자색

정답

(1) ㄱ 30   ㄴ 60

(2) ㄱ 백색   ㄴ 흑색

(3) ㄱ 적색   ㄴ 백색

(4) ㄱ 황색   ㄴ 흑색

해설

주유취급소에 설치해야 하는 주의사항 표지

- 게시판은 한 변의 길이가 0.3m 이상, 다른 한 변의 길이가 0.6m 이상인 직사각형으로 할 것
- 게시판의 기재사항
  - 위험물의 유별
  - 품명
  - 저장최대수량(저장소) 또는 취급최대수량(취급소)
  - 지정수량의 배수
  - 안전관리자의 성명 또는 직명
- 게시판의 색상
  - 바탕 : 백색
  - 문자 : 흑색
- 주의사항의 색상
  - 화기엄금, 화기주의 : 적색바탕에 백색문자
  - 물기엄금 : 청색바탕에 백색문자
  - 주유 중 엔진정지 : 황색바탕에 흑색문자
  - 위험물 : 흑색바탕에 황색 반사도료

11 다음 [보기]의 위험물에 대하여 소요단위의 합을 구하시오.

정답
3단위

┌ 보기 ┐
- 아염소산나트륨 250kg
- 과산화칼륨 500kg
- 질산칼륨 1,500kg
- 다이크로뮴산칼륨 5,000kg

해설

소요단위의 합
- 소요단위

구분 종류	내화구조	내화구조가 아닌 것
제조소 또는 취급소	연면적 100m²를 1소요단위	연면적 50m²를 1소요단위
저장소	연면적 150m²를 1소요단위	연면적 75m²를 1소요단위
위험물	지정수량의 10배 : 1소요단위	

- 위험물의 지정수량

종류	아염소산나트륨	과산화칼륨	질산칼륨	다이크로뮴산칼륨
품 명	아염소산염류	무기과산화물	질산염류	다이크로뮴산염류
지정수량	50kg	50kg	300kg	1,000kg

- 소요단위의 합

$$소요단위 = \frac{저장수량}{지정수량 \times 10}$$

소요단위의 합 $= \dfrac{250kg}{50kg \times 10} + \dfrac{500kg}{50kg \times 10} + \dfrac{1,500kg}{300kg \times 10} + \dfrac{5,000kg}{1,000kg \times 10}$

$= 2.5 \Rightarrow 3단위$

※ 소요단위의 결과값이 소수점일 경우에는 올림하여 정수로 답해야 한다.

12 분말소화약제의 주성분을 화학식으로 쓰시오.

(1) 제1종 분말소화약제

(2) 제2종 분말소화약제

(3) 제3종 분말소화약제

정답
(1) $NaHCO_3$
(2) $KHCO_3$
(3) $NH_4H_2PO_4$

해설

분말소화약제의 종류

종류	주성분	착색	적응화재
제1종 분말	$NaHCO_3$(탄산수소나트륨)	백색	B, C급
제2종 분말	$KHCO_3$(탄산수소칼륨)	담회색	B, C급
제3종 분말	$NH_4H_2PO_4$(제일인산암모늄)	담홍색	A, B, C급
제4종 분말	$KHCO_3 + (NH_2)_2CO$(탄산수소칼륨 + 요소)	회색	B, C급

13 다음 위험물탱크의 내용적을 구하는 식을 쓰시오.

(1)

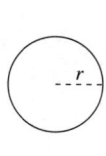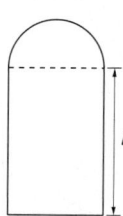

l_1 l l_2

(2)

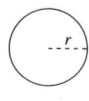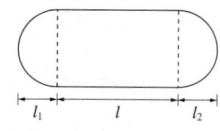

l

(1) $\pi r^2 \left(l + \dfrac{l_1 + l_2}{3} \right)$

(2) $\pi r^2 l$

해설

원통형 탱크의 내용적

• 가로로 설치한 것

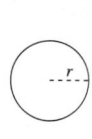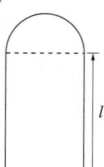

l_1 l l_2

내용적 $= \pi r^2 \left(l + \dfrac{l_1 + l_2}{3} \right)$

• 세로로 설치한 것

l

내용적 $= \pi r^2 l$

14 표준상태에서 삼황화인 1mol이 완전연소할 경우 필요한 공기의 양은 몇 L인지 구하시오(단, 공기 중에는 산소는 21% 존재한다).

정답

853.33L

해설

공기의 양

(1) 삼황화인의 연소반응식 : $P_4S_3 + 8O_2 \rightarrow 2P_2O_5 + 3SO_2$

(2) 공기의 양 : $P_4S_3 + 8O_2 \rightarrow 2P_2O_5 + 3SO_2$

$1mol$ ╲ $8 \times 22.4L$
$1mol$ ╳ x

$x = \dfrac{1mol \times 8 \times 22.4L}{1mol} = 179.2L$(이론산소량)

∴ 이론 공기량 $= 179.2 \div 0.21 = 853.33L$

15 다음의 [보기]에서 설명하는 제4류 위험물에 대하여 다음 물음에 답을 쓰시오.

┌ 보기 ┐

- 무색 액체이다.
- 지정수량은 200L이다.
- 비중은 0.8이고 증기비중은 약 2.5이다.
- 뷰틸알코올을 탈수소화 처리하여 얻을 수 있다.

(1) 명칭을 쓰시오.

(2) 화학식을 쓰시오.

(3) 운반 시 제1류 위험물과 혼재 가능 여부를 쓰시오.

해설

메틸에틸케톤(제4류 위험물)

- 물성

화학식	품명	외관	지정수량	액체비중	증기비중	제법
$CH_3COC_2H_5$	제1석유류 (비수용성)	무색 액체	200L	0.8	2.48 (72/29)	뷰틸알코올을 탈수소화 처리

- 운반 시 위험물의 혼재 가능 기준

위험물의 구분	제1류	제2류	제3류	제4류	제5류	제6류
제1류		×	×	×	×	○
제2류	×		×	○	○	×
제3류	×	×		○	×	×
제4류	×	○	○		○	×
제5류	×	○	×	○		×
제6류	○	×	×	×	×	

※ 위험물 운반 시 제1류 위험물은 제6류 위험물과 혼재 가능하다.

정답

(1) 메틸에틸케톤

(2) $CH_3COC_2H_5$

(3) 불가능

16 위험물안전관리법령에서 정한 위험물 운반에 관한 기준에서 위험물이 지정수량 이상일 경우 혼재 가능한 위험물을 전부 쓰시오(단, 위험물의 지정수량의 10배를 혼재하는 경우이다).

(1) 제3류 위험물

(2) 제5류 위험물

(3) 제6류 위험물

(1) 제4류 위험물

(2) 제2류 위험물, 제4류 위험물

(3) 제1류 위험물

해설

운반 시 위험물의 혼재 가능 기준

위험물의 구분	제1류	제2류	제3류	제4류	제5류	제6류
제1류		×	×	×	×	○
제2류	×		×	○	○	×
제3류	×	×		○	×	×
제4류	×	○	○		○	×
제5류	×	○	×	○		×
제6류	○	×	×	×	×	

17 다음 [보기]에서 설명하는 위험물에 대하여 각 물음에 답을 하시오.

┌ 보기 ┐

- 분자량은 76이다.
- 철근콘크리트 수조에 넣어 저장한다.
- 인화점은 0℃ 이하이다.

(1) 화학식을 쓰시오.

(2) 옥외저장탱크의 벽 및 바닥 두께가 몇 m인지 쓰시오.

(3) 연소반응식을 쓰시오.

(1) CS_2

(2) 0.2m 이상

(3) $CS_2 + 3O_2 \rightarrow CO_2 + 2SO_2$

해설

이황화탄소

- 물성

화학식	품명	지정 수량	위험 등급	분자량	비점	액체 비중	인화점	착화점
CS_2	특수인화물	50L	I	76	46℃	1.26	-30℃	90℃

- 이황화탄소의 옥외저장탱크는 벽 및 바닥의 두께가 0.2m 이상이고 누수가 되지 않는 철근콘크리트의 수조에 넣어 보관해야 한다. 이 경우 보유공지·통기관 및 자동계량장치는 생략할 수 있다.
- 이황화탄소의 반응식
  - 연소반응식 : $CS_2 + 3O_2 \rightarrow CO_2 + 2SO_2$
  - 물과 반응 : $CS_2 + 2H_2O \rightarrow CO_2 + 2H_2S$

18 진한 질산과 진한 황산의 혼산으로 나이트로화시켜 TNT를 제조하는 이 위험물에 대하여 다음 물음에 답을 쓰시오.

(1) 구조식을 쓰시오.

(2) 품명을 쓰시오.

(3) 위험등급을 쓰시오.

해설

톨루엔

• 물성

화학식	구조식	품명	지정수량	위험등급
$C_6H_5CH_3$		제1석유류 (비수용성)	200L	II

• TNT(트라이나이트로톨루엔)의 제법
진한 질산과 진한 황산의 혼산으로 톨루엔을 나이트로화하여 트라이나이트로톨루엔을 제조한다.

CH₃ 벤젠 + 3HNO₃ →(c-H₂SO₄ / 나이트로화) O₂N─(CH₃, NO₂)─NO₂ + 3H₂O

정답

(1) CH₃ 벤젠고리

(2) 제1석유류(비수용성)

(3) II

19 위험물안전관리법령에서 정한 제4류 위험물의 인화점에 대한 정의이다. 다음 ( ) 안에 알맞은 답을 쓰시오.

(1) "제1석유류"라 함은 아세톤, 휘발유 그 밖에 1기압에서 인화점이 (㉠)℃ 미만인 것을 말한다.

(2) "제2석유류"라 함은 등유, 경유 그 밖에 1기압에서 인화점이 (㉡)℃ 이상 (㉢)℃ 미만인 것을 말한다. 다만, 도료류 그 밖의 물품에 있어서 가연성 액체량 40중량% 이하이면서 인화점이 40℃ 이상인 동시에 연소점이 60℃ 이상인 것은 제외한다.

(3) "제3석유류"라 함은 중유, 크레오소트유 그 밖에 1기압에서 인화점이 (㉣)℃ 이상 (㉤)℃ 미만인 것을 말한다. 다만, 도료류 그 밖의 물품은 가연성 액체량 40중량% 이하인 것은 제외한다.

해설

제4류 위험물의 분류

품명	분류 기준
특수인화물	1기압에서 발화점이 100℃ 이하인 것 인화점이 영하 20℃ 이하이고 비점이 40℃ 이하인 것
제1석유류	1기압에서 인화점이 21℃ 미만인 것
제2석유류	1기압에서 인화점이 21℃ 이상 70℃ 미만인 것. 다만, 도료류 그 밖의 물품에 있어서 가연성 액체량 40중량% 이하이면서 인화점이 40℃ 이상인 동시에 연소점이 60℃ 이상인 것은 제외
제3석유류	1기압에서 인화점이 70℃ 이상 200℃ 미만인 것. 다만, 도료류 그 밖의 물품은 가연성 액체량 40중량% 이하인 것은 제외
제4석유류	1기압에서 인화점이 200℃ 이상 250℃ 미만의 것. 다만, 도료류 그 밖의 물품은 가연성 액체량 40중량% 이하인 것은 제외

20 다음 표에서 위험물의 명칭과 지정수량을 표의 빈칸에 채우시오.

화학식	명칭	지정수량
㉠	과망가니즈산나트륨	㉡
NH_4ClO_4	㉢	50kg
㉣	다이크로뮴산칼륨	㉤

해설

위험물의 명칭과 지정수량

화학식	명칭	지정수량
$KMnO_4$	과망가니즈산나트륨	1,000kg
NH_4ClO_4	과염소산암모늄	50kg
$K_2Cr_2O_7$	다이크로뮴산칼륨	1,000kg

01 다음 [보기]에서 위험물의 위험등급을 각각 구분하시오(단, 없으면 "해당없음"이라고 답할 것).

┌보기┐
황화인, 적린, 황린, 제1석유류, 아이오딘산염류, 브로민산염류, 질산염류, 알코올류
└───┘

(1) Ⅰ등급

(2) Ⅱ등급

(3) Ⅲ등급

정답

(1) 황린

(2) 황화인, 적린, 제1석유류, 아이오딘산염류, 브로민산염류, 질산염류, 알코올류

(3) 해당없음

해설
위험물의 위험등급

구분	품명
위험등급 Ⅰ	황린
위험등급 Ⅱ	황화인, 적린, 제1석유류, 아이오딘산염류, 브로민산염류, 질산염류, 알코올류
위험등급 Ⅲ	해당없음

02 제6류 위험물인 과산화수소에 대하여 다음 물음에 답하시오.

(1) 산소가 생성되는 분해반응식을 쓰시오.

(2) 하이드라진과 반응하여 질소와 물이 생성되는 반응식을 쓰시오.

정답

(1) $2H_2O_2 \rightarrow 2H_2O + O_2$

(2) $2H_2O_2 + N_2H_4 \rightarrow 4H_2O + N_2$

해설

항목 \ 종류	하이드라진	과산화수소
유별	제4류 위험물 제2석유류(수용성)	제6류 위험물
지정수량	2,000L	300kg
과산화수소의 분해반응식	$2H_2O_2 \xrightarrow[\text{(정촉매)}]{MnO_2} 2H_2O + O_2$	
과산화수소와 하이드라진과 반응	$2H_2O_2 + N_2H_4 \rightarrow 4H_2O + N_2$	

03 다음 위험물의 완전 연소반응식을 쓰시오.

(1) 삼황화인

(2) 오황화인

(1) $P_4S_3 + 8O_2 \rightarrow 2P_2O_5 + 3SO_2$

(2) $2P_2S_5 + 15O_2 \rightarrow 2P_2O_5 + 10SO_2$

해설

완전 연소반응식
- 삼황화인 : $P_4S_3 + 8O_2 \rightarrow 2P_2O_5 + 3SO_2$
- 오황화인 : $2P_2S_5 + 15O_2 \rightarrow 2P_2O_5 + 10SO_2$

04 위험물안전관리법령에서 정한 자체소방대 설치에 관한 기준이다. 다음 빈칸에 알맞은 답을 쓰시오.

사업소의 구분	화학소방자동차	자체소방대원의 수
제조소 또는 일반취급소에서 취급하는 제4류 위험물의 최대수량의 합이 지정수량의 3,000배 이상 (㉠)만배 미만인 사업소	1대	5인
제조소 또는 일반취급소에서 취급하는 제4류 위험물의 최대수량의 합이 지정수량의 (㉠)만배 이상 24만배 미만인 사업소	2대	(㉡)
제조소 또는 일반취급소에서 취급하는 제4류 위험물의 최대수량의 합이 지정수량의 24만배 이상 48만배 미만인 사업소	3대	(㉢)
제조소 또는 일반취급소에서 취급하는 제4류 위험물의 최대수량의 합이 지정수량의 48만배 이상인 사업소	4대	(㉣)
옥외탱크저장소에 저장하는 제4류 위험물의 최대수량의 합이 지정수량의 50만배 이상인 사업소	(㉤)	10인

㉠ 12
㉡ 10인
㉢ 15인
㉣ 20인
㉤ 2대

해설

자체소방대에 두는 화학소방자동차 및 인원

사업소의 구분	화학소방자동차	자체소방대원의 수
제조소 또는 일반취급소에서 취급하는 제4류 위험물의 최대수량의 합이 지정수량의 3,000배 이상 12만배 미만인 사업소	1대	5인
제조소 또는 일반취급소에서 취급하는 제4류 위험물의 최대수량의 합이 지정수량의 12만배 이상 24만배 미만인 사업소	2대	10인
제조소 또는 일반취급소에서 취급하는 제4류 위험물의 최대수량의 합이 지정수량의 24만배 이상 48만배 미만인 사업소	3대	15인
제조소 또는 일반취급소에서 취급하는 제4류 위험물의 최대수량의 합이 지정수량의 48만배 이상인 사업소	4대	20인
옥외탱크저장소에 저장하는 제4류 위험물의 최대수량의 합이 지정수량의 50만배 이상인 사업소	2대	10인

05 다음 위험물의 구조식과 품명을 쓰시오.

(1) 벤젠

ㄱ 구조식　　　　　　　　ㄴ 품명

(2) 나이트로벤젠

ㄱ 구조식　　　　　　　　ㄴ 품명

(3) 아닐린

ㄱ 구조식　　　　　　　　ㄴ 품명

> 해설

제4류 위험물의 구조식과 품명

종류	구조식	품명	지정수량
벤젠		제1석유류(비수용성)	200L
나이트로벤젠		제3석유류(비수용성)	2,000L
아닐린		제3석유류(비수용성)	2,000L

> 정답

(1) ㄱ
ㄴ 제1석유류(비수용성)

(2) ㄱ
ㄴ 제3석유류(비수용성)

(3) ㄱ
ㄴ 제3석유류(비수용성)

---

06 위험물안전관련법령에서 정한 제4류 위험물의 정의에 대하여 빈칸에 알맞은 답을 쓰시오.

(1) "제1석유류"라 함은 아세톤, 휘발유 그 밖에 (ㄱ)기압에서 인화점이 (ㄴ)℃ 미만인 것

(2) "제3석유류"라 함은 중유, 크레오소트유 그 밖에 1기압에서 인화점이 (ㄷ)℃ 이상 (ㄹ)℃ 미만인 것을 말한다. 다만, 도료류 그 밖의 물품은 가연성 액체량이 (ㅁ)중량% 이하인 것을 제외한다.

> 해설

제4류 위험물의 분류

- 제1석유류 : 아세톤, 휘발유 그 밖에 1기압에서 인화점이 21℃ 미만인 것
- 제2석유류 : 등유, 경유 그 밖에 1기압에서 인화점이 21℃ 이상 70℃ 미만인 것을 말한다. 다만, 도료류 그 밖의 물품에 있어서 가연성 액체량이 40중량% 이하이면서 인화점이 40℃ 이상인 동시에 연소점이 60℃ 이상인 것은 제외한다.
- 제3석유류 : 중유, 크레오소트유, 그 밖에 1기압에서 인화점이 70℃ 이상 200℃ 미만인 것을 말한다. 다만, 도료류 그 밖의 물품은 가연성 액체량이 40중량% 이하인 것은 제외한다.
- 제4석유류 : 1기압에서 인화점이 200℃ 이상 250℃ 미만의 것을 말한다. 다만, 도료류 그 밖의 물품에 있어서 가연성 액체량이 40중량% 이하인 것은 제외한다.

> 정답

ㄱ 1
ㄴ 21
ㄷ 70
ㄹ 200
ㅁ 40

07 위험물안전관련법령에서 제조소와 각 시설물과의 안전거리를 쓰시오.

(1) 30,000V의 특고압가공전선

(2) 학교

(3) 병원

(4) 주택

(5) 천연기념물 등

정답

(1) 3m 이상

(2) 30m 이상

(3) 30m 이상

(4) 10m 이상

(5) 50m 이상

해설

제조소의 안전거리

건축물	안전거리
사용전압 7,000V 초과 35,000V 이하의 특고압가공전선	3m 이상
사용전압 35,000V 초과하는 특고압가공전선	5m 이상
건축물 그 밖의 공작물로서 주거용으로 사용되는 것(제조소가 설치된 부지 내에 있는 것을 제외)	10m 이상
고압가스, 액화석유가스, 도시가스를 저장 또는 취급하는 시설	20m 이상
학교, 병원(병원급 의료기관), 극장(공연장, 영화상영관 및 그 밖에 이와 유사한 시설로서 300명 이상을 수용할 수 있는 것), 복지시설(아동복지시설, 노인복지 시설, 장애인복지시설, 한부모가족복지시설), 어린이집, 성매매피해자 등을 위한 지원시설, 정신건강증진시설, 가정폭력방지 및 피해자 보호시설 및 그 밖에 이와 유사한 시설로서 20명 이상을 수용할 수 있는 것	30m 이상
지정문화유산 및 천연기념물 등	50m 이상

08 다음 그림을 보고 다음 물음에 답하시오(단, 처마높이는 6m 미만이고 저장창고의 바닥면적은 150m² 이하이다).

정답

(1) 소규모 옥내저장소
(2) 50배

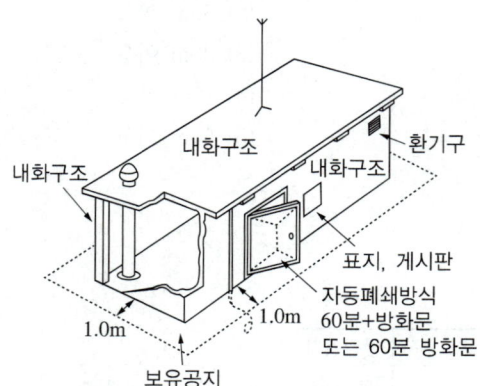

(1) 그림에서 보여주는 해당 시설의 명칭은?
(2) 해당 시설에 저장할 수 있는 위험물의 최대 저장수량의 배수는?

해설

소규모 옥내저장소의 특례(시행규칙 별표 5)
• 지정수량의 50배 이하인 저장창고
• 처마높이가 6m 미만인 것
• 하나의 저장창고의 바닥면적 : 150m² 이하

[참고]

종류	최대 저장수량의 배수	처마 높이
일반 옥내저장소	해당없음	6m 미만
다층건물의 옥내저장소	해당없음	6m 미만
복합용도 건축물의 옥내저장소	20배 이하	6m 미만
소규모 옥내저장소	50배 이하	6m 미만

09 나트륨 57.5g이 완전연소할 경우 다음 물음에 알맞은 답을 쓰시오(단, 표준상태이고 나트륨의 원자량은 23, 공기 중 산소는 21% 존재한다).

(1) 산소의 부피(L)
(2) 공기의 부피(L)

정답

(1) 14L
(2) 66.67L

해설

나트륨
• 산소의 부피

$$4Na + O_2 \rightarrow 2Na_2O$$

$4 \times 23g$ ╳ $22.4L$
$57.5g$ x

$$\therefore x = \frac{57.5g \times 22.4L}{4 \times 23g} = 14L$$

• 공기의 부피
$14L \div 0.21 = 66.67L$

10 제조소에서 위험물을 취급함에 있어서 정전기가 발생할 우려가 있는 설비에는 규정된 방법으로 정전기를 유효하게 제거할 수 있는 설비를 설치해야 한다. 이에 해당하는 방법 3가지를 각각 쓰시오.

해설
정전기 제거설비
- 접지에 의한 방법
- 공기 중의 상대습도를 70% 이상으로 하는 방법
- 공기를 이온화하는 방법

11 위험물안전관리에 관한 세부기준에서 정한 이동탱크저장소의 외부 도장 색상에 대하여 알맞은 답을 쓰시오.

유별	도장의 색상	비고
제1류 위험물	(㉠)	• 탱크의 옆면과 뒷면을 제외한 면적의 40% 이내의 면적은 다른 유별의 색상 외의 색상으로 도장이 가능하다. • 제4류에 대해서는 도장 색상의 제한은 없으나 적색을 권장한다.
제2류 위험물	(㉡)	
제3류 위험물	(㉢)	
제5류 위험물	(㉣)	
제6류 위험물	(㉤)	

해설
이동탱크저장소의 외부도장 색상

유별	도장의 색상	비고
제1류 위험물	회색	• 탱크의 옆면과 뒷면을 제외한 면적의 40% 이내의 면적은 다른 유별의 색상 외의 색상으로 도장이 가능하다. • 제4류에 대해서는 도장 색상의 제한은 없으나 적색을 권장한다.
제2류 위험물	적색	
제3류 위험물	청색	
제5류 위험물	황색	
제6류 위험물	청색	

12 다음 [보기]를 보고 위험물의 보호액을 모두 쓰시오(단, 없으면 "해당없음"이라고 답할 것).

┌ 보기 ─────────────────────────────┐
│　경유, 물, 염산, 유동파라핀, 에탄올 │
└──────────────────────────────────┘

(1) 황린

(2) 트라이에틸알루미늄

(3) 칼륨

정답

(1) 물

(2) 해당없음

(3) 경유, 유동파라핀

해설

위험물의 보호액

위험물	보관방법
황린, 이황화탄소	물속에 저장
칼륨, 나트륨	등유, 경유, 유동파라핀 속에 저장
나이트로셀룰로스	물 또는 알코올에 습면시켜 저장

13 다음 제4류 위험물의 명칭을 쓰시오.

(1) $CH_3COC_2H_5$

(2) C_6H_5Cl

(3) $CH_3COOC_2H_5$

정답

(1) 메틸에틸케톤

(2) 클로로벤젠

(3) 초산에틸

해설

제4류 위험물의 물성

화학식	$CH_3COC_2H_5$	C_6H_5Cl	$CH_3COOC_2H_5$
명칭	메틸에틸케톤	클로로벤젠	초산(아세트산)에틸
품명	제1석유류(비수용성)	제2석유류(비수용성)	제1석유류(비수용성)
지정수량	200L	1,000L	200L

14 옥외저장탱크의 주위에는 저장 또는 취급하는 위험물의 최대수량에 따라 탱크 측면으로부터 보유공지를 확보해야 하는데 보유공지를 쓰시오.

(1) 지정수량의 3,500배인 제4류 위험물을 저장

(2) 지정수량의 3,500배인 제5류 위험물을 저장

(3) 지정수량의 3,500배인 제6류 위험물을 저장

정답
(1) 15m 이상
(2) 15m 이상
(3) 5m 이상

해설
옥외탱크저장소의 보유공지

저장 또는 취급하는 위험물의 최대수량	공지의 너비
지정수량의 500배 이하	3m 이상
지정수량의 500배 초과 1,000배 이하	5m 이상
지정수량의 1,000배 초과 2,000배 이하	9m 이상
지정수량의 2,000배 초과 3,000배 이하	12m 이상
지정수량의 3,000배 초과 4,000배 이하	15m 이상
지정수량의 4,000배 초과	해당 탱크의 수평단면의 최대지름(가로형인 경우에는 긴변)과 높이 중 큰 것과 같은 거리 이상(단, 30m 초과의 경우에는 30m 이상으로 할 수 있고 15m 미만의 경우에는 15m 이상으로 할 것)

※ 제6류 위험물을 저장 또는 취급하는 옥외저장탱크는 위의 규정에 의한 보유공지의 1/3 이상의 너비로 할 수 있다(이 경우 최소 1.5m 이상이 되어야 한다).

∴ $15 \times 1/3 = 5m$ 이상

15 다음 타원형 위험물 탱크의 용량(m³)을 구하시오(단, 탱크의 공간용적은 내용적의 5/100로 한다).

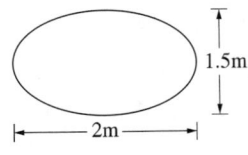
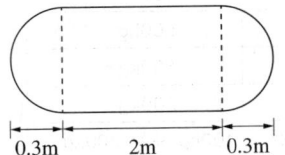

정답
$4.92m^3$

해설
타원형 탱크의 내용적(양쪽이 볼록한 것)

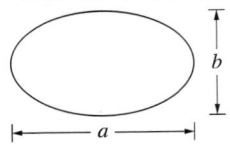
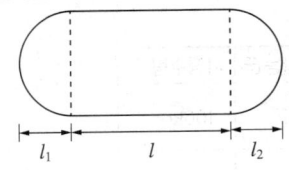

(1) 내용적 $= \dfrac{\pi ab}{4}\left(l + \dfrac{l_1 + l_2}{3}\right) = \dfrac{\pi \times 2m \times 1.5m}{4}\left(2m + \dfrac{0.3m + 0.3m}{3}\right) = 5.18m^3$

(2) 탱크의 용량 = 내용적 - 공간용적 = $5.18m^3 - (5.18 \times 0.05)m^3 = 4.92m^3$

16 다음 위험물이 물과 반응할 때 생성되는 기체의 명칭을 쓰시오(단, 없으면 "해당없음"이라고 답할 것).

(1) 과산화나트륨

(2) 질산나트륨

(3) 칼슘

(4) 과염소산나트륨

(5) 수소화나트륨

(1) 산소

(2) 해당없음

(3) 수소

(4) 해당없음

(5) 수소

해설

물과 반응식

• 과산화나트륨 : $2Na_2O_2 + 2H_2O \rightarrow 4NaOH + O_2\uparrow$

• 질산나트륨은 물에 녹는다.

• 칼슘 : $Ca + 2H_2O \rightarrow Ca(OH)_2 + H_2\uparrow$

• 과염소산나트륨은 물에 녹는다.

• 수소화나트륨 : $NaH + H_2O \rightarrow NaOH + H_2\uparrow$

17 위험물안전관련법령에서 정한 제2류 위험물의 지정수량에 대한 내용이다. [표]에서 틀린 것을 골라 맞게 수정하시오.

정답

인화성 고체의 지정수량 : 500kg → 1,000kg

유별	성질	품명	지정수량
제2류	가연성 고체	황화인	100kg
		적린	100kg
		황	100kg
		철분	500kg
		금속분	500kg
		마그네슘	500kg
		그 밖에 행정안전부령으로 정하는 것	100kg 또는 500kg
		인화성 고체	500kg

해설

제2류 위험물

성질	품명	위험등급	지정수량
가연성 고체	황화인(삼황화인, 오황화인, 칠황화인), 적린, 황(단사황, 사방황, 고무상황)	II	100kg
	철분, 금속분(Al분말, Zn분말, Ti분말, Co분말), 마그네슘	III	500kg
	인화성 고체	III	1,000kg

18 제3류 위험물의 품명에 대한 지정수량을 쓰시오.

(1) 알칼리금속

(2) 유기금속화합물

(3) 금속의 인화물

(4) 금속의 수소화물

(5) 알루미늄의 탄화물

(1) 50kg

(2) 50kg

(3) 300kg

(4) 300kg

(5) 300kg

해설

제3류 위험물의 지정수량

성질	품명	위험등급	지정수량
자연발화성 물질 및 금수성 물질	칼륨, 나트륨, 알킬알루미늄, 알킬리튬	I	10kg
	황린	I	20kg
	알칼리금속(칼륨 및 나트륨을 제외한다) 및 알칼리토금속, 유기금속화합물(알킬알루미늄 및 알킬리튬을 제외한다)	II	50kg
	금속의 수소화물, 금속의 인화물, 칼슘 또는 알루미늄의 탄화물	III	300kg
	그 밖에 행정안전부령이 정하는 것	III	10kg, 20kg, 50kg, 300kg

19 염소산칼륨에 대하여 다음 물음에 알맞은 답을 쓰시오(단, 없으면 "해당없음"이라고 답할 것).

(1) 열분해반응식

(2) 물과 반응식

(3) 연소반응식

(1) $2KClO_3 \rightarrow 2KCl + 3O_2$

(2) 해당없음

(3) 해당없음

해설

염소산칼륨

• 분해반응식 : $2KClO_3 \rightarrow 2KCl + 3O_2$

• 염소산칼륨은 물에 녹는다.

• 염소산칼륨은 제1류 위험물로서 불연성 고체이다.

20 제2종 분말소화약제인 탄산수소칼륨에 대한 물음에 답을 하시오.

(1) 1차 분해반응식을 쓰시오.

(2) 100kg의 탄산수소칼륨이 분해하였을 때 발생하는 탄산가스는 몇 m^3를 계산하시오(단, 1기압, 100℃의 기준이다).

해설

제2종 분말소화약제

• 분해반응식
 – 1차 분해반응식(190℃) : $2KHCO_3 \rightarrow K_2CO_3 + CO_2 + H_2O$
 – 2차 분해반응식(590℃) : $2KHCO_3 \rightarrow K_2O + 2CO_2 + H_2O$

• 이산화탄소의 무게

 $2KHCO_3 \quad \rightarrow \quad K_2CO_3 \; + \; CO_2 \; + \; H_2O$
 $2 \times 100kg \qquad\qquad\qquad 44kg$
 $100kg \qquad\qquad\qquad\quad x$

 $\therefore \; x = \dfrac{100kg \times 44kg}{2 \times 100kg} = 22kg$

 ※ $KHCO_3$의 분자량 : 100

• 이상기체 상태방정식

 $PV = \dfrac{W}{M}RT, \; V = \dfrac{WRT}{PM}$

 여기서, P : 압력(1atm)
 V : 부피(m^3)
 W : 무게(22kg)
 M : 분자량(이산화탄소 CO_2 = 44kg/kg-mol)
 R : 기체상수(0.08205$m^3 \cdot$ atm/kg-mol $\cdot$ K)
 T : 절대온도(273 + 100℃ = 373K)

 $\therefore \; V = \dfrac{WRT}{PM} = \dfrac{22kg \times 0.08205m^3 \cdot atm/kg\text{-}mol \cdot K \times 373K}{1atm \times 44kg/kg\text{-}mol} = 15.3m^3$

정답

(1) $2KHCO_3 \rightarrow K_2CO_3 + CO_2 + H_2O$

(2) $15.3m^3$

01 트라이나이트로톨루엔에 대하여 다음 물음에 답하시오.

(1) 시성식

(2) 구조식

정답
(1) $C_6H_2CH_3(NO_2)_3$
(2)

해설

트라이나이트로톨루엔(Tri Nitro Toluene)

시성식	분자량	구조식
$C_6H_2CH_3(NO_2)_3$	227	

02 다음 위험물에 대하여 알맞은 답을 쓰시오.

(1) 에틸렌글라이콜
   ① 해당 위험물의 몇 가 알코올
   ② 수용성 여부
   ③ 지정수량

(2) 글리세린
   ① 해당 위험물의 몇 가 알코올
   ② 수용성 여부
   ③ 지정수량

정답
(1) ① 2가
    ② 수용성
    ③ 4,000L
(2) ① 3가
    ② 수용성
    ③ 4,000L

해설

에틸렌글라이콜과 글리세린의 비교

항목 \ 종류	에틸렌글라이콜	글리세린
화학식	$C_2H_4(OH)_2$	$C_3H_5(OH)_3$
구조식		
지정수량	4,000L	4,000L
알코올의 가수	2가	3가
용해성	수용성	수용성
맛	단맛	단맛
독성	있다.	없다.

03 위험물안전관리법령에서 물분무소화설비의 설치기준에 대하여 ( ) 안에 알맞은 답을 하시오.

> • 방호대상물의 표면적이 200m²인 경우 물분무소화설비의 방사구역은 (㉠)m² 이상으로 할 것
> • 방호대상물의 표면적이 70m²인 경우 물분무소화설비의 방사구역은 (㉡)m² 이상으로 할 것
> • 수원의 수량은 분무헤드가 가장 많이 설치된 방사구역의 모든 분무헤드를 동시에 사용할 경우 해당 방사구역의 표면적 1m²당 1분당 (㉢)L의 비율로 계산한 양으로 (㉣)분간 방사할 수 있는 양 이상이 되도록 설치할 것
> • 물분무소화설비의 분무헤드를 동시에 사용할 경우에 각 끝부분의 방사압력이 (㉤)kPa 이상으로 표준 방사량을 방사할 수 있는 성능이 되도록 할 것

정답

㉠ 150
㉡ 70
㉢ 20
㉣ 30
㉤ 350

해설

물분무소화설비의 설치기준(시행규칙 별표 17)
• 물분무소화설비의 방사구역은 150m² 이상(방호대상물의 표면적이 150m² 미만인 경우에는 해당 표면적)으로 할 것
• 수원의 수량은 분무헤드가 가장 많이 설치된 방사구역의 모든 분무헤드를 동시에 사용할 경우에 해당 방사구역의 표면적 1m²당 1분당 20L의 비율로 계산한 양으로 30분간 방사할 수 있는 양 이상이 되도록 설치할 것
• 물분무소화설비는 위의 규정에 의한 분무헤드를 동시에 사용할 경우에 각 끝부분의 방사압력이 350kPa 이상으로 표준방사량을 방사할 수 있는 성능이 되도록 할 것
• 물분무소화설비에는 비상전원을 설치할 것

04 과산화수소 170g이 분해할 경우 생성되는 산소의 양(g)을 구하시오.

정답

80g

해설

과산화수소
• 열분해반응식 : $2H_2O_2 \rightarrow 2H_2O + O_2$
• 산소의 양

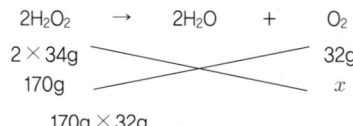

$2H_2O_2 \rightarrow 2H_2O + O_2$
$2 \times 34g$ ⟍ ⟋ $32g$
$170g$ ⟋ ⟍ x

$\therefore x = \dfrac{170g \times 32g}{2 \times 34g} = 80g$

05 위험물안전관리법령에 따른 소화설비 적응성에 관한 내용이다. 기타설비의 적응성이 있는 경우에 빈 칸에 ○표를 하시오.

대상물의 구분 / 소화설비의 구분		건축물·그 밖의 공작물	전기설비	알칼리금속과산화물 등 (제1류)	그 밖의 것 (제1류)	철분·금속분·마그네슘 등 (제2류)	인화성고체 (제2류)	그 밖의 것 (제2류)	금수성물품 (제3류)	그 밖의 것 (제3류)	제4류 위험물	제5류 위험물	제6류 위험물
기 타	물통 또는 수조												
	건조사												
	팽창질석 또는 팽창진주암												

대상물의 구분 / 소화설비의 구분		건축물·그 밖의 공작물	전기설비	알칼리금속과산화물 등 (제1류)	그 밖의 것 (제1류)	철분·금속분·마그네슘 등 (제2류)	인화성고체 (제2류)	그 밖의 것 (제2류)	금수성물품 (제3류)	그 밖의 것 (제3류)	제4류 위험물	제5류 위험물	제6류 위험물
기 타	물통 또는 수조	○			○		○	○		○		○	○
	건조사			○	○	○	○	○	○	○	○	○	○
	팽창질석 또는 팽창진주암			○	○	○	○	○	○	○	○	○	○

해설

소화설비의 적용성

소화설비의 구분			건축물·그 밖의 공작물	전기설비	알칼리금속과산화물 등 (제1류)	그 밖의 것 (제1류)	철분·금속분·마그네슘 등 (제2류)	인화성고체 (제2류)	그 밖의 것 (제2류)	금수성물품 (제3류)	그 밖의 것 (제3류)	제4류 위험물	제5류 위험물	제6류 위험물
옥내소화전설비 또는 옥외소화전설비			○			○		○	○		○		○	○
스프링클러설비			○			○		○	○		○	△	○	○
물분무 등 소화설비	물분무소화설비		○	○		○		○	○		○	○	○	○
	포소화설비		○			○		○	○		○	○	○	○
	불활성가스소화설비			○				○				○		
	할로젠화합물소화설비			○				○				○		
	분말 소화 설비	인산염류 등	○	○		○		○	○			○		○
		탄산수소염류 등		○	○		○	○		○		○		
		그 밖의 것			○		○			○				
대형·소형수동식소화기	봉상수(棒狀水)소화기		○			○		○	○		○		○	○
	무상수(霧狀水)소화기		○	○		○		○	○		○		○	○
	봉상강화액소화기		○			○		○	○		○		○	○
	무상강화액소화기		○	○		○		○	○		○	○	○	○
	포소화기		○			○		○	○		○	○	○	○
	이산화탄소소화기			○				○				○		△
	할로젠화합물소화기			○				○				○		
	분말 소화기	인산염류소화기	○	○		○		○	○			○		○
		탄산수소염류 소화기		○	○		○	○		○		○		
		그 밖의 것			○		○			○				
기 타	물통 또는 수조		○			○		○	○		○		○	○
	건조사				○	○	○	○	○	○	○	○	○	○
	팽창질석 또는 팽창진주암				○	○	○	○	○	○	○	○	○	○

06 다음 제1류 위험물의 화학식을 쓰시오.

(1) 염소산칼륨

(2) 질산나트륨

(3) 다이크로뮴산나트륨

(4) 과망가니즈산칼륨

(5) 브로민산나트륨

정답

(1) $KClO_3$

(2) $NaNO_3$

(3) $Na_2Cr_2O_7$

(4) $KMnO_4$

(5) $NaBrO_3$

해설

제1류 위험물의 화학식

종류 　　　　　항목	화학식	품명	지정수량
염소산칼륨	$KClO_3$	염소산염류	50kg
질산나트륨	$NaNO_3$	질산염류	300kg
다이크로뮴산나트륨	$Na_2Cr_2O_7$	다이크로뮴산염류	1,000kg
과망가니즈산칼륨	$KMnO_4$	과망가니즈산염류	1,000kg
브로민산나트륨	$NaBrO_3$	브로민산염류	300kg

07 다음 위험물이 열분해할 경우 생성되는 기체의 명칭을 쓰시오(단, 없으면 "해당없음"이라고 답할 것).

(1) 삼산화크로뮴

(2) 과산화칼륨

(3) 아염소산나트륨

정답

(1) 산소

(2) 산소

(3) 산소

해설

제1류 위험물의 분해반응식

• 삼산화크로뮴 : $4CrO_3 \rightarrow 2Cr_2O_3 + 3O_2$
　　　　　(삼산화크로뮴) 　(삼산화이크로뮴) (산소)

• 과산화칼륨 : $2K_2O_2 \rightarrow 2K_2O + O_2$
　　　　　(과산화칼륨) 　(산화칼륨) 　(산소)

• 아염소산나트륨 : $NaClO_2 \rightarrow NaCl + O_2$
　　　　　(아염소산나트륨) (염화나트륨) (산소)

08 제4류 위험물인 클로로벤젠에 대하여 다음 물음에 답하시오.

(1) 화학식
(2) 품명
(3) 지정수량

(1) C_6H_5Cl
(2) 제2석유류(비수용성)
(3) 1,000L

해설

클로로벤젠

화학식	품명	지정수량	액체비중	비점	인화점
C_6H_5Cl	제2석유류 (비수용성)	1,000L	1.1	132℃	27℃

09 위험물안전관리법령상 이동탱크저장소에 대하여 다음 물음에 답하시오.

(1) 이동탱크저장소 탱크 강철판의 두께를 쓰시오.
(2) 이동탱크저장소 내부에 설치하는 칸막이의 두께를 쓰시오.
(3) 이동탱크저장소 내부에 설치하는 방파판의 두께를 쓰시오.

(1) 3.2mm 이상
(2) 3.2mm 이상
(3) 1.6mm 이상

해설

이동탱크저장소의 부속장치

항목 종류	두께	용도
탱크 본체	3.2mm 이상	-
안전칸막이	3.2mm 이상	탱크 전복 시 탱크의 일부가 파손되더라도 전량의 위험물 누출 방지하기 위하여 4,000L 이하마다 설치
방파판	1.6mm 이상	위험물 운송 중 내부 위험물의 출렁임, 쏠림 등을 완화하여 차량의 안전 확보
방호틀	2.3mm 이상	탱크 전복 시 부속장치(주입구, 맨홀, 안전장치) 보호
측면틀	3.2mm 이상	탱크 전복 시 탱크본체 파손 방지

10 다음 제2류 위험물의 연소반응식을 쓰시오.

(1) 삼황화인

(2) 오황화인

(3) 칠황화인

해설

황화인의 연소반응식

• 삼황화인 : $P_4S_3 + 8O_2 \rightarrow 2P_2O_5 + 3SO_2$
  　　　　　　　　　　　(오산화인)
• 오황화인 : $2P_2S_5 + 15O_2 \rightarrow 2P_2O_5 + 10SO_2$
• 칠황화인 : $P_4S_7 + 12O_2 \rightarrow 2P_2O_5 + 7SO_2$

정답

(1) $P_4S_3 + 8O_2 \rightarrow 2P_2O_5 + 3SO_2$

(2) $2P_2S_5 + 15O_2 \rightarrow 2P_2O_5 + 10SO_2$

(3) $P_4S_7 + 12O_2 \rightarrow 2P_2O_5 + 7SO_2$

11 나트륨에 대하여 다음 물음에 답하시오.

(1) 물과의 반응식

(2) 물과 반응할 경우 위험한 이유를 설명하시오.

해설

나트륨

• 물과 반응

  $2Na + 2H_2O \rightarrow 2NaOH + H_2$
  (나트륨) (물) 　(수산화나트륨) (수소)
• 나트륨은 물과 반응하면 가연성 가스인 수소를 발생하여 폭발하므로 위험하다.

정답

(1) $2Na + 2H_2O \rightarrow 2NaOH + H_2$

(2) 가연성 가스인 수소를 발생하여 폭발하므로 위험하다.

12 제3류 위험물인 탄화칼슘에 대하여 다음 물음에 답하시오.

(1) 탄화칼슘이 연소하여 산화칼슘과 이산화탄소가 생성되는 반응식

(2) 탄화칼슘이 물과 반응

(3) 탄화칼슘이 물과 반응하여 생성되는 기체의 연소반응식

해설

탄화칼슘의 반응식

• 연소반응 : $2CaC_2 + 5O_2 \rightarrow 2CaO + 4CO_2$
• 질소와 반응 : $CaC_2 + N_2 \rightarrow CaCN_2 + C$
• 물과 반응 : $CaC_2 + 2H_2O \rightarrow Ca(OH)_2 + C_2H_2$
• 아세틸렌의 연소반응식 : $2C_2H_2 + 5O_2 \rightarrow 4CO_2 + 2H_2O$

정답

(1) $2CaC_2 + 5O_2 \rightarrow 2CaO + 4CO_2$

(2) $CaC_2 + 2H_2O \rightarrow Ca(OH)_2 + C_2H_2$

(3) $2C_2H_2 + 5O_2 \rightarrow 4CO_2 + 2H_2O$

13 제4류 위험물인 아세트알데하이드에 대한 설명이다. 아세트알데하이드의 설명 중 옳은 것을 모두 고르시오.

㉠, ㉢

┤보기├

㉠ 물, 알코올, 에터에 녹는다.
㉡ 무색, 무취의 투명한 액체이다.
㉢ 분자량 44, 액체비중 0.78, 인화점 −40℃
㉣ 백금과 반응하여 수소가스가 생성되어 폭발한다.

해설

아세트알데하이드(Acet Aldehyde)

• 물성

화학식	분자량	지정수량	액체비중	증기비중	비점	인화점	연소범위
CH_3CHO	44	50L	0.78	1.52 (44/29)	21℃	−40℃	4.0~60.0%

• 무색, 투명한 액체이며 자극적인 냄새가 난다.
• 에틸알코올을 산화하면 아세트알데하이드가 된다.
• 물, 알코올, 에터에 녹는다.
• 구리(Cu), 마그네슘(Mg), 은(Ag), 수은(Hg)과 반응하면 아세틸라이드를 생성한다.
• 저장용기 내부에는 불연성 가스 또는 수증기 봉입장치를 해야 한다.

14 위험물제조소의 옥외에 용량이 500L와 200L인 액체위험물(이황화탄소 제외) 취급탱크 2기가 있다. 2기의 탱크 주위에 하나의 방유제를 설치하는 경우 방유제의 용량은 얼마 이상인지 구하시오(단, 지정수량 이상을 취급하는 경우이다).

270L

해설

위험물제조소의 옥외에 있는 위험물 취급탱크의 방유제 용량

• 하나의 취급탱크 주위에 설치하는 방유제의 용량 : 해당 탱크용량의 50% 이상
• 2 이상의 취급탱크 주위에 하나의 방유제를 설치하는 경우 방유제의 용량 : 해당 탱크 중 용량이 최대인 것의 50%에 나머지 탱크용량 합계의 10%를 가산한 양 이상이 되게 할 것

∴ 방유제의 용량 = (500L × 0.5) + (200L × 0.1) = 270L

15 다음 물음에 알맞은 답을 쓰시오(단, 원자량은 N은 14, Cl은 35.5이다).

(1) 과염소산
   ① 시성식
   ② 분자량

(2) 질산
   ① 시성식
   ② 분자량

(1) ① $HClO_4$
    ② 100.5
(2) ① HNO_3
    ② 63

해설

제6류 위험물

항목\종류	시성식	분자량	지정수량	위험물이 되기 위한 조건
과염소산	$HClO_4$	$1 + 35.5 + (16 \times 4) = 100.5$	300kg	–
질산	HNO_3	$1 + 14 + (16 \times 3) = 63$	300kg	비중이 1.49 이상

16 다음 [보기]의 위험물 위험등급을 구분하시오.

┌ 보기 ┐
황린, 과산화수소, 칼륨, 제2석유류, 질산염류, 알코올류, 특수인화물

(1) 위험등급 I
(2) 위험등급 II

(1) 황린, 과산화수소, 칼륨, 특수인화물
(2) 질산염류, 알코올류

해설

위험등급

종류	황린	과산화수소	칼륨	제2석유류	질산염류	알코올류	특수인화물
위험등급	I 등급	I 등급	I 등급	III등급	II등급	II등급	I 등급

17 위험물안전관리법령에서 위험물 운반용기의 외부에 표시해야 할 사항을 [보기]에서 모두 고르시오.

| 보기 |

제조일자, 위험물의 품명, 위험등급, 위험물의 수량, 제조자명, 사용목적

정답

위험물의 품명, 위험등급, 위험물의 수량

해설

운반용기의 외부에 표시해야 할 사항
- 위험물의 품명, 위험등급, 화학명 및 수용성("수용성" 표시는 제4류 위험물의 수용성인 것에 한함)
- 위험물의 수량
- 수납하는 위험물에 따른 주의사항

종류	주의사항
제1류 위험물	• 알칼리금속의 과산화물 : 화기·충격주의, 물기엄금, 가연물접촉주의 • 그 밖의 것 : 화기·충격주의, 가연물접촉주의
제2류 위험물	• 철분, 금속분, 마그네슘 : 화기주의, 물기엄금 • 인화성 고체 : 화기엄금 • 그 밖의 것 : 화기주의
제3류 위험물	• 자연발화성 물질 : 화기엄금, 공기접촉엄금 • 금수성 물질 : 물기엄금
제4류 위험물	화기엄금
제5류 위험물	화기엄금, 충격주의
제6류 위험물	가연물접촉주의

18 원자량이 약 24이고, 은백색의 광택이 나는 가벼운 금속이며 산과 작용하여 수소를 발생하는 제2류 위험물에 대하여 다음 물음에 답하시오.

(1) 위험물의 물질명

(2) 염산과 반응하는 반응식

정답

(1) 마그네슘
(2) $Mg + 2HCl \rightarrow MgCl_2 + H_2$

해설

마그네슘
- 물성

화학식	분자량	지정수량	비중	융점	비점
Mg	24.3	500kg	1.74	651℃	1,100℃

- 은백색의 광택이 나는 가벼운 금속이다.
- 염산과 반응하면 수소가스를 발생한다.
  $Mg + 2HCl \rightarrow MgCl_2 + H_2$

19 메탄올 10kg이 연소할 경우 필요한 이론 공기량(m^3)을 구하시오 (단, 공기 중에는 질소 79%, 산소 21%가 존재한다).

$50m^3$

해설

이론산소량

$$2CH_3OH \quad + \quad 3O_2 \quad \rightarrow \quad 2CO_2 + 4H_2O$$

$2 \times 32kg$ ⎯⎯⎯ $3 \times 22.4m^3$

$10kg$ ⎯⎯⎯ x

$$x = \frac{10kg \times 3 \times 22.4m^3}{2 \times 32kg} = 10.5m^3 (\text{이론 산소량})$$

$\therefore$ 이론공기량 $= 10.5m^3 \div 0.21 = 50m^3$

20 다음 [보기]에서 제5류 위험물의 질산에스터류에 속하는 물질을 모두 쓰시오.

나이트로셀룰로스, 나이트로글리세린, 질산 메틸

┌─보기├─
트라이나이트로톨루엔, 나이트로셀룰로스, 나이트로글리세린, 테트릴, 질산메틸, 피크르산
└─────

해설

제5류 위험물

종류	트라이나이트로톨루엔	나이트로셀룰로스	나이트로글리세린	테트릴	질산메틸	피크르산
품명	나이트로화합물	질산에스터류	질산에스터류	나이트로화합물	질산에스터류	나이트로화합물

교육은 우리 자신의 무지를 점차 발견해 가는 과정이다.

– 윌 듀란트 –

[법률 개정에 따른 수정사항]

개정 전	개정 후	위치
제5류 위험물 / 유기과산화물 / 질산에스터류 / 나이트로화합물 / 나이트로소화합물 / 하이드록실아민 / 하이드록실아민염류 / 아조화합물 / 다이아조화합물 / 하이드라진 유도체	제5류 위험물 / 유기과산화물(제1종) / 질산에스터류 / 나이트로화합물(제1종) / 유기과산화물(제2종) / 나이트로화합물(제2종) / 나이트로소화합물(제2종) / 하이드록실아민(제2종) / 하이드록실아민염류(제2종) / 아조화합물(제2종) / 다이아조화합물(제2종) / 하이드라진유도체(제2종)	p.101
핵심이론 05 소규모 옥내저장소의 특례(지정수량의 50배 이하, 처마높이가 5m 미만인 것)	핵심이론 05 소규모 옥내저장소의 특례(지정수량의 50배 이하, 처마높이가 6m 미만인 것)	p.112

핵심이론 08 (개정 후)

(1) 셀프용 고정주유설비의 기준
③ 1회의 연속주유량 및 주유시간의 상한을 미리 설정할 수 있는 구조일 것. 이 경우 연속주유량 및 주유시간은 아래와 같다.

종류	연속주유량	주유시간
휘발유	100L 이하	4분 이하
경유	600L 이하	12분 이하

개정 전: 핵심이론 08 (1) 셀프용 고정주유설비의 기준 – ③

10년간 자주 출제된 문제
셀프용 고정주유설비의 주유량과 주유시간의 상한을 쓰시오.

해설
• 셀프용 고정주유설비의 주유량 및 주유시간의 상한

항목 \ 종류	휘발유	경유
주유량의 상한	100L 이하	600L 이하
주유시간의 상한	4분 이하	12분 이하

정답
ⓛ 600L   ㉣ 12분 이하

위치: p.131, p.224, p.231, p.234, p.250

2018년 제3회 1번 문제

해설
지정수량 100kg인 품명 : 유기과산화물(제2종), 하이드록실아민(제2종), 하이드록실아민염류(제2종), 하이드라진유도체(제2종)
정답
유기과산화물(제2종), 하이드록실아민(제2종), 하이드록실아민염류(제2종), 하이드라진유도체(제2종)

위치: p.218

2018년 제3회 12번 문제

해설

위험등급	해당하는 품명	
위험등급Ⅱ	제5류 위험물	위험등급Ⅰ 외의 것

위치: p.222

2019년 제4회 13번 문제

해설
5류 위험물의 위험등급Ⅰ : 유기과산화물(제1종), 질산에스터류(제1종), 나이트로화합물(제1종), 그 밖에 지정수량이 10kg인 위험물
정답
질산에스터류(제1종), 나이트로화합물(제1종)

위치: p.261

2021년 제3회 9번 문제

해설
위험등급Ⅰ의 위험물
• 제5류 위험물 : 유기과산화물(제1종), 질산에스터류(제1종), 나이트로화합물(제1종)

위치: p.323

유형문화재, 지정문화재	지정문화유산 및 천연기념물 등	시행규칙 별표 4
(3) 저장창고의 바닥면적(2개 이상의 구획된 실은 바닥면적의 합계) ⑤ 제5류 위험물 중 유기과산화물, 질산에스터류, 그 밖에 지정수량이 10kg인 위험물	(3) 저장창고의 바닥면적(2개 이상의 구획된 실은 바닥면적의 합계) ⑤ 제5류 위험물 중 지정수량이 10kg인 위험물	시행규칙 별표 5

※ 위험물 지정수량 및 법령 관련 문제는 잦은 개정으로 인하여 내용이 도서와 달라질 수 있습니다.
   가장 최신의 내용은 국가법령정보센터(https://www.law.go.kr/)를 통해서 확인 가능합니다.

PART 03

PART

최근
기출복원문제

#기출유형 확인   #상세한 해설   #최종점검 테스트

| 2025년 | 최근 기출복원문제 | 회독 CHECK 1 2 3 |

01 탄소 100kg을 완전 연소시키려면 표준상태에서 몇 m³의 공기가 필요한지 구하시오(단, 공기는 질소 79vol%, 산소 21vol%로 되어 있다).

정답
888.90m³

해설
이론공기량
- 이론산소량

$$C \quad + \quad O_2 \quad \rightarrow \quad CO_2$$
$$12kg \times 22.4m^3$$
$$100kg \qquad x$$

$$\therefore \ x = \frac{100kg \times 22.4m^3}{12kg} = 186.67\,m^3 \,(\text{이론산소량})$$

- 이론공기량

$$\frac{186.67m^3}{0.21} = 888.90m^3$$

02 이산화탄소 1kg을 1기압, 30℃에서 기체로 방출 시 부피는 몇 L인지 계산하시오.

정답
565.03L

해설
이상기체 상태방정식을 적용하면

$$PV = \frac{W}{M}RT, \ \ V = \frac{WRT}{PM}$$

여기서, P : 압력(1atm)
  V : 부피(L)
  M : 분자량(CO_2 : 44g/g-mol)
  W : 무게(1kg = 1,000g)
  R : 기체상수(0.08205L · atm/g - mol · K)
  T : 절대온도(273 + 30℃ = 303K)

$$\therefore \ V = \frac{WRT}{PM} = \frac{1,000g \times 0.08205L \cdot atm/g - mol \cdot K \times 303K}{1atm \times 44g/g - mol} = 565.03L$$

03 다음 각 물질의 주된 연소형태 한 가지를 [보기]에서 선택하여 쓰시오.

┌ 보기 ┐

표면연소, 분해연소, 증발연소, 자기연소, 예혼합연소, 확산연소

(1) 나프탈렌

(2) 석탄

(3) 금속분

해설

고체의 연소
- 표면연소 : 목탄, 코크스, 숯, 금속분 등이 열분해에 의하여 가연성 가스를 발생하지 않고 그 물질 자체가 연소하는 현상
- 분해연소 : 석탄, 종이, 목재, 플라스틱 등의 연소 시 열분해에 의해 발생된 가스와 공기가 혼합하여 연소하는 현상
- 증발연소 : 황, 나프탈렌, 왁스, 파라핀 등과 같이 고체를 가열하면 열분해는 일어나지 않고 고체가 액체로 되어 일정온도가 되면 액체가 기체로 변화하여 기체가 연소하는 현상
- 자기연소(내부연소) : 제5류 위험물인 나이트로셀룰로스, 질화면 등 그 물질이 가연물과 산소를 동시에 가지고 있는 가연물이 연소하는 현상

정답

(1) 증발연소

(2) 분해연소

(3) 표면연소

---

04 피크르산에 대하여 다음 물음에 답하시오.

(1) 구조식을 쓰시오.

(2) 피크르산 1mol이 분해할 때 229kcal의 열량이 발생한다. 피크르산 1kg이 분해할 경우 생성되는 열량(kcal)을 구하시오.

해설

피크르산(피크린산)
- 물성

화학식	분자량	구조식
$C_6H_2OH(NO_2)_3$	229	

- 열량

1mol일 때

$$C_6H_2OH(NO_2)_3 \rightarrow C + 1.5N_2 + 1.5H_2 + 2CO_2 + 3CO + 229kcal$$

1mol ＼＿＿＿＿＿＿＿＿ 229kcal

1,000/229 = 4.37mol ＿＿＿＿＿＿＿＿＿ x

$$\therefore \ x = \frac{4.37mol \times 229kcal}{1mol} = 1,000.73kcal$$

정답

(1)

(2) 1,000.73kcal

05 염소산칼륨 1mol이 분해할 경우 생성되는 산소의 부피(L)를 구하시오(단, 압력은 740mmHg, 온도는 30℃이다).

정답
38.30L

해설

염소산칼륨의 분해 시 산소의 부피

$2KClO_3 \quad \rightarrow \quad 2KCl + 3O_2$

$2 \times 122.5g \quad\quad\quad\quad 3 \times 32g$

$1mol(122.5g) \quad\quad\quad\quad x$

$\therefore \quad x = \dfrac{122.5g \times 3 \times 32g}{2 \times 122.5g} = 48g$

온도와 압력을 보정하여 이상기체상태방정식으로 풀면

$$PV = \frac{W}{M}RT \qquad V = \frac{WRT}{PM}$$

여기서, P : 압력 $\left(\dfrac{740mmHg}{760mmHg} \times 1atm = 0.9736atm\right)$

$\quad\quad\quad V$: 부피(L)

$\quad\quad\quad M$: 분자량(O_2 : 32g/g-mol)

$\quad\quad\quad W$: 무게(48g)

$\quad\quad\quad R$: 기체상수(0.08205L·atm/g-mol·K)

$\quad\quad\quad T$: 절대온도(273 + ℃ = 273 + 30 = 303K)

$\therefore \quad V = \dfrac{WRT}{PM} = \dfrac{48 \times 0.08205 \times 303}{0.9736 \times 32} = 38.30L$

06 다음 위험물의 화학식과 상온 20℃에서의 상태를 적으시오.

(1) 나이트로글리세린

  ㉠ 화학식

  ㉡ 20℃에서의 상태

(2) 다이나이트로톨루엔

  ㉠ 화학식

  ㉡ 20℃에서의 상태

정답
(1) ㉠ $C_3H_5(ONO_2)_3$
   ㉡ 액체
(2) ㉠ $C_6H_3CH_3(NO_2)_2$
   ㉡ 고체

해설

제5류 위험물

명칭	화학식	20℃에서의 상태
나이트로글리세린	$C_3H_5(ONO_2)_3$	액체
다이나이트로톨루엔	$C_6H_3CH_3(NO_2)_2$	고체

07 다음 제4류 위험물의 지정수량을 쓰시오.

(1) 아이소프로필아민

(2) 톨루엔

(3) 피리딘

(4) 클로로벤젠

(5) 폼산메틸

(1) 50L

(2) 200L

(3) 400L

(4) 1,000L

(5) 400L

해설
지정수량

항목 종류	아이소 프로필아민	톨루엔	피리딘	클로로벤젠	폼산메틸
품명	특수인화물	제1석유류 (비수용성)	제1석유류 (수용성)	제2석유류 (비수용성)	제1석유류 (수용성)
지정수량	50L	200L	400L	1,000L	400L

08 다음 [보기] 위험물의 지정수량 배수의 총합을 구하시오.

┤보기├

• 아염소산염류 : 25kg

• 무기과산화물 : 10kg

• 질산염류 : 90kg

• 아이오딘산염류 : 600kg

정답

3배

해설
제1류 위험물의 지정수량 배수의 총합

항목 \ 품명	아염소산염류	무기과산화물	질산염류	아이오딘산염류
지정수량	50kg	50kg	300kg	300kg
저장량	25kg	10kg	90kg	600kg
지정수량의 배수	25/50 = 0.5배	10/50 = 0.2배	90/300 = 0.3배	600/300 = 2배
배수의 총합	0.5 + 0.2 + 0.3 + 2 = 3배			

09 다음 위험물이 물과 반응하는 반응식을 쓰시오(단, 없으면 "해당없음"이라고 쓸 것).

(1) 수소화칼륨

(2) 과망가니즈산칼륨

(3) 마그네슘

(4) 벤젠

(5) 과산화수소

(1) $KH + H_2O \rightarrow KOH + H_2$

(2) 해당없음

(3) $Mg + 2H_2O \rightarrow Mg(OH)_2 + H_2$

(4) 해당없음

(5) 해당없음

해설

물과 반응식

종류＼항목	물과 반응식	생성가스
수소화칼륨	$KH + H_2O \rightarrow KOH + H_2$	수소
과망가니즈산칼륨	물에 녹는다.	–
마그네슘	$Mg + 2H_2O \rightarrow Mg(OH)_2 + H_2$	수소
벤젠	물과 섞이지 않는다.	
과산화수소	물과 잘 섞인다.	–

10 제3류 위험물인 탄화칼슘에 대하여 다음 물음에 답하시오.

(1) 지정수량을 쓰시오.

(2) 탄화칼슘이 물과 반응할 때 생성되는 물질의 명칭을 모두 쓰시오.

(3) 탄화칼슘이 고온에서 질소와 반응하여 석회질소를 생성하는 화학반응식으로 쓰시오.

(1) 300kg

(2) 수산화칼슘, 아세틸렌

(3) $CaC_2 + N_2 \rightarrow CaCN_2 + C$

해설

탄화칼슘

• 탄화칼슘의 물성

유별	화학식	분자량	지정수량	품 명	위험등급
제3류 위험물	CaC_2	64	300kg	칼슘의 탄화물	III

• 탄화칼슘(카바이드)의 반응

– 물과의 반응 : $CaC_2 + 2H_2O \rightarrow Ca(OH)_2 + C_2H_2\uparrow$
(수산화칼슘)   (아세틸렌)

– 약 700℃ 이상에서 반응 : $CaC_2 + N_2 \rightarrow CaCN_2 + C$
(석회질소) (탄소)

11 위험물안전관리법령에서 정하는 주유취급소의 특례기준에서 셀프용 고정주유설비의 설치기준에 대하여 다음 (   ) 안에 알맞은 답을 쓰시오.

> • 주유호스는 (㉠)kg중 이하의 하중에 의하여 깨져 분리되거나 이탈되어야 하고, 깨져 분리되거나 이탈된 부분으로부터 위험물 누출을 방지할 수 있는 구조일 것
> • 1회의 연속주유량 및 주유시간의 상한은 미리 설정할 수 있는 구조일 것. 이 경우 연속주유량 및 상한은 다음과 같다.
>   – 휘발유는 (㉡)L 이하, (㉢)분 이하로 할 것
>   – 경유는 (㉣)L 이하, (㉤)분 이하로 할 것

정답
㉠ 200
㉡ 100
㉢ 4
㉣ 600
㉤ 12

해설
셀프용 고정주유설비의 설치기준
• 주유호스의 끝부분에 수동개폐장치를 부착한 주유노즐을 설치할 것. 다만, 수동개폐장치를 개방한 상태로 고정시키는 장치가 부착된 경우에는 다음의 기준에 적합해야 한다.
  – 주유작업을 개시함에 있어서 주유노즐의 수동개폐장치가 개방상태에 있는 때에는 해당 수동개폐장치를 일단 폐쇄시켜야만 다시 주유를 개시할 수 있는 구조로 할 것
  – 주유노즐이 자동차 등의 주유구로부터 이탈된 경우 주유를 자동적으로 정지시키는 구조일 것
• 주유노즐은 자동차 등의 연료탱크가 가득 찬 경우 자동적으로 정지시키는 구조일 것
• 주유호스는 200kg중 이하의 하중에 의하여 깨져 분리되거나 이탈되어야 하고, 깨져 분리되거나 이탈된 부분으로부터의 위험물 누출을 방지할 수 있는 구조일 것
• 휘발유와 경유 상호간의 오인에 의한 주유를 방지할 수 있는 구조일 것

셀프용 고정주유설비의 주유량 및 주유시간의 상한

항목 \ 종류	셀프용 고정주유설비		셀프용 고정급유설비
	휘발유	경유	등유
주유량 상한(1회 연속)	100L 이하	600L 이하	100L 이하
주유(급유)시간 상한	4분 이하	12분 이하	6분 이하

12 제2류 위험물인 황에 대하여 다음 물음에 답하시오.

(1) 황의 연소반응을 쓰시오.
(2) 위험물이 되기 쉬운 순도는 몇 중량%인지 쓰시오.
(3) 순도측정 시 불순물을 모두 쓰시오.

정답
(1) $S + O_2 \rightarrow SO_2$
(2) 60wt% 이상
(3) 활석 등 불연성 물질, 수분

해설
황
• 황의 연소반응식 : $S + O_2 \rightarrow SO_2$
• 황 : 순도가 60wt% 이상인 것을 말한다. 이 경우 순도측정에 있어서 불순물은 활석 등 불연성 물질과 수분에 한한다.

13 위험물안전관리법령상 운반 시 제6류 위험물과 혼재 불가능한 유별을 모두 쓰시오(단, 지정수량의 10배의 위험물을 혼재하는 경우이다).

제2류 위험물, 제3류 위험물, 제4류 위험물, 제5류 위험물

해설
운반 시 유별을 달리하는 위험물의 혼재기준(시행규칙 별표 19)

위험물의 구분	제1류	제2류	제3류	제4류	제5류	제6류
제1류		×	×	×	×	○
제2류	×		×	○	○	×
제3류	×	×		○	×	×
제4류	×	○	○		○	×
제5류	×	○	×	○		×
제6류	○	×	×	×	×	

14 제4류 위험물의 완전연소반응식을 쓰시오.

(1) 메틸에틸케톤

(2) 이황화탄소

(3) 아세트알데하이드

(1) $2CH_3COC_2H_5 + 11O_2 \rightarrow 8CO_2 + H_2O$

(2) $CS_2 + 3O_2 \rightarrow CO_2 + 2SO_2$

(3) $2CH_3CHO + 5O_2 \rightarrow 4CO_2 + 4H_2O$

해설
제4류 위험물의 연소반응식
- 에터 : $C_2H_5OC_2H_5 + 6O_2 \rightarrow 4CO_2 + 5H_2O$
- 이황화탄소 : $CS_2 + 3O_2 \rightarrow CO_2 + 2SO_2$
- 아세트알데하이드 : $2CH_3CHO + 5O_2 \rightarrow 4CO_2 + 4H_2O$
- 아세톤 : $CH_3COCH_3 + 4O_2 \rightarrow 3CO_2 + 3H_2O$
- 벤젠 : $2C_6H_6 + 15O_2 \rightarrow 12CO_2 + 6H_2O$
- 톨루엔 : $C_6H_5CH_3 + 9O_2 \rightarrow 7CO_2 + 4H_2O$
- 메틸에틸케톤 : $2CH_3COC_2H_5 + 11O_2 \rightarrow 8CO_2 + 8H_2O$

15 다음 [보기]에서 설명하는 물질에 대하여 알맞은 답을 쓰시오.

┌─ 보기 ───┐
• 무색투명한 액체이다.
• 독성이 있고 마셨을 경우 시신경 마비의 위험이 있다.
• 비점 약 65℃, 비중 0.79, 인화점 11℃이다.
└──┘

(1) 시성식을 쓰시오.

(2) 산화할 경우 최종적으로 생성되는 제4류 위험물의 명칭을 쓰시오.

(3) 아이오도폼 반응 여부를 쓰시오.

해설

메틸알코올

• 물성

품명	시성식	지정수량	분자량	비점	비중	인화점	증기비중
알코올류	CH_3OH	400L	32	64.7℃	0.79	11℃	$\frac{32}{29} = 1.10$

• 무색투명한 액체이다.
• 독성이 있고 마셨을 경우 시신경 마비의 위험이 있다.
• 메틸알코올의 산화, 환원식

$$CH_3OH \underset{\text{환원}}{\overset{\text{산화}}{\rightleftharpoons}} \underset{\text{(폼알데하이드)}}{HCHO} \underset{\text{환원}}{\overset{\text{산화}}{\rightleftharpoons}} \underset{\text{(폼산)}}{HCOOH}$$

• 메틸알코올은 아이오도폼 반응을 하지 않고 에틸알코올은 아이오도폼반응을 한다.

정답

(1) CH_3OH

(2) HCOOH(폼산)

(3) 반응하지 않음

---

16 다음 물질 중 산의 세기를 큰 것부터 다음 [보기]에서 구분하여 화학식으로 쓰시오.

┌─ 보기 ───┐
차아염소산, 아염소산, 염소산, 과염소산
└──┘

해설

산성의 세기

종류	HClO	$HClO_2$	$HClO_3$	$HClO_4$
명칭	차아염소산	아염소산	염소산	과염소산

※ 산소(O)의 수가 많을수록 산의 세기가 크다.

정답

$HClO_4 > HClO_3 > HClO_2 > HClO$

17 위험물안전관리법령에서 정한 지하탱크저장소의 기준이다. 다음 ( ) 안에 알맞은 답을 쓰시오.

> 지하저장탱크는 용량에 따라 다음 표에 정하는 기준에 적합하게 (㉠) 또는 동등 이상의 성능이 있는 금속 재질로 완전용입용접 또는 양면겹침이음용접으로 틈이 없도록 만드는 동시에, 압력탱크[최대상용압력이 (㉡)kPa 이상인 탱크를 말한다] 외의 탱크에 있어서는 (㉢)kPa의 압력으로, 압력탱크에 있어서는 최대상용압력의 1.5배의 압력으로 각각 (㉣)분간 수압시험을 실시하여 새거나 변형되지 않아야 한다. 이 경우 수압시험은 소방청장이 정하여 고시하는 기밀시험과 (㉤)시험을 동시에 실시하는 방법으로 대신할 수 있다.

해설

지하탱크저장소의 기준(시행규칙 별표 8)
지하저장탱크는 용량에 따라 다음 표에 정하는 기준에 적합하게 강철판 또는 동등 이상의 성능이 있는 금속재질로 완전용입용접 또는 양면겹침이음용접으로 틈이 없도록 만드는 동시에, 압력탱크(최대상용압력이 46.7kPa 이상인 탱크를 말한다) 외의 탱크에 있어서는 70kPa의 압력으로, 압력탱크에 있어서는 최대상용압력의 1.5배의 압력으로 각각 10분간 수압시험을 실시하여 새거나 변형되지 않아야 한다. 이 경우 수압시험은 소방청장이 정하여 고시하는 기밀시험과 비파괴시험을 동시에 실시하는 방법으로 대신할 수 있다.

탱크용량(단위 : L)	탱크의 최대지름 (단위 : mm)	강철판의 최소두께 (단위 : mm)
1,000 이하	1,067	3.20
1,000 초과 2,000 이하	1,219	3.20
2,000 초과 4,000 이하	1,625	3.20
4,000 초과 15,000 이하	2,450	4.24
15,000 초과 45,000 이하	3,200	6.10
45,000 초과 75,000 이하	3,657	7.67
75,000 초과 189,000 이하	3,657	9.27
189,000 초과	–	10.00

정답
㉠ 강철판
㉡ 46.7
㉢ 70
㉣ 10
㉤ 비파괴

18 다음 그림을 보고 물음에 답하시오(단, 지정수량의 10배인 제조소이다).

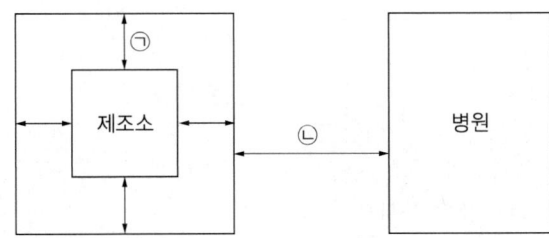

(1) ㉠에 대한 설명 중 틀린 것의 기호를 모두 고르시오.

> ㉮ 보유공지는 빈 땅으로 소방활동을 하기 위한 공간이다.
> ㉯ 보유공지는 4면 중 2면 이상 확보하면 허가가 가능하다.
> ㉰ 최소 폭이 3m이다.

(2) ㉡에 해당하는 거리의 명칭을 아래에서 고르시오.

> ㉮ 절대거리
> ㉯ 보유거리
> ㉰ 안전거리
> ㉱ 방호거리

(3) ㉡에 해당하는 안전거리를 적용받지 않는 제조소 등을 고르시오.

> ㉮ 옥내저장소
> ㉯ 옥외탱크저장소
> ㉰ 주유취급소
> ㉱ 판매취급소

해설

제조소

- 보유공지
  - 제조소 주변에 확보해야 하는 절대공간으로 소방활동을 하기 위한 공간
  - 화재 발생 시 인접건축물로 연소확대를 방지하기 위한 공간
  - 화재 발생 시 피난을 용이하게 하기 위한 공간
  - 평상 시 위험물제조소의 유지 보수를 하기 위한 공간
  - 보유공지는 4면 전부 다 3m 이상(지정수량의 10배) 확보되어야 한다.
- 안전거리 : 건축물 외벽 또는 이에 상당하는 공작물의 외측으로부터 해당 제조소의 외벽 또는 이에 상당하는 공작물의 외측까지의 사이에 규정에 의한 수평거리(안전거리)를 두어야 한다(시행규칙 별표 4).
- 안전거리 적용제외 : 옥내탱크저장소, 지하탱크저장소, 이동탱크저장소, 간이탱크저장소, 암반탱크저장소, 판매취급소, 주유취급소

19 다음 [보기]에서 설명하는 제4류 위험물 제2석유류에 해당하는 것을 모두 고르시오.

┌─보기───┐
│ ㉠ 중유, 경유가 있다.   │
│ ㉡ 등유, 크레오소트유가 있다.   │
│ ㉢ 인화점이 70℃ 이상 200℃ 미만이다.   │
│ ㉣ 인화점이 200℃ 이상 250℃ 미만이다.   │
│ ㉤ 가연성 액체량이 40중량% 이하이면서 인화점이 40℃ 이상인 동시에 │
│   연소점이 60℃ 이하인 것은 제외한다.   │
│ ㉥ 지정수량은 수용성은 2,000L이고 비수용성은 1,000L이다.   │
└──┘

정답
㉤, ㉥

해설

제2석유류

• 품목 : 등유, 경유 등
• 인화점 : 21℃ 이상 70℃ 미만
• 가연성 액체량이 40중량% 이하이면서 인화점이 40℃ 이상인 동시에 연소점이 60℃ 이하인 것은 제외한다.
• 제2석유류의 지정수량

구분	수용성	비수용성
지정수량	2,000L	1,000L

20 위험물안전관리법령에서 정한 운반에 관한 기준이다. 운반용기의 외부에 표시해야 하는 주의사항을 모두 쓰시오(단, 없으면 "해당없음"이라고 표기할 것).

(1) 제2류 위험물 중 인화성 고체

(2) 금속분

(3) 적린

정답
(1) 화기엄금
(2) 화기주의, 물기엄금
(3) 화기주의

해설

운반용기에 표시해야 할 주의사항

종류	주의사항
제2류 위험물 중 인화성 고체	화기엄금
금속분	화기주의, 물기엄금
적린	화기주의

01 다음 제1류 위험물의 시성식을 쓰시오.

(1) 아이오딘산칼륨 (2) 아염소산나트륨

(3) 삼산화크로뮴 (4) 과망가니즈산칼륨

(5) 다이크로뮴산암모늄

해설

제1류 위험물

종류\항목	아이오딘산칼륨	아염소산나트륨	삼산화크로뮴	과망가니즈산칼륨	다이크로뮴산암모늄
시성식	KIO_3	$NaClO_2$	CrO_3	$KMnO_4$	$(NH_4)_2Cr_2O_7$
지정수량	300kg	50kg	300kg	1,000kg	1,000kg
위험등급	II	I	II	III	III

정답

(1) KIO_3

(2) $NaClO_2$

(3) CrO_3

(4) $KMnO_4$

(5) $(NH_4)_2Cr_2O_7$

02 트라이나이트로톨루엔에 대하여 다음 물음에 알맞은 답을 쓰시오.

(1) ㉠ 아세톤에 용해 여부를 적으시오.

㉡ 벤젠에 용해 여부를 적으시오.

(2) 지정수량을 적으시오(단, 제1종에 해당한다).

(3) 제조할 경우 원료 두 가지를 적으시오.

해설

트라이나이트로톨루엔

• 물에 녹지 않고 아세톤, 벤젠, 에터에는 잘 녹는다.

• 제5류 위험물의 지정수량[트라이나이트로톨루엔 : 제5류(제1종)]

제1종	제2종
10kg	20kg

• 제법 : 진한질산과 진한황산의 혼산으로 톨루엔을 나이트로화하여 트라이나이트로톨루엔을 제조한다.

$$\text{톨루엔} + 3HNO_3 \xrightarrow[\text{나이트로화}]{c-H_2SO_4} \text{TNT} + 3H_2O$$

정답

(1) ㉠ 용해

㉡ 용해

(2) 10kg

(3) 톨루엔, 혼산(질산, 황산)

03 위험물안전관리법령상 위험물제조소의 환기설비 기준이다. 다음 물음에 알맞은 답을 쓰시오.

(1) 환기는 어떤 방식으로 해야 하는지 쓰시오.
(2) 바닥면적이 300m²일 경우
　　㉠ 급기구의 개수를 적으시오.
　　㉡ 급기구의 면적은 몇 cm² 이상으로 해야 하는지 적으시오.

(1) 자연배기방식
(2) ㉠ 2개
　　㉡ 800cm²

해설

제조소의 환기설비 급기구의 크기
• 환기는 자연배기방식으로 할 것
• 급기구는 해당 급기구가 설치된 실의 바닥면적 150m²마다 1개 이상으로 하되, 급기구의 크기는 800cm² 이상으로 할 것. 다만 바닥면적 150m² 미만인 경우에는 다음의 크기로 할 것

바닥면적	급기구의 면적
60m² 미만	150cm² 이상
60m² 이상 90m² 미만	300cm² 이상
90m² 이상 120m² 미만	450cm² 이상
120m² 이상 150m² 미만	600cm² 이상

• 급기구의 개수 $= \dfrac{300\text{m}^2}{150\text{m}^2} = 2$개

04 위험물안전관리법령상 제2류 위험물의 품명 및 지정수량에 대한 내용이다. 다음 표의 빈칸에 알맞은 답을 쓰시오.

유별	성질	품명	지정수량
제2류	가연성 고체	황화인	(㉠)kg
		적린	100kg
		황	100kg
		(㉡)	500kg
		금속분	(㉢)kg
		마그네슘	(㉣)kg
		(㉤)	1,000kg

㉠ 100
㉡ 철분
㉢ 500
㉣ 500
㉤ 인화성 고체

해설

제2류 위험물

성질	품명	지정수량	위험등급
가연성 고체	황화인, 적린, 황	100kg	Ⅱ등급
	철분, 금속분(Al분말, Zn분말, Ti분말, Co분말), 마그네슘	500kg	Ⅲ등급
	인화성 고체	1,000kg	Ⅲ등급

05 위험물안전관리법령상 다음 각 위험물의 운반용기 외부에 표시해야 하는 주의사항을 모두 쓰시오.

(1) 제1류 위험물 중 알칼리금속의 과산화물

(2) 제2류 위험물 중 철분

(3) 제3류 위험물 중 자연발화성 물질

(4) 제4류 위험물

(5) 제6류 위험물

(1) 화기·충격주의, 물기엄금, 가연물접촉주의

(2) 화기주의, 물기엄금

(3) 화기엄금, 공기접촉엄금

(4) 화기엄금

(5) 가연물접촉주의

해설

운반 시 주의사항

유별		주의사항
제1류 위험물	알칼리금속의 과산화물	화기·충격주의, 물기엄금, 가연물접촉주의
	그 밖의 것	화기·충격주의, 가연물접촉주의
제2류 위험물	철분, 금속분, 마그네슘	화기주의, 물기엄금
	인화성 고체	화기엄금
	그 밖의 것	화기주의
제3류 위험물	자연발화성 물질	화기엄금, 공기접촉엄금
	금수성 물질	물기엄금
제4류 위험물		화기엄금
제5류 위험물		화기엄금, 충격주의
제6류 위험물		가연물접촉주의

06 제1종 분말소화약제인 탄산수소나트륨에 대해서 다음 물음에 알맞은 답을 쓰시오.

(1) 1차 열분해 반응식을 쓰시오.

(2) 표준상태에서 탄산수소나트륨이 열분해하여 이산화탄소의 부피가 200m³이 발생되었다면 이때 필요한 탄산수소나트륨의 질량(kg)을 구하시오.

(1) $2NaHCO_3 \rightarrow Na_2CO_3 + CO_2 + H_2O$

(2) 1,500kg

해설

제1종 분말소화약제

• 분해반응식

– 1차 분해반응식(270℃) : $2NaHCO_3 \rightarrow Na_2CO_3 + CO_2 + H_2O$

– 2차 분해반응식(850℃) : $2NaHCO_3 \rightarrow Na_2O + 2CO_2 + H_2O$

• 탄산수소나트륨의 양

$2NaHCO_3 \rightarrow Na_2CO_3 + CO_2 + H_2O$

$2 \times 84kg$ ⟍⟋ $22.4m^3$

x ⟋⟍ $200m^3$

$\therefore x = \dfrac{2 \times 84kg \times 200m^3}{22.4m^3} = 1,500kg$

07 다음 [보기]에서 제4류 위험물에 대하여 알맞은 답을 쓰시오.

┌ 보기 ┐

ⓐ $CH_3COC_2H_5$

ⓑ $CH_3(CH_2)_4CH_3$

ⓒ $C_6H_5C_2H_5$

(1) 위험물의 명칭을 각각 적으시오.

(2) 제1석유류에 해당하는 것을 모두 고르시오.

해설

제4류 위험물

화학식	명칭	품명	지정수량	위험등급
$CH_3COC_2H_5$	메틸에틸케톤	제1석유류(비수용성)	200L	Ⅰ등급
$CH_3(CH_2)_4CH_3$ $[(C_6H_{14})]$	n-헥세인 (노말 헥세인)	제1석유류(비수용성)	200L	Ⅰ등급
$C_6H_5C_2H_5$	에틸벤젠	제1석유류(비수용성)	200L	Ⅰ등급

정답

(1) ⓐ 메틸에틸케톤, ⓑ 노말헥세인,
ⓒ 에틸벤젠

(2) ⓐ, ⓑ, ⓒ

08 다음 [보기]에서 황린에 대한 설명 중 맞는 것을 모두 고르시오(단, 없으면 "해당없음"으로 표기할 것).

┌ 보기 ┐

• 무색, 무취의 흰색의 가루이다.

• 물에 녹는다.

• pH 3의 물에 저장한다.

• 연소하면 황화인이 생성된다.

• 지정수량은 10kg이다.

정답

해당없음

해설

황린

• 백색 또는 담황색의 마늘냄새가 나는 결정고체이다.

• 이황화탄소에 녹는다.

• pH 9(약알칼리)의 물에 저장한다.

• 연소하면 오산화인이 생성된다.

• $P_4 + 5O_2 \rightarrow 2P_2O_5$(오산화인)

• 지정수량은 20kg이다.

09 위험물안전관리법령에서 정한 제4류 위험물의 정의에 대하여 다음 빈칸에 알맞은 답을 쓰시오.

> 특수인화물(이)라 함은 (㉠), 다이에틸에터 그 밖에 1기압에서 (㉡)이 100℃ 이하인 것 또는 인화점이 영하 (㉢)℃ 이하이고 비점이 (㉣)℃ 이하인 것을 말한다.

해설
특수인화물 : 이황화탄소, 다이에틸에터 그 밖에 1기압에서 발화점이 100℃ 이하인 것 또는 인화점이 영하 20℃ 이하이고 비점이 40℃ 이하인 것

정답
㉠ 이황화탄소
㉡ 발화점
㉢ 20
㉣ 40

10 제5류 위험물 중 피크르산의 질소 함유량은 몇 wt%인지 계산하시오.

해설
피크르산의 질소 함유량
• 피크르산의 물성

화학식	분자량	유별	품명	지정수량	위험등급
$C_6H_2OH(NO_2)_3$	$(12 \times 6) + (1 \times 2) + 16 + 1 + [14 + (16 \times 2)] \times 3 = 229$	제5류 위험물	나이트로화합물(제1종)	10kg	I 등급

• 피크르산의 질소 함유량

$$질소의\ 함유량 = \frac{질소의\ 분자량}{피크르산의\ 분자량} = \frac{14 \times 3}{229} \times 100 = 18.34\%$$

정답
18.34%

11 제4류 위험물인 나이트로벤젠에 대하여 다음 물음에 알맞은 답을 쓰시오.

(1) 품명

(2) 지정수량

(3) 화학식

정답
(1) 제3석유류(비수용성)
(2) 2,000L
(3) $C_6H_5NO_2$

해설

나이트로벤젠

화학식	구조식	품명	지정수량	위험등급
$C_6H_5NO_2$		제3석유류(비수용성)	2,000L	Ⅲ등급

12 다음 제4류 위험물의 연소반응식을 적으시오.

(1) 톨루엔

(2) 벤젠

(3) 이황화탄소

정답
(1) $C_6H_5CH_3 + 9O_2 \rightarrow 7CO_2 + 4H_2O$
(2) $2C_6H_6 + 15O_2 \rightarrow 12CO_2 + 6H_2O$
(3) $CS_2 + 3O_2 \rightarrow CO_2 + 2SO_2$

해설

연소반응식

• 톨루엔 : $C_6H_5CH_3 + 9O_2 \rightarrow 7CO_2 + 4H_2O$

• 벤젠 : $2C_6H_6 + 15O_2 \rightarrow 12CO_2 + 6H_2O$

• 이황화탄소 : $CS_2 + 3O_2 \rightarrow CO_2 + 2SO_2$

13 다음 [보기]의 제2류 위험물을 착화온도가 낮은 것부터 높은 순서로 차례대로 쓰시오.

┌─보기───┐
│   삼황화인, 적린, 마그네슘   │
└───┘

정답

삼황화인, 적린, 마그네슘

해설

제2류 위험물의 착화온도

종류	삼황화인	적린	마그네슘
착화온도	약 100℃	260℃	520℃

14 제1류 위험물인 과산화칼륨과 과산화나트륨에 대하여 다음 물음에 공통으로 들어갈 답을 적으시오.

(1) 지정수량

(2) 분해반응 시 생성되는 기체의 명칭

(3) 물과 반응 시 생성되는 기체의 명칭

정답

(1) 50kg

(2) 산소(O_2)

(3) 산소(O_2)

해설

제1류 위험물

종류	구분	지정수량 및 반응식
과산화칼륨	지정수량	50kg
	분해반응식	$2K_2O_2 \rightarrow 2K_2O + O_2 \uparrow$ (산소)
	물과 반응	$2K_2O_2 + 2H_2O \rightarrow 4KOH + O_2 \uparrow$ (산소)
과산화나트륨	지정수량	50kg
	분해반응식	$2Na_2O_2 \rightarrow 2Na_2O + O_2 \uparrow$ (산소)
	물과 반응	$2Na_2O_2 + 2H_2O \rightarrow 4NaOH + O_2 \uparrow$ (산소)

15 다음 [보기]의 위험물 중 위험등급이 Ⅰ등급인 위험물을 모두 고르 시오(단, 없으면 "해당없음"으로 표기할 것).

이황화탄소, 다이에틸에터, 아세트알데하 이드

┌─보기─
이황화탄소, 아세톤, 다이에틸에터, 아세트알데하이드, 에틸알코올, 휘발유, 메틸에틸케톤
└─

해설
위험등급

종류	품명	지정수량	위험등급
이황화탄소	특수인화물	50L	Ⅰ등급
아세톤	제1석유류(수용성)	400L	Ⅱ등급
다이에틸에터	특수인화물	50L	Ⅰ등급
아세트알데하이드	특수인화물	50L	Ⅰ등급
에틸알코올	알코올류	400L	Ⅱ등급
휘발유	제1석유류(비수용성)	200L	Ⅱ등급
메틸에틸케톤	제1석유류(비수용성)	200L	Ⅱ등급

16 위험물안전관리법령상 옥내탱크저장소에 설치해야 하는 밸브 없는 통기관의 설치기준이다. 다음 (   ) 안에 알맞은 답을 쓰시오.

㉠ 1
㉡ 4
㉢ 40
㉣ 1.5
㉤ 100

통기관의 끝부분은 건축물의 창·출입구 등의 개구부로부터 (㉠)m 이상 떨어진 옥외의 장소에 지면으로부터 (㉡)m 이상의 높이로 설치하 되, 인화점이 (㉢)℃ 미만인 위험물의 탱크에 설치하는 통기관에 있어서는 부지경계선으로부터 (㉣)m 이상 거리를 둘 것. 다만, 고인화 점 위험물만을 (㉤)℃ 미만의 온도로 저장 또는 취급하는 탱크에 설치하는 통기관은 그 끝부분을 탱크전용실 내에 설치할 수 있다.

해설
옥내저장탱크 중 압력탱크외의 탱크(제4류 위험물의 옥내저장탱크로 한정)에 있어서는 밸브 없는 통기관 설치기준
• 통기관의 끝부분은 건축물의 창·출입구 등의 개구부로부터 1m 이상 떨어진 옥외의 장소에 지면으로부터 4m 이상의 높이로 설치하되, 인화점이 40℃ 미만인 위험물의 탱크에 설치하는 통기관에 있어서는 부지경계선으로부터 1.5m 이상 거리를 둘 것. 다만, 고인화점 위험물만을 100℃ 미만의 온도로 저장 또는 취급하는 탱크에 설치하는 통기관은 그 끝부분을 탱크전용실 내에 설치할 수 있다.
• 통기관은 가스 등이 체류할 우려가 있는 굴곡이 없도록 할 것

압력탱크 : 최대상용압력이 부압 또는 정압 5kPa을 초과하는 탱크

17 제4류 위험물에 대하여 (   )에 알맞은 답을 쓰시오.

명칭	화학식	품명
아세톤	(㉠)	제1석유류
(㉡)	C_2H_5OH	알코올류
아세트산	(㉢)	제2석유류
(㉣)	$C_2H_5OC_2H_5$	특수인화물
아세트알데하이드	CH_3CHO	(㉤)

㉠ CH_3COCH_3
㉡ 에틸알코올
㉢ CH_3COOH
㉣ 다이에틸에터
㉤ 특수인화물

해설

제4류 위험물

명칭	화학식	품명	지정수량	위험등급
아세톤	CH_3COCH_3	제1석유류	400L	Ⅱ등급
에틸알코올(에탄올)	C_2H_5OH	알코올류	400L	Ⅱ등급
아세트산	CH_3COOH	제2석유류	2,000L	Ⅲ등급
다이에틸에터(에터)	$C_2H_5OC_2H_5$	특수인화물	50L	Ⅰ등급
아세트알데하이드	CH_3CHO	특수인화물	50L	Ⅰ등급

18 다음 [보기]의 위험물 중 칼륨과 반응하여 가연성 기체를 생성하는 물질 두 가지를 골라 반응식을 쓰시오.

┌보기┐
물, 에틸알코올, 등유, 이산화탄소, 산소

• 물과의 반응식 : $2K + 2H_2O \rightarrow 2KOH + H_2$(수소)
• 에틸알코올과의 반응식 : $2K + 2C_2H_5OH \rightarrow 2C_2H_5OK + H_2$(수소)

해설

칼륨의 반응식

반응 물질	반응식
물	$2K + 2H_2O \rightarrow 2KOH + H_2$(수소)
에틸알코올	$2K + 2C_2H_5OH \rightarrow 2C_2H_5OK + H_2$(수소)
등유	반응하지 않는다.
이산화탄소	$4K + 3CO_2 \rightarrow 2K_2CO_3 + C$
연소반응	$4K + O_2 \rightarrow 2K_2O$(회백색)

19 햇빛에 의해 질산 4몰이 완전 분해하여 산소 1몰을 발생하였다. 다음 물음에 알맞은 답을 쓰시오.

(1) 발생하는 유독성의 기체의 명칭을 쓰시오.

(2) 분해 반응식을 쓰시오.

정답
(1) 이산화질소
(2) $4HNO_3 \rightarrow 2H_2O + 4NO_2 + O_2$

해설
질산
• 물성

화학식	비점	융점	비중
HNO_3	122℃	−42℃	1.49

• 질산이 분해하면 유독성 기체인 이산화질소(NO_2)의 갈색증기가 발생한다.

$$4HNO_3 \rightarrow 2H_2O + 4NO_2 \uparrow + O_2 \uparrow$$

• 질산은 단백질과 잔토프로테인 반응을 하여 노란색으로 변한다.

20 제4류 위험물을 저장하는 옥내저장소의 연면적이 450m²이고 외벽은 내화구조가 아닐 경우 소요단위는 얼마인지 구하시오.

정답
6단위

해설
소요단위
• 소요단위의 기준

종류 \ 구분	내화구조	내화구조가 아닌 것
제조소 또는 취급소	연면적 100m²를 1소요단위	연면적 50m²를 1소요단위
저장소	연면적 150m²를 1소요단위	연면적 75m²를 1소요단위
위험물	지정수량의 10배 : 1소요단위	

• 소요단위 계산

$$소요단위 = \frac{연면적}{기준면적} = \frac{450m^2}{75m^2} = 6단위$$

01 다음 염소산칼륨의 분해반응식이다. 다음 ( ) 안에 알맞은 답을 쓰시오.

$$2(\ ㉠ \ ) \rightarrow (\ ㉡ \ )KCl + (\ ㉢ \ )O_2$$

해설
염소산칼륨의 분해반응식

$$2KClO_3 \rightarrow 2KCl + 3O_2$$

02 제2류 위험물인 적린에 대하여 다음 물음에 답하시오.

(1) 연소반응식을 쓰시오.

(2) 적린 124kg이 연소할 경우 필요한 산소의 부피(m^3)를 구하시오(단, 적린의 원자량은 31이고 표준상태이다).

해설
적린
• 적린(P)의 연소반응식

$$4P + 5O_2 \rightarrow 2P_2O_5$$
$$\text{(오산화인)}$$

• 산소의 부피

$$4P \quad + \quad 5O_2 \quad \rightarrow \quad 2P_2O_5$$
$$4 \times 31kg \quad\quad 5 \times 22.4m^3$$
$$124kg \quad\quad\quad x$$

$$\therefore \ x = \frac{124kg \times 5 \times 22.4m^3}{4 \times 31kg} = 112m^3$$

03 아세트알데하이드가 산화하여 아세트산이 생성되는 반응식과 환원하여 에틸알코올이 되는 화학반응식을 쓰시오.

- 산화반응식 : $2CH_3CHO + O_2$
$\rightarrow 2CH_3COOH$
- 환원반응식 : $CH_3CHO + H_2 \rightarrow C_2H_5OH$

해설
산화 · 환원반응식
- 아세트알데하이드의 산화반응식 : $2CH_3CHO + O_2 \rightarrow 2CH_3COOH$(아세트산, 초산)
- 아세트알데하이드의 환원반응식 : $CH_3CHO + H_2 \rightarrow C_2H_5OH$(에틸알코올)

04 다음 물질이 물과 반응하여 생성되는 가연성 기체의 명칭을 화학식으로 쓰시오(단, 해당없으면 "해당없음"이라고 표기할 것).

(1) 트라이에틸알루미늄

(2) 과산화칼슘

(3) 메틸리튬

정답
(1) C_2H_6
(2) 해당없음
(3) CH_4

해설
물과 반응

항목 종류	물과 반응식	생성가스
트라이에틸알루미늄	$(C_2H_5)_3Al + 3H_2O \rightarrow Al(OH)_3 + 3C_2H_6$	에테인(C_2H_6)
과산화칼슘	$2CaO_2 + 2H_2O \rightarrow 2Ca(OH)_2 + O_2$	산소(O_2)
메틸리튬	$CH_3Li + H_2O \rightarrow LiOH + CH_4$	메테인(CH_4)

※ 산소 : 조연성 가스, 에테인, 메테인 : 가연성 가스

05 제2류 위험물인 황에 대하여 다음 물음에 답하시오.

(1) 연소반응식을 쓰시오.

(2) 연소반응식에서 생성되는 유해가스의 명칭을 쓰시오.

해설

황의 연소반응식 : $S + O_2 \rightarrow SO_2$(이산화황, 아황산가스)

(1) $S + O_2 \rightarrow SO_2$

(2) 이산화황(아황산가스)

---

06 제4류 위험물 중 분자량이 58이고 피부와 접촉 시 탈지작용과 햇빛에 의하여 분해하는 성질이 있는 물질에 대하여 답하시오.

(1) 시성식

(2) 지정수량

해설

아세톤

시성식	품명	지정수량	분자량	비중	인화점	착화점
CH_3COCH_3	제1석유류(수용성)	400L	58	0.79	−18.5℃	465℃

• 무색, 투명한 자극성·휘발성 액체이다.
• 피부와 접촉 시 탈지작용을 하고, 햇빛에 의하여 분해되는 성질이 있다.

(1) CH_3COCH_3

(2) 400L

---

07 제5류 위험물에 대하여 다음 물음에 답하시오.

(1) 트라이나이트로페놀의 구조식을 쓰시오.

(2) 트라이나이트로톨루엔의 구조식을 쓰시오.

해설

구조식

종류	TNP(Tri Nitro Phenol)	TNT(Tri Nitro Toluene)
화학식	$C_6H_2OH(NO_2)_3$	$C_6H_2CH_3(NO_2)_3$
구조식		

(1)

(2)

08 위험물안전관리법령상 제조소 게시판의 기준이다. 다음 물음에 알맞은 답을 쓰시오.

> • 화기엄금 – (㉠)바탕, (㉡)문자
> • 주유 중 엔진정지 – (㉢)바탕, (㉣)문자
> • 위험물제조소 – (㉤)바탕, (㉥)문자

정답
㉠ 적색
㉡ 백색
㉢ 황색
㉣ 흑색
㉤ 백색
㉥ 흑색

해설

위험물제조소의 주의사항

주의사항	게시판의 색상
화기엄금, 화기주의	적색바탕에 백색문자
물기엄금, 물기주의	청색바탕에 백색문자
주유 중 엔진정지	황색바탕에 흑색문자
위험물제조소	백색바탕에 흑색문자

09 다음 타원형 위험물 탱크의 용량(m^3)을 구하시오.

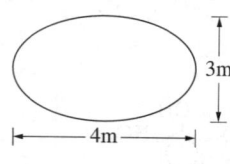
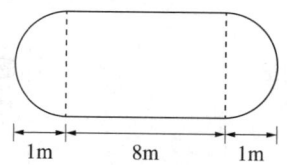

3m

4m

1m 8m 1m

정답

$81.64m^3$

해설

타원형 탱크의 내용적(양쪽이 볼록한 것)

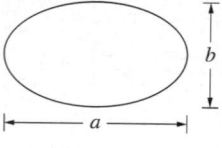
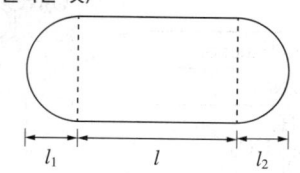

b

a

l_1 l l_2

$$\therefore \; 내용적 = \frac{\pi ab}{4}\left(l + \frac{l_1 + l_2}{3}\right) = \frac{\pi \times 4m \times 3m}{4}\left(8m + \frac{1m + 1m}{3}\right) = 81.64m^3$$

10 화재의 종류를 [표]와 같이 구분할 때 빈칸을 채우시오.

급수	화재의 종류	표시색상
B급	(㉠)	황색
(㉡)급	일반화재	(㉢)
(㉣)급	(㉤)	청색

㉠ 유류화재
㉡ A
㉢ 백색
㉣ C
㉤ 전기화재

해설

화재의 종류

급수	화재의 종류	표시색상
A급	일반화재	백색
B급	유류화재	황색
C급	전기화재	청색
D급	금속화재	무색

11 위험물안전관리법령상 정의를 나타낸 것이다. 다음 ( ) 안에 알맞은 답을 쓰시오.

> • "위험물"이라 함은 (㉠) 또는 (㉡) 등의 성질을 가지는 것으로서 대통령령이 정하는 물품을 말한다.
> • "(㉢)"이라 함은 위험물의 종류별로 위험성을 고려하여 대통령령이 정하는 수량으로서 제조소 등의 설치허가 등에 있어서 최저의 기준이 되는 수량을 말한다.

정답
㉠ 인화성
㉡ 발화성
㉢ 지정수량

해설

정의
• 위험물 : 인화성 또는 발화성 등의 성질을 가지는 것으로서 대통령령이 정하는 물품
• 지정수량 : 위험물의 종류별로 위험성을 고려하여 대통령령이 정하는 수량으로서 제6호의 규정에 의한 제조소 등의 설치허가 등에 있어서 최저의 기준이 되는 수량
• 제조소 : 위험물을 제조할 목적으로 지정수량 이상의 위험물을 취급하기 위하여 허가를 받은 장소

12 위험물안전관리법령상 간이탱크저장소에 대하여 다음 물음에 답하시오.

> • 간이저장탱크의 용량은 (㉠)L 이하이어야 한다.
> • 간이저장탱크는 두께 (㉡)mm 이상의 강판으로 흠이 없도록 제작해야 하며, 70kPa의 압력으로 (㉢)분간의 (㉣)시험을 실시하여 새거나 변형되지 않아야 한다.
> • 간이탱크저장소에는 밸브 없는 통기관 또는 (㉤) 통기관을 설치해야 한다.

해설

간이탱크저장소
• 하나의 간이탱크저장소에 설치하는 간이저장탱크는 그 수를 3 이하로 하고, 동일한 품질의 위험물의 간이저장탱크를 2 이상 설치하지 않아야 한다.
• 간이저장탱크의 용량은 600L 이하이어야 한다.
• 간이저장탱크는 두께 3.2mm 이상의 강판으로 흠이 없도록 제작해야 하며, 70kPa의 압력으로 10분간의 수압시험을 실시하여 새거나 변형되지 않아야 한다.
• 간이탱크저장소에는 밸브없는 통기관 또는 대기밸브부착 통기관을 설치해야 한다.

정답
㉠ 600
㉡ 3.2
㉢ 10
㉣ 수압
㉤ 대기밸브부착

13 위험물안전관리법령상 제6류 위험물이 될 수 있는 조건을 모두 쓰시오(단, 없으면 "해당없음"이라고 표시할 것).

(1) 과염소산

(2) 과산화수소

(3) 질산

해설

제6류 위험물이 될 수 있는 조건
• 과염소산 : 해당없음
• 과산화수소 : 농도가 36중량% 이상인 것
• 질산 : 비중이 1.49 이상인 것

정답
(1) 해당없음
(2) 농도가 36중량% 이상인 것
(3) 비중이 1.49 이상인 것

14 다음은 위험물안전관리법령에서 정한 제3석유류의 정의이다. (   ) 안에 알맞는 용어나 수치를 쓰시오.

> "제3석유류"라 함은 (㉠), (㉡) 그 밖에 1기압에서 인화점이 (㉢)℃ 이상 (㉣)℃ 미만인 것을 말한다. 다만, 도료류 그 밖의 물품은 가연성 액체량이 (㉤)중량퍼센트 이하인 것은 제외한다.

정답
㉠ 중유
㉡ 크레오소오트유
㉢ 70
㉣ 200
㉤ 40

해설
"제3석유류"라 함은 중유, 크레오소트유 그 밖에 1기압에서 인화점이 70℃ 이상 200℃ 미만인 것을 말한다. 다만, 도료류 그 밖의 물품은 가연성 액체량이 40중량퍼센트 이하인 것은 제외한다.

15 다음 위험물을 운반용기에 수납할 경우 운반용기 내용적의 몇 % 이하로 해야 하는지 쓰시오.

(1) 제1류 위험물

(2) 제2류 위험물

(3) 제4류 위험물

(4) 제6류 위험물

정답
(1) 95
(2) 95
(3) 98
(4) 98

해설
수납율
• 운반용기의 수납율 기준

종류	고체위험물	액체위험물
수납율	95% 이하	98% 이하

• 위험물의 수납율

종류	제1류 위험물	제2류 위험물	제4류 위험물	제6류 위험물
성상	산화성 고체	가연성 고체	인화성 액체	산화성 액체
수납율	95% 이하	95% 이하	98% 이하	98% 이하

16

다음 [보기]에서 제4류 위험물의 일반적인 특성 중 옳은 것을 모두 고르시오.

┌─ 보기 ──────────────────────────────────┐
ㄱ 일반적으로 물보다 가볍고 물에 녹지 않는 것이 많다.
ㄴ 발생되는 증기는 가연성이다.
ㄷ 전기 불량도체로서 정전기 축적이 용이하다.
ㄹ 증기비중은 대부분 공기보다 무겁다.
ㅁ 화재 시 연소 확대의 위험이 있다.
└──────────────────────────────────────┘

해설

일반적인 성질

• 일반적으로 물보다 가볍고 물에 녹지 않는 것이 많다.
• 대단히 인화하기 쉽고, 발생되는 증기는 가연성이다.
• 전기 불량도체로서 정전기 축적이 용이하다.
• 증기비중은 공기보다 무겁기 때문에 낮은 곳에 체류한다.
  ※ 사이안화수소(HCN)는 공기보다 0.93(27/29 = 0.93)배 가볍다.
  ※ 증기비중 = $\dfrac{\text{분자량}}{29}$
• 화재 시 연소 확대의 위험이 있다.

정답

ㄱ, ㄴ, ㄷ, ㄹ, ㅁ

17

제5류 위험물인 나이트로글리세린의 분해반응식을 쓰시오.

해설

나이트로글리세린의 분해반응식

$$4C_3H_5(ONO_2)_3 \rightarrow O_2 + 6N_2 + 10H_2O + 12CO_2$$

정답

$$4C_3H_5(ONO_2)_3 \rightarrow O_2 + 6N_2 + 10H_2O + 12CO_2$$

18 위험물안전관리법령상 제조소에 설치하는 배관 기준이다. 다음 물음에 알맞은 답을 쓰시오.

ⓐ 배관의 재질은 (　　) 그 밖에 이와 유사한 금속으로 해야 한다.

ⓑ 불연성 액체를 이용하는 경우에는 최대상용압력의 (　　)배 이상의 압력으로 내압시험을 실시해야 한다.

ⓒ 불연성 기체를 이용하는 경우에는 최대상용압력의 (　　)배 이상의 압력으로 내압시험을 실시해야 한다.

ⓓ 배관을 지상에 설치하는 경우에는 지진·풍압·지반침하 및 온도변화에 안전한 구조의 지지물에 설치하되 지면에 닿지 않도록 하고 배관의 외면에 부식방지를 위한 (　　)을 해야 한다. 다만, 불변강관 또는 부식의 우려가 없는 재질의 배관의 경우에는 부식방지를 위한 (　　)을 아니할 수 있다.

정답

ⓐ 강관

ⓑ 1.5

ⓒ 1.1

ⓓ 도장, 도장

해설

위험물제조소 내의 위험물을 취급하는 배관의 설치기준

• 배관의 재질은 강관 그 밖에 이와 유사한 금속성으로 해야 한다. 다만, 다음의 기준에 적합한 경우에는 그렇지 않다.
  - 배관의 재질은 한국산업규격의 유리섬유강화플라스틱·고밀도폴리에틸렌 또는 폴리우레탄으로 할 것
  - 배관의 구조는 내관 및 외관의 이중으로 하고, 내관과 외관의 사이에는 틈새공간을 두어 누설 여부를 외부에서 쉽게 확인할 수 있도록 할 것. 다만, 배관의 재질이 취급하는 위험물에 의해 쉽게 열화될 우려가 없는 경우에는 그렇지 않다.
  - 국내 또는 국외의 관련 공인시험 기관으로부터 안전성에 대한 시험 또는 인증을 받을 것
  - 배관은 지하에 매설할 것. 다만, 화재 등 열에 의하여 쉽게 변형될 우려가 없는 재질이거나 화재 등 열에 의한 악영향을 받을 우려가 없는 장소에 설치되는 경우에는 그렇지 않다.

• 배관은 다음의 구분에 따른 압력으로 내압시험을 실시하여 누설 또는 그 밖의 이상이 없는 것으로 해야 한다.
  - 불연성 액체를 이용하는 경우에는 최대상용압력의 1.5배 이상
  - 불연성 기체를 이용하는 경우에는 최대상용압력의 1.1배 이상

• 배관을 지상에 설치하는 경우에는 지진·풍압·지반침하 및 온도변화에 안전한 구조의 지지물에 설치하되, 지면에 닿지 아니하도록 하고 배관의 외면에 부식방지를 위한 도장을 해야 한다. 다만, 불변강관 또는 부식의 우려가 없는 재질의 배관의 경우에는 부식방지를 위한 도장을 아니할 수 있다.

• 배관을 지하에 매설하는 경우에는 다음 각목의 기준에 적합하게 해야 한다.
  - 금속성 배관의 외면에는 부식방지를 위하여 도장·복장·코팅 또는 전기방식 등의 필요한 조치를 할 것
  - 배관의 접합부분(용접에 의한 접합부 또는 위험물의 누설의 우려가 없다고 인정되는 방법에 의하여 접합된 부분을 제외한다)에는 위험물의 누설 여부를 점검할 수 있는 점검구를 설치할 것
  - 지면에 미치는 중량이 해당 배관에 미치지 않도록 보호할 것

• 배관에 가열 또는 보온을 위한 설비를 설치하는 경우에는 화재예방상 안전한 구조로 해야 한다.

19 제1류 위험물인 아염소산나트륨 50kg, 질산칼륨 600kg, 과산화마그네슘 100kg을 옥내저장소에 저장할 경우 지정수량의 배수를 구하시오.

5배

해설

위험물의 지정수량

종류	아염소산나트륨	질산칼륨	과산화마그네슘
품명	아염소산염류	질산염류	무기과산화물
저장량	50kg	600kg	100kg
지정수량	50kg	300kg	50kg

$\therefore$ 지정수량의 배수 $= \dfrac{50kg}{50kg} + \dfrac{600kg}{300kg} + \dfrac{100kg}{50kg} = 5$배

20 다음 [보기]에서 설명하는 물질에 대하여 물음에 답을 쓰시오.

┌보기┐

• 제3류 위험물로서 지정수량이 300kg이다.
• 비중 2.36, 융점 2,100℃이다.
• 물과 반응하면 메테인 가스를 발생한다.

(1) 이 위험물의 화학식을 쓰시오.

(2) 이 위험물이 물과 반응할 경우 반응식을 쓰시오.

(3) 이 위험물의 품명을 쓰시오.

(1) Al_4C_3
(2) $Al_4C_3 + 12H_2O \rightarrow 4Al(OH)_3 + 3CH_4$
(3) 알루미늄의 탄화물

해설

탄화알루미늄

• 물성

화학식	품명	분자량	지정수량	비중	융점
Al_4C_3	알루미늄의 탄화물	144	300kg	2.36	2,100℃

• 탄화알루미늄이 물과 반응하면 메테인가스를 발생한다.

$$Al_4C_3 + 12H_2O \rightarrow 4Al(OH)_3 + 3CH_4$$
(수산화알루미늄) (메테인)

Win-Q 위험물기능사 실기

개정3판1쇄 발행	2026년 01월 05일 (인쇄 2025년 11월 13일)
초 판 발 행	2023년 01월 05일 (인쇄 2022년 12월 14일)
발 행 인	박영일
책 임 편 집	이해욱
편 저	이덕수
편 집 진 행	윤진영 · 김지은
표지디자인	권은경 · 길전홍선
편집디자인	정경일 · 박동진
발 행 처	(주)시대고시기획
출 판 등 록	제10-1521호
주 소	서울시 마포구 큰우물로 75 [도화동 538 성지 B/D] 9F
전 화	1600-3600
팩 스	02-701-8823
홈 페 이 지	www.sdedu.co.kr

I S B N	979-11-434-0440-4(13570)
정 가	26,000원

기능사 / 기사·산업기사 / 기능장 / 기술사

단기합격을 위한 **완전 학습서**

Win-Q

윙크시리즈
WIN QUALIFICATION

Win-Q
승강기기능사
필기+실기

Win-Q
전기기능사
필기

Win-Q
피복아크용접기능사
필기

Win-Q
컴퓨터응용선반·밀링기능사
필기

Win-Q
설비보전기능사
필기+실기

Win-Q
자동화설비기능사
필기

Win-Q
전산응용기계제도기능사
필기

Win-Q
화학분석기능사
필기+실기

자격증 취득에 승리할 수 있도록 **Win-Q시리즈**가 완벽하게 준비하였습니다.

Win-Q
위험물기능사
필기

Win-Q
환경기능사
필기+실기

Win-Q
화훼장식기능사
필기

Win-Q
원예기능사
필기+실기

Win-Q
공조냉동기계산업기사
필기

Win-Q
화학분석기사
필기

Win-Q
위험물산업기사
필기

Win-Q
소방설비기사[전기편]
필기

Win-Q
설비보전산업기사
필기+실기

Win-Q
가스산업기사
필기

Win-Q
에너지관리기사
필기

Win-Q
실내건축산업기사
필기

※ 도서의 이미지 및 구성은 변경될 수 있습니다.